五邑大学专著出版基金资助

应用化学信息学
——成就与未来机遇

Applied Chemoinformatics:
Achievements and Future Opportunities

〔德〕T. 恩格尔（Thomas Engel）
〔德〕J. 加斯泰格尔（Johann Gasteiger）　主编

徐　峻　吴家强　周晖皓　顾　琼　等 译

U0262910

科 学 出 版 社
北 京

图字：01-2021-3456 号

内 容 简 介

　　化学信息学是化学与信息科学交叉而产生的化学分支学科，具有很强的应用性。本书是《化学信息学——基本概念和方法》（Chemoinformatics—Basic Concepts and Methods，Wiley-VCH 出版社于 2017 年出版）的姊妹篇。它涵盖了化学信息学在药物发现、农业、监管科学、分析化学、食品化学、美容产品研发、材料科学、过程控制等领域中的应用。主要作者德国 Erlangen-Nürnberg 大学 Johann Gasteiger 教授，是国际知名的化学信息学开拓者之一，长期在教学科研第一线工作，有丰富的教学经验，编写了许多优秀教科书。

　　本书适合作为本领域大专院校教学参考书，也适合作为药物发现、农业、监管科学、分析化学、食品化学、美容产品研发、材料科学、过程控制等领域专家学者的化学信息学研究的案头必备图书。

图书在版编目（CIP）数据

　　应用化学信息学：成就与未来机遇/（德）T. 恩格尔（Thomas Engel），（德）J. 加斯泰格尔（Johann Gasteiger）主编；徐峻等译. —北京：科学出版社，2022.3

　　书名原文：Applied Chemoinformatics: Achievements and Future Opportunities
　　ISBN 978-7-03-071514-2

　　Ⅰ. ①应⋯　Ⅱ. ①T⋯　②J⋯　③徐⋯　Ⅲ. ①计算机应用－化学－信息检索　Ⅳ. ①G254.97

　　中国版本图书馆 CIP 数据核字（2022）第 027049 号

责任编辑：李明楠　高　微 / 责任校对：杜子昂
责任印制：吴兆东 / 封面设计：蓝正设计

科 学 出 版 社 出版

北京东黄城根北街 16 号
邮政编码：100717
http://www.sciencep.com

北京中石油彩色印刷有限责任公司 印刷
科学出版社发行　各地新华书店经销

*

2022 年 3 月第 一 版　开本：720 × 1000　1/16
2022 年 3 月第一次印刷　印张：30 1/2
字数：612 000

定价：160.00 元
（如有印装质量问题，我社负责调换）

Thomas Engel

To my family especially Benedikt.

Johann Gasteiger

To all the friends, colleagues and coworkers that ventured with me into the exciting field of chemoinformatics.
And to my wife Uli for never complaining about my long working hours.

序

徐 峻 译

　　化学起源于魔术。除了巫师，谁能喷一口烟就变出戏法呢？方士珍视转化物质的能力，他们用佶屈聱牙的语言和炼金术符号来描述秘方，将信息编码隐蔽在寓言或宗教故事中，但这样做也不利于化学的发展。我一直在寻思：今天的药物化学家可能仍然对存在于动物体内传奇的石头（如牛黄）特别感兴趣，想知道这种石头来自什么样的动物，疗效如何。然而，借用最近的一位诺贝尔文学奖获得者①的话说："时代已变。"与神秘的"炼金术士"的方法不同，Berzelius（1779—1848）建议化合物应该基于组成它们的成分命名，Archibald Scott-Couper（1831—1892）于 1858 年首先用线表示分子中原子之间的连接，产生了如今容易理解的分子结构图。1887 年，Jean-Henri Hassenfratz 和 Pierre Auguste Adet 创建的符号对《化学命名法》（*Methode de Nomenclature Chimique*）进行补充，这对化学信息来说是革命性的。混乱甚至不正确的化学命名法被现代的化学符号所取代，如氧、氢和氯化钠。这使得拉瓦锡（Lavoisier）的新化学得以系统化。在这新科学哲学创建的"启蒙时代"，信息要被实验验证、被"科学家们"（William Whewell 于 1833 年首倡的词汇）所检验；信息将数据置于化学的核心。

　　随着化学知识和语言的积累，化学领域的信息研究进入新的时期。重要事件如贝尔斯登（Friedrich Beilstein，1838—1906）编纂的《有机化学手册》（1881 年出版）系统地收集了化合物、反应和性质等化学数据。为了能"大"规模（1500个化合物）地存储和检索化学信息，化合物的命名是关键一环。化学数据标引的目的是让化学数据能可靠地被存储和检索，以此为目标所做的努力是随后半个世纪中化学信息研究的主要特征。随着化学（及其许多相关学科）创新（和数据收集）能力的不断增强，问题从"如何合成一种化合物"到"一种化合物以前有没有被合成过"演变，回答起来也变得复杂和耗时。我记得在 Wellcome 基金会的图书馆里度过的许多快乐时光，在众多的化学文摘书架中寻找化合物信息，如果幸运，能找到简单的合成方法，以 10%以上收率合成一种化合物。当然事情有时候会变得更糟（如果你是一个图书管理员，情况会好些）。记得 1994 年英国皇家化学会曾召开一个有趣的研讨会，主题是"化学信息爆炸：混沌、化学家和计算机"，

---

　　① 鲍勃·迪伦（Bob Dylan）——审校者注

那时，显然到了 Chemoinformatics（化学信息学）诞生的时间点。

虽然当时很多科学家对化学数据感兴趣，但 Chemoinformatics 这个词是 Frank Brown 在 1998 年提出的，他将化学信息学定义为"整合信息资源，将数据化为信息、信息化为知识，以期在药物先导化合物发现和优化过程做出更快更好的决策"。多学科联合、与数据驱动的药物创新一直是化学信息学应用的主要特点。前所未有的公开的化学数据和不断增加的化学信息专用算法，使化学信息转化为知识的目标容易实现。当然，摩尔定律（由英特尔公司的 Gordon Moore 提出，计算机芯片的计算能力每两年翻一番）也为化学信息学跟上数据爆炸的步伐提供了必要的硬件支持。当然，也存在多种数据格式的问题，因此，像 Babel①这样的软件很流行，它可以将许多数据格式相互转换。这里有一些有趣的数字。我们还记得贝尔斯登《有机化学手册》第一版收集了 1500 种化合物，而 2015 年美国化学会化学文摘社（Chemical Abstracts Service of the American Chemical Society）宣称，已经有 1 亿种化合物在该社的数据库登记。想象一下，一个只有基本化学知识的大学新生今天可以在 1μs 内从 1 亿种化合物的数据库中找到所要的结果，这真是信息学的巨大进步。不仅如此，该结果还与测定或预测的化学性质、合成策略、可用试剂、结构相似的化合物相关联，并通过互联网链接到其他数据库。

显然，化学信息学已经成熟。事实上，"化学信息学"一词有一定的弹性。化学信息学方法和数据分析工具能分析包括化学在内的任何数据。例如，模拟蛋白质等大分子系统、用机器学习（包括最近兴盛的人工智能）构建预测模型。又如，药物的吸收、分布、代谢和排泄（ADME）的预测、结构-活性定量关系（包括量子化学、生物信息学和分析化学），以及药物结合位点的发现与结合模式分析。尽管早期化学信息学主要应用在制药工业界，现在已经应用于所有需要化学的学科中，如在农业和食品研究、化妆品和材料科学中。

但在这个计算机可以"变魔术"的时代（"任何足够先进的技术都无法与魔法区分"——Arthur C. Clark 的名句）很容易让人回到伯齐利乌斯（Berzelius）时代，把技术隐藏在炼金术符号的面具之后，例如，简单的软件界面隐藏了高度复杂的搜索和检索算法、机器学习应用程序隐藏了预测代谢的复杂过程。解决之道是教育，学生、专家和从业者需要了解化学信息学原理和实践的坚实基础、基础算法及其实现、可用性、特定用途和软件的局限性，以及对开发该领域有浓厚兴趣的人而言还有哪些挑战。

最好的教科书应该是由对专业有深入理解的人士撰写的。30 多年来，Erlangen-Nürnberg 大学计算机化学中心（Computer Chemie Centrum，CCC）的化学信息学研究团队一直是化学信息学的先驱，被公认为是将这些方法应用于各种

---

① 著名的化学信息学开源软件——审校者注

化学问题的革新者和专家。然而，他们对这一领域的最大影响可能是作为教育家的声誉。新书《应用化学信息学——成就与未来机遇》展示了化学信息学目前应用于许多领域，并以成功的第一版《化学信息学——教科书》（2003 年出版）为基础，再次由 Thomas Engel 和 Johann Gasteiger 主编。该书是对另一本教科书《化学信息学——基本概念和方法》的补充。Johann Gasteiger 是杰出的化学家，他在化学信息学方面的开创性贡献是众所周知的。他曾获得 1991 年德国化学会计算机化学成就奖（Gmelin Beilstein 奖）、2005 年化学结构协会 Mike Lynch 奖、2006 年美国化学会计算机在化学与药物应用研究奖（ACS Award for Computers in Chemical and Pharmaceutical Research），以表彰他在化学信息学领域的研究和教育方面的杰出成就，以及 1997 年美国化学会化学信息部 Herman Skolnik 奖。Thomas Engel 是化学信息学家，曾在维尔茨堡大学（University of Würzburg）学习化学和教育，并在 Erlangen-Nürnberg 大学计算机化学中心度过了重要的一段时间，随后在科隆的化学计算组工作，目前在慕尼黑路德维希-马克西米利安大学（Ludwig Maximilians Universität）工作。

该书作者的专业知识涵盖了化学信息学的各个方面，该书将激励读者深入研究这些主题。这本新书既提供了化学信息学基础知识，也介绍了发展中的热点，为读者提供了入门向导并指示未来的方向。该书与《化学信息学手册：从数据到知识》（相同主编）互补，应该是学生、专家和所有对化学信息学领域感兴趣的人（尤其是那些看到化学"魔力"的人）的必备读物。

Robert C. Glen

分子科学、信息学教授

英国剑桥大学化学系分子信息学中心主任

目　　录

1 概　　述

Thomas Engel[1]，Johann Gasteiger[2]

[1]Ludwig-Maximilians-University Munich，Department of Chemistry，Butenandtstr. 5-13，81377 Munich，Germany

[2]Computer-Chemie-Centrum，Universität Erlangen-Nürnberg，Nägelsbachstr. 25，91052 Erlangen，Germany

陈　静　周晖皓 译　　　徐　峻 审校

1.1　写　作　动　机

2003 年，德国 Wiley-VCH Verkag 公司出版了由 J. Gasteiger 和 T. Engel 博士主编的《化学信息学——教科书》（ISBN 13：978-3-527-30681-7）。该书广受读者欢迎，促进了化学信息学领域的发展。近年来，化学信息学取得了巨大进展，该书的部分内容亟待更新。编委在更新该书的过程中，意识到已经无法在一本书中囊括本领域的全部知识，因而将该书改编为两卷：

上卷：《化学信息学——基本概念和方法》[1]。

下卷：《应用化学信息学——成就与未来机遇》。

上卷介绍了化学信息学的基本理论和方法，也称为"方法卷"。

下卷是 2003 版"应用"一章的更新和拓展。化学信息学的应用可以独立成卷，这本身就显示了化学信息学发展之迅速，它已经成为一门独立的学科，在化学各领域都有广泛的应用。

这两卷的各个章节是由不同作者撰写的。为了保持本书内容和形式的统一，我们努力让每一章都符合全书的整体主旨和风格，并在各章之间增加了相互引用。希望这有助于读者认识到化学信息学的很多方法是相互依赖的，以及了解如何综合这些方法共同解决特定的化学问题。

这两卷都可用于化学信息学的课堂教学和学生自学。特别是，第一卷解释了化学信息学的基本方法并附有练习题，非常适合作教科书。希望本次修订的这两卷能够有助于化学、生物学、信息学和医学等领域的广大师生和科学研究人员全面了解化学信息学的理论和应用。

1.2　化学信息学起源与发展

药物发现仍然是化学信息学最重要的应用领域（参见第 6 章），我们也高兴地看到：化学信息学在药学之外的很多领域也获得了应用，相信随着时间的推移，化学信息学一定会得到更多的应用。

因此，需要就本书中使用的某些专业术语做些说明。地理（或文化）上的差异使化学信息学有两个英文拼法：chemoinformatics 和 cheminformatics，前者主要在美国使用，后者在欧洲和世界其他地区流行。

化学计量学（chemometrics）起源于 20 世纪 70 年代初，主要与分析化学相关（详见第 9 章）。随着时间的推移，化学计量学和化学信息学相互渗透，采用许多相同的研究方法。化学信息学较宽泛，化学计量学中的数据分析方法也可以被视为化学信息学的一部分。

分子信息学（molecular informatics）①含义相对狭窄，不能涵盖化学信息学涉及的全部研究对象。化学领域的许多应用涉及的化合物和材料不限于已知分子结构的材料。例如，第 12 章介绍的化学信息学中的计算方法在材料科学中的应用，第 13 章阐述其在过程控制中的应用，都是很好的例子。

随着科学技术的发展，化学信息学与其他学科互相渗透。化学信息学和生物信息学（bioinformatics）相互融合。药物、化妆品开发和生命系统中的许多问题需要同时使用两个学科的知识和方法，如本书讨论的生化途径（第 4 章 4.3 节）、药物、靶标和疾病研究（第 6 章 6.2 节）和化妆品开发（第 11 章）。

很多化学领域的问题需要综合使用化学信息学和计算化学（computational chemistry）方法予以解决，这两个学科的界限日益模糊。例如，结构-波谱相关性和计算机辅助结构解析（第 5 章）、农业研究中的计算方法（第 7 章）、计算方法在美容产品研发中的应用（第 11 章）等都涉及化学信息学和计算化学的综合应用。计算化学的基本概念在《化学信息学——基本概念和方法》[1]的第 8 章有详细介绍。

2013 年诺贝尔化学奖授予了 Martin Karplus、Michael Levitt 和 Arieh Warshel，瑞典皇家科学院的颁奖辞指出："今天，计算机对于化学家来说如试管一样重要。"化学信息学和计算化学在化学界已得到更广泛的认可。

1.3　化学信息学基础与各种应用

本书向读者介绍化学信息学在化学和其他领域中的应用。但是，化学信息学

① 分子信息学是用信息学方法研究分子的学科，它的研究对象应该是小分子和大分子。——审校者注

在各领域的应用仍然在快速发展，本书算是抛砖引玉。

1.3.1　数据库

化学信息学最重要的成就之一是建立各种化学数据库。化学信息技术的发展，使科学家可以在各种数据库中用国际化的图形语言（化学结构和反应方程式）储存和检索化学信息。现在，化学数据库属于常规技术工具，化学家们不要忘记，这些常规技术是 1960～1990 年期间化学家、数学家及计算机科学家合作努力的结果。《化学信息学——基本概念和方法》第 6 章描述了建立化学信息数据库的方法[1]。本书将用多个章节介绍化学数据库的各种应用。

近几十年来，化学信息一直以指数式增长。如果没有化学数据库，根本无法管理和利用化学信息。可以说，没有化学数据库，现在的化学家将无法进行化学研究。

1.3.2　化学家的基本问题

化学信息学帮助化学家解决问题的一条思路如图 1.1 所示。

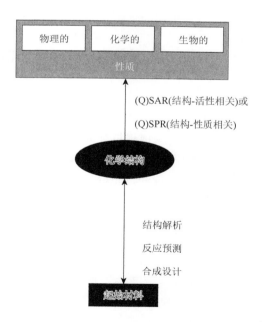

图 1.1　化学家用化学信息学方法解决问题的基本思路

1.3.2.1 性质的预测

1996 年,George S. Hammond 在 Norris 奖获奖感言中说:"合成的最终目标不是产生新的化合物,而是产生新的性质。"

因此,化学家的首要任务是寻找所需的性质(药物、农药、油漆,或者抗衰老)与特定化学(子)结构的相关性。这就是结构-性质相关(SPR)或结构-活性相关(SAR)的问题。对这些关系的定量研究即定量结构-性质相关(QSPR)或定量结构-活性相关(QSAR)。

第 2 章将介绍 QSPR 或 QSAR 的方法,建立基于化学结构的性质预测模型。尽管《化学信息学——基本概念和方法》[1]的第 9~12 章详细介绍了上述方法,鉴于该方法在化学多个领域和各类性质预测中的重要性,在本书的各章之前仍然扼要阐述 QSPR/QSAR 方法原理。

预测物理、化学或生物性质的很多 QSPR 和 QSAR 模型已经建立,本书第 3 章介绍这些预测物理和化学性质的方法。第 6 章 6.9 节介绍与药物发现相关的吸收、分布、代谢和排泄(ADME)等性质的预测。第 7 章介绍计算方法在农业研究中的应用。化学物质对生物物种和环境的影响是社会热点问题,第 8 章介绍对这些问题的研究。第 9 章介绍化学计量学在分析化学中的应用。

第 10 章涉及食品科学中的化学信息学;第 11 章介绍计算方法在美容产品研发中的应用;第 12 章是关于化学信息学在材料科学中的应用。

1.3.2.2 化学反应的预测和合成设计

当预测到某种化学结构可能具有所需特性时,化学家需要设计该化合物的合成路线。本书第 4 章 4.2 节"反应预测与合成设计"介绍计算机辅助合成设计(CASD)的工作,它是化学信息学的源头之一。第 4 章 4.3 节"生化途径的探索"讨论那些维持生命繁衍生息的化学反应,也介绍化学信息学和生物信息学是如何协同工作,发现疾病的关键机制。

1.3.2.3 结构解析

影响化学反应结果的因素很多,而我们对化学反应的认识仍不充分,因此需要通过实验方法验证化学反应是否产生了预期的产物。验证过程通常是测量产物的各类波谱数据来推断产物结构,其中必须分析波谱数据与化学结构之间的相互关系。在 20 世纪 60 年代末兴起的计算机辅助结构解析(CASE)方法是化学信息学的另一个源头。事实上,斯坦福大学的 DENERAL 项目被广泛认为是人工智能在解决化学问题上的首次应用。本书第 5 章介绍这方面的最新进展。

1.3.3　药物发现

药物发现无疑是化学信息学方法最具有前景的应用领域。所有的大型制药公司都有化学信息学部门，是化学信息学专家的最大雇主。近年来开发的药物也都在一定程度上受益于化学信息学方法的运用。药物发现是本书中篇幅最多的内容（参见第 6 章）。6.1 节介绍化学信息学在药物发现中应用的整体情况，也介绍一些后续专题中未涉及化学信息学方法和应用的部分。6.2～6.13 节介绍不同的专题：6.2 节介绍生物信息学方法在药物靶标发现和疾病机理研究中的应用；6.3 节介绍化学信息学在天然产物药物化学及其他领域研究中的应用；6.4 节介绍化学信息学在中药研究中的应用；6.5 节介绍美国国立卫生研究院开发的 PubChem 数据库。

6.6～6.8 节介绍药物分子与靶标蛋白相互作用的研究方法：6.6 节介绍药效团的构建和分析；6.7 节介绍活性位点的预测、分析和比较；6.8 节介绍基于结构的药物虚拟筛选方法。

生物利用度低、药代动力学效应差和代谢稳定性差是许多候选药物在临床前期研究阶段失败的主要原因。研究者已经开发了多种用于预测吸收、分布、代谢和排泄（ADME）性质的模型，以便提前预测化合物的这些理化性质。第 6 章 6.9 节和 6.10 节分别介绍了 ADME 性质的预测和药物外源性代谢的预测。6.11 节介绍美国国家癌症研究所计算机辅助药物设计（CADD）研究组收集和开发的一系列用于辅助药物设计的化学信息学方法。许多不同的信息资源，如出版物和各种数据库，都包含了有助于药物发现的信息，6.12 节介绍了关于探索新的数据来源的内容。6.13 节是第 6 章的最后一节，介绍了资深科学家对药物设计的现状总结和未来展望。

1.3.4　化学信息学在其他领域的应用

正如我们在本书 2003 版的"展望"一章中所预期的，许多新的领域也得益于化学信息学的发展与应用。本书的第 7～13 章介绍这些新的研究方向。

第 7 章介绍农业化学正在使用与药物发现相似的方法来开发新的植保药物。这些方法包括基于配体的方法和基于结构的方法。

化学品对人类健康的危害和对环境的影响已日益成为社会关注的热点。同时，社会对于减少甚至废除使用实验动物进行化合物毒性测试的呼声也日渐高涨。为此，利用计算机模型预测化合物的毒性、环境危害和生物富集的研究领域吸引了科学家的兴趣。本书第 8 章"监管科学与化学信息学"将对这部分内容进行介绍。

"化学计量学"一词的使用具有较长的历史。通过统计或其他数学方法对分析化学的数据进行分析，均被视为"化学计量学"的范畴。本书第 9 章将介绍化学计量学在分析化学中的应用和一些代表性的实例（也可以参见《化学信息学——基本概念和方法》第 11 章的内容）。

本书第 10 章介绍食品科学中的化学信息学应用。这是近些年化学信息学方法涉及的新领域。

迫于社会压力，化妆品行业正在减少甚至淘汰使用实验动物，转而尝试使用化学信息学和其他计算化学方法评价化学品的安全性，提高美容产品开发的效率。本书第 11 章"计算方法在美容产品研发中的应用"介绍了相关内容。

材料科学是化学信息学应用最具潜力的新领域之一。由于许多材料无法提供分子结构，因此需要开发在计算机中正确表示研究对象的新方法，它直接影响着相关研究是否能成功。相关内容将在本书第 12 章中予以介绍。

化学工业的许多过程都受到多种因素的影响。这些影响是非线性的，许多影响因素甚至没有明确的数学关系。在这种情况下，化学信息学方法可通过传感器测定各种控制因素并利用这些数据进行过程建模，从而有助于过程控制。本书第 13 章"过程控制和软传感器"介绍了一些应用实例。

我们希望上述这些章节能够展现出化学信息学在化学研究和其他领域发展中的重要作用。但是，化学信息学还有很多问题没有得到解决，它将与化学和生命科学同步发展，促进对化学、生物及其他学科的深入研究。可以说，化学信息学是一个极具发展前景的学科，为未来的学生提供很多机遇。第 14 章将展望本领域的前景。

参 考 文 献

[1]   Engel, T. and Gasteiger, J. (eds) (2017) *Chemoinformatics-Basic Concepts and Methods*, Wiley-VCH, Weinheim, 600 pp.

2 QSAR/QSPR

Wolfgang Sippl and Dina Robaa

Martin-Luther-Universität Halle-Wittenberg

Institute of Pharmacy，Department of Pharmaceutical Chemistry

Wolfgang-Langenbeck-Str. 4，06120 Halle（Saale），Germany

李保琼　周晖皓 译　　徐 峻 审校

2.1 引　　言

分子的结构与理化特征决定其在物理、化学、生物或环境过程中的行为。理解和模拟分子在各种过程中的行为有重要的应用价值。

QSAR 或 QSPR 方法旨在建立分子结构与活性或性质之间的定量关系。本章概述 QSAR 或 QSPR 方法。本书的其他章节还会解释 QSAR 和 QSPR 在使用过程中的细节。

虽然实验数据数量不断增加，但新设计或合成的化合物数量增加得更快。虚拟化合物筛选过程中，百万计的虚拟化合物的活性或性质用计算方法评估，评估的方法依赖于可靠的模型。这些模型基于分子的结构特征来预测化合物的性质或者生物活性，化合物的性质或生物活性与结构的关系可用式（2.1）表示：

$$A = f(s) \tag{2.1}$$

其中，A 表示活性或性质；s 表示分子结构。一般地，化合物的活性或性质与对应的分子结构没有直接的解析函数关系，因此用间接的数学模型来构建这种关系（图 2.1）。

所谓间接方法是指使用由各种算法将分子的化学结构变换成一组分子的描述符，然后建立化学/生物活性与分子描述符之间的函数关系，即 QSPR/QSAR 模型。这些模型都基于相似的分子结构有相似的活性/性质的假设。然而，QSPR（预测物理或物理化学性质）与 QSAR（预测化学反应或者化学性质）两者存在概念上的差别，这些差别会影响模型的应用。许多物理性质（溶解度或 $\log P$）是宏观性质，分子的每个原子都对所测量的这些性质有贡献。化学反应性数据（如 pK_a 值）是分子的某个位点的特定数据，需用描述符来描述这些位点（3.3.7 节）。类似地，生物活性（如受体结合、酶抑制、代谢、毒性或膜转运）也是由分子的特定部分

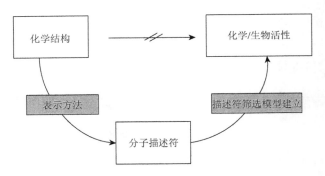

图 2.1　构建 QSAR/QSPR 模型的间接方法流程

决定的。这些特性源于分子中与生物效应相关的特殊特征（即药效团，6.6 节）的特定排序。因此，与物理化学模型的性质不同，药效团的适当排列是在分子水平上解释生物效应的基础。

Corwin Hansch 及其同事[1]在结构-活性关系研究中推广了物理化学性质和统计方法的应用。Hansch 的原创性工作涉及多元线性回归（MLR），他们将几种性质进行线性组合来建立定量模型。用于建模的性质通常是以对数表示的平衡常数 K。因为 $\log K$ 与自由能呈线性相关，因此，该方法也被称为线性自由能关系（linear free energy relationship，LFER）。第一个 QSAR 模型是基于油水分配系数（如 $\log P$）与某些生物数据之间的相关性建立的。在某些情况下，这种关系不呈线性，因而发展了抛物线模型和双线性模型[2]，以更好地拟合实验数据。在早期，QSAR 还发展了另一种 Free-Wilson 方法以解析生物活性与分子中特定结构特征存在相关性。更多信息请参阅文献[3]和[4]。

通常，QSAR/QSPR 模型是使用一组已知特征的化合物（训练集）得到的。生成的数学模型可将分子描述符与生物活性或者化学性质进行关联。为此，必须要确定能够代表一组分子的性质或者活性的分子描述符。有了这些描述符，各种建模和学习方法（见《化学信息学——基本概念和方法》第 11 章）可用于建立描述分子描述符与感兴趣的活性或者性质之间关系的模型。然后，用测试集对基于最佳参数建立的最终模型进行验证，从而确保模型的适用性和可行性（详细内容见 2.6 节）。构建 QSAR/QSPR 模型的流程如图 2.2 所示。

将一组化合物划分为若干类别的模型称为分类模型，通常称为结构或活性/性质关系（即 SAR 或 SPR）。用定量的方式预测活性或性质的模型称为回归模型。建立回归模型的过程在化学信息学中称为建模，在化学计量学中称为校准。

QSAR/QSPR 建模过程包括如下内容在（《化学信息学——基本概念和方法》也有更详细的介绍）：

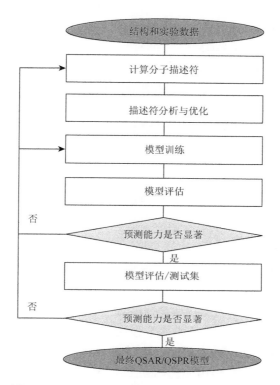

图 2.2　用于建立 QSAR/QSPR 模型的一般流程图

（1）数据类型。

（2）QSAR/QSPR 建模过程中的数据处理。

（3）结构描述符的计算。

（4）多元数据分析方法。

（5）人工神经网络。

（6）QSAR/QSPR 建模过程的实用技巧。

QSAR/QSPR 在化学领域各学科都有应用，可以用于预测新化合物的性质或活性。适当的结构描述符和建模方法有助于理解和解释同系物分子结构与其性质或者作用机制之间的关系。

如下场景适合采用 QSAR/QSPR 模型[5]：

（1）药物先导化合物的生物活性优化。

（2）药物先导化合物的发现。

（3）在产品开发早期阶段识别有害化合物。

（4）预测新化合物的脱靶效应或毒性。

（5）预测化合物的环境毒性。

（6）预测药物先导化合物的吸收、分布、代谢和排泄（ADME）特性。

（7）预测化合物的理化性质。

（8）预测化合物释放到环境后的去向。

在本章中，我们将重点关注预测生物活性的 QSAR 模型。有关于预测理化性质的 QSPR 模型的更多信息，可参见第 3 章和第 6 章 6.9 节。

关于 QSAR 的当前研究进展与趋势的详细综述，可参见文献[6]，其中引用了 300 余篇参考文献。

2.2　数据处理与校正

2.2.1　结构数据

QSAR 的主要任务是找出生物数据与化合物分子结构之间的关系。因此，首先要收集供分析的化合物的各种数据。几十年来，已涌现了一批开源的化学和生物数据库，这些数据库对于验证 QSAR 模型和方法非常重要。ChEMBL[7] 和 PubChem（6.5 节）[8]就是其中两个最大的开源数据库。ChEMBL 数据库目前的版本（ChEMBL22）涵盖 1440 多万个生物实验数据、200 万种化合物和约 11200 个靶标。PubChem 是由美国国立卫生研究院建立和维护的数据库，收集了 110 万个高通量筛选项目的有关生物活性的数百万个数据，以及来自 70 多个组织存储的约 9400 万个化合物。

确保数据库中数据的正确性是 QSAR 建模的基本要求，因此数据校正（data curation）至关重要（参见《化学信息学——基本概念和方法》第 12 章），尤其是近年来开源化合物数据库急速发展。最近，多个小组的研究[9]清楚地表明：化学描述符的类型对 QSAR 模型预测性能的影响远大于模型优化技术本身。这些结果显示数据库中存在错误的结构数据会强烈地影响模型可靠性。使用不正确的数据将生成不正确的模型，使用该模型的预测结果也不可靠。因此，在开发任何模型之前，应该尽可能地验证原始数据的准确性。

《化学信息学——基本概念和方法》第 12 章 12.2 节和参考文献[10]对建立 QSAR 研究前的结构数据校正提出了详细建议。

在过去几年中，已经开发了几种方法和程序来帮助识别数据库中的错误。随着数据库的规模不断增大（如 PubChem 和 ChEMBL），数据校正更加重要。目前，已经采取了一些措施（如 ChemSpider 项目[11]）来处理公开的化学数据。例如，可以使用 ISIDA/Duplicates[12]和 HiT QSAR[13]程序（对学术用户免费）高效快速地消除重复数据。参考文献[10]和[14]介绍了实用的数据校正方法。

2.2.2　生物数据

生物数据通常用术语表示，不能直接用于 QSAR 建模。QSAR 一般是基于自由能和平衡常数（如 K_i 值）之间的关系，其模型一般将生物信号与自由能变化相关联。化合物的生物活性与自由能变化的关系由式（2.2）表达：

$$\Delta G = -2.3RT \log K_i \tag{2.2}$$

生物数据通常是不对称分布的，而对数变换将数据变得近似于正态的分布。因此，通常对生物实验中使用的浓度采用浓度对数 $\log[c]$ 或 $\log 1/[c]$ 来表示。生物数据通常精度不高，有一定的实验误差范围，因此任何预测都只能以有限的精度进行。此外，生物数据也需要经过校勘，校勘方法详见于《化学信息学——基本概念和方法》第 12 章 12.2 节。

2.3　分子描述符

分子描述符是分子特征的数学表示，以分子结构为基础，基于量子化学、数学方法、有机化学和图论等不同原理导出，称为经典的或计算得出的描述符。在环境科学、毒理学、分析化学、物理化学、药物化学和生命科学中，分子描述符作为自变量，用来预测分子的化学或生物学性质。有时候，通过实验测得的分子性质也可以作为分子描述符（如 $\log P$ 或偶极矩）用于 QSAR 的建模研究。在下面章节中，我们将只介绍经典的分子描述符的应用。在《化学信息学——基本概念和方法》的第 10 章对分子描述符有更多介绍。

科学界对新型描述符越来越感兴趣，已经报道了超过 5000 种分子描述符[15]。Todeschini 和 Consonni 认为，分子描述符必须满足以下要求[16]：

（1）分子描述符的值不因分子中的原子编号的改变而改变。

（2）分子描述符的值不因分子坐标的旋转和平移而改变。

（3）分子描述符有明确的算法。

（4）对于给定的分子集合，分子描述符的值有合适的数值范围。

任何描述符的信息内容取决于两个因素：化合物的分子表示和算法。分子描述符的数据类型如表 2.1 所示。

表 2.1　分子描述符的数据类型

数据类型	举例
布尔（Boolean）	至少有一个环的化合物
整数	碳原子数

续表

数据类型	举例
实数	$\log P$
向量	偶极矩
张量（3×3 矩阵）	电子极化率
标量场	电子势能
向量场	静电势的梯度，也就是力

分子描述符也可以基于结构表示的维度进行分类。基于单个数字（整数或实数）的描述符（如分子量或 $\log P$ 值）被称为 0D。这些描述符生成速度很快，但它们非常简单，单独使用时区分能力不太够。

2.3.1 结构键（1D）

结构键可以视为分子的一维（1D）描述符。一个结构键描述了一个分子的组成和结构特征，被表示为一个布尔数组，可以很容易地被计算和处理。如果分子中存在某个片段或结构特征，则将该字符串中的某个特定位点设置为 1（真），否则设置为 0（假）。该数组中的每个位点将编码一个特定的片段。指纹是一个布尔数组，是为每个原子、每对相邻原子、所有键以及由较长路径连接的原子组生成的一系列模式。通过哈希编码算法，向分子的每个模式各分配唯一的一组比特位。使用逻辑"或"将生成的一组比特位添加到指纹中。

2.3.2 拓扑描述符（2D）[①]

拓扑描述符描述分子的构成，可以从分子图计算。将有机分子看作图，按照图论定理计算得到的数值称为拓扑指数。拓扑指数编码与指纹有相同的属性，不过它们更难以解释，但是可以通过简单的计算获得。

另一类描述符是用自相关向量表示的，最早由 Moreau 和 Broto[17]提出。计算自相关向量时，将原子看作空间中的一组点，将原子的性质看作在这些点的函数。然后对在原子 x 和原子 $x + k$ 处计算的函数的乘积进行求和，从而获得自相关矢量，其中 k 是拓扑距离。

2.3.3 几何描述符（3D）

生物活性通常是小分子和蛋白质靶结构的形状和静电互补的结果。因此，描

---

① 一般地，分子的 2D 拓扑结构是指化学家在二维空间绘制的分子结构图，它规定了分子中各个原子的邻接关系。——审校者注

述这些相互作用关系的三维（3D）描述符应运而生。3D 描述符依赖于构象，能够比简单的拓扑描述符提供更多信息。然而，也存在一些缺点，即难以知道何种构象代表分子的生物活性构象。因此，要检查许多构象（或对构象进行统计平均），药效团建模、分子对接等方法也是研究化合物生物活性构象的工具。

3D 自相关向量和径向分布函数（RDF）也属于分子的几何描述符。RDF 来源于电子衍射（3D-MoRSE）相关的 3D 分子结构表示，可以解释为分子中各个原子之间距离的概率分布[18]。RDF 和 3D-MoRSE 描述符已被证明对不同的生物和理化性质有良好的建模能力[19]。

另一类 3D 描述符源自力场或量子力学计算，即各种势能项，如范德瓦耳斯力、静电、内应变、最高占据分子轨道（HOMO）和最低未占分子轨道（LUMO）作用能。

QSAR 研究中广泛使用的另一组几何描述符来源于分子表面或体积计算。不同性质（如部分电荷）投射到分子表面上，从而导出各种表面描述符[如带电的部分表面积（CPSA）描述符][20]。

VolSurf 和 GRIND 描述符也属于几何描述符[21]。这些描述符的原理是使用特异性探针计算与给定分子的相互作用能，如疏水相互作用、氢键受体或供体基团。这个概念与 GRID 方法很相似[22]。Todeschini 和 Consonni 在 *Molecular Descriptors for Chemoinformatics*[15]中有全面而详细的描述。

一个普遍的问题是在对一组给定分子的性质或生物活性进行描述时需要多少描述符。一种方法是计算尽可能多的描述符，然后用算法来选择最佳子集。另一个普遍问题是对于一个给定的数据集如何确定最佳描述符数量。对于基于线性回归的方法，必须保持描述符的数量低至数据集中化合物样本数的 20%。

另一个重要步骤是删除高度相关的和无关的描述符。为此，已经应用了各种计算方法，包括逐步回归、前向选择、后向消除、遗传算法、趋势向量方法、模拟退火和其他进化变量选择方法。对这些选择方法的比较可以参见综述文献[23]和[24]。

2.4 数据分析方法

2.4.1 概述

化学数据包含分子的各种特征和性质的信息，并且有多种方法可用于从数据集中提取相关信息。这些方法有不同名称，如模式识别、机器学习、数据挖掘、化学计量学和人工神经网络（ANN）。本节简要介绍这些方法，在《化学信息学——基本概念和方法》的第 11 章 11.1 节和 11.2 节中也有深入讨论。

学习过程通常从选择数据集开始，并且将数据集分成两个或多个子集，如训练集和对结果进行评估的测试集（2.8 节也有讨论）。通过训练集学习的算法可以是线性或非线性的。换句话说，必须找到将分子描述符映射到生物活性/性质上的函数。通过评估模型预测测试集的能力，可以用来估计学习的质量。监督学习和无监督学习是两种主要的学习策略。

2.4.2 无监督学习

无监督学习的目标是在不考虑生物活性的情况下建立数据表示。然后，该表示可用于检测数据内的集群或减少数据的维度。无监督学习主要用于聚类、数据压缩或异常数据检测。无监督学习的方法主要有主成分分析（principal component analysis，PCA）以及一些 ANN[如 Kohonen 网络，也称为自组织图（SOM）]和概念聚类。此外，在不包含生物活性的情况下，用于监督学习的几种算法[如随机森林（RF）和支持向量机（SVM）]也可以用于无监督学习。

2.4.3 监督学习

监督学习算法建立输入数据（描述符）与相应的输出数据（生物活性）的相关关系。除了一组输入数据外，在监督学习中，模型还被赋予了一组目标输出，其任务是为新给定的输入生成正确的输出。将模型的输出与实验数据进行比较，计算误差。监督学习方法试图将这个误差最小化。监督学习既可用于分类问题，也可用于实验数据的建模或预测。使用监督学习的常用方法是决策树（DT）、随机森林（RF）、偏最小二乘（PLS）、主成分回归（PCR）、多元线性回归分析（MLRA）、支持向量机（SVM）、ANN 和几种进化算法（如遗传算法）。这些方法将在 2.6.2 节和 2.6.3 节中详细讨论。

以下几节对前面提到的方法进行了更详细的讨论，表 2.2 总结了这些方法。

表 2.2 化学信息学中常用的数据分析方法

无监督	有监督
	多元线性回归分析
主成分分析	偏最小二乘、主成分回归
概念聚类	
支持向量机	对传神经网络
随机森林	反向传播神经网络
Kohonen 网络	支持向量机
	决策树
	随机森林，旋转森林
	进化算法[如遗传算法、粒子群优化（PSO）算法]
	线性判别分析（LDA）
	朴素贝叶斯（NB）分类器
	k 近邻（kNN）算法

由于各种原因（如特定测试系统灵敏度不够），有时候生物活性值无法准确测定，因此无法应用基于回归的分析。在这些情况下可以使用替代的统计技术，将问题简化为一种分类方案，例如，将化合物标记为活性、部分活性和非活性，然后从生成的数据集中搜索化合物分类的模式。

2.5 分 类 方 法

映射方法的另一个重要划分依据是活性变量的性质。在预测连续值时，需要处理的是一个回归问题。当仅需要区分活性和非活性化合物时，可以用分类方法处理。在分类问题中，所得到的模型通过用于分隔描述符空间的决策边界来定义。许多映射方法既可用于预测连续值，也可用于化合物的分类。

2.5.1 主成分分析

主成分分析（PCA）允许通过由新的正交变量构成的较低维度的空间表示多变量数据。这些新的正交变量是最大化数据方差描述的原始描述符的线性组合。PCA 概述了数据的主要模式和主要趋势。用数学术语表述，PCA 就是将大量相关变量转换为较少数量的不相关变量，即所谓的主成分（或潜在变量）。在 PCA 之前，通常对数据进行预处理以将其转换为最适合 PCA 应用的形式。常用的 PCA 预处理方法是数据的缩放和平均化。

在矩阵表示法中，PCA 用两个较小的矩阵来近似数据矩阵 X，它有 n 个对象和 m 个变量。这两个较小的矩阵为得分矩阵 T（n 个对象和 d 个变量）和载荷矩阵 P（d 个对象和 m 个变量），其中 $X = TP^T$。

将数据矩阵减少到较少数量的新变量的相关方法有因子分析（FA）、对应因子分析（CFA）和非线性映射（NLM）。

2.5.2 线性判别分析

线性判别分析（LDA）通常用于化合物的分类和数据降维。LDA 使用特征的线性组合来分离属于不同类的分子，即将分子集合分为不同的小组。LDA 实现从原始特征空间到降维空间的线性变换，该变换将最大化组间间隔，且最小化组内方差[25]。LDA 尝试生成一个能够分离不同类别化合物（如活性和非活性化合物）的超平面。超平面由线性判别函数定义，该函数源自所选分子描述符的线性组合。

2.5.3 Kohonen 神经网络

Kohonen 网络，也称为自组织图（SOM），是人工神经网络中无监督学习技术。

它是将多维数据映射到二维（2D）表面的方法。SOM 根据相似性对输入的数据进行分组。那些彼此相似的数据点被分配给相同的神经元或紧密相邻的神经元。它用于检测大型数据集中的分组模式，并将化合物分成可视化的不同家族。更多细节参见《化学信息学——基本概念和方法》第 11 章 11.2 节和相应章节文献[26]～[28]。

2.5.4 其他分类方法

2.6 节列出了通常可用于分类和建模的方法。

2.6 数据建模方法

构建 QSAR 模型的第一步是无监督学习过程，以查看所选描述符是否适合将对象分类成所需类别（如活性和非活性）。只有找到好的描述符时，才进一步寻找描述符与活性/属性之间的函数关系。QSAR 模型是假设生物数据和描述符（如 MLRA）之间存在线性关系的情况下得到的。对于同系列分子的小数据集，当描述符针对给定活性时，线性模型易于解释且足够准确。现代非线性建模方法将这种方法扩展到更复杂的关系。在基于回归的分析中，因变量是描述符的连续函数。

2.6.1 基于回归分析的 QSAR 方法

回归分析代表了估计变量之间关系的统计过程。它包括许多用于建模和分析多个变量的技术来研究因变量与一个或多个自变量之间的关系。早期用于预测分子性质的 QSAR 模型都使用回归分析，如 LFER（见《化学信息学——基本概念和方法》第 8 章 8.1 节）。Hammett 使用 LFER 方法为预测同系列分子的化学反应性做出开创性的工作，也为 LFER 概念的发展奠定了基础[29]。其基本假设是：结构特征对化学过程的自由能变化的影响在同系列的化合物中是一致的。

2.6.1.1 多元线性回归分析

线性回归模拟两个变量或向量（x 和 y）之间的线性关系。因此，该关系由 $y = ax + b$ 给出的直线来描述（a 表示直线的斜率，b 表示该直线在 y 轴上的截距）。线性回归通过调整斜率和截距使直线能根据 x 给出对 y 的最佳预测。这是通过最小化点到线的垂直距离的平方和来实现的。回归的质量由相关系数 r^2 表示。

简单线性回归仅使用一个自变量进行建模，而 MLR 使用更多变量。给定 n

个输入变量 x_i，变量 y 的建模方式与使用一个输入变量的简单线性回归类似：

$$y = a_i + a_1x_1 + a_2x_2 + \cdots + a_nx_n \tag{2.3}$$

自变量 x 的各个分量之间应该互不相关，如果它们是相关的，则用逐步多元线性回归（MLR），为模型选择与已使用的 x_i 不相关的那些自变量的分量。在应用多元回归分析时要注意：只要给定足够的参数，任何数据集都可以拟合出一条回归线。因此，回归分析需要化合物样本数远多于描述符的个数。根据经验，化合物样本数至少是描述符数目的 5 倍。此外，还应检查描述符值是否分布良好，而不是呈聚类分布。

MLR 尝试通过上调或下调各参数来最大化数据和回归方程的拟合度（最小化回归方程的平方偏差及最大化 r^2 值）。回归程序通常以逐步回归的方式来完成此任务，即前向选择或后向消除回归。顾名思义，前向选择从只有一个描述符的方程开始，该描述符通常是贡献最大的描述符。然后添加第二个和后续的项，再次选择最有贡献的描述符。后向消除回归的工作原理正好相反。最初，使用所有计算的描述符导出一个方程，然后逐步去除较少贡献的项。无论是前向选择还是后向消除回归，最终的模型可能才是与实验数据最吻合的模型。参考文献[30]中总结了逐步回归方法的注意事项。

其他变量选择方法通常与 MLR 联合使用，如遗传算法、粒子群优化算法（PSO）和模拟退火[31]。

遗传算法通常表现出最佳性能。这些进化优化算法广泛应用于化学各领域。这些算法应用了生物物种进化的自然原理，包括适者生存和通过不同类型的自变量重组（繁殖、变异、交叉）来获得改善。遗传算法需要对优化得到的函数的拟合程度进行评价。

一种与 MLR 相关的方法是逻辑回归（LR）。LR 用于预测一个化合物属于某一目标属性的概率，因此它可以用于分类问题[31]。

2.6.1.2　偏最小二乘分析

偏最小二乘（PLS）在 QSAR 应用很广。即使描述符之间高度相关且其数量大大超过样本数，PLS 也可用于生成定量模型。在 PLS 中，必须使用描述符空间（X 矩阵）和化合物性质空间（Y 矩阵）来计算潜因子或潜变量[32]。首先，分别计算两个矩阵 X 和 Y 的潜变量（也称为主成分）。然后，将 X 矩阵的得分用于回归模型，以预测 Y 的得分，接下来可以根据 Y 的得分预测化合物的性质。用于计算 PLS 的常用算法是 SIMPLS。可以通过应用各种验证方法来获得用于最终模型的主成分的最佳数量（在 2.8 节中描述）。

更先进的 PLS 方法有二次 PLS、核 PLS、核-脊回归 PLS、多路 PLS、展开

PLS、层次 PLS、三块双聚焦 PLS。对于回归技术感兴趣的读者可以参考 Hasegawa 和 Funatsu 的综述[33]。

2.6.1.3　主成分回归分析

PCR 是主成分分析（PCA）和多元线性回归分析（MLRA）两种方法的组合。首先，执行 PCA，产生一个载荷矩阵 P 和一个得分矩阵 T。对于随后的 MLR，仅使用 PCA 的得分用于对 Y 进行建模。PCA 得分本质上是不相关的，因此可以直接用于 MLR。详细描述和应用可以参阅文献[34]。

在 PCR 中选择 MLR 的相关效应可能非常复杂。直接的方法是选择方差高于某个阈值的 PCA 得分。通过改变最终 PCA 成分的数量，可以优化回归模型。但是，如果相关的影响相对于不相关的影响较小，它们将不会包含在前几个主要成分中。解决这一问题的一个方法是应用偏最小二乘法。

2.6.2　三维 QSAR

在过去的几十年中，因为三维 QSAR 的一些方法被包含在用户友好的图形化商业化软件中，三维 QSAR 研究的数量呈指数增长[35]。

2.6.2.1　比较分子场分析

比较分子场分析（CoMFA）[35]是一种用于寻找三维 QSAR 的工具。CoMFA 的基本思想是：靶标性质的差异（如生物活性）通常与分子周围的非共价相互作用场的形状和强度密切相关。即空间场和静电场为理解一组化合物的生物学特性提供了所有的必要信息。将分子排列于立方网格中，计算每个网格点上分子和探针之间的相互作用能。在 CoMFA 研究中通常只有两个势，分别是 Lennard-Jones 函数给出的空间势和简单库仑函数给出的静电势。显然，描述分子相似性和描述配体与相应生物学靶标相互作用的过程都不是容易的事。在 CoMFA 的标准应用中，使用的势能仅提供了结合自由能中焓的贡献。

PLS 回归可以评估生物活性与生成的相互作用场之间的关系[32]。PLS 方法能够在能量值多于化合物的情况下建立统计模型，因为各种能量值彼此相关，且许多能量值与生物活性无关。这些假设使 PLS 能够提取分散在许多变量上的微弱信号。

与传统 QSAR 相比，三维 QSAR 的最大优势之一是统计结果可用图形诠释。方程系数可以在配体周围的区域中可视化。可以通过目测清晰地观察到对活性贡献最大的空间区域。结果的图示化一方面便于检查模型的可靠性，另一方面有助于设计具有更高活性或选择性的化合物。就这一点来说，像 CoMFA 和 GRID/GOLPE[35, 36]这样的三维 QSAR 方法非常有用。它们可以把描述场三维分布的空间势及静电势等高线用不同颜色展示出来。立体场等势线相对容易解释。空间区域被占据时表示为正等势线图，此时强度增加；反之为负等势线图，强度降低。静电场等势图解释起来复杂一些，因为存在电中性情况，而且静电场中的正负电荷都可以增加能量。如果 CoMFA 分析结果显示有显著的静电效应，则分析者须检查相应官能团的潜在静电效应，以排除人为因素。

Clementi 和 Cruciani 用 GRID 交互场作为构建 PLS 模型的描述符，开发了一种名为 GOLPE 的程序[36]。该法能通过各种化学计量学工具（如分数阶乘设计和D-最优设计）减少变量数。变量选择方法还可用于最佳区域选择。与原 CoMFA技术相比，GOLPE 可建立更优的 QSAR 模型。

为了优化 CoMFA 方法，提高其重现性，研究人员开发了交叉验证的引导区域选择（q^2-GRS）程序。该方法解决分子相互作用场（MIF）三维 QSAR 模型中的最佳区域选择的问题。一些非生物学活性变化可引起特定区域内的立体场和静电场扰动（低 q^2 值），q^2-GRS 的一个重要特色是去除了这部分无关的区域，即在最终 PLS 分析前进行区域选择优化。

2.6.2.2 CoMSIA

由于 CoMFA 模型中用到的 Lennard-Jones 势存在问题[35]，Klebe 等[37]开发了基于相似性指数的 CoMFA 方法，命名为比较分子相似性指数分析法（CoMSIA）。CoMSIA 采用 Gaussian 函数形式（而非传统的 CoMFA 势函数）计算三种不同分子场（立体场、静电场和疏水场）的参数。与 CoMFA 相比，CoMSIA 采用的描述分子的函数以及得到的三维等势图可以更为直观地解释不同分子场对分子活性的影响。同时，在 CoMSIA 中也不需要再定义能量的截断值。有关该方法及其应用的更详细内容见参考文献[37]。

2.6.2.3 Open3DQSAR 和 3-D QSAutogrid

2011 年 6 月，CoMFA 的所有专利到期。与此同时，一些基于交互场生成 PLS模型的开源项目（如 Open3DQSAR[38]和 3-D QSAutogrid[39]）被启动。Open3DQSAR旨在通过 PLS 分析分子相互作用场（MIF）来进行药效团探索。该程序可用于生成空间势、电子密度和MM/QM静电势，还可以导入其他程序（如GRID和CoMFA）生成的 MIF。3-D QSAutogrid 运用 AutoGrid 生成 MIF 和 R-based 脚本，对生物活性及 MIF 数据进行统计处理。

2.6.2.4 无叠合的三维 QSAR 方法

CoMFA 相关分析的重点及难点在于如何得到目标分子的活性构象并对这些活性构象进行叠合。多个课题组报道了无叠合的 CoMFA 方法[40-42]。Silverman 和

Platt[40]在比较分子力矩分析（CoMMA）方法中使用了表征形状和电荷分布描述符，如主惯性矩及来自偶极矩和四极矩的属性。他们研究了许多数据集并得到了具有良好一致性和预测能力的模型。Cruciani 等报道了类似的使用 GRID 力场产生主惯量的方法，并将这一方法整合到 VolSurf 和 Almond[41, 42]的程序中。

其他 QSAR，包括 3D～5D QSAR 的方法也一直在发展。这些方法考虑分子构象，或结合受体的相互作用。GERM[43]、COMPASS[44]、受体表面[45]和 QASAR[46]方法考虑了活性配体结合面或附近的空间离散位置。当数据集中所有分子的结合都不会引起结合位点变化时，这些方法比较合理。

2.6.2.5　模板和拓扑异构体 CoMFA

Cramer 等发展的 CoMFA 方法分为模板法和拓扑异构体（Topomer）法[47]。Topomer 的定义是：有单个姿态（构象加位置）的结构片段（至少有一价与分子其他部分结合）。片段上开放的价电子可被叠合到三维空间的一个固定的笛卡儿矢量上。Topomer 只考虑片段的拓扑结构。具有相似拓扑结构的片段应生成相似形状的异构体。片段的构象按照一定经验规则进行调整（包括非环单键扭转角度、立体化学和环折叠方式）后得到异构体。异构体 CoMFA 仅使用由碎片化的训练集产生的异构体作为三维 QSAR 必需的叠合输入结构，除此之外，它与普通CoMFA 的唯一差别在于使用多个 CoMFA 列——每列各一组片段（R-群）。与传统 CoMFA 相比，异构体 CoMFA 的主要优势是模型生成全自动化。因此，用户无需手动叠合，而这一步在传统 CoMFA 中是必需的。

2.6.3　非线性模型

下面介绍的方法都可生成非线性模型，从而将传统的线性 QSAR 扩展为描述符的非线性函数。对于数据量大、数据种类多的数据集和复杂的生物数据，非线性方法可能是更好的选择，但也更难理解。一些复杂的非线性模型也可能因为过拟合而失败，因此这一方法需经过广泛的验证。

2.6.3.1　决策树

决策树（DT），也称为循环划分（recursive partitioning），是一种树状二分过程的机器学习技术。从训练集构建 DT，可以预测新化合物的性质和活性。DT 由节点和分支组成。DT 通过树根到树叶节点来对样本进行分类。每个内部节点代表一种属性的测试，测试输出表示为一个分支。每个叶节点代表最终给出的类别。当 DT 不太大时，是一种非常直观的图解法。此外，无用的描述符不会影响树的性能。DT 常用于分类，但也可用于回归问题——此时每个叶子对应的是数值而非分类类别。图 2.3 是一个简单的 DT 示例。如需进一步了解，请参阅文献[48]。

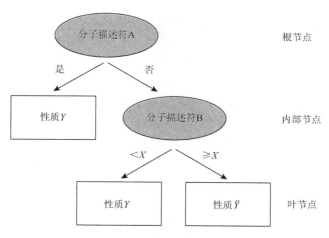

图 2.3　简单决策树的示意图

集成学习被用于多种机器学习方法中。它通过使用并训练多个模型（称为学习器）而不是单个模型来完成学习任务。通过构造一组假设，再用某种策略将它们结合起来，可以呈现出更好的相关性或分类。一个集成由多个学习器组成，即所谓的基础学习器。集成模型的一个重要特征是它们生成模型的能力通常强于单一模型。通过基础学习算法从训练集训练获得基础学习器。各机器学习方法（如DT、神经网络或其他）都可作为算法。集成模型的构建分两步：先产生一组个体学习器，再将它们结合起来。最常用的组合方案是：分类问题采用"多数投票"的方法；回归模型采用"加权平均"的方法。集成学习的方法有许多，包括 Boosting[49]（在程序 ADABoost 中实现）、Bagging[50]和 Stacking[51]。在 Bagging 算法中，通过自举（bootstrap）采样法从原始样本集抽取样本组成多个数据集，并通过训练构建一组分类器。然后，通过对每个分类器进行投票来进行组合。通常，这种集合模型的分类器具有相对较高的分类精度。分类器的多样性与训练样本中不同分子的比例有关。

Bagging 是 RF 中采用的学习算法，具体内容将在下一节介绍。Agrafiotis 等在他们的研究中将 Boosting 应用到 QSAR 模型[52]。关于其他不同的集成学习方法的比较参阅文献[53]。

2.6.3.2　随机森林

随机森林（RF）由 Breiman 于 2001 年首次引入[54]，因为使用自举样本产生的大量不同的决策树而得名。该法引入了"群体智慧"的概念，其意义为多个独立模型结合产生的效果优于单一模型。

RF 通过对每棵决策树的预测进行分析，选择最多的预测结果作为最终预测。为了构建每个 DT，需要从原始数据集中随机选择样本得到不同训练集。每棵决策树会以新生成的训练集作为根节点处的样本，然后随着描述符生长，其间不进行剪枝。RF 使用便捷，只需要定义两个参数：森林中的决策树数量和每棵树中的描述符数量。DT 的数目很大时，用来产生 DT 的描述符个数应该小于可用描述符总数的平方根①。对于回归模型，RF 的输出结果是从森林中所有决策树预测结果的算术平均值。

RF 可以处理大量的训练数据和描述符。除了分类之外，它还可以用于无监督聚类。RF 准确度高，具有很好的抗噪能力，且不容易陷入过拟合情况。与所有分类方法一样，不平衡的数据集会带来一些问题。

许多软件包和网站均提供 RF 用于分类和回归，如 R statistical package[55]、Orange[56]、WEKA[57]和 Chamming[58]。相关综合见文献[59]。

还有一种称为"旋转森林"的新方法，它基于特征提取来生成分类器集合[53]。为了获得基础分类器需要先提取训练集，其方法是先将特征集随机分成 k 个子集，并且分别对所有子集执行 PCA。然后，在保持所有组件完成的同时重新组装新提取的特征集。从而，数据被线性转换为新特征。使用新得到的数据训练决策树，并导出不同的分类器。总的来说，旋转森林的总体思路是同时增加模型集合中的分类精度和多样性。通过提取每个基础分类器的特征，来提高分类器的多样性。

2.6.3.3　k 近邻算法

k 近邻算法（kNN）使用简单的距离学习法，根据训练集中的大部分 kNN 对未知分子进行分类。因此，kNN 是一种非线性、非参数的方法。研究者可用生物活性的 kNN 距离加权平均值来预测化合物的活性。该方法采用一种简单的决策方案，实际上不需要对数据集进行训练，即随着训练数据的增加，它逐渐接近最佳预测结果。确定合适的距离度量（如欧几里得距离）来测量分子是否接近其他分子。标准 kNN 方法首先计算未知分子 u 与训练集中所有分子之间的距离。然后，根据计算的距离，从训练集中选择与未知分子 u 最相似的 k 个分子。接下来，将分子 u 与大多数 k 化合物所属的基团进行分类。近邻数 k 是由用户定义的值，会影响模型的性能，因此需要优化。由于 kNN 依赖于化合物之间的距离，所以应该控制所使用的描述符数量，以免数量过大会对 kNN 模型造成不利影响。

---

① 例如，可用描述符总数为 144，用来产生 DT 的描述符个数应该小于 12。——审校者注

2.6.3.4　朴素贝叶斯分类器

在机器学习中，朴素贝叶斯（NB）分类器是一类简单的概率分类器。它们也被称为简单贝叶斯或独立贝叶斯模型。NB 可以处理多个类。NB 分类器利用贝叶斯定理来预测对象 x 归属于类别 y 的概率 $P(x \mid y)$[式（2.4）]：

$$P(x \mid y) = \frac{P(x \mid y) P(y)}{P(x)} \tag{2.4}$$

朴素贝叶斯分类器之所以这样命名是因为它的思想很朴素——因为它假设所有特征属性彼此之间完全独立。为了生成 NB 模型，使用具有不同分类标签的训练集来进行监督学习。虽然简单，但该法的分类效果非常出色，可能原因之一是特征之间的依赖性至少部分抵消了。此外，该方法非常有效且对计算要求不高。在存在噪声数据的情况下，NB 可能优于一些更复杂的方法[59]。

2.6.3.5　人工神经网络

人工神经网络是基于模仿人脑的信息处理方式而建立的一种数学模型，目前已有多种类型（参见《化学信息学——基本概念和方法》第 11 章 11.2 节）[29]。SOM 对大脑感觉信号进行映射，建立模型——可用于分类问题（2.5.3 节）。还有一些其他方法既可用于分类，也可用于建立 QSAR 模型。

ANN 用简单数学模型来代表生物神经网络：

$$y(x_1, \cdots, x_n) = f \sum_{i=1}^{N} (w_i \times x_i) \tag{2.5}$$

其中，$x_1, \cdots, x_n$ 是输入值；w_i 是神经元的权重；f 是非线性反应函数（图 2.4）。

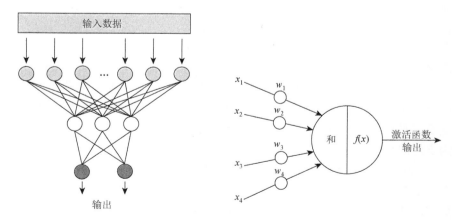

图 2.4　一个双层 ANN 的实例（此处只有两层权重）

大量的神经元分层堆积，每一层神经元的输出结果经 S 型传递函数修饰后输入下一层神经元。

神经网络的定义由神经元权重公式 $W = \{w_{ij}, i = 1, \cdots, L; j = 1, \cdots, N_i\}$ 给出，其中 L 是层数，N_i 是第 i 层神经元的数量。在网络训练期间，权重会向着最小化误差平方和的方向优化。

确定权重的最常用方法是误差反向传播算法——一种监督学习策略。通常，这样的网络由多层神经元（输入层、隐藏层和输出层）组成。图 2.4 展示了典型的 ANN 架构。神经网络的输入层代表分子描述符，输出层代表化合物的目标性质。

反向传播学习的一般原则是根据输出信号的误差调整每个神经元的权重，使得输出误差最小[60]。在训练过程的每个循环中，将最终输出结果与目标性质进行比较。由此得到了从输出层到输入层反向传播的误差信号，据此可相应地调整每层的权重。经过多个训练循环，误差会逐步收敛。完成一定数量的训练周期后，神经网络会开始"记忆"训练数据。这意味着它能准确地模拟训练数据，但预测其他数据的能力将降低。因此，为了尽可能地降低人工神经网络过拟合的风险，人们开发了多种策略，如使用验证集或其他技术（早期终止、剪枝和权重衰减等）[61]。

更高层次的神经网络概念包括反向传播（CPG）网络、贝叶斯正则化人工神经网络（BRANN）、概率神经网络（PNN）、径向基函数神经网络（RBF）和广义回归神经网络（GRNN）。文献[62]综述了应用在药物设计中的 ANN。

2.6.3.6 支持向量机

支持向量机（SVM）以统计学习中的结构风险最小化原则为基础[63]。它构建了描述符空间超平面，将训练集样本分成两类。SVM 是 QSAR 中最受好评的机器学习方法之一，这一点从它的发文量就可以看出。在分类问题中，SVM 旨在创建一个超平面，它使被分割在平面两侧的对象之间的距离之和最大（支持向量）。在回归问题中，SVM 通常使用非线性核函数将数据映射到高维空间。简而言之，SVM 的"工作地点"不是原始空间，而是原始空间非线性核变换而成的特征空间。特征空间具有更高的维度（通常具有无数个维度），因而可以分离变换之前的原始空间中的非线性可分问题。如果 SVM 用于回归问题，则它也称为支持向量回归（SVR）。

SVM 优化最终会达到单调全局最小值，并且在大多数情况下对于给定的一组自由参数具有唯一解。这一点不同于前面提到的那些随机方法，如 ANN 和进化算法。SVM 法不容易出现过拟合现象，因此适合应用于发现新的化合物。当每个类别只有少数例子可用时，SVM 也更稳健（robustness）。感兴趣的读者可以参考 SVM 的综述[64, 65]。

2.7　数据分析方法总结

虽然有关 QSAR 数据分析方法的文章发表量呈上升趋势，但目前还没有通用的规则指出哪种方法最适合于某数据集。就是说，没有一种方法完美到可以解决所有问题。方法的相对性能取决于多方面因素，包括研究的化合物在化学空间中的数量和分布、研究的生物数据的复杂性，以及使用的描述符和观察到的相互关系。已发表的几项研究中分析了各种机器学习方法的性能并进行了深入讨论，见参考文献[58]、[64]、[66]和[67]。

2.8　模　型　验　证

模型验证是从很多初步构建的模型中识别"有用"模型的过程。当整个模型构建过程按最先进的方法准确无误地完成后，该模型有较大的概率是有用且正确的，需要进行模型验证。"验证"包含许多用来区分模型好坏的方法[68]。

开发好的 QSAR 模型非常重要（见《化学信息学——基本概念和方法》第 12 章）。QSAR/QSPR 模型的常用验证方法有如下几种：

（1）内部验证或交叉验证。

（2）数据集拆分为训练集（用于模型建立）和测试集（用于测试最终模型的预测能力）来进行外部验证。

（3）将模型应用于新的外部数据来进行验证。

（4）数据随机化或 Y 加扰，验证活性和建模描述符之间不存在偶然相关性。

QSAR/QSPR 和类似方法区别于一般统计建模方法的主要原因是因变量（尤其是生物数据）极其复杂以及研究对象（结构表示法-分子描述符）很难充分地描述。

在本节中，我们将讨论 QSAR/QSPR 模型验证最有用及最常用的方法。我们希望通过这一节的内容鼓励读者在实际应用过程中执行严格的验证程序，尽可能多地尝试各种方法。更全面的论述可以参见《化学信息学——基本概念和方法》第 12 章 12.2 节。

2.8.1　验证程序的正确使用

QSAR/QSPR 的模型有很多验证方法，主要有外部验证和内部验证。内部验证通过两种方式评估模型，一是通过计算验证标准和统计模型性能；二是通过再利用训练集数据评估模型，最常用的方法包括交叉验证法、自举法和 Y 随机化验证法。

与内部验证相反，外部验证通常抽出一部分数据作为检验集，测试集不参与训练模型的参数。这些额外数据（外部数据）直接用于计算模型的测试误差，验证模型的预测能力。开发任何预测模型时，其预测能力都必须经过严格的外部验证。此外，如果模型建立好后又获得了新的实验数据和新化合物，对任何模型而言它们都将是最好的验证。

通过比较实验值与预测值计算模型预测的误差，如平均绝对误差（MAE）：

$$MAE = \frac{1}{N}\sum_{i=1}^{N}|y_i - \hat{y}_i| \tag{2.6}$$

其中，N 是数据集的大小；y_i 是实验值；$\hat{y}_i$ 是化合物 i 性质的预测值。MAE 是一种直接测量数据集预测误差的方式。绝对误差不一定是最好的度量方式。本章 2.8.8 节将讨论更复杂和准确的方法。

虽然 QSAR 界公认外部验证在误差估计方面比内部验证更可靠，但也一致支持内部验证与外部验证结合来判断模型预测能力。

验证的根本目的是保证最终模型的可靠性和有效性。实现这一目标通常需要两步[69]：

（1）模型选择：从可用的模型集合中选择最佳模型。

（2）模型评估：评估最佳模型的预测能力。

模型选择，即在模型开发过程中通过改变某些参数产生一系列模型（如改变模型的复杂性或使用不同的描述符及数据分析方法），然后用于评估模型复杂性及预测能力，寻找最佳模型。

模型评估则非常不同，此时"最终"模型已经建立，只待评估验证。换句话说，必须用新数据的预测结果证明模型的有效性。

一般地，模型选择用内部验证方法，而模型评估用外部验证方法[14]。QSAR实例中经常会出现数据很少的情况，这时，如果在模型选择阶段用内部验证可以大大减少所需数据量。但是，建议两种验证方法结合使用。

然而，即使采用特定外部数据评估模型的预测能力，得到的预测能力估计值本质上也仅适用于那些特定的外部数据。要避免这种情况并不容易，有几种方法可供选择。

谨慎收集外部数据，确保它们未脱离训练集的化学空间。收集方法包括先验和后验，前者用代表性子集选择法来划分可用数据，后者采用其他来源的数据。对数据进行后验评估时，应考虑模型的应用范围（详见 2.8.9 节）[70, 71]。如果采用先验评估方法，代表性子集选择法会系统地产生代表性数据集，这些数据集均匀涵盖所讨论的化学空间[72]。这样一来就降低了数据外溢的风险，误差估计更加合理[73]。

2.8.2 建模与验证的流程

在深入讨论之前，首先需要明确一个常规建模/验证过程。文献[9]和[74]对此给出了几种参考。图 2.5 是流程示意图，描述了数据流动的过程。实际上，数据是 QSAR 研究中最重要的部分。数据质量、数据量及其正确使用对构建预测模型的影响最大（详细内容参见 2.6.2 节）。流程的第一步是将原始数据集拆分成建模和测试子集，建模子集进一步被拆分为训练集和验证集。最终，训练集被用于构建模型，以及内部验证（如交叉验证法、自举验证法和 Y 随机化验证法）。质量标准不达标的模型将被淘汰。最终选择的模型，即最终模型，会使用未参与建模的测试集进行外部验证。

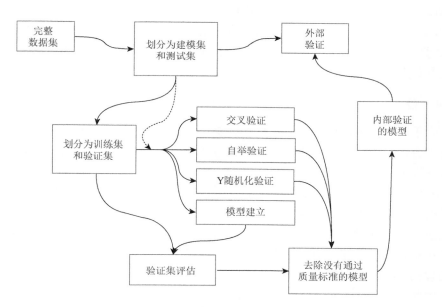

图 2.5　建模/验证工作的一般流程

2.8.3 数据集拆分

图 2.5 显示的是建模/验证工作的流程图。

原始的完整数据集经过拆分用于不同目的。最终，还可能用到不属于起始数据集的附加数据集。虽然不同 QSAR 任务对完整数据集的分拆处理可以有所不同，一般的分拆数据集的定义和做法如下：

（1）完整数据集：所有建模前可用的数据。

   （a）建模集：从完整数据集中划分出来用于建立模型的数据集。

      （i）训练集：从建模集中划分出来用于拟合模型的数据集。

      （ii）测试集：从训练或建模集划分出来用于优化模型参数的数据集。

      （iii）（内部）验证集：从建模集划分出来用于选择最佳模型的数据集。

   （b）（外部）测试集：从完整数据集划分出来仅用于评估最终模型的数据集。

（2）附加外部数据集：建模后收集到的可用于最终模型附加测试的数据集。

（3）其他建模数据集：建模后收集到的可用于扩展训练或建模的数据集（更新最终模型）。

现在，我们得讨论数据集的拆分比例问题。目前还没有数据集最佳拆分比例的共识。一般地，人们尝试用 4∶1、3∶1 或 2∶1 这几种比例将完整数据集拆为建模集和测试集。例如，"4∶1"表示建模集和测试集分别占完整数据集的 80% 和 20%。训练集和验证集分别占完整数据集的 64%（80%的 80%）和 16%（80% 的 20%）。通常，QSAR 分析在很大程度上是数据驱动的。这意味着训练集的大小（和质量）对获得具有高度预测能力的模型至关重要。因此，训练集占比建议不低于完整数据集的 50%。

2.8.4 建模、训练、验证、测试和外部数据集

介于对数据集进行系统采样和随机划分两个极端之间，还有很多其他数据拆分处理方法。随机划分法的误差估计最为可靠。这是因为几乎所有统计方法的核心都假设抽样是随机的[74]。

然而，正如我们之前提到的，为了尽可能提高随机划分的误差估计的可靠性，有必要对数据集进行反复划分（至少 10 次），且最好有完全独立的测试集。但是，多次重复实验的时间和计算成本昂贵。缺乏足够的数据会导致建模失败，而人们往往很难收集到足够的数据来凑够 10 个（或更多个）独立的测试集（各自对应独立的建模集）用于重复验证。

因此，如果数据量仅支持一次实验，则无法保证随机划分误差估计的可靠性。这正是需要开发更有效的方法来进行数据划分的原因。

分层拆分是另一种减少随机拆分数据集中可能出现的不兼容性的方法，属于随机抽样类的方法，它确保数据集中特定属性的分布与初始数据集中相同（文献[75]有详细讨论）。QSAR 建模也常使用理性数据拆分法，得到的结果与随机划分方法类似[71]，如大数据的分析和模型选择/模型优化等。在分析大数据时，理性的选择方法可以简单地用于抽选子集来减少数据量。数据量的缩减可降低计算成本，并且使用代表性子集相对于随机样本而言更有可取性。此外，缩减数据量还可以对不平衡的数据集进行优化。在模型选择/优化时，常采用系统划分法产生代表性子集，这

样可以显著简化预测模型的开发步骤。如有需要，可结合随机选择和系统采样两种方法，对它们产生的误差进行分析比较，可以更好地了解并改善建模过程。

一般倾向采用均匀设计法选择数据（即让数据样本均匀地覆盖化学空间），但基于数据簇的方法同样重要且有效。

为了更好地说明这些方法的异同，我们用著名的鸢尾花数据集来说明[76]。图 2.6 显示了该数据集中 150 个点的前两个主成分的 PCA 投影。此投影还可显示 Kennard-Stone 算法选择的对象的分布情况。

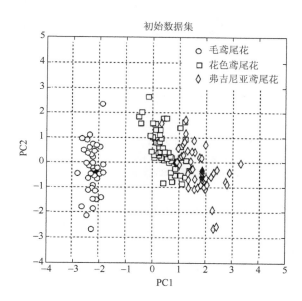

图 2.6　鸢尾花数据集的前两个主成分（PC1 和 PC2）代表的 2D 投影
空心符号和实心符号分别代表训练集和测试集的数据

2.8.4.1　Kennard-Stone 算法

Kennard-Stone 算法可能是 QSAR 领域最著名的均匀设计方法。它被应用在 CADEX[77]程序中。该算法选择代表性训练子集的规则相对简单，步骤如下：

（1）选择最接近均值的数据（最具代表性）。

（2）选择与第一个选中数据差距最大的数据。

（3）选择一个与其最近的已属于该子集的对象最不相似的对象。

（4）如果选够子集所需数据量，则停止。

图 2.7 显示了用 CADEX 法从鸢尾花数据集中选出的数据在 2D 空间上的分布。划分给训练集的数据点是空心的；划分给测试集的数据点是实心的。训练集数据点跨越整个 2D 数据空间，而测试集占据数据空间的中心或内部位置。

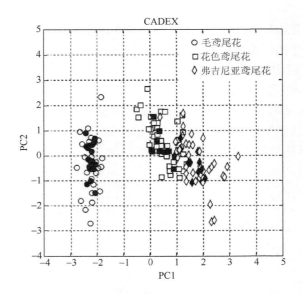

图 2.7　CADEX 方法选出的数据分布图

鸢尾花数据集在由前两个主成分 PC1 和 PC2 表示的平面上的投影；
空心符号和实心符号分别代表训练集和测试集的数据

具体方法实施起来通常与前面描述的通用算法有些差异。初始对象可以随机选择，也可以选择离质心最远的。可用不同相似度计算方法（如欧几里得距离或 Tanimoto 系数）来描述差异性[78]。

Snee 在该算法的基础上进行了修改或扩展，报道了 DUPLEX 算法[79]。DUPLEX 算法旨在创建具有相似统计特性的训练集和测试集。

其他常用的数据子集选择方法还有 Sphere exclusion[80]、OptiSim[81]和 D-最优设计[82]。

2.8.4.2　基于聚类的方法的数据集采样

基于聚类的数据选择方法也可用于子数据集的选择，其思想是从聚类中选择多样性和代表性最佳的数据。可用的聚类方法也有很多，如分层法、非分层法和基于密度的方法等。

2.8.5　交叉验证

交叉验证可能是使用最广泛的内部验证技术之一。它不仅适用于模型验证，也适用于变量选择或模型参数优化。

在 k 折交叉验证中，初始集以随机或半随机方式被分成 k 个子集。排除 k 个子集中的其中一个，并将剩余的 $k-1$ 个子集作为训练集。训练集之外的子集作为测试集。该过程重复 k 次，其中 k 个子集中的每一个都会被用作一次测试集（一个保留集）。当程序完成并分析所有保留集的预测结果，可以计算出交叉验证的误差估计量。

k 折交叉验证中训练集和保留集的大小取决于 k 的值。在每折中，测试集大小约为初始集的 $1/k$，其余（$1-1/k$）部分作为训练集。k 值最低可取 2。在此极端情况下，初始集仅被划分为两个子集，并且训练集和测试集的大小均为初始数据集的一半。另一个极端是 k 等于初始数据集中的样本数 N。在此数据集中，保留集仅包含一种化合物。这种类型的交叉验证被称为留一法（LOO）。表 2.3 总结了不同 k 值下的交叉验证的类型。

表 2.3　基于 k 值的交叉验证类型

k 值	保留的比例/%	交叉验证类型
2~7	50~15	LMO-leave many out
5~20	20~5	LSO-leave several out
N	100/N	LOO

注：LMO 和 LSO 之间没有明显的阈值。

在大多数研究中，当 k 值在 5~10 范围内时通常使用 LOO 或 LSO 交叉验证[74]。通常，LOO 不应作为唯一的交叉验证方法。在大多数情况下，最好使用上述范围的 k 值进行 k 折交叉验证。但是，最佳的做法是 LOO 与多种类型方法联合使用进行交叉验证。由于 k 折交叉验证具有不确定性，建议进行多次交叉验证。应该强调的是，多次交叉验证只是为了排除偶然因素而使单次结果过高地估计模型的性能，而不是为了改善最终的结果；基于单个 k 折交叉验证获得的误差估量值是不可靠的。

在许多情况下，对于太小的数据集，将其拆分为适合于高效模型构建和验证的建模集和测试集是不可能的。为了解决这个问题，可以使用 LOO 或 LSO（具有相对高的 k 值）交叉验证来代替外部验证集。应该强调的是，尽管在某些类型的 QSAR 研究中，小数据集出现得非常频繁，但应始终将这些案例视为特殊情况，并且特别注意对其结果的分析。

2.8.6　自举验证

在 QSAR 研究中，可以通过自举（booststrapping）策略重复利用训练集估算泛化误差（generalization error）。自举法是一种广泛使用的方法[72]，可以适用于任何数据集，对非常小的数据集尤其有效。

自举法的思路是通过从初始样本重复随机替换抽样而使得初始样本中的一部

分用来拟合模型，另外一部分用于进一步验证。如果集合的大小是 N，则化合物 i 在初始数据集中成为自举样本的概率可由式（2.7）计算得到：

$$P(i \in \text{自举样本}) = 1 - \left(1 - \frac{1}{N}\right)^2 \tag{2.7}$$

式（2.7）结果近似为 $1-e^{-1}$，通常舍入到 0.632。因此，某一个样本成为自举样本的可能性为 63.2%，成为保留样本的可能性为 36.8%。也就是说，新训练集（自举样本）占原始训练集的 63.2%，而保留样本占 36.8%。重复取样多次（100 次是一个很好的标准），在每次迭代中计算误差估计值，并在最后对结果进行平均。

　　每次使用自举样本拟合新模型后，可以使用初始训练集计算预测误差，但是这个预测误差是过于乐观的。因为，平均而言，用于计算误差的训练集的 63.2% 已用来拟合模型。一种替代方法是直接使用保留集来进行误差估计。在这种情况下，估计值与两次或三次交叉验证的估计值相似，并且预测结果通常都高估了模型的误差。

　　通常的做法是将两种类型的误差估计结果组合成一个度量，即所谓的 0.632 自举误差估计：

$$\text{err}^{0.632} = 0.632 \times \text{err}_{\text{保留}} + 0.368 \times \text{err}_{\text{训练}} \tag{2.8}$$

式（2.8）适用于大多数情况，能够合理度量模型的预测误差。通过考虑过拟合的程度以及其他方面的可能性，可以进一步改进误差估计。更多细节可以参考文献[14]。

2.8.7　Y 随机化验证

　　Y 随机化验证是很有用的验证方法。这种技术也称为 Y 加扰、随机化响应或 Y 组合[14, 71]。与交叉验证或自举验证方法不同的是，这个方法不是估计预测误差值，而是用来评估误差值的可靠性[83]。该方法最简单的形式是对变量随机响应（传统上表示为 Y，因此称为 Y 随机化验证），并使用原始描述符和混合因变量建立混合模型。这个简单的过程重复几次（同样，100 次是好的推荐值），并将正常模型的误差估计与混合模型的误差估计的分布进行比较。如果正态模型的误差估计处于这个分布的尾部，那么估计结果很可能具有统计显著性。如何定量"处于一个极端的尾部"？为此，Shen 等建议使用 Z 检验（Z-test）[84]。假设 μ 是混合模型的误差估计的平均值，σ 是其标准偏差。为了测试正常模型的错误误差估计值（err）是否显著，需通过式（2.9）计算 Z 值：

$$Z = \frac{\text{err} - \mu}{\sigma} \tag{2.9}$$

并将其与所需显著水平的临界值进行比较。通过将适当的概率代入正态分布的累积分布函数的倒数，可以容易地计算临界值。表 2.4 展示了最常用的显著性水平计算的临界值。

表 2.4 Z 检验的临界值

显著性等级（α）	Z 检验临界值
0.1	1.282
0.05	1.645
0.01	2.326
0.005	2.576
0.001	3.09

2.8.8 拟合优度和质量标准

QSAR 研究中最常用的质量标准是交叉验证的预测决定系数，通常表示为 q^2[式（2.13）]。它是基于预测决定系数 R^2 的，R^2 可以通过式（2.10）来计算：

$$R^2 = 1 - \frac{\sum_{i=1}^{N}(y_i - \hat{y}_i)^2}{\sum_{i=1}^{N}(y_i - y)^2} \qquad (2.10)$$

该等式中第二项的分子称为残差平方和（RSS），分母称为总离差平方和（TSS）。因此，它可以表示成式（2.11）：

$$R^2 = 1 - \frac{RSS}{TSS} \qquad (2.11)$$

式（2.11）中，可以用预测残差平方和（PRESS）代替 RSS。PRESS 是一个经常用于交叉验证预测计算的统计值[式（2.12）]，即

$$PRESS = \sum_{i=1}^{N}(y_i - \hat{y}_{i,-i})^2 \qquad (2.12)$$

其中，$\hat{y}_{i,-i}$ 是当 i 是保留集中的一个样本时的预测值。因此 q^2 可以表示为式（2.13）：

$$q^2 = 1 - \frac{PRESS}{TSS} = 1 - \frac{\sum_{i=1}^{N}(y_i - \hat{y}_{i,-i})^2}{\sum_{i=1}^{N}(y_i - \overline{y})^2} \qquad (2.13)$$

使用下标来表示交叉验证的类型，例如，q^2_{LOO} 和 $q^2_{10\text{-fold}}$ 分别指 LOO 和 10 倍交叉验证。如果 $q^2 > 0.5$（甚至 $q^2 > 0.6$）和 $R^2 > 0.6$（甚至 $R^2 > 0.7$）[14, 85]，通常认为该模型具有预测性。然而，正如文献所报道的以及我们自己的经验，当 q^2 过

高时必须非常小心，因为它可能表明模型过拟合。值得注意是，q^2 不应该作为衡量预测质量的唯一标准。一般来说，理想的 q^2 范围是 0.65～0.85。

交叉验证有时会过高地估计模型的预测能力，因此应该同时使用外部测试集进行计算评估。对于外部测试集，使用类似于 R^2 的参数进行评估是最直接的。用适当的值代替 RSS 和 TSS，R_{ext}^2 可以模仿 R^2 来定义，如式（2.14）所示：

$$R_{\text{ext}}^2 = 1 - \frac{\sum_{i=1}^{N}(y_i - \hat{y}_i)^2}{\sum_{i=1}^{N}(y_i - \overline{y})^2} \tag{2.14}$$

式中，求和是基于外部测试集完成的。N 是外部集合的大小；$\overline{y}$ 是外部测试集中实验值的平均值。另一个用于评估外部预测能力的类似参数 Q_{ext}^2，其定义如式（2.15）表示[70]：

$$Q_{\text{ext}}^2 = 1 - \frac{\sum_{i=1}^{N}(y_i - \hat{y}_i)^2}{\sum_{i=1}^{N}(y_i - \overline{y}_{\text{TR}})^2} \tag{2.15}$$

式（2.15）与式（2.14）非常相似。不同的是 $\overline{y}_{\text{TR}}$ 是训练集中因变量的平均值。在 QSAR 领域关于这两个参数间的相对优势是目前讨论的热点。其中，Consonni 等将 R^2 和 R_{ext}^2 结合在一起提出了另一个参数，即 Q_{F3}^2 [式（2.16）][70]：

$$Q_{\text{F3}}^2 = 1 - \frac{\sum_{i=1}^{N}(y_i - \hat{y}_i)^2}{\text{TSS}} \times \frac{N_{\text{TR}}}{N} = 1 - \frac{\sum_{i=1}^{N}(y_i - \hat{y}_i)^2}{\sum_{i=1}^{N_{\text{TR}}}(y_i - \overline{y}_{\text{TR}})^2} \times \frac{N_{\text{TR}}}{N} \tag{2.16}$$

式中，N 是外部测试集中的对象数；N_{TR} 是训练集中的对象数；分母是对训练集的对象进行求和。

另一个有趣的性能衡量指标是 Lin 提出的一致性相关系数 $\hat{\rho}_{\text{C}}$，通常简写为 CCC（concordance correlation coefficient）[式（2.17）][85]：

$$\hat{\rho}_{\text{C}} = \frac{2\sum_{i=1}^{N}(y_i - \overline{y})(y_i - \overline{\hat{y}})}{\sum_{i=1}^{N}(y_i - \overline{y})^2 + \sum_{i=1}^{N}(y_i - \overline{\hat{y}})^2 + N(\overline{y} - \overline{\hat{y}})^2} \tag{2.17}$$

其中，$\overline{\hat{y}}$ 是预测值的平均值。

对于 R_{ext}^2、Q_{ext}^2 和 Q_{F3}^2 这三个衡量标准来说，预测模型的阈值一致为 0.7；对于 CCC，通常建议阈值为 0.85。

通过不同的误差估计也可以有效地估量预测的好坏。概念上最简单的可能是

MAE，在 2.8.1 节已经提到[式（2.6）]。为方便起见，这里将再次进行介绍[式（2.18）]：

$$MAE = \frac{1}{N}\sum_{i=1}^{N}|y_i - \hat{y}_i| \tag{2.18}$$

在实际 QSAR 分析中，很少使用 MAE；更常见的是均方根误差（RMSE）[式（2.19）]：

$$RMSE = \sqrt{\frac{1}{N}\sum_{i=1}^{N}(y_i - \hat{y}_i)^2} \tag{2.19}$$

测试集预测均方根误差（RMSEP）或者交叉验证均方根误差（RMSECV）很容易从 RMSE 的计算中得到。它也可以直接用于计算与 0.632 相关的误差估计[式（2.8）]，如式（2.20）所示：

$$RMSE_{boot}^{0.632} = 0.632 \times RMSEP_{holdout} + 0.368 \times RMSE_{training} \tag{2.20}$$

根据经济合作与发展组织（OECD，简称经合组织）指南（参见 2.9 节），预测的标准偏差（SDEP）与上述 RMSECV 相同，并且可以通过式（2.21）有效定义：

$$SDEP = \sqrt{\frac{PRESS}{N}} = \sqrt{\frac{1}{N}\sum_{i=1}^{N}(y_i - \hat{y}_{i,-i})^2} \tag{2.21}$$

2.8.9 适用范围和模型可接受性标准

QSAR 研究通过计算应用区间（AD）来测试模型的局限性，即模型适用的分子性质或结构的范围[86]。这个问题重要，因为许多 QSAR 模型是局部模型，即只对一类特定化合物有良好的预测能力。然而，基于大数据集建立的模型可能有广泛的适用范围，但预测能力下降。AD 对于 QSAR 模型验证非常重要，特别是执行外部验证时必须对未包含在训练集中的化合物进行预测。为了确保外部"验证"的数据集是合适的，测试集化合物应该包含在从训练集中推导出的 AD 范围之内。理想情况下，QSAR 模型只能用于预测通过内插而不是外推的 AD 范围内的化合物。

用于确定 AD 的多种方法都基于相似性分析[75, 87]，即：只有当被预测的化合物与训练集中的化合物类似时，QSAR 的预测结果才是可靠的。

已有四种主要方法来估计 QSAR 模型的 AD[75]。

1）基于范围的方法

描述 AD 的最简单方法是考虑各个描述符的范围。该方法定义了一个 n 维超矩形，其边与坐标轴平行。假设数据是均匀分布的，一种常用的基于范围的方法是 PCA（图 2.8）。

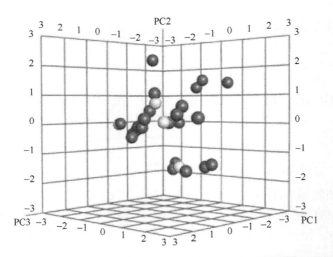

图 2.8　由前三个主要组分（PC1～PC3）描述的一组化合物的化学空间的示意图
测试集分子（灰色，彩图里橙色球）位于由训练集的分子覆盖的应用域内（黑色，彩图里蓝色球）

2）几何方法

使用几何方法，可以通过计算包含整个训练集的最小凸面区域来估计 AD。用于确定 n 维集合覆盖范围的最直接的经验方法是凸包，即包含原始集合的最小凸面区域。凸包的计算是一个计算几何问题。更多细节可参阅文献[87]。

3）基于距离的方法

这些方法通过在训练数据的描述符空间内计算查询数据点间的距离来定义 AD。然后将定义点和数据点之间的距离与预定阈值进行比较。已经发现在 QSAR 研究中最适用的三种基于距离的方法为欧氏距离、马氏距离及曼哈顿距离。

4）基于概率密度分布的方法

可以通过参数或非参数方法估计数据集的概率密度函数。参数方法是假设密度函数具有标准分布的形状（如高斯分布）。此外，也可以使用许多不需要对数据分布做出任何假设的非参数方法。非参数方法能够仅通过核密度估计或混合密度方法中估算出概率密度。

一些商业软件包中已经开发并实现了更多的方法来计算 AD。对于更全面的资料，可以阅读"ECVAM 研讨会的报告和建议"[88]。

2.8.10　外部和内部验证的范围

回顾 2.8.2 节中图 2.5 所示的流程。为方便起见，图 2.9 再次利用该流程并进行分析。

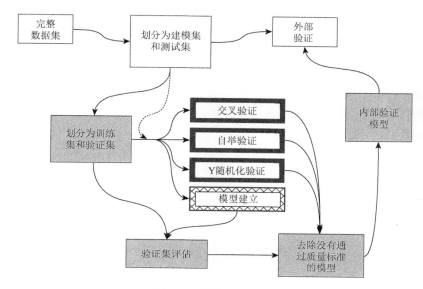

图 2.9　建模/验证过程

外部验证的范围以灰色显示，验证集上的内部验证范围以交叉影线显示。内部验证方法以粗框显示

　　首先，将初始（完整）数据集拆分为建模集和测试集。然后将建模集用于模型构建，之后使用测试集进行外部验证。尽管拆分方法可能会引起对结果集完全独立性的一些担忧（参见 2.8.1 节中的讨论），但可以假设只要测试集未在模型构建过程中使用，它就可以提供正确的外部误差估计。将建模集拆分为训练集和验证集的方法并不是必需的。如果进行了拆分并且拆分过程满足适当的要求，则可以认为验证集也提供了正确的误差估计。此外，在流程图的中心部分列出了多个内部验证模块，它们也可以给出适当的误差估计。

　　这些验证和误差估计结果之间的相互关系是怎样的呢？很明显，更好的方法是基于外部测试集的外部验证。但是，它的范围是什么？从中可以得出什么结论？原则上，任何形式的验证都有类似的问题。

　　按流程建议进行的外部验证只是验证由建模集生成的最终模型（验证结果可以是正面的也可以是负面的）。在图 2.9 中，这部分过程以灰色显示。

　　这就引出了一条重要的规则：无论是外部或内部验证都需要使用适用的集合，任何结论，即使是如预期的和可能的，都必须非常谨慎检视。考虑模型的 AD 可以帮助判断一个特定集合是否包括在验证的范围内，事实上，应该始终考虑 AD（详细讨论可参见 2.8.9 节）。

　　至关重要的是：假定内部验证和模型构建使用完全相同的建模过程。图 2.10 显示了两种采用交叉验证的可能建模工作流程。在上面的过程中，训练集被提交到一些预处理过程，如变量选择、数据标准化、数据转换等。之后，它被提交到模型构建和交叉验证。此交叉验证的范围以灰色显示。它仅限于使用预处理数据构建的模型，不能超越预处理范围，应该被视为局部模型交叉验证。一个常见的错误是基于这种交叉验证的结果，做出超出预处理的数据涵盖范围的结论。实际上，这个过程估计的误差很可能过于乐观，因此该流程本身不应该单独使用。

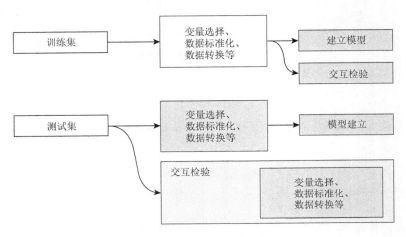

图 2.10　执行交叉验证的两种方法

如何进行交叉验证以扩大其范围？首选方法如图 2.10 下半部分的流程所示。在每次交叉验证中重复整个预处理过程（通过在交叉验证框内嵌套预处理框来示意）。灰色显示的这种交叉验证的范围显然更加广泛。显然，这个讨论不仅适用于交叉验证，也适用于任何类型的验证，包括 Y 随机化验证和自举验证方法[75]。

2.8.11　分类模型的验证

衡量分类模型的成功并不像看起来那么简单。对于二元分类类型，预测可以被分为真阳性（TP）、假阳性（FP）、真阴性（TN）和假阴性（FN）。它们可以组成一个由实际与预测类别构成的混淆矩阵，对角线是 TP 和 TN 的数量，而非对角线是 FP 和 FN 的数量。

二元分类的常用衡量标准是 Matthews 相关系数（MCC）。即使每类的大小不同，也可以使用 MCC。MCC 表示观察到的和预测的二元分类之间的相关系数；得到 -1 和 +1 之间的值。系数 +1 表示完美预测，0 表示不比随机预测好，-1 表示预测与实际数据之间完全不一致。MCC 公式从混淆矩阵导出[式（2.22）]：

$$\mathrm{MCC} = \frac{\mathrm{TP} \times \mathrm{TN} - \mathrm{FP} \times \mathrm{FN}}{\sqrt{(\mathrm{TP} + \mathrm{FP})(\mathrm{TP} + \mathrm{FN})(\mathrm{TN} + \mathrm{FP})(\mathrm{TN} + \mathrm{FN})}} \tag{2.22}$$

图形表示通常也用于衡量分类和排序的性能。用真阳性率或灵敏度（sensitivity，$TPR = \dfrac{TP}{TP+FN}$），对假阳性率，也称为 $1-specificity$（$FPR = \dfrac{FP}{FP+FN}$），绘制接收器工作特征曲线（receiver operating characteristic curve，ROC 曲线），如图 2.11 所示。

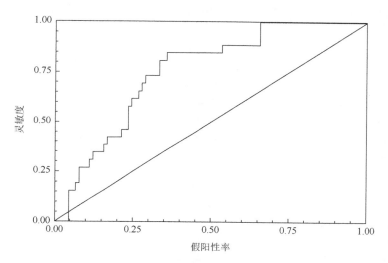

图 2.11　二元分类问题的 ROC 曲线示例图（曲线）

直线是通过随机猜测类别成员获得的

曲线下方的面积（AUC）也可以作为一个附加参数。随机预测时 AUC 的值为 0.5。如果曲线快速向左上角攀升，则说明分类合理，此时 AUC 值高于 0.5。

2.9　QSAR 方法在监管中的应用

经济合作与发展组织（OECD）成员国之间有关 QSAR 的国际合作始于 1990 年，审查了 QSAR 模型的可用性和预测能力，并编写了一些报告。在葡萄牙的塞图巴尔（Setubal，Portugal）举办"QSAR 在人体健康和环境监管中的应用"的研讨会之后，经合组织成员国同意制定一套公认的标准与程序评估 QSAR 模型。2004 年经合组织商定了关于 QSAR 模型验证的原则，并于 2007 年发布了指导文件[89]。2004 年，经合组织成员国意识到工作重点应转向 QSAR 在监管中的应用。经合组织专家组也认识到有关 QSAR 建模和验证的技术指导是近年来的一个关键和紧迫的需求。这产生了基于监管用途的国际经合组织的 QSAR 模型验证的原则。原则可归纳如下：

（1）使用的实验数据应有明确的目的。

（2）必须使用明确的算法生成模型。

（3）为了预测，必须定义适用范围。

（4）应给出衡量拟合优度、实用性和预测能力的适当测量。

（5）最好有对机理的解释。

有关 QSAR 方法在监管科学中应用的更多详细信息，请参见第 8 章。

参 考 文 献

[1] Hansch，C. and Fujita，T.（1964）*J. Am. Chem. Soc.*，**86**，1616-1626.

[2] Kubinyi，H.（1976）*Arzneimittelforschung*，**26**，1991-1997.

[3] Free，S.M. and Wilson，J.W.（1964）*J. Med. Chem.*，**7**，395-399.

[4] Kubinyi，H.（1976）*J. Med. Chem.*，**19**，587-600.

[5] Dearden，J.C.，Cronin，M.T.，and Kaiser，K.L.（2009）*SAR QSAR Environ.Res.*，**20**，241-266.

[6] Cherkasov，A.，Muratov，E.N.，Fourches，D.，Varnek，A.，Baskin，I.I.，Cronin，M.，Dearden，J.，Gramatica，P.，Martin，Y.C.，Todeschini，R.，Consonni，V.，Kuz'min，V.E.，Cramer，R.，Benigni，R.，Yang，C.，Rathman，J.，Terfloth，L.，Gasteiger，J.，Richard，A.，and Tropsha，A.（2014）*J. Med. Chem.*，**57**，4977-5010.

[7] Overington，J.（2009）*J. Comput. Aided Mol. Des.*，**23**，195-198.

[8] Kaiser，J.（2005）*Science*，**308**，774.

[9] Tetko，I.V.，Sushko，I.，Pandey，A.K.，Zhu，H.，Tropsha，A.，Papa，E.，Oberg，T.，Todeschini，R.，Fourches，D.，and Varnek，A.（2008）*J. Chem. Inf. Model.*，**48**，1733-1746.

[10] Fourches，D.，Muratov，E.，and Tropsha，A.（2010）*J. Chem. Inf. Model.*，**50**，1189-1204.

[11] Chemspider，RSC，http://www.chemspider.com（accessed January 2018）.

[12] ISIDA Software，University of Strasbourg，France，http://infochim.u-strasbg.fr（accessed March 2017）.

[13] Kuz'min，V.E.，Artemenko，A.G.，and Muratov，E.N.（2008）*J. Comput. Aided Mol. Des.*，**22**，403-421.

[14] Tropsha，A.（2010）*Mol. Inform.*，**29**，476-488.

[15] Todeschini，R. and Consonni，V.（2009）*Molecular Descriptors for Chemoinformatics*，Wiley-VCH，Weinheim，1257 pp.

[16] Todeschini，R. and Consonni，V.（2010）Molecular descriptors，in *Recentb Advances in QSAR Studies*（eds T. Puzyn，J. Leszczyynski，and M.T.D. Cronin），Springer，New York，29-102.

[17] Moreau，G. and Broto，P.（1980）*Nouv. J. Chim.*，**4**，757-776.

[18] Gasteiger，J.，Sadowski，J.，Schuur，J.，Selzer，P.，Steinhauer，L.，and Steinhauer，V.（1996）*J. Chem. Inf. Comput. Sci.*，**36**，1030-1037.

[19] Schuur，J. and Gasteiger，J.（1997）*Anal. Chem.*，**69**，2398-2405.

[20] Stanton，D.T.，Mattioni，B.E.，Knittel，J.J.，and Jurs，P.C.（2004）*J. Chem. Inf. Comput. Sci.*，**44**，1010-1023.

[21] Cruciani，G.，Pastor，M.，and Mannhold，R.（2002）*J. Med. Chem.*，**45**，2685-2694.

[22] Goodford，P.J.（1985）*J. Med. Chem.*，**28**，849-857.

[23] Gramatica，P.（2013）*Methods Mol. Biol.*，**930**，499-526.

[24] Eriksson，L.，Jaworska，J.，Worth，A.P.，Cronin，M.T.，McDowell，R.M.，and Gramatica，P.（2003）*Environ. Health Perspect.*，**111**，1361-1375.

[25]   Guha, R. and Jurs, P.C. (2005) *J. Chem. Inf. Model.*, **45**, 65-73.

[26]   Ivanciuc, O. (2009) *Encyclopedia of Complexity and Systems Science*, Springer, pp. 2139-2159. 50 *2 QSAR/QSPR*.

[27]   Devillers, J. (2007) *Neural Networks in QSAR and Drug Design*, Elsevier Ltd., 284 pp.

[28]   Zupan, J. and Gasteiger, J. (1999) *Neural Networks in Chemistry and Drug Design: An Introduction*, 2nd edn, Wiley-VCH, Weinheim, 400 pp.

[29]   Hammett, L.P. (1937) *J. Am. Chem. Soc.*, **59**, 96-103.

[30]   Efron, B., Hastie, T., Johnston, I., and Tibshirani, R. (2004) *Ann. Stat.*, **32**, 407-499.

[31]   Goodarzi, M., Dejaegher, B., and Vander Heyden, Y. (2012) *J. AOAC Int.*, **95**, 636-651.

[32]   Wold, S. (1991) *Quant. Struct. Act. Relat.*, **10**, 191-193.

[33]   Hasegawa, K. and Funatsu, K. (2010) *Curr. Comput. Aided Drug Des.*, **6**, 103-127.

[34]   Hemmateenejad, B. and Elyasi, M. (2009) *Anal. Chim. Acta*, **646**, 30-88.

[35]   Cramer, R. (1992) *J. Comput. Aided Mol. Des.*, **6**, 475-486.

[36]   Baroni, M., Constantino, G., Cruciani, G., Riganelli, D., Valigi, R., and Clementi, S. (1993) *Quant. Struct. Act. Relat.*, **12**, 9-20.

[37]   Klebe, G., Abraham, U., and Mietzner, T. (1994) *J. Med. Chem.*, **37**, 4130-4146.

[38]   Tosco, P. and Balle, T. (2011) *J. Mol. Model.*, **17**, 201-208.

[39]   Ballant, F., Caroli, A., Wickersham, R.B., and Ragno, R. (2014) *J. Chem. Inf. Model.*, **54**, 956-969.

[40]   Silverman, B.D. and Platt, D.E. (1996) *J. Med. Chem.*, **39**, 2129-2140.

[41]   Cruciani, G., Crivori, P., Carupt, P.A., and Testa, B. (2000) *J. Mol. Struct. (THEOCHEM)*, **503**, 17-31.

[42]   Pastor, M., Cruciani, G., McLay, I., Pickett, S., and Clementi, S. (2000) *J. Med. Chem.*, **43**, 3233-3243.

[43]   Walters, E. (1998) *Perspect. Drug Discov. Des.*, **12**, 159-166.

[44]   Jain, A.N., Koile, K., and Chapman, D. (1994) *J. Med. Chem.*, **37**, 2315-2327.

[45]   Hahn, M. and Rogers, D. (1998) *Perspect. Drug Discov. Des.*, **12**, 117-134.

[46]   Vedani, A. and Zbinden, P. (1998) *Pharm. Acta Helv.*, **73**, 11-18.

[47]   Cramer, R.D. and Wendt, B. (2014) *J. Chem. Inf. Model.*, **54**, 660-671.

[48]   Schwaighofer, A., Schroeter, T., Mika, S., and Blanchard, G. (2009) *Comb. Chem. High Troughput Screen.*, **12**, 453-468.

[49]   Svetnik, V., Wang, T., Tong, C., Liaw, A., Sheridan, R.P., and Song, Q. (2005) *J. Chem. Inf. Model.*, **45**, 786-799.

[50]   Breiman, L. (1996) *Mach. Learn.*, **24**, 123-140.

[51]   Wolpert, D.H. (1992) *Neural Netw.*, **5**, 241-260.

[52]   Agrafiotis, D.K., Cedeno, W., and Lobanov, V.S. (2002) *J. Chem. Inf. Comput. Sci.*, **42**, 903-911.

[53]   Rodríguez, J.J., Kuncheva, L.I., and Alonso, C.J. (2006) *IEEE Trans. Pattern Anal. Mach. Intell.*, **28**, 1619-1630.

[54]   Breiman, L. (2001) *Mach. Learn.*, **45**, 5-32.

[55]   R Statistical Package, http://www.r-project.org/ (accessed January 2018).

[56]   Orange Data Mining, http://orange.biolab.si/ (accessed January 2018).

[57]   WEKA, http://www.cs.waikato.ac.nz/ml/weka (accessed January 2018). *References* 51.

[58]   Weidlich, I.E., Pevzner, Y., Miller, B.T., Filippov, I.V., Woodcock, H.L., and Brooks, B.R. (2015) *J. Comput. Chem.*, **36**, 62-67.

[59]   Varnek, A. and Baskin, I. (2012) *J. Chem. Inf. Model.*, **52**, 1413-1437.

[60]   Rumelhart, D.E., Hinton, G.E., and Williams, R.J. (1986) *Nature*, **323**, 533-536.

[61]   Livingstone, D.J. and Mannalack, A. (2003) *QSAR Comb. Sci.*, **22**, 510-518.

[62]   Winkler, D. (2004) *Mol. Biotechnol.*, **27**, 139-167.

[63]   Cortes, C. and Vapnik, V. (1995) *Mach. Learn.*, **20**, 273-297.

[64]   Trotter, M.W.B. and Holden, S.B. (2003) *QSAR Comb. Sci.*, **22**, 536-548.

[65]   Noble, W.S. (2006) *Nat. Biotechnol.*, **24**, 1565-1567.

[66]   Novotarskyi, S., Sushko, I., Körner, R., Pandey, A.K., and Tetko, I.V. (2011) *J. Chem. Inf. Model.*, **51**, 1271-1280.

[67]   Bruce, C.L., Melville, J.L., Pickett, S.D., and Hirst, J.D. (2007) *J. Chem. Inf. Model.*, **47**, 219-227.

[68]   Golbraikh, A. and Tropsha, A. (2002) *J. Mol. Graph. Model.*, **20**, 269-276.

[69]   Hastie, T., Tibshirani, R., and Friedman, J. (2009) *Te Elements of Statistical Learning*, Springer, New York, NY, p. 745.

[70]   Consonni, V., Ballabio, D., and Todeschini, R. (2009) *J. Chem. Inf. Model.*, **49**, 1669-1678.

[71]   Martin, T.M., Harten, P., Young, D.M., Muratov, E.N., Golbraikh, A., Zhu, H., and Tropsha, A. (2012) *J. Chem. Inf. Model.*, **52**, 2570-2578.

[72]   Golbraikh, A. and Tropsha, A. (2002) *J. Comput. Aided Mol. Des.*, **16**, 357-369.

[73]   Polanski, J., Bak, A., Gieleciak, R., and Magdziarz, T. (2006) *J. Chem. Inf. Model.*, **46**, 2310-2318.

[74]   Tropsha, A., Gramatica, P., and Gombar, V. (2003) *QSAR Comb. Sci.*, **22**, 69-77.

[75]   Tetko, I.V., Sushko, I., Pandey, A.K., Zhu, H., Tropsha, A., Papa, E., Oberg, T., Todeschini, R., Fourches, D., and Varnek, A. (2008) *J. Chem. Inf. Model.*, **48**, 1733-1746.

[76]   Fisher, R.A. (1936) *Ann. Eugen.*, **7**, 179-188.

[77]   Kennard, R.W. and Stone, L.A. (1969) *Technometrics*, **11**, 137-148.

[78]   Snarey, M., Terrett, N.K., Willett, P., and Wilton, D.J. (1997) *J. Mol. Graph. Model.*, **15**, 372-385.

[79]   Snee, R.D. (1977) *Technometrics*, **19**, 415-428.

[80]   Golbraikh, A. (2000) *J. Chem. Inf. Model.*, **40**, 414-425.

[81]   Clark, R. (1997) *J. Chem. Inf. Model.*, **37**, 1181-1188.

[82]   Rodionova, O.Y. and Pomerantsev, A.L. (2008) *J. Chemom.*, **22**, 674-685.

[83]   Klopman, G. and Kalos, A.N. (1985) *J. Comput. Chem.*, **6**, 492-506.

[84]   Shen, M., LeTiran, A., Xiao, Y., Golbraikh, A., Kohn, H., and Tropsha, A. (2002) *J. Med. Chem.*, **45**, 2811-2823.

[85]   Chirico, N. and Gramatica, P. (2011) *J. Chem. Inf. Model.*, **51**, 2320-2335.

[86]   Golbraikh, A., Muratov, E., Fourches, D., and Tropsha, A. (2014) *J. Chem. Inf. Model.*, **54**, 1-4.

[87]   Horvath, D., Marcou, G., and Varnek, A. (2009) *J. Chem. Inf. Model.*, **49**, 1762-1776.

[88]   Netzeva, T.I., Worth, A.P., Aldenberg, T., Benigni, R., Cronin, M.T.D., Gramatica, P., Jaworska, J.S., Kahn, S., Klopman, G., Marchant, C.A., Myatt, G., Nikolova-Jeliazkova, N., Patlewicz, G.Y., Perkins, R., Roberts, D.W., Schultz, T.W., Stanton, D.T., van de Sandt, J.M., Tong, W., Veith, G., and Yang, C. (2005) *Altern. Lab Anim.*, **33**, 155-173.

[89]   OECD (2007) *Guidance Document on the Validation of (Q) SAR Models*, OECD, Paris.

3 化合物理化性质的预测

Igor V. Tetko[1]，Aixia Yan[2]，and Johann Gasteiger[3]

[1]Institute of Structural Biology，Helmholtz Zentrum München，Deutsches Forschungszentrum für Gesundheit und Umwelt（GmbH），Ingolstädter Landstr. 1，60w，Neuherberg 85764，Germany

[2]北京化工大学生命科学与技术学院，中国北京 100029

[3]Computer-Chemie-Centrum，Universität Erlangen-Nürnberg，Nägelsbachstr. 25，91052 Erlangen，Germany

黄玉冰　陈修文　周晖皓 译　　徐　峻 审校

3.1　引　　言

化合物的基本物理和化学性质，如溶解度、亲脂性或酸度决定了它在化学、生物、环境等系统中的行为。因此，了解化合物的理化性质对于药物发现、环境化学和化工过程很重要。随着高通量化学技术（如并行合成和组合化学）的发展，新的虚拟和实体化合物的数量迅速增长。药物筛选过程中，许多化合物经历虚拟筛选以判断其能否作用于对应的蛋白质靶标；预测化合物的理化性质和合成方法对于药物化学家设计合成路线、评估化合物成药性非常重要。本章以辛醇/水分配系数、水溶解度、熔点（MP）、pK_a 值和热化学性质为例，介绍化合物理化性质的预测和建模方法。

3.2　理化性质的建模方法概述

估算理化性质的方法可以写成一种非常简单的形式，即分子性质 P 可以表示为分子结构 C 的函数[式（3.1）]：

$$P = f(C) \tag{3.1}$$

$f(C)$ 可能有非常简单的形式，例如，从原子量计算分子量。但是，在大多数情况下，$f(C)$ 是复杂的，例如，当用量子力学描述结构时，性质是通过应用偶极子算符计算偶极矩，从而直接从波函数导出。

大多数理化性质与分子及其环境之间的相互作用有关。例如，两相之间的分配是物质相对于溶剂体系的依赖于温度的常数。因此，式（3.1）必须重写为分子结构（C）、溶剂的实验条件（S）、温度（T）等的函数[式（3.2）]：

$$P = f(C, S, T, K) \tag{3.2}$$

收集涵盖所有条件的全面数据是不可行的，而且可能是冗余的。实际上，性质变化作为特定条件的函数，通常可以使用理论或经验模型很好地近似。因此，对于许多性质而言，重要的是在一些预定的标准实验条件下进行测量，这些条件需要保持一致才能合并不同实验的数据。经济合作与发展组织（OECD，简称经合组织）已针对化合物的不同性质制定了若干标准协议（经合组织化学品检测指南[1]）。使用相同的实验条件时，与分子结构没有直接关系的其他影响因素在不同实验中可以视为相同。收集和合并在不同实验中测量的数据，显著地简化了理化性质的建模。然而，这也导致预测模型仅对所研究的系统有效。用于预测水溶液中酸的电离常数 pK_a 的模型不能用于预测 DMSO 溶液中的 pK_a 值。

由于化合物本身的原因，即使最精确的实验测量仍有可能具有高度可变性。在实践中，我们几乎从不涉及纯（理想）化合物的性质。例如，熔点（MP）的测量非常精确并且不严重依赖于实验条件。根据为单个化合物提供的范围，从专利[2]中收集的 225000 个化合物的 MP 值的平均实验误差为 3℃（同一实验室内部的重现性）。然而，对于相同的数据，不同实验中的重复测量导致 >30℃ 的误差[2]。实验结果之间大的差异可能是由化合物的纯度或晶型不同引起的。即使完全相同的化合物在不同储存条件下也会由于分解程度不同，得到不同的 MP 测量结果。

用于建模的化学结构的表示也可能存在不确定性。例如，化合物存在互变异构体、电子在芳香环上存在非定域性和化合物三维构象的表示多样性等都可能产生显著的计算差异，进而导致数学模型误差或缺乏可重复性。因此，使用严格的实验方案以及详细而可靠的工作流程来处理化合物有利于创建可靠的预测模型。

本章，我们将概述预测理化性质的典型方法，然后对药物发现和化学工业中的一些重要理化性质的预测进行更详细的分析。

3.2.1　基于其他分子特性的性质预测

化合物的许多理化性质相互关联。例如，高熔点的化合物通常较难溶解，理化性质之间的关系可以基于理论分析或从经验得出。

3.2.2　基于理论的化合物性质预测

量子化学是化合物理化性质预测的基础，实际溶剂的连续溶剂化模型（COSMO-RS）就是一个例子[3]，它将液体系统中的相互作用视为分子表面的相互接触作用，利用密度泛函理论（DFT）或类导体屏蔽模型（COSMO）计算每个分子表面电荷密度 σ 的总能量和极化（或屏蔽），并存储在文件中以供进一步分析。例如，氢键和静电项的相互作用能被视为各自极化电荷密度的成对相互作用。该方法可用于预测不同的理化性质，包括不同介质之间的分配系数以及水溶解度[4, 5]。

由于体系的复杂性，目前不可能用量子化学计算对许多理化性质进行从头建模。基于理论计算的方法通过捕获最基本的相互作用来简化计算。与前一节分析的方法一样，该方法的用途在于简化模拟系统时进行机制解释和识别假说的反例。

3.2.3 化合物性质预测的加和模型

分子结构中的原子通过化学键结合在一起。分子间作用力通常比分子内原子相互作用力小 1~2 个数量级。分子中原子的图像是直观的，分子中原子的个性是否还能保持？换句话说，分子的性质是否是其组成原子的性质的加和呢？实际上，这种想法仅适用于少数分子。然而，把这种想法扩展到比原子大的结构单元，如化学键或基团，可以扩大其适用范围。正如 Benson[6, 7]所说，分子性质可以根据原子、化学键或基团性质的可加和性来计算。子结构越大，可以推导出的增量数越大，加和得到的分子性质的精度就越高。这种加和性方案的基本假设是分子中原子间的相互作用是短距离的。加和性假说可以用式（3.3）表示[7]，即原子（或基团）X 和 Y 连接到一个骨架 S 上，并在该骨架上重新分布，如反应式所示：

$$X—S—X + Y—S—Y \rightleftharpoons 2X—S—Y \tag{3.3}$$

式（3.3）右边分子的性质之和与左边分子的性质之和相同。当原子性质的加和性有效时，骨架 S 消失，式（3.3）可以改写为式（3.4）：

$$X—X + Y—Y \rightleftharpoons 2X—Y \tag{3.4}$$

双原子分子 X_2 和 Y_2 的性质之和与 XY 性质的两倍相同，这是加和性规则的零阶近似。如果 S 是单个原子或一组原子（其键与同一原子相连，如 CH_2 基团），则具有键性质的可加和性，即一阶近似，如式（3.5）所示：

$$X—CH_2—X + Y—CH_2—Y \rightleftharpoons 2X—CH_2—Y \tag{3.5}$$

当基团加和性有效时，S 由一个基团组成，X 和 Y 与该基团的两个相邻原子相连，如式（3.6）所示：

$$X—CH_2—CH_2—X + Y—CH_2—CH_2—Y \rightleftharpoons 2X—CH_2—CH_2—Y \tag{3.6}$$

这是加和性规则的二阶近似。

式（3.3）～式（3.6）表示随原子 X 和 Y 之间的相互作用距离增加，从原子到键再到基团的加和性。

3.2.3.1 基于原子性质加和性的计算方法

理化性质可以近似地被认为具有原子性质的加和性，因此，可用式（3.7）计算：

$$P = \sum_{i=1}^{N} a_i n_i \tag{3.7}$$

其中，a_i 是原子 i 的贡献；n_i 是 i 型原子的数目。这种近似方法可以完美地适用于分子量的计算，即分子的精确质量可由单个原子的质量计算得到；其他分子特性，如分子折射或等张比容也可以按此近似模型计算。然而，对更复杂的性质，如 $\log P$ 或水溶解度，用这种近似模型计算时准确性会降低，因为原子间的相互作用开始起重要作用。为了解决这一问题，可以在近似模型上引入校正因子 b_j，其中 n_j 是它们的频率或/和根据环境区分不同类型的原子，如芳香族和脂肪族碳原子、硝基、亚硝基氮原子等[式（3.8）]：

$$P = \sum_{i=1}^{N} a_i n_i + \sum_{j=1}^{K} b_j n_j \tag{3.8}$$

在这种情况下，不同类型的同一原子将对式（3.7）提供不同的贡献，而校正因子可以解释额外相互作用。这些方法被用于开发适用于更复杂性质的模型，例如，在 ALOGP[8]和 XLOGP[9]方法中预测 $\log P$。

3.2.3.2 基于结构基团的计算模型

这类模型中，一个分子被划分为多个结构基团，而不是单个原子。因此，每个基团内部积累了原子间的相互作用。基于结构基团预测分子性质的近似模型与式（3.7）或式（3.8）在形式上相同，唯一的区别在于系数和频率对应结构基团而非单个原子。

官能团活度系数 UNIFAC（UNIQUAC）[10]是此类模型中被广泛应用的方法，常用于预测非理想混合物中非电解质的活度。该方法包括官能团之间的二元相互作用参数，这些参数通过实验估算或预测。

结构基团的模型往往针对特定性质。例如，在药物发现中使用特定结构基团标记不稳定性、反应性或毒性，这些特性标记的基团列表可在线找到[11]。此类标记是用二进制表示的"是/否"的简单模型。用于预测化合物毒性的结构基团通常被称为毒性报警（toxalerts），一组毒性报警称为毒性印迹（ToxPrint），它们的内容对公众公开[12]，可以用免费软件 Chemotyper[13, 14]进行处理。还有一些结构基团被用来标记潜在高频命中分子（potential frequent hitters①）[15, 16]，这些结构基团是在详细分析和比较含有和不含有该基团的化合物的活性之后归纳得到的。

---

① 药物筛选过程中经常出现的假阳性分子。——审校者注

3.2.3.3 线性自由能关系模型

组成分子的各基团（子结构）与分子体系的自由能所呈现的线性关系（LFER）是基于结构基团的计算模型的物理基础，由 Hammett 首先发现并引入。其基本假设是，对于一系列同类化合物，同一个结构特征对化学过程自由能变化的影响是恒定的。与自由能变化线性相关的特性 Φ 可以通过基本元素（所谓的母元素）的性质和结构特征 X 的常数 Φ_X 来计算，参见式（3.9）～式（3.12）[17]：

$$\Delta G = -2.3RT \log\Phi \tag{3.9}$$

$$\Delta\Delta G = \Delta G_{R-X} - \Delta G_{R-H} = -2.3RT \log\Phi_{R-X} + 2.3RT \log\Phi_{R-H} \tag{3.10}$$

$$\log\Phi_{R-X} - \log\Phi_{R-H} = -\frac{1}{2.3RT}\Delta\Delta G = k\Delta\Delta G = \varphi_X \tag{3.11}$$

$$\log\Phi_{R-X} = \log\Phi_{R-H} + \varphi_X \tag{3.12}$$

LFER 方法可以进一步将母结构分离成非重叠的预定义片段。但是，使用较小的碎片会降低方法的准确性。在大多数情况下，严格线性的关系并不成立，需要进行校正，校正项通常与长程相互作用有关，如共振结构或空间效应。

3.2.3.4 通用片段方法

将分子分解成非重叠片段需要仔细地操作，也可以使用特定的规则来将分子分成多个片段。例如，这种方法被用于计算机设计和数据分析（ISIDA）片段生成器[18]，它将分子细分为若干片段并使用它们的数目作为描述符。该方法与结构基团的主要区别在于产生大量（重叠）片段。由于重叠而造成的片段数量及冗余度的增加使 LFER 方法计算单个片段贡献的纯加法方式失效。因此，基于这种片段化方案的方法经常使用统计方法关联片段和分子的性质。基于 LFER 方法以及其他加和方案提供了基于性质加和性假设的可解释模型，分子性质是可加和的贡献组的函数。

3.2.4 结构-性质关系的统计学方法

计算一组描述符（详见《化学信息学——基本概念和方法》第 10 章）可以提供一种更通用的分子表示方式。在定量结构-性质关系（QSPR）研究中，描述符可以作为通用机器学习方法的输入（详见《化学信息学——基本概念和方法》第 11 章 11.1 节和 11.2 节）。神经网络、支持向量机（SVM）和高斯过程，可以识别分子描述符和性质之间的统计关系，进而预测新的分子。当然，也可以使用线性回归方法。然而，与前一节提到的加和方法相比，所得到的方程基于统计而非机制假设，可能更难解释。

恰当的描述符对于使用该方法对性质建模是很重要的，这是 QSPR 最重要的步骤之一。开发强大的描述符具有核心意义。描述符的范围可以从简单原子或结构基团的数目到量子化学描述符。描述符的选择主要取决于待研究数据集的大小和所需的精度。例如，对于高噪声数据，需要使用更一般的化学结构表示，可以更好地区分由于化学结构的变化而产生的精细效应。《化学信息学——基本概念和方法》的第 10 章详细介绍了分子描述符的计算方法，第 11 章 11.1 节和 11.2 节提供了模型开发和验证的详细信息。下一节将分析几种化合物性质的预测方法。

3.3 各种性质的预测方法

本节概述预测化合物单一性质的典型模型，讨论它们的目的是概括不同的方法，而不是对现有方法进行全面总结（读者可以参考专门的综述）。

3.3.1 平均分子极化率

通过原子折射率估算平均分子极化率可以追溯到 100 多年前[19]。Miller 和 Savchik 首先提出了考虑原子杂化的方法，其中每个原子都以其原子杂化的状态来表征[20]。Kang 和 Jhon[21]证明，平均分子极化率 $\bar{\alpha}$ 可以通过对所有 N 个原子的原子杂化极化率 α_i 的简单加和来估算[式（3.13）]：

$$\bar{\alpha} = \sum_{i=1}^{N} \alpha_i \qquad (3.13)$$

Miller[22]根据新的实验数据修正了这些原子的贡献。

表 3.1 列出了实验平均分子极化率与式（3.13）估算的数值之间的比较。在这个方案中，估算乙酸的平均分子极化率需要五个值，分别为 sp³-C、sp²-C、sp³-O、sp²-O 和氢原子。

表 3.1　实验平均分子极化率和由式（3.13）计算的值

分子	$\bar{\alpha}/\text{Å}^3$	
	实验值	计算值
H_2	0.79	0.77
CH_4	2.60	2.61
$n\text{-}C_5H_{12}$	9.95	9.95
$neo\text{-}C_5H_{12}$	10.20	9.95
$cyclo\text{-}C_6H_{12}$	10.99	11.01
$CH_2{=}{=}CH_2$	4.26	4.25

分子	$\bar{\alpha}/\text{Å}^3$	
	实验值	计算值
C_6H_6	10.39	10.43
CH_3F	2.62	2.52
CF_4	2.92	2.25
CCl_4	10.47	10.32
NH_3	2.26	2.13
苯胺	11.58～12.12	11.91
乙酸	5.05～5.15	5.17
吡啶	9.14～9.47	9.72

3.3.2 热力学性质

3.3.2.1 原子贡献的加和性

Fajans 等[23-25]发现寻找分子可加和组分性质的研究可以追溯到 20 世纪 20～30 年代。20 世纪 40～50 年代，人们关注的焦点已经转移到估算分子的热力学性质，如生成热（$\Delta H_f^{\ominus}$）、熵（$S^{\ominus}$）、热容（$C_p^{\ominus}$）。

正如 Benson[7]指出的，原子贡献的加和性不足以估算生成热 $\Delta H_f^{\ominus}$，可能会导致很大误差。然而，利用式（3.13）估算摩尔热容 $\Delta C_p^{\ominus}$ 和熵 $\Delta S^{\ominus}$ 的误差通常是可以接受的。

3.3.2.2 化学键贡献的加和性

一阶近似是通过化学键贡献的加和性估算分子性质而实现的。以热化学性质估算为例，可以用此类近似估算 $C_p^{\ominus}$ 和 $S^{\ominus}$，但不能估算足够准确的生成热 $\Delta H_f^{\ominus}$。对具有相同数量和类型的键的化合物而言，结果是一样的，因此此类近似不能区分异构体的热化学性质。

3.3.2.3 基团贡献的加和性

估算分子性质的二阶近似由基团贡献的总和组成。一个基团由中心原子和与其直接键合的相邻原子组成。将分子分割成单中心基团，每个基团取一个值，相加得到分子性质。可以从一系列分子的性质的多元线性回归分析中得到这些基团的值。

图 3.1 显示了烷烃的基团以及 Benson[7]引入的对应符号。

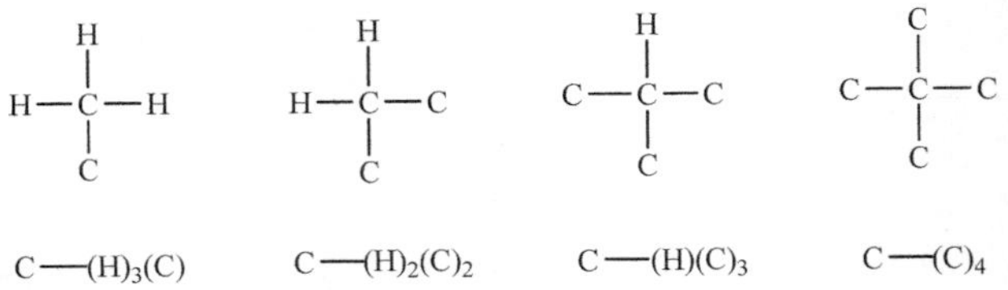

图 3.1　烷烃官能团（Benson[7]表示法）

表 3.2 包含烷烃重要热化学性质的基团贡献。更多信息可以参阅文献[6]和[7]。

表 3.2　理想气体在 25℃、1atm 下，基团对烷烃的 $C_p^\ominus$、$S^\ominus$、$\Delta H_f^\ominus$ 和 ΔH_a 的贡献

基团	对下述参数的贡献值			
	$C_p^\ominus$ /[J/(mol·K)]	$S^\ominus$ /[J/(mol·K)]	$\Delta H_f^\ominus$ /(kJ/mol)	ΔH_a /(kJ/mol)
C—(H)$_3$(C)	25.95	127.30	−42.19	1412.31
C—(H)$_2$(C)$_2$	22.81	39.43	−20.72	1172.08
C—(H)(C)$_3$	18.71	−50.53	−6.20	936.20
C—(C)$_4$	18.21	−146.93	8.16	704.42

　　基于基团加和性，$C_p^\ominus$ 和 $S^\ominus$ 的估算值平均在实验值±1.2J/(mol·K)的范围内，与实验误差相符。基于基团加和性的 $\Delta H_f^\ominus$ 的估算值优于键加和的结果，估算值平均在实验值±1.7kJ/mol 的范围内，只有在特殊情况下会高达±12.0kJ/mol。

　　除生成热 $\Delta H_f^\ominus$ 外，表 3.2 中还包含了雾化热 ΔH_a 的值，因为其容易获得。雾化热指的是在气相中将分子转化为其组成原子所需的焓。生成热加上元素在标准状态下转化为气态原子的值即可得到雾化热。

　　为了定量解释雾化热的影响，在此介绍其他用于估算生成热和雾化热的两种方案，以烷烃为例加以说明。Laidler[26]修改了化学键加和方案，根据氢原子键合一级[E(C—H)$_p$]、二级[E(C—H)$_s$]或三级[E(C—H)$_t$]碳原子，对 C—H 键采用不同的键贡献值。因此，Laidler 使用四种不同类型的结构元素来估算烷烃的生成热，这与 Benson 使用四种不同基团相一致。

　　Allen[27]提出的另一种估算热化学数据的方法累积了碳骨架中简单键加和的偏差。因此除了 C—C 和 C—H 键的贡献之外，他还引入了 G(CCC)（三个碳原子连续排列）和 D(CCC)（三个碳原子与中心碳原子键合）。表 3.3 显示子结构、符号以及对生成热和雾化热的贡献。

表 3.3 **Allen** 的方案：子结构、符号及对生成热和雾化热的贡献 （单位：kJ/mol）

参数	C—C B(CC)	C—H B(CH)	C—C—C G(CCC)	C—C(C)$_2$ D(CCC)
$\Delta H_f^{\ominus}$	18.80	−17.33	−4.6	0.25
ΔH_a	338.90	414.29	4.6	−0.25

结果表明，Benson、Laidler 和 Allen 的三种方法在数值上是等价的，因此具有相同的精度。

这些加和方法中的任何一种都可用于估算各种热化学分子数据，最重要的是具有高精度[28]的生成热。各种热化学数据已经整理汇总[29, 30]；基于 Allen 的方法已经有计算程序[31]。

使用基于基团贡献的方法估算纯气体和液体的性质[32, 33]和相平衡[34]在化工方面也有悠久的历史。

3.3.2.4 环的影响

原子、键和基团加和方法中默认有机结构中没有环。对于一般的物理或化学数据，特别是热化学数据，环可以使原子、键或基团加和产生巨大偏差。环既可以使分子稳定，也可以使分子不稳定，使用简单的加和方法无法解决这些问题。含有芳香环的化合物（如苯）、萘衍生物、杂环化合物（呋喃、吡咯、噻吩、吡啶等）使分子更稳定。产生键角张力的环，如含三元和四元等小环的分子稳定性降低。中等大小的环，如九元环和十元环，也使分子结构不稳定。环的组合可以引入额外的张力，特别是涉及小环的情况下。当特殊增量是由单环结构或者两个具有共同原子（1～3 个）的环稠合引起时，环的影响可以通过拓展加和方案来解决[35]。将含有这些环片段值的表，与用于确定最小环的最小集合（SSSR）的算法[36]（详见《化学信息学——基本概念和方法》第 3 章）相结合，可以自动执行上述加和过程。

近年来，对参与生化途径和其他代谢反应的化合物的生成热的估算已成为热点[37]，代谢网络的定量建模需要使用化合物的生成热。

3.3.3 辛醇/水分配系数（log *P*）的预测

3.3.3.1 基本概念

亲脂性是化合物的重要理化性质，在药物设计中尤其如此。它控制着化合物在水相和有机相之间的分布，通过测定化合物在辛醇与水之间的分配比例来测量，如式（3.14）所示：

$$P_{oct} = \frac{[Compound^N]_{oct}}{[Compound^N]_w} \qquad (3.14)$$

其中，$Compound^N$ 代表中性化合物。通常使用 $\log P_{oct}$ 而不是 P_{oct} 来表示化合物的亲脂性。Lipinski 等[37]认为，合适的亲脂性是获得药物良好口服生物利用度的必要条件。由于 Corwin Hansch 在 20 世纪 60 年代所做的工作，用辛醇/水分配系数表述化合物的亲脂性被广泛认同，采用该模型的原因如下[38]：

（1）辛醇是细胞膜中带有极性头的长链脂质分子的类似物。

（2）水溶于辛醇，从而模拟生物疏水区域（如膜）的水组分。

（3）辛醇价格低廉，易于纯化，无发色团，不干扰化合物浓度的光谱测定。

该系数在不同化学领域的广泛使用表明了 Hansch 的远见卓识。下面我们概述一些计算 $\log P$ 的方法。预测 $\log P$ 值的更多方法以及全面分析可以参阅专题综述[39]。

3.3.3.2　预测 $\log P$ 的第一种方法

Fujeta 等首先开发了一种基于取代基常数 π_X 的计算方法，类似于 Hammett 方法，如式（3.15）所示：

$$\pi_X = \log P_{R-X} + \log P_{R-H} \qquad (3.15)$$

疏水常数 π_X 是衡量取代基 X 对化合物 R—X 亲脂性相对于化合物 R—H 变化的贡献的量度。这种方法与 LFER 类似，其中 Φ 被 P 取代[式（3.12）]。在已知疏水常数 π_X 的情况下，可以根据式（3.16）估算具有不同取代基的同类化合物的 $\log P$ 值：

$$\log P_{R-X,Y-Z} = \log P_{R-H} + \sum \pi_{X,Y,Z} \qquad (3.16)$$

这种方法的缺点是必须已有母体溶质且母体溶质的 $\log P$ 值必须由实验确定。对于复杂多样的类药分子来说，这个问题尤为突出。

Nys 和 Rekker 开发了一种基于片段对分子亲脂性加和贡献的片段常数方法[式（3.17）][40]：

$$\log P = \sum_{i=1}^{N} \alpha_i f_i + \sum_{i=1}^{N} k_i C_M \qquad (3.17)$$

与式（3.8）相似，其中，α_i 是片段 i 的发生率；f_i 是片段亲脂性常数；C_M 是校正因子；k_i 是 C_M 的频率。将分子组（可获得实验 $\log P$ 值）切割成预定义的片段，并通过多线性回归分析确定每个片段的数值，从而获得片段常数。校正因子可以通过结构特征解释，如共振相互作用、芳香族化合物中的缩合、与电负性基团结合的氢原子。令人吃惊的是，C_M 值在原始方法中都等于 0.289，在修订版本中又都被修正为 0.219[41]，因此它也被称为"魔法常数"。

第一种预测 $\log P$ 的计算方法对于该系数在药物发现中的应用至关重要。此外，他们推动了方法学的发展，如 LFER、官能团等，这些方法在当代化学信息学中得到了广泛的应用。

3.3.3.3 其他基于子结构的方法

近几十年来，其他一些基于子结构的预测方法也得到了发展，并且都被编写成了计算机程序[42]。Hansch 和 Leo 开发了基于片段常数和校正项的 CLOGP 程序[39]，其中，片段常数是从片段自身作为溶质时获得的。同时，也考虑了片段的连接环境。一些片段本身无法呈现的特殊相互作用则通过计算校正因子进行模拟。

目前，已报道的预测模型中有几种是基于原子贡献。Ghose 和 Crippen[43]开发的 ALOGP 是最常用的原子增量系统之一。其中，原子是根据它们的周围环境进行分类的，而碳原子则通过它们的杂交状态进行区分。尽管应用广泛，该方法对于更复杂的化合物显示出较大偏差，倾向于低估化合物的 $\log P$。ALOG98 是使用 9920 个化合物作为训练集对模型进行修订后得到的方法，其标准偏差仅为 0.67 个对数单位[44]。

XlogP 是另一种常用的基于原子的方法，最初使用 76 种原子类型和 4 种校正因子[9]。针对一个 $N = 1831$ 个分子的训练集，该模型预测的标准偏差为 0.37。该方法的最新版本 XlogP3，使用了 8119 种化合物样本，得到 87 种原子类型，两种校正因子[45]。XlogP3 的一个有趣特性是，对于每个查询分子，该方法在训练数据集中找到其最邻近的分子，并使用该分子的 $\log P$ 值作为预测新化合物值的基础，再基于两个分子的原子类型组成的差异来校正 $\log P$ 值。因此，XlogP3 类似于 Fujita 所用的方法，区别在于取代基常数是"在运行中"计算的。

基于原子的方法由于其简易性而可以很容易使用，例如，ALOGP 的原始版本和修订版本都被广泛用于各种软件包中[39]。

3.3.3.4 QSPR 模型

除了这些 LFER 类型的模型之外，还有一些方法使用了全分子描述符和多元线性回归以外的学习算法。下面将列举两种方法进行说明。

ALOGPS 程序是基于 $N = 12908$ 个分子的 75 个原子和键型 E 态描述符开发

的[46, 47]。在这些描述符中，有些是具有相似的线性回归系数的几种原子类型的组合，或者被期望用于描述相似的但在训练集中代表性不足的原子或键类型。在隐藏层中产生了一个具有 10 个神经元的反向传播神经网络模型，与使用相同描述符的线性回归模型（$r^2 = 0.89$，RMSE = 0.61）相比，该模型预测效果显著提升（$r^2 = 0.95$，RMSE = 0.42）。但是预测的准确性会随着分子的增大而降低，因此，对于大分子的预测结果可靠性较差。

大约在同一时期，Beck 等发表了一个基于半经验量子化学描述符和反向传播神经网络的模型[48]。该模型的训练数据集由 1085 种化合物组成，36 种描述符来自描述电子和空间效应的 AM1 和 PM3 计算。在选定描述符之后，使用 16-10-1 的网络架构模型获得了最佳的结果，其标准偏差为 0.56。对于测试集，所得到的标准偏差为 0.39，这与 ALOGPS 方法计算的误差相似。

以上列举的两种模型都是使用具有相似结构的神经网络（10 个隐藏神经元）来开发的。然而，第一模型的优点在于其不需要 3D 结构信息，因此无需选定化合物分子的构象，也不需要耗时的量子化学计算。此外，ALOGPS 所用的数据集更大。对于开发 $\log P$ 模型的一个实际建议是首先尝试更简单的描述符（如 2D 结构）和方法（如线性回归），并且仅在被证明确实能改善模型性能的前提下，才进一步增加模型的复杂性。

3.3.3.5　限制 $\log P$ 方法预测能力的因素

考虑到 $\log P$ 性质的应用已经有半个多世纪的历史，我们可以认为现有方法能够对其进行可靠的预测。Mannhold 等[39]用公开的和他们的内部数据对这些 $\log P$ 预测模型进行了基准测试研究。对于公共数据集 $N = 266$ 分子的最佳预测模型的误差接近于 $0.3\log P$ 单位的估计实验误差[39]。然而，对于在辉瑞公司内部测定的 95000 种化合物，该模型的预测能力相对较低，其 RMSE>1。

此类模型的预测误差与分子中非氢原子（NHA）的数量呈抛物线关系，表明这些模型不能准确地预测小分子和大分子的 $\log P$（图 3.2）。对于含有约 17 个非氢原子的分子，此类模型达到最佳的预测精度，17 这一数值是 ALOGPS 以及其他程序使用的公共数据集中化合物原子数的中值。因此，对于那些位于用于建模的化学空间之外的化合物，现有的预测模型表现出相当差的外推性能。

这一结论在同一作者的后续研究中得到证实[49]。当使用 ALOGPS 预测的局部校正（所谓的 LIBRARY 模式）后，可以将对辉瑞内部数据集的预测误差从 RMSE = 1.02 降低到 0.59 对数单位。LIBRARY 模式使用新的实验值来扩展训练集。在预测一个新分子的 $\log P$ 值之后，LIBRARY 模式首先会在扩展训练集中找到该分子的类似物（最近邻居），同时预测它们的 $\log P$ 值，然后计算类似物的平均预测误差，并使用该误差来校正新分子的预测。重要的是，对适用域的计算允

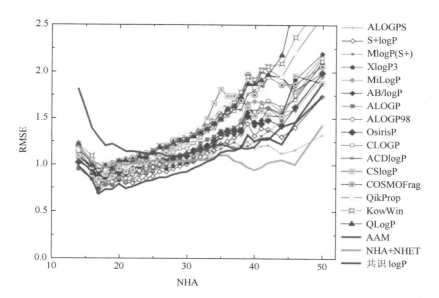

图 3.2 不同模型的 RMSE 与分子中非氢原子（NHA）数量的相关关系（经许可转载自文献[9]）

许鉴定前 60%最准确的预测，这些预测的误差与 0.33 对数单位的估计实验准确度相似[49]。对于这些化合物，人们可以仅使用预测值而无需进行测量。

模型较低的预测性能可能是由训练集和测试集中分子的化学多样性的差异导致的，而引入新分子扩展训练集可以显著提高模型的准确性。因此，由于训练集组成的差异，预测新数据时不同计算方法之间的比较可能存在偏差。此外，使用模型的适用域可以鉴定那些可靠的预测，对于那些预测无需再进行实验测量。

3.3.4 辛醇/水分布系数（log D）的预测

log P 值是指非离子化物质的油水分配系数，通常通过将体系滴定至使化合物不电离的 pH，即可电离化合物处于非电离态。显然，对于两性离子（也称为内盐）等总是具有带电基团的一些分子而言，是无法满足此测试条件的，因此无法测定其 log P 值。对于此类分子以及（部分）电离的分子，则测量其辛醇/水分布系数（log D）值。通常，化合物分子具有几个电离基团，因此可以以几种电离状态存在。在这种情况下，log D 可以表示为化合物在水和辛醇相中不同离子化状态的分数的贡献比[式（3.18）][50]：

$$\log D = \log\left(\sum_{i=1}^{N} f_i D_{\text{oct}}^i\right) \quad (3.18)$$

其中，f_i 是第 i 型的摩尔分数；D_{oct} 是在给定 pH 下该电离态的分布系数。如果基

团的 pK_a 常数是已知的，给定 pH 下单质子碱的电离分数可以按式（3.19）计算：

$$f = \frac{10^{pK_a - pH}}{(1 + 10^{pK_a - pH})} \tag{3.19}$$

而对于单质子酸，则存在式（3.20）：

$$f = \frac{10^{pH - pK_a}}{(1 + 10^{pH - pK_a})} \tag{3.20}$$

这些公式表明，对于每个 pH 下的 $\log D$ 的分析计算，应该事先知道一系列的常数（测量值或预测值），而这些常数往往很难实际测量得到。此外，考虑到预测中性态化合物的 $\log P$ 就已经是一项艰巨的任务了，在任意 pH 下对 $\log D$ 的预测则更具挑战性。

因此，制药公司的化合物 $\log D$ 值是在几个固定的 pH 下测量的，如 pH 7.4 和 pH 6.5，这与血液和直肠的 pH 相对应。与测定多个 pH 下的电离常数相比，在固定 pH 下的测量更容易进行。因此，获取数以万计的化合物的 $\log D$ 已经被实验测量。例如，在 Sheridan 的工作中，测量和模拟了 10 万多个数据点，使用随机森林的预测值的 RMSE 为 0.74[51]。作者使用原子对等简单的描述符，其形式为式（3.21）：

原子类型 i–(化学键距离)–原子类型 j （3.21）

第一种类型的描述符包括各种原子类型，以元素、非氢邻居原子数和 π 电子数表征。第二种类型的描述符是七种原子类型（阳离子、阴离子、中性供体、中性受体、极性、疏水等）之一。他们报道，这些类型的描述符在他们的研究中提供了最稳健的预测。因此，对于非常大的数据集，简单的化学结构描述符就足够了。

化合物的 $\log D$ 性质与 $\log P$ 存在很强的相关性。基于这种相关性，通过引入一项 LIBRARY 校正则可将 $\log P$ 的预测模型转换为 $\log D$ 的预测模型。将训练 $\log P$ 数据集由已测定的 $\log D$ 代替，其他计算如前一节所述进行。LIBRARY 模式为辉瑞的数据集提供了高精度的预测模型（RMSE = 0.69，$N = 17861$）[52]。因此，该方法能够快速且准确地将模型适配到新的相关属性的预测。相同的方法对于开发新类型化合物的注意力模型也是大有裨益。

在固定 pH 条件下的 $\log D$ 可以很容易地测量，因此，由于实验数据的可用性，它们可以很好地用于建模。由于 pK_a 和 $\log P$ 预测中误差的积累，预测任意 pH 下 $\log D$ 的精度则相对较低。

3.3.5 水溶解度（$\log S$）的预测

有机分子在水中的溶解度是影响其生物活性的重要特性[53]。一般地，类药分子与靶标的亲和力会随着 $\log P$ 的增加而增强，而这往往伴随着溶解度降低，从而为口服药物的开发带来了相当大的困难。预测有机化合物在水中的溶解度是药物开发中的一个重大挑战。本章主题只是简单的介绍，更详细的讨论请见第 6 章 6.9 节（ADME 性质的预测）。

3.3.5.1　不同类型的水溶解度

溶解性的定义就是个难题。根据不同的测量方式，可以得到不同的溶解度值，这些值通常意义各不相同。Commer[54]将各种溶解性的定义列出如下：

（1）动力学溶解度是指恰好诱导沉淀产生时溶液中化合物的浓度。

（2）热力学溶解度（平衡溶解度）是指当存在过量固体时化合物在饱和溶液中的浓度，并且溶液和固体处于平衡状态。

（3）固有溶解度是指可电离化合物的游离酸或碱的形式在使其完全非离子化的 pH 条件下的平衡溶解度。

固有溶解度的定义可以追溯到 Horter 和 Dressman[55]，他们最初表述"固有溶解度可以定义为化合物在游离酸或碱形式的溶解度"。前两个定义取决于用于执行测量时溶液的 pH，因此对于可电离的化合物而言可能是不同的。固有溶解度的定义有利于计算建模。如果分子是中性的，则平衡溶解度 = 固有溶解度。在化合物不形成过饱和溶液的情况下，动力学溶解度 = 平衡溶解度。一般来说，动力学溶解度≥平衡溶解度≥固有溶解度。因此，固有溶解度对应于化合物的最小溶解度。此外，水溶解度也与温度相关。下面分析的模型是指在室温下测量的固有溶解度。

3.3.5.2　影响溶解度建模的因素

从热力学的角度来看，溶解是在溶质相与其饱和水溶液之间建立平衡的过程。影响溶解度的第一个因素是化合物的晶型，不同的晶型会导致化合物有不同的溶解度。Pudipeddi 和 Serajuddin[56]最近的一篇综述指出，多晶型之间的溶解度的比例通常小于 2。然而，在非晶态和结晶型的药物之间，该比例可高达 10～1600。因此，在结晶型的化合物中哪怕是存在少量非晶态的化合物都可以显著地影响化合物的溶解度。

溶质分子和水分子之间存在的分子间作用力也在很大程度上影响溶质分子的水溶解度。溶质-溶质、溶质-水和水-水之间的相互作用决定了溶解在水中的化合物的量。额外的溶质-溶质相互作用与结晶态的晶格能相关。因此，溶解度取决于许多因素，为了准确地预测需要利用相应的描述符来表征这些因素。

我们将列出溶解度预测的主要方法，并用一个简单的例子进行说明。有关溶解度预测的更详细介绍，请参见第 6 章 6.9.3 节。

3.3.5.3 Yalkowsky 的一般溶剂化方程（GSE）

很多预测 log S 的方法都是基于化合物的其他属性。化合物的溶解度与其 MP 密切相关。早在 1965 年，Irmann[58]报道利用 MP 将水溶解度与碳氢化合物和卤代烃的结构联系起来[式（3.22）]：

$$\log S = c + \sum a_i n_i + \sum f_i n_i + 0.0095(MP - 25) \tag{3.22}$$

其中，a_i 和 f_i 分别是原子和片段的贡献值；c 是取决于化合物类型的常数。

Yalkowsky 基于三个假设步骤将 MP 和溶解度关联起来[59]：

（1）将待分析的晶体加热至熔化。

（2）将熔化的液体冷却至水的温度。

（3）将化合物溶于水中。

该假设使得他能够提出一般溶解度方程[GSE，式（3.23）]：

$$\log S = 0.5 - \log P - 0.01(MP - 25) \tag{3.23}$$

其中，log P 是化合物的辛醇/水分配系数，溶解度以摩尔浓度的十进制对数来衡量。对于在室温下为液体的化合物（MP<25℃），这个等式简化为式（3.24）：

$$\log S = 0.5 - \log P \tag{3.24}$$

基于预测的 MP[2]（参见 3.3.6 节）和 log P 值的 Yalkowsky 方程，应用在预测 Huuskonen 数据集的 N = 1311 个分子[2]时的 RMSE 为 0.84 个 log S 单位[60]。此方法的误差高于后面所介绍的其他几种方法。

3.3.5.4 加和方案

尽管影响溶解度的因素很复杂，但一些研究人员通过运用加和方案来模拟这一性质。Kühne 等使用 351 种液体和 343 种固体的实验数据开发了一种溶解度预测模型[61]。该模型所用的片段数量为 49，再加额外的 8 个校正因子，预测的结果 $R^2 = 0.95$，平均绝对误差（AAE）为 0.38 个对数单位。

3.3.5.5 QSPR 模型

很多模型将 log S 与理论描述符关联起来。

Huuskonen[60]收集了 1297 种化合物的数据，此数据被不同作者应用于多项研究[2, 62-64]。该数据集经由 Tetko 等[63]及 Yan 和 Gasteiger 修订[64]，并可在 OCHEM 网站上获取[65]。在他的原著中，Huuskonen[60]使用 E 态指数和其他几个拓扑指数

（共 30 个指数）开发了一个模型，使用 884 个分子作为训练集，而其余的分子用作测试集。对于 413 个分子的预测结果，通过线性回归计算得到标准差（SE）值为 0.71，经过神经网络模型优化后预测效果显著改善，SE 降低到 0.6。考虑到溶解过程的复杂性，使用非线性方法来预测 log S 是合乎逻辑的。

由于溶解度这一性质本身的复杂性和实验测量过程中存在的问题，开发预测水溶解度的模型仍然是非常具有挑战性的任务。在这方面，非线性方法以及基于与其他性质相关的方法是最有希望的。

3.3.6 熔点的预测

熔点是在药物发现过程中需考虑的重要理化性质，如前所述，它可以作为前面章节分析模型的一部分。特别值得关注的是不同多晶型的熔点和痕量非晶态组分的影响。最近人们对熔点预测的关注度增加也与绿色化学和离子液体的发展有关[66]。化合物的熔点取决于其晶体堆积和堆积过程中所用的能量。尽管熔点相对容易测量，但熔点被认为是最难以预测的理化性质之一[67]。

如 Dearden[68]所综述的，许多预测熔点的工作是基于一系列同系物所开展的。Mills 已经在 1881 年推导出以下方程[式（3.25）][69]：

$$MP(C) = \frac{\beta x}{1 - \gamma x} \qquad (3.25)$$

其中，β 和 γ 是给定烃链类化合物的常数；$x = n-c$，其中 n 等于链中碳原子数，c 为常数。这些模型表现了出色的预测精度，误差在 1℃ 以内。

此类模型对不同类别化合物熔点的预测准确度较低。Karthikeyan 等[70]发现，同样利用 4173 种化合物的数据集与使用 3D 描述符（RMSE = 55～56℃）训练出的模型相比，使用 2D 描述符的模型表现出了更好的预测准确度（RMSE = 48～50℃）。然而 2D 和 3D 描述符的组合使用并不能进一步改善预测效果。Varnek 等预测 717 种含氮有机阳离子的溴化物离子液体的熔点的效果依赖于所使用的描述符和机器学习方法，其 RMSE 在 26～49℃ 范围。

这两个例子显示，预测化合物熔点很困难，预测误差可达几十摄氏度。

熔点的最大预测模型基于 275000 多个数据点[2]，这些数据大部分来自专利。最终的共识模型整体的 RMSE 为 37℃。但是，对于不同温度区域，其误差并不相同（图 3.3）。对熔点数据的分析表明，大约 90% 的化合物是与药物研发相关的。例如，药物、专利化合物或化学品供应商 Enamine 提供的熔点在 50～250℃ 之间的分子。这个温度区间是预测药物样品熔点最有意义的温度范围。在此温度区间的化合物，其熔点预测的 RMSE 为 33℃。

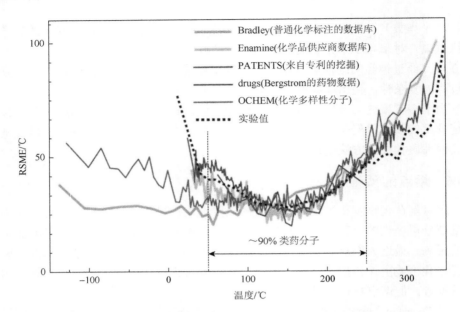

图 3.3　五组化合物熔点预测误差相对于温度的函数
基于专利数据的模型误差与该集中数据的实验精度相匹配（数据引自 Tetko 2016[2]）

　　150 年前，预测碳氢类化合物熔点的模型误差小于 1℃，现在的模型的误差达 33℃。所分析的化合物可能由不同的结晶态、非晶态或其混合物的形式存在。化合物倾向于存在的状态取决于结晶条件、杂质等，因此增加了测量时的不确定性以及对于该性质的建模。实际上，熔点以及分子的溶解度是指物质的性质而不是化合物本身的性质，所有这些因素都会导致熔点的变化。对专利数据中可获取到的化合物的重复测量（N = 18058）的分析表明，该组模型的预测精度受到数据实验精度的限制。

　　这个例子表明预测化合物特定性质困难之处可能与实验数据本身的不确定性相关。此外，研究人员可能只对与其相关的预测结果感兴趣，如上面提到的类药分子。因此，针对这些数据子集测量的统计参数，是用于评估模型预测精度的最相关的特征。

3.3.7　酸电离常数的预测

　　酸电离常数 K_a 是平衡常数，其定义为化合物的质子化和去质子化形式的比例；它通常表示为 $pK_a = \log_{10} K_a$。化合物的电离状态会显著影响其物理、化学和生物化学性质[71]。通常，化合物具有一个以上的质子电离中心，此类化合物被称为多质子化合物。那些用于模拟整个化合物的性质而开发的方法，特别是描述符，通常不是最佳或不适用于预测多质子化合物的 pK_a。电离常数的成功建模需要用到局部描述符，这类描述符可以恰当地描述分子的中心。

pK_a 值的问题在于多质子化合物不同电离中心的电离是同时发生的，因此观察到的电离和宏观常数是各个基团的电离常数的组合，即微平衡常数（微常数）。图 3.4 显示了西替利嗪的实例，其中 12 个微常数都是通过实验测量的。

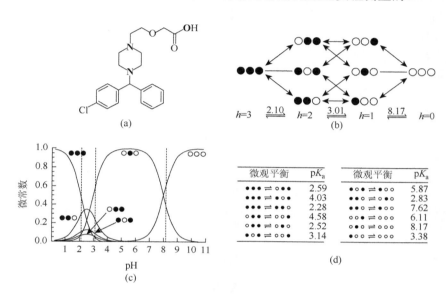

图 3.4　以西替利嗪为例说明微观种类和常数

微观种类表示为三联体，其中第一个位置是指羧酸基团的羟基，第二个位置是指中间的氮原子，第三个位置是指离羧基最远的氮原子；例如，●○○ 代表两性离子形式，其中一个质子与中间氮结合，是西替利嗪主要的中性形式。图 3.4（a）为西替利嗪中的质子化位点（OH、N、N）以粗体显示。图 3.4（b）为质子化方式，西替利嗪具有 $n = 3$ 个质子化程度，因此有 $2^3 = 8$ 个微观状态和 $3 \times 2^2 = 12$ 个微平衡。$3 + 1 = 4$ 个宏观状态如下所示，h 代表结合氢的数量。图 3.4（c）表明微观种类的分布是 pH 的函数，微观种类 ●○○ 和 ○○● 非常接近基线。图 3.4（d）为微常数，所有数值均通过实验确定[71]

微常数对于建立 pK_a 的预测模型是最重要的。通过实验滴定曲线可测定微常数[72]。对于一些微常数未知的数据（大多数时候数据都如此），主要电离路径的确定可用于将宏观常数视作微常数[73]。对西替利嗪而言，其主要电离路径对应于四种主要状态：●●●，●●○，●○○，○○○ [图 3.4（c）]。

对于大多数 pK_a 估算方法，首先得确定化合物的可电离中心。例如，在 SPARC 方法（SPARC performs automatic reasoning in chemistry）中确定了 13 个中心，该方法使用 LFER 与分子轨道理论相结合来描述共振、静电、溶剂化和氢键对 pK_a 的影响[74]。

在 Xing 和 Glen[75]的工作中，使用与电离中心相连的原子并同时考虑其键距的同心水平来描述电离中心。作者计算了几个与可电离中心不同距离的 Sybyl 原子类型。他们还分析了其他类型的描述符，包括原子电荷、原子极化率、键的类型等。然而，使用原子类型的层次树计算得到的统计结果最佳。应用偏最小二乘法推导出模型，计算出 645 个酸和 384 个碱的 SE 分别为 0.76 和 0.86。

Zhang 等[76]的工作也使用原子的理化属性和拓扑距离（拓扑球）作为描述符运算的基础，并用建立的模型模拟脂肪族羧酸的 pK_a 值（图 3.5）。然而，作者并没有仅仅使用原子计数，而是推导出了几个新的描述符，用来解释反应中心与分子其余部分的相互作用。

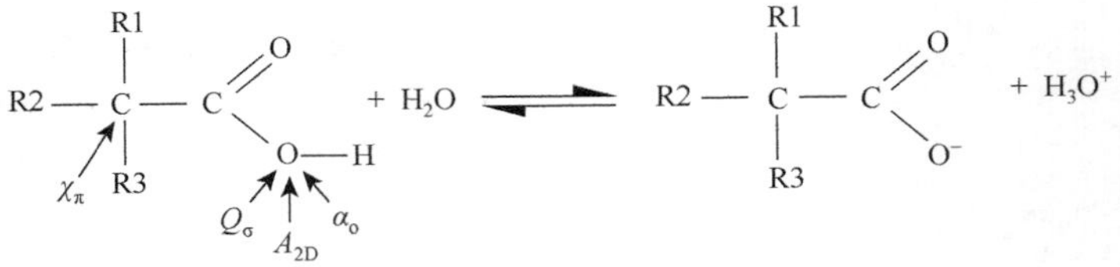

图 3.5　脂肪族羧酸的反应方程

理化效应如标示：α_O 指有效极化率；Q_σ 指可电离原子上的诱导效应；A_{2D} 指电离位点的空间位阻；χ_π 指 π 碳的电负性

第一个描述符描述了对可电离原子的诱导效应[式（3.26）]：

$$Q_{\sigma,i} = \sum_{d=1}^{7} \sum_{j \in \mathrm{TS}_d} \frac{q_{\sigma,j}}{d^2} \tag{3.26}$$

其中，d 是从原子 j（在拓扑球体 TS_d 中）到中心原子 i 的键数（即球体）；$q_{\sigma,j}$ 是原子 j 上的原子部分 σ 电荷（参见《化学信息学——基本概念和方法》第 8 章 8.1 节）[77]。引入加权因子 $1/d^2$ 反映离中心原子较远的原子的诱导效应减弱。Q_σ 描述符与 Taftσ^* 取代常数（$R^2 = 0.85$，$N = 130$）有很好的相关性，反映了其在模拟诱导效应方面的优势。

接下来，一个说明电离位点的空间位阻描述符由方程式（3.27）定义，此描述符用于解释被水分子溶剂化的差异：

$$A_{2D,i} = \sum_{d=1}^{5} \sum_{j \in \mathrm{TS}_d} V_{\mathrm{rel},j} \frac{1}{N_d} \tag{3.27}$$

其中，$V_{\mathrm{rel},j}$ 是原子 j 相对于碳原子的范德瓦耳斯体积；N_d 是金刚石晶格中拓扑球 d（TS_d）的碳原子数，$N_d = (4, 12, 2, 88, 240)$。其他影响因素中，被认为对电离重要的是氧原子上的有效极化率 α_O[78]（参见《化学信息学——基本概念和方法》8.1 节）和 α 碳原子上的 π 电负性（$\chi_{\pi,\alpha-C}$）。此外，由于 α-氨基酸以两性离子的形式存在，因此引入了一种分类标识 I_{amino}，对于氨基酸其数值为 1，而对于所有其他酸，其数值为 0。方程式（3.28）显示了由此获得的线性模型，用于预测 1122 个脂肪族羧酸的 pK_a 值（$R^2 = 0.81$，$s = 0.42$）[76]：

$$pK_a = -37.54Q_{\sigma,O} + 12.27A_{2D,O} - 1.02\alpha_O + 0.11\chi_{\pi,\alpha\text{-C}} - 1.89I_{amino} + 19.10 \quad (3.28)$$

另一个用于预测 288 个脂肪族醇的 pK_a 值的线性模型（$R^2 = 0.82$ 和 $s = 0.76$）也使用了类似描述符。这个例子说明，在考虑电离的化学性质的基础上，开发者能提出新的机理可解释的描述符，而这对于 pK_a 值的预测是很重要的。

MoKa 程序通过使用分子作用场作为描述符将循环描述符的概念扩展到 3D 结构[73]。为了提高性能，作者开发了 33 种 pK_a 预测模型，涵盖不同的可电离基团。他们的方法应用于罗氏公司的内部化合物库（$N = 5581$），计算结果的 RMSE = 1.09，$R^2 = 0.82$。通过使用额外的一组化合物进行自动化训练，预测效果有很大的提升，最终的 RMSE = 0.49，$R^2 = 0.96$[79]。

因此，发展能够反映所分析化合物性质的基本理化特性的描述符，对于开发高精度的预测模型是非常重要的。这些描述符的设计是开发 pK_a 模型的基础。此外，与以前的性质相似，pK_a 预测模型并不是通用的，当训练集化合物与测试集化合物相似时，模型预测的准确性较高。

3.4 统计方法的局限性

通过从数据中学习得到的统计模型，其适用性受到训练集化合物的结构多样性的限制。因此，对于与训练模型所用的化合物非常不同的新化合物，这些模型并不能可靠地预测它们的性质[39]。通常，学术用户和制药公司都在研究化合物，但他们所关注的化合物与用于模型开发的公开化合物是不同的。这可能是因为研究人员着眼于探索新的化学空间，亦或是为了避免专利药物的知识产权问题。在这种情况下，评估模型预测的准确性的适用范围，对于避免错误的预测是非常重要的。此外，正如几个实例[39, 52, 79]所证明的那样，使用对新化合物系列的若干实验测量来发展和扩展现有模型可以显著地提高对新化合物系列的精度。

3.5 展   望

随着理论方法的进步、新的快速实验测量方法的开发及更好的机器学习方法的发展，可以预期开发出更强有力的理化性质的预测模型。

计算能力的提高让研究者能够使用更强大的计算方法来预测化合物的复杂性质。例如，基于第一性原理使用从头计算方法模拟理化性质。这些方法也有助于开发新的描述符或改进现有描述符的计算。例如，基于从头计算方法可以对溶剂及表面积（SASA）进行计算，从而提高模型的精度。

开发新的高通量实验方法测量化合物的性质，可以提供更多和更可靠的数据促进新方法的进一步发展。同时，随着信息挖掘方法的发展，可以更好地从专利和论文中提取相关数据，例如，关于熔点[2]研究中所做的那样。这些方法有助于"大数据"的出现，其潜力仍然需要被更好地开发利用[80]。

另一个进展来自新的、快速的机器学习方法的开发。诸如深度神经网络等方法非常适合对化合物复杂性质的建模，并且有望对药物发现做出重大贡献[81]。这些方法还可以用于开发多重学习方法，用于同时预测多个性质，从而有助于提高预测每个单独性质的能力，并且有可能充分利用更大更多样的数据集的潜力[80]。

参 考 文 献

[1] 10.1787/20745753（accessed January 2018）.

[2] Tetko，I.V.，Lowe，D.，and Williams，A.J.（2016）*J. Cheminform.*，**8**，2.

[3] Klamt，A.（1995）J. *Phys. Chem.*，**99**，2224-2235.

[4] Wittekindt，C. and Klamt，A.（2009）*QSAR Comb. Sci.*，**28**，874-877.

[5] Klamt，A.，Eckert，F.，Hornig，M.，Beck，M.E.，and Burger，T.（2002）*J. Comput. Chem.*，**23**，275-281.

[6] Benson，S.W.（1976）*Thermochemical Kinetics：Methods for the Estimation of Thermochemical Data and Rate Parameters*，John Wiley & Sons，Inc.，New York，334pp.

[7] Benson，S.W. and Buss，J.H.（1958）*J. Chem. Phys.*，**29**，546-572.

[8] Ghose，A.K.，Viswanadhan，V.N.，and Wendoloski，J.J.（1998）*J. Phys. Chem. A*，**102**，3762-3772.

[9] Wang，R.X.，Fu，Y.，and Lai，L.H.（1997）*J. Chem. Inf. Comput. Sci.*，**37**，615-621.

[10] Fredenslund，A.，Jones，R.L.，and Prausnitz，J.M.（1975）*AIChE J.*，**21**，1086-1099.

[11] Sushko，I.，Salmina，E.，Potemkin，V.A.，Poda，G.，and Tetko，I.V.（2012）*J. Chem. Inf. Model.*，**52**，2310-2316.

[12] http://toxprint.org（accessed January 2018）.

[13] Yang，C.，Tarkhov，A.，Marusczyk，J.，Bienfait，B.，Gasteiger，J.，Kleinöder，T.，Magdziarz，T.，Sacher，O.，Schwab，C.H.，Schwoebel，J.，Terfloth，L.，Arvidson，K.，Richard，A.，Worth，A.，and Rathman，J.（2015）*J. Chem. Inf. Model.*，**55**，510-528.

[14] http://chemotyper.org（accessed January 2018）.

[15] Baell，J.B. and Holloway，G.A.（2010）*J. Med. Chem.*，**53**，2719-2740.

[16] Schorpp，K.，Rothenaigner，I.，Salmina，E.，Reinshagen，J.，Low，T.，Brenke，J.K.，Gopalakrishnan，J.，Tetko，I.V.，Gul，S.，and Hadian，K.（2014）*J. Biomol. Screen.*，**19**，715-726.

[17] Chapman，N.B. and Shorter，J.（1972）*Advances in Linear Free Energy Relationships*，Springer US，Boston，MA，486pp.

[18] Varnek，A.，Fourches，D.，Horvath，D.，Klimchuk，O.，Gaudin，C.，Vayer，P.，Solov'ev，V.，Hoonakker，F.，Tetko，I.V.，and Marcou，G.（2008）*Curr. Comput. Aided Drug Des.*，**4**，191-198.

[19] Eisenlohr，F.（1911）*Z. Phys. Chem.（Leipzig）*，**75**，585-607.

[20] Miller，K.J. and Savchik，J.（1979）*J. Am. Chem. Soc.*，**101**，7206-7213.

[21] Kang，Y.K. and Jhon，M.S.（1982）*Theor. Chim. Acta*，**61**，41-48.

[22] Miller, K.J. (1990) *J. Am. Chem. Soc.*, **112**, 8533-8542.

[23] Fajans, K. (1920) *Ber. Deut. Chem. Ges.*, **53B**, 643-665.

[24] Fajans, K. (1922) *Ber. Deut. Chem. Ges.*, **55B**, 2826-2838.

[25] Fajans, K. (1921) *Z. Phys. Chem.*, **99**, 395-415.

[26] Laidler, K.J. (1956) *Can. J. Chem.*, **34**, 626-648.

[27] Allen, T.L. (1959) *J. Chem. Phys.*, **31**, 1039-1049.

[28] Gasteiger, J., Jacob, P., and Strauss, U. (1979) *Tetrahedron*, **35**, 139-146.

[29] Pedley, J.B., Naylor, R.D., Kirby, S.P., and Pedley, J.B. (1986) *Thermochemical Data of Organic Compounds*, Chapman and Hall, London, 792pp.

[30] Cox, J.D. and Pilcher, G. (1970) *Thermochemistry of Organic and Organometallic Compounds*, Academic Press, London, 643pp.

[31] Gasteiger, J. (1979) *Tetrahedron*, **35**, 1419-1426.

[32] Cordes, W. and Rarey, J. (2002) *Fluid Phase Equilib.*, **201**, 409-433.

[33] Poling, B.E., Prausnitz, J.M., and O'Connell, J.P. (2001) *The Properties of Gases and Liquids*, McGraw-Hill, New York, 768pp.

[34] Wittig, R., Lohmann, J., and Gmehling, J. (2003) *Ind. Eng. Chem. Res.*, **42**, 183-188.

[35] Gasteiger, J. and Dammer, O. (1978) *Tetrahedron*, **34**, 2939-2945.

[36] Gasteiger, J. and Jochum, C. (1979) *J. Chem. Inf. Comput. Sci.*, **19**, 43-48.

[37] Lipinski, C.A., Lombardo, F., Dominy, B.W., and Feeney, P.J. (1997) *Adv. Drug Deliv. Rev.*, **23**, 3-25.

[38] Tetko, I.V. and Livingstone, D.J. (2006) Rule-based systems to predict *lipophilicity, in Comprehensive Medicinal Chemistry II: In Silico Tools in ADMET*, (eds B. Testa and H. van de Waterbeemd), Elsevier, Oxford. Vol. 5, pp 649-668.

[39] Mannhold, R., Poda, G.I., Ostermann, C., and Tetko, I.V. (2009) *J. Pharm. Sci.*, **98**, 861-893.

[40] Nys, G.G. and Rekker, R.F. (1973) *Chim. Therap.*, **8**, 521-535.

[41] Rekker, R.F. and Mannhold, R. (1992) *Calculation of Drug Lipophilicity. The Hydrophobic Fragmental Constant Approach*, VCH, Weinheim, 113pp.

[42] Leo, A.J. (1993) *Chem. Rev.*, **93**, 1281-1306.

[43] Ghose, A.K. and Crippen, G.M. (1986) *J. Comput. Chem.*, **7**, 565-677.

[44] Wildman, S.A. and Crippen, G.M. (1999) *J. Chem. Inf. Comput. Sci.*, **39**, 868-873.

[45] Cheng, T., Zhao, Y., Li, X., Lin, F., Xu, Y., Zhang, X., Li, Y., Wang, R., and Lai, L. (2007) *J. Chem. Inf. Model.*, **47**, 2140-2148.

[46] Hall, L.H. and Kier, L.B. (1995) *J. Chem. Inf. Comput. Sci.*, **35**, 1039-1045.

[47] Tetko, I.V., Tanchuk, V.Y., and Villa, A.E. (2001) *J. Chem. Inf. Comput. Sci.*, **41**, 1407-1421.

[48] Beck, B., Breindl, A., and Clark, T. (2000) *J. Chem. Inf. Comput. Sci.*, **40**, 1046-1051.

[49] Tetko, I.V., Poda, G.I., Ostermann, C., and Mannhold, R. (2009) *Chem. Biodivers.*, **6**, 1837-1844.

[50] Lombardo, F., Faller, B., Shalaeva, M., Tetko, I., and Tilton, S. (2007) The good, the bad and the ugly of distribution coefficients: current status, views and outlook, in *Drug Properties: Measurement and Computation* (ed. R. Mannhold), Wiley-VCH, Weinheim, pp 407-437.

[51] Sheridan, R.P. (2012) J. Chem. *Inf. Model.*, **52**, 814-823.

[52] Tetko, I.V. and Poda, G.I. (2004) *J. Med. Chem.*, **47**, 5601-5604.

[53] Balakin, K.V., Savchuk, N.P., and Tetko, I.V. (2006) *Curr. Med. Chem.*, **13**, 223-241.

[54] Comer, J. (2005) The Relationships Between Lipophilicity, Solubility and pKa for Ionizable Molecules. PhysChem forum for Physical Chemists by Physical Chemists, UK.

[55] Horter, D. and Dressman, J.B. (2001) *Adv. Drug Deliv. Rev.*, **46**, 75-87.

[56] Pudipeddi, M. and Serajuddin, A.T. (2005) *J. Pharm. Sci.*, **94**, 929-939.

[57] Hancock, B.C. and Parks, M. (2000) *Pharm. Res.*, **17**, 397-404.

[58] Irmann, F. (1965) *Chem. Ing. Tech.*, **37**, 789-798.

[59] Jain, N. and Yalkowsky, S.H. (2001) *J. Pharm. Sci.*, **90**, 234-252.

[60] Huuskonen, J. (2000) *J. Chem. Inf. Comput. Sci.*, **40**, 773-777.

[61] Kühne, R., Ebert, R.U., Kleint, F., Schmidt, G., and Schuurmann, G. (1995) *Chemosphere*, **30**, 2061-2077.

[62] Hou, T.J., Xia, K., Zhang, W., and Xu, X.J. (2004) *J. Chem. Inf. Comput. Sci.*, **44**, 266-275.

[63] Tetko, I.V., Tanchuk, V.Y., Kasheva, T.N., and Villa, A.E.P. (2001) *J. Chem. Inf. Comput. Sci.*, **41**, 1488-1493.

[64] Yan, A. and Gasteiger, J. (2003) *J. Chem. Inf. Comput. Sci.*, **43**, 429-434.

[65] Sushko, I., Novotarskyi, S., Korner, R., Pandey, A.K., Rupp, M., Teetz, W., Brandmaier, S., Abdelaziz, A., Prokopenko, V.V., Tanchuk, V.Y., Todeschini, R., Varnek, A., Marcou, G., Ertl, P., Potemkin, V., Grishina, M., Gasteiger, J., Schwab, C., Baskin, I.I., Palyulin, V.A., Radchenko, E.V., Welsh, W.J., Kholodovych, V., Chekmarev, D., Cherkasov, A., Aires-de-Sousa, J., Zhang, Q.Y., Bender, A., Nigsch, F., Patiny, L., Williams, A., Tkachenko, V., and Tetko, I.V. (2011) *J. Comput. Aided Mol. Des.*, **25**, 533-554.

[66] Varnek, A., Kireeva, N., Tetko, I.V., Baskin, I.I., and Solov'ev, V.P. (2007) *J. Chem. Inf. Model.*, **47**, 1111-1122.

[67] Gavezzotti, A. (1994) *Acc. Chem. Res.*, **27**, 309-314.

[68] Dearden, J.C. (2003) *Environ. Toxicol. Chem.*, **22**, 1696-1709.

[69] Mills, E.J. (1884) *Philos. Mag.*, **17**, 173-187.

[70] Karthikeyan, M., Glen, R.C., and Bender, A. (2005) *J. Chem. Inf. Model.*, **45**, 581-590.

[71] Rupp, M., Korner, R., and Tetko, I.V. (2011) *Comb. Chem. High Throughput Screen*, **14**, 307-327.

[72] Marosi, A., Kovacs, Z., Beni, S., Kokosi, J., and Noszal, B. (2009) *Eur. J. Pharm. Sci.*, **37**, 321-328.

[73] Milletti, F., Storchi, L., Sforna, G., and Cruciani, G. (2007) *J. Chem. Inf. Model.*, **47**, 2172-2181.

[74] Hilal, S.H., Karickhoff, S.W., and Carreira, L.A. (1995) *Quant. Struct. Act. Relat.*, **14**, 348-355.

[75] Xing, L. and Glen, R.C. (2002) *J. Chem. Inf. Comput. Sci.*, **42**, 796-805.

[76] Zhang, J., Kleinöder, T., and Gasteiger, J. (2006) *J. Chem. Inf. Model.*, **46**, 2256-2266.

[77] Gasteiger, J. and Marsili, M. (1980) *Tetrahedron*, **36**, 3219-3228.

[78] Gasteiger, J. and Hutchings, M.G. (1984) *J. Chem. Soc. Perkin Trans.*, **2**, 559-564.

[79] Milletti, F., Storchi, L., Goracci, L., Bendels, S., Wagner, B., Kansy, M., and Cruciani, G. (2010) *Eur. J. Med. Chem.*, **45**, 4270-4279.

[80] Tetko, I.V., Engkvist, O., Koch, U., Reymond, J.L., and Chen, H. (2016) *Mol. Inform.*, **35**, 615-621.

[81] Baskin, I.I., Winkler, D., and Tetko, I.V. (2016) *Expert Opin. Drug Discov.*, **11**, 785-795.

4 化 学 反 应

Oliver Sacher[1] and Johann Gasteiger[2]

[1]Molecular Networks GmbH，Neumeyerstr. 28，90411 Nürnberg，Germany

[2]Computer-Chemie-Centrum，Universität Erlangen-Nürnberg，Nägelsbachstr. 25，91052 Erlangen，Germany

吴家强 译　　徐 峻 审校

4.1 引　　言

　　化学反应的计算机表示更加复杂，因为化学反应涉及化学结构的动态变化，这种变化受各种物化和环境因素的影响。化学家们不断地探索新化合物和已知化合物的合成方法，任何有助于这种探索的化学信息学方法都会得到化学家的青睐。

　　如 4.2 节所述，化学家制备化合物时面临的三个基本问题：反应路线设计、反应预测和合成设计。化学信息学已经发展出了一些方法帮助化学家解决这三个问题。检索化学反应数据库可以部分解决反应路线设计和反应预测问题（详见《化学信息学——基本概念和方法》第 6 章）。量子化学是化学反应预测的理论基础。但是因为要考虑各种过渡态和各种环境如溶剂、温度或者浓度的影响，建模过程难而且计算量大。化学信息学中的归纳学习方法是更具有可行性的反应预测方法。

　　在 4.2 节中，Jonathan Goodman 将概述反应预测和合成设计的最新技术，归纳合成化学家在设计化学反应和合成路线时所遇到的各种难题，以及为解决这些问题而开发的软件工具（技术细节可以从原始文献中查阅）。此外，他还提到如何从反应数据库中提取相应数据的方法。

　　Wendy Warr 出版了另外一本概述反应预测和合成设计系统的著作[1]。Philip Judson 详细介绍了早期的计算机辅助合成设计系统及通过此系统计算出现失败的原因[2]。有机合成设计工具的开发方兴未艾，一些成熟的工具已经应用到工业中。

　　生化反应是维持生物体存活的基本条件。本章 4.3 节介绍生化反应途径并说明了如何利用这些反应数据库解决生命科学的问题，也展示了化学信息学和生物信息学在揭示疾病的形成机制和解析食品化学机制研究中的作用。

参 考 文 献

[1]   Warr，W.（2014）*Mol. Inf.*，**33**，469-476.

[2]   Judson，P.（2009）*Knowledge-Based Expert Systems in Chemistry: Not Counting on Computers*，Royal Society of Chemistry，Cambridge.

4.2 反应预测与合成设计

4.2.1 概述

发现和制备新化合物是化学研究的主要目标之一。这涉及如下核心问题：当分子混合在一起时会发生什么反应。如果知道各种反应，就可以针对一个特定化合物设计合成该化合物的反应途径。

为此，化学家必须解决三个基本问题：

（1）如何将给定的原料 A 转化成目标产物 P，即反应设计的问题（图 4.1）。检索反应数据库可能找到答案。

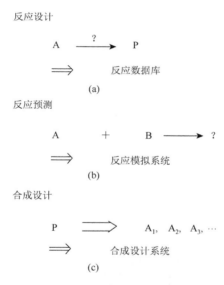

图 4.1 化学反应面对的三个基本问题

（2）如果混合 A 和 B 两种起始原料，会产生什么结果，即反应预测的问题。为了回答这个问题，需要知道化学反应的驱动力。

（3）如何从原料 A_1、A_2 等开始制备目标化合物 P，即合成设计的问题。

设计合成路线需要理解和掌握大量化学反应和分子的性质。有些人非常擅长这个，并且取得了非凡的成就[3-5]。计算机可以比人类记得更多的实验报告，能够有效和快速地检索它们，并且能够非常精确地计算出竞争反应的相对速率。因此，计算机在合成设计方面应该比人做得更好。但目前情况并非如此。计算机在帮助人们设计合成方面发挥着越来越突出的作用，但它们还未取代人，可能永远不能取代人！然而，不管是人还是计算机，都要找到数据，评估其可靠性，找出它能解决问题的最佳化学合成反应，预测新反应的结果。

有机化学家在合成分子方面取得了巨大进步，包括目标分子的复杂性、高产率，合成反应中产生较少且易于分离副产物，以及反应过程使用较少的材料和能源。

刺尾鱼毒素是非常复杂的分子，有机合成化学家们希望能够全合成它[6]，但是它从未被全合成，化学家们希望合成其前体来推进它的全合成工作（图 4.2）。人们希望在计算机的支持下完成复杂分子的全合成工作。

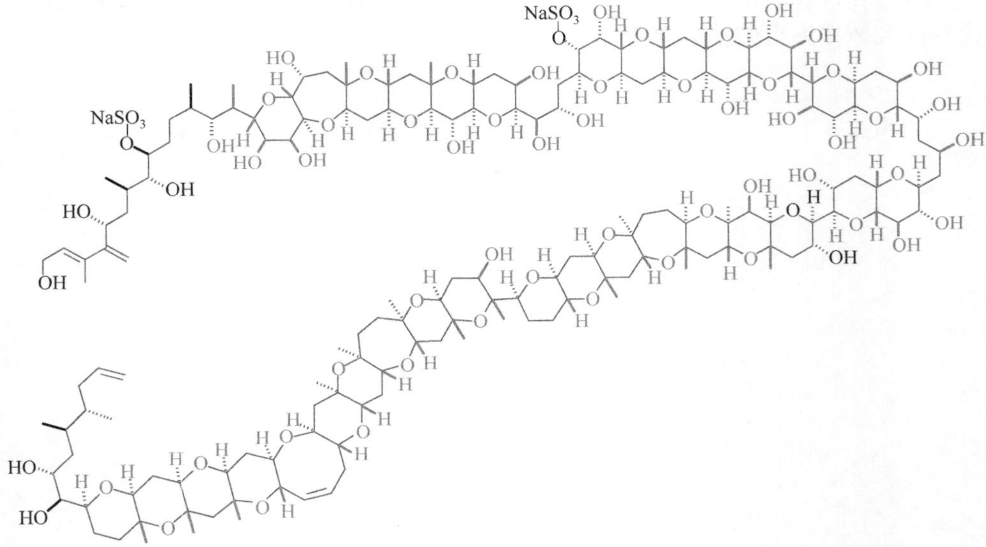

图 4.2　合成刺尾鱼毒素（maitotoxin）的中间体，刺尾鱼毒素是全合成中最复杂的目标之一，分子的浅灰色部分显示了已经合成的区域[6]。许多艰苦的工作已经完成。然而，将这些片段连接在一起需要大量的工作，完成分子的剩余片段也需要大量的工作

与刺尾鱼毒素相比，Eribulin/Halaven（艾日布林/艾瑞布林）（图 4.3）的结构相对简单，是乳腺癌的治疗药物，即使它的全合成难度很大，但也已经实现了全合成[7]。合成这种复杂结构的分子一般需要很长的合成路线，由于任务艰巨，需要计算机的辅助。

本章探讨有机合成领域的挑战和机遇，尤其是反应预测、合成设计的各种困难和解决方案。

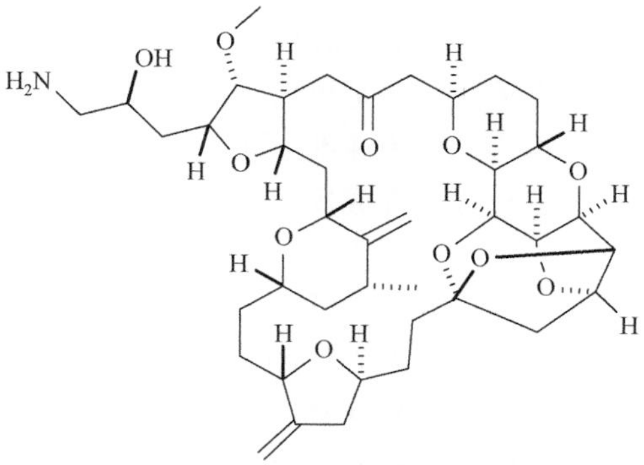

图 4.3　Eribulin/Halaven 的结构式

Eribulin/Halaven 是在市场上销售的最复杂的合成天然药物

4.2.2　反应预测

4.2.2.1　什么是分子

人们将化学反应定义为将一种或多种分子转化为一种或多种其他分子的化学变化过程。只有对分子结构有正确的表示，才能理解化学反应过程。

从原子形成可能分子的种类的数目是巨大的，据 Guida 等粗略估计，含 30 个以下原子的小分子种类约为 10^{60}，其真实的数量可能会比 10^{60} 大得多[8]。即便如此，它也远远超过了目前人类已经研究过的分子实体种类[约为一个亿（10^8）]。因此，我们只研究了可能分子种类的 10^{50} 之一以下。未被人类研究过的分子，不仅数量众多，而且结构高度多样化。

化学家用分子结构图来分析分子性质，图形分析本来不是计算机擅长的，但是随着化学信息学技术的发展，以连接表的形式表示分子结构，使计算机也擅长对分子进行图形分析了（参见《化学信息学——基本概念和方法》第 2 章）。

对于许多应用程序来说，最好把分子结构表示成能够准确定义分子所有信息的一个字符串。理想情况下，这种字符串应该世界通用，InChI（IUPAC-NIST 化学标识符）就属于这类字符串[9, 10]。

这就是化学反应预测过程所需要解决的第一阶段的问题——分子结构的计算机表示。

4.2.2.2　什么是好的化学反应

化学反应是指将一种或多种分子转化为另一种或多种其他分子的过程。各种化学反应不可胜数。

就合成有用性而言，好的化学反应的入选条件应更加严格，它必须产率高、得到期望的目标产物、不产生难分离的副产物，反应过程不涉及危险的处理操作，不形成难处理的废物，反应条件必须是可控的，以便可根据人为需要控制反应，反应过程不会产生过多的热量，反应速率必须足够快，并且规模适当、可管理，反应还应该是可预测的。好的有机合成反应，还应该容许利用特定的起始原料和试剂。

很难找到满足上述所有条件的合成反应，因此满足合成要求的反应数量很少。化学反应条件的优化必须权衡各个因素，如反应的选择性、产率、副产物等。与产率低的问题相比，生成难分离副产物的反应更不好。

Sharpless 等提出的点击化学能满足"好的合成反应"的很多标准[11]，点击化学反应是一个可模块化、使用范围广泛、高产率，仅产生易于去除的无害副产物，且具有高立体选择性的反应。该反应条件简单，起始材料和试剂容易获得，在良性溶剂或无溶剂体系中进行，产物易于分离纯化。

新化学反应和新合成方法不断地被发现，大多数新化学反应是通过实验发现的[12]，也有一些通过计算方法发现[13]。

预测反应和设计合成需要理解分子在化学反应过程中的各种行为。"点击化学"容易预测，因为它几乎总是只做一种特定的分子转化。在另一个极端情况下，添加一个简单的试剂（如酸）即可促进各类不同的反应发生。因此需要对底物的结构和性质有详细的了解才能预测此类反应。

由简单的试剂引起复杂转化的反应是很常见的。dolabriferol 的重排过程（图 4.4）就是一个很好的例子，该反应可视为一个完整的反应，但也可以将其视为一个未分离中间体的系列反应[14]。

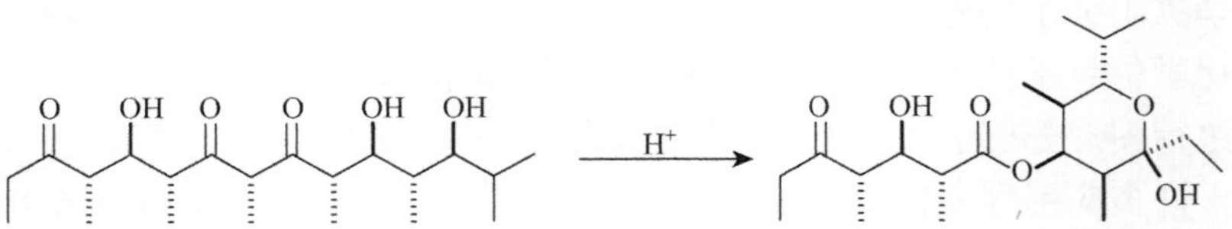

图 4.4　酸催化 dolabriferol 重排反应

如果要有把握地预测一个反应结果，那么它必须是属于很小的一组可预测的反应，或者分子在反应过程中的行为得到充分理解。反应预测对于合成设计至关重要。如果要一个合成设计确实可行，那么该设计所涉及的反应预测必须是正确无误的。为了更好地理解化学反应，我们需要足够详细地了解它们的反应机制，从而了解反应如何进行、如何受到环境的影响以及反应过程中可能出现的问题。

4.2.2.3　什么是反应机制

反应机制就是参加反应的各个分子在原子水平上变化过程的细节。这些细节非常有用，因为它会告诉我们如果引入了新的影响因素（如在同一分子中引入其他官能团），化学反应将会如何发生变化。

反应机制能够揭示反应可能会出现哪些副产物，因而能够预测可能的产率。同时，对反应过程中自由能变化的定量测量也可以给出可能的产率估算值。但由于产率不完全由一个反应的平衡来决定，所以理论产率与实际值往往会有较大的差距[15]。

4.2.2.4　文献数据可信吗

1）数据检索

为了预测反应是否能发生以及该反应结果的好坏，简单的方法是检索以前的化学反应记录，即化学反应数据库。但这并不能直接得到所想要的结果，因为数据库已记录了太多的化学反应，并且所记录的化学反应数据并不总是一致的。

检索化学名称是最直接的方式，但检索化学结构更好。因为大多数化学结构可以在计算机中唯一无二义地表示（详见 4.2.2.1 节和《化学信息学——基本概念和方法》第 2 章）。除了检索特定结构外，还可以检索包含分子特定片段的所有分子，甚至还可以检索与目标分子结构"相似"的分子。对"相似"的定义是复杂且不很直观的，尚无共识。但是，存在许多量化相似性的主流方法，而这些方法为寻找"相似"的分子提供了易于计算的算法（详见《化学信息学——基本概念和方法》第 7 章）。尽管存在这些问题，结构检索仍是一个热门研究领域。

检索化学反应数据库有难度（参见《化学信息学——基本概念和方法》第 6 章），但可以从数据库检索与特定产物相关的特定起始材料。但可能存在不确定性，因为并不总是清楚地确定起始材料的原子存在于产物中的确切位置。如果使用子结构或相似度检索，则该问题会变得更糟。我们可以明确地提问："是否存在含有特定片段的原料分子转化为含有不同特定片段的产物分子的反应"，但无法保证产物中的片段实际上源自起始原料相应片段中的原子。这需要了解原料原子如何映射到产物原子中，但这可能很难了解清楚。可以自动生成合理的映射，但不能保证它们在所有情况下都正确。在任何情况下，必须通过检索反应中心、反应原子和反应转化中涉及的键来完成反应检索。

解决此问题的一种方法是使用 InChI 标准编码作为描述反应的基础。反应 InChI（RInChI）编码是反应过程的描述符，RInChI 编码可能成为标记反应的有用方法[16]。

2）数据使用

即使我们可以在数据库中找到相关的信息，但这些信息是真实可靠的吗？学术文献中的数据信息通常会经过同行评审，但合成化学领域的同行评审人只检查数据的合理性和一致性，而不是检查实验的可重复性。因此，这将不可避免地有错误数据的出现。与学术文献相比，对专利文献中涉及的反应的审查更不够仔细，甚至可能会缺少进行反应的重要信息。

即使数据库中的所有反应都被准确记录，但仍然会出现问题。相似的分子并不总是以相似的方式发生反应。当前存在的诸多数据库中记录着数以千万计的化学反应。研究者感兴趣的分子种类比数据库中记录的化学反应数大许多个数量级。因此，除非反应中使用的特定分子已经众所周知，否则任何对反应的检索都不可能找到精确匹配的目标反应。检索类似的反应可能是最好的，但尚不清楚多大的相似度是足够的。

文献中记录的反应细节对于合成设计至关重要，但它们本身并不足以设计有效的新合成反应。

4.2.2.5 理论计算与实验分析

模拟化学反应

由于文献数据对化学反应进行了不完整的记录，因此我们需要一种预测反应性的替代方法。通过理论计算可以模拟反应，也可以通过求解薛定谔方程（Schrödinger's equation）来计算反应机理。然而，理论计算的计算量超大，且需要计算的反应体系数量庞大，即使摩尔定律（Moore's law）预测的计算机的计算速度持续地每十年翻一番，通过高精度的蛮干方法进行反应模拟的理论计算依然很难成功。

蛮干方法不能奏效，可以使用精度较低的计算方法。这种精度低的计算方法能够更快地给出近似答案，也可以谨慎选择反应系统来简化计算。在实际工作中，这两种简化方法的组合通常是有效的。

反应机理的计算通常集中在关键的化学键形成和断裂上，因为这是导致新分子形成的过程。但是，这些变化的细节取决于该反应体系中其他部分的相互作用。分子间的非键合相互作用，具有产物决定效应（product-determing effect），并且难以精确计算。反应体系中，溶剂效应的影响也难以量化。

反应路径的计算模拟是现代化学的重要组成部分，它们提供了其他方法无法获得的对化学过程的认识。然而，它们不能为反应预测和合成设计遇到的问题提供完整且易处理的解决方案。

4.2.2.6 反应预测面临的挑战

1）化学选择性和区域选择性

如果我们只考虑小分子的反应部位，那么研究它们如何相互作用是相对简单的。然而，原则上，每种起始原料都以多种不同的方式反应而形成各种产物。确保发生预期的反应而不发生竞争性反应是反应预测的关键部分，对于合成设计至关重要。

如果同一个分子中存在化学性质不同的反应基团，哪个基团会发生反应？是首先使更活泼的基团反应，抑或通过引入保护基保护较活泼的基团从而使不活泼的基团优先反应？这就是化学选择性的问题。此外，原子团的反应性也取决于它们所处的周围环境。虽然可以孤立地比较两组已知化学性质的活性基团的相对反应性，但新分子中相同的两组基团的活性可能受到周围环境的影响，反应活性会受到干扰，足以降低甚至逆转化学选择性。

如果相同的反应基团在同一个分子中出现两次，但每个反应基团所处的化学环境足够不同且可以区分它们的反应性，则其中一个可能发生反应而另一个基团不发生反应（即区域选择性）。对复杂新分子的区域选择性的预测需要相当多的经验且并非总是成功。

在许多情况下，即使结构复杂，通过理论计算也有可能计算出化学反应分子的上述两种选择性[17, 18]。然而，大量的实验研究表明，要使化学反应的计算结果足够可信，计算理论仍然需进一步改进[19]。即使运用目前最先进的计算方法计算最完善的合成路线也可能出现意外[20]。

2）立体选择性和对映选择性

在过去几十年中，实现立体选择性一直是合成化学的主要挑战。目前已经开发出许多出色的合成方法来确保正确构型的分子。然而，目标产物和非目标产物之间的差异很小，合成过程中分子所处的环境对立体选择性地构建分子产生很大影响。因此，化学反应的立体选择性和对映选择性仍是一个亟待解决的科学问题。

3）物理性质

即使可以预测新反应的活性和选择性，它仍然可能不是一个好的合成反应。一个好的合成反应必须是：所有相关分子有足够溶解度，以便使它们在反应体系中能够相互作用；反应产物必须容易与原料和副产物分离，这就要求它们具有不同的物理性质，以便可以使用简单的分离技术进行纯化，如结晶、蒸馏或色谱法等。

4）产率

产率是评价一个反应的关键属性，也是最难预测的属性之一。文献通常报道纯化的收率，具体的数据包括起始材料到产物的转化率、产物在反应混合物中分离的难度、处理产物难度的相关信息，以及一些关于实验者可接受纯度水平的数据。对于相似化合物的类似反应，上述的所有数据均有可能不一样，甚至均不可预测。但是，只有在产生合理产率的前提下，该反应才是有用的，因此反应产率是反应预测的关键部分。

4.2.3 合成设计

鉴于预测反应的困难性，设计合成路线似乎是极难的任务。实际上，大多数合成都以合理的路线开始，在合成工作实施的过程中，需要根据现实情况对其不断进行改进，甚至需要重新设计。我们是否可以从头开始合成设计或编写计算机程序来做到这一点？化学家和计算机科学家们在 20 世纪 60 年代末和 70 年代初期就已经迎接了这一挑战，并开发了计算机辅助合成设计（CASD）系统，这个系统的开发是化学信息学源头之一。在挑战巨大的合成设计前，虽然人为设计仍然比计算机设计的效果更好，但目前已可以使用计算机方法进行合成路线的设计。

4.2.3.1 方法与问题

1）合成有多难

有机合成设计的难度类似于国际象棋比赛。到目前为止，只有国际象棋屈从于计算分析[①]，最好的国际象棋计算机玩家可击败最好的人类玩家。国际象棋中的棋子可能位置数目要比满足 Lipinski 规则的分子种类数目小得多。棋盘上的每个方格都可以是空的，也可以被 12 种不同类型的棋子之一占据。这给出了可能位置数量的上限为 13^{64}，即 10^{71} 种可能。这个数字太大了，因为它包括 64 个位置及许多其他荒谬的可能性。更复杂的分析表明更合理的数量估计为 10^{50}。这远小于可能的小分子种类的数量（也许是 10^{60}，见前面章节），这比人们感兴趣的分子数目小得多。

每个合成变换都像国际象棋中的棋步，不同的是在国际象棋比赛中我们总是确切知道每一个棋子将会做什么，并且每走一步都在一个有限的、相当小的可能的范围内移动。在合成路线中，对分子结构的每一次变换都有更多的不确定性。研究者不知道这个化学变换是否向最终的合成目标更接近了，因为反应条件的稍微不同都能改变反应结果。

如果反应物与底物类似，则与底物相比有更大的不确定性，似乎无关紧要的差异极有可能使化学变换存在竞争性化学变换，使产物选择性发生改变，或使反应体系的物理性质发生变化。

与国际象棋不同，对于合成反应，我们不知道确切的起点，我们的数据不一定可靠，我们无法确定通过做出特定条件的改变而得到预期结果的概率高低，且每个阶段发生条件改变的可能性巨大。定义成功的过程很复杂，甚至难以界定。因此，合成设计是非常难的。

---

① 近几年，随着人工智能的快速发展，围棋领域也出现了机器战胜人类的情况。

2）人们如何做合成设计

逆合成分析是一种考虑从产物到起始原料的反向合成分析，此分析有可能发现简化结构的方法并将其转化为可用的起始原料的方法[21]。通过此方法还能找到合成目标分子的多种不同途径。使用计算机检索文献是这一过程的关键步骤。

描述合成的论文通常会报道具有挑战性的化学结构的合成，但这些合成并不能保证结构复杂的化合物的成功合成，而是关注新反应的使用，或者有一个特定的、有趣的合成过程。这种类型论文描述的方法促进了合成科学的发展，但不一定是构建新分子的理想方法。

一般而言，合成目标分子的方法必须考虑到所有适用于特定项目的相关约束因素：

（1）成本、反应规模、反应速率和产物纯度之间的平衡是什么？

（2）是否需要考虑知识产权和专利问题？

（3）原材料是如何来的？如果从更可靠和更易获得的试剂开始，较长的合成路线也许可能会更好。

（4）如何控制合成过程中出现的风险？

一组对某一反应有利的约束因素可能对另一反应不利。合成研究人员希望尽可能快速地获得原材料用于反应的探索，而不在乎所获得的原材料的规模大小。小规模的反应可以大大降低危险，还可接受昂贵试剂的使用及烦琐的纯化工艺。合成工艺化学家则不太可能采用上述相同或者类似的途径。他们的化学反应规模较大、产物纯化简易，因而他们更关注反应的可持续性、废弃物和总成本。

因此，对所设计的化学反应来说，由于起始原料的可获得性发生变化，完美的合成设计路线可能变得并不那么有效。

合成路线的设计应考虑下述问题：在多条合成路线可供选择时，对后处理过程的分析可能会影响最佳途径的选择[22]。

3）寻找合成路线

从产物开始，寻求一条通往原料的路线可用逆合成分析来解决：找出什么样的底物能够经过哪些化学反应转化成相应的产物，然后寻找可用的起始原料。这需要一种方法来评估前体是否确实比产物更易得。而这种方法可通过化学变换引起化学结构复杂性变化的情况来评估这条逆合成分析路线是否合理可靠。

每一步逆向合成步骤均有大量的可能性，没有任何一种可以绝对确定地能转化成所需要的产物。故迈向原料的每一步均打开了一个广阔的化学空间。这些无穷尽的、爆炸性的组合使得力求详尽检索可能的合成途径变得不可能。

然而我们并不需要详尽检索所有可能的合成途径。任何一种合理的合成路线均是有用的，即使不是最佳的合成途径。各种明智的建议都将会激发合成化学家的灵感，提出各种可能的方法，与找到最佳合成路线相比，找到一条合理的路线要容易得多。但如何找到一条合理的合成路线仍然是目前面临的重大挑战。

4）检验合成路线

即使是设计最好的合成路线也需要检验。反应预测并不能做到绝对正确。一个良好的合成路线通常能依据反应过程中伴随着的新化学信息的产生而具有重新设计的可能性。

世界上最好的合成化学家也不太可能写出一种每一步均与预测完全一致的具有高产率和高选择性的复杂分子的合成路线。因此，对每一个路线的合成步骤，都需要根据现实情况不断检验，不断改进。

5）什么是好的合成

一个理想的合成可以用不同的方式定义，但是步骤少的合成一般都是受欢迎的。Hudlicky 对吗啡及相关化合物的合成进行了分析，概述了半个多世纪以来发展的 30 多种合成方法[23]。Hudlicky 描述为"几乎理想化"的五步或六步合成方法尚未开发出来。该领域的持续研究工作已经完成了简短且具有创新的合成方法[24]，但完美的合成仍然难以实现。

简短的合成通常是一个好的合成，但对合成质量的评估并非如此简单。整个合成过程的环境和毒性影响（生命周期评估）对评估该特定合成路线的优缺点起着重要作用。上述的问题可依据相关指标[25]和算法[26]来评估。

4.2.3.2　技术发展现状

1）如何实现合成自动化

化学合成过程全自动化有希望吗？合成设计相关工作要求研究者有良好的沟通技巧以及对化学相关知识的透彻理解，加上其自身的难度，这是一项具有挑战性的工作。目前，已有多种程序可用于合成设计，但这些有一定帮助的程序都没有占主导地位，只获得了少数合成化学家的青睐。CASD 系统是一种可以用来帮助而非取代化学家以更有效的方式设计合成路线的工具。计算机擅长不懈地探索各种反应和途径，而化学家则更善于创造性地将不同的信息结合起来，并实现富有想象力的飞跃。因此，计算机和化学家的能力可以取长补短。

2）文献分析：反应数据库检索

文献分析是反应预测和合成设计的关键起点，化学反应数据库是关键工具，包括化学文摘数据库（Chemical Abstracts Service）的 SciFinder 和爱思唯尔（Elsevier）的 Reaxys（参见《化学信息学——基本概念和方法》第 6 章）。这两个数据库均是可检索含大量反应数据的数据库，前者基于化学文摘，后者则基于《拜尔施泰因有机化学手册》。两者都包含数以千万计的分子和反应数据，收集了大部分已完成或已公开发表的数据，还包含逆合成路线的分析，这些数据对于设计有效的合成路线至关重要。出版物与数据库不同，因此这两类数据有时会以不同的方式解释结果。总而言之，这些数据都是帮助合成化学家设计和检查化学反应和化学合成的宝贵工具。

3）反应预测系统

目前，已经开发了预测反应结果的程序。最近 *Accounts of Chemical Research* 特刊报道了基于量子力学的预测催化作用的方法，并概述了该领域许多成功的例子[27]。这种方法通常需要大量的时间来分析一组相关反应，从而生成定量数据和定性理解，通常不适合在随机给定一组试剂和反应条件的情况下使用，计算机计算能力弱的情况下也不足以预测反应。下面列出的程序可以弥补上述不足，预测精度可以提升。

CAMEO：由 Jorgensen 课题组撰写的 CAMEO 程序通过分析反应机理预测给定的原料和条件反应产物[28, 29]。化学反应被分为很多类型，可应用于各种底物，这使得该程序原则上可以正确预测从未在实验室中实验过的反应。

ROBIA：这个程序预测有限的有机反应，包括羟醛缩合、逆羟醛缩合反应及缩醛和半缩醛的形成[14]。该程序的优势在于能够比较大量类似的反应并计算立体化学因素对反应结果的影响。它的应用开启了计算机启发的天然产物合成的先河[30]。

SOPHIA：Funatsu 等开发的 SOPHIA（基于启发式方法的有机反应预测系统）[31]，不受公认的反应基团和惯例限制，试图预测任意反应物的所有可能的反应途径。

IGOR：由 Ugi 等[32]开发的 IGOR 程序使用正式的反应发生器，因此不局限于已知的化学过程。该方法已被用于开发新的化学反应以及分析和预测已知的化学反应[33]。

EROS：EROS（Elaboration of Reactions for Organic Synthesis）系统用于前向和逆向合成检索，可进行反应预测和合成设计[34, 35]。它与正式的反应发生器一起工作，监测键的断裂、生成和电子转移过程。正式的反应发生器可以模拟已知的和完全新颖的反应，从所有可能的反应中基于物理化学评价（如计算反应热[36]、部分原子电荷[37]、诱导[38]、共振和极化效应[39]的值）选择可行的反应。根据是否计算出了反应预测或合成设计的问题，对这些物理化学效应的值进行侧重性计算。

4）合成设计

已有不少计算机程序可用于创建逆合成途径，Warr[1]和 Cook 等[40]最近对该领域的研究进展进行了综述，下面将概述一些最受欢迎的程序。这些程序通常基于描述分子如何反应的规则而构建，在制定这些规则的方法和寻找良好总体策略的计算过程中有所不同。本节并不打算全面概述为合成设计开发的所有程序，而是主要介绍 CASD 系统开发中的主要里程碑，如要获得各个系统的详细信息，请参见参考文献。

合成设计程序可以按时间顺序排序，从 OCSS（将 Corey 开发的逆合成分析在计算机程序中进行编码[41]) 开始到 LHASA 系统[42]。然而随着程序的开发，有些程序开发时间长，按时间排列变得复杂。

也可以按开发策略对合成设计程序进行排序。分析应该从原料开始还是从产物开始；化学变换应限于那些具有可靠文献报道的反应，还是应该考虑更多反应推测过程；如何选择和编码这种化学变换；该程序应该独立给出答案，还是与合成化学家进行交流；逆合成分析方法 LHASA 是基于专家选定的已知反应数据库进行分析[42]，而不是为了发明新化学反应。无论多么成熟的化学反应，应用于新物质时均有可能产生新的化学反应。一个完善的反应达到预期的效果结合有一定处理能力的计算机有可能产生有用且有趣的合成策略。

用户详细了解程序的工作原理是否重要？原则上，了解用于合成路线的算法和数据可以使化学家能够评估结果的优势和局限性。由于数据和算法可能非常复杂，因此该目的不易实现。商业的合成设计程序通常会对其算法和数据库的细节进行保密处理，因此很难评估不同程序的精确效果。

LHASA：由哈佛大学开发的第一个合成设计程序[41, 42]，Corey 的论文阐述了许多后续程序开发和探索的想法。该程序的一个关键特征是使用交互式的计算机图形设备，虽然在现在看来是常规功能，但在那个时代还是挺超前的。该程序有一系列用于规划合成策略的人工衍生的启发式算法和化学反应变换规则。最后，对策略进行评估，在最初的 OCSS 程序中，人工干预在该阶段至关重要。

在这个最早的程序中使用的所有想法都经过了后续程序的测试和开发。计算机越来越强大，计算机图形无处不在，人机交互不再是值得炫耀的研究工作，机器辅助合成分析的能力增强。

SynGen：大约在 50 年前，Hendrickson 在布兰迪斯大学开发了 SynGen 程序[43, 44]。由于构建目标分子可能有大量可行的合成途径，该程序采用的是骨架断开策略，将目标分子快速地切割成可用的起始材料。它提供了一种实用且有效的方法寻找合成变换的关键，从而证明即使使用几十年前的计算机也能实现这种变换。借助文献数据库，检索与 SynGen 程序的建议相类似的转化，研究前向式的合成路线。

WODCA：基于 EROS 程序运行所获得的经验，Erlangen-Nürnberg 大学的 Gasteiger 小组开发了代表第二代合成设计程序的 WODCA（化学应用数据组织工作台，Workbench for the Organization of Data for Chemical Applications）[45, 46]，在第一代合成设计及反应预测工具的基础上增加了基于相似性分析的全局性战略。WODCA 提供了许多有助于合成化学家的工具，包括与原料的大型数据库相连接以及用于识别合成中战略性成键的算法（图 4.5）。这标志着计算机辅助有机合成领域的重大进步，为实现更大的化学数据库和更快的计算机奠定了思想基础。与 LHASA 一样，该程序鼓励合成化学家和计算机工具之间的互动。设计策略将启发式方法与数据库分开，从而使得这两种关键过程可独立开发。

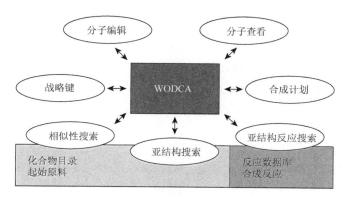

图 4.5　WODCA 方法概览

ARChem：ARChem（ARChem Route Designer）是一个帮助化学家设计目标分子合成路线的工具[47]。该程序里的有机化学系统由包括 Wiley 的 ChemInform 反应库等的数据库衍生，而其内部的机器学习算法则可用于改进被程序设定的合成路线的规则。

ICSynth：与 ARChem 一样，ICSynth 是基于化学变换规则形成的系统[48]，也是建立在 LHASA 程序奠定的基础上。ICSynth 系统使用的数据来自 InfoChem，目的是用于帮助研究人员构建合成路线。信息技术并不能代替人类合成化学家，但它可以促使人们产生灵感而帮助研究人员更出色地完成相应的工作。与 ARChem 一样，ICSynth 对于合成化学家来说是一个有用的工具，但在可预见的未来，该工具不会有任何取代合成化学家的可能。

CHIRON：由 Hanessian 等开发的 CHIRON 计算机程序检索共同的亚基以帮助设计合成路线，该程序特别关注立体中心问题[49]。虽然它没有构建完整的逆合成方案，但它提出了可用于合成对映异构体的手性起始原料。

SynChem：与其他程序一样，由 Gelernter 等开发的 SynChem 程序[50]，使用了基于反应的合成化学知识库，在路线设计中已获得了良好效果，并且可用于预测化学反应。在 1990 年的论文中，该数据库包含了大约 1000 个反应模式。与正常运行 ARChem 和 ICSynth 不同，该程序完全是自动导航的。这应该是那些计算机辅助合成设计的最终目标，但这意味着计算机必须完成所有的艰苦工作，包括完成 Corey 提出的化学合成的最终阶段：竞争合成途径的评估，并给出最优的合成路线。

Chematica：这是新的化学合成程序，由 Grzybowski 等开发[51]。该程序建立在现有的程序和一个非常庞大的化学变换数据库的基础上。几十年前，该系统可以获得比 LHASA 更多的计算机资源和数据。显然，合成化学非常复杂。确切来说，究竟有多复杂？是否有可能将复杂合成所需的所有知识与当前可获得的计算机资源相匹配？是否有可能检索和应用这些知识来为一个对人类合成化学家来说非常难以合成的分子生成一个新的合成途径？Chematica 程序声称已经达到了计算机辅助合成设计发展的这个阶段。

5）合成的可行性

预测反应结果和设计好的合成路线是个难题。更简单的问题是：合成一个特定的分子有多难？解决这个问题的一种方法是设计一条合成路线并评估它所带来的挑战。然而，在不产生完全合成的情况下估计一个合成反应的可行性可能更容易且本身也是有用的。如果将大量分子视为潜在的合成目标，那么筛选这些分子将有助于在构建具有挑战性的化学分子结构之前呈现最易合成的分子。"计算某个分子合成的可行性是有用的"。与合成设计不同，一个好但不完美的程序可能对该领域产生重大影响，因为它可以让合成化学家优先考虑到最有可能有价值的化合物上。这对于通过虚拟筛选或从头设计获得的分子的大数据集进行排序特别有意义。

解决这一问题的一种方法是分析目标分子的复杂性，将其作为衡量合成可行性的标准，并通过难以合成的目标分子的结构特征表征目标分子的复杂性。Gasteiger 等采取了结构复杂性和与现有原料相似性评估及将目标化合物分解为合成可及性的确定值来为合成路线可行性进行打分[52]。该方法促使合成可行性的计算值与合成化学家间一致认可的合成路线的评价意见一致。SYLVIA 程序[53]可供研究者对分子合成的可行性进行评估。Ertl 报道了一种基于分析构成分子的片段和对总体复杂性打分的相关方法[54]。该方法将化合物的合成难易程度从1（易）到 10（难）进行打分，并且这些评分与人工估计的合成可行性值相关性很好。该程序还通过与市售化合物数据库的相比较对化合物的合成可行性进行预测[55]。Li 和 Eastgate 指出，合成可行性的评估既依赖于分子复杂性，也依赖于当前的合成技术，因此他们认为随着化学反应方法的发展，合成复杂性会随之改变[56, 57]。

预测合成可行性的另一种方法是用一组反应构建分子，以便所产生的分子都是可合成的。SYNOPSIS 是实现这一目标的程序，已有研究报道使用该程序可以设计、合成 HIV 抑制剂[58]。最近，一种进化算法已用于生成具有合成可行性的大量小分子药物的类似物[59]。虽然合成途径受到限制，但这些途径被合成化学家所认可。

4.2.3.3 展望

1）开放获取和开放数据

我们需要获得更多的合成实验记录。这些数据是现实存在的，其中大部分属于出版公司。先进的从数据中提取有用的合成信息的技术也已经实现。有机合成技术的发展需要开放已有的数据，而数据开放似乎并不符合出版商的商业利益。

2）更好地分析数据

合成中间体的分析数据通常仅以摘要形式提供。过去被丢弃的原始数据越来越多地被存储在实验室电子笔记本中，这些数据对合成设计也可能很有用。原始数据可能包含结构的细节和可能的副产物信息，这在传统出版物中不会报道。此外，文章中经常省略一些不起作用的实验，但这可能是重要的结果。大多数反应对一系列底物很有效，但对其他底物可能根本不起作用。出版物应包括有关不起作用的反应底物的信息。只是作者担心那些在其研究中没有反应的底物被他人报道能起作用。但注意到发生有效化学变换的反应远比忽视那些可能会对化学反应提供新的见解的失败反应要好得多。

3）化学合成机

最终，自动合成设计将应用于化学合成机系统中。一些化学合成机已经被制造出来[60, 61]，虽然还未普及。与目前收集的数据相比，我们将收集越来越多而且更精确和可重复的化学反应数据。这样，设计和测试之间的良性循环可以实现合成自动化，合成设计程序开发也会加速，并能与化学合成机的发展同步。

4.2.4 小结

目前的合成设计程序不可能完成像结构复杂的刺尾鱼毒素的自动全合成。人类和计算机一样更擅长设计结构简单的目标分子的合成路线。目前，没有迹象，甚至人们也没有意图用计算机和机器人取代所有操作熟练的合成化学家。

通用的、有效的合成途径的自动化设计目前是不可能的。然而，通过数据检索，人们可以分析已知反应和新反应的机制，帮助化学家分析反应途径、提高化学合成的效率。结合人类技能与计算能力，未来的计算机辅助合成设计技术将促使化学合成技术的不断改进。

参 考 文 献

[1] Warr. W.（2014）*Mol. Inf.*，**33**，469-476.

[2] Judson，P.（2009）*Knowledge-Based Expert Systems in Chemistry：Not Counting on Computers*，Royal Society of Chemistry，Cambridge，222pp.

[3] Nicolaou，K.C. and Sorensen，E.J.（1996）*Classics in Total Synthesis：Targets，Strategies，Methods*，John Wiley & Sons，Inc.，New York，NY，821pp，ISBN：978-3-527-29231-8.

[4] Nicolaou，K.C. and Snyder，S.A.（2003）*Classics in Total Synthesis II：More Targets，Strategies，Methods*，John Wiley & Sons，Inc.，New York，NY，658pp，ISBN：978-3-527-30684-8.

[5] Nicolaou，K.C. and Chen，J.S.（2011）*Classics in Total Synthesis III：Further Targets，Strategies，Methods*，John Wiley & Sons，Inc.，New York，NY，770pp，ISBN：978-3-527-32957-1.

[6] Nicolaou，K.C.，Heretsch，P.，Nakamura，T.，Rudo，A.，Murata，M.，and Konoki，K.（2014）*J. Am. Chem.*

Soc.，**136**，16444-16451.

[7]   Towle，M.J.，Salvato，K.A.，Budrow，J.，Wels，B.F.，Kuznetsov，G.，Aalfs，K.K.，Welsh，S.，Zheng，W.，Seletsky，B.M.，Palme，M.H.，Habgood，G.J.，Singer，L.A.，DiPietro，L.V.，Wang，Y.，Chen，J.J.，Quincy，D.A.，Davis，A.，Yoshimatsu，K.，Kishi，Y.，Yu，M.J.，and Littlefield，B.A.（2001）*Cancer Res.*，**61**，1013-1021.

[8]   Bohacek，R.S.，McMartin，C.，and Guida，W.C.（1996）*Med. Res. Rev.*，**16**，3-50.

[9]   Heller，S.R.，McNaught，A.，Pletnev，I.，Stein，S.，and Tchekhovskoi，D.（2015）*J. Cheminf.*，7，23.

[10] The website of the InChI trust：http://www.inchi-trust.org/（accessed January 2018）.

[11] Kolb，H.C.，Finn，M.G.，and Sharpless，K.B.（2001）*Angew. Chem. Int. Ed.*，**40**，2004-2021.

[12] Massa，A.（2012）*Synlett*，**23**，524-530.

[13] Rappoport，D.，Galvin，C.J.，Zubarev，D.Y.，and Aspuru-Guzik，A.（2014）*J. Chem. Theory Comput.*，**10**，897-907.

[14] Socorro，I.M. and Goodman，J.M.（2006）*J. Chem. Inf. Model.*，**46**，606-614.

[15] Emami，F.S.，Vahid，A.，Wylie，E.K.，Szymkuc，S.，Dittwald，P.，Molga，K.，and Grzybowski，B.A.（2015）*Angew. Chem. Int. Ed.*，**54**，10797-10801.

[16] Grethe，G.，Goodman，J.M.，and Allen，C.H.G.（2013）J. Cheminf.，**5**，45.

[17] Kruszyk，M.，Jessing，M.，Kristensen，J.L.，and Jørgensen，M.（2016）*J. Org. Chem.*，**81**，5128-5134.

[18] Tantillo，D.J.（2016）*Org. Lett.*，**18**，4482-4484.

[19] Mayr，H. and Ofial，A.R.（2015）*SAR QSAR Environ. Res.*，**26**，619-646.

[20] Horn，E.J.，Silverston，J.S.，and Vanderwal，C.D.（2016）*J. Org. Chem.*，**81**，1819-1838.

[21] Corey，E.J. and Cheng，X.-M.（1995）*The Logic of Chemical Synthesis*，John Wiley & Sons，Inc.，New York，NY.

[22] Hill，G.B. and Sweeney，J.B.（2015）*J. Chem. Educ.*，**92**，488-496.

[23] Reed，J.W. and Hudlicky，T.（2015）*Acc. Chem. Res.*，**48**，674-687.

[24] Chu，S.，Munster，N.，Balan，T.，and Smith，M.D.（2016）*Angew. Chem. Int. Ed.*，**55**，14306-14309.

[25] Andraos，J.（2015）*J. Chem. Educ.*，**92**，1820-1830.

[26] Eckelman，M.J.（2016）*Green Chem.*，**18**，3257-3264.

[27] Tantillo，D.J.（2016）*Acc. Chem. Res.*，**49**，1079.

[28] Salatin，T.D. and Jorgensen，W.L.（1980）*J. Org. Chem.*，**45**，2043-2051.

[29] Jorgensen，W.L.，Laird，E.R.，Gushart，A.J.，Fleischer，J.M.，Gothe，S.A.，Helson，H.E.，Paderes，G.D.，and Sinclair，S.（1990）*Pure Appl. Chem.*，**62**，1921-1932.

[30] Currie，R.H. and Goodman，J.M.（2012）*Angew. Chem. Int. Ed.*，**51**，4695-4697.

[31] Satoh，H. and Funatsu，K.（1996）*J. Chem. Inf. Comput. Sci.*，**36**，173-184.

[32] Ugi，I.，Bauer，J.，Bley，K.，Dengler，A.，Dietz，A.，Fontain，E.，Gruber，B.，Herges，R.，Knauer，M.，Reitsam，K.，and Stein，N.（1993）*Angew. Chem. Int. Ed. Engl.*，**32**，201-227.

[33] Bauer，J.，Herges，R.，Fontain，E.，and Ugi，I.（1985）Chimia，**39**，43-53.

[34] Gasteiger，J. and Jochum，C.（1978）*Top. Curr. Chem.*，**74**，93-126.

[35] Gasteiger，J.，Hutchings，M.G.，Christoph，B.，Gann，L.，Hiller，C.，Löw，P.，Marsili，M.，Saller，H.，and Yuki，K.（1987）*Top. Curr. Chem.*，**137**，19-73.

[36] Gasteiger，J.（1979）*Tetrahedron*，**35**，1419-1426.

[37] Gasteiger，J. and Marsili，M.（1980）*Tetrahedron*，**36**，3219-3228.

[38] Hutchings, M.G. and Gasteiger, J. (1983) *Tetrahedron Lett.*, **24**, 2541-2544.

[39] Gasteiger, J. and Hutchings, M.G. (1984) *J. Chem. Soc. Perkin*, **2**, 559-564.

[40] Cook, A., Johnson, A.P., Law, J., Mirzazadeh, M., Ravitz, O., and Simon, A. (2012) *WIREs Comput. Mol. Sci.*, **2**, 79-107.

[41] Corey, E.J. and Wipke, W.T. (1969) *Science*, **166**, 178-192.

[42] Corey, E.J., Long, A.K., and Rubenstein, S.D. (1985) *Science*, **228**, 408-418.

[43] Hendrickson, J.B. (1971) *J. Am. Chem. Soc.*, **93**, 6847-6854.

[44] Hendrickson, J.B., Grier, D.L., and Toczko, A.G. (1985) *J. Am. Chem. Soc.*, **107**, 5228-5238.

[45] Ihlenfeldt, W.-D. and Gasteiger, J. (1995) *Angew. Chem. Int. Ed. Engl.*, **34**, 2613-2633.

[46] Sitzmann, M. and Pförtner, M. (2003) *Computer-assisted synthesis design, in Chemoinformatics*-A Textbook (eds J. Gasteiger and T. Engel), Wiley-VCH Verlag GmbH & Co. KGaA, Weinheim, Section 10.3.2., 567-596.

[47] Law, J., Zsoldos, Z., Simon, A., Reid, D., Liu, Y., Khew, S.Y., Johnson, A.P., Major, S., Wade, R.A., and Ando, H.Y. (2009) *J. Chem. Inf. Model.*, **49**, 593-602.

[48] Bøgevig, A., Federsel, H.-J., Huerta, F., Hutchings, M.G., Kraut, H., Langer, T., Loew, P., Oppawsky, C., Rein, T., and Saller, H. (2015) *Org. Process Res. Dev.*, **19**, 357-368.

[49] Hanessian, S., Botta, M., Larouche, B., and Boyaroglu, A. (1992) *J. Chem. Inf. Comput. Sci.*, **32**, 718-722.

[50] Gelernter, H., Rose, J.R., and Chen, C.H. (1990) *J. Chem. Inf. Comput. Sci.*, **30**, 492-504.

[51] Szymkuć, S., Gajewska, E.P., Klucznik, T., Molga, K., Dittwald, P., Startek, M., Bajczyk, M., and Grzybowski, B.A. (2016) *Angew. Chem. Int. Ed.*, **55**, 5904-5937.

[52] Boda, K., Seidel, T., and Gasteiger, J. (2007) *J. Comput.-Aided Mol. Des.*, **21**, 311-325.

[53] Molecular Networks GmbH, https://www.mn-am.com/products/sylvia (accessed January 2018).

[54] Ertl, P. and Schuffenhauer, A. (2009) *J. Cheminf.*, **1**, 8.

[55] Fukunishi, Y., Kurosawa, T., Mikami, Y., and Nakamura, H. (2014) *J. Chem. Inf. Model.*, **54**, 3259-3267.

[56] Li, J. and Eastgate, M.D. (2015) *Org. Biomol. Chem.*, **13**, 7164-7176.

[57] Gasteiger, J. (2015) *Nat. Chem.*, **7**, 619-620.

[58] Vinkers, H.M., de Jonge, M.R., Daeyaert, F.F.D., Heeres, J., Koymans, L.M.H., van Lenthe, J.H., Lewi, P.J., Timmerman, H., Van Aken, K., and Janssen, P.A.J. (2003) *J. Med. Chem.*, **46**, 2765-2773.

[59] Masek, B.B., Baker, D.S., Dorfman, R.J., DuBrucq, K., Francis, V.C., Nagy, S., Richey, B.L., and Soltanshahi, F. (2016) *J. Chem. Inf. Model.*, **56**, 605-620.

[60] Li, J., Ballmer, S.G., Gillis, E.P., Fujii, S., Schmidt, M.J., Palazzolo, A.M.E., Lehmann, J.W., Morehouse, G.F., and Burke, M.D. (2015) *Science*, **347**, 1221-1226.

[61] Adamo, A., Beingessner, R.L., Behnam, M., Chen, J., Jamison, T.F., Jensen, K.F., Monbaliu, J.-C.M., Myerson, A.S., Revalor, E.M., Snead, D.R., Stelzer, T., Weeranoppanant, N., Wong, S.Y., and Zhang, P. (2016) *Science*, **352**, 61-67.

4.3 生化途径的探索

4.3.1 概述

对于生物体而言,最重要的化学反应是那些可以帮助其在逆境中生存的反应。例如中心代谢(central metabolism,也称为内源性代谢),生物体通过生化反应将摄取的营养物质分解为小分子,用于合成自身所需的蛋白质、碳水化合物及核酸等生物大分子。这种内源性代谢的另一个重要目的是产生能量,使生物体在低温环境下可以保持体温恒定。在生物体代谢中,某一生化反应的产物可能是另一个反应的底物,这些反应串联形成生化途径。

随着人类基因组的破译以及人体组织功能蓝图的绘制完成,人们的关注点已经从基因本身转移到其翻译产物蛋白质以及其功能的研究上。可以说基因组学(genomics)已经让位于蛋白质组学(proteomics)。由于蛋白质研究很多都是以催化生化反应的酶为对象的,因此蛋白质的相关研究很多都集中在营养物质的代谢上,这标志着代谢组学(metabolomics)的研究已经进入了蛋白质组学研究阶段。

在代谢组学、蛋白质组学和基因组学出现之前,前期的生化研究工作积累了大量的数据,让人们对生化途径已经有了较深入的了解。在罗氏(Roche)公司发行的生化途径挂图上,这些工作积累以一种简洁、优美的方式呈现(图4.6)。目前,该挂图的发行量超过了七十万份。

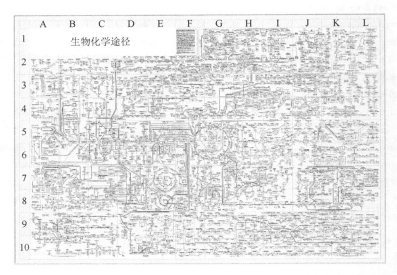

图4.6 生化途径挂图(https://www.roche.com/pathways[3],截至2018年1月)

　　该挂图的编纂由 Gerhard Michal 博士及其团队于 1965 年在德国宝灵曼公司
（Boehringer Mannheim）启动，完成于罗氏公司，至今仍在持续更新。该项目还制
作了配套挂图的生化途径图集（Biochemical Pathways Atlas），用来提供这些生化
反应的详细背景信息[1, 2]。目前，该挂图包含两部分内容：代谢途径（Part I）及
细胞和分子过程（Part II）。该挂图现在也提供网络电子版本[3]。

　　生化途径挂图概述了单细胞生物、真菌、高等植物、动物以及人类的一般生化途
径。为了区分不同物种的生化途径，图中用多种颜色分别进行了标识（图 4.7）。

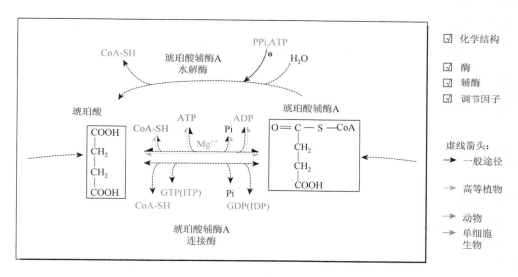

图 4.7　生化途径挂图上某一反应的详细信息示例

　　挂图展示出的生化反应信息和代谢物信息是其最大的价值所在，但是人们想
从中获取某一特定代谢物的完整代谢信息仍然很困难。其中一个原因是生化途径
中的代谢物信息是多维的而且是高度关联的，但是挂图只是一个二维的介质，在
反映多维信息时有其天然的缺陷。例如，L-谷氨酸作为中心代谢的重要中间体会
在挂图中的 32 个位置出现（图 4.8）。显然，要快速找到 L-谷氨酸在图中所有出
现的位置是非常困难的，在实际使用时，这 32 个位置的检索也需要借助 BioPath
数据库中的结构检索工具完成（方法参见下面介绍）。这个例子表明，当用户需要
检索挂图上的完整信息时，现代检索工具的使用必不可少。换句话说，挂图上的
信息只有存储在数据库中才能充分发挥化学信息学方法的优势，即多维信息需要
多维检索工具与之配套。

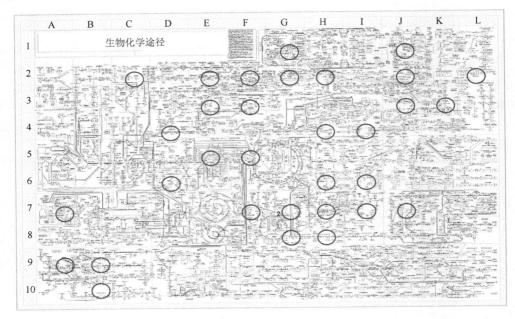

图4.8 挂图上 L-谷氨酸出现的位置

除此之外，如何将挂图中的生化反应信息与基因组学、蛋白质组学和代谢组学的信息联系起来呢？显然，挂图的核心信息是生化反应，但是生物学家、生物信息学家、化学家和化学信息学家对生化反应的理解是不同的。在生物学家看来，生化反应起始于编码蛋白质的基因（图4.9），基因翻译后得到有催化功能的酶，

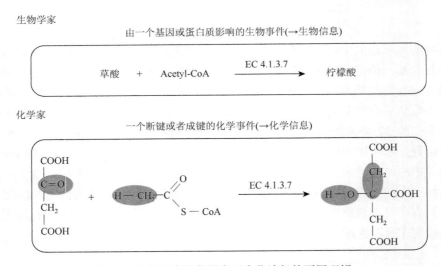

图4.9 生物学家与化学家对生化途径的不同理解

酶可以将底物转化为产物。所以生物学家更加关注酶行使的催化功能特征，并依此对酶进行命名，即用 EC 编号（每一类酶指定唯一编号）来标识一个酶[4]。在大多数时候，生物学家并不会对化合物进行更深入的分析。

对于化学家而言，生化反应是酶帮助旧的化学键断裂并形成新的化学键的过程，结果是底物转化为产物，只是一种由酶催化的化学反应而已。我们希望融汇生物学家和化学家对生化途径的不同视角，从而对生化反应产生新的理解。这一目标再一次要求我们应用化学信息学方法将生化反应信息存储在数据库中使用，因此，生化途径（BioPath）数据库应运而生。

4.3.2　生化途径的数据库

将生化途径挂图上的信息存储成反应数据库的工作启动于 1998 年，数据库被命名为 BioPath 数据库。在当时，还没有专门研究生化反应的数据库。为了建立一个高质量的生化反应数据库，我们在构建 BioPath 数据库的过程中严格执行以下要求[5]：数据库中所有分子信息要在原子水平上存储，并且所有的连接表（参见《化学信息学——基本概念和方法》第 3 章）和生化反应都要求符合化学计量平衡。此外，所有反应发生的位点（参见《化学信息学——基本概念和方法》第 4 章）都需要做出标记，并且底物与产物之间的所有原子要可以一一匹配。

BioPath 数据库中的分子或代谢物都用化学命名做出标识（同时给出其同义词），并存储为原子连接表，同时提供分子中每个原子和化学键信息的访问链接。此外，数据库中还存储了分子的立体化学信息，每个分子的 3D 坐标由 CORINA（参见《化学信息学——基本概念和方法》第 3 章 3.5.2 节）计算得到，并储存于数据库中。因此，用户可以从数据库中方便地获得每个分子的 3D 模型。同时，数据库也提供化学信息学方法程序供访问者计算目标分子的其他性质，如自由能等。

理论上，一个反应在化学计量上总是平衡的，即便一个质子，在生化反应中被夺取或者被捕获也应该符合这一基本原则。为了保证数据库中的每个反应都符合质量守恒原则，每个反应中心，直接参与反应的原子及化学键都会进行人工注释，并且提供底物和产物中所有原子的完整原子-原子匹配信息。后期阶段，数据库对人工注释的反应中心及原子-原子匹配信息进行再次核对，该步骤采用了一种自动预测反应中心信息和原子-原子映射程序与人工注释进行对比[8, 9]。结果显示，在 BioPath 数据库收集的 1542 个反应中，手动注释的原子-原子匹配信息和计算预测结果的一致性达到 98.4%，而且存在差异的 24 个反应具有的两种注释可能都是合理的。对于一个生化反应，正确的反应中心和原子-原子匹配信息准确注释是数据库可以提供可靠检索结果的先决条件（参见《化学信息学——基本概念和方法》第 4 章）。

检索数据库获得某一催化反应中酶的名称和 EC 编号[4]，生化反应途径由一组生化反应组成，途径名称通常标注为习惯命名。值得一提的是，BioPath 数据库同时存储了生化途径资料[1, 2]的内容和相关的文献信息，其信息量已经远超挂图上的信息。目前，BioPath 数据库包含大约 14000 个代谢物分子信息，以及 4000 个生化反应、酶和生化途径信息（网址为：http://www.mn-am.com/databases/biopath/）。

在 BioPath 数据库建立后，也出现了多个类似功能的数据库用于存储生化反应和途径信息，其中为人所熟知的有 KEGG REACTION 数据库[10, 11]、Reactome 数据库[12]和 SatBiocyc 数据库[13]等。KEGG REACTION 数据库是京都基因与基因组百科全书（Kyoto Encyclopedia of Genes and Genomes）的组成部分之一。它由京都大学的 Kanehisa 教授小组发起建立，并且也在持续更新和维护。该数据库记录了比 BioPath 数据库更多的反应和生化途径，但是这些反应并没有如 BioPath 数据库一样进行深入的注释。例如，数据库中记录的反应并不总是符合质量守恒原则，其电荷也并不总是平衡的，反应发生位点的注释没有直接涉及化学键，没有考虑反应中所有原子是否完全匹配，而是只关注发生反应位置原子的状况。另一个常用数据库 Reactome 是由欧洲生物信息学研究所（European Bioinformatics Institute）的专家与 Reactome 项目组（由欧盟资助）的科学家建立和维护的，其小分子代谢物的信息是参考 ChEBI 数据库录入的[14]。

4.3.3 生化途径的检索系统

数据库设立了生化途径检索系统以便充分发挥 BioPath 数据库的潜能，访问入口为 https://webapps .molecular-networks.com/biopath3/。

该系统提供了多种检索方法，例如：

（1）分子检索：通过输入分子的化学名称或者完整结构式可以检索某一目标分子（检索系统提供了可输入图形的分子编辑器）。

（2）反应检索：通过输入反应物或/和产物检索某一目标反应，也可以输入反应中参与催化的酶的名称或其 EC 编号进行检索。

（3）途径检索：通过输入多个化合物的名称，让系统寻找某两个分子间最短的途径。

虽然数据库中每个分子的信息是以原子水平的数据储存的，但是在检索时系统可以同时给出其多种特性的计算值，如分子的三维结构信息（由 CORINA[6, 7]计算生成）、分子量、$\log P$ 值及吉布斯自由能等[16]。由于数据库中的代谢物、生化反应、酶和生化途径的信息是相互关联的，它们相互关联的性质进行可视化展示有助于用户深入地探索和理解生化途径。

4.3.4　分析检索结果

生化途径检索系统（BioPath. Explore）的功能和检索结果分析的方法已有概述[17]，其中通过举例展示了分子检索、反应检索和途径检索的分析结果。例如，对 L-谷氨酸分子的检索，给出了 32 个目标位置，并于生化途径挂图上标示出 L-谷氨酸的具体位置（参见图 4.8）。

4.3.4.1　分子检索

在"分子查询"（molecule query）的检索框中输入待查询分子的名称即可进行分子检索。系统会输出数据库所有包含该查询分子名称的分子（即使查询分子名称只占输出分子名称的一部分）。表 4.1 展示了当在检索框中输入"glutamate"（谷氨酸）后获得的 65 个分子名称列表的第一部分（30 个分子名称）。

表 4.1　包含子字符串"glutamate"的分子名称的前 30 个实例（共 65 个）

分子名称列表
您的查询字符串"glutamate"与下列 65 个分子名称匹配： （0.02s） • (4S)-4-Hydroxy-4-methyl-L-glutamate • (S)-Glutamate • (S)-Glutamate-1-semialdehyde • (S)-Glutamate-1-semialdhyde • 10-Formyltetrahydrofolyl_L-glutamate • 10-Formyltetrahydrofolylpolyglutamate • 4-Hydroxy-4-methylglutamate • 4-Hydroxy-L-glutamate • 4-Methyl-L-glutamate • 4-Methylene-L-glutamate • 5,10-Methenyltetrahydrofolylpolyglutamate • 5,10-Methenyltetrahydrofolypolyglutamate • 5,10-Methylenetetrahydrofolylpolyglutamate • 5,10-Methylenetetrahydrofolypolyglutamate • 5-Formiminotetrahydrofolylpolyglutamate • 5-Formyltetrahydrofolylpolyglutamate • 5-Methyltetrahydrofolate-L-glutamate • 5-Methyltetrahydrofolylpolyglutamate • 5-Methyltetrahydropteroyltri-L-glutamate • D-Glutamate • D-Homoglutamate • D-Methylglutamate • Formylisoglutamate • Glutamate • Glutamate-1-semialdehyde • Indole-3-acetyl-glutamate • Isoglutamate • L-4-Hydroxyglutamate_semialdehyde • L-Glutamate • L-Glutamate_1-semialdehyde

图 4.10 展示了 chorismate 的分子检索结果。这些信息可通过在检索框中输入 "chorismate"获得，也可通过使用系统提供的化学分子编辑器 JSME 中画出 chorismate 的结构获得。

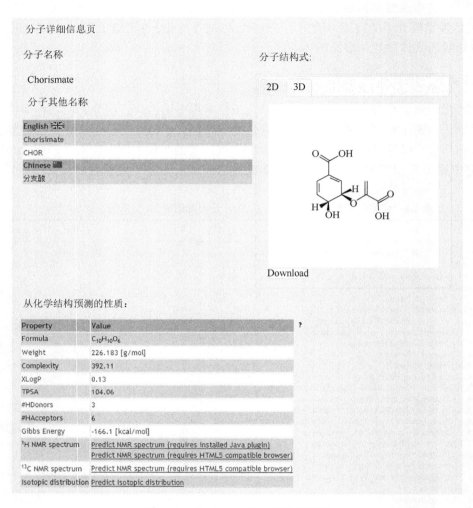

图 4.10　chorismate 的分子检索结果

图 4.10 展示了 chorismate 的详细分子信息，包括分子名称、二维和三维结构的访问链接、多种分子属性的计算预测值，以及其 ^{1}H NMR 和 ^{13}C NMR 波谱的模拟结果链接。分子的检索结果还提供多种字符串形式的分子名称（如 SMILES、InChI 和 InChIKey 形式的分子名称），以及指向 KEGG、ChEBI 和 PubChem 数据库的链接。依据 Tanimoto 相似度打分，检索结果还会给出三个与

chorismate 最相似的分子。最后，chorismate 所参与的生化反应和生化途径都会展示在检索结果的列表中。

4.3.4.2 反应检索

图 4.11 展示了单加氧酶（monooxygenase）参与催化的 120 个反应中的前 26 个。可通过单击列表中的 RXN00173 字符串，或在 "EC，enzyme name or EC" 检索框中输入 "1.13.12.4"，都可以得到图 4.12 所示的检索结果。需要注意的是，检索结果中的某些选项会链接到 Rhea 和 EC-PDB 数据库。页面的最后一项还展示了该生化反应从属的生化反应途径。

反应列表
您的查询字符串"monooxygenase"有以下120个反应条件符合

RxnID	EC	Enzyme name
RXN00010	1.14.16.1	phenylalanine 4-monooxygenase
RXN00118	1.14.99.10	steroid 21-monooxygenase
RXN00142	1.14.13.15	cholestanetriol 26-monooxygenase
RXN00152	1.14.15.6	cholesterol monooxygenase
RXN00173	1.13.12.4	lactate 2-monooxygenase
RXN00273	1.14.99.9	steroid 17alpha-monooxygenase
RXN00297	1.14.13.15	cholestanetriol 26-monooxygenase
RXN00335	1.14.16.2	tyrosine 3-monooxygenase
RXN00339	1.13.12.4	lactate 2-monooxygenase
RXN00369	1.13.12.1	arginine 2-monooxygenase
RXN00404	1.14.18.1	monophenol monooxygenase
RXN00440		24-monooxygenase
RXN00466	2.7.11.6	[tyrosine 3-monooxygenase] kinase
RXN00543		24-monooxygenase
RXN00709	1.14.99.36	beta-carotene 15,15'-monooxygenase
RXN00737		(glutamat g-carboxylase) phylloquinone monooxygenase
RXN00762		24-monooxygenase
RXN00856	1.14.99.10	steroid 21-monooxygenase
RXN00897	1.14.15.5	corticosterone 18-monooxygenase
RXN00926	1.14.13.9	kynurenine 3-monooxygenase
RXN00962	1.14.15.6	cholesterol monooxygenase (side-chain-cleaving)
RXN01021	1.14.99.9	steroid 17alpha-monooxygenase
RXN01118	1.14.16.1	phenylalanine 4-monooxygenase
RXN01207	1.14.13.25	methane monooxygenase
RXN01216	1.14.99.9	steroid 17alpha-monooxygenase
RXN01218	1.14.16.4	tryptophan 5-monooxygenase

图 4.11　在"反应"模块下查询 monooxygenase 分子的结果

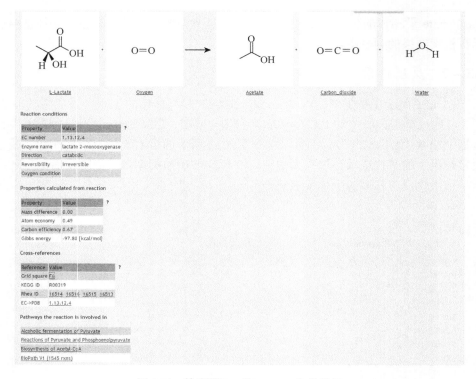

图 4.12　检索酶 EC "1.13.12.4" 的结果

4.3.4.3　途径检索

在检索框中不输入任何信息时，直接单击 "Submit" 按钮会激活生化反应途径检索系统，系统会给出 BioPath 数据库中储存的所有 640 个生化途径列表。用户可以点击感兴趣的生化反应途径获取该途径中一系列生化反应信息。或者，用户可以通过给出起始分子和终端分子的名称，检索得到从起始分子到终端分子的最短生化反应途径。图 4.13 展示了从法尼基二磷酸到青蒿素的最短生化反应途径。

4.3.4.4　数据库的统计学分析结果

对 BioPath 数据库进行统计学分析可以看出生物体代谢的组织架构以及重要的组成元素。表 4.2 展示了在数据库中高频率出现的分子和离子。可以看到这些分子和离子都参与了能量的产生，这一分析结果强调了产生能量是中心代谢最重要的任务之一。

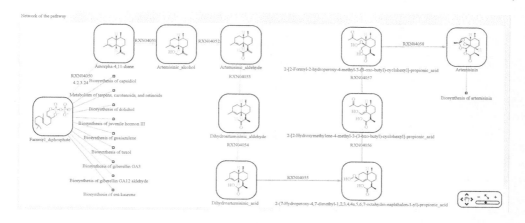

图 4.13 从法尼基二磷酸到青蒿素的最短生化反应途径

表 4.2 在 BioPath 数据库中的反应数量

分子或离子	反应数量
H^+	925
H_2O	724
ATP	254
NAD^+	208
ADP	206
$NADP^+$	202
NADPH	193
NADH	190
O_2	173
PO_4^{3-}	161
$P_2O_7^{4-}$	147
CO_2	144

表 4.3 列出了 BioPath 数据库中出现频率最高的底物及反应产物，它们在生化反应中经常被使用，其作用如同现实生活中的交通枢纽，因此可以称为生化反应途径中的枢纽代谢物（hubs）。由于其周转率非常高，这些枢纽代谢物在生化反应途径中起着至关重要的作用。

表 4.3　在 BioPath 数据库中最常见的底物和反应产物

底物或产物名称	底物或产物结构	反应数量
L-谷氨酸		71
2-酮戊二酸		45
丙酮酸		43
乙酸		23
甲酸		22
甘氨酸		21
琥珀酸		21

4.3.5　BioPath 数据库的应用

4.3.5.1　酶的分类

生物体内的每一种酶有国际生物化学与分子生物学联合会命名委员会（NC-IUBMB）[4]指定的唯一编号，被称为 EC 编号。委员会将酶分为六大类：氧化还原酶（Ⅰ）、转移酶（Ⅱ）、水解酶（Ⅲ）、裂合酶（Ⅳ）、异构酶（Ⅴ）和连接酶（Ⅵ）。委员会随后将这六大类酶进一步分为多个亚类，这些亚类又分为若干个子亚类，最后将每种酶在其子亚类中进行排序。在这个 EC 编号系统中，每一种酶都有唯一的 EC 编号，即 EC a.b.c.d，其中"a"指明该酶属于六大类中哪一类；"b"代表亚类；"c"代表子亚类；"d"则指明该酶在子亚类中的编号。这种分类方法主要依据反应前后的底物和产物之间发生的总体化学变化，但不考虑具体反应机理、是否形成反应中间体等特征。因此，EC 命名系统对反应类型、底物种类、转移基团和受体基团种类等方面没有进行深入的考量。

显然，在对酶进行分类时加入其参与反应的反应机理（即基于反应机理分类），或者至少加入对反应中成键因素的考虑是有应用价值的。BioPath 数据库提供了每个催化反应过程中化学键的断裂与形成的信息，这些信息可以为基于反应机理的酶分类研究提供良好的基础。以水解酶的数据集（EC 3.b.c.d）为例，水解酶是 EC 系统基于水解反应前后底物和产物的结构变化命名的，理论上，EC 命名分类系统和基于机理的酶分类系统应该会得出较为一致的结论。

通过 BioPath 数据库的检索，得到的数据集包含从 EC 3.1.c.d 至 EC 3.8.c.d 亚类所有水解酶催化的 135 个反应[18]。在对酶进行基于反应机理的分类时，底物中每个参与反应的化学键都用 6 种物理化学描述符来表征：参与成键的原子上的部分原子电荷的差异、σ 电负性的差异、π 电负性的差异、键的有效极化率、负电荷的离域稳定性及正电荷的离域稳定性。选择这些描述符的目的是更好地确定反应机理，并考虑了影响反应键的主要电子效应。

用 Kohonen 神经网络建立的无监督的自组织图（SOM）机器学习方法（参见《化学信息学——基本概念和方法》11.2 节），基于反应键的各类描述符信息，对反应进行自组织分类，135 个生化反应分类结果以二维图形式呈现。

在生成的二维图中，各个亚类的区分度很好[18]（图中未显示完整的自组织图）。如果选择 EC 3.1.1.d 至 EC 3.1.6.d 的数据来对 EC 分类系统中的子亚类进行深入分析[18]，我们首先将这些指定子亚类数据的完整 SOM 显示在图 4.14 上。

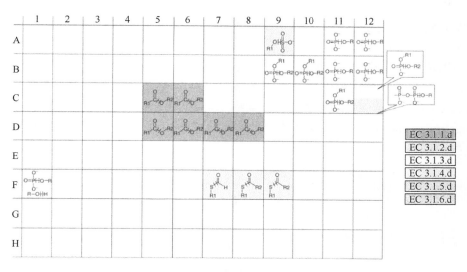

图 4.14　EC 3.1.c.d 子亚类反应在 SOM 的分布

观察发现其中一个水解反应(发生在人工神经元 F1 中)会与其他反应区分开，这是由于它是唯一一个反应中可断开两个化学键的反应。除此之外，其他同属一个子亚类（EC 命名系统）的反应都被分在相近的簇中（在图 4.14 中用颜色标识）。出现上述结果的原因是：反应物中被水解的化学键所在的子结构不同，而研究中使用的物理化学描述符可以获得这些子结构的化学环境信息，而这些物理化学描述符会依据这些信息的差异对酶催化的水解反应自动分类。

后来，有研究组收集了由水解酶催化的 311 个反应，并构建了一个较大的扩展数据集[19]。他们在这一数据集的基础上，采用 SOM 方法对水解酶的亚类 EC 3.7.c.d 到 EC 3.11.c.d 所参与的反应进行了分类学研究。同时，研究组还使用了支持向量机（SVM）和层次聚类分析（HCA）的方法（参见《化学信息学——基本概念和方法》第 11 章 11.1 节）对该数据集进行分类研究，以支持通过 SOM 方法得到的结果。其总体结论与先前的大量研究结果相近。

有人还报道了用 SOM、SVM 和 HCA 三种机器学习方法对氧化还原酶类（EC 1.b.c.d）催化的 651 个反应进行分类，得出与 EC 系统一致的分类结果。但是，基于反应键的物理化学描述符相似性进行分类可以更好地展示酶促反应的细节，从而为酶本身的比较研究提供理论基础。基于反应机理的酶促反应分类方法的优点在于：它采用的是一种基于参与反应的化学键的物理化学描述符化学信息学方法，它是一种无偏见的自动学习分类系统，可以帮助我们更加深入地了解生化反应中的电子效应。

反应中的电子效应是十分重要的，图 4.15 展示包含了从 EC 1.b.c.d（氧化还原酶）到 EC 6.b.c.d（连接酶）中所有酶参与催化反应构成的数据集的 SOM 映射结果。分析该图可以发现，氧化还原酶类存在两个集中的簇：一个簇中的酶主要以黄素腺嘌呤二核苷酸（flavin adenine dinucleotide，FAD）作为辅助因子参与催化，另一簇中的酶则主要以烟酰胺腺嘌呤二核苷酸（nicotinamide adenine dinucleotide，NAD）或烟酰胺腺嘌呤二核苷酸磷酸（nicotinamide adenine dinucleotide phosphate，NADP）作为辅助因子参与催化。显然，借助物理化学描述

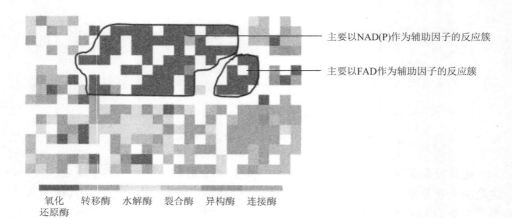

图 4.15　从 EC 1.b.c.d 到 EC 6.b.c.d.中所有酶促反应的 SOM 映射结果

符对酶进行分类研究可以发现生化反应中的重要电子效应特征，该特征也反映在这些酶参与催化时需要依赖不同辅助因子。

4.3.5.2　通过查询数据库辅助酶抑制剂的发现

典型的酶促反应速率比无催化剂存在的反应要高出 10^9 倍。在一个酶促反应中，酶首先需要与其催化的底物结合，随后酶可以与反应过渡态（transition state）紧密结合，这种结合可以显著降低达到过渡态所需要的能量，从而使反应速率急剧加快。图 4.16 展示了酶对反应发生所需能量的影响。

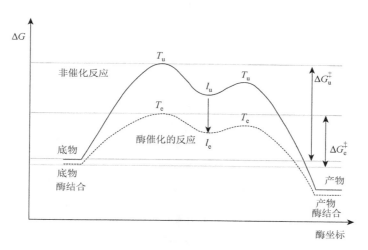

图 4.16　酶对底物、过渡态、中间体和产物能量的影响

酶促反应中过渡态和中间态能量的显著降低

Linus Pauling 早在 1948 年就指出酶可以稳定反应的过渡态[20]。他进一步假设过渡态的类似物可作为酶促反应的有效抑制剂。这一假设可以通过在 BioPath 数据库中简单检索进行证实。以腺苷一磷酸（adenosine monophosphate，AMP）脱氨酶（EC 3.5.4.6）催化的腺苷一磷酸向肌苷一磷酸（inosine monophosphate，IMP）的转化反应为例。证实假说首先需要获取底物 AMP 和产物 IMP 的三维结构信息。这些信息可以直接从 BioPath 数据库中获取（数据库由 CORINA[6, 7]计算预测的分子三维结构信息提供）。过渡态的三维结构信息可以通过量子力学的方法计算获得，但是需要大量的计算资源。由于 AMP 的脱氨基反应是一个水解反应，其反应中间体结构可以通过向 AMP 添加一个水分子获得，也可以使用 CORINA 程序方便地获得反应中间体的三维结构（图 4.17），假设反应过渡态的三维结构在结构上与中间体非常接近，那么就可以参照该中间体的结构进行抑制剂设计。以中间体结构作

为模板，在分子数据库中进行检索，最终得到了含有多元碳环结构的化合物（碳环霉素，图 4.17）。接下来用计算机生成该抑制剂的三维结构并将其与底物 AMP、产物 IMP 及中间体进行叠合，比较它们的三维结构的相似性。

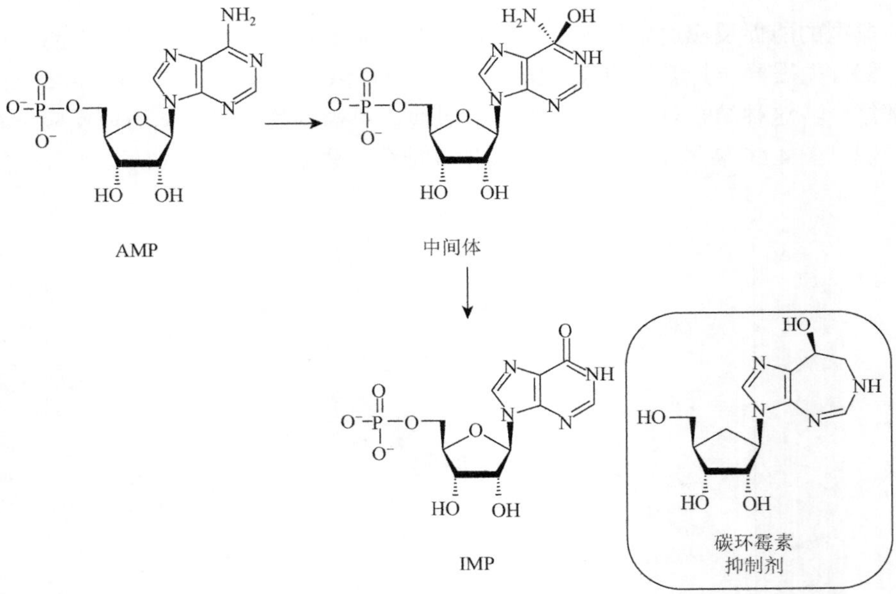

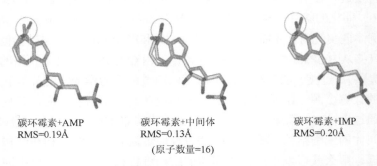

图 4.17　AMP 到中间体再到 IMP 的转化过程

框中展示了 AMP 脱氨酶的抑制剂碳环霉素的结构

基于遗传算法 GAMMA 程序可以很好地执行上述三维结构的叠合工作，并且程序在叠合过程中考虑到分子构象的柔性，从而保证分子可以最大限度地叠合[21]。图 4.18 展示了三个叠合的结果，并给出这三个叠合中各自分子三维坐标的均方根值（root mean squares，RMS）偏差（只计算 16 个原子）。

碳环霉素+AMP
RMS=0.19Å

碳环霉素+中间体
RMS=0.13Å

（原子数量=16）

碳环霉素+IMP
RMS=0.20Å

图 4.18　抑制剂碳环霉素与底物 AMP、中间体及产物 IMP 的叠合结果

通常，抑制剂分子与中间体叠合得到的 RMS 偏差越小越好。结果显示，抑制剂分子与中间体叠合得到的 RMS 偏差似乎与底物或者产物的叠合结果差异不大（0.13Å 对 0.19Å 或 0.20Å）。但是，重要的抑制剂分子与中间体在反应位点处叠合很好，特别是两者的羟基位置和取向几乎完全一致（图 4.18 的圆圈标识部分）。这也表明 AMP 脱氨酶可能是以一种较为特殊的方式将水分子加成到 AMP 分子上。

已经有多个成功的范例沿着这一思路进行抑制剂的发现，同时也为过渡态类似物可以作为酶抑制剂的假说提供了支持[22]。基于这些研究，可以得出以下用于发现新酶抑制剂的一般方法：

（1）为目标酶促反应生成一个中间体。

（2）为此中间体生成一个三维结构。

（3）在分子数据库中使用此中间体的三维结构进行检索结构类似物。

4.3.5.3 基于代谢能力对基因组进行聚类

生物体在特定环境中生存的能力与其自身代谢能力和调节能力密切相关。为了研究这一关系，可以根据其代谢能力的相似性对生物体所属物种进行聚类，再将分组信息与这些生物体的栖息地一一对应，最后进行映射分析研究[23]。这项研究综合应用了生物信息学和化学信息学的数据与方法。生物信息学的数据获取自 PEDANT 数据库，包含 214 个物种的基因组，每个基因组都经过了详细注释[24]；化学信息学的信息获取自 BioPath 数据库，包含 290 个生物体代谢途径。为了使有相似代谢能力的基因组可以被归纳至同一类，我们将每个物种的基因组用生物代谢途径的打分表示，再采用分级聚类算法处理这些打分信息，最后完成聚类。然后将上述聚类结果与物种所在的栖息地、特殊环境条件或者常见疾病信息进行匹配分析[23]，常常可以得到某些有趣的结论。例如，在对微生物的基因组聚类分析项目中，人们就揭示了微生物代谢与疾病之间出人意料的全新相互作用关系。

为了确定有哪些代谢途径与微生物的表型特征相关[25]，基于 BioPath 数据库储存的 290 个生化反应途径数据，人们对 PEDANT 数据库中 266 个微生物的基因组进行聚类分析。聚类分析中，需要对每个基因组包含 290 个生化反应途径的特征都进行打分，并依据打分生成聚类结果（图 4.19）。最后将聚类结果与微生物各种不同的表型匹配，如可以产生甲烷、可以引起牙周病、呈现革兰氏阳性或者专性厌氧等。该分析也使用了多种子集筛选方法来选取与某一表型最相关的生化反应途径，还可以依照反应途径与表型的相关性进行排序。

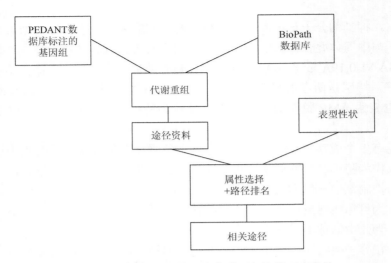

图 4.19　基于代谢途径的微生物基因组聚类研究方法

Kastenmüller 等，2009 [25]. https://genomebiology .biomedcentral.com/articles/10.1186/gb-2009-10-3-r28。经 CC BY 2.0 许可引用

　　其中，"引起牙周病"的表型值得进一步分析。在 PEDANT 数据库中，全测序的口腔微生物基因组共有 15 个，其中包括 6 个已知会引起牙周病的微生物中的 4 个。依据"引起牙周病"的表型与生化反应途径的相关性打分，9 个最相关的途径如下：

（1）辅酶 B12 的生物合成；

（2）谷氨酸发酵；

（3）5-环六亚甲基四胺-THF 的生物合成；

（4）L-组氨酸降解为 L-谷氨酸；

（5）糖酵解和糖异生（部分途径）；

（6）L-脯氨酸的生物合成；

（7）尿素循环（部分途径）；

（8）L-谷氨酸转化为 L-脯氨酸；

（9）L-谷氨酸转化为 L-鸟氨酸。

　　依据打分结果，前 4 个生化途径的相关性得分高于后 5 个途径。这 9 个途径中有些可以在反应中产生氨气，尤其是 L-组氨酸的降解途径。已经有多项临床研究表明氨是引起牙周病的重要媒介。这里的聚类研究很好地支持了临床研究的结果。当 L-组氨酸降解时，每摩尔的氨基酸降解就会产生 3mol 的氨气，这些氨气可能会严重威胁牙周的健康。这一发现表明抑制细菌 L-组氨酸的降解过程有潜力成为牙周病预防和治疗的新靶标。

4.3.5.4　代谢途径的预测：影响食物味道的化合物生成途径

　　化学系统生物学是一门将化学生物学与系统生物学联系起来的新学科。经典系统生物学方法主要以基因组的注释为基础，使用生化反应途径的重建方法分析细胞的生物过程。然而，不少代谢物及其生化反应目前仍不清楚，现有的代谢反应数据库也不完整，这导致依此建立的代谢模型经常含有许多缺口。在这种瓶颈情况下，迫切需要一种能够预测潜在代谢物和代谢反应的方法。此外，生物体还会在某些特定条件下合成许多次级代谢物（如某些产生味道的化合物），由于它们在生物体代谢中是非必需的，因此它们的生物合成途径非常难以被发现和阐明。

　　为了解决这一难题，人们开发了一种称为"逆向途径工程"（reverse pathway engineering，RPE）的新方法，该方法通过整合化学信息学和生物信息学的分析方法，预测代谢物与其可能的代谢前体之间的"缺口环节"可能存在的生化反应类型，并提供具有一定合理性的化学或者酶促反应来补全该缺口[26]。该方法需要一个储存有丰富生化反应类型信息的数据库。反应类型信息是在大量生化反应数据的基础上，根据对反应中心的分析，将单个生化反应进行归纳总结，最终构建出生化反应类型数据库。图 4.20 展示了将 BioPath 数据库中生化反应数据经过转换生成反应类型数据库的过程。构建出的反应类型数据库主要包含生化反应中心的子结构信息以及代谢物的结构转换规则。

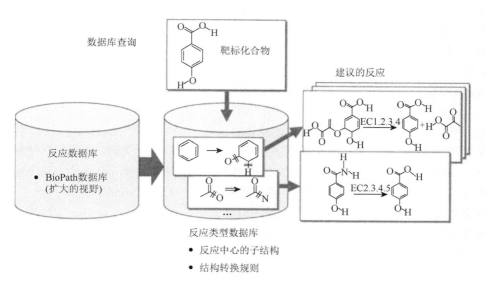

图 4.20　逆向途径工程设计方法概述

　　使用时，用户只需要输入待生成代谢通路的目标代谢物，程序会自动检索目标代谢物所含有的反应中心子结构。然后，依据发现的反应中心子结构，启动查询反应类型数据库中代谢物的结构转换规则，给出可以产生目标代谢物的潜在前体代谢物以及对应的生化反应。数据库会对每个给出的生化反应提供原始代谢反应的访问链接，该链接可以让用户知晓程序给出的生化反应是依照哪种反应类型推导得出的。此外，BioPath 数据库还依据这些原始反应信息给出可以用来催化所需生化反应的候选酶信息。最后，用户可以将给出的前体代谢物再作为目标化合物进行查询，并重复以上过程，多个循环后就可以生成一个完整的目标代谢物生成途径（或者生成网络）。

在得到目标代谢物的生成途径之后，可以借助生物信息学分析方法寻找到催化所需的真实的酶。用户首先需要从 BioPath 数据库、BRENDA[27] 或 PubMed[28] 等数据库中检索上一步程序提供的候选酶信息。这些信息通过在基因组和蛋白质序列数据库中的检索可以得到进一步扩充。最后，借助比较基因组学分析方法，得出假定的酶的序列，并将该序列用于微生物基因组的检索[29]。

乳酸菌（lactic acid bacteria，LAB）的代谢产物会影响奶酪的味道，通过研究这些代谢物的生成途径可以验证上述方法的可行性。研究已经反复验证了使奶酪产生不同味道的化合物都是亮氨酸的降解产物。它们主要有 3-甲基丁醛、3-甲基丁醇和 3-甲基丁酸，分别产生干酪味、麦芽味和汗臭味。通过 RPE 方法可预测出从亮氨酸生成 3-甲基丁酸共有三条途径（图 4.21）。图 4.21 展示的（a）、（b）两条途径已经被文献报道，而（c）途径则是一条全新的途径。在（c）途径中，α-酮异己酸盐转化为 α-羟基异己酸是已知的反应，但是 α-羟基异己酸到 3-甲基丁酸是新的步骤。对 RPE 方法所生成的结果进一步分析发现，在 BioPath 数据库中与α-羟基异己酸到 3-甲基丁酸这一步最相近的反应是由乳酸-2-单加氧酶（lactate-2-monooxygenase，EC 1.13.12.4）催化的乳酸氧化反应（图 4.22）。

鉴于一些酶具有较为宽松的底物特异性，能够催化结构类似的底物发生酶促反应。可以做出假设：乳酸-2-单加氧酶也能够催化 α-羟基异氰酸酯的氧化反应。接下来借助生物信息学的研究方法来验证这一假设。首先获取来自耻垢分枝杆菌（*Mycobacterium smegmatis*）的乳酸-2-单加氧酶的蛋白质序列，通过 BLASTP 分析可以发现该序列与乳酸菌的乳酸-2-单加氧酶高度同源（参见《化学信息学——基本概念和方法》第 13 章）。通过比较基因组学分析，在乳酸菌菌属中，与乳酸-2-单加氧酶直系同源的蛋白质大多被注释为 L-乳酸氧化酶（L-lactate oxidase，LOX）（图 4.23）。有趣的是，Yorita 等从草绿色气球菌（*Aerococcus viridans*）中发现了一种突变形式的 LOX 蛋白质，其 95 位的丙氨酸被甘氨酸取代，该突变的 LOX 对乳酸的氧化活性与野生型 LOX 相同，但是其对具有长侧链的羟基酸具有更强的氧化活性[30]。这一结果表明，如果乳酸菌 LOX 序列中保守的 95 位丙氨酸残基突变为甘氨酸，可以增强其对长侧链羟基酸的活性，其底物特异性也会变得更为宽松。

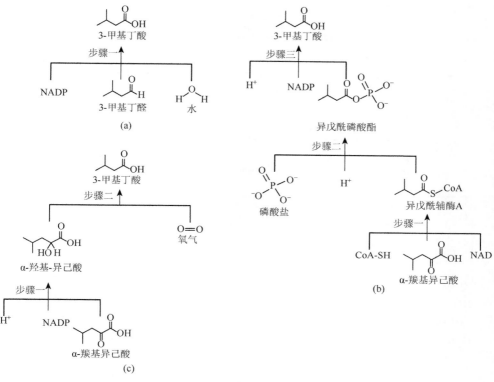

图 4.21 由 RPE 方法给出的 3-甲基丁酸的三条产生途径

(a) 和 (b) 是已知途径; 途径 (c) 是新发现的

预测的反应

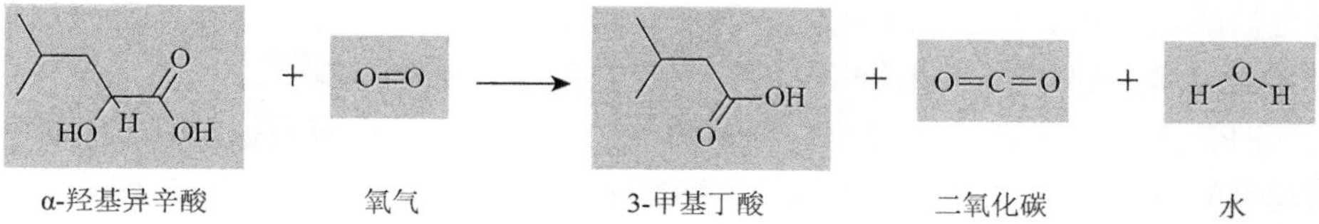

α-羟基异辛酸 + 氧气 → 3-甲基丁酸 + 二氧化碳 + 水

在数据库中找到的相关反应(参考反应):

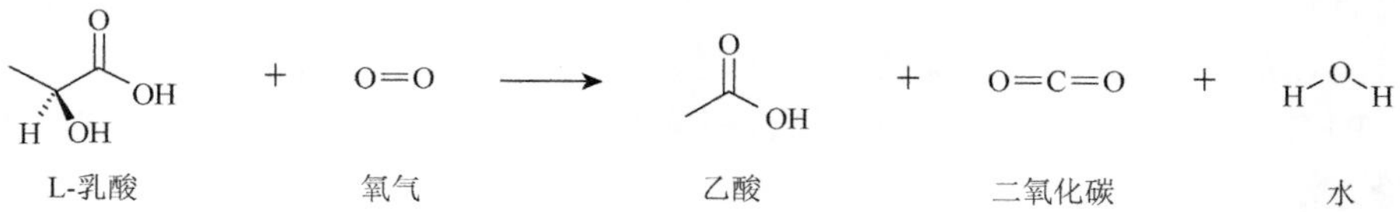

L-乳酸 + 氧气 → 乙酸 + 二氧化碳 + 水

BioPath数据库内的反应ID	RXN00173(BioPath数据库搜索)
催化酶	乳酸-2-单加氧酶
EC数据库数字	1.13.12.4(BioPath数据库搜索)

图 4.22 来自图 4.21 (c) 序列的建议反应和来自 BioPath 数据库的参考反应

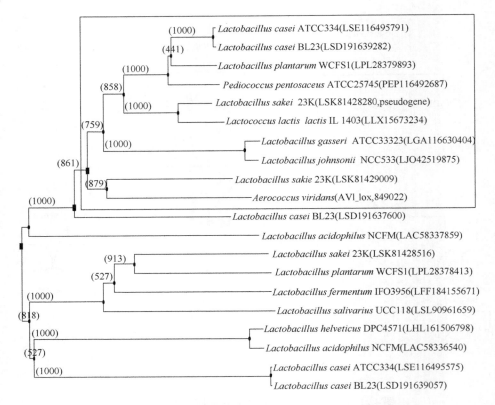

图 4.23　来自乳酸菌（LAB）的 L-乳酸氧化酶（LOX）同源物的树

在另一个应用 RPE 方法的研究中，化合物二甲硫醚的生成途径以及所涉及的酶也被成功预测。二甲硫醚也是一种在食物中会产生味道的化合物，研究在预测出其生成途径的同时，也给出了具有一定合理性的反应步骤[26]。

RPE 方法在代谢物生成途径领域是唯一一个将化学反应数据与基因组数据联系起来的方法。这里已经用 BioPath 数据库的应用说明了 RPE 方法的优点。实际上，RPE 方法具有很强的普适性，它还可以方便地应用于其他反应数据库和目标化合物，从而扩展到其他应用领域。目前主要的潜在应用领域有：生物标志物发现、宿主-微生物共代谢的相互作用、合成生物学等。尤其在合成生物学领域，RPE 方法是计算机辅助的生物合成途径设计以微生物细胞工厂构建的重要理论方法[31]。

4.3.6　小结

BioPath 数据库是一个内容丰富的生化和代谢反应数据库，该数据库的数据包含深度的化学信息注释，这是 BioPath 数据库与其他代谢反应数据库最重要的区别，虽然其储存的分子结构和反应数目相对较少。此外，BioPath 数据库与基因组信息有着更直接的联系，使其应用在 RPE 方法中，并可以从 BioPath 数据库的反应信息直接追踪至基因组信息。总之，BioPath 数据库是一个重点增强化学信息代谢途径数据库，其优点已经在实际应用中被证明，并在相关章节中详细给出，如酶的分类、通过查询数据库辅助酶抑制剂的发现，基于代谢能力对基因组进行聚类（预测与疾病相关的途径）和代谢途径的预测（影响食物味道的化合物生成途径）。

参 考 文 献

[1] Michal, G. (ed.) (1999) *Biochemical Pathways*, *Biochemistry Atlas*, Spektrum Akademischer Verlag, Heidelberg.

[2] Michal, G. and Schomburg, D. (eds) (2012) *Biochemical Pathways: An Atlas of Biochemistry and Molecular Biology*, 2nd edn, John Wiley & Sons, Inc., Hoboken, NJ, 416pp.

[3] http://biochemical-pathways.com/#/map/1 (accessed January 2018).

[4] http://www.chem.qmul.ac.uk/iubmb/ (accessed January 2018).

[5] https://webapps.molecular-networks.com/biopath3/ (accessed January 2018).

[6] Sadowski, J. and Gasteiger, J. (1993) *Chem. Rev.*, 93, 2567-2581.

[7] https://www.mn-am.com/products/corina (accessed January 2018).

[8] Körner, R. and Apostolakis, J. (2008) *J. Chem. Inf. Model.*, 48, 1181-1189.

[9] Apostolakis, J., Sacher, O., Körner, R., and Gasteiger, J. (2008) *J. Chem. Inf. Model.*, 48, 1190-1198.

[10] http://www.genome.jp/kegg/ (accessed January 2018).

[11] https://en.wikipedia.org/wiki/KEGG (accessed January 2018).

[12] http://www.reactome.org/ (accessed January 2018).

[13] http://biocyc.org/ (accessed January 2018).

[14] https://www.ebi.ac.uk/chebi/ (accessed January 2018).

[15] Bienfait, B. and Ertl, P. (2013) *J. Cheminf.*, 5, 24.

[16] Rother, K., Hoffmann, S., Bulik, S., Hoppe, A., Gasteiger, J., and Holzhütter, H.-G. (2010) *Biophys. J.*, 98, 2478-2486.

[17] Reitz, M., Sacher, O., Tarkhov, A., Trümbach, D., and Gasteiger, J. (2004) *Org. Biomol. Chem.*, 2, 3226-3237.

[18] Sacher, O., Reitz, M., and Gasteiger, J. (2009) *J. Chem. Inf. Model.*, 49, 1525-1534.

[19] Hu, X., Yan, A., Tan, T., Sacher, O., and Gasteiger, J. (2010) *J. Chem. Inf. Model.*, 50, 1089-1100.

[20] Pauling, L. (1948) *Nature*, 161, 707-709.

[21] Handschuh, S., Wagener, M., and Gasteiger, J. (1998) *J. Chem. Inf. Comput. Sci.*, 38, 220-232.

[22] Reitz, M., von Homeyer, A., and Gasteiger, J. (2006) *J. Chem. Inf. Model.*, 46, 2333-2341.

[23] Kastenmüller, G., Gasteiger, J., and Mewes, H.-W. (2008) *Bioinformatics*, 24, i56-i62.

[24] Frishman, D. et al. (2003) *Nucleic Acid Res.*, 31, 207-211.

[25] Kastenmüller, G., Schenk, M.E., Gasteiger, J., and Mewes, H.-W. (2009) *Genome Biol.*, 10, R28.

[26] Liu, M., Bienfait, B., Sacher, O., Gasteiger, J., Siezen, R.J., Nauta, A., and Geurts, J.M.W. (2014) *PLoS One*, 9, e84769.

[27] http://www.brenda-enzymes.info/（accessed January 2018）.

[28] http://www.ncbi.nlm.nih.gov/pubmed（accessed January 2018）.

[29] Liu，M.，Nauta，A.，Francke，C.，and Siezen，R.J.（2008）*Appl. Environ. Microbiol.*，**74**，4590-4600.

[30] Yorita，K.，Aki，K.，Ohkuma-Soyejima，T.，Kokubo，T. et al.（1996）*J. Biol. Chem.*，**271**，28300-28305.

[31] Medema，M.H.，van Raaphorst，R.，Takano，E.，and Breitling，R.（2012）*Nat. Rev. Microbiol.*，**10**，396-403.

5 结构-波谱相关性和计算机辅助结构解析

Joao Aires de Sousa

Universidade Nova de Lisboa，Departamento de Quimica，Faculdade de Ciencias e Tecnologia，2829-516 Caparica，Portugal

马爱军　周晖皓 译　　徐 峻 审校

5.1 引　　言

目前关于分子结构的知识主要来源于对波谱数据的解析。对分子结构及其性质的研究是化学中最重要的主题之一，对化学相关工业、环境科学或分析服务业都具有巨大影响。

本章介绍从分子结构模拟波谱数据和从波谱数据阐明结构的方法。很多计算机辅助结构解析（CASE）程序已经开发出来。基于规则的 CASE 系统先从谱图预测分子的子结构片段，然后组装成解析的分子结构。计算机辅助的方法可以加速结构解析的进度，避免新结构预测中的人为错误，并且通过较少的实验解决具有挑战性的难题。通常的 CASE 策略是从各个渠道收集初步信息（如分子量和由特殊波谱推测的片段），然后将其用于穷举出与分子式一致的结构。最终根据用户设置的限制条件以及实验波谱和预测波谱的比较对穷举的候选结构进行筛选[1]。

Lindsay 等[2]首次开发了从分子式列举所有非环状结构的程序。Edward Feigenbaum、Joshua Lederberg 和 Bruce Buchanan 于 1965 年启动的 DENDRAL 项目，被认为是首次使用人工智能解决化学问题，其初衷是使计算机能够进行科学概念推理和科学知识形式化。DENDRAL 程序使用一套基于知识或规则的方法，从化学分析和质谱（MS）数据中推断出有机化合物的分子结构。用于质谱数据结构解析的 DENDRAL 系统是化学领域开发的第一个专家系统（ES）。尽管 DENDRAL 项目最终被放弃，但它首次展示了如何将基于规则的推理发展成为强有力的知识工程工具，具有重要的理论意义[3]。该研究领域的巨大发展也包含了从最新波谱技术获得的数据，本章的最后一节将对此进行阐述。

另一个相关的工作是结构验证。在合成有机化学中，对一个反应的产物通常是有预期的（如类似底物的反应是已知的）。在这种情况下，化学家必须确证实际发生的是预期的反应，即产物具有预期的分子结构。如果能够获得预期结构的波谱，则可通过波谱数据（如 $^1H\,NMR$ 和 $^{13}C\,NMR$）进行该验证。当多个反应同时进行时（如并行合成和组合化学），整个结构验证过程必须自动化，这就需要用波谱预测软件和谱图比对软件[4, 5]。NMR 已经被应用于该领域，因为它不仅提供了丰富的、可解释的数据且能够自动化，而且软件也可靠地从分子结构预测波谱。最近的程序还整合了 2D NMR 的数据[6, 7]。

从最初的炼金术发展到现代科学，化学发展了属于自己学科的分子结构语言。随着化学信息处理的计算方法的改进，几种处理分子信息的描述符已经被开发和广泛运用。

处理分子数据最重要的任务之一是评估大型化学数据集中的"隐藏"信息。与传统的数据库查询方法不同，数据挖掘技术生成新的数据，用于鉴定分子特征。通常，不可能将化学结构所有的潜在重要信息保存在一个数据集中。因此，提取相关信息和产生可靠的二级信息是重要的议题。

找到表示化学结构的适当描述符是化学数据分析中（如自动建立结构和波谱之间的联系）的基本问题之一。目前已经开发出多种方法用来描述分子及其化学或物理化学性质[8]（参见《化学信息学——基本概念和方法》第 10 章）。

分子通常被表示为二维（2D）示意图或三维（3D）分子模型。虽然分子中原子的三维坐标足以描述其空间排列，但作为分子描述符却存在两个主要缺点：描述符的数量取决于分子的大小以及缺少附加属性的描述（如原子性质）。第一点对于数据的计算分析是最重要的。即使是简单的统计函数，如相关性，也需要将数据集中所有分子的信息表示为具有固定维度的相同大小的矢量。解决该问题的方案是将分子的笛卡儿坐标变换为固定长度的矢量。而克服第二个缺点的办法是在转化算法中包含所需的属性。基于径向分布函数（RDF）的描述符是这种转化的例子（参见《化学信息学——基本概念和方法》第 10 章 10.3.4.4 节），而 RDF 描述符也正是在结构-波谱相关性研究中发展出来的[9]。

5.2　分子描述符

5.2.1　基于片段的描述符

广泛应用的关联结构-波谱的方法是基于片段的编码。在这类方法中，待编码的分子被分成多个代表任务所需典型信息的子结构。许多方法基于人工神经网络（NN）实现波谱自动解释[10, 11]和预测[12]，结构解析专家系统[13]和模式识别系统[14]中也使用这类方法。例如，二元矢量形式的描述符被用于简单地定义红外光谱（IR）中重要光谱特征的官能团存在与否。该方法的主要缺点是它所代表的子结构的数量有限。对于结构与红外光谱的相关性，子结构的合理数量在 40～720 之间变化，取决于使用者对问题的主观看法。Affolter 等[15]研究发现，由于化学环境对吸收信号的形状和位置的影响，红外光谱相关子结构和相应红外波段的简单归属并不能够准确描述波谱-结构的相关性。

5.2.2　拓扑结构代码

Dubois 等[16]引入的"有限环境的片段"（FREL）方法是对简单子结构方法的拓展。FREL 方法描述了分子的几个中心及其化学环境。考虑氢、碳、氮、氧和卤素等元素并结合所有化学键的类型（单键、双键、三键、芳香型），Dubois 等发现可以用 43 个 FREL 描述符来表示分子。

子结构环境分层描述（HOSE）代码是用于波谱模拟的分子组成和拓扑结构的最广泛和成功的表示方法之一[17]。它是一个以原子为中心并考虑其相邻原子球体的编码（该编码使用几个虚拟球体描述原子的环境），被证明在解释和预测 ^{13}C NMR 方面特别成功（见 5.4.2 节）。HOSE 代码中第一层由所有与中心原子相距一个键的原子定义，第二层包括两个键距离的原子，并以此类推。该子结构代码的基本原理是分子中某个原子（如 ^{13}C 原子）的结构环境决定了该原子的化学位移。代码长度（和分辨率）取决于用于描述原子的周围相邻原子的球体数量。图 5.1 显示了苯丙氨酸乙酯中羧基碳原子的第一层、第二层和第三层球体的 HOSE 代码的推导。

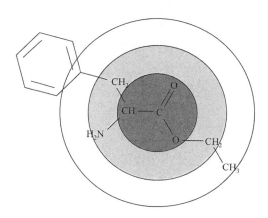

图 5.1　一个碳原子的 HOSE 代码通过沿着分子分层次地划分球体，描述了该原子所处的子结构环境（仅考虑非氢原子）

对于 ^{13}C NMR，必须确定分子中每个碳原子的 HOSE 代码。波谱信号被指认给代表相应碳原子的 HOSE 代码。这种方法已用于 ^{13}C NMR 预测以及自动创建"子结构-子谱"数据库和从 ^{13}C NMR 预测化学结构的算法中[1]。

基础的 HOSE 代码忽略了立体化学信息，但是顺反式异构体相互作用对化学位移值有显著影响。Robien 扩展了 HOSE 代码方法[18]，考虑了三键、四键和五键相互作用以及有关轴向/赤道取代模式的信息。

在另一种编码分子拓扑结构及表征其原子完整排列的方法中，整个分子被视为连通图，其中边代表键，节点代表原子。这一概念被应用于一些自动解释质谱的方法中。这些方法在分子图中搜索与峰列表 m/z 值对应的可能的子结构（子图）[19]。

5.2.3　三维分子描述符

分子中原子的三维排列可以用描述符描述。分子中原子的笛卡儿坐标可以通过半经验量子力学或分子力学（力场）方法计算。对于较大的数据集，可以使用快速三维结构生成器，结合数据和规则驱动的方法从分子连接表计算原子的笛卡儿坐标（如 CORINA[20, 21]，参见《化学信息学——基本概念和方法》第 3 章）。

三维结构描述符有一些前提条件：

（1）与原子数目（分子大小）无关；

（2）原子的三维排列明确；

（3）分子在平移和旋转时保持不变。

其他的前提条件取决于要解决的化学问题。对于某些化学效应，如果不考虑，它们会对结构描述符产生不好的影响。典型的例子是分子柔性，它对基于笛卡儿坐标的三维描述符影响很大。在结构-波谱相关问题（如振动光谱学）中应用结构描述符时，需要注意另外两点：描述符应包含与振动状态相关的物理化学信息；并且，应该可以从描述符中获取结构信息或完整的三维结构。

5.3　红 外 光 谱

5.3.1　概述

红外谱线可以反映分子在三维空间中的原子振动行为，因此红外光谱以某种方式包含了有关原子三维排列的信息。

一些专著记录了用于解释分子结构与振动光谱关联的知识[22-25]。然而，频率特性和结构特征的关系相当复杂，红外光谱和结构之间关系的知识量很大。在许多情况下，如果不借助计算机技术的帮助，几乎不可能由红外光谱分析分子结构。现有的方法主要基于通过数学模型、规则集、决策树和模糊逻辑等方法对振动光谱进行分子结构解析。利用量子化学也可以计算红外和拉曼光谱[26]。本章主要介绍数据驱动的化学信息学方法。

专家系统采用基于特征频率的方法协助化学家解决结构解析问题。Gribov 和

Elyashberg[27]提出了基于显式规则决策的多种数学方法。Elyashberg[28]指出系统符号逻辑[29]是研究离散性复杂对象的有用工具，如对结构-波谱的离散建模。与此相符的是，Zupan 证明[30]可以通过离散模型表示分子结构与相应红外光谱之间的关系。这些关系可以表述为专家系统知识库中的 if-then 规则。如果希望详细了解这些基于逻辑规则的专家系统，可以参考综述[31]、[32]和论文[33]～[37]。

Karpushkin 等建立了子结构和光谱特征之间的关联库，用于计算机辅助红外和拉曼光谱解析[38]。该方法使用碎片核的概念（表示具有共同光谱特征的相同振动组的环境情况的集合）；环境通常包括指定一组可能邻域的所谓查询。基于模式识别方法构建关联，并且进行结构-波谱关系的自动验证。

Woodruff 和 Smith 开发了 ES PAIRS 程序[39]，该程序能够以与光谱学家相同的方式分析红外光谱。Andreev 等研发了用于解析红外光谱的 ES EXPIRS[40]，它提供了在离散帧中用峰值检测识别的特征组的分层组织。Penchev 等[41]引入了一种可以在各种光谱库中进行搜索并系统分析混合光谱的计算机系统，能够借助线性判别分析、人工神经网络和 k 近邻算法对红外光谱进行分类。

5.3.2 红外光谱模拟

Gasteiger 等[9]通过如下方式实现了红外光谱的模拟。RDF 代码描述符（参见《化学信息学——基本概念和方法》第 10 章 10.3.4.4 节）允许通过固定（常数）数目的变量表示分子的三维结构（图 5.2）。

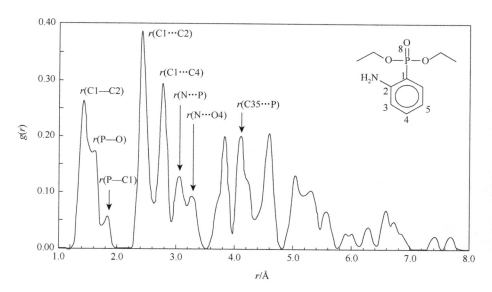

图 5.2　RDF 使用原子序号作为原子性质编码磷酸酯

来自参考文献[42]，已获得 Elsevier 出版社许可通过使用快速三维结构生成器 CORINA[20, 21]，能够利用人工神经网络（ANN）研究任何三维结构和红外光谱之间的相关性。Steinhauer 等[43]使用 RDF 代码作为结构描述符，结合红外光谱数据训练反向传播（CPG）ANN，建立 RDF 描述符（输入）和红外光谱（输出）之间的复杂关系。通过训练之后，使用查询化合物的 RDF 描述符作为 Kohonen 层（决定中枢神经元）的信息矢量，执行红外光谱模拟。在输入该查询 RDF 描述符后，神经元被确定，输出层将相应的红外光谱显示为模拟光谱（图 5.3）。Selzer 等[44]描述了这种光谱模拟方法的应用，通过该方法可以快速

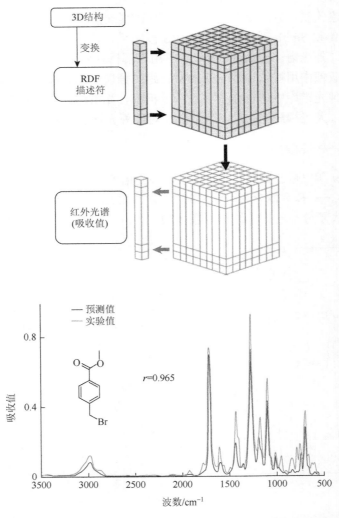

图 5.3　训练 CPG ANN 学习结构与红外光谱之间的关系，以及一个实验红外光谱与模拟红外光谱的示例

提供任意参考光谱。Kostka 等开发了联合应用波谱预测和反应预测的专家系统[45]。反应预测系统 EROS（Elaboration of Reactions for Organic Synthesis）和红外光谱模拟的组合被证明是计算机辅助物质鉴定的有力工具。

5.3.2.1　结构预测

　　CPG ANN 也可以反向应用，即预测红外光谱的 RDF 描述符（图 5.4）[45]。可以在 RDF 代码数据库中搜索预测的 RDF 的三维结构。使用经验模拟过程来改进分子的三维结构，以获得符合预测 RDF 代码并且对应于红外光谱的分子结构三维模型。按照这个方法，就可以根据红外光谱预测分子的三维结构。

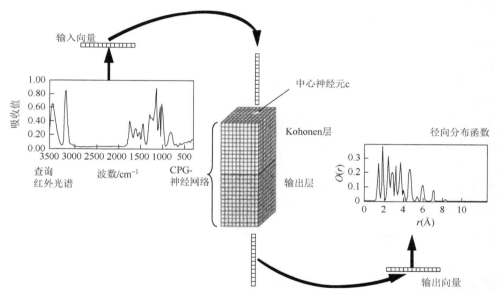

图 5.4　基于反向传播网络推导 3D 结构的方法

来自参考文献[42]，已获得 Elsevier 出版社许可

5.3.2.2　特定红外频率的 QSPR 预测

　　对于特定的应用，准确预测特定官能团的红外振动频率非常重要。采用结构描述符和回归技术，已经建立了可以预测定量结构-波谱关系的方法。例如，使用原子电负性距离矢量（VAED）作为描述符，使用多线性回归预测曼尼希碱中 C=O 和 P=O 键的振动频率[46]，以及使用线性方法和 ANN 预测不同类型羰基化合物中 C=O 键的振动频率[47]。

5.4 核磁共振波谱

核磁共振波谱是结构确认和解析未知化合物结构最强大的技术之一[48]，它的测量时间较短、操作可自动化、实用性强。

在一些化学领域（如组合化学）中，在短时间内产生许多化合物，其结构需要通过自动化的 NMR 分析方法确认。这就需要高度的自动化，从而推动了基于化学结构波谱模拟和波谱相似性的检索软件的开发[1]。显然，即使每次只使用核磁共振波谱确认少数几种化合物的结构，这些软件工具也可以为化学家提供重要帮助。

此外，在自动化的结构解析系统中也需要预测 ^{1}H NMR 和 ^{13}C NMR[1]。在许多此类系统中，结构生成器会自动产生候选结构，然后根据每个候选结构的预测波谱与实验波谱之间的相似性等若干标准对候选结构进行过滤或排序[49]。

^{1}H NMR 谱图的基本特征是信号的化学位移和耦合常数。特定原子的化学位移受原子化学环境的三维排列和键的类型及其杂化的影响。信号的多重性取决于耦合原子以及原子与耦合原子之间键的类型。

^{13}C NMR 谱图的情况相对简单。实际上，原子的二维排列与它们的 ^{13}C 化学位移之间通常存在良好的相关性。此外，^{13}C NMR 通常是在质子解耦后测定的，除碳原子附近的氟原子和磷原子外，几乎没有耦合作用。这些原因使得 ^{13}C NMR 可以很好地表示为化学位移值和强度对。

5.4.1 核磁共振性质的量子化学预测

当分子受到静磁场作用时，核自旋能级分裂。然后，振荡磁场可以诱导这些原子核在能级之间跃迁，从而产生 NMR。在分子中，原子核的磁场是由外加磁场和周围电子的屏蔽作用产生的。核的 NMR 化学位移是由核自旋态之间的能量差引起的，可以通过量子力学方法计算[50-53]。外部磁场对目标原子核的影响作为"扰动"被添加到方程中。然后可以计算化学位移，其与总分子能量、外加磁场和核磁矩有关。

对于那些大型化学位移数据库中并不常见的化学实体，量子力学计算对于预测其化学位移特别有用，如反应的带电中间体，自由基和含有 H、C、O、N、S、P、卤素及一些常见金属以外的元素的化学结构。

Gausssian 程序[54]是量子化学计算 ^{1}H NMR 和 ^{13}C NMR 化学位移最常用的工具之一。NMR 屏蔽张量可以用高斯函数，采用规范不变原子轨道（GIAO）方法和 Hartree-Fock、DFT、CCSD 或 MP2 模型[55]计算。NMR 计算可以包括有效核心势（ECP）。采用这种复杂的理论，所需的计算时间很长，但对于许多有机化合物而言，所获得的准确度仅与下一节中描述的更快的经验方法[56]相当。

NMR 计算是基于给定的分子几何结构，这意味着必须提供实验测定的 3D 结构，或者必须事先计算。因为用于计算的是刚性结构，所以 NMR 等效核（如甲基的三个质子）通常获得不同的化学位移。因此，如果要在计算结束时对其化学位移进行平均，则必须指定等效核。

使用基于参数化的薛定谔方程的半经验方法可以在计算时间上减少两个数量级。Hypercube 公司开发的 HyperChem[57]是使用半经验方法计算 3D 几何形状、化学位移和耦合常数的一个例子。

5.4.2 数据库检索法预测核磁共振波谱

预测化学位移和耦合常数的一种经验方法依赖于数据库中包含的结构信息及其相应 NMR 数据。大型商业数据库有数百万化学位移数据，并且可以被预测系统检索[1, 58]。对于不同的核，如 ^1H、^{13}C、^{31}P、^{19}F 或 ^{15}N，已经做到了这一点[1]。原子（如 ^1H 或 ^{13}C）在数据库内部由其结构环境表示，通常是 HOSE 代码[17]。

提交查询结构时，将执行搜索以查找属于相似（重叠）子结构的原子。这些是与查询分子中的原子具有相同 HOSE 代码的原子。化学位移的预测是根据检索到的原子的化学位移（如平均值）计算的。

检索到的原子与查询结构的相似性，以及具有相同 HOSE 代码的原子间化学位移的分布情况，可以用来衡量预测可靠性。当对于给定原子找不到共同子结构时，可以采用插值法来获得预测，但商业软件通常会采用一些专有的方法。

这种数据库方法在很大程度上取决于数据库的大小和质量，尤其取决于与查询结构相关条目数量。这种方法相对较快，特别是当与量子化学方法相比时。预测值可以根据用于预测的结构来解释。此外，用户可以使用自己的结构和实验数据扩充数据库，从而更好地预测与所添加的化合物具有相似性的化合物。在更先进的方法中，如溶剂信息等参数可用于提高预测的准确性。

使用这种方法的商业软件包括 Modgraph 的 NHRPredict[59]和 ACD[60]（在 2016 年，ACD 的预测是基于 220 万个 ^1H NMR 化学位移和 300 万个 ^{13}C NMR 化学位移的，并且可以进行溶剂特异性的预测）。

同样的概念已被应用于特定的化合物家族。例如，GlyNest 程序基于数据库和每个原子的球形环境编码方案估算多糖的 ^1H NMR 和 ^{13}C NMR 化学位移[61]。类似的蛋白质的 ^1H NMR 和 ^{13}C NMR 化学位移可以基于序列同源性预测[62]。

5.4.3 基于增量方法预测核磁共振波谱

大多数化学专业的学生已经从课本中学习了如何根据结构类别的表列值估算

^{13}C NMR 和 ^{1}H NMR 化学位移,并基于相邻官能团或子结构的添加贡献进行修正。在这些表中,初始化学位移被指认给标准结构片段(如取代乙烯中的质子)。特定位置(如顺式或反式)的取代基被假定为对化学位移具有独立的添加作用。添加贡献在第二系列表中列出。

该步骤已在计算机程序中实现[63, 64],如 ChemOffice[65]和 NMRPredict[59]。子结构可以使用由 Pretsch 等[66]以及 Clerc 和 Sommerauer[67]开发的加和模型进行编码。作者通过单独的代码和计算规则表示骨架结构和取代基。后来,Small 和 Jurs[68]引入了一种更为通用的加和模型,并由 Schweitzer 和 Small[69]进一步改进,为不同类型的原子编译了多张表。ChemOffice 2010 的预测器是基于 700 个基础值及大约 2000 个 ^{1}H 增量和 4000 个 ^{13}C 增量构建的。据称,大约 90%的 CH_n 的 ^{1}H NMR 化学位移预测的标准偏差在 0.2~0.3ppm($1ppm = 10^{-6}$),而 95%的 ^{13}C NMR 化学位移预测的标准偏差在 5.5ppm 以内[65]。虽然主要用于小的有机化合物,基于增量的方法也可以用于多糖的预测,例如在 CASPER[70]程序中用于 ^{13}C NMR 和 ^{1}H NMR 化学位移预测。一旦定义了表格和方程式,这一类方法就很容易预测位移,而且不需要数据库搜索,非常快速。另外,母体结构和取代基必须制成列表,并且忽略取代基之间的相互作用。通常,与基于大型数据库的较慢方法相比,预测的准确度稍差。

Abraham 开发了 CHARGE 程序[71],该程序包含特定类型子结构的经验公式,这些公式根据相邻原子/基团的物理化学参数(如电负性、极性或各向异性)以及几何特征(如角度和距离)计算 ^{1}H NMR 化学位移。尽管 CHARGE 程序主要是针对有机小分子开发的,但可以推导出特定的方程式和参数来预测蛋白质[72]和核酸[73]的化学位移。

5.4.4 机器学习方法预测核磁共振波谱

机器学习(ML)算法可以从样本数据集自动构建预测模型。这些模型经过训练后,与 HOSE 代码预测相比,可以高度准确且速度极快地预测化学位移。特定分子中的原子(如 ^{1}H、^{13}C、^{31}P)可以通过固定长度编码来表示其在分子内的环境,然后可以训练某种 ML 方法,如人工神经网络(ANN)、支持向量机(SVM)或随机森林(random forest)等,从原子代码预测化学位移。许多文献中报道了这类方法的实例,并且其中一些已经被整合到软件包中。本部分将介绍这类系统的几个例子。

在 ^{1}H NMR 化学位移模型中,ANN 已被训练来预测给定的化学分子中质子的化学位移。要点是:如何表示质子以及数据集中包含哪些实例。

分子中的质子可以被一系列拓扑学的或者物理化学的描述符表示,这些描述符解释了周围原子对其化学位移的影响（如部分带电、电负性、邻域中某些类型原子的数量）。现在可以容易地获取计算物理化学描述符的快速经验程序[74]。在一些刚性子结构以及 π-系统的情况下，添加几何描述符（如局部 RDF 描述符，图 5.5）解释立体化学和 3D 效应。

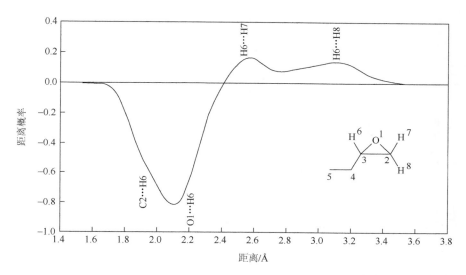

图 5.5　部分带电的质子 H6 的径向分布函数（RDF），以及对每个峰的距离贡献

来自参考文献[75]，已获得 ACS 版权许可

针对 120 个化学分子的质子的 744 个 ^{1}H NMR 化学位移的较小训练集，使用 CPG ANN 建立质子与它们的 ^{1}H NMR 化学位移之间的关系[75]。质子被分为四组：与芳环中的原子相连的质子、非芳香族 π 体系的质子、刚性脂肪族体系的质子和非刚性脂肪族体系的质子。描述符是用遗传算法选择的。后来，同一研究组报道了使用由更大的数据库（>18000 个化学位移）训练的关联神经网络（ASNN）改进预测[76]。ASNN 是与额外记忆相关联的前馈 ANN 的集合[77]。基于在实验化学位移的附加记忆中的 k 最近邻居观察到的误差来校正化学位移的集合预测。对于独立的测试组，通常观察到平均绝对误差为 0.2～0.3ppm。最后，设计了一种方法，用经过化学位移训练的 ASNN 估算 ^{1}H 原子之间的耦合常数，用到由耦合质子和它们的实验耦合常数组成的第二个记忆器。ASNN 找到与查询最相似的耦合质子对，并使用这些质子估计耦合常数。使用 618 个耦合常数的多样化数据集训练，模型在不同的测试中的平均绝对误差为 0.6～0.8Hz。这些模型被整合到 SPINUS 软件中进行全谱预测（图 5.6）。该方法和 Web 界面可在 http://joao.airesdesousa.com/spinus 免费获取。

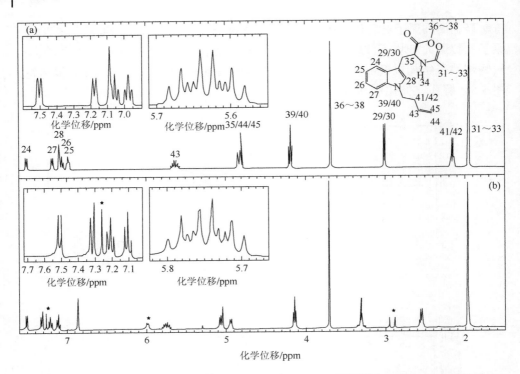

图 5.6 右上角化学结构的实验 ^{1}H NMR（a）与 SPINUS 预测的 ^{1}H NMR（b）的比较

*在实验波谱中，7.26ppm 的信号来自溶剂（CDCl$_3$），5.98ppm 的信号来自可交换的 NH 质子，2.85~2.95ppm 的峰来自残留的 DMF；图来自参考文献[76]，已获得 ACS 版权许可

关于代谢物的计算机辅助结构解析（CASE），Kuhn 等[78]基于 NMRShiftDB 数据库中 18692 个质子的实验数据，开发了几种机器学习技术预测 ^{1}H NMR 化学位移。Kuhn 等组合了 Aires-de-Sousa 等[75]开发的物理化、拓扑和几何的描述符及 Meiler[79]用于预测蛋白质的化学位移的描述符，描述氢原子。在 Meiler 的描述符中包括与氢原子结合的原子的描述符，包括化学键上（拓扑）最接近的 16 个原子和空间上（几何）最接近的 16 个原子。比较多线性回归、k 近邻算法、决策树、SVM 和随机森林等不同的 ML 和统计技术，最后通过随机森林、SVM 和决策树获得了最佳的预测模型，它们之间总体准确度相似。最佳分类器在 10 倍交叉验证程序中实现了 0.18ppm 的平均绝对误差。作者另外应用 HOSE 代码，其预测略优于 ML 技术。

有人用 ANN 和线性回归方法，基于拓扑指数、物理化学和几何参数，预测 ^{13}C NMR 化学位移[80-82]。早期研究侧重于预测特定类别的化合物的化学位移，然后推广到更多的化合物类别。Meiler 等[82]使用 50 多个 ^{13}C 化学位移数据训练 ANN 模型。碳原子（中心原子）的化学环境由距离中心原子的特定化学键距离的 28 种原子类型的频次（计数）表示，同时记录每类碳原子中心片段内氢原子的总数和环闭合的数量。依次定义了五类原子中心片段，并且把距离大于五个键的原子的原子中心片段合并为"总和球"。为了考虑共轭 π-电子系统的重要性，对于相同的球体另外定义了计数，但是仅包括与中心原子形成"π 接触"的原子。ANN 针对 9 种类型的碳原子进行了独立训练。对大于 15000 个化学位移数据集进行独立测试后平均绝对误差为 1.79ppm，与 HOSE 代码相比预测速度提高 1000 倍。

Williams 等进一步发展了这种原子环境编码方案，并应用 ML 技术预测碳和质子的化学位移[83]。训练数据由大约 200 万个 ^{13}C 和 120 万个 ^{1}H 化学位移值组成，对于测试集的 ^{13}C 和 ^{1}H 化学位移的预测平均偏差分别为 1.5ppm 和 0.18ppm。使用的偏最小二乘（PLS）法拥有与 ANN 大致相同的预测精度，并且快 2～3 倍。结果表明，ML 方法可以用更快的速度提供与数据库搜索方法相同的准确度。软件包（如 Mesestlab Mnova，图 5.7）结合不同的方法（数据库、ML 和附加方案），最大限度地提高了预测性能和准确性。

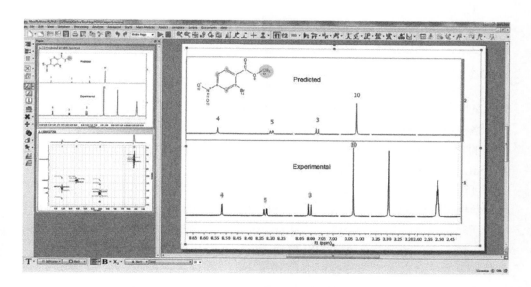

图 5.7 Mnova NMR 商业软件的截图（Mestrelab Research，S.L.，www.mestrelab.com）

在该示例中，选定的活动页面包含一个经过充分处理和分析的实验 ^{1}H NMR，以及预测 ^{1}H NMR。标示了自动指认的信号（可能是 ^{1}H、^{13}C、HSQC 和 COSY 实验），并且根据模糊逻辑专家系统对指认质量的评估，用颜色对原子进行了标记

ML 算法也用于预测 ^{1}H 和 ^{13}C 以外的其他原子核的化学位移。例如，使用氟指纹描述符和距离加权 k 近邻算法预测 ^{19}F 化学位移[84]，以及应用 ANN 预测 ^{195}Pt[85] 和 ^{31}P 化学位移[86]。

NMR 化学位移是蛋白质结构信息的重要来源。从分子结构预测得到的化学位移信息可以帮助选择和优化新蛋白质的 3D 模型。然而，化学位移复杂的构象依赖性使得这项工作相当具有挑战性。SPARTA+[87]和 PROSHIFT[79]程序依靠 NN 快速预测蛋白质的 H、C 和 N 原子的化学位移。在 SPARTA+ 中，输入网络中的 113 个信号由三肽结构参数集组成，包括待预测残基和两个相邻残基的主链和侧链扭转角、每个残基的 20 个氨基酸类型的相似性得分、诸如氢键作用和电场效应等相互作用信息及预测的主链柔性。使用 580 个蛋白质结构数据训练 ANN 模型，从而实现了对蛋白质的快速化学位移预测。在一项 11 个验证蛋白质上，N、C′、C_α、C_β、H_α 和 H_N 的实验及预测位移之间的标准偏差分别为 2.45ppm、1.09ppm、0.94ppm、1.14ppm、0.25ppm 和 0.49ppm。

在 PROSHIFT 程序中，ANN 旨在接收单个原子环境的代码并预测其化学位移，经过大约 65000 个 ^{13}C、16000 个 ^{15}N 和 88000 个 ^1H 化学位移的训练。输入由四组不同的描述符组成：

（1）中心原子（非氢原子）；

（2）距离中心原子小于三个共价键的所有原子（最多 16 个）；

（3）在空间中最接近的 16 个原子；

（4）蛋白质和样品相关参数。

输出层对于氢、氮和碳原子共有三个神经元，以利用氢原子及其共价连接的碳或氮原子的化学位移值高度相关的事实（因为两个核具有相似化学环境）。因此，该网络被设计成总是平行地预测氢原子及其连接的重原子（如果为碳原子或氮原子）的化学位移。使用独立数据集进行测试，氢的化学位移的均方根偏差为 0.3ppm，碳为 1.3ppm，氮为 2.6ppm。

目前，已经有报道对 RNA 化学位移进行 ML 预测，其帮助进行受限的分子动力学模拟。Frank 等训练随机森林预测 ^{13}C 和 ^1H 的化学位移，使用的原子描述符包括碱基和核的类型、物理化学效应（环电流、局部磁各向异性和极化），紧密接触、分子内部特定部分之间的氢键数、堆积相互作用总数和二面角[88]。随后，基于原子间距离提出了快速线性函数[89]。

总之，化学家现在拥有软件来协助完成需要对 NMR（特别是有机分子和蛋白质的波谱）进行模拟或指认的任务。ML 和数据库方法的预测精度接近了实验误差，并且速度很快，可以在几小时内处理数百万个结构。同时，对于一些化合物/子结构在数据库的化学多样性空间之外时，如果分子量不大，计算资源能够承受时，可以考虑量子化学方法。

5.5　质　　谱

与 IR 和 NMR 不同，质谱（MS）的原理是基于有机分子从离子源到检测器的途中发生的分解和反应。因此，结构-MS 的关联就是将化学反应联系到质谱信号的问题。由于 MS 数据和化学结构之间的复杂关系，质谱中包含的化学结构信息难以提取。实际上，单个 MS 包含许多碎片的信息。它是一对多的关系：1 个 MS 与 n 个片段相关。质谱评估的目的是鉴定化合物，或是解释质谱数据，以阐明化学结构[90-92]。

5.5.1 结构鉴定和质谱解析

搜索化合物质谱实验图与数据库中质谱图的相似性可以进行质谱的鉴定[93, 94]。这是电子碰撞（EI）质谱的通用策略，有相应的数据库和软件产品。

计算机辅助质谱解析更具挑战性，人们已经探索了各种策略，如子结构识别、特征谱图数据和对应子结构的关联。然而，由于质谱仪中可能发生的化学反应的复杂性以及缺乏通用规则，这类方法在 MS 解析方面不很成功。

基于多变量分类技术的算法被用于从谱图数据自动识别结构特性。这些技术是基于用谱图特征表示质谱图。一个谱图被视为多维空间中的一个点，其中坐标由谱图特征定义；使用探索性数据分析和聚类分析研究多维空间，并评估规则可以区分结构类别。

多变量数据分析通常始于从数据库中进行相似性搜索，生成一组谱图和相应的化学结构。峰值数据被转换为一组谱图特征，化学结构被编码成分子描述符[92]。谱图特征可以从质谱图提取。典型的谱图特征是特定质荷比处的峰值强度或对数强度比。将峰值数据转换成谱图特征的目的是获得比原始峰值列表数据更合适的谱图特性的描述符。然后，将谱图特征及其相应的分子描述符应用于多变量数据分析技术，如用于探索性数据分析的主成分分析（PCA）或用于谱图分类器开发的多变量分类[95-98]。用 PCA 产生散点图，通过聚类光谱特征和/或结构特征的相似性来展示光谱-结构关系[99, 100]。

5.5.2 质谱预测

Gasteiger 等采用的方法基于在质谱仪内发生的反应的模型[101, 102]。从谱图数据库中自动提取知识，并保存相应的结构和规则。这些规则涉及可能的基本反应，以及关联反应发生的概率与结构的物理化学参数的模型。这些知识可以应用于下述化学结构预测问题：

（1）质谱仪中发生的反应；

（2）反应导致的产物；

（3）质谱中的相应峰。

对于非环烷烃和烯烃的数据集，Jalali-Heravi 和 Fatemi 报道了用于模拟 MS 谱的前馈神经网络（ANN）[103]。ANN 以 37 个拓扑分子描述符作为输入，含有

44 个输出神经元（用于预测 44 个 *m/z* 位置的值）。

　　一些商业软件可以使用碎片化规则模拟不同条件下的质谱（如 EI 或使用不同试剂的化学电离），如 ACD/MS Fragmenter[60]和 Mass Frontier[104]（图 5.8）。

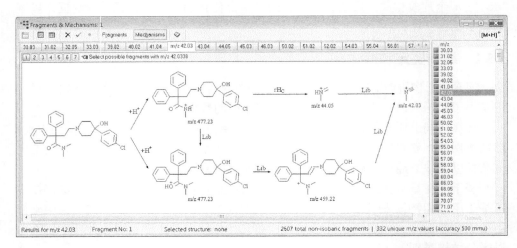

图 5.8　Mass Frontier 软件（HighChem，Ltd.，www.highchem.com）的屏幕截图，显示了用户
提供的化合物的预测碎片化机理

5.5.3　代谢组学和天然产物

　　由于高灵敏度（高于 NMR 几个数量级）以及使用色谱联用装置（如 LC-MS）或串联质谱分析复杂混合物的能力，MS 在代谢组学研究中具有突出地位。LC-MS 主要用于热稳定性差的几类生物分子的研究中（代替 GC-MS）。质谱通常通过电喷雾软电离（ESI）或化学电离获得。在后一种情况下，产生所研究化合物的加合物离子（如[M + H]+），其通过碰撞诱导解离（CID）分裂成碎片。这些类型的质谱的解析更为复杂，并且它们在不同仪器上的重复性比 EI MS 低[105]。对于代谢组学数据的解析，主要瓶颈是对未知化合物的鉴定，而计算 MS 方法在这里发挥核心作用[106]。结构-谱关系支持复杂混合物中化合物的鉴定，这正是代谢组学和筛选天然产物提取物的关键任务。为了鉴定代谢物，可以将其实验质谱与大型数据库中代谢物结构的模拟质谱进行对比，找到最佳匹配[107]。原则上，商业软件可以进行上述操作。然而，基于规则的方法往往不能为观察到的大部分产物离子提出合理化解释。ML 被用来模拟质谱实验过程中结构的碎片化过程，估计任何给定碎片事件发生的可能性[108]。

　　作为模拟质谱的替代，通过生成候选化合物的所有可能的分子碎片并将碎片质量与测量的峰进行匹配，也可以用来评估候选化合物。然后，根据可以解释实验质谱中峰值的碎片的数量以及对该碎片发生的可能性估计（如键解离能）对候选化合物进行评分[19, 109-111]。该方法不一定需要正确预测碎片化过程，可以使用测量到的碎片作为额外的结构提示搜索化合物库。从串联质谱图中鉴定分子结构（即代谢物）的另一种策略是直接从串联质谱谱图（使用 ML 模型）预测化学指纹，然后在指纹数据库中搜索最相似的代谢物（CSI: FingerID 方法）[112]。

5.6 计算机辅助结构解析

DENDRAL[2, 113, 114]是 CASE 的第一个程序，它使用异构体产生器软件为给定的分子式，结合运用波谱-结构关系的知识，产生所有可能的化学结构。组成化学结构的片段必须存在于收集到的"好列表"中，不存在于禁止性子结构的"坏列表"中。从低分辨率 MS 数据可以导出结构信息，而高分辨率数据可以用于确定分子式。该程序是用于结构解析的第一批 ES（CONGEN[115]和 GENOA[116]）的原型。这些程序可以处理任何结构并列举分子式的异构体，并且能够生成具有更多限制性约束的结构（如具有特定分子片段的异构体）。然而，GENOA 和 CONGEN 都更多地使用了启发式算法。随后，研究者又开发了基于系统性的结构生成技术的 CASE 程序 CHEMICS[117]、ASSEMBLE[118]和 COMBINE[119]。

Dubois 等研究了谱图解析中的片段重叠问题。他们开发了程序 DARC-EPIOS[120]，可以从重叠的 ^{13}C NMR 数据中检索结构式。该软件将片段库的所有子波谱与被分析的化合物的实验 ^{13}C NMR 进行比较。除了信号的化学位移和多重性之外，自动波谱指认还需要信号区域（即碳原子数）。选择具有与查询子谱在指定误差范围内一致的数据库子谱的子结构，并根据它们的大小（即碳和骨架原子的数量）对其进行排序。通过叠加不同碎片共有的原子产生化学结构。COMBINE 程序应用了与之类似的技术，而 GENOA 则使用了一种更通用的基于穷举所有可能的非重叠分子片段组合的技术。

人工神经网络（ANN）已经被应用于谱图解析[121-123]。例如，Munk 等训练了一个反向传播 ANN，可以高精度识别红外光谱、^{13}C 核磁共振波谱和分子式中的亚结构特征。这些子结构被用作约束、指导 CASE 程序 SESAMI 的结构生成过程[121]。

以上所有 CASE 程序都是通过组装原子和/或分子碎片产生化学结构，而 COCOA[124]和 GEN[125]则是通过从超结构（包含了所有原子和分子碎片之间的所有可能键）中去除键产生最终的化学结构。

Meiler 和 Will[126]开发了 GENIUS，它通过遗传算法寻找与实验的 ^{13}C 核磁共振波谱和分子式一致的结构。它首先从给定分子式随机生成大量结构，然后用 ANN 预测每个结构的波谱图。根据预测谱图和实验数据之间的相似性对每个结构进行打分，包含有最适合的结构的群体存活、变异和杂交，而含有那些不适合的结构的群体被丢弃（死亡）。该过程重复迭代，优化分子的构成，直到产生偏差尽可能低的实验波谱。这种方法避免了穷举产生所有可能的异构体（因而更快），同时它能够为一组简单分子找到正确的结构。

到目前为止，所描述的 CASE 方法严重依赖于使用一维 NMR 和结构穷举，这对于大分子是不切实际的。它们可以成功处理中等大小的分子，这些分子的非氢原子通常少于 25 个。当第二代专家系统应用于二维 NMR 数据时，分子大小的限制就被克服了[127, 128]。各种二维 NMR 技术揭示了分子中磁核之间的自旋-自旋耦合。HSQC 和 HMBC 谱显示了碳原子核和与该原子结合的质子之间的耦合，从而提供了 ^{1}H 和 ^{13}C 谱信号之间的联系。COSY 谱揭示了被两个或三个键分开的质子之间的相互作用（尽管更远程的耦合是可能的）。通过 TOCSY 谱可以获得通过相邻质子链传递的长程质子-质子相互作用，而 NOESY 和 ROESY 技术提供有关通过空间的相互作用和分子立体化学的信息。

二维 NMR 使 CASE 系统能够在连接性信息的指导下更容易地推测分子结构，并且能够解析更复杂的分子结构。

然而，由于 ^{1}H 和 ^{13}C 谱会产生信号重叠以及二维 NMR 可以在"不常见"距离的原子核之间耦合产生信号，这些因素导致了数据质量不稳定，ES 需要算法来处理模糊数据。由此发展的这类系统包括 LSD[129] 和 ACD 结构解析软件（图 5.9）。它们被成功应用于对已发表的高度复杂的天然产物结构的重新修正[130, 131]，以及解析那些通过经典核磁共振方法"无法解析"的结构[132]。

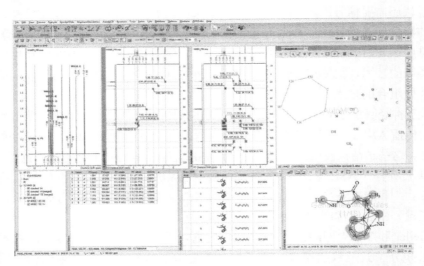

图 5.9　ACD 的截屏（StructureElucidatorSuite，版本 2016.1；加拿大安大略省多伦多市 ACD 公司，www.acdlabs.com）

总之，CASE 系统的实际应用不仅取决于它们自身的发展，还取决于它们与最先进的谱学技术的相互匹配。它们可以综合来自 MS、一维 NMR 和二维 NMR 实验的信息，解析新的复杂结构，而这些复杂的问题使用纯粹的人类智力的方法容易出错。

致谢

本章更新并扩展了《化学信息学——教科书》（主编 J. Gasteiger 和 T. Engel，出版社 Wiley-VCH，2003 年）中由 M. Hemmer 和 J. Aires-de-Sousa 撰写的"结构-光谱相关性"，第 515～541 页。

参 考 文 献

[1]　Elyashberg，M.E.，Williams，A.J.，and Martin，G.E.（2008）*Prog. Nucl. Magn. Reson. Spectrosc.*，**53**，1-104.

[2]　Lindsay，R.K.，Buchanan，B.G.，Feigenbaum，E.A.，and Lederberg，J.（1980）*Applications of Artificial Intelligence for Organic Chemistry-The DENDRAL Project*，McGraw-Hill，New York，194pp.

[3]　Luger，G.F. and Stubblefield，W.A.（1989）Artificial Intelligence and the Design of Expert Systems，Benjamin/Cummings Publishing，Redwood City，CA，685pp.

[4]　Griffiths，L. and Bright，J.D.（2002）*Magn. Reson. Chem.*，**40**，623-634.

[5]　Golotvin，S.S.，Vodopianov，E.，Lefebvre，B.A.，Williams，A.J.，and Spitzer，T.D.（2006）*Magn. Reson. Chem.*，**44**，524-538.

[6]　Keyes，P.，Hernandez，G.，Cianchetta，G.，Robinson，J.，and Lefebvre，B.（2009）*Magn. Reson. Chem.*，**47**，38-52.

[7]　Golotvin，S.S.，Pol，R.，Sasaki，R.R.，Nikitina，A.，and Keyes，P.（2012）*Magn. Reson. Chem.*，**50**，429-435.

[8]　Todeschini，R. and Consonni，V.（2002）*Handbook of Molecular Descriptors*，Wiley-VCH，Weinheim，688pp.

[9]　Gasteiger，J.，Sadowski，J.，Schuur，J.，Selzer，P.，Steinhauer，L.，and Steinhauer，V.（1996）*J. Chem. Inf. Comput. Sci.*，**36**，1030-1037.

[10]　Munk，M.E.，Madison，M.S.，and Robb，E.W.（1991）*Mikrochim. Acta [Wien]*，**104**，505-514.

[11]　Cleva，C.，Cachet，C.，Cabrol-Bass，D.，and Forrest，T.P.（1997）*Anal. Chim. Acta*，**348**，255-265.

[12]　Weigel，U.-M. and Herges，R.（1996）*Anal. Chim. Acta*，**331**，63-74.

[13]　Huixiao，H.，Yinling，H.，Xinquan，X.，and Yufeng，S.（1995）*J. Chem. Inf. Comput. Sci.*，**35**，979-1000.

[14]　Weigel，U.-M. and Herges，R.（1992）*J. Chem. Inf. Comput. Sci.*，**32**，723-731.

[15]　Affolter，C.，Baumann，K.，Clerc，J.T.，Schriber，H.，and Pretsch，E.（1997）*Microchim. Acta*，**14**，143-147.

[16]　Dubois，J.E.，Mathieu，G.，Peguet，P.，Panaye，A.，and Doucet，J.P.（1990）*J. Chem. Inf. Comput. Sci.*，**30**，290-302.

[17]　Bremser，W.（1978）*Anal. Chim. Acta*，**103**，355-365.

[18]　Schütz，V.，Purtuc，V.，Felsinger，S.，and Robien，W.（1997）*Fresenius' J. Anal. Chem.*，**359**，33-41.

[19]　Heinonen，M.，Rantanen，A.，Mielikainen，T.，Kokkonen，J.，Kiuru，J.，Ketola，R.A.，and Rousu，J.（2008）*Rapid Commun. Mass Spectrom.*，**22**，3043-3052.

[20]　Sadowski，J. and Gasteiger，J.（1993）*Chem. Rev.*，**93**，2567-2573.

[21]　Molecular Networks GmbH：CORINA，http://www.mn-am.com/online_demos/corina_demo（accessed January

2018）.

[22] Bellamy, L.J. (1975) *The Infrared Spectra of Complex Molecules*, John Wiley & Sons, Ltd, Chichester, 433pp.

[23] Dolphin, D. and Wick, A. (1977) *Tabulation of Infrared Spectral Data*, John Wiley & Sons, Inc., New York, 568pp.

[24] Pretsch, E., Bühlmann, P., and Badertscher, M. (2009) *Structure Determination of Organic Compounds: Tables of Spectral Data*, Springer, Berlin, 433pp.

[25] Lin-Vien, D., Colthup, N.B., Fately, W.G., and Grasselli, J.G. (1991) *The Handbook of Infrared and Raman Characteristic Frequencies of Organic Molecules*, Academic Press, New York, 503pp.

[26] Zvereva, E.E., Shagidullin, A.R., and Katsyuba, S.A. (2011) *J. Phys. Chem. A*, **115** (1), 63-69.

[27] Gribov, L.A. and Elyashberg, M.E. (1979) *Crit. Rev. Anal. Chem.*, **8**, 111-220.

[28] Elyashberg, M.E. (1998) *Infrared spectra interpretation by the characteristic frequency approach*, in *The Encyclopedia of Computational Chemistry* (eds P. von Rague Schleyer, N.L. Allinger, T. Clark, J. Gasteiger, P.A. Kollman, H.F. Schaefer III,, and P.R. Schreiner), John Wiley & Sons, Ltd, Chichester, pp. 1299-1306.

[29] Grund, R., Kerber, A., and Laue, R. (1992) *MATCH*, **27**, 87-131.

[30] Zupan, J. (1989) *Algorithms for Chemists*, John Wiley & Sons, Inc., New York, 306pp.

[31] Luinge, H.J. (1990) *Vib. Spectrosc.*, **1**, 3-18.

[32] Warr, W. (1993) *Anal. Chem.*, **65**, 1087A-1095A.

[33] Elyashberg, M.E., Gribov, L.A., and Serov, V.V. (1980) *Molecular Spectral Analysis and Computers*, Nauka, Moskow (in Russian).

[34] Funatsu, K., Susuta, Y., and Sasaki, S. (1989) *Anal. Chim. Acta*, **220**, 155-169.

[35] Wythoff, B., Xiao, H.Q., Levine, S.P., and Tomellini, S.A. (1991) *J. Chem. Inf. Comput. Sci.*, **31**, 392-399.

[36] Andreev, G.N. and Argirov, O.K. (1995) *J. Mol. Struct.*, **347**, 439-448.

[37] Debska, B., Guzowska-Swider, B., and Cabrol-Bass, D. (2000) *J. Chem. Inf. Comput. Sci.*, **40**, 330-338.

[38] Karpushkin, E., Bogomolov, A., Zhukov, Y., and Borut, M. (2007) *Chemom. Intell. Lab. Syst.*, **88**, 107-117.

[39] Woodruff, H.B. and Smith, G.M. (1980) *Anal. Chem.*, **52**, 2321-2327.

[40] Andreev, G.N., Argirov, O.K., and Penchev, P.N. (1993) *Anal. Chim. Acta*, **284**, 131-136.

[41] Penchev, P.N., Kotchev, N.T., and Andreev, G.N. (2000) *Traveaux Scientifiques d'Université de Plovdiv*, **29**, 21-26.

[42] Steinhauer, L., Steinhauer, V., and Gasteiger, J. (1996) *Obtaining the 3D structure from infrared spectra of organic compounds using neural networks*, in *Software-Entwicklung in der Chemie* 10 (ed. J. Gasteiger), Gesellschaft Deutscher Chemiker, Frankfurt/Main, pp. 315-322.

[43] Selzer, P., Salzer, R., Thomas, H., and Gasteiger, J. (2000) *Chem. Eur. J.*, **6**, 920-927.

[44] Kostka, T., Selzer, P., and Gasteiger, J. (1997) *Computer-assisted prediction of the degradation products and infrared spectra of s-triazine herbicides*, in *Software-Entwicklung in der Chemie* 11 (eds G. Fels and V. Schubert), Gesellschaft Deutscher Chemiker, Frankfurt/Main, pp. 227-233.

[45] Hemmer, M.C., Steinhauer, V., and Gasteiger, J. (1999) *Vib. Spectrosc.*, **19**, 151-164.

[46] Liao, C., Chen, Z., Yin, Z., and Li, S.Z. (2003) *Comput. Biol. Chem.*, **27**, 229-239.

[47] Mu, G., Liu, H., Wen, Y., and Luan, F. (2011) *Vib. Spectrosc.*, **55**, 49-57.

[48] Elyashberg, M. (2015) *TrAC Trends Anal. Chem.*, **69**, 88-97.

[49] Elyashberg, M., Blinov, K., and Williams, A. (2009) *Magn. Reson. Chem.*, **47**, 371-389.

[50] Lodewyk, M.W., Siebert, M.R., and Tantillo, D.J. (2012) *Chem. Rev.*, **112**, 1839-1862.

[51] Ditchfield，R.（1974）*Mol. Phys.*，**27**，789-811.

[52] Wolinski，K.，Hinton，J.F.，and Pulay，P.（1990）*J. Am. Chem. Soc.*，**112**，8251-8260.

[53] For examples see：（a）Rychnovsky，S.D.（2006）*Org. Lett.*，**8**，2895-2898；（b）Meng，Z. and Carper，W.R.（2002）*J. Mol. Struct.*，**588**，45-53；（c）Czernek，J. and Sklenár，V.（1999）*J. Phys. Chem. A*，**103**，4089-4093；（d）Barfield，M. and Fagerness，P.（1997）*J. Am. Chem. Soc.*，**119**，8699-8711.

[54] Gaussian，Inc.，http://www.gaussian.com（accessed January 2018）.

[55] Toomsalu，E. and Burk，P.（2015）*J. Mol. Model.*，**21**，24.

[56] Meiler，J.，Lefebvre，B.，Williams，A.，and Hachey，M.（2002）*J. Magn. Reson.*，**157**，242-252.

[57] Hypercube，Inc.，http://www.hyper.com（accessed January 2018）.

[58] For a description of the method in the context of 13C NMR seeRobien，W.（1998）*NMR data correlation with chemical structure*，in *The Encyclopedia of Computational Chemistry*（eds P. von Rague Schleyer，N.L. Allinger，T. Clark，J. Gasteiger，P.A. Kollman，H.F. Schaefer III，and P.R. Schreiner），John Wiley & Sons，Ltd，Chichester，pp. 1845-1857.

[59] Modgraph Consultants Ltd，http://www.modgraph.co.uk（accessed January 2018）.

[60] Advanced Chemistry Development，Inc.，http://www.acdlabs.com（accessed January 2018）.

[61] Loß，A.，Stenutz，R.，Schwarzer，E.，and von der Lieth，C.-W.（2006）*Nucleic Acids Res.*，**34**（Web Server issue），W733-W737.

[62] Wishart，D.S.，Watson，M.S.，Boyko，R.F.，and Sykes，B.D.（1997）*J. Biomol. NMR*，**10**，329-336.

[63] Tusar，M.，Tusar，L.，Bohanec，S.，and Zupan，J.（1992）*J. Chem. Inf. Comput. Sci.*，**32**，299-303.

[64] （a）Schaller，R.B. and Pretsch，E.（1994）*Anal. Chim. Acta*，**290**，295-302；（b）Fürst，A. and Pretsch，E.（1995）*Anal. Chim. Acta*，**312**，95-105 and references cited therein.

[65] PerkinElmer Inc.，http://www.cambridgesoft.com（accessed January 2018）.

[66] Pretsch，E.，Bühlmann，P.，and Badertscher，M.（2009）*Structure Determination of Organic Compounds：Tables of Spectral Data*，4th edn.，Springer-Verlag，Berlin，433pp.

[67] Clerc，J.T. and Sommerauer，H.（1977）*Anal. Chim. Acta*，**95**，33-40.

[68] Small，G.W. and Jurs，P.C.（1984）*Anal. Chem.*，**56**，1314-1323.

[69] Schweitzer，R.C. and Small，G.W.（1996）*J. Chem. Inf. Comput. Sci.*，**36**，310-322.

[70] （a）Jansson，P.E.，Kenne，L.，and Widmalm，G.（1991）*J. Chem. Inf. Comput. Sci.*，**31**，508-516；（b）Lundborg，M. and Widmalm，G.（2011）*Anal. Chem.*，**83**，1514-1517.

[71] Abraham，R.J.（1999）*Prog. Nucl. Magn. Reson. Spectrosc.*，**35**，85-152.

[72] Neal，S.，Nip，A.M.，Zhang，H.，and Wishart，D.S.（2003）*J. Biomol. NMR*，**26**，215-240.

[73] Wijmenga，S.S.，Kruithof，M.，and Hilbers，C.W.（1997）*J. Biomol. NMR*，**10**，337-350.

[74] （a）Gasteiger，J.（1988）*Empirical methods for the calculation of physicochemical data of organic compounds*，in *Physical Property Prediction in Organic Chemistry*（eds C. Jochum，M.G. Hicks，and J. Sunkel），Springer-Verlag，Heidelberg，pp. 119-138；（b）PETRA software，Molecular Networks GmbH，https://www.mn-am.com/（accessed January 2018）.

[75] Aires-de-Sousa，J.，Hemmer，M.，and Gasteiger，J.（2002）*Anal. Chem.*，**74**，80-90.

[76] Binev，Y.，Marques，M.M.，and Aires-de-Sousa，J.（2007）*J. Chem. Inf. Model.*，**47**，2089-2097.

[77] Tetko，I.V.（2002）*J. Chem. Inf. Comput. Sci.*，**42**，717-728.

[78] Kuhn，S.，Egert，B.，Neumann，S.，and Steinbeck，C.（2008）*BMC Bioinformatics*，**9**，400.

[79] Meiler，J.（2003）*J. Biomol. NMR*，**26**，25-37.

[80] Clouser，D.L. and Jurs，P.C.（1996）*J. Chem. Inf. Comput. Sci.*，**36**，168-172.

[81] Ivanciuc，O.，Rabine，J.P.，Cabrol-Bass，D.，Panaye，A.，and Doucet，J.P.（1997）*J. Chem. Inf. Comput. Sci.*，**37**，587-598.

[82] Meiler，J.，Meusinger，R.，and Will，M.（2000）*J. Chem. Inf. Comput. Sci.*，**40**，1169-1176 and references cited therein.

[83] Smurnyy，Y.D.，Blinov，K.A.，Churanova，T.S.，Elyashberg，M.E.，and Williams，A.J.（2008）*J. Chem. Inf. Model.*，**48**，128-134.

[84] Vulpetti，A.，Landrum，G.，Rudisser，S.，Erbel，P.，and Dalvit，C.（2010）*J. Fluor. Chem.*，**131**，570-577.

[85] Gabano，E.，Marengo，E.，Bobba，M.，Robotti，E.，Cassino，C.，Botta，M.，and Osella，D.（2006）*Coord. Chem. Rev.*，**250**，2158-2174.

[86] West，G.M.J.（1993）*J. Chem. Inf. Comput. Sci.*，**33**，577-589.

[87] Shen，Y. and Bax，A.（2010）*J. Biomol. NMR*，**48**，13-22.

[88] Frank，A.T.，Bae，S.H.，and Stelzer，A.C.（2013）*J. Phys. Chem. B*，**117**，13497-13506.

[89] Frank，A.T.，Law，S.M.，and Brooks，C.L.（2014）*J. Phys. Chem. B*，**118**，12168-12175.

[90] Clerc, T.L.（1987）*Automated Spectra Interpretation and Library Search Systems in Computer-Enhanced Analytical Spectroscopy*，Plenum Press，New York，pp. 145-162.

[91] McLafferty，F.W.，Loh，S.Y.，and Stauffer，D.B.（1990）*Computer identification of mass spectra*，in *Computer-Enhanced Analytical Spectroscopy*（ed. H.L.C. Meuzelaar），Plenum Press，New York，pp. 163-181.

[92] Varmuza，K.（2000）*Chemical structure information from mass spectrometry*，in *Encyclopedia of Spectroscopy and Spectrometry*（eds J.C. Lindon，G.E. Tranter，and J.L. Holmes），Academic Press，London，pp. 232-243.

[93] McLafferty，F.W. and Hertel，R.H.（1994）*Org. Mass Spectrom.*，**8**，690-702.

[94] Stein，S.E. and Scott，D.R.（1994）*J. Am. Soc. Mass Spectrom.*，**5**，856-866.

[95] Adams，M.J. and Barnett，N.W.（2004）*Chemometrics in Analytical Spectroscopy*，2nd edn，The Royal Society of Chemistry，Cambridge，238pp.

[96] Beebe，K.R.，Pell，R.J.，and Seasholtz，M.B.（1998）*Chemometrics：A Practical Guide*，John Wiley & Sons，Inc.，New York，360pp.

[97] Massart，D.L.，Vandeginste，B.G.M.，Buydens，L.C.M.，De Jong，S.，and Smeyers-Verbeke，J.（1997）*Handbook of Chemometrics and Qualimetrics：Part A*，Elsevier，Amsterdam.

[98] Vandeginste，B.G.M.，Massart，D.L.，Buydens，L.C.M.，De Jong，S.，and Smeyers-Verbeke，J.（1998）*Handbook of Chemometrics and Qualimetrics：Part B*，Elsevier，Amsterdam，876pp.

[99] Varmuza，K.（1998）*Chemometrics：multivariate view on chemical problems*，in *The Encyclopedia of Computational Chemistry*（eds P. von Rague Schleyer，N.L. Allinger，T. Clark，J. Gasteiger，P.A. Kollman，I.H.F. Schaefer，and P.R. Schreiner），John Wiley & Sons，Ltd，Chichester，pp. 346-366.

[100] Zupan，J. and Gasteiger，J.（1999）*Neural Networks in Chemistry and Drug Design*，2nd edn，Wiley-VCH，Weinheim，380pp.

[101] Gasteiger，J.，Hanebeck，W.，and Schultz，K.-P.（1992）*J. Chem. Inf. Comput. Sci.*，**32**，264-271.

[102] Gasteiger，J.，Hanebeck，W.，Schultz，K.-P.，Bauerschmidt，S.，and Höllering，R.（1993）*Automatic analysis and simulation of mass spectra*，in *Computer-Enhanced Analytical Spectroscopy*，vol. 4（ed. C.L.Wilkins），Plenum Press，New York，pp. 97-133.

[103] Jalali-Heravi，M. and Fatemi，M.H.（2000）*Anal. Chim. Acta*，**415**，95-103.

[104] HighChem，Ltd.，http://www.highchem.com（accessed January 2018）.

[105] Rasche, F., Svatos, A., Maddula, R.K., Böttcher, C., and Böcker, S. (2011) *Anal. Chem.*, **83**, 1243-1251.

[106] Neumann, S. and Böcker, S. (2010) Anal. Bioanal. Chem., **398**, 2779-2788.

[107] Hill, D.W., Kertesz, T.M., Fontaine, D., Friedman, R., and Grant, D.F. (2008) *Anal. Chem.*, **80**, 5574-5582.

[108] Allen, F., Greiner, R., and Wishart, D. (2015) *Metabolomics*, **11**, 98.

[109] Wolf, S., Schmidt, S., Müller-Hannemann, M., and Neumann, S. (2010) *BMC Bioinformatics*, **11**, 148.

[110] Ruttkies, C., Schymanski, E.L., Wolf, S., Hollender, J., and Neumann, S. (2016) *J. Cheminform.*, **8**, 3.

[111] Hill, A.W. and Mortishire-Smith, R.J. (2005) *Rapid Commun. Mass Spectrom.*, **19**, 3111-3118.

[112] Dührkop, K., Shen, H., Meusel, M., Rousu, J., and Böcker, S. (2015) *Proc. Natl. Acad. Sci. U. S. A.*, **112**, 12580-12585.

[113] Buchanan, B.G. and Feigenbaum, E.A. (1978) *Artif. Intell.*, **11**, 5-24.

[114] Lederberg, J. (1987) How DENDRAL was Conceived and Born. ACM Symposium on the History of Medical Informatics, National Library of Medicine. Later published in Blum, B.I. and Duncan, K. (eds) (1990) A History of Medical Informatics, Association for Computing, Machinery Press, New York, pp. 14-44.

[115] Carhart, R.E., Smith, D.H., Brown, H., and Djerassi, C. (1975) *J. Am. Chem. Soc.*, **97**, 5755-5763.

[116] Carhart, R.E., Smith, D.H., Gray, N.A., Nourse, J.B., and Djerassi, C. (1981) *J. Org. Chem.*, **46**, 1708-1718.

[117] Funatsu, K., Miyabayaski, N., and Sasaki, S. (1988) *J. Chem. Inf. Comput. Sci.*, **28**, 18-23.

[118] Shelley, C.A., Hays, T.R., Munk, M.E., and Roman, R.V. (1978) *Anal. Chim. Acta*, **103**, 121-132.

[119] Kalchhauser, H. and Robien, W. (1985) *J. Chem. Inf. Comput. Sci.*, **25**, 103-108.

[120] Carabedian, M., Dagane, I., and Dubois, J.E. (1988) *Anal. Chem.*, **60**, 2186-2192.

[121] Munk, M.E., Madison, M.S., and Robb, E.W. (1996) *J. Chem. Inf. Comput. Sci.*, **35**, 231-238.

[122] Luinge, H.J., van der Maas, J.H., and Visser, T. (1995) *Chemom. Intell. Lab. Syst.*, **28**, 129-138.

[123] Klawun, C. and Wilkins, C.L. (1996) *J. Chem. Inf. Comput. Sci.*, **36**, 69-81.

[124] Bangov, I.P. (1994) *J. Chem. Inf. Comput. Sci.*, **34**, 277-284.

[125] Contreras, M.L., Rozas, R., and Valdivias, R. (1994) *J. Chem. Inf. Comput. Sci.*, **34**, 610-619.

[126] Meiler, J. and Will, M. (2002) *J. Am. Chem. Soc.*, **124**, 1868-1870.

[127] Christie, B.D. and Munk, M.E. (1991) *J. Am. Chem. Soc.*, **113**, 3750-3757.

[128] Elyashberg, M., Blinov, K., Molodtsov, S., Smurnyy, Y., Williams, A.J., and Churanova, T. (2009) *J. Chem. Theory Comput.*, **1**, 3.

[129] Plainchont, B., Emerenciano, V.P., and Nuzillard, J.-M. (2013) *Magn. Reson. Chem.*, **51**, 447-453.

[130] Elyashberg, M., Williams, A.J., and Blinov, K. (2010) *Nat. Prod. Rep.*, **27**, 1296-1328.

[131] Elyashberg, M., Blinov, K., Molodtsov, S., and Williams, A.J. (2013) *J. Nat. Prod.*, **76**, 113-116.

[132] Elyashberg, M.E., Blinov, K.A., Molodtsov, S.G., and Williams, A.J. (2012) *Magn. Reson. Chem.*, **50**, 22-27.

6 药物发现

Lothar Terfloth[1], Simon Spycher[2], and Johann Gasteiger[3]

[1]Insilico Biotechnology AG，Meitnerstrasse 9，70563 Stuttgart，Germany

[2]Eawag，Environmental Chemistry，Überlandstrasse 133，8600 Dübendorf，Switzerland

[3]Computer-Chemie-Centrum，University of Erlangen-Nürnberg，Nägelsbachstr. 25，91052 Erlangen，Germany

张姝姝 译　　徐 峻 审校

6.1　药物发现：概论

6.1.1　引言

本节概述化学信息学在药物发现中的应用。首先给出药物设计中重要术语的定义，然后介绍药物发现的一般过程。化学信息学方法在药物设计过程中的应用涉及的范围很广，我们很幸运地得到专家们对本节写作的支持。在 6.2～6.13 节中，药物设计和开发过程中涉及的一些重要化学信息学任务和问题得到了阐述，在 6.1 节中还提及其他化学信息学问题。对药物化学感兴趣的读者可以阅读 Wermuth 编著的《药物化学实践》[1]。关于新药开发，可以阅读 Böhm 等用德语编写的书[2]和 Klebe 的英文文章[3]，Mutschler 总结了各种药物的作用机制[4]。

许多药物，无论是 Domagk 发现的磺胺药还是 Fleming 发现的青霉素药，都是出于偶然而非基于理性的药物设计[5]。直到 20 世纪 70 年代，药物活性的假说逐渐成为药物研究的主导，化合物的生物活性在离体器官或动物模型中得到证实。此时，药物发现的速度受限于生物评价实验的速度。1980 年以来，体外酶抑制和受体结合模式检测技术的发展对药物研究产生了越来越大的影响。化合物的合成成了药物发现的限制因素。随着基因技术、组合化学和高通量筛选等实验技术的发展，快速获取蛋白质及其生物数据成为可能。今天，基因组学、蛋白质组学、生物信息学、组合化学和高通量筛选（HTS）技术为药物发现提供了大量的关于药物靶标的数据。

伴随着这些成就，分子建模和其他化学信息学技术的发展也彻底改变了药物研发过程。数据挖掘方法和虚拟筛选在"可药"靶标的验证，先导化合物的发现以及化合物的吸收、分布、代谢、排泄和毒性（ADMET）预测工作中发挥越来越大的作用。

新药的研制是既费时又费钱的过程。一种新药上市需要 12~15 年，成本高达 26 亿欧元[6]。"理想"的药必须安全有效，并符合各种标准。每日最大剂量不得超过 200~500mg。口服药物应吸收良好、生物利用度高、选择性地分布到靶组织上、代谢稳定（合理的长半衰期）、无毒、没有或只有极小的副作用。在过去的几十年里，尽管组合化学和高通量筛选（HTS）技术得到应用，世界药物市场的新化学实体（NCEs）的数目并没有太大增长。1991~1999 年[7, 8]为每年 37 个；2010~2015 年为每年 34 个[9]。新化学实体数目停止增长可以归因于法规对新药的要求更加苛刻。

但研究也发现，许多从药物研发管线中流出的新化合物因在 ADMET 性质方面表现不佳而在临床前或临床阶段失败。药物研发的失败率估计高达 90%[10]。在药物发现过程中，一种新化合物在研发阶段失败得越晚代价越大，药物研发过程中必须尽早终止注定要失败的项目。因此，化学信息学在药物研发中的一项中心任务是预测化合物的成药性。

6.1.2 药物设计中的术语定义

在介绍药物发现过程之前，我们先定义药物设计中的一些常用术语，如下：

（1）先导化合物结构：根据 Valler 和 Green 的定义，先导化合物的结构是具有足够潜力（基于药效、选择性、药代动力学、物理化学性质、无毒性和新颖性标准）的能代表一系列化合物的结构，据此可以推进整个药物开发计划[11]。

（2）配体：与生物大分子结合的分子。

（3）酶：将一种或多种底物转化为一种或多种产物的内源性催化剂。

（4）底物：酶反应的起始原料。

（5）抑制剂：阻止底物与蛋白质结合的配体。

（6）受体①：膜蛋白或可溶性蛋白质或其复合物，在与激动剂结合后发挥生理作用。

（7）激动剂②：介导受体反应（内在效应）的配体。

（8）拮抗剂③：是以直接（竞争）或间接（变构）方式降低受体的激动作用的配体。

（9）离子通道：能使某些离子依浓度梯度通过细胞膜扩散的膜蛋白，可以受配体或电压的控制。

（10）转运蛋白：可以逆浓度梯度经细胞膜在细胞间运输分子或离子的膜蛋白。

---

① 这是狭义的定义。广义上讲，与配体结合才能发挥作用的蛋白质都可以称为受体。——审校者注
② 广义上讲，增强受体的生物功能的配体称为激动剂。——审校者注
③ 广义上讲，降低受体的生物功能的配体称为拮抗剂。——审校者注

（11）新化学实体（NCEs）（或新分子实体）：药物发现过程中对特定靶标有高活性的新颖化合物。其作用靶标对疾病治疗起关键作用。

6.1.3 药物发现过程

药物发现过程步骤如下：

（1）靶标发现与验证；

（2）命中化合物到先导化合物发现；

（3）先导化合物优化；

（4）临床前试验；

（5）临床试验；

（6）药物申报（即向食药管理局申报得到新药批准文号）。

药物设计和开发的步骤如图 6.1.1 所示，该图可以理解为药物发现过程必须解决的阶段性任务，而不是必须被遵循的次序。实际研发过程经常会回到前序阶段以加深对研发过程的理解，因此，药物设计可能不是图 6.1.1 所示的线性任务，而可能是相互关联的循环研究过程。

图 6.1.1　药物设计和开发的若干阶段

6.1.4 生物信息学和化学信息学在药物设计中的应用

目前，药物创新是生物信息学和化学信息学最重要的应用领域。本节主要讨论化学信息学方法在药物设计中的应用，但也在某些重要步骤涉及生物信息学。大型制药公司都有化学信息学部门，该部门有不同称谓，如化学信息学、分子建模、化学信息等。小的生物科技公司也意识到化学信息学的重要性。现在，大多数创新药物都是在生物信息学和化学信息学的帮助下开发出来的。

四十年来，化学信息学在药物设计中的应用获得了长足的进步，表 6.1.1 总结了这些主要应用。值得注意的是，表中列出的药物设计步骤不一定按线性次序进行。

表 6.1.1　化学信息学和生物信息学方法在药物发现过程中的应用

方法	靶标发现	先导化合物发现		先导化合物优化		临床前试验
		LBD	SBD	LBD	SBD	
生物信息学	×					
生物化学通路	×					

续表

方法	靶标发现	先导化合物发现		先导化合物优化		临床前试验
		LBD	SBD	LBD	SBD	
相似度搜索		×	×	×	×	
骨架跃迁		×		×		
天然产物		×	×	×	×	
组合化学		×		×		
合成可及性		×	×	×	×	
高通量筛选		×		×		
药效团		×	×	×		
虚拟筛选		×	×	×	×	
活性位点保护		×	×	×	×	
从头设计			×			
对接/打分			×		×	
QSAP				×	×	
ADME 性质 预测				×		×
代谢预测				×		×
毒性预测				×		×

注：LBD 表示基于配体的药物设计；SBD 表示基于结构的药物设计。

6.1.5 基于结构和基于配体的药物设计

基于结构的药物设计（SBD）方法用于已知靶标结构的药物发现过程。靶标的结构数据可以从 X 射线晶体学、核磁共振波谱学或同源建模得到。X 射线结构数据可用于分析配体与受体的结合模式指导新配体的对接，通过打分函数排序配体与受体对接的效果，指导药物设计。如果靶标结构未知，则用从头设计或在配体数据库中进行三维搜索，寻找形状和表面性质与受体结合位点形状和性质互补的化合物。

在药物设计的早期阶段，如果没有靶标的结构信息，也没有任何与靶蛋白结合的配体的知识，人们就不得不使用基于配体的药物设计（LBD）方法。例如，通过高通量筛选从组合合成的化合物库或其他化合物库筛选获得命中化合物，它们的靶标是未知的。已与靶标结合的配体是先导化合物相似性搜索的起点，配体结构的叠合可以发现药效团。以下各节将详细介绍 LBD 和 SBD 的各种方法。

6.1.6 靶标发现与验证

为了发现靶标，人们将复杂的疾病分解为若干阶段，分析关键因子，确定疾病发生的决定性要素，以理解与疾病相关的生物学过程，确定发病机制和相关的分子，如受体、酶等，即药物的靶标。

靶标确定之后，在疾病模型中分析靶基因的特性，这些疾病模型可以是细胞模型或动物模型，这个过程称为靶标验证。在疾病模型中，当靶标上的特定作用显示出良好的效果时，就可以确定靶标。在靶标验证过程中必须考虑各种因素。例如，以新抗生素为例，可接受的药物靶标要么是对病原体生命至关重要的靶标，要么是毒力因子。此外，靶标必须在病原体和宿主之间有所不同，这样对靶标的修饰或改变将破坏病原体而不会对宿主有害。

基因组学、功能蛋白质组学和结构蛋白质组学是靶标发现与验证的主要工具。第 6.2 节更详细地介绍了药物设计过程中使用的生物信息学方法。目前发现的药物靶标约为 500 个。表 6.1.2 列出重要的靶标类型和药物作用机制。图 6.1.2 列出药物靶标的生物化学分类和分布[12]。

表 6.1.2 药物靶标与作用机理

药物靶标	作用机理
受体	激动剂与拮抗剂
酶	可逆与不可逆抑制剂
离子通道	阻断与疏通剂
DNA	烷化剂，嵌入剂，错误底物*

*如特洛伊木马分子、5-氟尿嘧啶。

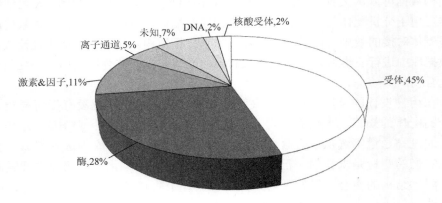

图 6.1.2 药物的靶标分类及分布

　　根据人类基因组序列分析结果，人类基因有 3 万多个潜在的药物靶标。但是，我们对这些靶标知之甚少，不知道哪些靶标是"可药的[①]"，也不知什么因素使靶标"可药"。因此，有人估计可药靶标数约 3000 个[13, 14]。

　　理解候选药物如何影响内源性代谢的生化反应对于它的成药性至关重要，当药物靶标是酶或与代谢性疾病相关时，就更加重要了。在这种情况下，生物化学反应的数据库（如第 4 章 4.3 节所述）就是重要工具。

　　西方国家研究药物主要采用"一种药物→一个靶标"的范式。

　　相比之下，亚洲国家人们传统上依赖于使用整个植物治疗疾病，即天然产物中所含的全部化学物质。直到最近，西方国家的科学家才开始接受这样一种观念，如中医等方法所固有的医学知识。其秘密可能在于一种疾病可能有许多靶标。因此，药物研发范式可以采用"一种药物→多个靶标"，多重药理学的方法应运而生[15-17]。多重药理学表明，通过对多个靶标进行特异性调控，可能开发出更有效的药物。人们认为，药物调控靶标网络具有提高疗效的潜力，并可能避免单一靶标药物或药物组合的缺陷。多重药理学还旨在发现现有药物的未知靶标，称为药物再利用[18]。

　　为了解决靶标发现的瓶颈问题，近年来人们发展了化学基因组学方法[19-21]，通过筛选出一类化合物来对抗功能相关蛋白的整个家族。化学基因组学已经被用来确定中药和阿育吠陀[②]的作用机制（MOA）[22]，在发现全新的治疗靶标[23]和识别生化途径中的基因方面也取得了成功[24]。

6.1.7　先导化合物的发现

6.1.7.1　基于配体的药物设计

　　1）药物筛选与相似度/多样性搜索

　　药物设计的一个基本问题是在巨大的化学空间中发现活性化合物。据估计，可能存在的类药小分子的种类约为 10^{80} 个，而已发现的化合物只有约 10^8 种。各大药物公司的化合物库约有 10^7 种化合物，药物数据库约有 10^4 种化合物，上市药物分子约上千种。在这些商品药中，约有上百种药品有利可图。假设所有已知药物都包含在该库中，从公司化合物库中选择商业药物的概率为（$10^3/10^7$）× 100% = 0.01%，因此，HTS 和虚拟筛选都需要强大的化合物筛选技术。制药行业的筛选策略已经发生了转变，从筛选大型库（组合化学库）转向更靶向的化合物库（聚焦库），使高通量筛选的命中率高达 10%。

---

① 可药的是指可被药物分子所调节。——审校者注

② 阿育吠陀是印度传统医药。——审校者注

基于"相似结构有相似性质"的经验规则，结构相似的分子将表现出相似的化学性质或生物活性。为了选出聚焦库中的潜在活性化合物，可以进行二维或三维相似性搜索。随着自动三维化学结构生成器（如 CORINA[25-27]）的出现，可能会向前迈出决定性的一步，它可以为任何可能的配体小分子生成三维结构。"种子"结构①要么是药物分子或活性分子或为可能申请新专利的化合物，要么是与靶蛋白结合的配体。聚焦库中所有分子与"种子"结构的距离计算方法在《化学信息学——基本概念和方法》第 10 章 10.2.3.1 节中有详细描述。然后，聚焦库中分子的排序与它们到"种子"结构的距离相反，聚焦库中排序靠前的化合物被选为命中化合物（hits）。

基于多样性的筛选方法目的是确保所选化合物涵盖总体化学多样性空间，一般采用分子描述符和结构相似性分析方法，这些方法在《化学信息学——基本概念和方法》第 10 章有详细介绍。常用的化合物之间在化学空间的距离采用汉明距离或 Tanimoto（谷本）系数（见《化学信息学——基本概念和方法》第 10 章 10.2.1.3 节）。测度化合物库的结构多样性的一种方法是确定所有化合物的质心，并计算库中所有化合物对距离的平均值和质心标准差。先导化合物发现的核心是新化合物的骨架，这类多样性方法适合先导化合物的骨架跃迁设计。

几千年来，人类一直使用天然产物治病。大自然提供了丰富的分子结构骨架，值得深入探索。研究表明，目前约有 40%的药物是通过改造天然产物而得到的[28]。本章 6.3 节介绍了应用于天然产物的化学信息学方法，6.4 节介绍如何利用现代方法研究具有几千年历史的中药。

例：不同生物活性分子的识别及新先导化合物结构的发现

选择分子描述符对分子相似性计算非常重要，描述符应该与生物活性有相关性。由于每个受体都有一个特定形状的结合口袋，形成特定的受体-配体分子相互作用场。因此计算分子相似性的第一步是选好分子描述符。这里以 172 个中枢神经系统（CNS）活性化合物为例。这些分子要么是苯二氮䓬（BDA）类激动剂（60 种化合物），要么是多巴胺（DAA）激动剂（112 种化合物）[29]。

结构用拓扑自相关（见《化学信息学——基本概念和方法》第 10 章 10.3.3.2 节）表示，原子 i 和 j 之间的拓扑距离为 2～8（共 7 个距离）。由于没有关于受体的具体信息，采用了相当宽泛的结构表示法在自相关向量中涵盖 7 种物理化学效应[σ-原子电荷、（σ+π）原子电荷、σ-电负性、π-电负性、孤对电负性、原子极化率和 1 个原子属性（仅表示分子图）]。因此，每个分子都由一个 49（7×7）维向量

---

① 相似性搜索用的小分子模板。——审校者注

表示。分子按相似性进行分组的工作交给自组织神经网络[又称自组织图（SOM），Kohonen 网络]（见《化学信息学——基本概念和方法》第 11 章 11.2 节），共有 10×7，基于该数据集，SONNIA[30]软件建立了自组织图，然后根据神经元是否含有多巴胺（DDA）激动剂或苯二氮䓬（BDA）类激动剂给网络的神经元分配颜色进行标记（图 6.1.3）[29]。

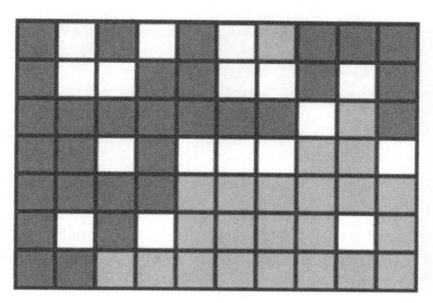

图 6.1.3　由 12 种多巴胺和 60 种苯二氮䓬类激动剂产生的 Kohonen 自组织图（10×7）

　　由此可见两组分子在自组织图中区分得很好。更重要的是，两类化合物被分开不是基于样本训练，仅仅是一种可视化方法（无监督学习！）。这证明了所选择的结构表征与化学性质的相关性，两种中枢神经系统活性化合物与靶标应该有不同的结合机制。

　　有了能很好地区分 BDA 和 DAA 两类化合物的结构描述符，我们用它们寻找可能作为新的先导化合物的类似分子。为了便于说明，我们将化学品供应商（Janssen Chimica）化合物库的 8223 种化合物合并到前述 172 种分子组成的数据集（在实际应用中，将使用更大的数据集）。对于这个更大的数据集，我们将 SOM 的准度增加到 40×30。使用与前述相同的方法，可将 8395 种分子放到 SOM 中如图 6.1.4 所示。

　　DAA 和 BDA 两类化合物仍然能很好地分开，更重要的是，我们现在知道到哪个化学空间区域里寻找类似 DAA 或 BDA 的新先导化合物。

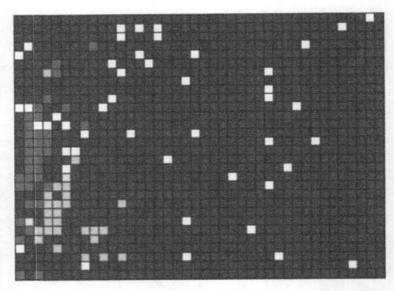

图 6.1.4　由图 6.1.3 中的多巴胺和苯二氮䓬类激动剂与 Janssen Chimica 化合物库的 8223 种化合物组成的 Kohonen 自组织图（40×30）

　　为了进一步说明这种方法也可以用于骨架跃迁，图 6.1.5 列出图 6.1.4 的 SOM 中第（5，8）位神经元中的 5 种分子，其中 5 种属于 BDA 类似物，2 种是苯二氮䓬，其他 3 个化合物则属于新的骨架，也就是说，我们实现了骨架跃迁。

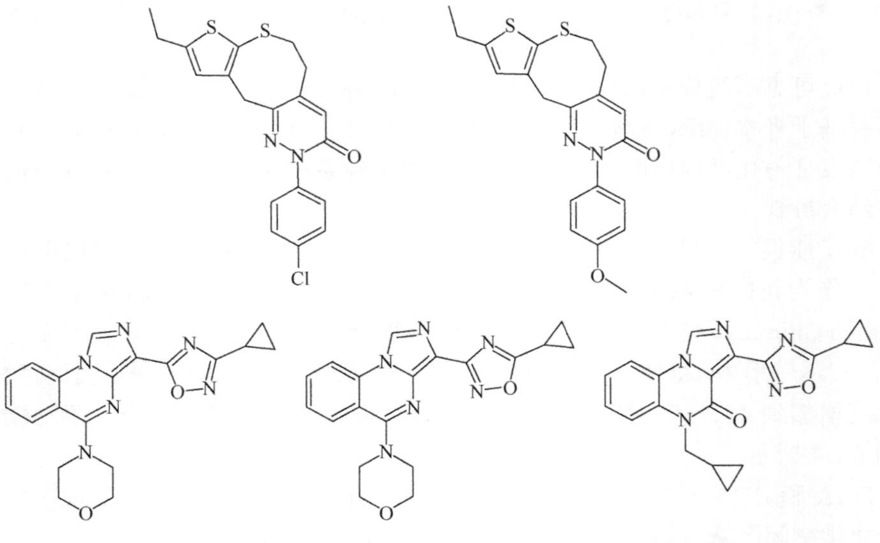

图 6.1.5　来自图 6.1.4 的（5，8）位神经元分子结构簇

这个案例表明：自组织神经元方法还能用来比较两个不同化合物库化学多样性空间的重叠程度。

2）组合合成库的设计

高通量筛选数据和虚拟筛选技术可以指导组合合成库的设计，与传统合成相比，组合合成大大提高人类制造新化合物的能力。但是，为了避免产物数量的组合爆炸，必须选择片段[①]的子集。Sheridan 和 Kearsley 曾提出用遗传算法选择胺类片段的子集来构建三肽库，该算法使用与特定三肽靶标的相似性度量作为评分函数[31]。为了合成富含生物分子骨架的化合物库，生物活性化合物库被一个包含组合化学中 11 个常用化学反应规则的系统 RECAP 分割。这为构建生物活性化合物提供了一个有用的分子片段库[32]。

3）高通量筛选数据分析

一个化学家采用传统的有机合成方法每年大约可以合成 50 种化合物，而利用组合化学则可以同时合成出一系列同系物。用机器人同时操作反应 $A_i + B_j \longrightarrow A_i\text{-}B_j$，其中 $i \in \{1, 2, 3, \cdots, n\}$，$j \in \{1, 2, 3, \cdots, m\}$，可以在一个实验中得到 $n \times m$ 种产物。因此，短时间内就可以获得数千种化合物。

面对为组合物库进行高通量筛选而产生的海量数据，有必要开发出能帮助人们浏览这些数据并从中提取有用信息的工具。数学家和计算机科学家已经开发了许多方法来解决这一问题，我们称之为数据挖掘。Fayyad 定义了"数据挖掘"并将其描述为"从数据库的大量数据中揭示出隐含的、先前未知的并有潜在价值的信息的非平凡过程，或寻找数据库的大量数据之间存在的联系和全局模式"[33]（详见《化学信息学——基本概念和方法》第 11 章）。

自从美国国立卫生研究院向科学界发布 PubChem 数据库以来，来自高通量筛选的数据就变得越来越重要（见 6.5 节）。该数据库存储有关化合物实验筛选结果的数据，目前包含大约 8500 万个化学结构和大约 100 万个生物实验数据。这些免费提供的海量信息已经成为药物设计的关键资料。本章 6.5 节介绍该数据库的结构组成及其检索操作。

例：乙内酰脲类化合物库的分析

将 18 种不同的氨基酸与 24 种醛类反应，再将这些产物与 24 种异氰酸酯发生反应，得到一个包含 18×24×24 = 10368 种乙内酰脲类化合物的组合化合物库（图 6.1.6）。

---

① 反应物。——审校者注

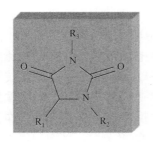

分子片段：

R₁：18种氨基酸

R₂：24种醛类

R₃：24种异氰酸酯

10368种化合物

(18×24×24)

特定高通量筛选的数据：

化合物数量：	5513/10368
命中的数量：	185
(控制＜50%)	
命中比例：	3.4%

图 6.1.6　乙内酰脲类化合物的合成及高通量筛选结果

对组合库中的 10368 种化合物进行高通量筛选，获得了其中的 5513 种化合物的 HTS 数据，其中包含 185 个阳性结果（3.4%）。所以该研究的任务就是开发出一个可以将阳性结果从这样一个组合化合物库中筛选出来的过滤器[34]。为此，研究人员尝试了六种不同的结构特征：分子表面性质的自相关作用[静电势（ESP）、氢键势（HBP）和疏水势（HYP）]以及三种不同维度（256 维、512 维和 1024 维）的 Daylight 指纹特征（见《化学信息学——基本概念和方法》第 10 章）。最后用 SONNIA[30]软件将它们的结果显示成尺寸为 60×45 神经元的 Kohonen SOM 图。如图 6.1.7 所示，用深灰色表示包含一次或多次命中的神经元，用浅灰色表示未命中的神经元。

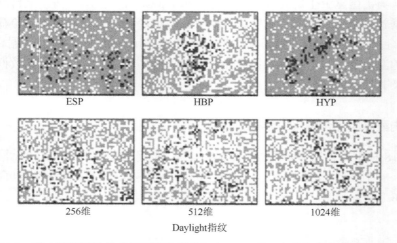

图 6.1.7　用 6 种不同结构表征手段获得的包含 5513 种乙内酰脲类化合物的 SOM 图

深灰色表示命中的神经元；浅灰色表示未命中的神经元

可以看到，这些 SOM 图都没能够将命中化合物和其他化合物完全区分。只有分子表面氢键势的自相关图显示有希望将这些命中化合物区分开来。因为研究的目的是要找出所有的命中化合物，所以在扫描新的组合物库时，假设了除命中的神经元外，与它们直接相邻的神经元也可能获得命中，由此制作了扩展的 SOM 图。为了验证这个想法，一个包含 5513 种化合物的数据集被分成两组，其中的三分之二用于训练 SOM，三分之一作为过滤器用于测试 SOM 的性能。同时保证命中化合物和其他化合物也被按比例分配进这两组。图 6.1.8 显示了研究的结果，图 6.1.8（a）是训练后的 SOM 图分类，显示了 118 种命中化合物和 3567 种其他化合物，图 6.1.8（b）用深灰色分类显示了所有获得命中的神经元及其直接相邻的神经元，图 6.1.8（c）显示了测试集数据的 67 种命中化合物和 1761 种其他化合物。图 6.1.8（b）分类图表明这个模型能够从测试集中找到 66 种（96%）命中化合物和 1619 种（92%）其他化合物[34]。因此，该研究假设的模型可以比较成功地从乙内酰脲类化合物库中挖掘出命中化合物。另外，结果还显示了氢键作用在乙内酰脲的结合中非常重要，对于这个结论，化学家通过观察乙内酰脲分子结构中诸多的氢键位点即可理解。

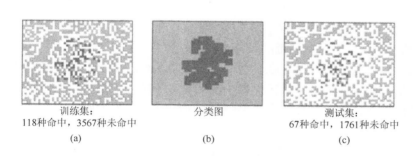

训练集：
118种命中，3567种未命中
(a)

分类图
(b)

测试集：
67种命中，1761种未命中
(c)

图 6.1.8　构建乙内酰脲类化合物库的命中化合物过滤模型

（a）训练集的 SOM 图；（b）命中的神经元与直接邻接神经元的分类图；（c）测试集的 SOM 图

4）虚拟筛选

"虚拟筛选"是一种从大型的化合物库来选择命中化合物的计算技术[35]。这些计算机模型可以以高效、高选择性、适合的药代动力学特性或良好的毒理学等性质为目标。虚拟筛选处理的就是大型化合物库，不用管它们是虚拟库还是实体库，也不用关注筛选的是内部化合物库还是外部供应商的化合物。有两种不同的策略供选择：

（1）可以针对不同的靶标对多个不同的化合物库进行筛选来寻找潜在的先导化合物。所选化合物应能较好地覆盖生物活性空间。

（2）有针对性的化合物库适用于先导化合物的寻找和结构优化。如果已知命中化合物，则选择具有类似结构的分子组成化合物库。该目标化合物库通常针对单一靶标。

虚拟筛选可以将筛选范围扩展到外部数据库，这样做会导致识别出越来越多不同类型的命中化合物。在高通量筛选之前或与高通量筛选同时进行虚拟筛选，有助于降低高通量筛选命中化合物的损耗率。此外，虚拟筛选比实验合成和生物测试速度更快、成本更低。基于配体的方法和基于结构的方法都可以用虚拟筛选。

通常，虚拟筛选的第一步是应用 Lipinski "五规则"[36]进行筛选。Lipinski 的工作是基于 2245 种从世界药物索引中选择出的化合物，对其数据进行分析和研究其口服吸收行为所得的结果。该数据集的统计分析表明大约 90%的化合物具有以下与"五"有关的性质：

（1）摩尔质量小于 500g/mol；

（2）计算得到的亲脂性（$\log P$）小于 5；

（3）氢键给体的数目少于 5 个；

（4）氢键受体（所有氮和氧原子之和）的数目少于 10 个。

口服类活性药物基本不会同时违背这些标准中的两条及以上。"五"规则（这个术语来自五的倍数）的阈值在制药行业中会略有不同。有时候"五"规则也可扩展到第五个条件：可旋转键的数量少于 10 个。

最近的一项研究指出，在药物的不同开发阶段[37]，所有分子性质中的分子量和亲脂性是候选化合物在开发中能否成功的最明显的影响因素。口服类型药物的平均分子量在开发过程中会逐渐减少。而大多数亲脂性化合物会被终止开发。

其他用于筛选的方法包括考虑化合物的类先导性[38,39]或类药性[40-42]，适合的 ADMET 性质[43-46]，或者与受体结合的有利特性[47,48]。

5）三维结构比对法建立药效团模型

对于三维结构未知的受体，可以通过比较一组已知与它能结合的配体在结构空间和电子性质方面的要求，使用药效团进行预测。具体的做法是将这组配体进行结构叠合后再进行比较。6.6 节将介绍药效团的概念和应用。

例：三维结构叠合

关于配体三维空间结构的最初想法是可以通过结构叠合来得到它们的最大公共空间结构。将遗传算法与牛顿法优化器相结合，开发了程序 GAMMA（用于多分子比对遗传算法）[49,50]。遗传算法用两个基因数据结构，一个表征被叠合分子的原子数目，另一个表征分子构象的灵活性的扭转角。遗传算子包括变异算子和交叉算子，以及两个面向问题的算子：蠕变算子和紧缩算子。图 6.1.9 显示了三种肌肉松弛药，即氯丙嗪、托哌酮和替扎尼定的分子结构柔性叠合。

RMS = 0.81Å
大小为11个原子

图 6.1.9　三种肌肉松弛剂氯丙嗪、托哌酮和替扎尼定的三维分子结构的柔性叠合

6.1.7.2　基于结构的药物设计（SBD）

1）确定配体结合口袋

靶蛋白的三维结构已知时，接下来的挑战就是确定配体的结合口袋。6.7 节介绍确定活性结合位置和分析其重要特征的方法。一旦找到配体的结合位置，有几种方法可用来发现先导化合物。将一个配体的三维结构与靶蛋白的结合位点相匹配的过程称为分子对接。在受体结合位点反复迭代构建出新分子骨架的过程如图 6.1.10 的中间和右侧所示，这个过程称为先导化合物的从头设计。图 6.1.10 的中间显示了从单个碎片开始到逐步添加其余骨架的分子构建方法。或者，可以将一些已知对靶蛋白有亲和力的小分子放置在蛋白质的结合位点，然后通过连接基团将它们连在一起（连接）。为了通过基于结构设计出高亲和力的配体，对配体与蛋白结合位点的形状与静电特性的互补性要求较高。此外，结合口袋应当包裹住适量的配体疏水表面。而且，一定程度上的结构刚性对于平衡配体结合时的熵损失也非常重要。

6.6 节将介绍利用结合位点的信息构建药效团模型。

例：谷氨酸消旋酶结合作用的分解分析

谷氨酸消旋酶（MurI）可将 L-谷氨酸盐转化为 D-谷氨酸盐，是幽门螺杆菌细胞壁生物合成的关键酶。因此，MurI 是一个很有前途的抗菌药物设计靶标。对一组包含 69 个吡唑啉嘧啶二酮的非竞争性 MurI 抑制剂（全部是活性的）的数据集进行分析[51]。对于其中一种化合物，可获得与小鼠 MurI（PDB 代码：2JFZ）

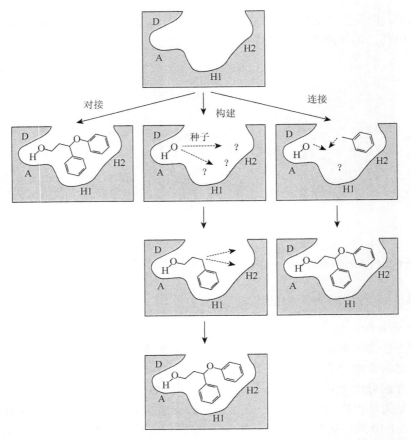

图 6.1.10　基于已知靶标结构的药物设计的不同策略：对接（左）、构建（中）和连接（右）

D = 氢键给体；A = 氢键受体；H1，H2 = 蛋白质的疏水区

的共晶结构。然后将整个数据集叠合到此配体的晶体结构上。使用分子力学/广义玻恩表面积（MM/GBSA）方法[52]，将受体-配体结合作用力分解为范德瓦耳斯力、静电力和极性溶剂化作用力。将这些分解后的结合作用力用三维定量构效关系（QSAR）方法与抑制小鼠 MurI 活性进行偏最小二乘回归（PLSR）。MM/GBSA-PLSR 的组合是一种基于结构的 3D QSAR 的新方法[51]。对于 MurI 抑制剂的这个例子，"留一法"交叉验证相关系数（Q^2）为 0.822，对于 8 个主成分的外部验证集所预测的相关系数（R^2_{pred}）为 0.817。该研究把结合作用能定量地分解为范德瓦耳斯相互作用（29.5%）、静电相互作用（38.2%）和极性溶剂化相互作用（32.3%）。为了更好地理解这个模型，作者用 CoMFA 和 CoMSIA 方法进行了基于配体的 3D QSAR 研究。CoMFA 模型显示 6 个主成分的 Q^2 为 0.684，R^2_{pred} 为 0.561，CoMSIA 模型显示 12 个主成分的 Q^2 为 0.687，R^2_{pred} 为

0.748。CoMFA 模型包含空间效应和静电效应，而 CoMSIA 模型包含静电效应和氢键受体成分，只有 MM/GBSA-PLSR 方法能够预测极性溶剂化作用的贡献[51]。因此，用 MM/GBSA-PLSR 方法可以定量地将配体与蛋白质的结合自由能分解为范德瓦耳斯力、静电力和极性溶剂化作用力。这种方法也可以产生配体结合不同作用的贡献图，为构建药效团模型打下基础。

2）筛选

在大规模虚拟筛选中，上述方法的适用性取决于配体柔性结构的处理要求。例如，遗传算法、穷举搜索法、蒙特卡罗模拟或伪布朗抽样等方法，使用它们进行大规模虚拟筛选需要相当强的计算机能力。最初为探索蛋白质侧链的构象空间而开发的随机消除迭代算法[53]也可被应用于针对特定靶标选择最佳候选化合物[54]。6.8 节说明了如何利用结合口袋及其相互作用位点的三维结构信息进行药物的虚拟筛选。

预测配体与受体的亲和力是一项具有挑战性的任务。只有详细地分析受体-配体结合的热力学过程，这一问题才能解决（图 6.1.11）。

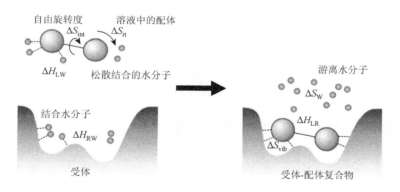

图 6.1.11　受体-配体结合的热力学过程

为了确定配体结合的自由能（ΔG），必须考虑蛋白质、配体、结合水分子和自由水分子的各种焓效应和熵效应的贡献（ΔH、ΔS）。

在虚拟筛选中考虑上述这些因素来计算结合亲和力是一个极具挑战性的问题，至今未能解决。为了避免直接计算熵效应和焓效应，已经开发了适用于对接程序的打分函数，详见 6.8 节。

在寻找先导化合物的过程中，设计并合成的化合物库可以针对靶蛋白进行筛选。筛选命中化合物被标记为"hits"（命中化合物）。这些命中化合物可以需要生物筛选实验来验证，其中确认的活性化合物可以进入先导化合物优化阶段。

3）合成可行性

前面提到的一些方法，尤其是从头设计法，常常产生结构相当复杂的分子，药物化学家可能会认为不具备合成可行性。因此，在确定先导化合物时，还应该考虑合成它们的难易度。科学家们已经开发出了 SYLVIA 程序，通过分子结构的复杂性与原料的结构相似性以及整体化学键类型来评估合成的难易度与可行性[55]。该程序获得的评价结果可与专业的药物化学家的预测相媲美，而且它能自动处理大数的分子[56]。将此方法与从头设计结合起来形成一套从头设计流程也是计算化学家和药物化学家的愿望[57]。

最近一种评估有机分子结构复杂性的方法能够将有机合成方法学的进展纳入分子复杂性的评估中[58, 59]。

6.1.8　先导化合物的优化

一个化合物是否适合进一步开发取决于许多特征。图 6.1.12 显示了一些影响先导化合物确定和优化的因素。

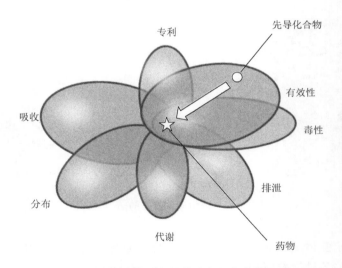

图 6.1.12　影响先导化合物确定与优化的因素

先导化合物优化这一步骤是为了开发出具有高药效、高选择性，以及合理的药代动力学性质、毒性低且不会导致基因突变的化合物。先导化合物优化是一个反复迭代的过程。先对先导化合物进行系统结构改造，再对这批类似物进行生物学测试，然后将这些生物测试的结果反馈给下一轮的分子结构设计和改造过程。

6.1.7 节中提到的许多用于先导化合物发现过程的化学信息学方法也可以用于化合物优化这个过程，如相似性搜索、先导化合物骨架跃迁、组合库设计、合成可行性预测、高通量筛选、虚拟筛选、药效团分析、从头设计以及对接/打分等，见表 6.1.1。6.4～6.7 节也对此进行了详细说明。不过，既然优化阶段已获得比最初发现阶段更多的信息，那么先导化合物结构的优化就可以建立在这些知识上。

此外，利用化合物及其生物活性的数据，研究人员可以建立 QSAR 模型。这类 QSAR 模型有可能帮助我们识别出高活性要求的重要特征，从而指导高活性化合物的合成。

6.1.8.1 ADMET 性质

不良的 ADMET 性质是新药在开发过程中被放弃的主要原因[10, 60]，包括：
（1）临床疗效不佳；
（2）药代动力学参数不好；
（3）动物体内有毒性；
（4）在人体内有不良反应；
（5）商业因素；
（6）配方问题。

历史上，ADMET 研究是在确定一种高活性化合物作为候选药物后再进行的。如今为了节约成本，制药公司大多会在早期阶段就评估潜在化合物的 ADMET 性质。为了在虚拟筛选中考虑 ADMET 性质，需要建立相关模型进行预测。本书 6.9 节介绍了为计算与药物相关的重要物理、化学或生物性质而开发的一些计算模型。

6.10 节概述了预测药物、候选药物在人体内代谢的模型方法。这对于预测药物的使用寿命、代谢行为，预测代谢产物在生化途径中的相互作用以及评价代谢物的潜在毒性具有重要意义。

6.1.8.2 毒性作用

毒性可能是最难建模的性质之一。困难的原因是有毒物质的作用是有物种特异性、器官特异性和时间依赖性的（如急性毒性效应不同于慢性毒性效应）。结果就是产生不良反应的浓度可能因为物种和试验类型的不同而发生几个数量级上的差异。已有一些文献对毒性预测模型进行了综述[61-63]，另外一篇由 Escher 和 Hermens[64]撰写的文献则更详细地讨论了生态毒理学问题。

第 8 章将详细介绍毒性预测模型。这里我们只概述建立毒性预测模型时的一些重要参数，并对其中一种情况的处理进行举例说明。

毒性作用是通过各种各样的试验来衡量的。我们可将它们分成两大类：体内试验和体外试验。体内试验是用啮齿动物等生物做测试的,在生态毒理学方面则是用鸟类、鱼类、水蚤、蚯蚓和藻类进行的。体外试验主要使用单细胞生物、细胞器(如线粒体),甚至是受毒性物质作用的酶。典型的化合物体内急性毒性,对于陆地生物标记为 LD_{50} 值,对于水生生物标记为 LC_{50} 值,意思是在给定时间内,有 50% 的受试生物被化合物的毒性作用杀死的剂量或浓度。这也是 QSAR 方程所预测的最常见的数值之一。

在一项经典研究中,Corwin Hansch 提出了一个线性自由能模型,将毒性与化合物的疏水性联系起来[65]。毒理学中使用最广泛的疏水性描述是亲脂性,通过测量化合物在辛醇和水之间的分配系数 $\log P$ 来确定。

图 6.1.13 显示,毒性和亲脂性之间确实存在着很强的相关性。图中的化学物质代表了各种各样的脂肪族和芳香族碳氢化合物,其中大约一半的化合物含有氯取代基,其余的则含有羟基或羧基。然而,它们对机体的重要生命功能没有特殊的影响。这些化合物来源于文献[66]的毒性数据集的一部分。

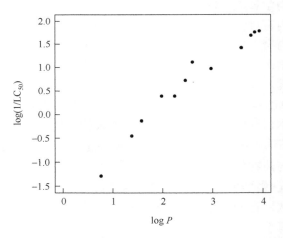

图 6.1.13 毒性化合物(麻醉剂)与亲脂性($\log P$)的关系

利用这种直接与亲脂性的相关性可以成功地模拟许多常见工业化学品的毒性。然而,通过图 6.1.14 显示的前面提到的数据集中的所有化合物,我们发现实际情况要复杂得多[53]。该数据集本身包含了结构多样化的化合物和高度多样性的毒性效应,包括急性毒性对靶标的重要影响,再加上环境来源的雌激素介导的效应。这些效应可分为不同的作用机制(MOA)。一种 MOA 就是由一种不良生物反应引起的一组常见的生理和行为特征,而毒理作用则被定义为特定 MOA 背后的生化过程[67]。

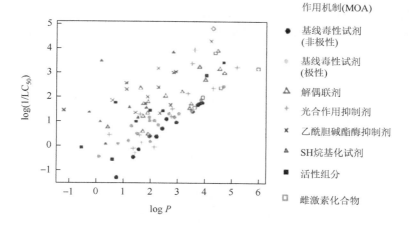

图 6.1.14　具有各种毒性作用模式的化合物

图 6.1.13 所示的毒性仅由化学物质进入生物膜的趋势引起，通常被称为基线毒性或麻醉作用，这是每种化合物都具有的特性。然而，除此之外，许多化学物质还可以与各种更具体的靶标相互作用。图 6.1.14 显示的化学物质是具有比基线毒性大多个数量级的毒性值。

这种毒性值分布的广泛性清楚地说明了建立一个适用于任何化合物毒性预测的通用 QSAR 方程是没有意义的。更确切地说，必须首先将这些化学物质归入它们特有的 MOA，然后再针对具有共同 MOA 的化学物质[68]建立 QSAR 方程，而不可以针对不同类别的化学物质建立 QSAR 方程。

例：酚类化合物毒性作用模式的预测

这里通过一个例子来简要说明一类化合物与一类具有相同作用机制的化合物之间的区别。这个例子展示如何使用 CPG 神经网络（见《化学信息学——基本概念和方法》第 11 章 11.2 节）较好地确定 MOA[69]。本例的重点将放在神经网络的结构选择上。所用数据集包含 220 种酚类化合物，包括四种不同的 MOA：极性麻醉剂（155 种酚类化合物）、氧化磷酸化解偶联剂（19 种酚类化合物）、软亲电试剂（22 种酚类化合物）和软亲电试剂的前体（24 种酚类化合物）[70]。

最开始的模型是利用酚类化合物不同的物理化学性质的 6 维拓扑自相关向量来表示（见《化学信息学——基本概念和方法》第 10 章 10.3.3.2 节），这些向量被发送到一个由 11×11 个神经元组成的 CPG 网络中（见《化学信息学——基本概念和方法》第 11 章 11.2 节）[30]。然后将两个表现最好的物理化学性质[p 电荷（q_p）和 s 电负性（c_s）]的自相关向量连接起来，得到了作为 12 层输入块中的 12 个变量的输入向量（每个描述符为一层），定义输出块为 4 层结构，对应于 4 种不同的作用机制。图 6.1.15 显示了该 CPG 网络的数据结构。

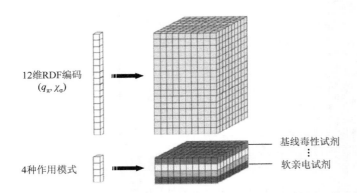

图 6.1.15　将酚类化合物分为 4 种毒性作用模式的 CPG 网络结构

图 6.1.16 的结果显示，能较好地区分出化合物在 CPG 网络 4 个输出层中的不同分布，尤其是软亲电试剂（被聚集得很好）和氧化磷酸化解偶联剂（被推到网络的外围）。

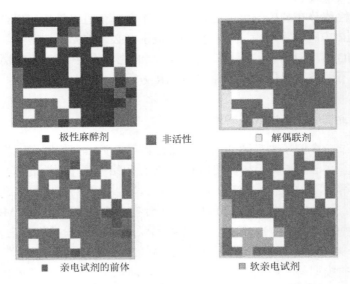

图 6.1.16　酚类化合物在 CPG 网络的 4 个输出层中的分布

用这种结构特征的分类正确率（五倍交叉验证）可达到 87.3%。若是额外添加 9 个代表分子表面 HBP 的自相关描述符，则可以将其提高到 92.3%（见《化学信息学——基本概念和方法》第 10 章 10.3.6.2 节）。

如果正确选择了 CPG 网络结构以及能代表化合物物理化学活性的结构特征，可以将这些化合物按照毒性作用机制进行很好的分类[69]。这个例子表明，模型可以正确预测 2, 6-二氯苯酚是一种极性麻醉剂，而 2, 3, 4, 5-四氯苯酚是氧化磷酸化解偶联剂，因此毒性和问题更大。

6.1.8.3　毒理学警报

上述酚类化合物毒性预测的例子表明，将一种化合物归类为某一类毒性物质还不足以确定其毒性作用机制（MOA）。不过作为毒性预测的第一步，分析化合物的结构特征是很有帮助的。长期以来，毒理学警报在药物注册过程中发挥了重要作用[71]。相关信息也被收集整理成 ToxPrint 供使用[72]。有毒化学物质的结构特征可以用一个免费的软件 ChemoTyper[73]进行特殊编码，我们称之为化学骨架[74]。化学骨架还有一个额外的好处，即可以通过给骨架结构添加不同的原子和化学键来获得各种丰富的物理化学特征，从而可对毒理性质进行微调。图 6.1.17 展示了一个对毒理学警报里的原子分配部分电荷来微调子结构的示例。

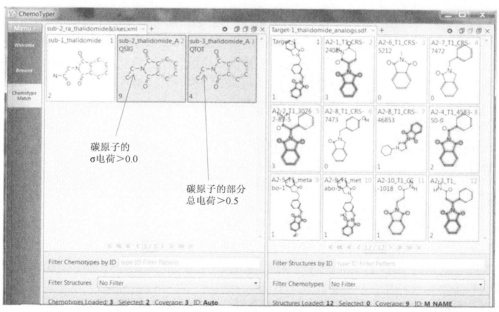

图 6.1.17　化学骨架筛选：左边是沙利度胺骨架的三种化学类型，由σ电荷（浅灰色）和总电荷（深灰色）区分；右边显示了部分该数据集中包含这两类化学骨架的命中分子

这样，就可以在同一毒理学警报内将真正有毒性的化合物和无毒性化合物分离开来。

6.1.9 临床前试验和临床试验

新药的批准需要进行临床前试验和临床试验,这个过程平均需要 10 年才能完成。临床前试验和临床试验必须证明每一种新药的安全性和有效性。临床前试验在体外和动物实验中进行,目的是评估新化合物的生物活性。临床试验的第一阶段是考察一种新药的安全性,并通过 20~100 名健康志愿者服用该化合物来确定用药剂量。临床试验的第二阶段是在 100~300 名志愿者的范围内评价新药的安全性、疗效和副作用。在临床试验的第三阶段,会招募超过 1000 名患者作为志愿者接受新药治疗,以评价长期用药的有效性和安全性。

临床前和临床研究会得到大量的数据。利用生物信息学和化学信息学的方法对它们进行挖掘,可以带来很多启示。然而,由于这部分数据都是制药公司收集和使用的,因此这里无法提供详细信息。将来,利用化学信息学和生物信息学的方法对临床前和临床研究的数据进行分析,必将对药物研发产生重要影响。

6.1.10 展望

化学信息学领域的一系列方法将对药物设计产生越来越大的影响。基于配体的药物设计(LBD)和基于结构的药物设计(SBD)都可以使用任何可用的信息。高通量筛选和组合化学产生的海量数据也促使数据库和数据挖掘技术在药物设计中的使用。6.11 节介绍了计算机辅助药物设计小组收集并进一步发展的方法,这些方法不仅可用于机构内部项目,也可为其他学术研究人员进行药物研究所用。

需要开发出更简便,甚至自动化处理复杂工作流程的集成系统,用来并行处理新化合物的效价优化、选择性提升和 ADMET 性质优化等工作。由于发展出了更快的算法,基于结构的药物设计将能进行高精度的高通量虚拟对接。随着信息管理技术的不断改进,不同来源的数据可以得到更好的链接与分析。

本章 6.12 节就介绍了同时使用几种不同来源的数据(如文献数据、电子数据库和实验测试结果)在药物研发过程中的最新进展。

在计算机辅助药物设计领域也有不少颇具挑战性的任务,如配体和蛋白质的构象灵活度的处理、底物与酶结合亲和力的预测、配体结合到口袋时的去溶剂化效应、蛋白质-蛋白质相互作用的建模、几何结构的确定、氢键强度的计算以及从氨基酸序列预测蛋白质三维结构等任务,都值得关注和改进提高。

如果能获得更可靠的实验数据,计算机模型的可靠性将得到提高,模型预测的应用范围也将更广。然而,事实上存在预测性与多样性的矛盾。数据集中的化学多样性越大,建立预测结构-活性之间的关系就越困难;若只有代表一个化学子空间的化合物,那么基于此开发的模型对于超出这个子空间的化合物就没有预测性了。如果制药公司能够公开他们的数据,基于这些数量更多、质量更好的数据,学术研究人员就可以创建更好的模型和方法。目前，欧盟的创新药物倡议资助的 eTOX 项目[75]已经朝着这个方向迈出了第一步。

　　未来，候选药物的计算机辅助设计和合成方法的计算机辅助设计将紧密结合起来。这也将使得化学信息学家和在实验室工作的药物化学家产生更紧密的合作。6.13 节介绍了一位学术研究人员如何看待药物研发的趋势，他强调了药物设计、合成和测试的整合，展示了如何小型化这一过程并将其集成到研发过程中。

　　正如计算机对我们的生活领域产生了重大影响一样，计算方法在药物的研究和开发领域也将继续发挥越来越重要的作用。

参 考 文 献

[1] Wermuth, C.G., Aldous, D., Raboisson, P., and Rognan, D. (eds.) (2015) *The Practice of Medicinal Chemistry*, Academic Press, London, UK, 902pp.

[2] Böhm, H.-J., Klebe, G., and Kubinyi, H. (1996) *Wirkstoffdesign*, Spektrum Akademischer Verlag GmbH, Heidelberg, 599pp.

[3] Klebe, G. (2013) *Drug Design*, Springer Verlag, Berlin, 901pp.

[4] Mutschler, E. (2001) *Arzneimittelwirkungen*, Wissenschaftliche Verlagsgesellschaft, tuttgart, 1211pp.

[5] Kubinyi, H. (1999) *J. Recept. Sig. Transd.*, **19**, 15-39.

[6] Tufts Center for the Study of Drug Development News, http://csdd.tufts.edu/news/complete_story/tufts_csdd_rd_cost_study_now_published (accessed January 2018).

[7] Olsson, T. and Oprea, T.I. (2001) *Curr. Opin. Drug Discovery Dev.*, **4**, 308-313.

[8] Gaudillière, B. and Berna, P. (2000) *Annu. Rep. Med. Chem.*, **35**, 331-356.

[9] FDA Drugs, http://www.fda.gov/Drugs/DevelopmentApprovalProcess/DrugInnovation/ucm430302.htm (accessed January 2018).

[10] Prentis, R.A., Lis, Y., and Walker, S.R. (1988) *Br. J. Clin. Pharmacol.*, **25**, 387-396.

[11] Valler, M.J. and Green, D. (2000) *Drug Discovery Today*, **5**, 286-293.

[12] Brunton, L., Knollman, B., and Hilal-Dandan, R. (eds) (2017) *Goodman and Gilman's The Pharmacological Basis of Therapeutics*, 13th edn, McGraw-Hill, New York, 1440pp.

[13] Hopkins, A.L. and Groom, C.R. (2002) *Nat. Rev. Drug Discovery*, **1**, 727-730.

[14] Drews, J. (2000) *Science*, **287**, 1960-1964.

[15] Hopkins, A. (2008) *Nat. Chem. Biol.*, **4**, 682-690.

[16] Reddy, A.S. and Zhang, S. (2013) *Exp. Rev. Clin. Pharmacol.*, **6**, 41-47.

[17] Anighoro, A., Bajorath, J., and Rastelli, G. (2014) *J. Med. Chem.*, **57**, 7874-7887.

[18] Oprea, T.I. and Mestres, J. (2012) *AAPS J.*, **12**, 759-763.

[19] Bredel, M. and Jacoby, E. (2004) *Nat. Rev. Genet.*, **5**, 262-275.

[20] Kubinyi, H. (2006) *Ernst Schering Res. Found. Workshop*, **58**, 1-19.

[21] Gregori-Puigjane, E. and Mestres, J. (2008) *Comb. Chem. HTS*, **11**, 669-676.

[22] Mohd Fouzi, F., Koutsoukas, A., Lowe, R., Joshi, K., Fan, T.P., Glen, R.C., and Bender, A. (2013) *J. Chem. Inf. Model.*, **53**, 661-673.

[23] Bhattacharjee, B., Simon, R.M., Gangadharaia, C., and Karunakar, P. (2013) *J. Microbiol. Biotechnol.*, **23**, 779-784.

[24] Cheung-Ong, K., Song, K.T., Ma, Z., Shabtai, D., Lee, A.Y., Gallo, D., Heisler, L.E., Brown, G.W., Bierbach, U., Giaever, G., and Nislow, C. (2012) *ACS Chem. Biol.*, **7**, 1892-1901.

[25] Sadowski, J. and Gasteiger, J. (1993) *Chem. Rev.*, **93**, 2567-2581.

[26] Sadowski, J., Gasteiger, J., and Klebe, G. (1994) *J. Chem. Inf. Comput. Sci.*, **34**, 1000-1008.

[27] CORINA Classic-High-Quality 3D Molecular Models, is available at https://www.mn-am.com/products/corina and can be freely tested, (accessed January 2018).

[28] Newman, D.J. and Cragg, G.M. (2016) *J. Nat. Prod.*, **79**, 629-661.

[29] Bauknecht, H., Zell, A., Bayer, H., Levi, P., Wagener, M., Sadowski, J., and Gasteiger, J. (1996) *J. Chem. Inf. Comput. Sci.*, **36**, 1205-1213.

[30] SONNIA-Self-Organizing Neural Network Package, https://www.mn-am.com/products/sonnia (accessed January 2018).

[31] Sheridan, R.P. and Kearsley, S.K. (1995) *J. Chem. Inf. Comput. Sci.*, **35**, 310-320.

[32] Lewell, X.Q., Judd, D.B., Watson, S.P., and Hann, M.M. (1998) *J. Chem. Inf. Comput. Sci.*, **38**, 511-522.

[33] Fayyad, U.M., Piatetsky-Shapiro, G., and Smyth, P. (1996) *From data mining to knowledge discovery: an overview*, *in Advances in knowledge discovery and data mining* (eds U.M. Fayyad, G. Piatetsky-Shapiro, P. Smyth, and R. Uthurusamy), USA, AAAI Press, Menlo Park, CA, pp. 1-37.

[34] Teckentrup, A., Briem, H., and Gasteiger, J. (2004) *J. Chem. Inf. Comput. Sci.*, **44**, 626-634.

[35] Walters, W.P., Stahl, M.T., and Murcko, M.A. (1998) *Drug Discovery Today*, **3**, 160-178.

[36] Lipinski, C.A., Lombardo, F., Dominy, B.W., and Feeny, P.J. (1997) *Adv. Drug Delivery Rev.*, **23**, 3-25.

[37] Wenlock, M.C., Austin, R.P., Barton, P., Davis, A.M., and Leeson, P.D. (2003) *J. Med. Chem.*, **46**, 1250-1256.

[38] Teague, S.J., Davis, A.M., Leeson, P.D., and Oprea, T. (1999) *Angew. Chem. Int. Ed.*, **38**, 3743-3747.

[39] Oprea, T.I., Davis, A.M., Teague, S.J., and Leeson, P.D. (2001) *J. Chem. Inf. Comput. Sci.*, **41**, 1308-1315.

[40] Clark, D.E. and Pickett, S.D. (2000) *Drug Discovery Today*, **5**, 49-58.

[41] Ajay, A., Walters, W.P., and Murcko, M.A. (1998) *J. Med. Chem.*, **41**, 3314-3324.

[42] Blake, J.F. (2000) *Curr. Opin. Biotechnol.*, **11**, 104-107.

[43] Li, A.P. and Segall, M. (2002) *Drug Discovery Today*, **7**, 25-27.

[44] Li, A.P. (2001) *Drug Discovery Today*, **6**, 357-366.

[45] Thompson, T.N. (2000) *Curr. Drug Metabol.*, **1**, 215-241.

[46] Keserü, G.M. and Molnár, L. (2002) *J. Chem. Inf. Comput. Sci.*, **42**, 437-444.

[47] Andrews, P.R., Craik, D.J., and Martin, J.L. (1984) *J. Med. Chem.*, **27**, 1648-1657.

[48] Bohacek, R.S. and McMartin, C. (1992) *J. Med. Chem.*, **35**, 1671-1684.

[49] Handschuh, S., Wagener, M., and Gasteiger, J. (1998) *J. Chem. Inf. Comput. Sci.*, **38**, 220-232.

[50] Handschuh, S. and Gasteiger, J. (2000) *J. Mol. Model.*, **6**, 358-378.

[51] Le, X., Gu, Q., and Xu, J. (2015) *RSC Adv.*, **5**, 40536-40545.

[52] Brown, R.A. and Case, D.A. (2006) *J. Comput. Chem.*, **27**, 1662-1675.

[53] Glick, M., Rayan, A., and Goldblum, A. (2002) *Proc. Natl. Acad. Sci. U.S.A.*, **99**, 703-708.

[54] Stern, N. and Goldblum, A. (2014) *Israel J. Chem.*, **54**, 1338-1357.

[55] Boda, K., Seidel, T., and Gasteiger, J. (2007) *J. Comput.-Aided Mol. Des.*, **21**, 311-325.

[56] SYLVIA-Estimation of the Synthetic Accessibility of Organic Compounds，https://www.mn-am.com/products/sylvia（accessed January 2018）.

[57] Zaliani，A.，Boda，K.，Seidel，T.，Herwig，A.，Schwab，C.H.，Gasteiger，J.，Claussen，H.，Lemmen，C.，Degen，J.，Pärn，J.，and Rarey，M.（2009）*J. Comput.-Aided Mol. Des.*，**23**，593-602.

[58] Li，J. and Eastgate，M.D.（2015）*Org. Biomol. Chem.*，**13**，7164-7176.

[59] Gasteiger，J.（2015）*Nat. Chem.*，**7**，619-620.

[60] Kennedy，T.（1997）*Drug Discovery Today*，**2**，436-444.

[61] Schultz，T.W.，Cronin，M.T.D.，Walker，J.D.，and Aptula，A.O.（2003）*J. Mol. Struct.（Theochem）*，**622**，1-22.

[62] Richard，A.M.，Yang，C.，and Judson，R.S.（2008）*Toxicol. Mech. Meth.*，**18**，103-118.

[63] http://www.warr.com/Lhasa_Symposium_2008_Report.pdf（accessed January 2018）.

[64] Escher，B.I. and Hermens，J.（2002）*Environ. Sci. Technol.*，**36**，4201-4217.

[65] Hansch，C.（1969）*Acc. Chem. Res.*，**2**，232-239.

[66] Nendza，M. and Müller，M.（2000）*Quant. Struct.-Act. Relat.*，**19**，581-598.

[67] Rand，G.，Welss，P.，and McCarthy，L.S.（1995）Introduction to aquatic toxicology，*in Fundamentals of Aquatic Toxicology*（ed. G. Rand），Taylor & Francis，Washington，DC，pp. 3-67.

[68] Bradbury，S.P.（1994）*SAR QSAR Environ. Res.*，**2**，89-104.

[69] Spycher，S.，Pellegrini，E.，and Gasteiger，J.（2005）*J. Chem. Inf. Model.*，**45**，200-208.

[70] Aptula，A.O.，Netzeva，T.I.，Valkova，I.V.，Cronin，M.T.D.，Schultz，T.W.，Kuhne，R.，and Schüürmann，G.（2002）*Quant. Struct.-Act. Relat.*，**21**，12-22.

[71] Ashby，J. and Tenant，R.W.（1988）*Mutat. Res. Genet. Toxicol.*，**204**，17-115.

[72] ToxPrint：https://toxprint.org（accessed January 2018）.

[73] ChemoTyper. The ChemoTyper application，https://chemotyper.org（accessed January 2018）.

[74] Yang，C.，Tarkhov，A.，Marusczyk，J.，Bienfait，B.，Gasteiger，J.，Kleinoeder，T.，Magdziarz，T.，Sacher，O.，Schwab，C.H.，Schwoebel，J.，Terfloth，L.，Arvidson，K.，Richard，A.，Worth，A.，and Rathman，J.（2015）*J. Chem. Inf. Model.*，**55**，510-528.

[75] eTOX Project：http://www.etoxproject.eu（accessed January 2018）.

6.2 药物、靶标和疾病信息之间的关联

Andreas Steffen and Bertram Weiss

Bayer Pharma Aktiengesellschaft，PH-DD-TRG-CIPL-Bioinformatics，Müllerstr. 178，Berlin 13342，Germany

周晖皓 译　　　徐 峻 审校

6.2.1 引言

制药行业的核心使命是开发新颖、原创、有效且效益高的治疗药物[1]。为了开发 best-in-class 药物，制药公司追求研发 first-in-class 药物，迫切需要药物研发新策略。例如，吸收来自学术界的外部创新，开展竞争性合作，投资生物技术公司，引入专利许可或收购，以及在公司内部的研发部门培育创新项目。其中，关键策略和竞争要素是最大限度地利用不断增长的生命科学数据的能力。

新药物靶标知识一般来自教科书、生物学推理、me-too 方法，甚至是偶然得到。制药公司现在很重视投资新方法以发现新的有前景的治疗概念。计算生物学已经成熟，正在影响着新药研发全链条，主要涉及靶标发现、生物标志物发现和适应证拓展三个方面。化学信息学则侧重于化合物库设计、先导化合物发现和优化方面的应用。数据驱动和系统分析方法应用于药物和靶标发现，将使药物研发效率超越从前的偶然发现[2]。

通过对来自内部和外部的大量实验数据的分析，人们能很快提出可行的假说，指导实验者将精力集中在最有希望的实验上。但是，分散的、非结构化和未整合的数据阻碍人们对数据的有效利用。理想上，数据应该能够被直接用于分析，这样计算科学家们才能把主要时间用于发现生物学问题，制定解决问题的计算方案，对生物学问题和解决方法进行深入分析，而不是把时间花在数据清理和管理上。

化合物、靶标和疾病是临床前研究中的三类最重要的数据实体，药物研发的数据基本上是围绕着这三类实体构建的。在以下各节中，我们将介绍它们的关键数据资源（请参见表 6.2.1）。这三类数据的数据库都建立了，与这些数据相关的证据数据也特别重要。最近十年来，将这些数据库与实验证据整合的新数据库已经出现，如 opentargets.org[3]、ChEMBL[4]、drug2gene[5]或 PhenomicDB[6]。

建议读者除了阅读本章内容外，还要阅读原始文献，了解靶标发现、患者分型、适应证扩展和毒性预测相关的生物信息学和化学信息学技术细节。在本章的讨论部分还展望了该领域未来的发展。

6.2.2 数据资源

关于靶标、化合物和疾病的现有数据资源请参见表 6.2.1。

表 6.2.1 专注于药物研发中靶标、化合物和疾病的代表性关键数据资源库

数据资源	简介	URL（2018 年 1 月）
以靶标为中心的数据库		
NCBI Gene	关于基因的全面信息	ncbi.nlm.nih.gov/gene
Ensembl	关于基因的全面信息	www.ensembl.org
UniProt	关于蛋白质的全面信息	www.uniprot.org
Reactome	通路数据库	www.reactome.org
WikiPathways	公共管理的通路数据库	www.wikipathways.org
Pathway Commons	通路元数据库	www.pathwaycommons.org
KEGG	通路数据库	www.genome.jp/kegg
以化合物为中心的数据库		
ChemSpider	化合物性质	www.chemspider.com
ZINC	可用于化学信息学研究的化学结构	zinc.docking.org
eMolecules	化合物订购	www.emolecules.com
以疾病/表型为中心的数据库		
OMIM	孟德尔疾病目录	www.ncbi.nlm.nih.gov/omim
以化合物-靶标为中心的数据库		
ChEMBL	生化活性数据库	www.ebi.ac.uk/chembl
PubChem	生化活性数据库	pubchem.ncbi.nlm.nih.gov
drug2gene	化合物-靶标相互关系的数据库	
ChemBank	生化活性数据库	chembank.broadinstitute.org
以化合物-疾病/表型为中心的数据库		
DrugBank	药物及其适应证的数据库	
ClinicalTrials	临床试验数据	clinicaltrials.gov
Achilles	肿瘤细胞系的 RNAi 筛选	portals.broadinstitute.org/achilles
CTD2	化合物探针集对肿瘤细胞系的作用	ctd2.nci.nih.gov
以靶标-疾病为中心的数据库		
PhenomicDB	表型-疾病关系的元数据库	
opentargets	靶标-疾病相关性证据的数据库	www.opentargets.org
GWAS Catalog	基因单核苷酸多态性与疾病关系的目录	www.ebi.ac.uk/gwas
HuGe Navigator	基因-疾病联系	www.cdc.gov/genomics/hugenet/hugenavigator.htm
CCLE	肿瘤细胞系百科全书	portals.broadinstitute.org/ccle
TCGA	肿瘤患者的基因组信息	tcga-data.nci.nih.gov

6.2.3 计算生物学在药物发现中的应用案例

6.2.3.1 靶标挖掘

制药公司的研发管线需要源源不断的有希望的新靶标。这就要求生物信息学家发现新的药物靶标，这些靶标或者是针对迄今尚无治疗药物的疾病，或者是针对那些已有药物存在不足的疾病。提出新概念和发现新靶标，对于制药公司非常关键，因为这将使得它们在研发 first-in-class 的药物时拥有关键的竞争优势。在肿瘤治疗中，因为存在大量的患者基因组数据资源可供分析和挖掘，发现新的可药靶标机会较多，对于很多其他疾病而言，这种数据资源就不那么丰富了[7]。

例如，在靶标发现过程中首先需要解决的问题是：肺癌中经常变异的可作为小分子药物靶标的原癌基因有哪些。肿瘤患者的基因突变数据可以从 TCGA 等数据库中获得[8]。对特定基因突变，通过详细地分析其功能影响，如果发现它是属于"功能增益"（gain-of-function）突变，这个突变基因将可以成为药物靶标；然而，如果突变导致"功能丧失"（loss-of-function），该基因将难以成为药物靶标。此外，许多突变是肿瘤细胞基因组不稳定而导致的结果，它们与肿瘤发生的机制无关[9]。这些突变称为"乘客变异"（passenger alteration），它们不是肿瘤发生的原因而是结果，在寻找新靶标时应该及时被排除。一些生物信息学程序，如MutSigCV、mutation assessor 和 IntOGen 可以用于评估基因突变的重要性和功能影响[10-12]，其中一种分析方法是对细胞基因突变数据进行聚类分析，将"功能增益"突变的热点基因聚在一起[13-15]。

在"阿喀琉斯"（Achilles）①项目中，通过对大量的肿瘤细胞系进行全基因组的 RNA 干扰（RNAi）实验，以期发现肿瘤细胞存在的可以作为药靶的"弱点"基因[16]。与之相对，CTD2 项目则是使用一组作用靶标明确的小分子探针，通过实验测定各种肿瘤细胞系对这些小分子探针的敏感性[17]。这些数据可以初步提供当某一个基因被抑制时各种肿瘤细胞会出现的表型，因而是寻求癌症药物新靶标的有用资源。

现在，文本挖掘技术已成为发现基因-疾病关系的有力工具。该技术从文献资料中快速收集已有的知识，评价基因与特定疾病关系，在候选基因的早期发现中有重要作用[18, 19]。

此外，各类注释工具，如基因在特定肿瘤细胞和正常细胞中的表达差异[20, 21]，在 PDB 中是否存在相应蛋白的晶体结构[22]，基于遗传连锁分析和模式生物遗传研究的疾病-靶标关联程度打分[3, 23]，靶标的可药性[24, 25]，以及专利数据库中透露的

---

① 阿喀琉斯源自希腊神话"阿喀琉斯之踵"。——审校者注

竞争情况等，都有助于将候选靶标列表缩小到可以操作的长度。

数据驱动的策略利用多参数方法分析上述各类数据与文献资料，对大量候选靶标进行优先性排序，最终提出有望为患者带来新治疗选择的药物靶标。支持上述过程的集成平台已经建立，它们提供靶标信息与分析，支持靶标优先性排序过程[3, 26]。

以上介绍了以靶标为中心的先导化合物筛选；另一方法则是基于表型的药物筛选，即发现能引起细胞产生期望的表型变化的先导化合物[27]。表型筛选尤其有助于针对没有合适的可药靶标的通路[28]。然而，在许多情况下，对于通过表型筛选获得的活性化合物，它们引起这种表型的直接靶标是未知的，因此还必须通过大量的实验研究来阐明其作用机制[29-31]。计算机辅助的钓靶方法能够缩小潜在靶标的范围，指导钓靶实验[30, 32, 33]。这些计算方法利用大型生物活性数据库，如ChEMBL[34]、ChemBank[35]，drug2gene[5]，以及制药公司内部的生物活性数据库。

6.2.3.2 寻找患者分型的生物标志物

当候选药物确定之后，临床前研究将试图寻找出可以从该药物获益最多的患者群体[36]。用于鉴定这类患者的生物标志物已成为现在药物研发获得成功的一个关键因素[37, 38]。在临床前的研发时，通常会测试更大的细胞系活性谱。癌细胞系百科全书（CCLE）提供了1000多个细胞系的基因组注释[39]。Sanger细胞系项目和Genentech数据库中可以找到更多细胞系的基因组注释[39, 40]。不同细胞系对药物的灵敏性差异可以通过一些计算方法关联到这些细胞系的基因变异上，并且推测出预测敏感性的生物标记物。寻找这类生物标志物经常首选单变量方法，观察是否存在简单且可临床使用的预测敏感性的生物标志物，例如，一个已知常常发生变异的基因的突变或拷贝数状态。而多变量方法，如弹性网络，被用于发现能够预测细胞对某种化合物敏感性的基因变异组合[41, 42]。通常，首先分析敏感细胞系和耐药细胞系之间的基因表达差异[43-45]，进而，对差异表达的基因进行生物学分析，如来自同一信号通路或已知癌症亚型的基因的富集。基因富集分析[46]或在线平台DAVID[47]等工具可以帮助更好地了解那些导致某些患者群体从药物中获益的生物学原理，反之亦然。此外，RNAi或化学探针干扰的数据，如"阿喀琉斯"（Achilles）或CTD2，是鉴定生物标记物的有用资源，有助于找到可以预测对药物介导的靶标抑制的敏感性的基因变异[16, 17]。

虽然细胞疾病模型已被证明有助于揭示用于预测细胞系药物敏感性的基因标记物，但是越来越多的人认识到，细胞疾病模型可能与肿瘤存在很大差异[48]。因此，从细胞模型得出的结果可能无法转化到临床[49]。为了提高临床前研究的可转化性，新的策略是建立经过基因鉴定的患者原发癌细胞[50, 51]或异种移植物[52]，并在这些更能够反映肿瘤生物特性的模型上研究药物敏感性。

6.2.3.3 毒性预测

化学基因组数据资源与计算方法结合可以揭示化合物毒性或副作用及其机制。如前所述，公共数据库和制药公司内部数据库中的大量化合物与生物活性数据，据此可以建立预测化合物生物活性的模型。化合物的毒性通常可以归因于"脱靶效应"，因此，对应的活性模型可用于预测化合物的毒性。最近，Lounkine 等提出了一种称为相似性系综法（similarity ensemble approach，SEA）的计算方法来预测药物分子针对 73 种"副作用"靶标的活性[53]。这种方法基于药物分子与"副作用"靶标的所有已知配体的相似性，以及控制随机相似性的统计模型，预测药物分子是否能与"副作用"靶标结合[54]。其中，约一半的计算预测结果能够被实验验证，突显了算法与高质量数据结合在药物研发中的威力。能充分利用大量数据资源的新计算方法对药物发现产生积极的影响。在最近 FDA 发起的名为 Tox21 的前瞻性竞赛中，计算团队被要求使用一个包含 11000 多种化合物的毒性-化合物相关数据的训练集来预测 647 种化合物的毒性效应[55]。在提交的所有结果中，Mayr 等应用多任务深度学习方法在竞赛中夺冠[56]。

虽然新算法是智能化数据挖掘的关键，数据资源的管理也很重要，而且往往是数据挖掘的瓶颈。eTOX 项目旨在开发语义嵌入式毒物数据库，涵盖来自制药工业界的数据和公开的毒理学数据[57]，使参与各方受益，为患者带来更安全的药物。

6.2.3.4 适应证扩展

当候选药物在动物模型上被证明安全有效后，进入临床研究，制药公司会在最初预期的核心适应证之外，尝试发现新的适应证[58]。首先，用文本和数据挖掘技术结合仔细的人工检查来揭示更多的靶标-疾病关联性，最终可能指向新的患者群体。该方法的基本原理是：一些疾病之间具有相似的病理机制（例如，类风湿性关节炎、子宫内膜异位症或银屑病中的炎症；肺纤维化、肝硬化或组织瘢痕；肿瘤、年龄相关性黄斑病变和子宫内膜异位症中的血管生成）。靶标-疾病相互关系的数据库可以参见 opentargets.org 网站[3]。

另一个发现新适应证的工具是连通性图（connectivity map）。在此类方法的原创论文中，Lamb 等描述了系统性地揭示疾病、基因和药物功能联系的方法[59]。该方法已被制药公司用于适应证扩展[60,61]。将一种化合物引起的基因表达谱变化与病变组织和正常组织之间基因表达的变化（即基因标志物）进行比较，以期发现那些疾病的基因表达变化可能会受到该化合物的反向调节。假设如果一种药物可以下调那些在疾病状态下被上调的基因（反之亦然），即它逆转了发病机制相关的转录组变化，那么这种疾病的患者有可能从这种药物中获益。抗癫痫药物托吡酯（topiramate）被重新定位为一种炎症性肠病（inflammatory bowel disease，IBD）的药物。在其研究的初期，当 164 种药物的基因标志物与 IBD 的公共基因标志物进行反相关性比较时，托吡酯被发现是其中一个具有重要潜力的化合物[62]。

一种化合物应用于多种适应证的潜力是当代药物研发的一个关键的价值驱动因素。因此，在靶标发现过程中评估药物靶标应用于更多适应证的潜力已成为计算团队的一项基本任务。

6.2.4　讨论与展望

有效地计算和使用数据资源可以对临床前研究产生积极的影响。然而，制药公司仍然存在大量有价值的内部数据，这些数据缺少标准化和标引或本体论（ontology）格式，这些数据通常很难被发现和访问，且数据结构复杂多样。这些问题都严重阻碍了智能和有效的数据分析。近年来，为了使研究人员能够创造性地挖掘这些数据，许多公司做出了大量的努力。人们现在懂得：数据应该易获取、充分整合、便于分析，使研究者可以将主要精力用于数据分析和对的结果解释。表 6.2.1 中所列出的开放数据资源迅速增加，为工业界和学术界数据驱动的药物发现提供了坚实基础。简便和持续整合公共数据和内部数据是一个长期而昂贵的挑战。

虽然数据是最关键的，但数据的智能化的管理和集成才能使数据挖掘成为可能。例如，如果要选择疾病的细胞模型，那么对患者数据、相应细胞系模型的疾病描述都要标准化，以便能够相互比较。重要的是，不同数据源的复杂实体需要标准化的标注（例如，NCBI 与 Ensembl 的基因标注需要统一），这样就不会因为需要反复研究不同来源的数据之间标识符的对应关系而阻碍综合研究。对于更复杂的研究对象，如疾病，本体论方法（即关于疾病的规范的概念分类、标注体系）的使用是必须的。目前，对本体论的使用并不一致，对于疾病有许多本体论标注，但没有一个是被普遍接受的。一些非营利组织提出倡议，如 Pistoia 本体论映射计划（Pistoia ontologies mapping project），试图解决这类瓶颈问题[63]。奇怪的是，大量经费用于产生数据，人们却舍不得花些经费来利用和传播数据。

我们这一章主要探讨细胞内各种分子间的相互作用，而未涉及系统生物学上的对系统整体意义上各分子之间的相互作用。虽然系统生物学分析是最终目标，但据我们所知，目前的系统生物学分析方法还尚不成熟，不足以对药物研发项目产生重大影响。可以预见，可穿戴设备的出现[64]和电子健康记录的数字化[65]将产生巨量的表型-临床数据，给计算生物学带来巨大的机会和挑战。在未来，对于重要的研究对象（如基因、药物、疾病），我们将有统一的本体论方法和符号体系，新数据立即得到注释，从而使数据集成和整合得以简化；分析算法被登记并自动应用于有意义的数据，如果得到统计上有意义的结果，在该研究对象下登记了的研究人员会自动得到通知。这样，有趣的新设想可以自动被生成和推进，供有经验的科学家考虑和分析。

参 考 文 献

[1] Wang, L., Plump, A., and Ringel, M. (2015) *Drug Discovery Today*, **20**, 361-370.

[2] Kubinyi, H. (2006) Ernst Schering Research Foundation Workshop, www.kubinyi.de/schering58-2006.pdf (accessed January 2018).

[3] Opentargets https://www.targetvalidation.org/ (accessed January 2018).

[4] Bento, A.P., Gaulton, A., Hersey, A., Bellis, L.J., Chambers, J., and Davies, M. Krüger, F.A., Light, Y., Mak, L., McGlinchey, S., Nowotka, M., Papadatos, G., Santos, R., Overington, J.P. (2014) *Nucleic Acids Res.*, **42**, D1083-D1090.

[5] Roider, H.G., Pavlova, N., Kirov, I., Slavov, S., Slavov, T., Uzunov, Z., and Weiss, B. (2014) *BMC Bioinf.*, **15**, 68.

[6] Groth, P., Pavlova, N., Kalev, I., Tonov, S., Georgiev, G., Pohlenz, H.D., and Weiss, B. (2007) *Nucleic Acids Res.*, **35**, D696-D699.

[7] Gnad, F., Doll, S., Manning, G., Arnott, D., and Zhang, Z. (2015) *BMC Genomics*, **16** (Suppl. 8), S5.

[8] NIH Genomic Data Commons Data Portal, https://gdc-portal.nci.nih.gov/ (accessed January 2018).

[9] Vogelstein, B., Papadopoulos, N., Velculescu, V.E., Zhou, S., Diaz, L.A. Jr., and Kinzler, K.W. (2013) *Science*, **339**, 1546-1558.

[10] Lawrence, M.S., Stojanov, P., Polak, P., Kryukov, G.V., Cibulskis, K., and Sivachenko, A. (2013) *Nature*, **499**, 214-218.

[11] Sander, C., Schultz, N., Reva, B., Antipin, Y., and Sander, C. (2011) *Nature Commun.*, **39**, e118.

[12] Gonzalez-Perez, A., Perez-Llamas, C., Deu-Pons, J., Tamborero, D., Schroeder, M.P., and Jene-Sanz, A. (2013) *Nat. Methods*, **10**, 1081-1082.

[13] Kamburov, A., Lawrence, M.S., Polak, P., Leshchiner, I., Lage, K., and Golub, T.R. (2015) *Proc. Natl. Acad. Sci. U.S.A.*, **112**, E5486-E5495.

[14] Porta-Pardo, E., Garcia-Alonso, L., Hrabe, T., Dopazo, J., and Godzik, A. (2015) *PLoS Comput. Biol.*, **11**, e1004518.

[15] Engin, H.B., Hofree, M., and Carter, H. (2015) *Pac. Symp. Biocomput.*, 84-95.

[16] Cowley, G.S., Weir, B.A., Vazquez, F., Tamayo, P., Scott, J.A., and Rusin, S. (2014) *Sci. Data*, **1**, 140035.

[17] The Cancer Target Discovery and Development Network (2016) *Mol. Cancer Res.*, **14**, 675-682.

[18] Liu, Y., Liang, Y., and Wishart, D. (2015) *Nucleic Acids Res.*, **43**, W535-W542.

[19] Huang, C.C. and Lu, Z. (2016) *Briefings Bioinf.*, **17**, 132-144.

[20] Carithers, L.J., Ardlie, K., Barcus, M., Branton, P.A., Britton, A., and Buia, S.A. (2015) *Biopreserv. Biobanking*, **13**, 311-319.

[21] Stokoe, D., Modrusan, Z., Neve, R.M., de Sauvage, F.J., Settleman, J., and Seshagiri, S. (2015) *Nat. Biotechnol.*, **43**, D1113-D1116.

[22] Berman, H.M., Battistuz, T., Bhat, T.N., Bluhm, W.F., Bourne, P.E., and Burkhardt, K. (2002) *Acta Crystallogr.*,

Sect. D: Biol. Crystallogr., **58**, 899-907.

[23] Groth, P., Leser, U., and Weiss, B. (2011) *Methods Mol. Biol.*, **760**, 159-173.

[24] Hopkins, A.L. and Groom, C.R. (2002) *Nat. Rev. Drug Discovery*, **1**, 727-730.

[25] Griffith, M., Griffith, O.L., Coffman, A.C., Weible, J.V., McMichael, J.F., and Spies, N.C. (2013) *Nat. Methods*, **10**, 1209-1210.

[26] Campbell, S.J., Gaulton, A., Marshall, J., Bichko, D., Martin, S., Brouwer, C., and Harland, L. (2010) *Drug Discovery Today*, **15**, 3-15.

[27] Swinney, D.C. and Anthony, J. (2011) *Nat. Rev. Drug Discovery*, **10** (7), 507-519.

[28] McMillan, M. and Kahn, M. (2005) *Drug Discovery Today*, **10**, 1467-1474.

[29] Lee, J. and Bogyo, M. (2013) *Curr. Opin. Chem. Biol.*, **17**, 118-126.

[30] Schirle, M. and Jenkins, J.L. (2016) *Drug Discovery Today*, **21**, 82-89.

[31] Wagner, B.K. and Schreiber, S.L. (2016) *Cell Chem. Biol.*, **23**, 3-9.

[32] Nettles, J.H., Jenkins, J.L., Bender, A., Deng, Z., Davies, J.W., and Glick, M. (2006) *J. Med. Chem.*, **49**, 6802-6810.

[33] Nidhi, Glick, M., Davies, J.W., and Jenkins, J.L. (2006) *J. Chem. Inf. Model.*, **46**, 1124-1133.

[34] Papadatos, G., Gaulton, A., Hersey, A., and Overington, J.P. (2015) *J. Comput.-Aided Mol. Des.*, **29**, 885-896.

[35] Seiler, K.P., George, G.A., Happ, M.P., Bodycombe, N.E., Carrinski, H.A., and Norton, S. (2008) *Nucleic Acids Res.*, **36**, D351-D359.

[36] Iorio, F., Knijnenburg, T.A., Vis, D.J., Bignell, G.R., Menden, M.P., and Schubert, M. (2016) *Cell*, **166**, 740-754.

[37] Plenge, R.M. (2016) *Sci. Transl. Med.*, **8**, 349ps15.

[38] Nelson, M.R., Tipney, H., Painter, J.L., Shen, J., Nicoletti, P., and Shen, Y. (2015) *Nat. Genet.*, **47**, 856-860.

[39] COSMIC Sanger Cell Line Project, http://cancer.sanger.ac.uk/cell_lines (accessed January 2018).

[40] Klijn, C., Durinck, S., Stawiski, E.W., Haverty, P.M., Jiang, Z., and Liu, H. (2015) *Nat. Biotechnol.*, **33**, 306-312.

[41] Barretina, J., Caponigro, G., Stransky, N., Venkatesan, K., Margolin, A.A., and Kim, S. (2012) *Nature*, **483**, 603-607.

[42] Chen, B.J., Litvin, O., Ungar, L., and Pe'er, D. (2015) *PLoS One*, **10**, e0133850.

[43] Ritchie, M.E., Phipson, B., Wu, D., Hu, Y., Law, C.W., Shi, W., and Smyth, G.K. (2015) *Nucleic Acids Res.*, **43**, e47.

[44] Love, M.I., Huber, W., and Anders, S. (2014) *Genome Biol.*, **15** (12), 550.

[45] Robinson, M.D., McCarthy, D.J., and Smyth, G.K. (2010) *Bioinformatics*, **26**, 139-140.

[46] Subramanian, A., Tamayo, P., Mootha, V.K., Mukherjee, S., Ebert, B.L., and Gillette, M.A. (2005) *Proc. Natl. Acad. Sci. U.S.A.*, **102**, 15545-15550.

[47] da Huang, W., Sherman, B.T., and Lempicki, R.A. (2009) *Nat. Protoc.*, **4**, 44-57.

[48] Domcke, S., Sinha, R., and Levine, D.A. (2013) *Nat. Commun.*, **4**, 2126.

[49] Lieu, C.H., Tan, A.C., Leong, S., Diamond, J.R., and Eckhardt, S.G. (2013) *J. Nat. Cancer Inst.*, **105**, 1441-1456.

[50] Pemovska, T., Kontro, M., Yadav, B., Edgren, H., Eldfors, S., and Szwajda, A. (2013) *Cancer Discovery*, **3** (12), 1416-1429.

[51] Pemovska, T., Johnson, E., Kontro, M., Repasky, G.A., Chen, J., and Wells, P. (2015) *Nature*, **519**, 102-105.

[52] Gao, H., Korn, J.M., Ferretti, S., Monahan, J.E., Wang, Y., and Singh, M. (2015) *Nat. Med.*, **21**, 1318-1325.

[53] Lounkine, E., Keiser, M.J., Whitebread, S., Mikhailov, D., Hamon, J., and Jenkins, J.L. (2012) *Nature*, **486**, 361-367.

[54] Keiser, M.J., Setola, V., Irwin, J.J., Laggner, C., Abbas, A.I., and Hufeisen, S.J. (2009) *Nature*, **462**, 175-181.

[55] Tox21 Tox21 Data Browser, https://tripod.nih.gov/tox21/ (accessed January 2018).

[56] Mayr, A., Klambauer, G., Unterthiner, T., and Hochreiter, S. (2016) *Front. Environ. Sci.*, **3** (80).

[57] Sanz, F., Carrio, P., Lopez, O., Capoferri, L., Kooi, D.P., and Vermeulen, N.P. (2015) *Mol. Inf.*, **34**, 477-484.

[58] Nielsch, U., Schafer, S., Wild, H., and Busch, A. (2007) *Drug Discovery Today*, **12**, 1025-1031.

[59] Lamb, J., Crawford, E.D., Peck, D., Modell, J.W., Blat, I.C., and Wrobel, M.J. (2006) *Science*, **313**, 1929-1935.

[60] Cheng, J., Yang, L., Kumar, V., and Agarwal, P. (2014) *Genome Med.*, **6**, 540.

[61] Sirota, M., Dudley, J.T., Kim, J., Chiang, A.P., Morgan, A.A., and Sweet-Cordero, A. (2011) *Sci. Transl. Med.*, **3**, 96ra77.

[62] Dudley, J.T., Sirota, M., Shenoy, M., Pai, R.K., Roedder, S., and Chiang, A.P. (2011) *Sci. Transl. Med.*, **3** (96), 96ra76.

[63] Barnes, M.R., Harland, L., Foord, S.M., Hall, M.D., Dix, I., and Thomas, S. (2009) *Nat. Rev. Drug Discovery*, **8**, 701-708.

[64] Gay, V. and Leijdekkers, P. (2015) *J. Med. Internet Res.*, **17**, e260.

[65] Jensen, A.B., Moseley, P.L., Oprea, T.I., Ellesoe, S.G., Eriksson, R., and Schmock, H. (2014) *Nat. Commun.*, **5**, 4022.

6.3 天然产物研究中的化学信息学

Teresa Kaserer[1]，Daniela Schuster[1]，and Judith M. Rollinger[2]

[1]University of Innsbruck，Institute of Pharmacy，Department of Pharmaceutical Chemistry，Computer-Aided Molecular Design Group，Center for Molecular Biosciences Innsbruck，Innrain 80-82，6020 Innsbruck，Austria
[2]University of Vienna，Department of Pharmacognosy，Faculty of Life Sciences，Althanstraße 14，1090 Vienna，Austria

顾 琼　周晖皓 译　　徐 峻 审校

6.3.1 引言

近年来，化学信息学被广泛应用于天然产物研究，并且表现出与其应用于合成化学领域时不同的特点。首先，天然产物分子通常拥有多个手性中心，有复杂立体结构，这些立体构型是它们作用于生物大分子靶标的关键[1]。此外，天然产物研究往往还需要处理含有多种成分的复杂混合物。本章 6.3.2 节详细分析了天然产物研究中需要面对的各种问题。

计算工具的应用看似简单直接，吸引了计算化学领域以外的许多科学家在自己的研究中使用这些计算分析方法。然而，在使用计算工具时，有一些容易被忽略的注意事项。例如，与任何其他实验方法一样，在使用这些计算方法之前需要对其进行严格的验证。相应地，许多计算化学家也研究天然产物，但他们对该领域的特殊性可能缺乏深刻认识。因此，本章旨在为不同背景的研究者提供相关且实用的介绍。

6.3.2 潜力和挑战

天然产物在药物发现中一直扮演着重要角色[2]。它们和体内的代谢物有很高的相似性。在进化过程中，生物体不断地修饰天然产物，使它们不仅能够作为靶蛋白的底物或配体，还很可能是一种或多种转运系统的底物，从而能够高效地进入细胞内作用于靶蛋白[3]。然而，在过去二十年里，制药工业界仍然更多地关注合成的化学实体。

工业界最主要的担忧是天然产物的获取和来源问题。已经研究过生物活性的植物据估计有 5000～50000 种[4]，只占地球上超过 30 万种的维管植物的很小一部分。而且，天然产物的来源并不局限于植物，海洋生物、海绵、蘑菇、苔藓、动物等其他生物也可以作为天然产物的来源。这些数据显示天然产物具有非常广泛的来源，但事实上，大部分材料难以获得，而易于获得的天然产物提取物或单体往往没有显著的生物活性。另外，对于未开发的自然资源的采集与使用常常会受到联合国《生物多样性公约》（https://www.cbd.int/information/parties.shtml）和《名古屋议定书》（https://www.cbd.int/abs/about/）或其他的简单实际原因的限制。这些协议可以维护生物多样性和可持续发展，并且保障所有人公平地享用基因资源，因而应该得到遵守。

此外，天然产物和高通量筛选的相容性问题也往往成为从自然界寻找命中化合物时的一大阻碍。一些植物成分（如单宁或皂苷）可能会对精密的实验系统产生干扰；而反复从生物原料中分离已知化合物不仅枯燥乏味，而且浪费时间和资源。

近年来，新技术有效地推进了天然产物在药物发现中的应用，例如：

（1）联合高分辨率技术在定向分离和化合物去重中的应用（快速识别已知代谢物，从而避免对已经被充分研究的化合物进行重复分离）。

（2）生物活性评价的微量化技术（用于结构鉴定和初步药理活性测试）。

（3）高内涵筛选、表型筛选技术的应用。它们往往比基于靶标的实验方法更稳定和更有意义，并且提供了关于样品的生物利用度的有用信息。

（4）化学骨架和生物活性导向的化学合成、生物工程技术和基因工程技术用于克服天然产物的资源问题。

（5）宏基因组学和代谢组学用于发现新代谢产物。

（6）多组分化合物库（粗提物、馏分）的构建和筛选技术的应用。

（7）化学信息学工具的应用，如配体-靶标相互作用、生物活性分子机制的预测。

更多关于天然产物研究的新技术与新策略的信息，可参考文献[1]和[5]。

近十年来，化学信息学工具的利用已经在天然产物研究中取得了瞩目的成果，以一种经济的和靶标导向的方式推动了天然产物药物的发现。然而，如果没有前面提到的技术与方法的进展，虚拟筛选无法取得如今的成功。所有虚拟预测的结果都取决于输入信息的质量。这些输入信息一方面是指大分子靶标和它们配体（和非配体）的结构和生物信息，其可靠性与准确性是计算机科学家构建高质量预测模型的基础。另一方面，也包括用于虚拟筛选的天然产物分子和蛋白质的数据库（见 6.3.3 节）。所有这些信息是全球科学家数十年来数以百万计研究成果的积累。为了科学地利用这些数据，在使用计算工具时必须多方面考虑，如研究的目的、化学信息学工具的选择（图 6.3.1）、模型的构建与验证（理论验证和实验验证，图 6.3.2）、在天然产物研究中的应用。

对模型的验证很大程度上取决于预测类型和所需的预测精度。大致而言，预测模型可以分为结合姿态预测（定性）、活性分类（半定量、分组、排序）以及预测结合亲和力的定量计算。关于验证方法的详细介绍，感兴趣的读者可以参考文献[6]和[7]；关于模型和软件验证的标准数据集的介绍可以参考文献[8]。

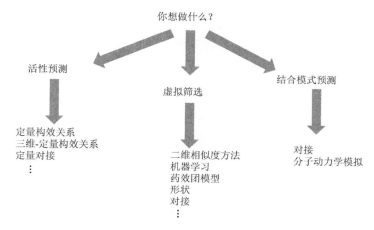

图 6.3.1　根据研究目的选择合适的研究工具

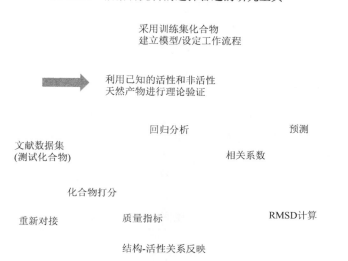

图 6.3.2　根据所选的预测方法，使用相应的理论验证实验选择最优的预测模型进行后续预测

　　就虚拟筛选研究而言，单独采用虚拟筛选可以产生大量的虚拟命中化合物（hit）。如果叠加额外的计算过滤步骤，可以缩小命中化合物的范围，获得具有良好物理化学性质的虚拟命中化合物（图 6.3.3）。这些过滤方法，可以根据具体的研究项目进行选择和取舍。例如，Lipinski "五规则"（Lipinski's rule of five）[9] 对于部分天然产物的研究项目是不适合的。此外，其他一些因素，如化合物的可获得性，在从虚拟筛选结果中挑选化合物进行后续实验研究时也需要重点考虑。最后，对挑选的虚拟命中化合物进行实验验证是整个模型和工作流程的必要步骤。

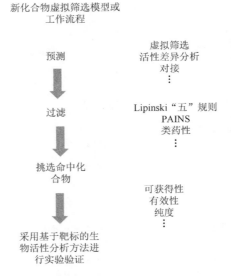

图 6.3.3　虚拟筛选流程（包括过滤和挑选）

6.3.3　软件和数据访问

　　目前，对于分子对接和虚拟筛选已经存在各种容易获取的软件，其中有些是商业的，有些是开放资源。表 6.3.1 列出了一些常用方法的代表性软件及其简短描述。此外，6.3.1 节还列出了代表性的生物活性分类工具。这些工具可以将一个感兴趣化合物针对所有靶标进行筛选，从而得到潜在靶标的信息。

表 6.3.1　代表性的化学信息学工具

名称	描述	网址	参考文献
药效团模型			
Discovery studio	大型软件的基于结构和基于配体的模拟和虚拟筛选工具	http://www.3ds.com/（商业软件）	[10]
LigandScout	基于结构和基于配体的模拟和虚拟筛选工具	http://www.inteligand.com（商业软件）	[11]
Phase/Schrödinger	大型软件的基于配体的模拟和虚拟筛选工具	http://www.schrodinger.com（商业软件）	[12], [13]
MOE	大型软件的基于结构和基于配体的模拟和虚拟筛选工具	https://www.chemcomp.com（商业软件）	[14]
Pharmer	基于结构和基于配体的模拟和虚拟筛选工具	http://sourceforge.net/projects/pharmer/（开放资源）	[15]

续表

名称	描述	网址	参考文献
ZincPharmer	基于结构和基于配体的在线模拟工具，可以直接用于筛选 ZINC 数据库	http://zincpharmer.csb.pitt.edu/（开放资源）	[16]
PharmaGist	基于配体的模拟工具；可以本地或者在线使用；配体可以上传到在线工具，自动生成药效团模型，然后经 email 发给用户；虚拟筛选仅能在本地使用	http://bioinfo3d.cs.tau.ac.il/PharmaGist/（开放资源）	[17]～[19]
基于形状建模			
ROCS	本地安装的基于形状的模拟和虚拟筛选工具；能结合形状和颜色特征	http://eyesopen.com/（商业软件）	[20],[21]
Phase shape/Schrödinger	本地安装的基于形状的建模和虚拟筛选工具；纯形状的应用；包括原子类型；形状也可以由药效团位点组成	http://www.schrodinger.com/（商业软件）	[22]
SHAFTS	本地安装的基于形状的建模和虚拟筛选工具；结合形状与药效团特征	http://lilab.ecust.edu.cn/chemmapper/（开放资源）	[23], [24]
ShaEP	本地安装的基于形状的建模和虚拟筛选工具；结合形状与静电势	http://users.abo.fi/mivainio/shaep/（开放资源）	[25]
分子对接			
GOLD	本地安装的对接程序；基于遗传算法	www.ccdc.cam.ac.uk（商业软件）	[26], [27]
GLIDE/Schrödinger	本地安装的对接程序；基于网格	http://www.schrodinger.com/（商业软件）	[28]～[30]
FlexX	本地安装的增量对接程序	http://www.biosolveit.de/（商业软件）	[31]
FRED	本地安装的对接程序；基于形状互补和化学特性匹配	http://eyesopen.com/（商业软件）	[32], [33]
AutoDock	本地安装的对接程序；对接之前要计算网格	http://autodock.scripps.edu/（开放资源）	[34]
AutoDock Vina	本地安装的对接程序；不需要在对接之前计算网格	http://vina.scripps.edu/（开放资源）	[35]
Panther	本地安装的对接程序；基于配体与结合位点的形状-静电模型	http://www.jyu.fi/panther（开放资源）	[36]
PLANTS	本地安装的对接程序；基于蚁群优化算法	http://www.mnf.uni-tuebingen.de/（开放资源）	[37]～[40]

名称	描述	网址	参考文献
SwissDock	在线对接工具	http://www.swissdock.ch（开放资源）	[41], [42]
iScreen	在线对接工具；可用于筛选中国台湾传统中药（TCM）数据库	http://iscreen.cmu.edu.tw/intro.php（开放资源）	[43]

生物活性分析工具

名称	描述	网址	参考文献
SEA	基于二维相似性的机器学习工具；采用随机相似度校正的统计模型	商业或开发资源，免费版可以从网页下载：http://sea.bkslab.org/	[44]
PASS	基于二维相似性的机器学习工具；使用朴素贝叶斯概率	商业或开发资源，免费版可以从网页下载：http://www.pharmaexpert.ru/passonline/	[45]
SPiDER	基于自组织图的药物等效关系预测（SPiDER）；结合自组织地图、共识评分和统计分析的概念（基于 web 的）	http://www.cadd.ethz.ch/software/spider.html	[46]
ChemGPS-NP	基于八个描述物理化学特性的主要成分的在线生物活性分析工具	http://chemgps.bmc.uu.se/batchelor/about.php（开放资源）	[47]
TarFisDock	基于网络的靶标预测工具，将查询分子与来自潜在药物靶点数据库（PDTD）的 698 个蛋白质靶点对接[48]	https://bio.tools/tarfisdock（开放资源）	[49]
Inte：Ligand HypoDB	超过 2700 个手动生成的基于配体和结构的药效团模型的集合；涉及 320 多个靶标	http://www.inteligand.com/（商业软件）	[50]～[52]
PharmaDB	约 140000 个自动生成的基于结构的药效团模型	http://www.3ds.com/（商业软件）	[53]
PharmMapper	在线工具；7000 个以上基于结构的药效团模型，涉及 1600 多个靶标	http://59.78.96.61/pharmmapper/（开放资源）	[54]

完整的计算工具列表可以参照网址 http://www.click2drug.org。

利用这些工具进行虚拟筛选时，还需要天然产物的数据库。构建这些数据库时需要画出天然产物的结构。例如，通过画出所有能够获得的实体化合物的天然产物的化学结构，构建一个供筛选的数据库。需要特别注意的是，这些化合物在转化后的绝对构型通常容易出错，而不正确的立体结构会干扰虚拟筛选过程[55]。

此外，目前已经存在大量的可供直接筛选的化合物数据库。这些数据库有的是供应商出售的化合物集合，有的是文献汇报的天然产物的集合，有的是各个研究组自己收集的化合物，等等。表 6.3.2 列出了一些这样的数据库，并对每个数据库进行了简短的描述。出于实用性的原因，表 6.3.2 仅列出了那些能够下载化学结构的数据库。有些数据库只能在线分析，不能将化学结构下载到本地使用，这些数据库都被排除在表 6.3.2 之外。

表 6.3.2　天然产物数据库

名称	化合物数量	描述	来源（截止于 2018 年 1 月）	参考文献
3DMET	8718（2015-12-03）	收集来自 KEGG 化合物库的天然代谢物	http://www.3dmet.dna.affrc.go.jp/	[56]
AfroCancer	390	从原始文献中手工整理的与癌症相关的非洲植物成分	原始文献支持材料：DOI：10.1021/ci5003697	[57]
AfroDB	954	收集多样性的非洲植物成分	http://journals.plos.org/plosone/article?id = 10.1371/journal.pone.0078085#pone.0078085.s005	[58]
Analyticon Discovery Natural Products			http://www.ac-discovery.com/	
FRGx	216	覆盖 50 个天然产物骨架的片段数据库		
MACROx	1757	覆盖 8 个化学骨架的半合成大环类化合物		
MEGx	4721	从植物或微生物中分离得到纯度大于 90%的化合物		
NATx	25794	半合成的天然产物		
AntiBas2 2012	>40000	高等真菌和微生物中代谢物的商业数据库	http://www.wiley-vch.de/stmdata/antibase.php	
CamMedNP	1859	收集自各种原始文献和博士学位论文中来自 Cameroonian 药用植物的化合物单体；提供化合物的光谱数据、收集地点、植物来源和已知生物活性	http://bmccomplementalternmed.biomedcentral.com/articles/10.1186/1472-6882-13-88	[59]
Cardiovascular disease herbal database（CVDHD）	35230	与心血管疾病有关的药用植物成分		[60]
Chem-TCM	12070	连接中药成分与用途、靶标和植物学信息的商业数据库	http://www.chemtcm.com/	
Chinese Ethnic Minority Traditional Drug Database（CEMTDD）	约 4060 种成分和 621 种草药	从书籍中收集的中国少数民族（如维吾尔族、哈萨克族）传统药用植物成分；提供了有关疾病的数据以及确证/预测的靶标	http://www.cemtdd.com/index.html	[61]
Greenpharma DB	150000	商业数据库	http://www.greenpharma.com/services/greepharma-core-database-gpdb/	[62]

续表

名称	化合物数量	描述	来源（截止于 2018 年 1 月）	参考文献
Herbal ingredients in vivo metabolism	1270（2013-08-12）	草药成分及其代谢物	这些数据可以从 ZINC 主页获取（http://zinc.docking.org/catalogs/himnp）；这些分子的细节描述见 HIM 主页（http://58.40.126.120：8080/him/index/index.html）	[63]，[64]
Human Metabolome Database（HMDB）–Plant	149（2014-03-11）	人类代谢物数据库的植物代谢物子集	通过 http://zinc.docking.org/catalogs/hmdbplant 获取；个别项目的详细信息见 http://www.hmdb.ca/	
IBS natural compound library	60813 个化合物和 532 个天然骨架（2015 年 9 月）	包括植物、微生物、海洋生物和其他来源的天然产物，以及天然产物衍生物和类似物	https://www.ibscreen.com/natural-compounds	
MarinLit	尚无报道	从超过 28000 份原始研究文献中提取的海洋天然产物的商业集	http://pubs.rsc.org/marinlit/	
Super Natural Ⅱ	325500	有关二维结构、理化性质、预测的毒性类别和可能的供应商信息	http://bioinf-applied.charite.de/supernatural_new/index.php	[65]
Naturally occurring Plant-based Anticancerous Compound-Activity-Target DataBase（NPACT）	1574（2013-09-17）	从原始文献中人工整理的具有抗癌活性的天然产物	数据集下载见 ZINC 主页 http://zinc.docking.org/catalogs/npactnp；分子的细节描述见 NPACT 主页 http://crdd.osdd.net/raghava/npact/index.html	[66]
Nuclei of Bioassays，Biosynthesis，and Ecophysiology of Natural Products（NuBBE）Database	643（2013-01-28）	来自巴西的次级代谢产物集	数据下载见 ZINC 主页 http://zinc.docking.org/catalogs/nubbenp，分子的细节描述可以从 NPACT http://nubbe.iq.unesp.br/portal/nubbedb.html 主页获取	[67]
Pan-African natural products library（p-ANAPL）	538	非洲天然产物数据库	http://journals.plos.org/plosone/article？id＝10.1371/journal.pone.0090655#pone.0090655.s001	[68]
Specs natural products	859 个化合物（大于 1mg 样品量；2015 年 12 月）	从植物、真菌、海洋生物、细菌等中分离的天然产物或合成的相应化合物	www.specs.net	
TCM Database @ Taiwan	大于 60000	可以下载整个数据库（无重复项），或者可以按属性和/或来源下载相应子集	http://tcm.cmu.edu.tw/	[69]
TimTec Flavonoid derivatives collection	约 500	具有优良生物利用性的 9 种黄酮骨架衍生物	http://www.timtec.net/flavonoid-derivatives.html	
Gossypol and its derivatives	88	从 Malvaceae 科 Gossypium 属分离的 Gossypol 衍生物	http://www.timtec.net/gossypol-and-derivatives.html	

续表

名称	化合物数量	描述	来源（截止于 2018 年 1 月）	参考文献
Natural Derivatives Library	3040	天然产物衍生物、半合成化合物、类似物与同系物	http://www.timtec.net/ndl-3000-natural-derivatives-library.html	
Natural Products Library	800	纯天然产物	http://www.timtec.net/natural-compound-library.html	
Plant extracts	130 种提取物储备；2600 种植物可以进行定制化提取；9000 种植物可根据需求采集	批注中包含储备的提取物的传统应用、治疗用途、成分和地理位置等	http://www.timtec.net/plant-extracts.html	
TM-MC	14000	数据是从韩国，中国和日本药典中提取；化合物名录下标注有 Pubmed 链接、物种和应用；未提供结构	excel 和 OWL 文件可以通过 http://informatics.kiom.re.kr/compound/index.jsp 下载	[70]
Universal Natural Products Database	229358	一个用于虚拟筛选的天然产物的完整数据集		[71]

6.3.4 计算驱动的生药学联用策略

计算方法在天然产物活性化合物发现中的应用远远滞后于药物化学领域。计算工具在生药学研究中的应用面临种种困难。例如，多组分混合物的复杂性高，稀有代谢物难以获得且分离过程昂贵而耗时，构建大型实体天然产物库十分困难。

当遵循经典的靶标导向的药物发现方法时尤其如此。该方法针对一个经过验证的可药靶标进行虚拟筛选，从成千上万个分子结构中检索符合查询条件的分子结构，富集活性分子。该过程的目的是缩小需要进行实验测试的化合物的数量，使得能够重点关注那些与靶标有更高相互作用可能性的化合物。然而，这种药物发现范式需要对虚拟预测的命中化合物（hit）进行生物活性测试，才能从虚拟筛选的结果中鉴定出真正的活性化合物，并且验证虚拟筛选的方案。根据查询条件的预测能力（基于输入信息的数量和质量），虚拟预测的命中化合物中真正活性化合物的比例的差异可能会十分大。

尽管越来越多数据库不仅提供天然产物结构，还同时提供相应的化合物实体（表 6.3.2），但是研究表明，目前在天然产物中 83%的核心环骨架是无法从化合物供应商购买到的。对于那些虚拟的命中化合物，首先必须经过化学合成或从天然资源中分离提取，才能被用于实验验证。然而，为了虚拟筛选得到的一个并不十分确定的命中化合物是否值得进行这些复杂的分离实验有待商榷（这些实验花费巨大，包括植物选择、获取起始原料、收集、提取、分析、去重、色谱分离和结构鉴定等）。

就这一点而言，强烈推荐筛选那些自然界中进化出来的能够结合和调节多个蛋白靶标的具有多种生物活性的优势结构[72]。它们更倾向于成为命中化合物，甚至是面对蛋白-蛋白相互作用等更困难的筛选靶标也具有相对较高的命中率[73]。但是，这需要对各个学科的信息及其在生药学研究中的应用进行合理评价与分析[74, 75]。

尤其是，有关草药使用的经验知识可以提供有价值的线索。这些经验知识来源于传统医学（参见 6.4 节）、多组分混合物的临床试验，以及提取物的表型筛选，等等。尽管这些知识信息反映的是多组分混合物与多靶标疾病之间的联系，但是在选择生药学研究的起始原料时仍然具有很高的参考价值，因为它们提示了可能存在分子靶标以及次级代谢物可能作用于其中某个靶标。天然产物内在的多重药理学（多效性）特征可以通过虚拟平行筛选过滤实验来评价，这有助于发现新的治疗靶标和潜在的对抗靶标[76, 77]。下一节将详细介绍经验和计算方法相结合的几个实例。

6.3.5 机遇

在天然产物研究中的许多方面都可以应用计算工具。本节介绍了几个常见的应用案例（概述见图 6.3.4）。在这些例子中，计算研究都成功地补充和支持了实验研究。

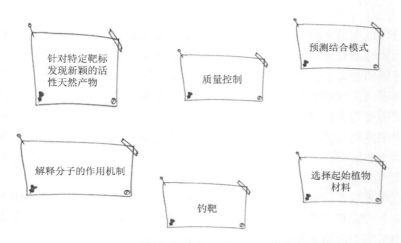

图 6.3.4 化学信息学在天然产物研究中的应用

6.3.5.1 通过虚拟筛选发现特定靶标的新型活性天然产物

计算方法可以用于从天然产物数据库（表 6.3.2）发现感兴趣靶标的新型生物活性分子（图 6.3.5）。为此，首先使用代表特定靶标的模型来筛选化合物库，再将匹配的虚拟命中化合物进行实验研究。例如，Su 等[78]应用基于对接的虚拟筛选从天然产物中鉴定新型 rho 激酶抑制剂，用于治疗肺动脉高压的药物研究。研究者首先对含有十万多种天然产物分子的数据库进行了多项预处理操作，拣选出一个含有约 25000 种具有化学多样性和类药性的天然产物子集。随后，通过使用共结晶配体的重对接实验对 AutoDock 和 DOCK 程序进行验证，研究者发现 AutoDock 能成功地将配体以与晶体结构相似的姿态对接到结合口袋。因此研究者使用更快的 DOCK 算法对 25000 种天然产物的数据集进行预对接，并对结果中排名最高的 1000 个天然产物分子使用更精确的 AutoDock 程序进行对接。之后，使用 QSAR（定量构效关系）模型对结果进行评估，并从排名前 100 的化合物中购买了 6 种，进行生物活性的实验评价。这 6 种化合物中有 5 种具有生物活性，其中 2 种活性最好的化合物黄芩素和根皮素对 rho 激酶的抑制活性达到亚微摩尔水平，其 IC_{50} 值分别为 0.95μmol/L 和 0.22μmol/L[78]。

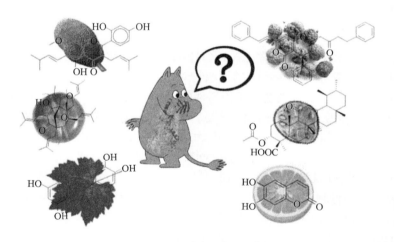

图 6.3.5　虚拟筛选方法用于鉴定特定靶标的新型活性天然产物

2012 年，Bauer 等[79]应用微粒体前列腺素 E2 合酶 1（mPGES-1）抑制剂的药效团模型发现了具有抗炎活性的新型天然产物（图 6.3.6）。该研究中使用的两个药效团模型在之前的关于合成化合物的研究中已经得到充分验证[80]。利用该模型对中药数据库进行虚拟筛选仅仅命中了少量化合物，而其中多个化合物均来源于各种地衣。因此，研究者随后也对之前分离的其他地衣代谢物进行了筛选，但是其中只有 2 种化合物能够匹配 mPGES-1 模型。随后，研究者实验测试了 10 种化合物，其中 4 种是药效团模型预测的活性化合物（初次筛选 2 种和第二轮筛选 2 种）。在这 4 种化合物中，囊地衣酸、珠光酸和油地衣酸等 3 种化合物的体外活性呈现浓度依赖性，IC$_{50}$值分别为 0.43μmol/L、0.4μmol/L 和 1.15μmol/L。作为对照，不符合药效团模型的 6 种化合物均没有在实验测试中展现出活性[79]。

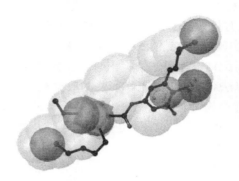

图 6.3.6   珠光酸与 mPGES-1 抑制剂药效团模型的匹配

化学特性以颜色区分：疏水性，灰色；负离子化基团，深蓝色；芳香环，棕色和蓝色平面。
空间限制描绘为浅灰色云

为了寻找 11β-羟基固醇脱氢酶 1（11β-HSD1）天然抑制剂，研究者在体外测试了六种已知抗糖尿病药用植物的提取物对 11β-HSD1 的抑制活性。11β-HSD1 催化非活性的 11-酮糖皮质激素转化为活性的 11β-羟基糖皮质激素，是 II 型糖尿病患者降低血糖和改善代谢异常的重要靶标[80-84]。在被测试的样品中，枇杷叶 [*Eriobotrya japonica*(Thunb.)Lindl.]提取物对 11β-HSD1 呈现剂量依赖性抑制，且其对 11β-HSD1 的抑制活性优于 11β-HSD2[84]。研究者使用前期发展的药效团模型对 DIOS 数据库进行虚拟筛选[85, 86]，预测科罗索酸可以结合到 11β-HSD1 的活性位点。科罗索酸是枇杷的主要成分之一。基于上述计算结果，研究者选择枇杷进行了深入的植物化学研究，分离其化学成分进行生物测试。最终，科罗索酸被确认为 11β-HSD1 的选择性抑制剂，其 IC$_{50}$ 值为 0.8μmol/L（利用表达重组人源 11β-HSD1 的细胞的裂解液测得）。在该草药治疗过程中，后续又发现其乌苏烷类五环三萜酸可以协同发挥 11β-HSD1 抑制作用，这有助于进一步改善预测工具[87]。

6.3.5.2   钓靶

钓靶可用于鉴定能与天然产物相互作用的潜在大分子靶标（图 6.3.7）。为了鉴别从芸香（*Ruta graveolens*）地上部分分离得到的 16 种成分的潜在靶标，研究者用代表 280 多个大分子靶标的 2200 多种药效团模型对化合物进行了筛选[88]。随后的体外活性评价证实了虚拟筛选的多个结果。例如，与人类鼻病毒外壳蛋白药效团模型相匹配的五种化学成分中三种有活性，一种为无活性，另一种有细胞毒性。但是，该虚拟筛选过程中未能识别出另外两种活性化合物。对于乙酰胆碱酯酶实验测试中，有活性的所有化合物都能够匹配该蛋白质的虚拟筛选模型，但是这些虚拟筛选模型的假阳性也较高。芸香苦素是唯一能够匹配大麻素受体 2 药效团模型的次级代谢产物，也是唯一在生物测试中具有活性的化合物。这些研究结果有力地支持了虚拟钓靶流程的有效性[88]。

采用相似的方法，研究者对从高山植物高山火绒草（*Leontopodium alpinum*）的主要木脂素成分 leoligin 进行了虚拟筛选[89]。在为 leoligin 预测的靶标中包含了胆固醇酯转移蛋白（CETP）。体外试验表明，leoligin 激活人和兔子的 CETP 蛋白的活性分别在皮摩尔（pmol）和纳摩尔（nmol）水平，但在高浓度时转为抑制活性。此外，在转基因小鼠模型中也观察到了激活作用[89]。

图 6.3.7　用于确定特定化合物的大分子靶标钓靶方法

用相似的方法，虚拟钓靶可以用于阐明活性化合物的分子机制。2014 年，Reker 等[90]提出了一种不依赖于靶标结构的钓靶新方法[90]。该方法将查询化合物片段的拓扑药效团特征与预先计算的药物分子组相比较。然后将查询化合物归类到与之欧几里得距离最小的组。该组化合物的靶标信息源于组内药物的已知靶标。大环内酯 A（ArcAde）具有很好的抗癌作用，被作为一个应用案例进行了研究。该化合物被报道能够在纳摩尔水平上抑制液泡型 H⁺-ATP 酶的离子泵，但是研究者认为其抗肿瘤活性可能与其他靶标有关。Reker 等的计算分析预测与花生四烯酸相关的信号传导通路中的多个蛋白质可能是大环内酯 A 的潜在靶标，随后的生物测试证实了大环内酯 A 对其中一半的蛋白质具有浓度依赖性的活性，并对另外两个蛋白质具有较弱的活性。这些实验结果证实了基于天然产物片段的方法在鉴定生物大分子靶标中的可行性。值得注意的是，大环内酯 A 的靶标都与抗肿瘤活性相关[90]。

各种倍半萜内酯（STLs）化合物具有抗炎活性，其活性源于对转录因子 NF-κB 的抑制作用。一项基于反向传播人工神经网络的针对 103 个结构多样性的倍半萜内酯的研究[91]发现，使用基于 π 电荷的径向分布函数生成的 3D 结构描述符的单个模型对于这些倍半萜内酯的 NF-κB 活性具有最佳的预测能力[92]。这个模型预测 α, β-不饱和羰基的结构起主要活性作用，证明倍半萜内酯通过进攻 p65/NF-κB 亚基上 38 位半胱氨酸发挥活性的假设。因此，可以用反向传播人工神经网络建模方法解释 3D 结构描述符能够被用来支持假设的分子作用机制。

类似的方法被用于研究倍半萜内酯对 5-羟色胺释放的抑制作用，研究使用了 54 个倍半萜内酯[93]。研究将径向分布函数和分子表面电势的 3D 结构描述符[94]与反向传播人工神经网络相结合，建模。其中，一些描述符模拟了对两种活性（抑制 NF-κB 和抑制 5-羟色胺释放）都需要的结构特征，而其他一些描述符能被用来确定某个倍半萜内酯在两种活性之间的倾向性。

Gong 等[95]从海绵（*Theonella swinhoei*）中分离了两种新型固醇类代谢产物。这两种化合物对人的两种癌细胞均有毒性。研究者运用之前报道的一种反向分子对接方法，尝试揭示介导这两个化合物抗癌活性的潜在靶标[96, 97]。他们将这两个化合物对接到 211 个癌症相关靶标的结构中，并在排名最前的 10 个靶标上测试了化合物的生物活性。进而发现组蛋白乙酰转移酶 p300 是其中一种新型固醇类化合物的靶标[95]。这些实例突显了化学信息学方法对于功效已知但分子机制不明确的化合物研究的支持作用。

此外，对于那些功效明确但主要活性成分尚不确定的天然产物制剂，计算方法也可以发挥重要作用。乳香（源自洋乳香树的油性树脂）传统上被用于治疗糖尿病，但其发挥治疗作用的活性化合物和作用靶标都是未知的。为了研究 11β-HSD1 是否可能与乳香的治疗作用相关，并进一步研究与之作用的化学成分，研究者以 11β-HSD1 为模型筛选了天然化合物数据库。虚拟筛选命中化合物中含有多个来源于黄连木属植物和几个乳香的三萜。因此，研究者对乳香样品、油性树脂的酸性部分以及从乳香中分离出的两个主要三萜进行了实验测试。这四个样品都可以浓度依赖性地抑制 11β-HSD1，而且这两个单体化合物的 IC_{50} 值均达到低微摩尔浓度[98]。

6.3.5.3　阐明结合模式

计算方法可以预测化合物与其大分子靶标之间的相互作用（图 6.3.8）。在一项民族植物学筛选研究中，Atanasov 等[99]从羌活（*Notopterygium incisum*）中鉴定出一类聚乙炔是新型的 PPARγ（过氧化物酶体增殖物激动受体 γ）部分激动剂。研究者进一步开展了对接研究，帮助阐明这些新发现的生物活性化合物的可能结合模式。在对接实验之前，研究者首先进行共结晶的厚朴酚配体的重对接实验，证实该化合物在 PPARγ 结合口袋的对接姿态与晶体结构的 RMSD（均方根偏差）值为 0.55Å，验证了所使用的对接方法。对这一类聚乙炔的对接实验显示它们采用相似的结合模式。它们与 Y 型结合口袋、Ⅰ臂和Ⅱ臂及入口处形成疏水接触；同时，与 Cys285 和 Glu295 两个残基形成氢键[99]。

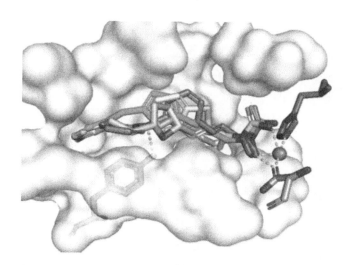

图 6.3.8　计算方法为分析分子-配体相互结合作用提供工具

　　在 Temml 等[100]的一项研究中，从红花（*Carthamus tinctorus*）中分离得到牛蒡子苷元、络石苷元和罗汉松脂酚三种结构相似的木脂素。生物学测试显示牛蒡子苷元对吲哚胺 2, 3-双加氧酶（IDO）具有明显抑制作用，但是络石苷元活性较弱，而罗汉松脂酚没有活性。为了建立构效关系和理解这些相似化合物生物学活性差异的分子机制，研究者采用了分子对接和药效团模型预测分析化合物的作用模式。研究结果发现，两个活性化合物均与 IDO 的 Ser235 残基发生关键的相互作用，而这一相互作用在无活性的罗汉松脂酚中不存在。此外，络石苷元缺乏与血红素的铁离子相互作用，这可能是它与牛蒡子苷元相比活性降低的原因[100]。

6.3.5.4　推荐植物材料

　　虚拟研究还可以帮助研究者选择适当的植物材料进行下一步的植物化学和生物学研究（图 6.3.9）。在最近的研究中，Grienke 等[101]以两种已知植物来源的流感神经氨酸酶（NA）抑制剂为模板，通过化学结构快速叠加（ROCS）进行的 3D 相似性筛选，寻找能够与神经酰胺酶结合的新型天然骨架。排名最高的分子中含有大量来源于甘草的化学成分。因此，洋甘草（*Glycyrrhiza glabra* L.）（豆科）的根被发现含有与其他天然产物来源的神经酰胺酶抑制剂里具有类似结构的成分。

根据该预测，研究者对甘草根（*G. glabra* L.）提取物进行了详细植物化学研究，分离的 12 个化合物中有 3 个具有流感神经酰胺酶抑制活性，它们均在基于形状的虚拟筛选中获得较高打分。其中，2 个化合物抗流感病毒神经酰胺酶的活性达到低微摩尔范围，并且在细胞模型上表现出显著的抗流感效应。

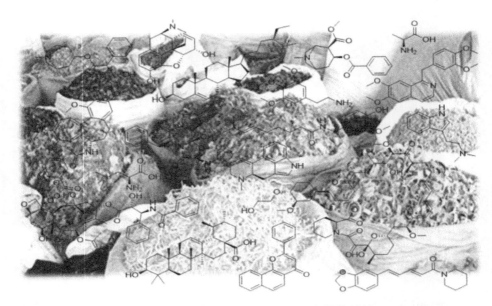

图 6.3.9　计算方法为生药学研究选择植物材料

同样，Ikram 等[102]采用了一种基于对接的策略来鉴定对于流感神经酰胺酶具有抑制活性的植物材料。在进行对接实验之前，研究者对拟使用的对接方案进行了充分验证。首先，将共晶配体重对接到结合口袋，判断该对接方案是否能够重现配体的共晶结合模式。然后，将已知的神经酰胺酶抑制剂混入约 2000 个诱导物（活性未知，但被认为对神经酰胺酶无抑制作用的化合物）中，进行对接筛选。ROC 曲线的 AUC 值（area under the curve）为 0.99，显示拟采用的对接方案可以高效地鉴定新型活性化合物。因此，该方案被用于对接来自马来西亚植物的 3000 种天然产物，其中打分排名最高的化合物主要来自五种不同的植物。体外评估这些植物的提取物，发现它们都具有中等以上的抑制活性。接下来，研究者分离出 12 种化合物，其中 5 种具有神经酰胺酶抑制活性。尽管这些天然产物的活性并不突出，但它们的发现仍然证明了研究者所采用的计算方法可以成功地鉴定出含有所需生物活性物质的植物[102]。

Chagas-Paula 等[103]结合机器学习方法和 LC-MS（液相色谱-质谱）数据预测菊科植物提取物的抗炎作用。生成决策树来鉴定在 57 个菊科植物样本的 LC-MS

图中与 5-脂氧合酶和环氧合酶双重抑制作用相关的生物标记物。基于这些生物标记，构建了预测型人工神经网络（ANN）模型并进行了严格验证。这些人工神经网络模型通过分析提取物的 LC-MS 图，就能预测具有潜在的抗炎活性的菊科植物[103]。

6.3.5.5 质量控制

用类似的方法，Yu 等[104]研发了一种快速分析工具来确定西洋参的栽培地域，以及检测样品中是否掺假了其他人参品种。他们通过层序聚类分析和主成分分析方法研究了西洋参、人参和三七样本的高效液相色谱（HPLC）图中的 14 种皂苷的多样性，从而对这三个物种进行了清楚的区分。同时，以产自美国、加拿大和中国三个国家的 31 个样本的皂苷含量来构建线性判别函数，用来判断西洋参样品的产地。该研究进一步使用产自三个国家的 12 个西洋参样品评估了开发的计算工具的有效性。开发工具可以成功地将这些样品与其他两个物种区分开来，并且鉴定出正确的产地。最后，研究者使用开发的计算工具分析了六种标记为西洋参的商品，结果表明其中两种商业产品均掺入了人参[104]。

6.3.6 其他应用程序

天然产物是次级代谢的产物。不同种属的植物在次级代谢途径上略有不同，从而产生不同代谢产物和天然产物。因此，一项研究分析了是否能用菊科中各族植物产生的倍半萜内酯来鉴定其属于哪一个族[105]。研究者收集了来自菊科的泽兰族、向日葵族和斑鸠菊族的 144 个倍半萜内酯的数据集，采用 3D 结构描述符表征倍半萜内酯，并通过自组织图神经网络进行数据分析，从而可以将菊科进一步细分为族和亚族。同时，通过该神经网络还可以根据植物的分类对其合成的倍半萜内酯进行预测。

进一步的工作研究了更大的数据集，包含从菊科七个族的植物中分离的 921 个倍半萜内酯[106]。因为许多倍半萜内酯同时存在于不同族的植物，所以一个倍半萜内酯可能会被标注上不同的族。相应地，必须采用多标签分类的方法。研究者开发了这种方法，将其性能与单标签分类方法进行比较，并且从化学分类学角度进行分析。采用多标签分类方法，可以尽可能接近实际情况，大大减少为寻找某个特定倍半萜内酯所必须考虑的植物材料的数目。

6.3.7 局限

计算工具在天然产物研究方面的主要局限性是它们高度依赖于天然产物的结构数据。只有结构明确的化合物才能用于计算机模拟预测，但是许多天然产物的结构尚不明确。自然界提供了如此众多的不同成分的天然资源，大部分的天然产物仍然有待去发现。此外，许多成分仅仅只在原始文献中有过报道，但是并没有包括到用于虚拟筛选的分子数据库中，这使得大规模计算分析来自不同来源的多样性天然产物变得很困难。越来越多开源的天然产物数据库有助于克服这些困难。

使用化学信息学工具预测天然产物提取物的生物活性或分子靶标时，面临着两个挑战。首先，上一段提到的天然产物的数据量有限的缺点也同样适用于提取物：即使是经过充分研究的提取物，通常也没有在数据库或文献中报道过其含有的所有成分。其次，多组分混合物的生物效应叠加非常难以预测。虽然目前已经在混合物的预测工具方面开展了很多工作[107]，但是这个领域无疑充满挑战。

尽管化学信息学在天然产物研究中有许多成功案例，但是计算工具会产生许多假阳性的或错误的结果。这个问题对于合成化合物同样存在，但是天然产物研究对虚拟筛选程序和算法提出了更大挑战。因为合成化合物有更多的生物学数据，筛选工具主要是基于合成化合物进行开发和测试的。这些程序或许能在这个"化学训练空间"准确工作，但它们在其他化学空间（如天然产物）的表现基本上是未知的。因此，为了得到可靠的预测结果，在计算方案被应用与预测研究之前必须对其进行严格的验证，并且通过实验方法确证计算预测的结果。我们[108]和其他[109]的研究团队已在文献中报道了支持我们计算结果的证据。然而，生物测试对于最终证明计算结果是必需的。

6.3.8 展望

如上述大量的成功案例所示，化学信息学是天然产物研究的有力工具。为发现天然成分的新活性所做出的努力能够直接引导我们进行有希望的生物测试。当比较高通量筛选和虚拟筛选的真阳性率时，虚拟筛选结合实验测试通常具有较高的真阳性率。对于高通量筛选，报道的蛋白酪氨酸磷酸酶抑制剂的命中率为0.021%[110]，半胱氨酸蛋白酶cruzian的抑制剂命中率为0.0007%[111]，糖原合酶激酶-3β的命中率为0.55%[112]，甲酰肽受体配体的命中率为0.1%[113]。作为对比，一项对于20个虚拟筛选结合生物测试的抑制剂发现命中率显著提升——命中率介于2.5%和100%之间（均值为20.6%，中位数为14.3%）[114]。另外，虚拟筛选可能会遗漏高活性的化合物[115]。因此，高通量筛选和化学信息学方法在天然产物研究中需要相互补充。特别是在天然产物研究的一些领域中，民族植物学资料已经提供了有关药方成分特征的很多提示，这些历史资料可以进一步指导实验工作[116]。

如果使用得当，化学信息学可以为天然产物理化性质的估算、用于实验的材料和大分子靶标的挑选、结合模式的预测等提供宝贵工具。将来，当更多的天然产物变得可以轻松获得（购买）而不仅仅是数据库条目时，当化学信息学工具针对天然产物进行了适当的训练和验证时，当多组分混合物的活性预测获得改进时，这些工具在天然产物研究中应用将变得更加便捷。不过，化学信息学方法需要整合在生药学研究的整个流程中合理地使用，这需要天然产物研究者和计算化学专家的通力合作。我们深信，并且希望能通过本章所介绍的实例向读者证明，计算科学能够在植物疗法和天然产物先导发现领域发挥重要作用。

参 考 文 献

[1] Harvey, A.L., Edrada-Ebel, R., and Quinn, R.J. (2015) *Nat. Rev. Drug Discovery*, **14**, 111-129.

[2] Newman, D.J. and Cragg, G.M. (2012) *J. Nat. Prod.*, **75**, 311-335.

[3] Hert, J., Irwin, J.J., Laggner, C., Keiser, M.J., and Shoichet, B.K. (2009) *Nat. Chem. Biol.*, **5**, 479-483.

[4] Miller, J.S. (2013) *Planta Med.*, **79**, IL45.

[5] Atanasov, A.G., Waltenberger, B., Pferschy-Wenzig, E.-M., Linder, T., Wawrosch, C., Uhrin, P., Temml, V., Wang, L., Schwaiger, S., Heiss, E.H., Rollinger, J.M., Schuster, D., Breuss, J.M., Bochkov, V., Mihovilovic, M.D., Kopp, B., Bauer, R., Dirsch, V.M., and Stuppner, H. (2015) *Biotechnol. Adv.*, **33**, 1582-1614.

[6] Braga, R.C. and Andrade, C.H. (2013) *Curr. Top. Med. Chem.*, **13**, 1127-1138.

[7] Cherkasov, A., Muratov, E.N., Fourches, D., Varnek, A., Baskin, I.I., Cronin, M., Dearden, J., Gramatica, P., Martin, Y.C., Todeschini, R., Consonni, V., Kuz' min, V.E., Cramer, R., Benigni, R., Yang, C., Rathman, J., Terflfloth, L., Gasteiger, J., Richard, A., and Tropsha, A. (2014) *J. Med. Chem.*, **57**, 4977-5010.

[8] Lagarde, N., Zagury, J.-F., and Montes, M. (2015) *J. Chem. Inf. Model.*, **55**, 1297-1307.

[9] Lipinski, C.A., Lombardo, F., Dominy, B.W., and Feeney, P.J. (1997) *Adv. Drug Delivery Rev.*, **23**, 3-25.

[10] Dassault Systèmes BIOVIA, *Discovery Studio Modeling Environment*; San Diego, CA: Dassault Systèmes.

[11] Wolber, G. and Langer, T. (2005) *J. Chem. Inf. Model.*, **45**, 160-169.

[12] Dixon, S., Smondyrev, A., Knoll, E., Rao, S., Shaw, D., and Friesner, R. (2006) *J. Comput. Aided Mol. Des.*, **20**, 647-671.

[13] Dixon, S.L., Smondyrev, A.M., and Rao, S.N. (2006) *Chem. Biol. Drug Des.*, **67**, 370-372.

[14] Chemical Computing Group *Molecular Operating Environment (MOE)*, Chemical Computing Group Inc., 1010 Sherbooke St. West, Suite #910, Montreal, QC, Canada, H3A 2R7.

[15] Koes, D.R. and Camacho, C.J. (2011) *J. Chem. Inf. Model.*, **51**, 1307-1314.

[16] Koes, D.R. and Camacho, C.J. (2012) *Nucleic Acids Res.*, **40**, W409-W414.

[17] Dror, O., Schneidman-Duhovny, D., Inbar, Y., Nussinov, R., and Wolfson, H.J. (2009) *J. Chem. Inf. Model.*, **49**, 2333-2343.

[18] Inbar, Y., Schneidman-Duhovny, D., Dror, O., Nussinov, R., and Wolfson, H. (2007) Deterministic pharmacophore detection via multiple flexible alignment of drug-like molecules, in Proceeding of RECOMB 2007-Lecture Notes in Computer Science (eds T. Speed and H. Huang), Springer Verlag, Berlin Heidelberg.

[19] Schneidman-Duhovny, D., Dror, O., Inbar, Y., Nussinov, R., and Wolfson, H.J. (2008) *Nucleic Acids Res.*, **36**, W223-W228.

[20] OpenEye Scientifific Software, Santa FE, NM, vROCS, http://www.eyesopen.com (accessed January 2018).

[21] Hawkins, P.C., Skillman, A.G., and Nicholls, A. (2007) *J. Med. Chem.*, **50**, 74-82.

[22] Sastry, G.M., Dixon, S.L., and Sherman, W. (2011) *J. Chem. Inf. Model.*, **51**, 2455-2466.

[23] Liu, X., Jiang, H., and Li, H. (2011) *J. Chem. Inf. Model.*, **51**, 2372-2385.

[24] Lu, W., Liu, X., Cao, X., Xue, M., Liu, K., Zhao, Z., Shen, X., Jiang, H., Xu, Y., Huang, J., and Li, H. (2011) *J. Med. Chem.*, **54**, 3564-3574.

[25] Vainio, M.J., Puranen, J.S., and Johnson, M.S. (2009) *J. Chem. Inf. Model.*, **49**, 492-502.

[26] GOLD, CCDC, Cambridge, UK, www.ccdc.cam.ac.uk (accessed January 2018).

[27] Jones, G., Willett, P., Glen, R.C., Leach, A.R., and Taylor, R. (1997) *J. Mol. Biol.*, **267**, 727-748.

[28] Friesner, R.A., Banks, J.L., Murphy, R.B., Halgren, T.A., Klicic, J.J., Mainz, D.T., Repasky, M.P., Knoll, E.H., Shelley, M., Perry, J.K., Shaw, D.E., Francis, P., and Shenkin, P.S. (2004) *J. Med. Chem.*, **47**, 1739-1749.

[29] Halgren, T.A., Murphy, R.B., Friesner, R.A., Beard, H.S., Frye, L.L., Pollard, W.T., and Banks, J.L. (2004) *J. Med. Chem.*, **47**, 1750-1759.

[30] Friesner, R.A., Murphy, R.B., Repasky, M.P., Frye, L.L., Greenwood, J.R., Halgren, T.A., Sanschagrin, P.C., and Mainz, D.T. (2006) *J. Med. Chem.*, **49**, 6177-6196.

[31] Rarey, M., Kramer, B., Lengauer, T., and Klebe, G. (1996) *J. Mol. Biol.*, **261**, 470-489.

[32] OpenEye Scientifific Software, Santa FE, NM, FRED, http://www.eyesopen.com (accessed January 2018).

[33] McGann, M. (2011) *J. Chem. Inf. Model.*, **51**, 578-596.

[34] Morris, G.M., Huey, R., Lindstrom, W., Sanner, M.F., Belew, R.K., Goodsell, D.S., and Olson, A.J. (2009) *J. Comput. Chem.*, **30**, 2785-2791.

[35] Trott, O. and Olson, A.J. (2010) *J. Comput. Chem.*, **31**, 455-461.

[36] Niinivehmas, S.P., Salokas, K., Lätti, S., Raunio, H., and Pentikäinen, O.T. (2015) *J. Comput. Aided Mol. Des.*, **29**, 989-1006.

[37] Korb, O., Stützle, T., and Exner, T. (2006) Plants: application of ant colony optimization to structure-based drug design, in *Ant Colony Optimization and Swarm Intelligence* (eds M. Dorigo, L. Gambardella, M. Birattari, A. Martinoli, R. Poli, and T. Stützle), Springer, Berlin Heidelberg.

[38] Korb, O., Stützle, T., and Exner, T. (2007) *Swarm Intell.*, **1**, 115-134.

[39] Korb, O., Stützle, T., and Exner, T.E. (2009) *J. Chem. Inf. Model.*, **49**, 84-96.

[40] Korb, O., Möller, H.M., and Exner, T.E. (2010) *ChemMedChem*, **5**, 1001-1006.

[41] Grosdidier, A., Zoete, V., and Michielin, O. (2011) *J. Comput. Chem.*, **32**, 2149-2159.

[42] Grosdidier, A., Zoete, V., and Michielin, O. (2011) *Nucleic Acids Res.*, **39**, W270-W277.

[43] Tsai, T.-Y., Chang, K.-W., and Chen, C.-C. (2011) *J. Comput.-Aided Mol. Des.*, **25**, 525-531.

[44] Keiser, M.J., Roth, B.L., Armbruster, B.N., Ernsberger, P., Irwin, J.J., and Shoichet, B.K. (2007) *Nat. Biotechnol.*, **25**, 197-206.

[45] Filimonov, D.A., Lagunin, A.A., Gloriozova, T.A., Rudik, A.V., Druzhilovskii, D.S., Pogodin, P.V., and Poroikov, V.V. (2014) *Chem. Heterocycl. Compd.*, **50**, 444-457.

[46] Reker, D., Rodrigues, T., Schneider, P., and Schneider, G. (2014) *Proc. Natl. Acad. Sci. U.S.A.*, **111**, 4067-4072.

[47] Larsson, J., Gottfries, J., Muresan, S., and Backlund, A. (2007) *J. Nat. Prod.*, **70**, 789-794.

[48] Gao, Z., Li, H., Zhang, H., Liu, X., Kang, L., Luo, X., Zhu, W., Chen, K., Wang, X., and Jiang, H. (2008) *BMC Bioinf.*, **9**, 1-7.

[49] Li, H., Gao, Z., Kang, L., Zhang, H., Yang, K., Yu, K., Luo, X., Zhu, W., Chen, K., Shen, J., Wang, X., and Jiang, H. (2006) *Nucleic Acids Res.*, **34**, W219-W224.

[50] Steindl, T.M., Schuster, D., Laggner, C., and Langer, T. (2006) *J. Chem. Inf. Model.*, **46**, 2146-2157.

[51] Steindl, T., Schuster, D., Wolber, G., Laggner, C., and Langer, T. (2006) *J. Comput. Aided Mol. Des.*, **20**, 703-715.

[52] Markt, P., Schuster, D., Kirchmair, J., Laggner, C., and Langer, T. (2007) *J. Comput. Aided Mol. Des.*, **21**, 575-590.

[53] Meslamani, J., Li, J., Sutter, J., Stevens, A., Bertrand, H.O., and Rognan, D. (2012) *J. Chem. Inf. Model.*, **52**, 943-955.

[54] Liu, X., Ouyang, S., Yu, B., Liu, Y., Huang, K., Gong, J., Zheng, S., Li, Z., Li, H., and Jiang, H. (2010) *Nucleic Acids Res.*, **38**, W609-W614.

[55] Kirchmair, J., Markt, P., Distinto, S., Wolber, G., and Langer, T. (2008) *J. Comput. Aided Mol. Des.*, **22**, 213-228.

[56] Maeda, M.H. and Kondo, K. (2013) *J. Chem. Inf. Model.*, **53**, 527-533.

[57] Ntie-Kang, F., Nwodo, J.N., Ibezim, A., Simoben, C.V., Karaman, B., Ngwa, V.F., Sippl, W., Adikwu, M.U., and Mbaze, L.M.a. (2014) *J. Chem. Inf. Model.*, **54**, 2433-2450.

[58] Ntie-Kang, F., Zofou, D., Babiaka, S.B., Meudom, R., Scharfe, M., Lifongo, L.L., Mbah, J.A., Mbaze, L.M.a., Sippl, W., and Efange, S.M.N. (2013) *PLoS One*, **8**, 1-15.

[59] Ntie-Kang, F., Mbah, J., Mbaze, L.M.a., Lifongo, L., Scharfe, M., Hanna, J.N., Cho-Ngwa, F., Onguene, P., Owono, L.C.O., Megnassan, E., Sippl, W., and Efange, S.M.N. (2013) *BMC Complement. Altern. Med.*, **13**, 2-10.

[60] Gu, J., Gui, Y., Chen, L., Yuan, G., and Xu, X. (2013) *J. Cheminf.*, **5**, 1-6.

[61] Huang, J., Zheng, Y., Wu, W., Xie, T., Yao, H., Pang, X., Sun, F., Ouyang, L., and Wang, J. (2015) *Oncotarget*, **6**, 17675-17684.

[62] Kang, H., Tang, K., Liu, Q., Sun, Y., Huang, Q., Zhu, R., Gao, J., Zhang, D., Huang, C., and Cao, Z. (2013) *J. Cheminf.*, **5**, 1-6.

[63] Wishart, D.S., Jewison, T., Guo, A.C., Wilson, M., Knox, C., Liu, Y., Djoumbou, Y., Mandal, R., Aziat, F., Dong, E., Bouatra, S., Sinelnikov, I., Arndt, D., Xia, J., Liu, P., Yallou, F., Bjorndahl, T., Perez-Pineiro, R., Eisner, R., Allen, F., Neveu, V., Greiner, R., and Scalbert, A. (2013) *Nucleic Acids Res.*, **41**, D801-D807.

[64] Irwin, J.J., Sterling, T., Mysinger, M.M., Bolstad, E.S., and Coleman, R.G. (2012) *J. Chem. Inf. Model.*, **52**, 1757-1768.

[65] Banerjee, P., Erehman, J., Gohlke, B.-O., Wilhelm, T., Preissner, R., and Dunkel, M. (2015) *Nucleic Acids Res.*, **43**, D935-D939.

[66] Mangal, M., Sagar, P., Singh, H., Raghava, G.P.S., and Agarwal, S.M. (2013) *Nucleic Acids Res.*, **41**, D1124-D1129.

[67] Valli, M., dos Santos, R.N., Figueira, L.D., Nakajima, C.H., Castro-Gamboa, I., Andricopulo, A.D., and Bolzani, V.S. (2013) *J. Nat. Prod.*, **76**, 439-444.

[68] Ntie-Kang, F., Amoa Onguéné, P., Fotso, G.W., Andrae-Marobela, K., Bezabih, M., Ndom, J.C., Ngadjui, B.T., Ogundaini, A.O., Abegaz, B.M., and Meva'a, L.M. (2014) *PLoS One*, **9**, 1-9.

[69] Chen, C.Y.-C. (2011) *PLoS One*, **6**, 1-5.

[70] Kim, S.-K., Nam, S., Jang, H., Kim, A., and Lee, J.-J. (2015) *BMC Complement. Altern. Med.*, **15**, 1-8.

[71]   Gu, J., Gui, Y., Chen, L., Yuan, G., Lu, H.-Z., and Xu, X. (2013) *PLoS One*, **8**, 1-10.

[72]   Lachance, H., Wetzel, S., Kumar, K., and Waldmann, H. (2012) *J. Med. Chem.*, **55**, 5989-6001.

[73]   Drewry, D.H. and Macarron, R. (2010) *Curr. Opin. Chem. Biol.*, **14**, 289-298.

[74]   Rollinger, J.M. and Wolber, G. (2011) Computational approaches for the discovery of natural lead structures, in *Bioactive Compounds from Natural Sources*, 2nd edn (ed. C. Tringali), CRC Press, London.

[75]   Rollinger, J.M., Langer, T., and Stuppner, H. (2006) *Curr. Med. Chem.*, **13**, 1491-1507.

[76]   Rollinger, J.M. (2009) *Phytochem. Lett.*, **2**, 53-58.

[77]   Schuster, D. (2010) *Drug Discovery Today*, **7**, e205-e211.

[78]   Su, H., Yan, J., Xu, J., Fan, X.-Z., Sun, X.-L., and Chen, K.-Y. (2015) *Pharm. Biol.*, **53**, 1201-1206.

[79]   Bauer, J., Waltenberger, B., Noha, S.M., Schuster, D., Rollinger, J.M., Boustie, J., Chollet, M., Stuppner, H., and Werz, O. (2012) *ChemMedChem*, **7**, 2077-2081.

[80]   Waltenberger, B., Wiechmann, K., Bauer, J., Markt, P., Noha, S.M., Wolber, G., Rollinger, J.M., Werz, O., Schuster, D., and Stuppner, H. (2011) *J. Med. Chem.*, **54**, 3163-3174.

[81]   Gathercole, L.L., Lavery, G.G., Morgan, S.A., Cooper, M.S., Sinclair, A.J., Tomlinson, J.W., and Stewart, P.M. (2013) *Endocrinol. Rev.*, **34**, 525-555.

[82]   Grundy, S.M. (2008) *Arterioscler. Thromb. Vasc. Biol.*, **28**, 629-636.

[83]   Masuzaki, H., Paterson, J., Shinyama, H., Morton, N.M., Mullins, J.J., Seckl, J.R., and Flier, J.S. (2001) *Science*, **294**, 2166-2170.

[84]   Gumy, C., Thurnbichler, C., Aubry, E.M., Balazs, Z., Pfifisterer, P., Baumgartner, L., Stuppner, H., Odermatt, A., and Rollinger, J.M. (2009) *Fitoterapia*, **80**, 200-205.

[85]   Rollinger, J.M., Steindl, T.M., Schuster, D., Kirchmair, J., Anrain, K., Ellmerer, E.P., Langer, T., Stuppner, H., Wutzler, P., and Schmidtke, M. (2008) *J. Med. Chem.*, **51**, 842-851.

[86]   Schuster, D., Maurer, E.M., Laggner, C., Nashev, L.G., Wilckens, T., Langer, T., and Odermatt, A. (2006) *J. Med. Chem.*, **49**, 3454-3466.

[87]   Rollinger, J.M., Kratschmar, D.V., Schuster, D., Pfifisterer, P.H., Gumy, C., Aubry, E.M., Brandstötter, S., Stuppner, H., Wolber, G., and Odermatt, A. (2010) *Bioorg. Med. Chem.*, **18**, 1507-1515.

[88]   Rollinger, J.M., Schuster, D., Danzl, B., Schwaiger, S., Markt, P., Schmidtke, M., Gertsch, J., Raduner, S., Wolber, G., Langer, T., and Stuppner, H. (2009) *Planta Med.*, **75**, 195-204.

[89]   Duwensee, K., Schwaiger, S., Tancevski, I., Eller, K., van Eck, M., Markt, P., Linder, T., Stanzl, U., Ritsch, A., Patsch, J.R., Schuster, D., Stuppner, H., Bernhard, D., and Eller, P. (2011) *Atherosclerosis*, **219**, 109-115.

[90]   Reker, D., Perna, A.M., Rodrigues, T., Schneider, P., Reutlinger, M., Mönch, B., Koeberle, A., Lamers, C., Gabler, M., Steinmetz, H., Müller, R., Schubert-Zsilavecz, M., Werz, O., and Schneider, G. (2014) *Nat. Chem.*, **6**, 1072-1078.

[91]   Wagner, S., Hofmann, A., Siedle, B., Terflfloth, L., Merfort, I., and Gasteiger, J. (2006) *J. Med. Chem.*, **49**, 2241-2252.

[92]   Hemmer, M.C., Steinhauer, V., and Gasteiger, J. (1999) *Vib. Spectrosc.*, **19**, 151-164.

[93]   Wagner, S., Arce, R., Murillo, R., Terflfloth, L., Gasteiger, J., and Merfort, I. (2008) *J. Med. Chem.*, **51**, 1324-1332.

[94]   Wagener, M., Sadowski, J., and Gasteiger, J. (1995) *J. Am. Chem. Soc.*, **117**, 7769-7775.

[95]   Gong, J., Sun, P., Jiang, N., Riccio, R., Lauro, G., Bifulco, G., Li, T.-J., Gerwick, W.H., and Zhang,

W.（2014）*Org. Lett.*，**16**，2224-2227.

[96] Lauro，G.，Romano，A.，Riccio，R.，and Bifulco，G.（2011）*J. Nat. Prod.*，**74**，1401-1407.

[97] Cheruku，P.，Plaza，A.，Lauro，G.，Keffffer，J.，Lloyd，J.R.，Bifulco，G.，and Bewley，C.A.（2012）*J. Med. Chem.*，**55**，735-742.

[98] Vuorinen，A.，Seibert，J.，Papageorgiou，V.P.，Rollinger，J.M.，Odermatt，A.，Schuster，D.，and Assimopoulou，A.N.（2015）*Planta Med.*，**81**，525-532.

[99] Atanasov，A.G.，Blunder，M.，Fakhrudin，N.，Liu，X.，Noha，S.M.，Malainer，C.，Kramer，M.P.，Cocic，A.，Kunert，O.，Schinkovitz，A.，Heiss，E.H.，Schuster，D.，Dirsch，V.M.，and Bauer，R.（2013）*PLoS One*，**8**，1-9.

[100] Temml，V.，Kuehnl，S.，Schuster，D.，Schwaiger，S.，Stuppner，H.，and Fuchs，D.（2013）*FEBS Open Bio.*，**3**，450-452.

[101] Grienke，U.，Braun，H.，Seidel，N.，Kirchmair，J.，Richter，M.，Krumbholz，A.，von Grafenstein，S.，Liedl，K.R.，Schmidtke，M.，and Rollinger，J.M.（2014）*J. Nat. Prod.*，**77**，563-570.

[102] Ikram，N.K.K.，Durrant，J.D.，Muchtaridi，M.，Zalaludin，A.S.，Purwitasari，N.，Mohamed，N.，Rahim，A.S.A.，Lam，C.K.，Normi，Y.M.，Rahman，N.A.，Amaro，R.E.，and Wahab，H.A.（2015）*J. Chem. Inf. Model.*，**55**，308-316.

[103] Chagas-Paula，D.A.，Oliveira，T.B.，Zhang，T.，Edrada-Ebel，R.，and Da Costa，F.B.（2015）*Planta Med.*，**81**，450-458.

[104] Yu，C.，Wang，C.-Z.，Zhou，C.-J.，Wang，B.，Han，L.，Zhang，C.-F.，Wu，X.-H.，and Yuan，C.-S.（2014）*J. Pharm. Biomed. Anal.*，**99**，8-15.

[105] Da Costa，F.B.，Terflfloth，L.，and Gasteiger，J.（2005）*Phytochemistry*，**66**，345-353.

[106] Hristozov，D.，Gasteiger，J.，and Da Costa，F.B.（2008）*J. Chem. Inf. Model.*，**48**，56-67.

[107] Gu，S.，Yin，N.，Pei，J.，and Lai，L.（2013）*Mol. Biosyst.*，**9**，1931-1938.

[108] Grienke，U.，Kaserer，T.，Pflfluger，F.，Mair，C.E.，Langer，T.，Schuster，D.，and Rollinger，J.M.（2015）*Phytochemistry*，**114**，114-124.

[109] Mohd Fauzi，F.，Koutsoukas，A.，Lowe，R.，Joshi，K.，Fan，T.-P.，Glen，R.C.，and Bender，A.（2013）*J. Chem. Inf. Model.*，**53**，661-673.

[110] Doman，T.N.，McGovern，S.L.，Witherbee，B.J.，Kasten，T.P.，Kurumbail，R.，Stallings，W.C.，Connolly，D.T.，and Shoichet，B.K.（2002）*J. Med. Chem.*，**45**，2213-2221.

[111] Ferreira，R.S.，Simeonov，A.，Jadhav，A.，Eidam，O.，Mott，B.T.，Keiser，M.J.，McKerrow，J.H.，Maloney，D.J.，Irwin，J.J.，and Shoichet，B.K.（2010）*J. Med. Chem.*，**53**，4891-4905.

[112] Polgár，T.，Baki，A.，Szendrei，G.I.，and Keserűu，G.M.（2005）*J. Med. Chem.*，**48**，7946-7959.

[113] Young，S.M.，Bologa，C.，Prossnitz，E.R.，Oprea，T.I.，Sklar，L.A.，and Edwards，B.S.（2005）*J. Biomol. Screening*，**10**，374-382.

[114] Hein，M.，Zilian，D.，and Sotriffffer，C.A.（2010）*Drug Discovery Today*，**7**，e229-e236.

[115] Schuster，D.，Spetea，M.，Music，M.，Rief，S.，Fink，M.，Kirchmair，J.，Schütz，J.，Wolber，G.，Langer，T.，Stuppner，H.，Schmidhammer，H.，and Rollinger，J.M.（2010）*Bioorg. Med. Chem.*，**18**，5071-5080.

[116] Rollinger，J.M.，Haupt，S.，Stuppner，H.，and Langer，T.（2004）*J. Chem. Inf. Comput. Sci.*，**44**，480-488.

6.4 中药化学信息学

徐　峻

中山大学药学院，中国广州 510006

张姝姝　周晖皓 译　　徐　峻 审校

6.4.1　引言

近年来，化学信息学被应用于中药的各类研究中，如创建数据库[1, 2]、挖掘活性成分[3]，根据中药理论将中药进行热性或者寒性的分类[4]。但是从概念上说，中药与西药存在明显的不同。在西方医学的观点中，药物改变疾病，一种西药针对的是一种疾病；在东方医学的观点中，药物改变症状，而每个症状可能是由多个疾病引起的。

本章将展示如何将这东西方药学的不同观点融合起来，以建立新的药物发现方法。本章将以 2 型糖尿病为例，用化学信息学在东西方药学之间架起沟通桥梁。

6.4.2　2 型糖尿病：西药方法

2 型糖尿病（T2D）是一种涉及多种机制和多个分子靶标的系统性疾病。每个靶标均与多种小分子调节剂（抑制剂或激动剂）相关。有许多作用机制（MOA）可用于治疗 T2D，而每种作用机制都对应了一个或一个以上的药物靶标。当前，科学家已发现超过 70 种抗 T2D 的药物靶标，并且新的靶标仍在不断涌现[5]。

6.4.3　2 型糖尿病：中药方法

从中药治疗的角度来看，T2D 属于"消渴症"，主要表现为口渴、口干、尿糖、多饮、多食、消瘦、疲劳等综合症状[6]。目前，中国国家药品监督管理局批准用于"消渴症"治疗的中药有 80 多种。排名前十位的中药分别是黄芪、地黄、瓜蒌、麦冬、五味子、葛根、知母、山药、人参、枸杞子。研究者对它们的化学、生物学和治疗用途进行了专门研究[7]。

6.4.4　中西互鉴

化学信息学的方法已经被用来研究生物分子疾病靶标与中药之间的关系，使中医药知识能为现代西方医药研究所利用。为此，我们建立了一个中药治疗

"消渴症"的数据库（HDB）（图 6.4.1）和一个针对 T2D 的化合物数据库（ADB）（图 6.4.2）。HDB 汇总了治疗"消渴症"的中药处方、活性化合物的化学结构、潜在靶标和其他实验数据。ADB 汇总了治疗 T2D 的药物、药物的化学结构和作用靶标。

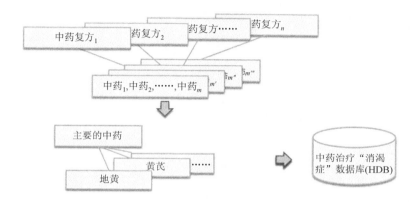

图 6.4.1　中药治疗"消渴症"数据库（HDB），包含治疗"消渴症"相关的中药及其活性组分的化学结构数据

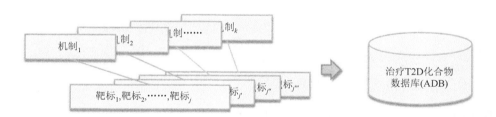

图 6.4.2　治疗 T2D 化合物数据库（ADB），收集了文献报道的抗Ⅱ型糖尿病药物的化学结构、作用机制和作用靶标

　　通过比较这两个数据库中化合物分子的子结构，我们可以得到一个由中药、化合物（或优势分子骨架）和作用机制组成的中药-化合物-作用机制网络（HCMN）。该网络通过"作用机制"，将中医治疗知识与西医的药物作用靶标融合起来（图 6.4.3）。

　　在图 6.4.3 中，H01～H10 代表中药：黄芪、地黄、瓜蒌、麦冬、五味子、葛根、知母、山药、人参和枸杞子。M01～M08 代表西医调节通路：增强胰岛素分泌，增强胰岛素敏感性，增强脂肪和肌肉组织葡萄糖摄取，抑制肠道葡萄糖吸收，抑制肝细胞葡萄糖产生，通过炎症或糖基化机制预防糖尿病并发症，改善血糖、血脂或血压，以及通过抑制人胰岛淀粉样多肽防止 β 细胞降解。采用文献中 Xu 等[8]

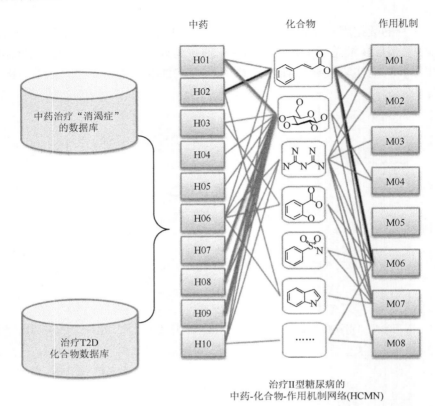

治疗II型糖尿病的
中药-化合物-作用机制网络(HCMN)

图 6.4.3　HCMN
该网络展示了中药、化学骨架类型和药物作用机制之间的关系

提出的方法对这些数据库进行信息挖掘，结果显示有 6 种优势化学片段类型（鸟嘌呤、肉桂酸衍生物、苯磺酰胺衍生物、吲哚基衍生物、水杨基衍生物和糖苷衍生物）。这些优势片段（存在于中药中的）是能够调节 T2D 药物靶标的主要化学分子"砌块"。通过以上构建的网络，为传统的中医概念和中药疗法提供了分子生物学水平上的合理解释。

　　例如，地黄是中医治疗"消渴症"的首选用药材之一。常用的中药复方（中药复方是指配方均为中药的配方药物）消渴丸、玉女煎和六味地黄丸中都含有地黄作为主要成分。地黄中主要的生物活性成分是过氧化氢酚、梓醇、熊果苷和黄酮类化合物。这些生物活性成分共同的结构特征是肉桂酸型的化学片段。体外试验发现，地黄可以通过其含肉桂酸型片段的化学成分抑制蛋白糖基化。从上述网络可以看到，糖基化与机制 M06（通过炎症或糖基化机制预防糖尿病并发症）相关，其涉及的靶标包括醛糖还原酶-2（ALR2）、NF-κB-p65、诱导型一氧化氮合酶（iNOS）和 TNF-α。抑制这些蛋白靶标可起到抗炎效果，从而促进糖尿病引起的溃疡创面愈合。

6.4.5 筛选方法

为了利用前面获得的中药知识来发现新型抗 II 型糖尿病药物，我们构建了一个以肉桂酸类衍生物/类似物结构为主的虚拟化合物库，采用分子动力学模拟方法针对 ALR2 进行虚拟筛选[9]（图 6.4.4）。

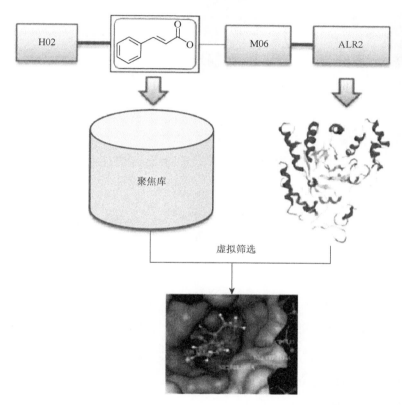

图 6.4.4 地黄（H02）是治疗 T2D 的首选中药，其主要活性成分包含肉桂酸型的化学片段；地黄的调节机制为 M06，尤其是 ALR2 靶标。构建的虚拟筛选的化合物库主要包含肉桂酸类型的骨架结构/类似物

选取三个已知的 ALR2 配体复合物，它们分别代表三种不同的结合模式。在虚拟筛选实验中，将化合物对接到软件修正过的 ALR2 晶体结构中，优选出结合较好的 71 个化合物，然后测试它们对重组人源 ALR2 的体外抑制活性（图 6.4.5）。生物测试结果显示，其中有 26 个化合物可以抑制 ALR2，其中 7 个化合物（编号

4、14、24 和 **25**）（图 6.4.6）抑制 ALR2 的 $IC_{50}\leqslant10\mu mol/L$。特别是，其中 **14** 和 **25** 两种化合物的 IC_{50} 值达到亚微摩尔级别（$0.22\mu mol/L$ 和 $0.89\mu mol/L$）。这些化合物与现有药物依帕司他（epalrestat，图 6.4.7）效果相当，并且在 ALR1 抑制方面显示出比依帕司他更好的选择性。

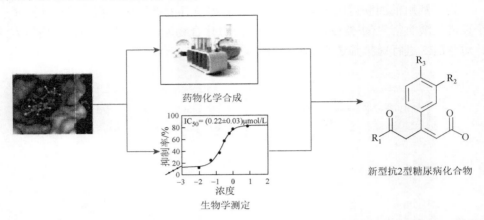

图 6.4.5　通过虚拟筛选发现抗 T2D 新化合物，并采用化学和生物学实验验证化合物的活性

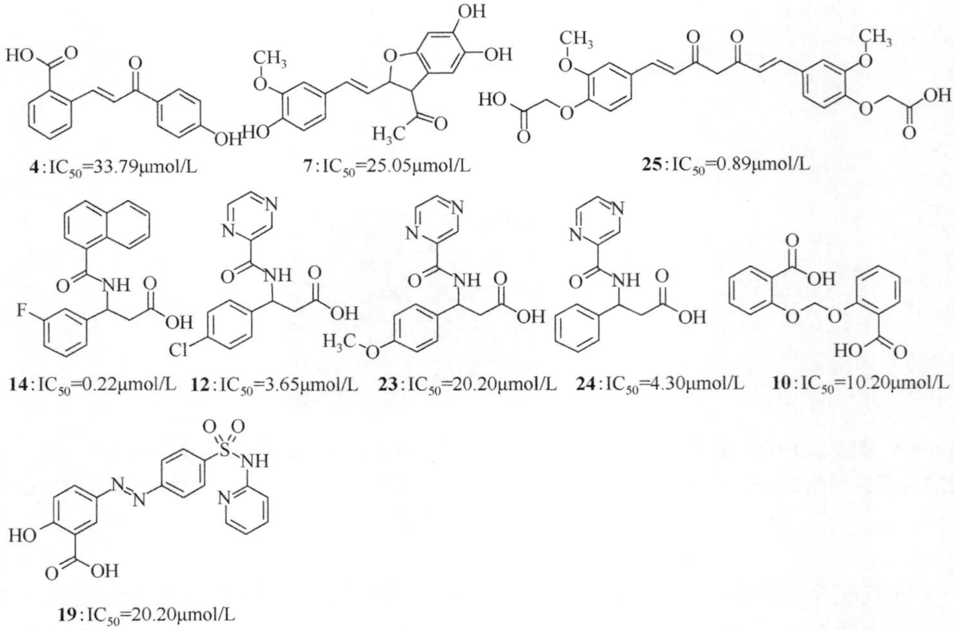

4：IC_{50}=33.79μmol/L　　**7**：IC_{50}=25.05μmol/L　　**25**：IC_{50}=0.89μmol/L

14：IC_{50}=0.22μmol/L　**12**：IC_{50}=3.65μmol/L　**23**：IC_{50}=20.20μmol/L　**24**：IC_{50}=4.30μmol/L　**10**：IC_{50}=10.20μmol/L

19：IC_{50}=20.20μmol/L

图 6.4.6　含肉桂酸结构片段的抗 T2D 化合物（ALR2 抑制剂）

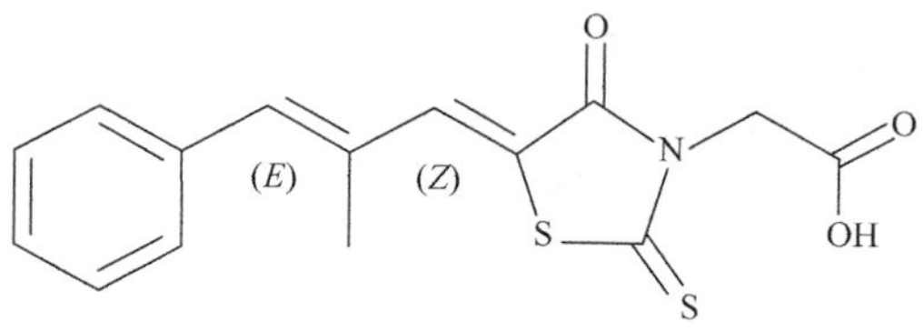

图 6.4.7 依帕司他的分子结构

计算机模拟结果显示这些化合物的肉桂酸类型的结构可以与 ALR2 结合口袋中的"热点"残基形成有效的相互作用，是化合物与 ALR2 结合的关键片段。化合物 **25**（图 6.4.6）可以看作是两个肉桂酸结构片段融合的产物。另外，化合物 **14** 和 **25** 也可以看作是 β-氨基-苯基丙酸的类似物（**14**）和姜黄素类似物（**25**），这些结构片段广泛存在于地黄和其他用于治疗"消渴症"的经典中药。这些片段都与糖苷有关（图 6.4.8）。根据内部数据库（图 6.4.2），许多含有或不含糖苷的肉桂酸类化合物可以通过多种作用机制（图 6.4.3）治疗 T2D，包括靶向 PPAR-γ（M02）、ALR2（M06）和 G6PT（M05）。生物实验还表明，几种活性化合物同时含有多种抗 T2D 的优势化学结构，如化合物 **10**（抑制 ALR2 的 $IC_{50} = 10.2\mu mol/L$）有两个由—O—CH_2—O—基团连接的水杨酸片段；化合物 **19**（抑制 ALR2 的 $IC_{50} = 10.03\mu mol/L$）的水杨酸片段则由—N=N—连接到苯磺酸片段（图 6.4.6）。

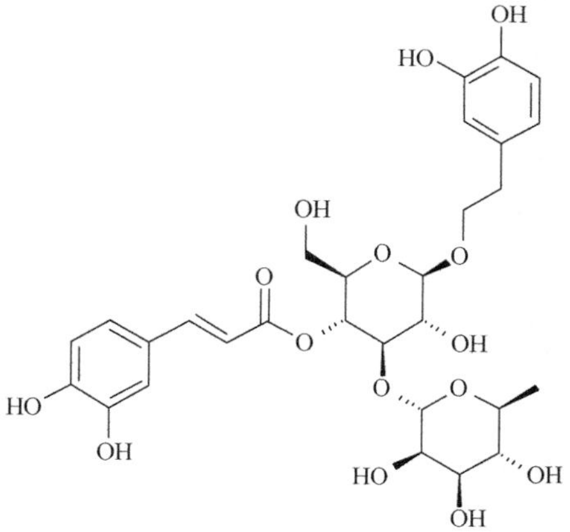

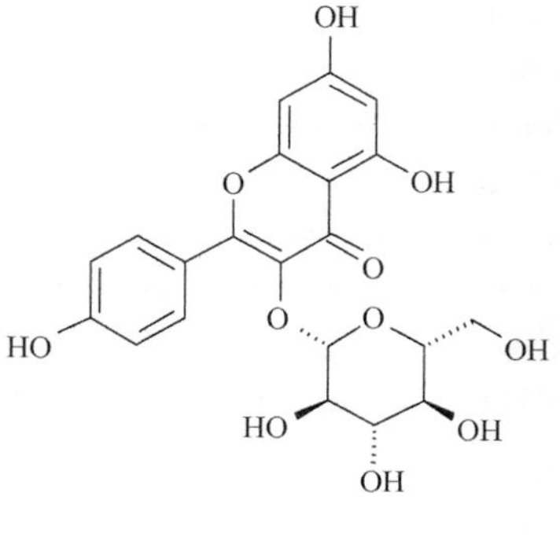

麦角甾苷(结构来自地黄)　　　黄芪苷(结构来自黄芪)

图 6.4.8 中药地黄和黄芪中治疗 T2D 的有效成分的分子结构

肉桂酸类骨架片段用粗体显示；糖苷类骨架用浅灰色显示

综上所述，利用 HCMN（图 6.4.3）可以阐明 T2D 靶标和中医药之间的关系。

基于 HCMN 中的优势化学结构，按照如下步骤，中医药的知识可以被现代药学知识在下述方面用于寻找新的抗 T2D 药物（图 6.4.1～图 6.4.5）：

（1）阐明中西药学知识的相容性。

（2）确定中药中的活性成分。

（3）发现优势化学骨架。

（4）参考 HCMN 选择靶标。

（5）通过连接优势结构片段枚举虚拟化合物库。

（6）为虚拟化合物库中的分子生成构象。

（7）针对步骤（4）确定的靶标筛选虚拟化合物库。

（8）实验验证虚拟筛选得到的化合物。

上述方法已被开发成免费的在线服务工具，访问地址为：http://www.rcdd.org.cn/PNDD。该方法为中药治疗和分子靶标之间提供了研究桥梁，有望为其他系统性疾病的药物发现提供帮助。

参 考 文 献

[1] Chen，C.Y.-C. (2011) *PLoS One*，**6**，e15939.

[2] Ru，J.，Li，P.，Wang，J.，Zhou，W.，Li，B.，Huang，C.，Li，P.，Guo，Z.，Tao，W.，Yang，Y.，Xu，X.，Li，Y.，Wang，Y.，and Yang，L. (2014) *J. Cheminform.*，**6**，13.

[3] Cui，L.，Wang，Y.，Liu，Z.，Chen，H.，Wang，H.，Zhou，X.，and Xu，J. (2015) *J. Chem. Inf. Model.*，**55**，2455-2463.

[4] Wang，M.，Li，L.，Yu，C.，Yan，A.，Zhao，Z.，Zhang，G.，Jiang，M.，Lu，A.，and Gasteiger，J. (2015) *Mol. Inf.*，**34**，2-9.

[5] Moller，D.E. (2001) *Nature*，**414**，821-827.

[6] Zhang，H.T.，Wang，C.，Xue，H.，and Wang，S. (2010) *Eur. J. Integr. Med.*，**2**，41-46.

[7] Gu，Q.，Yan，X.，and Xu，J. (2013) *J. Pharm. Pharma. Sci.*，**16**，331-341.

[8] Xu，J.，Gu，Q.，Liu，H.，Zhou，J.，Bu，X.，Huang，Z.，Lu，G.，Li，D.，Wei，D.，Wang，L.，and Gu，L. (2013) *Sci. China Chem.*，**56**，71-85.

[9] Wang，L.，Gu，Q.，Zheng，X.H.，Ye，J.M.，Liu，Z.H.，Li，J.B.，Hu，X.P.，Hagler，A.，and Xu，J. (2013) *J. Chem. Inf. Model.*，**53**，2409-2422.

6.5　PubChem 项目

Wolf-D. Ihlenfeldt

Xemistry GmbH，Hainholzweg 11，D-61462 Königstein，Germany

周晖皓 译　　　徐 峻 审校

6.5.1　引言

PubChem 数据库（pubchem.ncbi.nlm.nih.gov）自 2004 年上线以来，已迅速成为获取化合物分子及相关药物筛选活性数据的重要开放数据资源[1, 2]。因此，本书对 PubChem 专辟一节予以介绍。

值得注意的是：PubChem 上线以来，其界面和功能都在不断地改进和扩充。本节关于 PubChem 的内容截至 2017 年 3 月，当本书第一版印刷发行时，应该有更新。但是，PubChem 数据库的基本设计原则具有一致性并将继续保持。

6.5.2　PubChem 的目标

开发 PubChem 的初衷是为美国国立卫生研究院（NIH）的小分子库计划（Molecular Libraries Initiative）的生物筛选实验结果数据配套数据库。很快，PubChem 的收集范围被扩大到 NIH 之外，它收储各类筛选数据，甚至收储没有相关活性数据的小分子化学结构。

PubChem 不是一个孤立的数据库。技术上，它只是美国国家生物技术信息中心（NCBI）托管的众多数据库之一，其他的数据库还有 PubMed（医学和生物/生化文献数据库）、GenBank（DNA 序列）及 MeSH（用于描述和索引生物和化学主题的控制词典）等。因此，在设计 PubChem 时，已考虑了现成的 Entrez 查询系统（NCBI数据库群背后的大型软件系统）的基础架构。PubChem 与 NCBI 的其他数据库相互链接，并且支持跨库查询。由于 PubChem 存储的信息的性质，标准的 Entrez 查询工具有时不太适合检索 PubChem。许多标准的化学信息学查询无法用 Entrez 的通用查询语言来实现，因而必须额外为这些数据查询开发独立的查询界面。

6.5.3　PubChem 数据库的体系结构

PubChem 由三个主要数据库组成。

6.5.3.1　化合物数据库

截至本节撰写时，PubChem 数据库收录了大约 8500 万种化学结构不同的分子。数据库中的每个分子结构都有一个唯一的化合物标识符（compound identifier，CID）。标识符是一个简单的整数，分配时数字按顺序递增。

6.5.3.2　物质数据库

物质是指关于一个化学结构的存储记录。每个新的存储记录都会被分配一个唯一的整数 ID，称为 SID（structure ID）。物质并不对应于一个独立的化学结构（数据库中可能含有同一个化学结构的多条记录），因为同一个分子可以由不同提交者录入，或者由同一提交者多次输入。

物质记录在被提交后，会被进行一致性评价和标准化。后者意味着化合物结构按统一方法表示（例如，统一硝基的离子或五价形式，以及在立体中心放置楔形键等）。后面将对此做详细解释（参见本系列丛书方法卷第 3 章）。如果标准化后的化学结构对应了数据库中已有的 CID，则在 SID 和 CID 之间建立链接。否则，就为 SID 生成一个新的 CID。许多 CID 都链接到多个 SID，但是每个 SID 只链接到一个 CID。当前，SID 数据库含有约 2 亿个条目。

关于化合物和物质数据库的具体描述可以参考文献[3]。

6.5.3.3　实验数据库

它包含大约一百万个实验数据表。实验数据表的每一行（不包空白行或数据缺失行）都链接到一个单独的 SID。在实验数据库中，实验的标识符称为 AID（assay ID），这也是一个整数。实验数据表的大小差异很大，有的实验少于 10 个分子，而有些高通量测试的规模接近 100 万个化合物。某些字段对于跨实验处理数据是必需的，因而在实验数据表中必须含有；除此之外，实验数据表还可以存储任何数量的附加数据列。例如，测试结果的总结（有活性、无活性、不确定）就是必填数据，除此之外，实验往往还能提供一些更详细的活性记录（如 IC_{50} 值、剂量-响应曲线等）。前者作为一个基本的工具，用于标记一个化学结构是活性的、非活性的，还是过度活性的（如随机结合化合物）；而后者对于同一组实验内部或相近几组实验之间的详细数据分析具有重要价值。关于实验数据库的介绍见参考文献[4]和[5]。

将每一行实验数据链接到 SID，而不是直接链接到 CID，是 PubMed 特意设计的。错误难以完全杜绝。例如，实验中偶尔会发现测试的分子与之前想象的化学结构不一样；或者，一些信息（如立体化学信息），在初次提交数据库之后才被确定。在这种情况下，实验记录将被更新，并被分配一个新的 SID，然后新的 SID 会被链接到一个已有的或新的 CID。此外，当结构标准化软件的组件被更新时，也可能会导致出现不同的 CID 结构。

6.5.4　PubChem 的数据资源

除了提交实验数据（此时化学结构只是一个辅助项）之外，也可以单独提交化学结构。这些化合物尽管不带有实验数据，但是拥有其他属性。例如，这些属性可以是它们含有 NCBI 之外其他数据库的标识符或索引号。因此，PubChem 的化学结构都包含了到其他数据库的广泛链接，如供应商目录、各种研究数据库、专利库等。PubChem 在结果页面上显示提交者提供的链接，成为链接到其他数据库的枢纽。

截至本节撰写时，全球有 450 个经过确认的化学结构相关的数据资源[6]。PubChem 要求数据提交者具有专业资质且拥有上传数据的知识产权。每个 SID 或 AID 数据记录都链接到特定的提交者，当出现问题时可以单独处理。PubChem 还有一些机制可以暂时隐藏信息项或延迟公开，以支持如论文发表、基金或专利申请等要求。评阅者可以通过单独网址（URL）等访问尚未公开的数据。提交者也可以撤回他们的数据。

6.5.5　PubChem 的数据提交和分子结构表示

结构和实验数据上传到 PubChem 之后，要经过初始处理才能存入数据库。这个初始处理的目的是标准化数据格式，对化合物结构正确性（如电荷分布和总电荷）进行全面测试，以统一的规格重新编码化学结构特征（如前面提到的硝基）。PubChem 内部储存化合物均含有全套的氢原子。但是，因为历史原因（多年前的计算机系统的内存和磁盘空间比当今的小几个数量级），许多较老的化合物数据库中的化学结构不包含氢原子。这也反映在一些传统的文件格式中，例如，广泛应用的 SD 文件通常会忽略化学结构中的所有氢原子或那些在结构图中通常不显示的氢原子。这种传统的编码方式会对真实的化学结构（特别是当元素具有多个有效价态时）带来不确定性。如果化学结构没有包含氢原子的信息，当化学结构被提交到 PubChem 数据库中，其氢原子状态会在数据标准化过程中被检查和提示，让提交者对结构予以确认和修正。

立体化学是另一个常见的问题。标准化过程可以自动排查错的立体化学信息（即在非立体化学的位点错误地标示了原子或化学键的立体化学）。但是，立体化学信息的缺失无法自动解决。仅从提交的数据自身，通常无法确定被测试的化合物究竟是外消旋体，还是尽管确定了手性，但其具体手性情况未知或者仅仅是因为实验者没有提交。PubChem 数据库可以自动分析立体化学构型，例如，在正确的结构画法中发现立体化学中心；但是早期的传统文件格式往往难以（甚至不可能）可靠地表示这些立体化学信息。

PubChem 的结构数据处理引擎可以处理价键模型中不能表示的非经典化学

键。其中的一个尝试是对金属复合物重编码为复合物键（complex bond），使其不存在不合理的电荷和价键，并检测其电荷-电荷静电相互作用。在下载结构数据时，这些扩展的化学键信息可以被复原——PubChem 为此定义了一个向后兼容的 Molfile/SDF 格式扩展。下载的 ASN.1 编码的结构数据在其核心数据结构中直接包含了扩展的化学键信息。

结构标准化处理器还可以作为单独的 web 服务器被公开访问[7]。

6.5.6　PubChem 的数据扩充

在数据标准化之后，将计算一组标准的结构属性，包括对药物化学有意义的性质（分子量、log P、可旋转键数、氢键供体和受体数、手性原子、IUPAC 名称）、标准结构编码（如经典的 SMILES 线性式或 InChI 码），以及二维和三维结构（包括用于三维结构检索的一组不同构象）。当在 CID 和关联的 SID 集之间切换时，SID 对应的 2D 和 3D 结构是根据它们提交时的形式显示的（如果它们是提交的一部分；但对应于 SMILES 的数据不包含 2D 和 3D 结构，需要后续通过计算获得），CID 对应的 2D 和 3D 结构是计算得到的。例如，对于常见的环系统，如甾体，计算系统会以标准的取向和构型布局显示常见的环体系（如甾体，显示底部为六元环，右上角为五元环）甚至如吡啶（氮置于底部）或苯胺（氮取代基置于上方）等小的化合物，而数据提交者往往不会严格按照这种标准 2D 结构布局来提交他们的结构图。

除了提交简单的化学结构之外，在许多情况下，还有一些输入的化学结构并不对应单一的化合物、盐或其他衍生物。在这些情况下，将生成原始结构的几个变体，每个作为单独的实体进行处理。例如，化合物的脱盐形式（如将金属乙酸盐标准化为乙酸）、经典的互变异构体，或者在提交多组分混合物时拆分为单独的组分提交。PubChem 数据库可以追踪这些标准化和拆分过程，存储了相关关系链接。在用户界面中，这些信息被用于提供导航链接，因此在需要时可以跟踪每个化学结构的处理路径。

6.5.7　PubChem 的数据库存储准备

标准化的最后一步是计算一组化学结构的哈希码（Hash code）。这些哈希码中最全面的（包含了立体化学和同位素标记）是 CID 数据库实际的主关键字。化学结构的哈希码与 CID 之间唯一对应，这种映射一旦建立将一直保存。如果一个 CID 的所有 SID 都被撤销了，这个 CID 将不再被使用。但是，如果随后有新提交的 SID 关联到这个休眠的 CID，该 CID 将被重新激活。除了用作主关键字的哈希码之外，还存在其他哈希码。例如，忽略立体化学或同位素标记或互变异构体的哈希码。这些哈希码具有双重作用，一方面，它们也可以用作导航链接（例如，使用不含同位素只包含连接性和立体化学信息的哈希码跳转到含同位素标记的各个相关化合物）；另一方面，它们是 PubChem 结构相似性算法的一部分（见下面介绍）。

SID、CID 或 AID 相关的信息被整合到 NCBI 标准数据块。NCBI 在早期就确定将其所有电子数据标准化为一种通用模式驱动的二进制数据格式 ASN.1[8]。在 NCBI 之外，这种格式主要用于电子通信，类似于更常见的 XML 方法，其结构编码方法细节在规范文本中有详述。

PubChem 是 NCBI 系统的一部分，当化学结构或实验数据在 NCBI 其他数据库有对应时，这些对应的部分会使用共享的编码模式。经过几十年发展，NCBI 数据编码方案已经很完善，可满足罕见和特异的数据表示需求。例如，参考文献不仅是 PubChem 记录的一部分，更是 PubMed 的核心内容，其编码方案的复杂程度十倍于 PubChem 实验和化学结构数据的编码。

PubChem 的化学结构和实验数据能以二进制 ASN.1 的原始格式下载，或自动转换成 ASCII 格式（唯一可以确保不会丢失任何信息的格式）。目前，至少有一种第三方化学信息工具包，可以处理原始的 ASN.1 格式的 PubChem 结构和实验数据[9]。ASN.1 编码规范可以免费下载[10]。

所有 PubChem 数据、结构和实验，都可以经免费下载之后在本地的应用程序中使用，而无需 NCBI 数据库系统的参与[11]。

6.5.8 PubChem 的查询数据准备和结构检索

在检索 PubChem 时，为了提高检索效率，结构查询字段被提取出来存储在专用数据库中。对于普通的字符串（文本）和数字字段，如 CID、ID、化合物名称、外部 URL 链接、重原子数或分子量等的处理方式都很直接，与 NCBI Entrez 中的任何其他数据库一样，用标准 Entrez 语法查询[12]。对于特殊的化学查询，添加了几个特殊用途的字段作为附加列，包括从结构计算出的各种哈希码。这些哈希码作为标准化过程的一部分已经在前面提及。它们主要用于快速的全结构检索，但也在 PubChem 的相似性搜索方法中发挥作用。结构指纹也通过计算得到，它们编码特定子结构特征（如元素、特殊环境的原子、短原子序列或环的类型）在分子中存在与否。根据分子指纹的类型，可以是测试一个固定的特征子集，并在向量中的特定位置编码；也可以检测特定类的全套特征，并在伪随机位向量位置编码。指纹向量的尺寸一般为几百个二进制位，这些位向量有两个用途：一是加速子结构或超结构检索，子结构图匹配算法比较慢，因此，应尽可能避免直接用子结构匹配算法检索化学数据库，除非万不得已。

子结构指纹是布尔向量，它可以提高化学结构数据库检索的效率。在检索之初，先计算被查询子结构的指纹，然后与数据库中化学结构的预计算的子结构指纹比较可直接得到结果，不需详细的子结构匹配。子结构指纹向量中的每个位代表一个特征子结构，位码为 1 表示该子结构存在，否则不存在。子结构指纹向量比较操作通过简单的处理器指令并行地以 64 位甚至更长的位来实现，速度极高。对典型的子结构查询，子结构指纹向量比较过程通常会将 99%的数据库结构作为不匹配项直接排除。

当子结构和数据库中化合物的结构的角色颠倒时，这种查询被称为超结构检索，它需要一些额外的技巧。严格地说，一个拥有完整氢原子的数据库结构不能是除了自身以外的任何查询结构的子结构。如果一个数据库结构被认为是一个子结构，那么它就意味着要进行不含氢原子的结构匹配。这意味着不能简单地用子结构指纹向量进行筛选，因为任何包含氢原子的特征位都不能被测试。解决方案可以是使用一个掩模来隐藏那些涉及氢原子的位（这只对具有一组已定义模式的指纹易于操作），也可以计算数据库中的结构在去除所有氢原子相关模式和特征后的第二个筛选位向量。PubChem 使用的是第二种方法。

对于超结构检索，比较数据库结构（作为子结构角色）中的重原子数与查询结构的重原子数也很有帮助。如果数据库结构的记录中有更多重原子，则查询结构就不可能是其超结构。对于普通的子结构查询也可以这样做，但这样做通常不是很有选择性。因为典型的查询子结构都不大，大多数的数据库结构都超过了它的大小。

子结构指纹向量的第二个用途是用于相似性搜索。化学信息学中对相似性的经典定义是使用简单的子结构指纹向量比较方法来计算结构之间的相似性得分。两个子结构指纹向量中都存在的"1"位表示两个结构有共同的子结构特征，而两个子结构指纹向量中只有其中之一被设置为"1"，表示两个结构没有该结构的共同特征，这个方法很直观。目前，已发表了许多方法来比较位向量（如欧几里得距离、城市街区距离、余弦、Tversky、Tanimoto、Dice、Forbes、Hamman、Kulczynski、Pearson、Russel/Rao、Simpson、Yule 等）。事实上，在典型的化学信息学应用中，算法对于药物化学的重要性及对于结果的质量和排序来说并不重要。Tanimoto 算法或多或少已经成为标准的算法，也是 PubChem 所采用的算法，其相似度计算值在 0.0（完全没有相似性）和 1.0（两个向量的每一个位都完全一致）之间。

PubChem 将 Tanimoto 值放大成一个介于 0~100 之间的整数。除了计算标准相似度外，还将比较查询结构和数据库结构的哈希码。对于完全一致的结构，分数被提高到 104。如果同位素或立体化学有一个不匹配，但结构的连接方式相同，得分为 103。如果同位素和立体化学都有不匹配，但结构的连接方式相同，分数是 102。互变异构体的分数是 101。如果这些附加的结构一致性都不能建立，则报告正常的相似性得分。

为了高效地进行分子式查询，分子中元素计数也存储在一个专门的整数数组中，并存储在数据库。

数据库中还存储了预先计算的各种大小的化学结构图，从很小的缩略图预览（不显示任何原子符号，而只用彩色正方形显示杂原子）到多种样式的完整结构图。

构建一个结构可检索数据库的最后一步是以紧凑格式对结构进行编码，且要求编码容易被解码成适合逐原子匹配的数据结构。SMILES 就是这种线性编码。解码过程需要较多计算时间，解码后的结构仍然缺少大量信息，如原子、键的环或芳香性状态，通常是子结构查询的一部分。如果缺少这些信息，就只能在每次匹配尝试中动态计算这些信息，其计算代价高得让人望而却步，因此，直接将 SMILES 用于结构数据库检索是有困难的。PubChem 开发了一种称为 Minimols 的自定义的结构编码。其每个结构记录的平均大小是约 150 字节，仅仅是一个典型 SMILES 长度的两倍，但它不仅对结构连接进行了编码，还可以在解压后立即获得大约 20 个常用的原子、键、环、环系统等查询属性，而这只需要一个内存分配或静态缓冲区。

对于数字和文本数据字段，PubChem 设置了标准数据库索引。对于链路遍历功能（例如，从 CID 到 SID、从 AID 到 SID 或到相似的实验或结构），有许多专用的和预先计算的源 ID 至目标 ID 映射表。在这些映射表的支持下，仅仅需要通过简单的查找索引数据库表行的操作，就可以在数据库化学结构空间或实验数据集之间实现相互链接。

6.5.9 化学结构查询项的输入

PubChem 支持多种提交结构查询的方法，既可以直接输入或者复制粘贴 SMARTS 等，也可以上传结构查询文件，如带有查询属性的 MDL Molfiles 或 ChemDraw/SymxyDraw 文件。PubChem 结构查询处理引擎不限于单个查询格式，它可以广泛读取常用的各种查询文件格式，并将其查询内容转换为通用的内部格式。

另一种结构输入的方法是使用 PubChem 的结构绘制器 Sketcher，这是一个用于交互式绘制查询结构的 web 应用程序。在 Sketcher 的发展过程中有个有趣的故事。NCBI 一直严格禁止使用任何 Java 小程序，因为根据使用经验，这些小程序通常会在没有正确配置的客户端计算机系统上造成问题。同理，需要安装客户端软件（如 ChemDraw 插件）的输入工具，以及特定的浏览器或客户端计算平台等，都不是理想的解决方案。NCBI 的用户来自世界各地，其中很多用户使用各种老旧的和缺少维护的计算机系统，他们既不具有支持 JavaScript 的最新浏览器，也没有高速的互联网连接。因此，开发的结构输入方法必须要支持 IE6 及以后的浏览器，而且提供一个能在使用拨号联网的情况下绘制结构的工具，其带宽要求不超过互联网带宽。

这个问题在一个定制开发项目中得到了解决。PubChem Sketcher 几乎完全是基于服务器的，在客户端上只有非常少量和基本的 JavaScript 组件，它依赖于服务器不断更新生成 GIF 和 PNG 图像，在浏览器上呈现不断绘制的结构图。启动前不需要上传大量的 JavaScript 或 Java 代码库，而且结构图像压缩效果非常好（因为它们几乎完全是白色的背景），所以对网络连接的带宽要求非常低。在发布 12 年后，这些技术和限制可能有待重新审查，但到目前为止，Sketcher 很好地发挥了其作用，客户端计算机几乎不会遇到任何技术障碍[13]。

除了支持用户直接绘制结构，Sketcher 还可以作为结构转换中心。它可以识别和读取上传数据文件中的大约 50 种不同的分子结构文件格式，被连接到许多 web 服务器（不仅限于 NCBI 托管的）用于实时把各种结构标识符（如化合物和商品名、CAS 号、各种数据库的 ID、SMILES、InChI 或 SMILES 字符串）转换为分子结构，用于直接提交或进一步编辑。甚至，PubChem Sketcher 还可以上传化学结构图片，这些图片被提交给后台的化学图形字符识别（OCR）服务，从而识别这些结构。

虽然 Sketcher 在反馈字段中显示 SMARTS 查询，但这并不是实际传输到 PubChem 查询处理系统的内容。Sketcher 和结构匹配引擎共享一个代码库，并使用专有序列化目标格式在这些系统之间进行无损信息传输。

6.5.10 查询处理

当 PubChem 收到查询结构后，将建立一个查询表。查询计算之间的复杂度相差很大。简单的 ID 查询几乎可以瞬时完成，因为数据库有索引。对范围广、结构复杂、对筛选不敏感的分子结构查询，有可能需要数分钟之久。复杂的查询不会立即执行，而是在系统中排队，它们的执行可能会因系统过载而延迟。

PubChem 数据库是多台服务器上运行的并行数据库，而且数据库的各个部分保存在不同的服务器上，因此 PubChem 数据库可以被并行地查询。

查询结果页面是从模板产生的，用户可以根据查询的结果使用不同的模板。

6.5.11 PubChem 入门

下面介绍 PubChem 能够完成的典型教育或研究任务，以及执行情况。

如果通过案例介绍 PubChem 使用方法，那么本教程可能在本书第一版印刷和发行之后不久就不再适用了。因此，不如建议读者查看最新发布的 PubChem 教程。

学习 PubChem 可以从其自身的课程网页开始[14]。读者既可以下载课程材料，也可以预约 PubChem 代表进行为期 1~2 天的现场教学。

教学材料既包括一些简单步骤（如结构检索[15]），以及针对学生和初次使用者的一些小型的、独立的研究。此外，在 YouTube 上，也可以找到很多介绍使用方法的视频[16, 17]。

　　一个简单的教学实例是关于探索阿司匹林和泰诺与 PLA2 蛋白的不同结合模式。在这个例子中，不仅使用了 PubChem，也使用了 NCBI 的其他蛋白质数据库[18]。其他研究实例还包括：收集与 Gaucher disease 相关的实验数据[19]，沙林及其相关化合物的毒理学数据[20]，以及人类 5-羟色胺受体激动剂的特性[21]。

　　有许多经过同行评审的论文描述了如何应用 PubChem 的功能解决药物化学实际问题，特别是论文[22]～[24]有很好的指导意义。此外，论文[25]介绍了在一个大型研究中使用 PubChem 在线服务（包括使用 PubChem 检索到的数据构建本地数据库）的实例。

6.5.12　Web 服务

PubChem 不仅提供面向人的 HTML 界面，也可以被整合到第三方应用软件中。因为从网页中提取特定的数据很困难，所以当外部软件使用 PubChem 作为数据源时，不能使用网页的格式，为此，PubChem 提供了多种可供软件工具使用的替代页面[26]。此外，Entrez 命令行工具是 NCBI 各个数据库中的通用工具，因而也可以通过它们访问 PubChem。

通过软件访问 NCBI 数据库的基本途径是通用的 Entrez e-utilities[27]，包括查询数据库状态和配置信息、提交标准的数字或文本查询、管理查询结果或检索特定结果项等应用。查询参数作为 URL 参数传递，结果为 XML 数据。

访问 PubChem 特有功能的高级途径是超级用户入口（power user gateway，PUG）[28]。这种途径可以实现网页绝大多数的查询功能，而且 PUG 还包含了用户界面所没有的多项高级功能。PUG 的配置由 XML 数据 blob 类型指定，返回的结果也（通常）是 XML。除了查询处理之外，PUG 还提供对 PubChem 体系中结构处理步骤（如结构标准化）的访问。

PUG 是访问 PubChem 最强大的可编程访问通道，但是 XML 的设置比较复杂。对于标准任务，还有一个 REST 接口，其参数可以像 Entrez e-utilities 一样作为 URL 参数简单地传递[29]。

6.5.13　小结

PubChem 改变了公共化学信息的格局。含有大量化学结构和实验结果的计算机数据库，大大促进了科学数据的交流。

人们曾经一度担心 PubChem 可能会与商业数据提供商[如美国化学会的化学文摘服务公司（CAS）]产生激烈竞争，甚至将其消灭，但这些担忧最终并未成为现实。在 PubChem 刚出现时，为了限制甚至取缔 PubChem 的大量政治游说活动现在看来是荒诞的[30]。相反，许多商业的数据提供商已经认可了 PubChem 作为结构和实验初步查询的中心门户的积极意义，他们现在常常将自身的数据链接到 PubChem。

在可预见的未来，PubChem 项目的基金都是有保障的，它将会继续提供服务并不断发展。

参 考 文 献

[1] Bolton，E.，Wang，Y.，Thiessen，P.A.，and Bryant，S.H.（2008）Chapter 12，in *Annual Reports in Computational Chemistry*，vol. 4（eds R.A. Wheeler and D.C. Spellmeyer），Elsevier，Oxford，UK，pp. 217-241.

[2] Wang，Y.，Xiao，J.，Suzek，T.O.，Zhang，J.，Wang，J.，and Bryant，S.H.（2009）*Nucleic Acids Res.*，**37**，W623-W633.

[3] Kim，S.，Thiessen，P.A.，Bolton，E.，Chen，J.，Fu，G.，Gindulyte，A.，Han，L.，He，J.，He，S.，Shoemaker，B.A.，Wang，J.，Yu，B.，Zhang，J.，and Bryant，S.H. *Nucleic Acids Res.*，**44**，1202-1213.

[4] Wang，Y.，Suzek，T.，Zhang，J.，Wang，J.，He，S.，Cheng，T.，Shoemaker，B.A.，Gindulyte，A.，and Bryant，S.H.（2014）*Nucleic Acids Res.*，**42**，1075-1082.

[5] Wang，Y.，Bolton，E.，Dracheva，S.，Karapetyan，K.，Shoemaker，B.A.，Suzek，T.O.，Wang，J.，Xiao，J.，Zhang，J.，and Bryant，S.H.（2010）*Nucleic Acids Res.*，**38**，255-266.

[6] NCBI Data Sources，https://pubchem.ncbi.nlm.nih.gov/sources/（accessed January 2018）.

[7] NCBI PubChem Standardization Service Help，https://pubchemdocs.ncbi.nlm.nih.gov/standardization-service（accessed January 2018）.

[8] NCBI Structure，www.ncbi.nlm.nih.gov/Structure/asn1.html（accessed January 2018）.

[9] Cactvs toolkit：www.xemistry.com（accessed January 2018）.

[10] ftp://ftp.ncbi.nlm.nih.gov/pubchem/specifications/pubchem.asn（accessed January 2018）.

[11] NCBI PubChem Download Facility Help，https://pubchemdocs.ncbi.nlm.nih.gov/downloads（accessed January 2018）.

[12] Entrez Help [Internet]. Bethesda（MD）：National Center for Biotechnology Information（US）；2005-. Entrez Help. 2006 Jan 20 [Updated 2016 May 31]. www.ncbi.nlm.nih.gov/books/NBK3837/（accessed January 2018）.

[13] Ihlenfeldt，W.D.，Bolton，E.，and Bryant，S.H.（2009）*J. Cheminf.*，**1**，20.

[14] NCBI Principles of PubChem，www.ncbi.nlm.nih.gov/Class/PubChem/course.html（accessed January 2018）.

[15] NCBI Finding Compounds Using the Structure Sketcher，www.ncbi.nlm.nih.gov/Class/PubChem/powertools/sketcher.html（accessed January 2018）.

[16] www.youtube.com/watch？v＝piYf5QfJ8OM（accessed January 2018）.

[17] DivCHED CCCE：Cheminformatics OLCC PubChem Advanced Search Tutorials，olcc.ccce.divched.org/PubChemAdvSearch（accessed January 2018）.

[18] NCBI Comparing Binding Modes：Aspirin and Tylenol，https://www.ncbi.nlm.nih.gov/Class/PubChem/essentials/aspirin.html（accessed January 2018）.

[19] NCBI Finding BioAssay Data：Gaucher Disease，www.ncbi.nlm.nih.gov/Class/PubChem/essentials/gaucher.html（accessed January 2018）.

[20] NCBI Finding Toxicological Data：Sarin，www.ncbi.nlm.nih.gov/Class/PubChem/essentials/sarin_tox.html

（accessed January 2018）.

[21]　NCBI Finding Active Compounds: Agonists of Human Serotonin Receptors，ww.ncbi.nlm.nih.gov/Class/PubChem/essentials/serotonin.html（accessed January 2018）.

[22]　Zhou，Z.，Wang，Y.，and Bryant，S.H.（2010）*J. Mol. Graphics Modell.*，**8**，714-727.

[23]　Cheng，T.，Li，Q.，Wang，Y.，and Bryant，S.H.（2011）*J. Chem. Inf. Model.*，**51**，2440-2448.

[24]　Fu，G.，Ding，Y.，Seal，A.，Chen，B.，Sun，Y.，and Bolton，E.（2016）*BMC Bioinf.*，**17**，160.

[25]　http://master.bioconductor.org/packages/devel/bioc/html/bioassayR.html（accessed January 2018）.

[26]　Kim，S.，Thiessen，P.A.，Bolton，E.，and Bryant，S.H.（2015）*Nucleic Acids Res.*，**43**，605-611.

[27]　NCBI Entrez Programming Utilities Help [Internet]，www.ncbi.nlm.nih.gov/books/NBK25499/（accessed January 2018）.

[28]　NCBI PubChem PUG Help，https://pubchemdocs.ncbi.nlm.nih.gov/power-user-gateway（accessed January 2018）.

[29]　PUG REST https://pubchemdocs.ncbi.nlm.nih.gov/pug-rest（accessed January 2018）.

[30]　Kaiser，J.（2005）*Science*，**308**，774.

6.6　药效团及其应用

Thomas Seidel[1], Gerhard Wolber[2], and Manuela S. Murgueitio[2]

[1]University of Vienna, Faculty of Life Sciences, Department of Pharmaceutical Chemistry, Althanstraße 14, 1090 Vienna, Austria

[2]Freie Universität Berlin, Institute of Pharmacy, Computer-Aided Drug Design, Pharmaceutical and Medicinal Chemistry, Königin-Luisestr. 2 + 4, 14195 Berlin, Germany

严 鑫　周晖皓 译　　徐 峻 审校

6.6.1　引言

药效团概念在药物化学中得到广泛的应用,是计算机辅助药物设计的主要技术,这得益于其模型的直观性和可解析性。因此,用药效团来解释配体-靶标结合模式很有用。然而,药效团这个词仍然存在一些歧义。历史上,药物化学家使用(现在仍然使用)药效团来表示作用于特定生物靶标的一组化合物的共同骨架结构或功能要素,这些要素对生物活性是必不可少的。但是,1998 年 IUPAC 对药效团的正式定义与它不完全一致[1],药效团的现代定义是:"药效团是分子作用于生物靶标并产生或阻止生物应答所必需的形状和电荷特征的最佳组合。"

根据该定义,药效团不代表分子(β-内酰胺、二氢吡啶)的特定结构模式或官能团(如伯胺、磺酰胺)组合,而是对必需的空间和电荷性质的抽象描述。配体与大分子靶标的受体在能量上有有利的相互作用。因此,药效团可被视为分子的最大共同点,具有相同药效团的分子表现出相似的生物学特性并被靶标的相同结合位点识别[2]。

6.6.2　药效团概念的发展历史

药效团的概念在药物化学中并不陌生,在计算机化学出现之前就已经得到广泛应用。早期,文献描述了简单的药效团模式,并将其用作开发新药的工具[2]。基于键长和范德瓦耳斯半径的知识,在 20 世纪 40 年代,有人就提出了关于构效关系的理念,构建简单的二维模型。这方面的典型是对于对氨基苯甲酸(PABA,二氢叶酸的一种生物前体)逆转为对氨基苯磺酰胺抑菌作用的认识,它是伍兹和菲尔德斯[3, 4]提出代谢拮抗理论的基础。如图 6.6.1 所示,底物 PABA 和磺酰胺是等排物。代谢物和其拮抗剂均可以结合到二氢叶酸还原酶表面的关键区域。如果是后者,就会中断代谢过程,细菌的增殖被抑制。

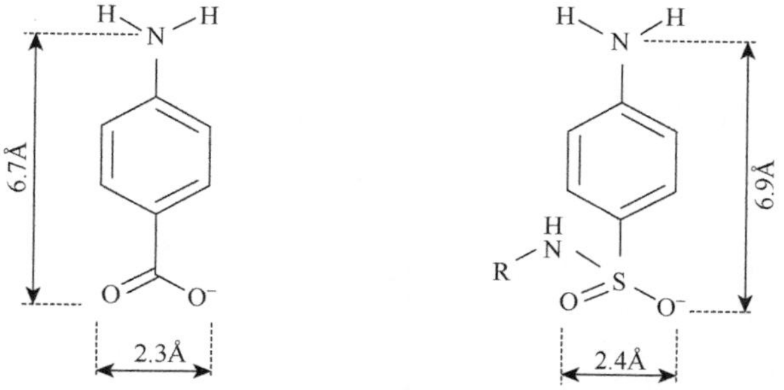

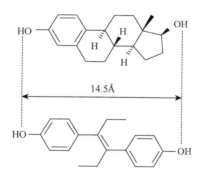

图 6.6.1 对氨基苯甲酸（PABA）和对氨基苯磺酰胺是分子等排体，它们在原子间距离上显示出相似性，而这些距离对于与二氢叶酸还原酶的结合至关重要[2]。当对氨基苯磺酰胺而不是底物 PABA 结合到二氢叶酸还原酶时，四氢叶酸的生物合成将被抑制

另一个早期的例子是反式己烯雌酚的开发和药理评价。由于与雌二醇的相似性，己烯雌酚是合成雌性激素[5]（图 6.6.2）。尽管当时已知雌二醇构象不是平面的，但提出的模型仍然是二维的。

图 6.6.2 雌二醇和反式己烯雌酚的相似性[2]

20 世纪以来，分子结构概念广泛应用，分子构象和手性在解释活性和配体结构之间的相互依赖性方面取得了越来越大的成功。人们意识到，药效团及药效团连接还不足以实现生理活性，它们还必须以适当的几何结构呈现给受体以被受体识别。Easson 和 Stedman 提出了药效团的三点接触模型[6]。如果分子存在手性中心，则假定手性中心的取代基与受体进行三点接触。受体上的三个不等价的接触位点只能与药物分子的一个对映异构体形成互补匹配，而不能匹配另一个光学对映异物体。以肾上腺素为例，更具活性的天然(R)-(–)-肾上腺素通过图 6.6.3（a）所示的三个相互作用与受体结合；而活性较低的立体异构体(S)-(+)-肾上腺素仅能形成两点接触[图 6.6.3（b）]，丧失一个氢键相互作用的能量，导致其与天然形式(R)-(–)-肾上腺素相比活性低约 100 倍。

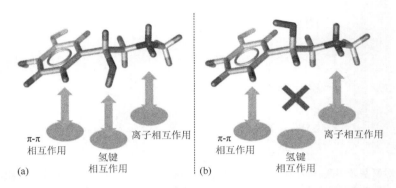

图 6.6.3　天然(R)-(–)-肾上腺素（a）及其立体异构体(S)-(+)-肾上腺素（b）的相互作用能力[2]

核酸酶及其晶体结构的解析进一步支持了药物-受体理论[7]。其中，结合有抗癌药甲氨蝶呤的二氢叶酸还原酶的晶体结构就是很好的例子[8]。随着被解析的蛋白质结构数量不断增加，基于与已知晶体结构的同源建模技术产生了更多的靶标-配体的结合模型。

另一个概念性的突破是对以下问题的回答：化学作用力是否足以解释药物-受体相互作用和其他药理学活性，还是存在其他但未知的驱动力。Wolfenden[9]关于分子间作用力的深入研究表明，药物-受体相互作用仅取决于化学作用力。这演变为配体-受体结合能计算、配体和受体的动态运动以及线性自由能摄动计算。

上述实例和突破，以及 Gund[10]、Humblet 和 Marshall[11]及其他人所做的重要工作，为现代药效团概念及其所有派生的应用铺平了道路。药效团概念总结了化学结构对生物活性的影响，因此药物化学家可以将药效团模型看作是他们针对一个特定药物靶标的一系列活性与非活性分子的广泛结构研究后获得的构效关系知识的"本质"。

6.6.3　药效团的表示

作为一个有用的药物设计工具，药效团必须以统一且易于识别的方式呈现配体-靶标相互作用中涉及的官能团的性质和位置，以及不同类型的非共价作用及其特征。此外，药效团还必须具有预测能力，最好能够设计新颖的化学结构：将一类活性化合物的结构特征转移到其他系列化合物，甚至进行骨架跃迁[12]。

通常，药效团由化学（或药效团）特征的空间排列来表示，这些特征以几何实体的形式指定必要的结构元素和/或观察到的配体-受体相互作用。以这种方式表示药效团非常简单且有效，已获得药物化学家的普遍认可。但是，在构建药效团时应该特别注意对化学特征的抽象程度。在早期的药效团建模技术中，例如，Marshall 等描述的活性类似物方法[13]，药效团可以是任何片段或原子类型。最近的技术[14]使用一种更通用的方法来建立药效团模型，例如，用单一几何实体表示所有负电离基团。这样的概括定义可以生成通用的模型，但代价是选择性。选择性也是药效团模型质量的重要考虑，因此需要限制过于笼统的特征，以官能团的特征代替简单的化学性质。另外，过于严格的限制将增加不同特征类型的数目，降低可比性和发现结构新颖的化合物的能力。当前用于药效团建模的软件包，如 Catalyst[15]、LigandScout[16]、MOE[17]和 Phase[18]，在设计通用的特征集时必须权衡取舍，同时保持足够的选择性以反映观察到的所有相关类型的配体-受体相互作用。

表 6.6.1 的简单分级模型描述化学特征的普适性和专一性的不同水平[19-21]。

表 6.6.1　化学特征抽象级别的分类

层次	分类	普适性	专一性
1	有几何约束的分子图描述符（原子、键）	− −	+ + +
2	无几何约束的分子图描述符（原子、键）	−	+ +
3	有几何约束的化学功能（氢键供体、氢键受体）	+ +	+
4	无几何约束的化学功能（亲酯区，阳离子基团）	+ + +	−

在此模型中，较低的层数对应较高的特异性与较低的通用性。下面给出一些化学特征的具体示例以及相应的抽象层级次：

（1）第 1 层次：一个苯基面向另一个芳香族系统，两者距离为 2～4Å。

（2）第 2 层次：甲基，伯胺、仲胺或叔胺，或羟基。

（3）第 3 层次：氢键受体载体，包括受体位置及指向的供体位点；具有位置和方向（环平面）的芳香环系统。

（4）第 4 层次：氢键受体没有预期的供体位点；亲脂基团。

在低通用性的第 1 层次和第 2 层次上定义特征类型的最常见原因是，在较高级次上的定义不足以描述训练集中出现的必要特征（示例参见[22]）。即使使用第 1 层次或第 2 层次特征，也应该考虑包含第 3 层次或第 4 层次信息以便分类并提高可比性（例如，羧酸作为第 2 层次特征是第 4 层次"可负离子化"特征的子集）。

以下各节简要概述了药效团模型中最重要的配体-受体相互作用类型及其对应的几何表示。

6.6.3.1 氢键相互作用

电负性强的原子（氢键受体，如氧、氟或氮）对质子的吸引作用产生氢键。参与形成氢键的氢必须与另一个电负性强的原子（氢键供体）共价键合。氢键是形成特异性的配体-受体复合物时最重要的特异性相互作用[22]。为了描述氢键相互作用的特征（图 6.6.4），通常将其建模为对受体（或供体）原子的位置（及位置变化的公差），以及对相应供体（或受体）原子的位置（及其公差）。这两个位置共同形成了一个向量，该向量限制了氢键的方向以及相互作用的原子在受体中的位置。具有方向约束的供体与受体特征因此属于分层模型的第 3 层次。当省略方向约束时，它们将成为特异性弱的第 4 层次特征。该特征可以匹配任何受体/供体原子，而不管其能否实际满足形成氢键所需的基本几何前提。

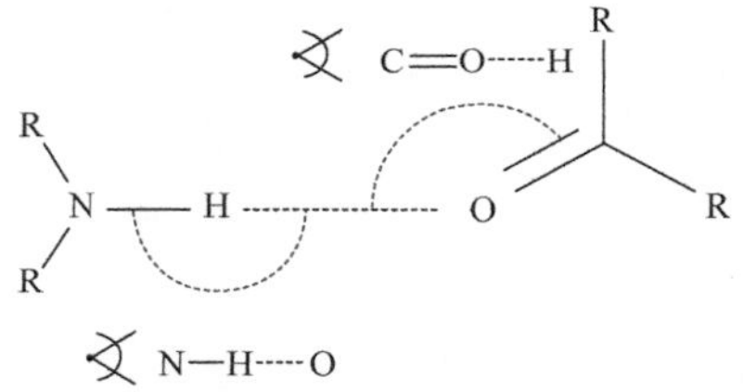

图 6.6.4　氢键的几何特征：N、H 和 O 原子接近呈线性排列；N—O 之间距离通常为 2.8～3.2Å；
N—H—O 角度大于 150°，C=O—H 角度在 100°～180°之间

6.6.3.2 疏水作用

当蛋白质中的非极性氨基酸侧链与配体的亲脂基团紧密接触时，就会发生疏水（亲脂）作用。这样的亲脂基团包括芳香族和脂肪族烃，以及卤素取代基（如氯、氟）和许多杂环（如噻吩、呋喃）。由于蛋白质和配体表面的亲脂性区域无法参与任何极性相互作用，因此吸引力对于疏水相互作用的影响可以忽略不计。疏水作用是由水分子从结合口袋中非极性区域转移到蛋白质口袋之外造成的（图 6.6.5）。这一过程增加了系统的自由度，从而增加了系统的熵，并且让转移到口袋外的不受约束的水分子形成在能量上更有利的氢键作用。根据公式 $\Delta G = \Delta H - T\Delta S$，两种作用都将降低相互作用的自由能变化 ΔG，从而增加配体的整体结合亲和力。由于疏水性相互作用是无方向性的，它们可以用无约束的第 4 层次特征表示，表示为位于配体疏水链、分支或基团中心的公差球（tolerance sphere）。

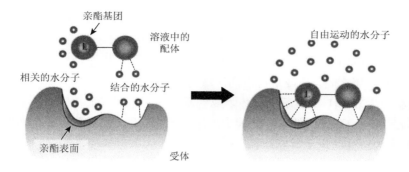

图 6.6.5　在形成亲脂作用（疏水相互作用）时，覆盖结合袋亲脂性区域的水分子被迫移至配体-受体复合物的外部。由于水分子运动性的增加，增加了系统的熵。最终，每平方埃亲脂性接触表面对结合亲和力的贡献通常介于–200～–100J/mol之间（改编自 Böhm et al.，1996[23]）

6.6.3.3　芳香环与阳离子-π 相互作用

芳香环是富电子 π 系统，能够与其他 π 系统和相邻阳离子基团（如蛋白质侧链的氨基、金属离子）形成强大的吸引作用[24]。该吸引作用的强度与氢键在相同数量级，因此在分子生物学的各个方面（如稳定 DNA 和蛋白质的结构、酶的催化、分子识别）发挥重要作用。由于阳离子-π 和 π-π 相互作用需要相互作用的两个化学结构之间具有一定的相对几何构型（图 6.6.6），它们属于定向相互作用的类别。因此，在药效团模型中，芳香性至少由位于芳香环系统中心的公差球表示（第 4 层次特征）。为了表示芳香性相互作用的方向性，通常以环平面法线或定义此矢量的两个点（第 3 层次特征）表示芳香环系统空间取向的附加信息。

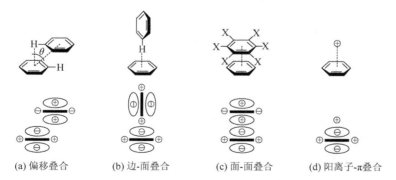

(a) 偏移叠合　　(b) 边-面叠合　　(c) 面-面叠合　　(d) 阳离子-π叠合

图 6.6.6　π-π、阳离子-π 相互作用的立体构型[25]

6.6.3.4　离子相互作用

离子相互作用是很强的（＞400kJ/mol）吸引作用，发生在配体与蛋白质的带相反电荷的基团之间。正或负可电离区域可以是单个原子（如金属阳离子），也可以是能够在生理 pH 下被质子化基团或去质子化的基团（如羧酸、胍基、芳香族杂环等）。离子相互作用的本质是静电作用，无方向性，因此可以用简单的公差球（第 4 层次的特征）表示其相应的药效学特征。

6.6.3.5　金属配位作用

一些蛋白质含有金属离子作为辅助因子。作为其代表，金属蛋白酶[26]通过三个氨基酸的配位作用结合一个 Zn^{2+}（图 6.6.7）。在这类蛋白质中，金属离子与配体的给电子原子或官能团的配位作用通常对配体的整体结合亲和力贡献最大，也决定了配体的作用机制。对金属离子具有很强亲和力的官能团和结构通常是硫醇 R—SH、异羟肟酸/酯 R—CONHOH 或含硫和氮的杂环。在药效团模型中，金属结合相互作用通常由位于与金属离子相互作用的单个原子或基团中心的公差球表

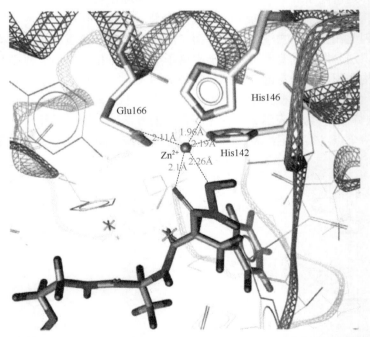

图 6.6.7　嗜热菌蛋白酶与异羟肟酸抑制剂 N-[(2S)-2-苄基-3-(羟基氨基)-3-氧代丙酰基]-L-丙氨酰-N-(4-硝基苯基)甘氨酰胺的复合物（BAN，PDB 编号 5TLN），Zn^{2+}与嗜热菌素的特征性氨基酸 Glu166、His142 和 His146 以及羟基异羟肟酸部分的羟基和羧基氧形成五配位[27]

示。此外，为了另外限制配位金属离子的位置或满足特定的配位几何结构，也可以使用类似于氢键作用的矢量表示。

6.6.3.6 配体形状限制

药效团模型中的特征表示了活性分子与特定受体发生特异和高亲和力结合的必要但不充分的化学特征。一个分子可能呈现一组与药效团模型完全一致的特征，但它仍无法与靶受体结合，因为当分子以药效团模型描述的方式结合时，该分子的某些部分会与受体发生空间冲突。排阻体积是模拟这种情况的一种常用方法。它们通常由大小不等的球体表示"禁止"空间区域，当化学结构与药效团对齐时，化学结构不能占据该空间。受体的晶体结构是正确放置排阻体积的最可靠信息来源。这种基于受体的排阻体积集中在结合位点的适当原子上，其大小由相应原子的范德瓦耳斯半径确定（图 6.6.8）。对齐的分子与其中一个排阻体积球发生冲抵，直接对应于该分子与受体表面的一个原子发生空间冲突，因此该分子不与靶受体结合。受体的三维结构常常是未知的，那么排阻体积的放置就不太直接了，必须手动指定排阻体积的位置和大小，或者使用计算机辅助方法基于一组对齐的活性化合物的分子形状来分配体积球。

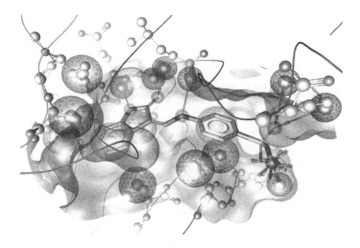

图 6.6.8　LigandScout 为 CDK2/抑制剂复合物（PDB 编号 1KE9）生成的基于受体的药效团

灰色球形代表排阻体积，模拟了受体表面的形状；黄色球体代表疏水性；绿色箭头代表氢键供体；红色箭头代表氢键受体；蓝色球形代表离子相互作用中的正电基团

6.6.4　药效团的建模

可以通过多种方法创建药效团模型，如手动构建，从一种或多种配体的结构

自动感知，或者基于受体晶体结构推算。对于一个给定的问题建模，最适合的方法或工作流程取决于许多因素，例如，可用数据的性质和质量，计算资源以及所创建药效团模型的目标和应用。以下各小节将介绍这些方法及其在药效团建模上的适用性。

6.6.4.1 手动构建药效团模型

创建药效团模型的最简单方法（就算法复杂性而言）是基于一系列已知的活性配体的结构和/或特征信息进行人工构建。手动构建的药效团可能是非常高质量的，特别是当它是基于配体的结构构象的 X 射线结构或者构象柔性低的配体构建的。在这两种情况下，药效团特征的位置是固定的，消除了"构象灵活性"这一最大的不确定性。但是，如果没有额外信息（如配体-受体复合物的结构），那么选择哪些特定特征构建药效团是一个难题。随着计算机辅助药效团建模方法的发展，手工构建药效团的重要性已大大降低，如今通常仅用于对计算机程序自动生成的药效团进行优化或微调。

6.6.4.2 基于受体的药效团

配体/受体复合物的 3D 结构的信息（如来自 NMR 或晶体实验的结构）对于开发高质量药效团模型是非常有用的。复合物中配体的结构直接提供了其活性构象，这对于正确放置药效团特征是必不可少的。结合位点的结构知识可以帮助药效团加入那些配体自身没有涉及的额外信息。开发基于受体（通常也称为基于结构）的药效团模型的基本步骤是通过分析结合口袋及其配体识别潜在的相互作用位点。研究者已经开发了多种方法来识别此类区域[28]，如 GRID[29] 之类的程序。GRID 程序使用小分子或官能团作为探针去分析这些结合位点，并计算探针分子与蛋白质分子中的原子在网格点上的相互作用能，进而生成分子相互作用场（MIF）。然后，通过分析能量等高面，找到通过氢键受体或供体（或任何其他类型特征）与受体相互作用的最有利的区域。LUDI[30] 和 SuperStar[31] 使用基于知识的方法，基于规则为结合口袋的每个原子或官能团生成一组能够参与非键接触的相互作用的位点。这些规则主要来源于对实验结构的统计分析、对原子的化学性质的考虑，以及对诸如氢键供体和受体等的方向倾向性。掌握了相互作用部位的位置之后，便可以生成具有三个、四个或更多特征的所有可能的 3D 药效团。随后，通过基于富集（enrichement-based）的测试方法等验证产生的药效团，滤除质量差的模型。

能够完成从结构到药效团建模整个过程的商业程序，包括 Structure-Based Focusing[32-34] 和 LigandScout[16, 19, 20]。在 Structure-Based Focusing 中，使用位置和大小可调的球体标记结合位点中的关键残基，并生成 LUDI 相互作用图来描述希望配体参与的相互作用。相互作用图被转换成相互作用模型，该模型由结合口袋中的一组点组成，代表配体上药效团特征的位置。这些点的数目由用户定义的密度来控制，但通常很大。因此，需要执行分级聚类，选择较少数量的代表性特征。在添加排阻体积后，搜索由活性物质组成的数据库，以确定匹配率最高的药效团模型。LigandScout 采用更直接的方法，从单个配体-受体复合物推导药效团模型。在认识到杂化态、不饱和键和芳环后，分析配体和结合口袋结构中可以参与氢键、疏水、芳香族、离子和金属结合相互作用的原子和基团。可以根据相互作用特定的几何特征（如允许的距离和角度范围）自定义药效团特征的检测。是否将某个特征整合到最终的药效团模型中取决于其相对于结合位点的互补特征的位置。例如，配体的氢键受体特征，仅当受体的结合位点在一定距离和角度范围内存在氢键供体特征时，才被纳入药效团模型。在检测到复合物的所有互补特征对之后，将相应的配体特征整合到药效团模型，最后添加排阻体积球以模拟结合口袋的形状。图 6.6.8 显示了使用 LigandScout 为 CDK2 复合物（PDB 编号 1KE9）生成典型的基于受体的药效团。

6.6.4.3　基于配体的药效团

当缺少受体的三维结构数据，而已知活性化合物数量足够多时，基于配体的方法可以提供一种替代方法构建药效团模型，帮助寻找新的活性分子。采用基于配体的方法构建一个高质量药效团模型的重要前提是模板配体必须以相同的方式结合到相同受体的相同位点。否则，生成的药效团模型将不能代表正确的作用方式。

许多不同的算法可以帮助从一组配体中生成通用的药效团[28, 35]，但它们都遵循图 6.6.9 所描述的工作流程。在完成配体结构的输入和准备之后，至关重要的第一步是生成数目大且结构多样的构象异构体。这是因为通常不知道输入配体活性构象，但是可以假设这些构象异构体中至少有一个构象与活性构象是近似的。接下来是整个过程的核心，目的是找到所有训练集配体都适用的化学特征[21]，并且可以与每个配体的至少一个构象叠合。通常找到多种药效团模型，因此对这些可能药效团模型进行排序。用户需要通过仔细验证，选择最佳模型[36]。药效团模型验证的方法分为三类[35]：

（1）统计显著性分析和随机检验。

（2）基于富集的方法：在测试数据库中随机选择的化合物中隐藏少量已知的活性化合物，测量从测试数据库中回收活性分子的能力。数据挖掘和接收器工作特性（ROC）曲线的利用[36]属于此类。

（3）匹配分子的生物学测试。

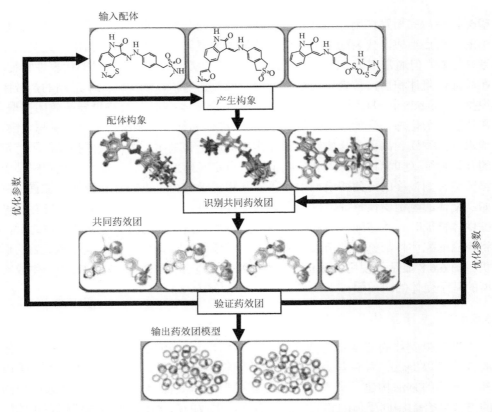

图 6.6.9　基于一组已知活性分子的基于配体的药效团建模工作流程

如果药效团验证结果表明所生成模型的质量不够高，则进一步完善，如特征的删除/添加（如果仅需要小的更改）。如果仍然不行，则必须以不同的设置重复整个建模过程（如更改训练集和/或测试集、调整配体构象异构体和药效团模型生成参数），直到获得可接受的结果。影响模型构建过程的变量很多，加上缺少受体结构信息，基于配体的药效团建模出错机会较大，留下了人为干预的空间。因此，软件的算法能力、用户的专业知识以及全面的验证方案对于基于配体的药效团建模都是至关重要的。

6.6.5　药效团在药物设计中的应用

3D 药效团被应用于药物设计的不同领域。其中，最重要的用途是虚拟筛选，发现新先导化合物。下面介绍基于药效团的虚拟筛选的各种应用和结合分子动力学模拟的 3D 药效团概念的动态药效团技术应用。

6.6.5.1 基于三维药效团的虚拟筛选

3D 药效团是虚拟筛选大型化合物库的理想工具[37]，并且已被成功应用于抗病毒药物[38]、G 蛋白偶联受体调节剂[39]、核受体调节剂[40]以及其他活性化合物的发现。现在，待筛选的小分子库通常含有数百万种化合物，将配体-靶标相互作用模式用药效团表示，大大降低了活性化合物鉴定过程的计算复杂性。此外，基于 3D 药效团的虚拟筛选可发现化学骨架和功能基团与起始化合物不同却有相似药效的小分子[12]。制药公司很关注这种骨架跃迁，因为已知的活性骨架可能已经被竞争者的专利保护或者在药代和毒理等方面有缺陷。

用于虚拟筛选的 3D 药效团是基于蛋白靶标及其小分子配体的已知信息对结合模式的推测。根据已知的信息，可以选择基于结构方法、基于配体的方法，或两种方法的组合。如果已知含有配体的受体的晶体结构时，可以生成基于结构的模型。如果仅知道活性分子，则可以采用基于配体的方法生成药效团。同时具有靶蛋白 3D 结构和活性小分子时，组合方法是最佳选择。

为了进行虚拟筛选，药效团模型必须能够预测活性分子。理想情况下，应该通过筛选含有经过实验证实的活性和非活性化合物的数据库评估药效团模型的预测能力，测试模型是否能够区分活性分子和非活性分子。如果没有活性配体的知识，则只能以更定性的方式评估模型的质量。此外，选择数据集进行模型验证时经常面临的一个问题是缺少足够数量的已知非活性分子，因为这些负结果很少被发表。作为替代，可以生成和使用一组诱饵分子。模型预测能力的评估可以使用不同的评价指标，接下来将介绍其中最常用的一些指标。有关此主题的深入讨论请参考 Truchon 和 Bayly[41]及 Kirchmair 等[42]的综述。

如果虚拟筛选方案从具有 N 个记录的数据库中选择了 n 个分子，则命中列表由活性化合物（真阳性，TP）和非活性化合物（假阳性，FP）组成。未被虚拟筛选方案选择的活性化合物称为假阴性（FN），未被选择的非活性物质称为真阴性（TN）（图 6.6.10）。选择性[S_e，真阳性率，式（6.6.1）]描述了被选择的活性化合物（TP）数目与由 TP 和 FN 组成的活性化合物之和的比值：

$$S_e = \frac{TP}{TP + FP} \qquad (6.6.1)$$

特异性[S_p，假阳性率，式（6.6.2）]表示 TN 化合物数量与数据库中由 TN 和 FP 组成的非活性化合物总和的比值：

$$S_p = \frac{TN}{TN + FP} \qquad (6.6.2)$$

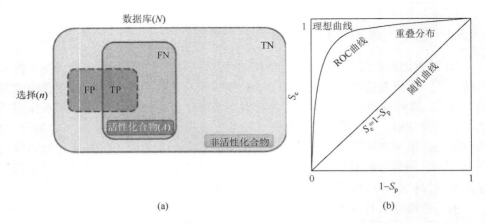

(a) (b)

图 6.6.10　（a）从具有 N 个化合物的数据库中选择 n 个化合物；（b）理想分布、重叠分布和随
机分布的 ROC 曲线

活性成分的产率[Y_a，式（6.6.3）]为 TP 和匹配列表大小（N）之间的比值：

$$Y_a = \frac{TP}{N} \tag{6.6.3}$$

富集因子[EF，式（6.6.4）]描述了相对于随机挑选，经过虚拟筛选后命中率
提高的程度：

$$EF = \frac{TP / n}{A / N} \tag{6.6.4}$$

ROC 曲线[42]是评估虚拟筛选方案性能的常用工具。这些曲线在 y 轴代表选择
性 S_e，x 轴代表 $1-S_p$。曲线的走向很好地反映了预测的质量。理想分布垂直上升
到最大值，然后水平延伸到右边。随机分布对应的曲线是从左下角到右上角的对
角线。一个模型选择活性化合物多于非活性化合物时，该重叠分布的曲线将介于
理想曲线和随机曲线之间（图 6.6.10）。

当给定靶标的 3D 药效团通过验证后，即可将其用于虚拟筛选。用于筛选的
化合物库可以包含能够从供应商购买的化合物、天然产物及能够合成的小分子。
因为化合物的构象灵活性，在虚拟筛选之前，必须将所有化合物转换成多种构象
异构体。虚拟筛选将产生与 3D 药效团匹配的虚拟筛选命中列表。为了减少虚拟
筛选命中的化合物的数目，选择最有希望的分子进行生物学验证，通常会对筛选
列表采用其他方法进一步的过滤（如分子对接、基于形状和特征的筛选、生物利
用度筛选、药物相似性筛选、化学易合成性等）。

作为 3D 药效团在虚拟筛选中的一项成功应用，研究者发现了一类可以抑制
toll-like 受体 2（TLR2）的小分子二聚体[43]。TLR 可以识别病原体并触发先天免

疫反应。但是，研究发现它们不受控制的信号传导可以引发炎症，参与败血症等严重疾病的发展。因此，新的 TLR2 拮抗剂可以用作控制这种不受控制的炎症反应的潜在药物。开始时，TLR2 没有已知的小分子拮抗剂，结合位点也不清楚，因此，3D 药效团只能从受体的晶体结构推测。在发现了小分子的潜在结合位点后，使用 LigandScout[16, 20] 从先前计算的 MIF 中生成了基于结构的药效团。因为当时没有已知的 TLR2 的小分子调控剂，无法对模型进行回顾性统计验证。作为替代，使用模型筛选不同的小分子库，并定性评估筛选命中的化合物与 TLR2 结合位点的匹配程度，进而优化模型。最终模型被用来虚拟筛选含有约 300 万种市售化合物的数据库，采用分子对接验证筛选得到的命中化合物。分析了这些化合物的对接姿态，并选择了五种化合物进行实验验证。其中，一个化合物被确认为 TLR2 拮抗剂（图 6.6.11）。

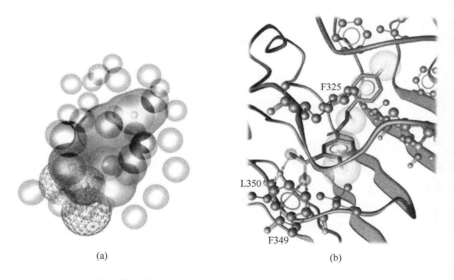

(a)　　　　　　　　　　　　　　(b)

图 6.6.11　（a）TLR2 结合位点的 3D 药效团；（b）通过基于药效团的虚拟筛选发现的 TLR2 拮抗剂的结合模式

另一个筛选案例是关于 α-淀粉酶的小分子抑制剂的发现[44]。该酶负责催化淀粉水解，是治疗肥胖症药物的靶标。基于酶与底物复合物的结构，构建了 3D 药效团。首先，确定酶催化位点的中心区域对于配体结合，然后从文献中收集了 19 种活性分子和 55 种非活性分子构建验证数据集，通过筛选该数据集计算药效团模型的富集因子、特异性和选择性。在验证该模型具有区分活性和非活性分子的能力之后，使用该模型筛选了含有约 180 万种市售化合物的数据库。将基于药效团的虚拟筛选和分子对接相结合，并对化合物的理化特性进行过滤，最终发现了 α-淀粉酶的多种抑制剂。

6.6.5.2　其他应用：从头设计和配体-受体结合构象的评估

除了虚拟筛选之外，3D 药效团还有其他应用，如支持基于片段的药物从头设计[45]。药效团模型可用于描述和约束结合位点的特定区域，指导片段生长过程，并进行虚拟筛选发现合适的分子片段。此外，药效团也可用于帮助选择分子对接的姿态。例如，根据 LigandScout[16, 19, 20]计算的 3D 药效团表示小分子结合所需的重要化学特征，可以根据对接姿态与 3D 药效团的一致性重新进行排序。一些对接程序直接使用基于该技术的打分函数。例如，对接程序 DOCK[46]实现了基于药效团相似性的评分功能，其中参考配体的药效团用于指导其他配体的对接[47]。PharmDock 程序[48]中采用了类似的方案，基于结构的药效团被用来实现对接姿态的采样和排名。此外，3D 药效团模型的集合还可以用来预测小分子的生物学活性[49]，该方法的优势在于其结果的可解释性。

6.6.5.3　目前进展：动态药效团

蛋白质-配体复合物的晶体结构仅仅是柔性蛋白质的静态快照。基于晶体结构的 3D 药效团模型的一个严重的缺点是不包含系统柔性的信息。分子动力学模拟可以获得有关蛋白质随时间的构象变化信息[50]。因此，最近的多项研究尝试将分子动力学模拟获得的蛋白质柔韧性信息整合到 3D 药效团技术中[51-53]。为了在构建 3D 药效团时利用分子动力学获得的构象和动态信息，动态药效团（dynophore）的概念得以提出和应用[51, 53]。动态药效团方法基于分子动力学轨迹构建，通过从动力学模拟的每一帧中提取收集药效团信息，构建动态药效团，包含蛋白质-配体复合物柔性信息。来自不同帧的结构特征被分成若干簇，称为"超特征"，包含配体作用的类型、频率、几何形状及序列等信息。"超特征"由 3D 特征密度图表示，该密度图反映配体-靶标某种结合模式的概率。动态药效团已用于磺基转移酶 1E1 介导的 II 期代谢的预测[51]。磺基转移酶是高度柔性的酶，通过将其蛋白质柔性的信息整合到预测模型中，从 DrugBank（6494 种实验和批准的药物）中准确预测了 1E1 对一组磺化底物的作用[54]。动态药效团还被用于配体-受体结合模式特征空间的分析，帮助了解磺基转移酶的某个特征在分子动力学模拟过程中如何变化以及出现的频率，然后以特征云的形式表示（图 6.6.12）[53]。

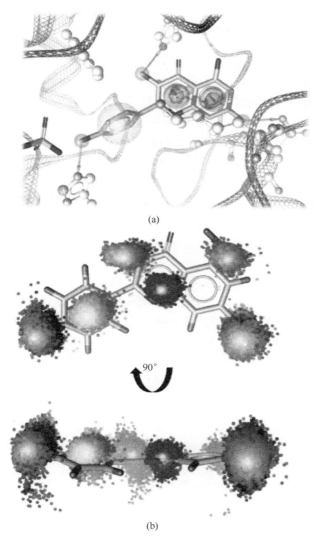

图 6.6.12　山奈酚与 SULT1E1 结合的 3D 药效团和动态药效团

（a）山奈酚与 SULT1E1 结合的静态 3D 药效团；（b）以空间点云显示的山奈酚的动态药效团

　　图中描绘是与 SULT1E1 结合的山奈酚的静态药效团[图 6.6.12（a）]和由复合物的分子动力学模拟产生的动态药效团[图 6.6.12（b）]。两种相互作用模式的比较显示了动态药效团是如何提供随着时间推移出现的特征信息。在静态药效团中，存在两个 π 堆积作用。动态药效团仅包含其中一个，显示该 π 堆积作用在动态系统中可能更加重要。整合此类信息，对于研究柔性蛋白质与配体的结合可能非常有价值。

6.6.6 计算机辅助药效团建模和药物筛选的软件

如今,有多种软件包可用于分子建模和基于 3D 药效团的虚拟筛选,如 Catalyst 软件包(集成在 Discovery Studio 软件中)[15]、LigandScout[16]、MOE[17]和 Phase[18]。这些软件包均包含上述特征类型,但是它们对药效团的具体定义不完全相同[21]。在使用药效团进行虚拟筛选时,筛选结果可能存在很大差异[55, 56]。虚拟筛选的方式也因软件而异。LigandScout 和 Catalyst 在筛选前需要预先生成化合物的各种构象异构体,而 MOE 和 Phase 可以在筛选时即时计算小分子构象,但也需要更长的筛选时间[57]。不同程序之间的主要区别是匹配 3D 药效团的方式。MOE[58]、Phase[59]和 Catalyst[60]使用串联 n 点药效团指纹进行药效团分子叠加;而在 LigandScout 采用了一种模式匹配算法,以提高几何精度[19, 20]。

6.6.7 小结

3D 药效团代表一种简单有效的方法,用于描述小分子与给定大分子相互作用所需的空间和电荷特性。它们通过对化学或药效特征(如氢键供体、氢键受体、正电离区域、疏水区域等)的空间排列的抽象定义,描述了必要的结构元素和配体-受体相互作用。取决于可用的信息,3D 药效团可以采用基于配体或基于结构的方式构建。3D 药效团可用于药物设计过程的不同步骤,特别是在虚拟筛选发现新颖的先导化合物结构时非常有用。其他应用领域包括从头设计、骨架跃迁、并行筛选等。如今,药效团的概念正在整合新的信息,将分子动力学模拟获得的知识整合到 3D 药效团的概念中,产生动态药效团概念。

参 考 文 献

[1] Wermuth, C.G., Ganellin, C.R., Lindberg, P., and Mitscher, L.A. (1998) *Pure Appl. Chem.*, **70**, 1129-1143.

[2] Wermuth, C.G. (2006) Pharmacophores: historical perspective and viewpoint from a medicinal chemist, in *Pharmacophores and Pharmacophore Searches*, vol. 32 (eds T. Langer and R.D. Hoffmann), Wiley-VCH Verlag GmbH & Co. KGaA, Weinheim, 1-13.

[3] Woods, D.D. (1940) *Br. J. Exp. Pathol.*, **21**, 74-90.

[4] Woods, D.D. and Fildes, P. (1940) *Chem. Ind.*, **59**, 133-134.

[5] Dodds, E.C. and Lawson, W. (1938) *Proc. R. Soc. London, Ser. B*, **125**, 122-132.

[6] Easson, L.H. and Stedman, E. (1933) *Biochem. J*, **27**, 1257-1266.

[7] Gund, P. (2000) Evolution of the pharmacophore concept in pharmaceutical research, in *Pharmacophore Perception, Development, and Use in Drug Design* (ed. O.F. Güner), International University Line, La Jolla, CA, 3-12.

[8] Mathews, D.A., Alden, R.A., Bolin, J.T., Filman, D.J., Freer, S.T., Hamlin, R., Hol, W.G., Kislink, R.L., Pastore, E.J., Plante, L.T., Xuong, N., and Kraut, J. (1978) *J. Biol. Chem.*, **253**, 6946-6954.

[9] Wolfenden, R. (1976) *Ann. Rev. Biophys. Bioeng.*, **5**, 271-306.

[10] Gund，P.（1979）*Annu. Rep. Med. Chem.*，**14**，299-308.

[11] Humblet，C. and Marshall，G.R.（1980）*Annu. Rep. Med. Chem.*，**15**，267-276.

[12] Hessler，G. and Baringhaus，K.-H.（2010）*Drug Discovery Today Technol.*，**7**，263-269.

[13] Marshall，G.R.，Barry，C.D.，Boshard，H.E.，Dammkoehler，R.A.，and Dunn，D.A.（1979）The conformational parameter in drug design: the active analog approach，in *Computer-Assisted Drug Design*，vol. 112（eds E.C. Olson and R.E. Christoffersen），American Chemical Society，Washington，DC，205-226.

[14] Greene，J.，Kahn，S.，Savoj，H.，Sprague，P.，and Teig，S.（1994）*J. Chem. Inf. Comput. Sci.*，**34**，1297-1308.

[15] DS Catalyst，*Discovery Studio Modeling Environment 4.5*，Dassault Systèmes BIOVIA，San Diego，CA，www.accelrys.com （accessed January 2018）.

[16] G. Wolber，F. Bendix，T. Seidel，G. Ibis，M. Biely，R. Kosara，*LigandScout 4.0*，Inte: Ligand GmbH，Vienna，Austria，www.inteligand.com （accessed January 2018）.

[17] Chemical Computing Group，Inc Molecular Operating Environment（MOE）2015.10，Montreal，Canada，www.chemcomp.com （accessed January 2018）.

[18] Phase，*4.5*，Schrödinger，LLC，New York，NY，2015，www.schrodinger.com （accessed January 2018）.

[19] Wolber，G. and Kosara，R.（2006）Pharmacophores from macromolecular complexes with LigandScout，in *Pharmacophores and Pharmacophore Searches*，vol. 32（eds T. Langer and R.D. Hoffmann），Wiley-VCH Verlag GmbH & Co. KGaA，Weinheim，131-150.

[20] Wolber，G. and Langer，T.（2005）*J. Chem. Inf. Model.*，**45**，160-169.

[21] Wolber，G.，Seidel，T.，Bendix，F.，and Langer，T.（2008）*Drug Discovery Today*，**13**，23-29.

[22] Krovat，E.M. and Langer，T.（2003）*J. Med. Chem.*，**46**，716-726.

[23] Böhm，H.-J.，Klebe，G.，and Kubinyi，H.（1996）Protein-ligand-Wechselwirkungen，in *Wirkstoffdesign*，Spektrum Akademischer Verlag，Heidelberg-Berlin-Oxford.

[24] Ma，J.C. and Dougherty，D.A.（1997）*Chem. Rev.*，**97**，1303-1324.

[25] Waters，M.L.（2002）*Curr. Opin. Chem. Biol.*，**6**，736-741.

[26] Böhm，H.-J.，Klebe，G.，and Kubinyi，H.（1996）Metalloprotease-hemmer，in *Wirkstoffdesign*，Spektrum Akademischer Verlag，Heidelberg-Berlin-Oxford.

[27] Matthews，B.W.（1988）*Acc. Chem. Res.*，**21**，333-340.

[28] Leach，A.R.，Gillet，V.J.，Lewis，R.A.，and Taylor，R.（2010）*J. Med. Chem.*，**53**，539-558.

[29] Goodford，P.J.（1985）*J. Med. Chem.*，**28**，849-857.

[30] Böhm，H.J.（1992）*J. Comput.-Aided Mol. Des.*，**6**，61-78.

[31] Verdonk，M.L.，Cole，J.C.，and Taylor，R.（1999）*J. Mol. Biol.*，**289**，1093-1108.

[32] Kirchhoff，P.D.，Brown，R.，Kahn，S.，Waldman，M.，and Venkatachalam，C.M.（2001）*J. Comput. Chem.*，**22**，993-1003.

[33] Venkatachalam，C.M.，Kirchhoff，P.，and Waldman，M.（2000）Receptor-based pharmacophore perception and modeling，in *Pharmacophore Perception，Development，and Use in Drug Design*（ed. O.F. Güner），International University Line，La Jolla，CA，339-350.

[34] Dixon，S.L.（2010）Pharmacophore methods，in *Drug Design: Structure-and Ligand-Based Approaches*（eds K.M. Merz，D. Ringe，and C.H. Reynolds），Cambridge University Press，New York，137-150.

[35] Poptodorov，K.，Luu，T.，and Hoffmann，R.D.（2006）Pharmacophore model generation software tools，in *Pharmacophores and Pharmacophore Searches*，vol. 32 （eds T. Langer and R.D. Hoffmann），Wiley-VCH Verlag GmbH & Co. KGaA，Weinheim，17-47.

[36] Triballeau, N., Bertrand, H.-O., and Achner, F. (2006) Are you sure You havea good model? in *Pharmacophores and Pharmacophore Searches*, vol. 32, 325-364 (eds T. Langer and R.D. Hoffmann), Wiley-VCH Verlag GmbH & Co. KGaA, Weinheim.

[37] Triballeau, N., Acher, F., Brabet, I., Pin, J.-P., and Bertrand, H.O. (2005) *J. Med. Chem.*, **48**, 2534-2547.

[38] Murgueitio, M.S., Bermudez, M., Mortier, J., and Wolber, G. (2012) *Drug Discovery Today Technol.*, **9**, 219-225.

[39] Bermudez, M. and Wolber, G. (2015) *Bioorg. Med. Chem.*, **23** (14), 3907-3912.

[40] El-Houri, R.B., Mortier, J., Murgueitio, M.S., Wolber, G., and Christensen, L.P. (2015) *Planta Med.*, **81** (6), 488-494.

[41] Truchon, J.F. and Bayly, C.I. (2007) *J. Chem. Inf. Model.*, **47** (2), 488-508.

[42] Kirchmair, J., Markt, P., Distinto, S., Wolber, G., and Langer, T. (2008) *J. Comput. Aid. Mol. Des.*, **22**, 213-228.

[43] Murgueitio, M.S., Henneke, P., Glossmann, H., Santos-Sierra, S., and Wolber, G. (2014) *ChemMedChem*, **9**, 813-822.

[44] Al-Asri, J., Fazekas, E., Lehoczki, G., Perdih, A., Gorick, C., Melzig, M.F., Gyemant, G., Wolber, G., and Mortier, J. (2015) *Bioorg. Med. Chem.*, **23**, 6725-6732.

[45] Mortier, J., Rakers, C., Frederick, R., and Wolber, G. (2012) *Curr. Top. Med. Chem.*, **12**, 1935-1943.

[46] Moustakas, D.T., Lang, P.T., Pegg, S., Pettersen, E., Kuntz, I.D., Brooijmans, N., and Rizzo, R.C. (2006) *J Comput. Aid. Mol. Des.*, **20**, 601-619.

[47] Jiang, L. and Rizzo, R.C. (2015) *J. Phys. Chem. B*, **119** (3), 1083-1102.

[48] Hu, B. and Lill, M.A. (2014) *J. Cheminform.*, **6**, 14.

[49] Vuorinen, A. and Schuster, D. (2015) *Methods*, **71**, 113-134.

[50] Mortier, J., Rakers, C., Bermudez, M., Murgueitio, M.S., Riniker, S., and Wolber, G. (2015) *Drug Discovery Today*, **20**, 686-702.

[51] Rakers, C., Schumacher, F., Meinl, W., Glatt, H., Kleuser, B., and Wolber, G. (2016) *J. Biol. Chem.*, **291**, 58-71.

[52] Wieder, M., Perricone, U., Boresch, S., Seidel, T., and Langer, T. (2016) *Biochem. Biophys. Res. Commun.*, **470**, 685-689.

[53] Sydow, D. (2015) Dynophores: novel dynamic pharmacophores-implementation of pharmacophore generation based on molecular dynamics trajectories and their graphical representation. Master thesis. Humboldt Universität zu Berlin.

[54] Wishart, D.S., Knox, C., Guo, A.C., Shrivastava, S., Hassanali, M., Stothard, P., Chang, Z., and Woolsey, J. (2006) *Nucleic Acids Res.*, **34**, 668-672.

[55] Spitzer, G.M., Heiss, M., Mangold, M., Markt, P., Kirchmair, J., Wolber, G., and Liedl, K.R. (2010) *J. Chem. Inf. Model.*, **50**, 1241-1247.

[56] Kirchmair, J., Ristic, S., Eder, K., Markt, P., Wolber, G., Laggner, C., and Langer, T. (2007) *J. Chem. Inf. Model.*, **47**, 2182-2196.

[57] Seidel, T., Ibis, G., Bendix, F., and Wolber, G. (2010) *Drug Discovery Today Technol.*, **7**, e221-e228.

[58] Labute, P., Williams, C., Feher, M., Sourial, E., and Schmidt, J.M. (2001) *J. Med. Chem.*, **44**, 1483-1490.

[59] Dixon, S.L., Smondyrev, A.M., and Rao, S.N. (2006) *Chem. Biol. Drug Des.*, **67**, 370-372.

[60] Guner, O., Clement, O., and Kurogi, Y. (2004) *Curr. Med. Chem.*, **11**, 2991-3005.

6.7　活性位点的预测、分析与比较

Andrea Volkamer[1]，Mathias M. von Behren[2]，Stefan Bietz[2]，and Matthias Rarey[2]

[1]Charité-Universitätsmedizin Berlin，corporate member of Freie Universität Berlin，Humboldt-Universität zu Berlin，and Berlin Institute of Health，Institute of Physiology，Virchowweg 6，10117 Berlin，Germany

[2]Universität Hamburg，ZBH-Center for Bioinformatics，Bundesstraße 43，20146 Hamburg，Germany

周晖皓 译　　徐 峻 审校

6.7.1　引言

计算方法已进入早期药物开发的管线，以加速药物发现进程和降低成本[1]。传统上，计算方法是用于从大规模化合物数据库中筛选新的先导化合物（见6.8 节）。近年来，蛋白质结构解析和结构基因组技术有了长足进展，计算机辅助高通量靶标筛选，靶标的优选、鉴定和比较也成为可能。

蛋白质与各种分子相互作用，从而在细胞内行使不同的功能。这些相互作用发生在蛋白质的空腔中，即所谓的结合位点或活性位点。这两个术语描述的都是蛋白质表面的一个可以结合配体的位点。从字面上讲，活性位点这个术语多与酶的催化位点相关。

精确标注蛋白质与其他分子结合的空腔是计算机辅助药物发现工作（如靶标评估和比较）的前提（图 6.7.1）。对于给定的靶标结构，如果已经有一个与之结合的配体，该配体就是结合位点的标注。然而，如果靶标结构没有共晶的天然配体，则需要探测潜在的结合位点。

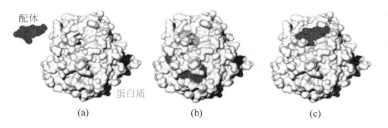

图 6.7.1　（a）以表面图呈现的蛋白质结构（灰色）和游离的潜在配体（蓝色）；（b）预测的潜在结合位点（黄色、红色、蓝色）；（c）蛋白质-配体复合物结构，配体结合到黄色结合位点

靶标优选（target prioritization）是指从一组与疾病相关的潜在靶蛋白中挑选出最有可能结合潜在配体的靶标，它在药物设计的早期阶段非常重要。为了预测靶标

可药性[2]，需要将结合位点描述符与机器学习技术相结合，提取能够区分（已知）可药和不可药蛋白质的模式[3]。当一个或一组靶标被选定后，需要尽可能多地获取关于该靶标的知识。其中一个重要步骤是收集该靶标的各种不同结构，帮助进一步了解靶蛋白的内在特性（如构象多样性或突变敏感性）。此外，比较蛋白质结合位点的特征，有助于阐明这些蛋白质在功能上的相互关系[4]。对于药学，比较结合位点有助于鉴定潜在的多重药理机制或不良反应，因此有助于设计选择性的抑制剂[5]。此外，对于酶的活性位点的比较还有助于酶的理性设计。一般来说，高通量的方法允许跳出框框去思考，检测靶标结构之间原本未知的同源性。

本节探讨活性位点探测技术和靶标评估方法。6.7.2 节介绍当前的活性位点预测算法。6.7.3 节介绍靶标优选的方法。6.7.4 节介绍通过活性位点横向比较以丰富靶标结构知识的方法。6.7.5 节介绍基于结构的活性位点比较方法。最后，将对本节进行总结。

6.7.2　活性位点预测算法

用于预测活性位点的最早计算方法可以追溯到 20 世纪 90 年代早期[6, 7]，之后又陆续发展了许多方法[8-11]。虽然在算法和预测精度方面已经取得了显著进展，但是因为蛋白质自身的性质，精确定义其口袋和边界很困难。蛋白质是一种柔性分子，可以形成大量的空腔。空腔可以容纳多种结合物，如离子、水、小分子、小肽甚至其他蛋白质。因此，口袋形状可以从小到大，从浅到深，从均匀平滑到高度分叉，多种多样[12]。

总体来说，口袋探测算法可以分为基于序列的方法和基于结构的方法两类。因为蛋白质序列信息的获得一般而言总是早于三维结构的阐明，因此首先得到应用的是基于序列的方法。这类方法通过序列相互比对发现保守的残基。蛋白质中行使关键功能的氨基酸残基在进化中整体上是趋于保守的，识别保守残基的工具是多序列比对、活性位点图谱或基于同源度的知识迁移[13-15]。尽管基于序列的方法被广泛使用，但是这种方法的成功率在很大程度上取决于被研究的蛋白质之间序列相似的程度。此外，大多数方法缺乏活性位点残基的空间排列信息，而这些信息对配体的识别至关重要。

如今，从蛋白质数据库（RCSB PDB）[16]中可以自由获取 136500 多个①蛋白质三维结构。基于序列方法的上述缺点可以通过研究蛋白质的结构加以克服。在这些基于结构的方法中，一个常见的策略是识别蛋白质表面的"兴趣点"，这些兴趣点随后聚合成口袋。本章将介绍两种方法，它们的区别在于判断标准是基于形状特征还是能量特征（图 6.7.2）。

---

① 截至 2020 年底，该数字已超过 17 万。——审校者注

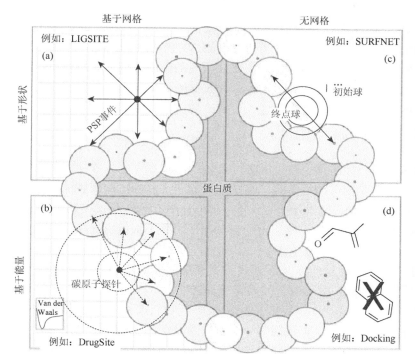

图 6.7.2　口袋探测方法示例说明

垂直分组为基于网格和无网格的方法，水平分组为基于形状和基于能量的方法（Future Med. Chem.，2014，6（3）：319-331；经 Future Science Group 版权许可）

　　基于形状的方法分析蛋白质表面的形状来定位空腔，完全基于蛋白质三维坐标自身。这类方法可以进一步分为基于网格和基于球体的方法。基于网格的方法将蛋白质嵌入笛卡儿网格中，网格间距通常在 0.4Å[9] 和 2.0Å[6] 之间。随后，格点根据其溶剂可及性进行标记。如果格点位于周围任何蛋白质上原子的范德瓦耳斯半径以内，则该格点被设定为"占用"，否则为"自由"格点。POCKET[6] 是第一个发表的基于网格的使用包埋信息来寻找空腔的算法。它沿着 x、y 和 z 轴扫描每个格点所处的环境，以找到那些被包围在口袋中的格点。这种方法的假设是，如果一个连续体积的溶剂格点（即"自由"格点）在许多方向都被蛋白质上原子包夹，那么这些格点很有可能位于蛋白质的空腔内。对于每个格点，首先计算通过该格点且两侧均碰到蛋白质上原子[即所谓的蛋白质-溶剂-蛋白质（PSP）事件]的直线的数目[图 6.7.2（a）]。如果一个格点的 PSP 事件超过设定的阈值，那么该格点被认为是被蛋白质包围的，将其聚合到口袋里。由于离散化效应，鉴定的口袋会受到蛋白质在网格中曲向以及划定网格时的间距大小等因素的影响。为了克服这些缺陷，除了要使用较小的网格间距，还可以扫描更多的方向：LIGSITE[7]

在每个格点周围考虑一个立方体，垂直面和沿着对角线扫描一共七个方向；PocketPicker[8]扫描从三角化八面体获得的 30 条直线。DoGSite[9]使用一种新的基于形状网格的方法，该方法引入图像处理中的高斯差分（DoG）滤波器来识别蛋白质表面的空腔。根据这种边缘检测滤波器的性质，高斯差分密度的快速变化可以定位网格上空腔点，并聚类成子口袋。随后，将相邻的子口袋组合成可以容纳小分子配体的典型大小的口袋。

无网格的形状算法引入球体来寻找蛋白质空腔。例如，SURFNET[17]和PASS[18]将球体放在蛋白质表面。SURFNET 从所谓间隙球开始，球的直径等于蛋白质表面的原子对之间的间隙。随后，间隙球被缩小，直到不与周围的任何蛋白质原子发生碰撞。得到的间隙球组合在一起，就描述了空腔的形状和大小[图 6.7.2（c）]。在 PASS 中，蛋白质被一层层小的虚拟探针包裹。根据每个探针周围蛋白质原子的数量，鉴定出被包埋的探针，而未被包埋的探针则被丢弃。然后，在表面再附加新的探针层，反复操作，直到填满整个空腔和选定潜在的结合位点中心。在 CAST[12]中，Alpha Shapes[19]的概念首先被引入，其随后被用于 SiteFinder[20]、APROPOS[21]和 Fpocket[22]等其他多种方法。他们总的想法是分割蛋白质表面。在 CAST 中[12]，首先将计算围绕每个蛋白质上原子形成一个单元的 Voronoi 图及其 Delaunay 三角剖分[23]。标记边完全或部分位于蛋白质外部的三角形。然后，将空间相邻的被标记的三角形通过离散流方法组合起来，这样就可以发现蛋白质表面的连续裂缝。Fpocket[22]使用了 α 球相同的概念，描述了边界上正好包含四个蛋白质原子而内部没有蛋白质原子的球体[24]。这些 α 球的半径描述了局部曲率。小球位于蛋白质内部，而大球位于蛋白质外部。因此，满足特定最小和最大半径标准之间的 α 球在裂隙中所占比例过高，因此可以用来鉴别空腔。

基于能量的方法计算探针或分子片段与蛋白质的相互作用，具有良好能量响应的区域被认定为口袋[25-28]。DrugSite[25]采用一种基于网格的方法，它在每个网格点上放置一个碳原子探针，并计算探针与周围 8Å 以内的蛋白质原子之间的范德瓦耳斯能[图 6.7.2（b）]。然后，能量值不理想的格点被抛弃，并应用滑动平均滤波器对网格上的能量势进行平滑处理。根据网格点上的平均能量及其标准差计算等值线水平。最后，满足阈值的格点即为能量热点，被合并到口袋中。类似地，Q-SiteFinder[26]在每个网格点上放置一个甲基探针，并计算其与蛋白质的相互作用能。另一种无网格的能量驱动的方法是将碎片与感兴趣的蛋白质对接[27]。片段被对接到蛋白质表面，并利用打分函数进行评估。最后，根据结合到特定区域的片段数量来认定口袋[图 6.7.2（d）]。

由于每种方法都有各自的优缺点，合理的策略是将各种方法结合起来使用，从而提高预测能力。大多数融合的方法结合了序列和结构信息来克服各自的缺点[29-31]。例如，LIGSITE^CSC[30][CSC（connolly surface and conservation）]是 LIGSITE 的扩展。首先，使用表面-溶剂-表面事件代替 PSP 事件去发现格点的包埋性。其次，依据邻近表面残基的保守性对三个最大的口袋进行了重新排序。残基保守性打分来自 ConSurf-HSSP 数据库[32]。SURFNET[17]的后续版本，即 SURFNET-ConSurf[33]，也采用了类似的重新排序的方式。另一种方法，FINDSITE[34]，从蛋白质序列开始，使用穿线算法（threading algorithm）鉴定相似的结合有配体的模板结构。使用结构对齐软件，将模板叠合到研究的靶标上。根据模板结构中配体的结合位置来指定靶标的潜在结合口袋。最终，根据每个潜在结合口袋对应的模板的数量，对这些潜在结合口袋进行排序。与结合序列和结构信息不同，作为一种基于结构的方法，SiteMap[35]结合了映射到网格上的蛋白质表面的形状和能量信息。关于形状部分，该算法分析格点的包埋性，采用的方法类似于前面描述的 PocketPicker[8]，但扫描方向更多（110 条直线）。另外，通过类似于 DrugSite[25]的方法，计算放置在单个网格点上的碳原子探针的范德瓦耳斯能量，加入能量部分的贡献。最后，将那些满足包埋性和能量性两个标准的格点聚合起来，组装出潜在的结合位点。

MetaPocket[36, 37]将先前发布的口袋预测算法简单地结合在一起，采用共识打分。第一个版本 MetaPocket 1.0[36]包括了 LIGSITE^CS、SURFNET[17]、PASS[18]和 Q-SiteFinder[26]。在后续的 MetaPocket 2.0[37]版本中，新添加了 Fpocket[22]、ghecom[38]、ConCavity 和 POCASA[39]。MetaPocket 2.0 的计算过程包括三个步骤。首先，调用所有八种口袋预测算法，每种算法打分最高的三个口袋进入第二步，即元口袋的生成。随后，根据质量中心对各个口袋进行聚类，并根据可靠性打分进行排名。最后，用该特定类的质心表示元口袋，并相应地指定口袋的残基。

通过测试各种方法发现共晶结构中配体的真实结合口袋的能力，可以评价口袋预测方法。对于每一个蛋白质结构，预测其表面的所有口袋并按大小排序。如果预测的最大口袋正好是结晶结构中结合配体的口袋，则预测结果通常被认为是正确的。但是，比较现有这些方法的预测能力并不容易，因为这些方法大多是在不同的数据集上进行评价的，并且在认定对接是否正确时都往往只依赖于单个标准（概述见表 6.7.1）。

表 6.7.1 九种口袋探测方法及其所属类别、评估数据集以及各自的预测准确率，除了预测位点与共晶配体存在重叠以外，还给出了各自论文中关于判断预测是否正确的判定标准细节

方法	类型	数据集	预测准确率	评判标准
LIGSITE[7]	形状，基于网格，包埋性	10 个蛋白质	100%	预测到所有与配体接触的原子
SURFNET[17]	形状，非基于网格，球体	67 个单链酶[40]	Top1 为 84%	在口袋中发现配体的原子

续表

方法	类型	数据集	预测准确率	评判标准
PASS[18]	形状，非基于网格，球体	30 个蛋白质-配体复合物	Top1 为 63%，Top3 为 86%	所有的口袋点与配体原子的距离不大于 4Å
CAST[12]	形状，非基于网格，α 球/形	SURFNET 数据集[40]的 51 个单结合位点酶	39 个单结合位点酶的 Top1 为 74%	没有详细说明
Fpocket[22]	形状，非基于网格，α 球/形	Cheng 等[41]中的 20 个蛋白质结构；82 个 Astex 结构[42]	Top1 为 75%（70%），Top3 为 95%（90%）；Top1 为 67%（73%），Top3 为 82%（88%）	PPc[8]：括号中数字显示 MOc
DrugSite[25]	能量，基于网格，范德瓦耳斯能	4711 个 PDB 结构的 5616 个蛋白质-配体复合物口袋	RO>0.0：99%（其中 Top1 为 81%，Top3 为 96%）；RO>0.8：86%	实验与预测的口袋残基间的 RO
SiteMap[35]	形状 + 能量，基于网格，包埋性 + 范德瓦耳斯能	PDBBind[43]预编译的 538 个单体结构	$Top1_{BS}$ 为 86%，$Top3_{BS}$ 为 91%	PPc[8]：口袋按打分排序（Top_{BS}）
PocketPicker[8]	形状，基于网格，埋置	48 个复合物和各自的载脂蛋白结构见表 6.7.3 PPc[8]；Cheng 等中的 20 个蛋白质结构的几何口袋中心距离[41]	见表 6.7.3 Top1 70%，Top3 80%	PPc[8]：口袋中任一点到任何配体原子的距离不大于 4Å
DoGSite[9]	形状，基于网格，高斯差分	82 个 Astex 结构[42] 828 个 PDBBind 结构[43] 6754 个 scPDB 结构[44]	Top1 59%，Top3 67% Top1 76%，Top3 93%（LC_{50} 90%，LC_{50}+PC_{25} 70%） Top1 77%，Top3 92%（LC_{50}88%，LC_{50}+PC_{25} 66%）	口袋中至少有一个配体原子 括号内：满足 LC_{50}（50%配体覆盖率）和 PC_{25}（25%口袋覆盖率）标准的 Top3

注：Top1 表示配体结合在预测的最大口袋；Top3 表示配体结合在预测的最大三个口袋之一；PPc 表示 PocketPicker 标准[8]，口袋中心离任意一个配体原子的距离在 4Å 以内；MOc 表示相互重叠标准[22]；RO 表示实验和预测口袋残基间的相对重叠[25]；LC 表示配体覆盖；PC 表示口袋覆盖[9]。

如表 6.7.1 所示，数据集中共晶结构的数量从 10 个到几千个不等，所有方法的成功率都在 60%以上。除了评估数据集不同，判断预测是否正确的评判标准也有差异。成功的评判标准从要求预测的和实验鉴定的活性位点残基具有一定的重叠度，在预测的最大口袋中可以找到共结晶的配体，到限定口袋中心与结合配体的所有原子的距离在 4Å 以内[35]。Weisel 等[8]提出了较新的评判标准，以及一个包含了 48 个结合配体与 48 个未结合配体的蛋白质结构的小数据集，用作比较各种口袋探测算法性能的基准（表 6.7.2）。

表 6.7.2　各种算法对于 48 个结合配体与 48 个未结合配体的蛋白质结构的口袋预测成功率，按出版时间排序

方法	年份	Top1		Top3	
		未结合	结合	未结合	结合
LISE[45]	2013	81	92	92	96
MetaPocket 2.0[37]	2011	80	85	94	96
VICE[46]	2010	83	85	90	94
DoGSite[9]	2010	71	83	92	92
MSPocket[47]	2010	75	77	88	94
POCASA[39]	2010	75	77	92	90
Fpocket[22]	2009	69	83	94	92
PocketPicker[8]	2007	69	72	85	85
LIGSITE^{CS[30]}	2006	60	69	77	87
Q-SiteFinder[26]	2005	52	75	75	90
PASS[18]	2000	60	63	71	81
CAST[12]	1998	58	67	75	83
LIGSITE[7]	1997	58	69	75	87
SURFNET[17]	1995	52	54	75	78

注：成功率表示各种算法正确预测活性位点的蛋白质结构在总结构数的百分数。Top1 表示配体结合在预测的最大口袋；Top3 表示配体结合在三个最大的预测口袋之一。数据收集于近期发表的论文[8-10]。

　　然而，上述评判标准并没有完全体现口袋的体积和边界等方面的质量情况。由于结合位点预测通常是进一步口袋分析和比较的第一步，更精确的标准是有帮助的。为了对计算预测的蛋白质口袋进行比较，以评价其可药性，评估配体的哪一部分被预测的口袋所覆盖是重要的，反之亦然。因此，相互重叠[22]、口袋被配体占据的比例[46]、配体和口袋覆盖率[9]等标准也被引入来评估口袋的质量。

　　表 6.7.2 中的趋势表明：算法的成功率在过去几年中有所提高。然而，现有的口袋预测方法都有其不足之处。基于序列的方法依赖于蛋白质之间的同源度和多重序列对齐的质量。基于网格的方法对网格采样间距、蛋白质位置和方向敏感。基于形状的方法在精确定义口袋顶部会遇到问题，而基于球体的方法在检测宽的口袋时会遇到问题。基于能量的方法，高度依赖于选择的探针和片段，以及打分函数。虽然已经研究了不同的策略使各种阈值参数化，但它们常常会受困于口袋具有多样性和不同形状，以及蛋白质具有从单体到多聚体的不同聚集形态。基于结构的口袋预测方法的一个局限性是因为研究的晶体结构是刚性的，而很多蛋白质分子事实上是柔性的。口袋的大小和形状会随着蛋白质的构象而变化，因此，早期的方法是使用分子动力学（MD）模拟蛋白质柔性，采集蛋白质的多个快照，

然后用于分析口袋集合[48]、瞬态口袋[49, 50]或隐藏口袋[51]。

总之，当前口袋预测方法的成功率清楚地显示在准确性和精确度上取得了进步。此外，由于算法和计算能力的进步，现在每个蛋白质结构的计算时间可以在几秒钟之内完成，这使得口袋的计算预测能够应用于高通量分析。

6.7.3 靶标优选：可药性预测

药物研发的经费和时间成本很高，因而在药物开发的早期阶段优选靶标有很重要的现实意义。2003 年的一项报告指出，60%的药物研发失败可归因于靶标的可药性差[52]。目前已有大量靶标的结构数据，计算方法可以成为加速靶标可靶性预测和帮助遴选最有希望的靶标的重要工具[2]。在这种情况下，人们创造了"可药性"一词[53]。靶标的可药性是指一个疾病治疗靶标可以被低分子量分子调控的能力。可配体性、可结合性、可靶性或可化学顺服性是包含类似问题的其他术语[54-57]。所有这些概念都描述了靶标与小分子结合的能力；然而，它们结合的分子在内在性质上有所区别。对于可配体性或可结合性，只需要能够结合一个小分子[54]；而对于可药性，根据定义，该分子必须以高亲和力结合，遵守类药性标准[53]，或口服生物利用度高[41]。

关于靶标优选的实验和计算研究在过去的二十年里一直很活跃。在制药工业界，高通量筛选（HTS）已被广泛而成功地应用于靶标评估[56, 58, 59]。生物化学或核磁共振技术被用于针对大型化合物库进行筛选。通过测量能够结合特定靶标的化合物的数量和化学特性，可以评估该靶标的可药性[58]。

然而，这些评估的可靠性在很大程度上取决于化合物库的化学空间分布。例如，通过引入基于核磁共振的片段筛选[60]，提供了更好的化学空间覆盖率，发现筛选命中率和从命中化合物到先导化合物转化（hit-to-lead）成功率相关。尽管这些筛选大多是自动化的，但成本太高。虚拟筛选是实体筛选技术（如核磁共振筛选方法）的选项。基于分子或分子片段的虚拟筛选对结合位点的评价结果与核磁共振筛选的命中率相关[55]。因此，类药化合物与靶标蛋白质的活性部位的对接成功率可以用来对靶标进行优选。例如，利用 FTMAP 算法搜索整个蛋白质表面，寻找那些结合有机小分子探针数目多的区域，帮助发现可药的热点[61]。应该注意的是，这些基于配体或片段的核磁共振筛选和计算机虚拟筛选更注重的是可配体性而非可药性[27]。

最大的一类计算方法是通过提取特定的靶标特征来做预测，这些特征可能蕴含了靶标可药性的信息。正如在前一节中已经讨论论过的，蛋白质序列信息一般而言是先于结构被了解的。因此，第一种计算方法是从序列特征中分析靶标的可药性信息[62, 63]。然而，基于序列特征将可药与非可药靶标成功分离的预测准确率不超过 70%[2]，这意味着需要替代的模型和描述符。随着蛋白质结构解析的进展，研究热点已经转移到结合活性位点结构信息的方法上。基于描述符的方法通常有三个要求：活性位点识别特征的描述、分类算法以及用于模型训练的数据集。首先，需要指定活性位点。这可以通过使用已知配体或活性位点探测算法（见 6.7.2节），而且最近开发的全自动方法可以实时计算结合位点[35, 64, 65]。其次，挑选出能够区分可药和不可药口袋的特征。有各种不同的方案，如聚类、回归、机器学习或简单的判别函数。预测模型必须在一个大的数据集上进行可药性评价的校准。根据所用训练数据的性质，校准方法可以基于命中率[58]、成功与失败的药物靶标[41]或蛋白质-配体复合物[66]。

使用多少描述符进行可药性分类是一个重要问题。一般认为，不存在某个单一的描述符与可药性呈线性相关。然而，不同方法组合使用的参数的数目从少数几个到几百个不等[60, 66]。Hajduk 等研究了 23 个靶标的核磁共振筛选命中率与 13个结合位点特征之间的关系，发现其中 8 个特征的组合区分可药性和非可药性靶标的效果最好[60]。Nayal 和 Honig 开发了识别和评估药物结合口袋的一种算法 SCREEN[66]，它对每个预测的空腔用包含 408 个口袋描述符的特征向量来表征。使用随机森林分类法，他们发现其中 18 个描述符的组合对由 99 个蛋白质-配体复合物组成的测试集具有最优的预测能力。另一种不同的方法被用于被动吸收口服药物（MAP_{POD}）的最大亲和力预测[41]，基于结构和理化性质信息，研究类药小分子在特定结合袋中能达到的最大亲和力。该模型相对简化，只使用重要的离散能量项和描述口服生物利用度的配体性质。但是通过在具有已知药物的 27 种蛋白质上进行可药性预测的评估，发现该模型可以清晰地将可药从不可药的治疗靶标中分开。

大多数基于结构的方法使用一组整合在打分函数中的描述符来预测可药性，如 PocketPicker[67]、SiteMap[35]、Fpocket[68]、DoGSiteScorer[65]、DLID[54] 或 DrugPred[69]。为了评估一个口袋结合类药小分子的能力，PocketPicker[67]使用了 210 个描述符，编码口袋的形状和尺寸。通过使用 13859 个不含配体或结合了配体的口袋训练描述符，进而对蛋白质进行预测分类。2009 年，SiteMap[35]采用了一个简单的线性回归模型来预测可药性。该函数对口袋含有的格点数（编码体积）、疏水性和口袋形状这三个描述符进行加权求和。作者区分了可结合性和可药性之间的差异，因此生成了系数不同的两个函数：使用 PDBbind[43]数据集校准的用于评价可结合性的 SiteScore 函数，以及基于 Cheng 等[41]数据集校准的评价可药性的 DScore 函数。在 DLID（drug-like density）中[54]，口袋结合类药配体的似然性是根据其局部结构邻域包含的能结合类药配体的口袋数目来计算的。类似地，局部邻域也是由口袋的体积、包埋性和疏水性等性质的线性组合来编码，其系数是通过对 PDB 中蛋白质-配体复合物结构的一个子集进行线性回归得到的。Fpocket[68]是另一种全自动的可药性预测方法，它引入了包含三种物理化学特征（这些特征依据口袋的大小进行标准化）的指数计分函数用于计算口袋的可药性：局部疏水性密度（编码疏水点集合的大小和空间贡献）、一般疏水性、标准化的极性。该方法的作者收集了迄今为止最大的可自由获取的可药性数据集（DD，包括 1070 个结构及其非冗余的版本 NRDD），用于训练评价函数。DoGSiteScorer[65]也采用了类似的策略。它针对 DD 预测口袋并对预测的口袋计算了大量描述符。通过判别分析，提取出那些最能区分可药和不可药的特征，并将其整合到支持向量机（SVM）模型。基于选定的口袋识别特征（如深度、非极性氨基酸的分数和体积），在 NRDD 上训练该模型，然后用于可药性预测，完整流程如图 6.7.3 所示。对 NRDD 和 DD 数据集中所有结构的可药性与否的预测成功率在 88%以上。

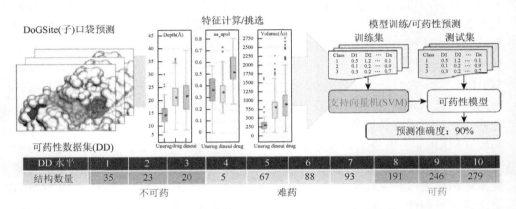

图 6.7.3　DoGSiteScorer 的模型构建和可药性预测

首先，对 DD 的所有结构进行口袋预测。计算描述符，选择判别特征，并在此基础上训练支持向量机模型。最后，该模型可用于新靶标的可药性预测

DrugPred[69]是 2011 年发布的一种方法，使用偏最小二乘投影推导判别特征值，获得了基于五个口袋描述符的线性模型。2012 年，Perola 等[70]引入了一种基于规则的方法，类似于 Lipinski 关于口服药物的"五规则"，直观地表示可药口袋的偏好属性空间。将来自 60 个上市药物的靶标口袋与 440 个各类配体结合袋的描述符进行比较，基于"五规则"推导出一个可药性口袋的偏好属性空间：体积≥500Å^3，深度≥10.4Å，包埋度≥0.28，带电残基百分数≤26.3%，疏水性≥−1.12。

总的来说，研究结果表明，为了区分可药和不可药靶标，需要组合使用多个口袋区分特征。这些方法表明：与不可药口袋相比，可药口袋往往更大、更复杂，并表现出更高的疏水性。

大量不同的描述符已经被收集和整合，这些方法在评测数据集上的表现相当好，但还有改进的余地。特别是，有必要减少对口袋的全局描述而加强局部的描述，因为全局特征可能受蛋白质柔性影响较大。Fpocket[68]和 DoGSiteScorer[65]是首先考

虑局部因素的例子，其中 Fpocket 分析了可接触表面的局部环境变化的影响，DoGSiteScorer 中包含了功能团对之间的距离信息。预测精度的提高也可以通过添加目前缺失的特征来实现，如考虑水分子、金属离子或其他离子的相关贡献。最近，第二类基于 MD 模拟的可药性预测算法被提出[71, 72]。JEDI（just exploring druggability at protein interfaces）[72]算法依赖于一组描述结合位点的体积、包围性和疏水性的形状参数，并且可以在 MD 模拟过程中实时收集。JEDI 被证明能够检测蛋白质隐藏的药物结合位点，并可以为后续对接计算提供适合作为输入的构象。

　　另一个不足是用于训练的数据量大、可靠、无偏的数据集仍然有限。最近，大数据集如 DD（1070 个结构，包括可药、难药和不可药口袋）[68]和 DLD（115 个结构，包括可药和次可药口袋）[69]已经免费公开。然而，仍然存在两个主要问题。其中一个问题是，大多数数据集都偏向于可药口袋。阳性数据的注释相对容易，因为已知与这些口袋结合的药物。相反，将（迄今为止）没有已知药物的口袋认定为"不可药"则是非常可疑的。一旦针对这个靶标发现了新的药物分子，这种"不可药"的标注就是错的。同样情形也适用于"不可配体性"的标注，即将晶体结构中的空口袋认定为不能与配体结合也是不合理的。因此，新方法是基于"阳性"与"其他"口袋开展训练[70]。第二个问题是"可药性"一词的定义模糊，这使得明确的归属靶标蛋白变得困难。统一和澄清"可药性"这一术语以及不同数据集中的标注至关重要。

　　综上所述，在过去的十年中，已经开发了多种计算方法来预测靶标的可药性，并且取得了令人鼓舞的结果。其中许多方法已经被整合到药物发现管线中，为靶标评估做出了有价值的贡献。

6.7.4　基于序列同源性的活性位点搜索

　　如前几节所讨论的，蛋白质的柔性通常是分析结合位点的不利因素。如果输入同一个蛋白质的不同结构，可能会导致结果偏差。除了构象差异外，氨基酸突变和结构的人为误差也可能影响结构分析的计算结果。考虑一个口袋的多个构象或多个序列同源的蛋白质口袋的集合，而不是一个单一的口袋结构，是体现蛋白质结构可变性的普遍方法。这种多序列同源蛋白质口袋集合是对蛋白质结构更详细的描述，并且有助于发现结合位点的其他本质特征，因此从给定的结构数据库中搜索和选择合适的其他结构是所有基于蛋白质结构的计算方法的重要预处理步骤。

　　在最简单的情况下，结构识别过程可以通过任何已有的序列搜索算法来实现。例如，BLAST[73]比较整个蛋白质序列，并基于序列相似性对不同来源的蛋白质序列进行排序。然而，这种方法仅限于由单条蛋白质序列形成的活性口袋，如 CDK2一样[图 6.7.4（a），1AQ1[74]]。而且，它无法只集中关注结合位点自身的特征。对于由不同蛋白质链共同参与形成的口袋[图 6.7.4（b），5KR2[75]]，通常需要分析不同链的组合，并且调查和比较不同结构中共同链的取向。这是更精细的任务，在这类情况下寻找结合位点的其他构象会更复杂、更耗时。

(a)　　　　　　　　　　　　(b)

图 6.7.4 　（a）细胞周期蛋白依赖激酶 2（PDB 代码 1AQ1）单体的结合位点[74]；（b）HIV-1 蛋白酶的四个相同亚基形成两个对称的结合位点（PDB 代码 5KR2）[75]

为了避免在大型结构数据库中长时间搜索，一种可能的策略是如蛋白质结构口袋组（Pocketome）项目一样，预先计算口袋相似性[76,77]。Pocketome 是叠合的结合位点结构的一个综合数据库，这些结构代表了相同或序列相似的结合口袋的不同状态。它基于一个预先处理的但经常更新的集合编译过程，其中它使用了口袋探测算法和 PDB 蛋白质序列聚类。对于所有的口袋，Pocketome 数据库提供了基于 web 的结合位点集的可视化，并提供了如均方根偏差（RMSD）值、突变、配体叠合或作用模式等其他信息。

Pocketome 数据库的集合预计算方式使得可以快速浏览口袋的不同结构，但它不能为了满足某些特殊应用需求而对结合位点进行定义或提出特定的搜索约束。这种更面向应用的任务可以通过集合编译方法 SIENA 解决[78]。从用户定义的任意结合位点开始，SIENA 从给定的结构数据库中提取出所有类似口袋，可以满足用户进一步的特殊搜索约束。例如，这可能包括结合位点的最大突变率、RMSD阈值、是否存在人为错误、分辨率和入库时间等特征，以及是否存在配体等。此外，SIENA 使用了不同的方法来减少它生成的相似结合位点集合的大小，避免因为结构数量过多而难以管理和分析。

SIENA 的底层搜索是基于结合位点比对算法 ASCONA[79]。该算法专长于处理不同构象，而不是像大多数其他口袋比较方法那样以鉴定结构相似区域为主要目标（见 6.7.5 节）。这使得 SIENA 可以更准确地识别柔性区域，因而进行更精确的构象选择。此外，SIENA 只重点关注结构的结合位点和那些与构象分析相关的特征。作为一个好的副作用，这使得运行时间减少到可以与经典的序列搜索算法相媲美。

6.7.5　靶标比较：虚拟活性位点筛选

与 6.7.2 节所述的活性位点预测方法类似，用于靶标比较的方法也可分为基于序列和基于结构的方法。长期以来,基于序列的方法一直是蛋白质比较和功能预测最常用的方法。在这些方法中,知识是基于序列相似性从已知功能的蛋白质上进行迁移的。多重序列比对既可用于蛋白质的完整序列,如 BLAST[80]和 PFAM[81],也可用于特定序列基序,如 PROSITE[82]、BLOCKS[83]和 PRINT[84]。此外,被纳入评估蛋白质之间相关性的信息还包括基因表达数据、基因本体、系统发育和共同进化,它们被 GoFigure[85]、Phydbac[86]、SIFTER[87]和 FlowerPower[88]等分析方法所采用。

蛋白质结构的数目大且不断增加,而且蛋白质结构比序列更为保守[89],这两个因素促进了基于结构的蛋白质比较方法的发展。确定结构相似性的一个策略是比较蛋白质整体折叠。SCOP[90]、CATH[91]或 FSSP/Dali[92]都是比较蛋白质折叠的工具。还有一些其他方法叠合蛋白质结构,从而进行更细致的整体结构比较。结构叠合可以根据完整的结构(FATCAT[93]、PAST[94]和 VAST[95]),也可以首先对齐片段的结构,然后将这些片段重组成一个完整的结构叠合(3DCOMB[96]和 PROCAT[97])。

然而,一些例子表明,即使在整体序列或结构不相似性的情况下,蛋白质也可以叠合对齐,这使得研究焦点进一步转移到活性位点的比较上,分析不同蛋白质之间潜在的局部相似性。专门用于结合位点比较的结构方法通常可分为三个主要部分[3, 98]。首先,将结合位点特征序列选为分子识别特征,以降低问题的复杂度。其次,使用结构特征比对或指纹比较等方法探测不同蛋白质的分子识别特征之间的相似性。最后,借助打分函数量化两个结合位点之间的相似性。常用的相似性探测策略可分为基于结构对齐的方法和无结构对齐的方法,以及介于两者之间的方法。

基于结构对齐的方法结合序列特征来计算两个结合位点的最佳叠合。最常见的策略是形状匹配(ProSurfer[99]、SuMo[100]和 SiteBase[101])、形状哈希(hashing)(SiteEngine[102]和 TESS[103]),或团簇检测(CSC[104]、CavBase[105, 106]、eFsite[107]、eFseek[108]、isoclet[109]和 ProBis[110])。作为形状匹配策略的一个例子,SiteBase 算法[101]将结合位点原子组成三元组,如果其原子两两间距离都在预定范围之内时,则生成三角形。然后,对两个结构的所有三角形进行系统比较,匹配的三角形随后被用于两个结构的叠合。匹配的三角形之间,要求对应的顶点必须具有相同原子,对应的边长相差需在一定范围内。最后,两个结构的对齐根据相同类型的叠合原子(如碳原子、氮原子或氧原子)的数量来评价。在 SiteEngine[102]中,形状哈希被用来高效地搜索匹配的结合位点描述符。首先,结合位点周围的每个残基被表示为一组具有特定相互作用类型(如氢键供体或受体)的赝中心。这些赝中心的三元组使用编码边长和相互作用类型的哈希函数。此外,将赝中心的类型指定给赝中心所属的全体原子的组合康诺利表面(Connolly surface），即所谓的表面片。查询蛋白质以同样的方式处理，其产生的赝中心三元组用于从先前填充的哈希表中检索匹配项。每一个匹配表示一个对齐，该对齐基于相互作用的类型、表面片中心的形状结构及其局部环境等的一致性评分。在 CavBase 中[105, 106]，结果图的团簇检测被用来确定两个结合位点之间可能的最佳对齐。为此，每个参与形成口袋的残基被转换成一个赝中心，并根据其氨基酸类型指定为一种特殊的相互作用类型。在比较两个结合位点时，结果图的计算如下：每对相容的赝中心插入一个节点。如果在两个结合口袋的原始图中对应的节点之间的边长相近，则在结果图的两个节点之间放置一条边。随后，在这个结果图上执行基团搜索，检测最大公共子图，然后使用该子图对齐结合位点。最后，基于重叠的相同类型的表面点以及赝中心叠合的 RMSD 来评估相似性。

虽然两个结合位点的对齐是一个有用且易于解释的结果，但缺点是其计算量较大，一组结合位点的计算比较所需时间通常以分钟为单位。因此，人们致力于开发更快的不依赖对齐的方法，以期在毫秒内完成结合位点的两两比较。一种常用的方法是将结合位点转换成指纹（即字符串），编码结合位点特定原子或特征之间的距离及在活性位点中的分布[111-115]。例如，PocketMatch[111]用 90 个放入统计堆的距离集表示每个结合位点。将距离配体半径 4Å 以内的每个残基由三个点表示，即 C_α 原子、C_β 原子和残基侧链所有原子的质心。每个点都被指定为代表残基化学性质的五种类型之一。随后，计算结合位点中所有点对之间的距离。因此，每个点对都属于 90 个可能集合中的一个（6 种可能的点对类型组合乘以 15 种可能的化学性质组合）。每个距离都存储在与点对所属类型的匹配距离堆栈中。这 90 个集合中匹配的距离元素的数量的净平均值，除以两个结合位点中较大的那个总距离数，即得到两个结合位点的相似性。PocketFeature 是另一种非对齐的方法，比较所谓的微环境[116]。微环境是围绕着结合位点的每个残基的功能中心，半径为 7.5Å 的球体，分为六个同心壳层。对于每个壳层，计算 80 个描述符来代表这个壳层中的物理化学性质，从而得到一个含有 480 个属性值的向量来表示每个微环境。两个结合位点之间的相似性是通过比较它们同一类氨基酸（如带正电、带负电、芳香族）两两之间的微环境向量来计算的。该方法只考虑每种类型的最相似的微环境对，并将每个相似性得分相加，获得整个结合位点的最终得分。应注意的是，该方法中没有直接考虑球体彼此的相对取向。其他非对齐的方法，如 FLAP[117]、SiteAlign[118]和 FuzCav[119]都采用了基于药效团的分子指纹。计算 FuzCav 指纹时，结合位点的每个残基用其 C_α 原子表示，并注释为六种药效团性质之一（如芳香族、脂肪族、氢键供体等）。该指纹包含 4833 个整数，每个整数代表一种药效团三联体（由三个 C_α 原子的属性和距离定义）的计数。两个结合位点之间的相似性是基于两个指纹中同时大于零的条目的数量，这些条目数量由非零条目较少的那个指纹的非零项数量进行规范化。

另一组方法遵循稍微不同的策略，使用旋转不变的口袋表示。这些方法将结合位点的形状编码为函数级数展开，因此，结构可以紧凑地表示为一个系数向量。例如，球谐函数[120]或 3D Zernike 描述符[121]被用来将结构表示为函数级数的系数向量。在使用球谐函数时，用射线扫描结合位点表面来描述结合位点。

如前所述，非对齐方法的问题在于它缺少与相似性有关的特征的信息。因此，有研究尝试提高基于对齐的方法的运行速度来克服这些缺点。最近开发的方法能够在数秒内完成基于对齐的活性位点比较。在 BSAlign[122]中，结合位点的结构被表示为一个图。每个残基表示为一个顶点，并用特定的特征（如溶剂可及性和物化性质）进行注释。任意两个顶点，如果其 C_α 原子之间的距离小于 15Å，则在之间插入一条边，并用精确的距离值以及残基 C_α 和 C_β 向量之间的角度标记。匹配算法将查询和目标输入图转换为单边结果图（类似于 CavBase[105]，但增加了溶剂可及性的特征）。与 CavBase 不同，BSAlign[122]使用高效的 Cliquer[123]算法来寻找最大基团，从而找到两个输入图的最大公共子图。为了进一步加速团簇检测，当产物图中边的数目超过某个阈值时，BSAlign[122]就缩小允许的距离、角度和溶剂可及性的偏差值，减小产品图的大小。生成的公共子图用于对齐各自的残基并叠合两个结构。最后，基于叠合的 C_α 的 RMSD 值对结构对齐进行优化和打分。

近年来，多种方法致力于提高 CavBase 的基于集团检测方法的效率。首先，局部团簇（local clique，LC）方法采用了一种快速的启发式分组检测方法和扩展的图模型。通过将更多信息（编码附近蛋白质表面形状以及周边物理化学环境的属性）标注结合位点的赝中心，生成的结果图的大小和运行时间可以显著减少[124]。其后续发展 DivLC，通过将输入图划分为七个不同的独立图（每种类型的赝中心对应一个），进一步简化了问题，将计算速度进一步提高了一个数量级[125]。然而，类似的新方法 RAPMAD（rapid pocket matching using distances）不再依赖团簇检测[126]，它使用 CavBase 的结合位点表示方式，但将其转换成多个距离直方图。为此，按照 DivLC 方法对赝中心进行划分，对于每组赝中心，计算它们与两个参考点（质心和最接近质心的点）的所有距离，并根据 CavBase 中的相对赝中心频率加权。基于直方图的结合位点的直接比较具有线性复杂度，因此每秒可进行 2 万个以上的比较。

Desaphy 等[127]发表了一种使用药效团注释的形状比较方法。结合位点被映射到一个网格上，根据附近的蛋白质原子类型给每个格点分配一个属性。格点可以在蛋白质的内部或外部。该算法为一个内部格点注释其是否靠近氢原子供体/受体或芳香原子。药效团注释的格点的总数描述了口袋的整体容积。对齐两个结合位点时，用光滑高斯函数近似口袋形状，并计算最佳的体积重叠。随后，根据药效团特征对最佳的形状对齐进行打分。

　　另一种方法，TrixP[128]，根据编码药效团和空间特征的描述符比较结合位点，使用专用索引存储和检索高维特征[129]。第一步，确定结合位点的药效团特征。这些特征可以是氢键供体、氢键受体或疏水区。满足特定的长度和角度限制的特征三元组，生成随后所用的三角形描述符。描述符由一组从三角形中心辐射出来的描述结合部位的局部形状的射线组成[图 6.7.5（A）]。描述符的属性，如三角形边长、顶点的药效团类型以及它们相互作用的方向被存储在索引中。随后的匹配算法为查询结合位点生成所有的位点描述符，并使用它们来查询索引。只有具有匹配属性的描述符才会被返回、聚集，用作结构叠合的基础[图 6.7.5（B）]，这大幅度提高了计算速度。然后根据结合位点间药效团特征的符合程度对每一个产生的对齐进行打分。

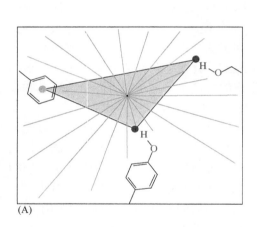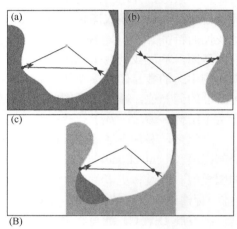

图 6.7.5　TrixP 中使用的结构三角形描述符

（A）两个氢键供体（蓝色）和一个非极性点（黄色）形成的三角形的 TrixP 描述符示例；（B）基于一个氢键供体（蓝色）、一个氢键受体（红色）和一个非极点（黄色）形成的三角形的匹配描述符，叠合两个结合位点的示意图：（a）和（b）显示两个不同结合位点的相同描述符；（c）显示基于匹配描述符的结合位点叠合

　　本节介绍了蛋白质结合位点比较的几种方法。这些方法之间的直接比较仍然很困难。目前没有为这些方法建立标准的基准程序，因此，使用的数据集以及对结果的解释可能会有很大差异（表 6.7.3）。据我们所知，最大的数据集是 scPDB[44]，它包含近 1 万个结构，已被用于对多种比较方法的评价。最常用的验证方法是进行回顾实验，尝试对特定数据集中的蛋白质重建分类。每个查询结构都会针对数据集进行筛选，根据相似度对结果进行排序，根据是否找回预期结构（即来自同一个家族的成员被排到最前端）来评价该方法的成功率。

表 6.7.3 结合位点比较方法的评估研究示例

工具	类型	结构数量	结果
SiteBase[101]	形状匹配	476 个磷酸核苷酸配体结合位点	与其他方法对结构的分类具有很好一致性
SiteEngine[102]	形状哈希	ASTRAL 数据库[130]的 4375 个结构	预测的最优 15 个结构中有 11 个属于同家族
CavBase[105]	团簇检测	5248 个结构	预测最优的结构均属于同家族
PocketMatch[111]	指纹	PDBbind[43]中的 785 个结构	与 SCOP 分类的一致性好
FuzCav[119]	指纹	scPDB（2008 版）中的 5952 个结构[44]	75%的 hits 为同家族的成员
BSAlign[122]	团簇检测	126 结构	预测的最优 15 个结构中有 9 个属于同家族
Desaphy et al. [127]	形状比较	scPDB（2011 版）中的 9877 个结构	ROC 的平均 AUC 为 0.88
TrixP[128]	团簇匹配	scPDB（2011 版）中的 9877 个结构	同家族的 84%～100%成员被检索到

注：该示例包括其所属的方法类别，用于评估的结构数量，以及各自论文中描述的结果。

此外，一个包含八对困难蛋白质的小数据集已经被引入评估不同方法[111, 119, 128]，每对蛋白质都是具有已知交叉反应性的远亲蛋白质。这项研究的目的是比较不同方法在检测蛋白质对之间相似性的成功率及计算时间。应该注意的是，这样的分析很困难，因为数据集非常小，而且不同方法对相似性的打分通常不具有直接可比性。尝试设计实验来直接对比结合位点比较算法对本领域十分重要。

多年来，许多有关速度和精度的问题都已经得到解决。然而，蛋白质在结合配体时的柔性仍然是这一过程中的难点。为了克服这一问题，最近有研究方法侧重于比较子口袋而非整个结合位点，目的是探测整体上差距较大的结合位点之间的部分相似性[131, 132]。这一方法被证明在检测多重药理学、蛋白质分类和功能预测等任务中有优势，对药物化学和合理的分子设计产生重要影响[5]。

6.7.6 展望

由于结构基因组计划和结构解析技术的进步，功能未知的新蛋白质结构已经出现。因此，需要计算方法来组织和分类这些不断增长的蛋白质结构。在药物研发的早期阶段，通常存在多种靶标可能与某种疾病有关，而确定其中哪些靶标应该被优先研究是一项具有挑战性的任务。本节概述了 20 年来人们开发的多种计算方法以帮助实验设计并促进药物设计水平的提高。

蛋白质的活性位点是其功能实现的关键。因此，首先要探测蛋白质表面的活性位点并精确描述它们的特征和边界。这些指标是后续靶标可药性预测或靶标比较的重要输入。近年来，算法和由此产生的对活性位点的描述在特异性和计算效率方面得到了增强。因此，许多方法可以高通量地预测或比较成千上万个结构的活性口袋。此外，更多的训练集和不同方法之间的比较，产生了越来越好的模型和结果。计算模型中尚未完全理解和实现的一个主要方面是蛋白质的柔性，尤其是在配体结合过程中的柔性。虽然存在使用 MD 或其他方法来模拟结构变化的方法，但仍然有很大的改进空间。另一个很有前景的方向是通过使用构象团簇来扩展结构描述的水平。此外，目前大多数研究方法都集中在蛋白质和小分子之间的潜在相互作用位点。蛋白质-蛋白质相互作用正在药物研发中得到更广泛的关注。对于蛋白质-蛋白质相互作用（特别是蛋白质-蛋白质瞬态复合物）的结合位点的探测和表征，无疑是未来需要解决的一个重要问题。

参 考 文 献

[1] Paul, S.M., Mytelka, D.S., Dunwiddie, C.T., Persinger, C.C., Munos, B.H., Lindborg, S.R., and Schacht, A.L. (2010) *Nat. Rev. Drug Discovery*，**9**（3），203-214.

[2] Egner, U. and Hillig, R.C. (2008) *Expert Opin. Drug Discovery*，391-401.

[3] Nisius, B., Sha, F., and Gohlke, H. (2012) *J. Biotechnol.*，**159**（3），123-134.

[4] Volkamer, A., Kuhn, D., Rippmann, F., and Rarey, M. (2013) *Proteins*，**81**（3），479-489.

[5] Ehrt, C., Brinkjost, T., and Koch, O. (2016) *J. Med. Chem.*，**59**（9），4121-4151.

[6] Levitt, D.G. and Banaszak, L.J. (1992) *J. Mol. Graphics*，**10**（4），229-234.

[7] Hendlich, M., Rippmann, F., and Barnickel, G. (1997) *J. Mol. Graphics Modell.*，**15**，359-363.

[8] Weisel, M., Proschak, E., and Schneider, G. (2007) *Chem. Cent. J.*，**1**，7.

[9] Volkamer, A., Griewel, A., Grombacher, T., and Rarey, M. (2010) *J. Chem. Inf. Model.*，50（11），2041-2052.

[10] Xie, Z.R. and Hwang, M.J. (2012) *Bioinformatics*，**28**（12），1579-1585.

[11] Henrich, S., Salo-Ahen, O.M.H., Huang, B., Rippmann, F., Cruciani, G., and Wade, R.C. (2010) *J. Mol. Recognit.*，**23**（2），209-219.

[12] Liang, J., Edelsbrunner, H., and Woodward, C. (1998) *Protein Sci.*，**7**，1884-1897.

[13] Aloy, P., Querol, E., Aviles, F.X., and Sternberg, M.J. (2001) *J. Mol. Biol.*，**311**（2），395-408.

[14] Armon, A., Graur, D., and Ben-Tal, N. (2001) *J. Mol. Biol.*，**307**（1），447-463.

[15] Pupko, T., Bell, R.E., Mayrose, I., Glaser, F., and Ben-Tal, N. (2002) *Bioinformatics*，**18**（Suppl 1），S71-S77.

[16] Berman, H.M. (2000) *Nucleic Acids Res.*，**28**，235-242.

[17] Laskowski, R.A. (1995) *J. Mol. Graphics*，**13**（5），323-330.

[18] Brady, G.P. and Stouten, P.F.W. (2000) *J. Comput.-Aided Mol. Des.*，**14**（4），383-401.

[19] Edelsbrunner, H. and Mücke, E.P. (1994) *ACM Trans. Graph.*，**13**（1），43-72.

[20] P. Labute, M. Santavy, Locating Binding Sites in Protein Structures, 2001, https://www.chemcomp.com/journal/sitefind.htm，（accessed January 2018）.

[21] Peters, K.P., Fauck, J., and Frömmel, C. (1996) *J. Mol. Biol.*，**256**（1），201-213.

[22] Le Guilloux，V.，Schmidtke，P.，and Tuffery，P.（2009）*BMC Bioinf.*，**10**，168.

[23] Delaunay，B.（1934）*Izv. Akad. Nauk SSSR，Otd. Mat. i Estestv. Nauk*，7.

[24] Zhou，W. and Yan，H.（2014）*Briefings Bioinf.*，**15**（1），54-64.

[25] An，J.，Totrov，M.，and Abagyan，R.（2004）*Genome Inform.*，**15**（2），31-41.

[26] Laurie，A.T.R. and Jackson，R.M.（2005）*Bioinformatics*，**21**（9），1908-1916.

[27] Huang，N. and Jacobson，M.P.（2010）*PLoS One*，**5**（4）.

[28] Ngan，C.-H.，Hall，D.R.，Zerbe，B.，Grove，L.E.，Kozakov，D.，and Vajda，S.（2012）*Bioinformatics*，**28**（2），286-287.

[29] Bray，T.，Chan，P.，Bougouffa，S.，Greaves，R.，Doig，A.J.，and Warwicker，J.（2009）*BMC Bioinf.*，**10**，379.

[30] Huang，B. and Schroeder，M.（2006）*BMC Struct. Biol.*，**6**，19.

[31] Capra，J.A.，Laskowski，R.A.，Thornton，J.M.，Singh，M.，and Funkhouser，T.A.（2009）*PLoS Comput. Biol.*，**5**（12）.

[32] Glaser，F.，Rosenberg，Y.，Kessel，A.，Pupko，T.，and Ben-Tal，N.（2005）*Proteins Struct. Funct. Genet.*，**58**（3），610-617.

[33] Glaser，F.，Morris，R.J.，Najmanovich，R.J.，Laskowski，R.A.，and Thornton，J.M.（2006）*Proteins Struct. Funct. Genet.*，**62**（2），479-488.

[34] Skolnick，J. and Brylinski，M.（2009）*Briefings Bioinf.*，**10**（4），378-391.

[35] Halgren，T.A.（2009）*J. Chem. Inf. Model.*，**49**，377-389.

[36] Huang，B.（2009）*OMICS*，**13**（4），325-330.

[37] Zhang，Z.，Li，Y.，Lin，B.，Schroeder，M.，and Huang，B.（2011）*Bioinformatics*，**27**（15），2083-2088.

[38] Kawabata，T.（2010）*Proteins Struct. Funct. Bioinform.*，**78**（5），1195-1211.

[39] Yu，J.，Zhou，Y.，Tanaka，I.，and Yao，M.（2009）*Bioinformatics*，**26**（1），46-52.

[40] Laskowski，R.A.，Luscombe，N.M.，Swindells，M.B.，and Thornton，J.M.（1996）*Protein Sci.*，**5**（12），2438-2452.

[41] Cheng，A.C.，Coleman，R.G.，Smyth，K.T.，Cao，Q.，Soulard，P.，Caffrey，D.R.，Salzberg，A.C.，and Huang，E.S.（2007）*Nat. Biotechnol.*，**25**，71-75.

[42] Nissink，J.W.M.，Murray，C.，Hartshorn，M.，Verdonk，M.L.，Cole，J.C.，and Taylor，R.（2002）*Proteins Struct. Funct. Genet.*，**49**（4），457-471.

[43] Wang，R.，Fang，X.，Lu，Y.，and Wang，S.（2004）*J. Med. Chem.*，**47**（12），2977-2980.

[44] Kellenberger，E.，Muller，P.，Schalon，C.，Bret，G.，Foata，N.，and Rognan，D.（2006）*J. Chem. Inf. Model.*，**46**，717-727.

[45] Xie，Z.R.，Liu，C.K.，Hsiao，F.C.，Yao，A.，and Hwang，M.J.（2013）*Nucleic Acids Res.*，**41**（Web Server issue）.

[46] Tripathi，A. and Kellogg，G.E.（2010）*Proteins Struct. Funct. Bioinform.*，**78**（4），825-842.

[47] Zhu，H. and Teresa Pisabarro，M.（2009）*Bioinformatics*，**2010**（1），1-7.

[48] Schmidtke，P.，Bidon-Chanal，A.，Luque，F.J.，and Barril，X.（2011）*Bioinformatics*，**27**（23），3276-3285.

[49] Kokh，D.B.，Richter，S.，Henrich，S.，Czodrowski，P.，Rippmann，F.，and Wade，R.C.（2013）*J. Chem. Inf. Model.*，**53**（5），1235-1252.

[50] Kokh，D.B.，Czodrowski，P.，Rippmann，F.，and Wade，R.C.（2016）*J. Chem. Theory Comput.*，**12**（8），4100-4113.

[51] Cimermancic, P., Weinkam, P., Rettenmaier, T.J., Bichmann, L., Keedy, D.A., Woldeyes, R.A., Schneidman-Duhovny, D., Demerdash, O.N., Mitchell, J.C., Wells, J.A., Fraser, J.S., and Sali, A. (2016) *J. Mol. Biol.*, **428** (4), 709-719.

[52] Brown, D. and Superti-Furga, G. (2003) *Drug Discovery Today*, **8** (23), 1067-1077.

[53] Hopkins, A.L. and Groom, C.R. (2002) *Nat. Rev. Drug Discovery*, **1** (9), 727-730.

[54] Sheridan, R.P., Maiorov, V.N., Holloway, M.K., Cornell, W.D., and Gao, Y.-D. (2010) *J. Chem. Inf. Model.*, **50** (11), 2029-2040.

[55] Ward, R.A. (2010) *J. Mol. Model.*, **16** (12), 1833-1843.

[56] Edfeldt, F.N.B., Folmer, R.H.A., and Breeze, A.L. (2011) *Drug Discovery Today*, **16** (7-8), 284-287.

[57] Barril, X. (2013) *Wiley Interdiscip. Rev. Comput. Mol. Sci.*, **3**, 327-338.

[58] Hajduk, P.J., Huth, J.R., and Tse, C. (2005) *Drug Discovery Today*, **10** (23-24), 1675-1682.

[59] Pellecchia, M., Bertini, I., Cowburn, D., Dalvit, C., Giralt, E., Jahnke, W., James, T.L., Homans, S.W., Kessler, H., Luchinat, C., Meyer, B., Oschkinat, H., Peng, J., Schwalbe, H., and Siegal, G. (2008) *Nat. Rev. Drug Discovery*, **7** (9), 738-745.

[60] Hajduk, P.J., Huth, J.R., and Fesik, S.W. (2005) *J. Med. Chem.*, **48** (7), 2518-2525.

[61] Brenke, R., Kozakov, D., Chuang, G.Y., Beglov, D., Hall, D., Landon, M.R., Mattos, C., and Vajda, S. (2009) *Bioinformatics*, **25** (5), 621-627.

[62] Zheng, C.J., Han, L.Y., Yap, C.W., Ji, Z.L., Cao, Z.W., and Chen, Y.Z. (2006) *Pharmacol. Rev.*, **58** (2), 259-279.

[63] Han, L.Y., Zheng, C.J., Xie, B., Jia, J., Ma, X.H., Zhu, F., Lin, H.H., Chen, X., and Chen, Y.Z. (2007) *Drug Discovery Today*, **12** (7-8), 304-313.

[64] Schmidtke, P., Le Guilloux, V., Maupetit, J., and Tufféry, P. (2010) *Nucleic Acids Res.*, **38** (Web Server issue), W582-W589.

[65] Volkamer, A., Kuhn, D., Grombacher, T., Rippmann, F., and Rarey, M. (2012) *J. Chem. Inf. Model.*, **52** (2), 360-372.

[66] Nayal, M. and Honig, B. (2006) *Proteins Struct. Funct. Genet.*, **63** (4), 892-906.

[67] Weisel, M., Proschak, E., Kriegl, J.M., and Schneider, G. (2009) *Proteomics*, **9** (2), 451-459.

[68] Schmidtke, P. and Barril, X. (2010) *J. Med. Chem.*, **53** (15), 5858-5867.

[69] Krasowski, A., Muthas, D., Sarkar, A., Schmitt, S., and Brenk, R. (2011) *J. Chem. Inf. Model.*, **51** (11), 2829-2842.

[70] Perola, E., Herman, L., and Weiss, J. (2012) *J. Chem. Inf. Model.*, **52** (4), 1027-1038.

[71] Bakan, A., Nevins, N., Lakdawala, A.S., and Bahar, I. (2012) *J. Chem. Theory Comput.*, **8** (7), 2435-2447.

[72] Cuchillo, R., Pinto-Gil, K., and Michel, J. (2015) *J. Chem. Theory Comput.*, **11** (3), 1292-1307.

[73] Altschul, S.F., Gish, W., Miller, W., Myers, E.W., and Lipman, D.J. (1990) *J. Mol. Biol.*, **215** (3), 403-410.

[74] Lawrie, A.M., Noble, M.E., Tunnah, P., Brown, N.R., Johnson, L.N., and Endicott, J.A. (1997) *Nat. Struct. Biol.*, **4** (10), 796-801.

[75] Liu, Z., Huang, X., Hu, L., Pham, L., Poole, K.M., Tang, Y., Mahon, B.P., Tang, W., Li, K., Goldfarb, N.E., Dunn, B.M., McKenna, R., and Fanucci, G.E. (2016) *J. Biol. Chem.*, **291** (43), 22741-22756.

[76] An, J., Totrov, M., and Abagyan, R. (2005) *Mol. Cell. Proteomics*, **4** (6), 752-761.

[77] Kufareva, I., Ilatovskiy, A.V., and Abagyan, R. (2012) *Nucleic Acids Res.*, **40** (D1), D535-D540.

[78]   Bietz, S. and Rarey, M. (2016) *J. Chem. Inf. Model.*, **56** (1), 248-259.

[79]   Bietz, S. and Rarey, M. (2015) *J. Chem. Inf. Model.*, **55** (8), 1747-1756.

[80]   Altschul, S.F., Madden, T.L., Schäffer, A.A., Zhang, J., Zhang, Z., Miller, W., and Lipman, D.J. (1997) *Nucleic Acids Res.*, **25** (17), 3389-3402.

[81]   Finn, R.D., Bateman, A., Clements, J., Coggill, P., Eberhardt, R.Y., Eddy, S.R., Heger, A., Hetherington, K., Holm, L., Mistry, J., Sonnhammer, E.L.L., Tate, J., and Punta, M. (2014) *Nucleic Acids Res.*, **42**, D222-D230.

[82]   Sigrist, C.J.A., Cerutti, L., Hulo, N., Gattiker, A., Falquet, L., Pagni, M., Bairoch, A., and Bucher, P. (2002) *Briefings Bioinf.*, **3** (3), 265-274.

[83]   Henikoff, J.G., Greene, E.A., Pietrokovski, S., and Henikoff, S. (2000) *Nucleic Acids Res.*, **28** (1), 228-230.

[84]   Attwood, T.K. (2002) *Briefings Bioinf.*, **3** (3), 252-263.

[85]   Khan, S., Situ, G., Decker, K., and Schmidt, C.J. (2003) *Bioinformatics*, **19** (18), 2484-2485.

[86]   Enault, F., Suhre, K., and Claverie, J.-M. (2005) *BMC Bioinf.*, **6** (1), 247.

[87]   Ersgelhardt, B.E., Jordan, M.I., Muratore, K.E., and Brersfser, S.E. (2005) *PLoS Comput. Biol.*, **1** (5), 0432-0445.

[88]   Krishnamurthy, N., Brown, D., and Sjölander, K. (2007) *BMC Evol. Biol.*, **7** (Suppl 1), S12.

[89]   Illergård, K., Ardell, D.H., and Elofsson, A. (2009) *Proteins Struct. Funct. Bioinform.*, **77** (3), 499-508.

[90]   Hubbard, T.J.P., Ailey, B., Brenner, S.E., Murzin, A.G., and Chothia, C. (1999) *Nucleic Acids Res.*, **27** (1), 254-256.

[91]   Orengo, C.A., Michie, A.D., Jones, S., Jones, D.T., Swindells, M.B., and Thornton, J.M. (1997) *Structure*, **5** (8), 1093-1108.

[92]   Holm, L. and Sander, C. (1994) *Nucleic Acids Res.*, **22** (17), 3600-3609.

[93]   Ye, Y. and Godzik, A. (2003) *Bioinformatics*, **19** (Suppl 2), ii245-255.

[94]   Täubig, H., Buchner, A., and Griebsch, J. (2006) *Nucleic Acids Res.*, **34** (Web Server issue), W20-W23.

[95]   Gibrat, J.F., Madej, T., and Bryant, S.H. (1996) *Curr. Opin. Struct. Biol.*, **6** (3), 377-385.

[96]   Wang, S., Peng, J., and Xu, J. (2011) *Bioinformatics*, **27** (18), 2537-2545.

[97]   Wallace, A.C., Laskowski, R.A., and Thornton, J.M. (1996) *Protein Sci.*, **5** (6), 1001-1013.

[98]   Kellenberger, E., Schalon, C., and Rognan, D. (2008) *Curr. Comput. Aided Drug Des.*, **4** (3), 209-220.

[99]   Minai, R., Matsuo, Y., Onuki, H., and Hirota, H. (2008) *Proteins Struct. Funct. Genet.*, **72** (1), 367-381.

[100]   Jambon, M., Imberty, A., Deléage, G., and Geourjon, C. (2003) *Proteins Struct. Funct. Genet.*, **52** (2), 137-145.

[101]   Brakoulias, A. and Jackson, R.M. (2004) *Proteins Struct. Funct. Genet.*, **56** (2), 250-260.

[102]   Shulman-Peleg, A., Nussinov, R., and Wolfson, H.J. (2004) *J. Mol. Biol.*, **339**, 607-633.

[103]   Wallace, A.C., Borkakoti, N., and Thornton, J.M. (1997) *Protein Sci.*, **6** (11), 2308-2323.

[104]   Milik, M., Szalma, S., and Olszewski, K.A. (2003) *Protein Eng.*, **16** (8), 543-552.

[105]   Schmitt, S., Kuhn, D., and Klebe, G. (2002) *J. Mol. Biol.*, **323**, 387-406.

[106]   Kuhn, D., Weskamp, N., Schmitt, S., Hüllermeier, E., and Klebe, G. (2006) *J. Mol. Biol.*, **359** (4), 1023-1044.

[107]   Kinoshita, K., Furui, J., and Nakamura, H. (2002) *J. Struct. Funct. Genomics*, **2** (1), 9-22.

[108]   Kinoshita, K., Murakami, Y., and Nakamura, H. (2007) *Nucleic Acids Res.*, **35** (Suppl 2).

[109]   Najmanovich, R., Kurbatova, N., and Thornton, J. (2008) *Bioinformatics*, **24** (16), i105-11.

[110] Konc, J. and Janežic, D. (2012) *Nucleic Acids Res.*, **40** (W1), W214-W221.

[111] Yeturu, K. and Chandra, N. (2008) *BMC Bioinf.*, **9** (1), 543.

[112] Binkowski, T.A. and Joachimiak, A. (2008) *BMC Struct.* Biol., **8**, 45.

[113] Yin, S., Proctor, E.A., Lugovskoy, A.A., and Dokholyan, N.V. (2009) *Proc. Natl. Acad. Sci. U.S.A.*, **106** (39), 16622-16626.

[114] Xiong, B., Wu, J., Burk, D.L., Xue, M., Jiang, H., and Shen, J. (2010) *BMC Bioinf.*, **11**, 47.

[115] Das, S., Kokardekar, A., and Breneman, C.M. (2009) *J. Chem. Inf. Model.*, **49** (12), 2863-2872.

[116] Liu, T. and Altman, R.B. (2011) *PLoS Comput. Biol.*, **7** (12), e1002326.

[117] Baroni, M., Cruciani, G., Sciabola, S., Perruccio, F., and Mason, J.S. (2007) *J. Chem. Inf. Model.*, **47** (2), 279-294.

[118] Schalon, C., Surgand, J.S., Kellenberger, E., and Rognan, D. (2008) *Proteins Struct. Funct. Genet.*, **71** (4), 1755-1778.

[119] Weill, N. and Rognan, D. (2010) *J. Chem. Inf. Model.*, **50** (1), 123-135.

[120] Morris, R.J., Najmanovich, R.J., Kahraman, A., and Thornton, J.M. (2005) *Bioinformatics*, **21** (10), 2347-2355.

[121] Sael, L., Chitale, M., and Kihara, D. (2012) *J. Struct. Funct. Genomics*, **13** (2), 111-123.

[122] Aung, Z. and Tong, J.C. (2008) *Genome Inform.*, **21**, 65-76.

[123] Östergård, P.R.J. (2002) *Discrete Appl. Math.*, **120** (1-3), 197-207.

[124] Krotzky, T., Fober, T., Hullermeier, E., and Klebe, G. (2014) *IEEE/ACM Trans. Comput. Biol. Bioinform.*, **11** (5), 878-890.

[125] Krotzky, T. and Klebe, G. (2015) *Mol. Inform.*, **34** (8), 550-558.

[126] Krotzky, T., Grunwald, C., Egerland, U., and Klebe, G. (2015) *J. Chem. Inf. Model.*, **55** (1), 165-179.

[127] Desaphy, J., Azdimousa, K., Kellenberger, E., and Rognan, D. (2012) *J. Chem. Inf. Model.*, **52** (8), 2287-2299.

[128] von Behren, M.M., Volkamer, A., Henzler, A.M., Schomburg, K.T., Urbaczek, S., and Rarey, M. (2013) *J. Chem. Inf. Model.*, **53** (2), 411-422.

[129] Wu, K. (2005) *J. Phys. Conf. Ser.*, **16**, 556-560.

[130] Chandonia, J.-M., Hon, G., Walker, N.S., Lo Conte, L., Koehl, P., Levitt, M., and Brenner, S.E. (2004) *Nucleic Acids Res.*, **32** (Database issue), D189-D192.

[131] Wood, D.J., de Vlieg, J., Wagener, M., and Ritschel, T. (2012) *J. Chem. Inf. Model.*, **52** (8), 2031-2043.

[132] Kalliokoski, T., Olsson, T.S.G., and Vulpetti, A. (2013) *J. Chem. Inf. Model.*, **53** (1), 131-141.

6.8　基于结构的虚拟筛选

Adrian Kolodzik，Nadine Schneider，and Matthias Rarey

Universität Hamburg，ZBH-Center for Bioinformatics，Bundesstraße 43，20146 Hamburg，Germany

周晖皓 译　　徐 峻 审校

6.8.1　引言

当靶标的结构已知时，可以用计算工具虚拟筛选能够调控蛋白质功能的小分子。基于结构的虚拟筛选（structure-based virtual screening，SBVS）已成为药物发现的一种常规技术，并且被用于其他需要筛选活性化合物的研究领域，如农业化学、生物技术等。SBVS 技术将数以百万计的小分子对接到靶标的三维结构中以发现有前景的新颖的先导化合物。通过高通量筛选（HTS）数以百万计的小分子实体，SBVS 可以视为对 HTS 的模拟。SBVS 方法成本低，能够在较短时间内测试规模巨大的化合物库（包括那些尚没有合成的虚拟化合物），而且 SBVS 可以获得接近于 HTS 的筛选结果[1]。目前，SBVS 方法在不同类型的蛋白质上已经有了很多成功的案例（参见表 6.8.1），详情可以阅读参考文献[17]。

表 6.8.1　基于结构的虚拟筛选（SBVS）的成功案例

蛋白质类型	靶蛋白	对接程序	打分函数	化合物库	SBVS hits	实验 hits[a]	参考文献
激酶	CK2	DOCK[2]	DOCKScore，SCORE[b]	~40 万，诺华公司化合物库	12[c)d)]	4	[3]
	Bcr-Abl 酪氨酸激酶	DOCK	DOCKScore	20 万，市售化合物	15[c)]	8	[4]
	CHK-1	FlexX-Pharm[5]	共识打分	20 万，阿斯利康化合物库	103[d)]	36	[6]
蛋白酶	二肽基肽酶Ⅳ	Glide[7]	GlideScore	~80 万（~2 万）[e)]	4000[c)]	51	[8]
	半胱氨酸蛋白酶 falcipain-2	Glide，GAsDock[9]		Specs 数据库[10]	81	28	[11]
核受体	甲状腺激素受体	ICM[12]		~25 万	75	14	[13]
GPCR	α1A 肾上腺受体	Gold[14]		~2.3 万，安内特化合物库	80[f)]	37	[15]

　　a）实验验证的活性化合物；b）Wang 等开发的打分函数[16]；c）在对接筛选后应用了过滤和聚类策略；d）在生物活性测试前，经过目测的化合物；e）初始含有 80 万个化合物，经过过滤器和药效团初筛后，2 万个化合物用于对接；f）打分之后。

　　SBVS 方法需要靶蛋白的三维（3D）结构（通过晶体学、核磁共振波谱学或同源建模等方法获得）和化合物虚拟库。目前，已经开发了多种对接算法将化合物"放置"到靶蛋白的指定活性位点。配体结合在蛋白质口袋中的每种特殊取向称为一种"姿态"（pose）。为了从潜在活性化合物的不同姿态中找到其活性构象，需要打分函数（scoring function）。此外，打分函数还应该能够区分活性化合物和非活性化合物。到目前为止，已经开发了 60 多种分子对接程序和至少 30 种打分函数，但只有部分程序（如 AutoDock、DOCK、FlexX、FRED、Glide、GOLD、ICM）在计算化学界获得了广泛认可[18]。

　　本节介绍分子对接技术和打分函数的基本知识。6.8.2 节介绍当前的对接算法。6.8.3 节介绍对接过程中使用的几种打分方法，以及用于对接结果比较的打分函数。6.8.4 节介绍 SBVS 的工作流程。6.8.5 节介绍药效团过滤器。6.8.6 节介绍验证 SBVS 结果质量的方法，并讨论其适用性。

6.8.2　分子对接算法

　　最常见的药物活性成分是蛋白质的小分子配体，因此药物研发过程中经常用到蛋白质-配体分子的对接。近年来，蛋白质-蛋白质相互作用日益受到关注，但是药物研发过程中仍然较少应用到蛋白质-蛋白质/蛋白质-DNA 等生物大分子对接，因此本节将不讨论大分子-大分子对接问题。如果想了解这些技术的更多信息，请参见文献[19]和[20]。

　　分子对接程序已经经历了 30 多年的发展。早期的分子对接模型很简单，假定配体分子都是刚性的[21]，预测能力有限。20 世纪 90 年代后，为了更准确地模拟分子对接问题，人们开发了更复杂的程序。这些对接程序采用三种不同的策略将柔性的配体放入蛋白质的刚性结合口袋。

　　1）随机法

　　随机生成配体分子的构象，并将配体在蛋白质的结合位点内进行随机平移和旋转，然后通过打分函数评价产生的各种姿态。有多种方法（见 6.8.3 节）可以帮助筛选好的姿态。配体的旋转和平移是随机产生的，并且这些变化具有一定的接受概率，因此，如果重复运行同一个对接实验，得到的解可能会存在差异。AutoDock[22, 23]、GOLD[24, 25]和 PLANTS[26, 27]是使用这种策略的三个代表性对接程序。AutoDock 使用模拟退火来寻找好的姿态[28]，即：如果新姿态较之前的姿态得分提高，它就会被直接接受；如果新姿态的得分较前一个姿态低，则新姿态是否被接受依照所谓的 Metropolis 准则[29]，取决于一个逐步降低（冷却）的温度参数。因此，在模拟退火的开始阶段，几乎所有的新姿态都会被接受，但是在对接运行的后期，新姿态的接受条件变得更为严格。AutoDock Vina[30]是 AutoDock 4 的增强版本，它提高了配体结合模式预测的准确性，并且降低了运行时间。GOLD 使用遗传算法（GA）生成姿态。随机遗传算法将配体的构象、蛋白质的构象和氢键解释为单个染色体。然后染色体被随机改变（突变）和重组（交换）产生新的解。采用适应度函数评估由染色体编码的对接姿态的得分，并优先使用那些合适度较高的染色体作为进一步突变的基础。PLANTS 使用启发式迭代蚁群优化算法（ACO）[31]生成姿态。首先，一组初始姿态被生成、打分和局部优化。类似于蚂蚁沿着信息素的路径找到食物，蚁群算法总是优先选择在之前迭代中评分较高的那些姿态的平移、旋转和扭转，从而对姿态迭代优化。

2）基于片段的方法

将配体在其可旋转键位置切割成小片段，以便更好地处理配体构象的柔性。在放置初始片段后，配体在蛋白质的活性位点被重建，过程中每个片段都会被评分。与模拟退火和遗传算法等随机方法不同，构建过程是确定性的，因此对接结果是可以重现的。FlexX[32]和 eHiTS[33]是使用这种策略的两个代表。FlexX 首先将一个初始片段放入蛋白质的活性位点，并从这个基础片段出发重构整个配体。在逐步构建配体的过程中，使用贪婪算法，将得分高的解的数量控制在几百个以内。因此，该算法本质上是启发式的。LeadIT[34]是 FlexX 的后续发展，它改进了对接算法和打分，并提供了图形化的用户界面。eHiTS 将配体分解成刚性片段和柔性连接臂。每个刚性片段独立地对接到活性位点，并利用团簇检测算法鉴定出那些兼容的片段姿态集。基于已经计算的各个片段姿态的对接打分，可以快速确定最优的片段组合。最后，将柔性连接臂匹配到刚性片段集，形成一个粗糙的配体结合姿态，再通过局部能量最小化对结合姿态进行优化。

3）构象集合法

首先生成配体的多种构象的数据库，其次将这些构象放置到蛋白质的活性位点。采用该策略的对接工具有 Glide[7, 35]、FRED[36, 37]和 TrixX[38, 39]。Glide 通过穷举配体扭角空间中的能量极小值，生成各种构象异构体。蛋白质活性位点对这些低能构象进行快速预筛选。预筛选得到的最优姿态首先经过能量最小化优化，然后采用蒙特卡罗方法发现附近扭角空间的极小值。最后，结合打分函数、分子力学计算和配体应变能计算，确定最佳姿态。FRED 使用 OMEGA[40]作为构象异构体生成器。对于每个构象，都以给定的分辨率系统性生成所有的旋转和平移构象。移除与刚性的蛋白质发生碰撞或离活性位点太远的姿态，然后给其余的姿态打分。得分最高的前 100 个姿态经过小幅度的平移和旋转，进行局部优化。TrixX 内置了构象生成器[41]。对于每个构象及蛋白质活性位点，计算一个基于形状和相互作用的描述符[42]。将构象的描述符存储在数据库，用活性位点的描述符查询数据库，发现可以接受的姿态。这些姿态最终使用 FlexX 打分函数打分。

目前使用的对接工具都考虑了配体的柔性，但是蛋白质的柔性往往被忽视了，否则会大大增加搜索空间。目前，有两种不同的方法被用来模拟蛋白质的柔性[43]。

最直接的方法是生成蛋白质各种构象的一个集合，并将配体分别对接到蛋白质的每个构象中。这种方法被称为整体对接（ensemble docking，ED）。原则上，每种对接工具都可以用于 ED；然而，生成蛋白质的正确构象和选择最佳姿态都很困难。第二种模拟蛋白质柔性的方法是将配体放入蛋白质的口袋中，然后调整蛋白质构象，与配体匹配。这种方法被称为诱导契合对接（induced fit docking，IFD）。FITTED[44]是考虑蛋白质柔性的对接工具中的一个例子，它同时执行 ED 和 IFD 策略，并采用遗传算法限制搜索空间。但是，仍然需要发展更准确和快速的方法，柔性的蛋白质-配体对接才能真正得到广泛应用。

6.8.3 打分函数

打分函数是蛋白质-配体非共价相互作用强度预测的数学表达。它们被应用在三种不同的场景：对接过程中的姿态预测、虚拟筛选实验中的化合物排序、结合亲和力的预测。其中，姿态预测的挑战性是从对接算法提供的众多候选姿态中确定配体在蛋白质活性位点内的天然结合模式；而在虚拟筛选中对化合物进行排序，将活性化合物与非活性化合物分离开，是打分函数的主要应用；而结合亲和力预测则是对打分函数要求最苛刻的应用场景，因为必须考虑许多不同的相互作用、效应及它们之间的平衡。在 Cheng 等的综述中，对于 16 种不同的打分函数执行上述三项任务的能力进行了评估[45]。打分函数目前在姿态预测方面表现不错，但在排序和结合亲和力预测方面仍然需要改进。

打分函数的物理化学基础是预测蛋白质-配体结合过程中吉布斯自由能的变化（ΔG）。两个分子结合形成复合物时，复合物的能量低于两个独立分子的能量之和。因此这是一个自发过程，ΔG 具有负值。ΔG 可通过吉布斯-亥姆霍兹方程[式（6.8.1）]计算：

$$\Delta G = \Delta H - T\Delta S \tag{6.8.1}$$

其中，ΔH 和 ΔS 分别是焓和熵的变化；T 是热力学温度，单位为开尔文。焓变部分（ΔH）主要由配体和蛋白质之间的范德瓦耳斯、静电和氢键相互作用贡献，是打分函数考虑的主要部分。相比之下，熵变部分（$T\Delta S$）难以模拟和计算，常常被忽略。熵变主要包括两个方面：从结合位点释放后变得无序的水分子；结合导致蛋白质与配体分子的扭转角被固定。但是，通常只有后者能通过一些经验打分函数进行模拟计算[46, 47]。

当前打分函数中描述的最常见的非共价相互作用是氢键、盐桥、金属相互作用、范德瓦耳斯相互作用、芳香相互作用和疏水作用（图 6.8.1）。

氢键是具有方向性的一种相互作用，键能与长度、角度相关[48]。形成氢键的先决条件是氢键供体和受体的去溶剂化。极性原子的去溶剂化是一个耗能过程，因此蛋白质-配体结合面上的极性原子之间充分配对是非常重要的。范德瓦耳斯相

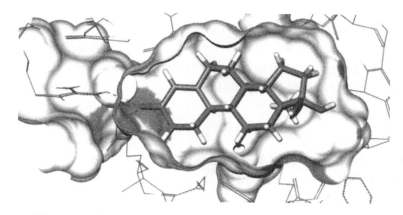

图 6.8.1　蛋白质-配体复合物中的相互作用（PDB 代码：1SQN）

氢键和疏水作用贡献了主要的结合能。蛋白质表面根据疏水性着色（深灰色：亲水原子；白色：疏水原子）。炔诺酮分子与孕酮受体之间最重要的相互作用是疏水作用，它是由配体的四个脂肪族环深埋到蛋白质疏水口袋中形成的。两个氢键（左侧）对整体结合亲和力的贡献较小，但有助于配体在活性口袋中的定向

互作用和疏水作用需要配体与蛋白质两者的表面紧密吻合。π-π 相互作用和阳离子-π 相互作用是另一组具有方向性的相互作用，Diederich 及其同事对此进行了深入研究[49]。最近，人们还研究了蛋白质与配体之间的一组被称为弱极性相互作用，其中包括 CH⋯O 氢键[50]和卤素相互作用[51, 52]。前面讨论的绝大多数相互作用在蛋白质-配体结合过程中发挥着重要作用，打分函数中用独立的项来描述每种相互作用，打分函数的得分是各项的加和。

通常，打分函数可以分为三种不同的类型。

（1）基于力场的打分函数。

使用经典的分子力场项来估算蛋白质-配体复合物中的相互作用。分子力场（如适用于蛋白质的 AMBER[53]和适用于小分子的 MMFF[54]）计算的主要能量包括扭转能、伦纳德-琼斯（Lennard-Jones）势能和静电能等。原子被分类，将得到的原子类型用于校准系统参数。这些打分函数通常用于指导对接算法构建对接姿态。GoldScore[55, 56]是这种基于力场的打分函数的一个例子，它由以下四项组成[式（6.8.2）]：

$$\text{GoldScore} = E_{\text{H-bond, ext}} + E_{\text{vdW, ext}} + E_{\text{vdW, int}} + E_{\text{torison, int}} \qquad (6.8.2)$$

计算了蛋白质和配体之间的范德瓦耳斯能（$E_{\text{vdW, ext}}$）和氢键能量（$E_{\text{H-bond, ext}}$）以及配体的范德瓦耳斯能（$E_{\text{vdW, int}}$）和扭转应变能（$E_{\text{torsion, int}}$）。基于力场的打分函数缺少解释熵变的项，并且会高估静电相互作用和氢键，因此主要用于姿态预测而非虚拟筛选排序或结合亲和力预测。

（2）基于知识的打分函数。

受益于数量不断增长的蛋白质-配体复合物共晶结构。根据蛋白质-配体复合

物中常见相互作用及距离的统计分析，可以计算出成对原子间的势能，这是此类打分函数的基础。通过计算一定距离范围内的所有原子对之间的势能总和，可以得到最终的对接打分。这一方法的缺点是对于罕见的相互作用，如阳离子-π 或卤素相互作用，因为统计样本少，无法很好参数化。这种打分函数的一个例子是 PMF（potential of mean force）打分[式（6.8.3）]：

$$PMF = \sum_{kl} A_{ij}(r) \tag{6.8.3}$$

其中，A_{ij} 是距离 r 的一个蛋白质-配体原子对的相互作用自由能；kl 是 ij 型的一个蛋白质-配体原子对。PMF 函数是由 Muegge 和 Martin 开发的[57]，并于 2006 年基于蛋白质-配体晶体结构的大数据集（PDB 中 7152 个蛋白质-配体复合物）进行了重新参数化[58]。DrugScore^{PDB}[59]或 DrugScore^{CSD}[60]是此类打分函数的另外两个例子，它们分别统计分析了 PDB 数据库中的蛋白质-配体复合物和剑桥结构数据库中的有机小分子[61]。

（3）经验打分函数。

经验打分函数是最常见的打分函数类型。它用不同的项代表蛋白质-配体复合物中的不同理化效应（如氢键作用、疏水效应或金属相互作用）并求和，计算总的结合自由能。这类打分函数通常利用结构已知的复合物的结合亲和力的实验测量值进行校准。这种类型的第一个打分函数是由 Boehm[46]开发的，并进一步发展成为被广泛应用的 ChemScore 函数[47]。其原始版本如下所示[式（6.8.4）]：

$$\Delta G_{binding} = \Delta G_0 + \Delta G_{hbond} + \Delta G_{metal} + \Delta G_{lipo} + \Delta G_{rot} \tag{6.8.4}$$

其中，$\Delta G_{binding}$ 是估算的自由结合能。有多个项都对 $\Delta G_{binding}$ 有贡献，如氢键（ΔG_{hbond}）、金属相互作用（ΔG_{metal}）、亲脂性相互作用（ΔG_{lipo}）和配体柔性的惩罚项（ΔG_{rot}）。常数项（ΔG_0）用于校准实验测量的结合能。最初的 ChemScore 使用了 82 个结合亲和力和复合物结构已知的蛋白质-配体复合物作为训练集。这种类型的另一个广为人知的打分函数是 X-Score 函数[62]。经验打分函数的最大缺陷是只有当对接的靶标与校准数据集的蛋白质相近时，表现才更好[63]。

除了上述三类打分函数之外，还有一些估算结合亲和力的其他替代方法。其中一些方法试图以更直接的方式对结合进行模拟。它们不使用已知亲和力的蛋白质-配体复合物结构校正打分函数，因此打分函数更为通用。Kellogg 等开发了基于正辛醇/水分配系数（log P）的 HINT 相互作用力场[64]。它包括氢键作用、静电相互作用、疏水作用、熵变和溶剂化/去溶剂化效应。HYDE[65, 66]打分函数也使用小分子的 log P 值进行校准，它统一地描述了蛋白质-配体复合物中的氢键、疏水作用和去溶剂化效应。

另一种策略是特异地针对一个目标系统来训练打分函数；这被称为定制或靶标特异性的打分函数[67]。在这种方法中，打分函数用靶蛋白的已知配体或晶体结构进行校准，因此增强了针对该靶标的预测能力。但是，在新药设计项目的初始阶段，因为信息有限，无法使用这种方法。只有随着信息积累后，这种方法才可以用来在先导化合物之间进行排序，以及帮助鉴定新的活性分子。一个实例是 ISAC 方法[68]，它使用活动断崖信息来推导药效团模型和靶标特异性打分函数。

对蛋白质-配体复合物打分的另一种更可靠的策略是使用所谓的共识打分。该策略结合现有的不同打分函数的结果，获得更可靠的预测[69]。但是，虽然共识打分通常可以提高可靠性，但也不可避免地减少能发现的真实活性化合物的数量[70]。

其他一些需要更大计算量的方法，如 MM-PB/GB-SA（molecular mechanics Poisson-Boltzmann/general Born surface area），也被用于蛋白质-配体复合物的打分。这些更基于物理学的打分函数，利用短时程分子动力学模拟计算分子柔性的影响，并通过分析分子表面变化计算去溶剂化效应的影响。Brown 和 Muchmore[71] 的 MM-PBSA 方法的预测得分与实验测得的亲和力之间具有良好相关性，对于三个测试集的 Pearson 相关系数（R）介于 0.72～0.83 之间。但是，这些方法的计算代价仍然太高，无法应用于大规模虚拟筛选。自由能微扰（FEP）或热力学积分（TI）[72] 等自由能计算方法最近获得了更多关注（请见 Chipot 和 Pohorille 的综述[73]），但它们同样具有计算资源需求高的问题。这些方法通过计算相似配体结合到同一个靶标时的相对能量差异，估算结合亲和力。这些方法模拟系统（蛋白质-配体复合物）更精细，有可能成为简单打分函数的替代方法。然而，使用这些方法需要大量专业知识[74]。

水分子在结合过程中发挥重要作用，近期，人们开发了新的方法模拟和分析结合口袋中的水分子作用。例如，WaterMap[75, 76] 使用分子动力学模拟来鉴定活性位点内水分子密度的高低分布，并估算这些水分子的焓和熵。因此，它有助于判断哪些水分子被化合物基团替换后可以提高配体的结合能。另外，高分辨率 X 射线晶体学数据也可以用于统计分析蛋白质-配体复合物中的水分子。因为这种方法只能包括那些具有实验证据（即测量到电子密度）的水分子，最近开发了 EDIA 描述符[77]用于定量评估水分子等小分子的电子密度质量。

6.8.4 基于结构的虚拟筛选流程

本节介绍 SBVS 的典型工作流程。SBVS 可被视为药物发现过程中一个复杂的过滤步骤，其工作流程分为 4 步（图 6.8.2）。

第一步，检查待筛选的化合物库中化合物结构是否正确。此外，根据所使用对接软件的要求，生成化合物的互变异构体（参见《化学信息学——基本概念和方法》第 3 章）、质子化状态和各种构象。

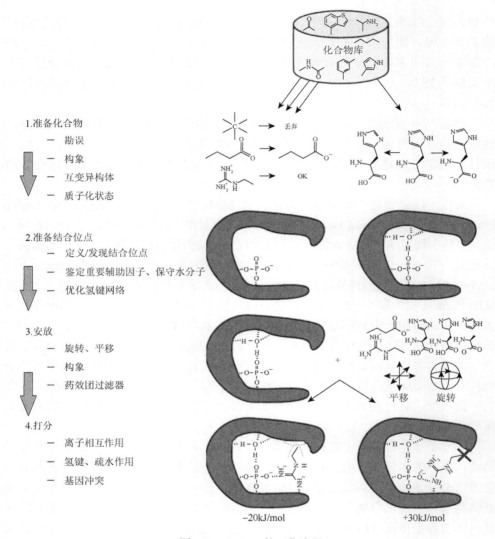

图 6.8.2　SBVS 的工作流程

　　第二步，指定用于配体对接的结合位点，并优化蛋白质的内部氢键网络，做好对接准备。对接位点中通常需要包括保守水分子和重要辅助因子。

　　第三步，通过将化合物放置到蛋白质的结合位点来产生姿态。由于每种化合物可能产生的平移、旋转和构象数目是海量的，只可能产生所有可能姿态中的有限一部分。姿态产生的过程可以通过药效团过滤器来指导，相关详细讨论见 6.8.5 节。

　　第四步，通过打分函数预测每一个姿态下配体与蛋白质的结合亲和力，进行打分，并根据每个化合物得分最高的姿态对化合物排名。通过为得分设定一个阈值，将化合物划分为活性和非活性两类。然后，对于预测为"活性"的化合物，经过滤和优化，寻找亲和力更高、理化性质更好的化合物，并将最终预测的化合物作为后续合成和测试的候选化合物。

在虚拟筛选前后还可以使用其他过滤步骤。因为 SBVS 需要消耗大量计算资源，在开展 SBVS 之前对化合物库进行过滤是有意义的。通常，这些过滤器会对分子量、log P、氢键供体和受体的数量等分子理化性质进行限制。必要时，还可以采用子结构匹配或基于配体的药效团模型等更复杂的过滤器。这些过滤器可以大大减小需要搜索的化学空间[78]，从而加速虚拟筛选过程。

在对接和打分阶段之后也可以使用过滤操作。这些后过滤器通常会限定化合物的潜在结合模式。最常见的后过滤器是基于蛋白质结构的药效团，这将在 6.8.5 节中讨论。

6.8.5 基于蛋白质结构的药效团遴选

基于蛋白质结构的药效团过滤器描述了化合物能够发挥其活性所需的分子特征[79]。一个特征可以是化合物结合到蛋白质的某个位置所需的某个子结构或理化性质。

经过精心设计并通过实验数据验证的药效团过滤器可以显著提高虚拟筛选的质量和速度。在姿态生成阶段使用药效团过滤器，可以减少需要使用打分函数评估的姿态数量。此外，在完成对接打分之后也可以应用药效团过滤器。由于每个药效团过滤器可以代表一种不同的结合模式，那些通过同一个药效团过滤器的配体可以被视为具有相似结合模式。使用药效团过滤器的一个缺点是结果被限制到那些已知结合模式，因此它限制了对接程序发现新结合模式化合物的能力。

6.8.6 验证

可供选择的对接程序很多，它们可能适用于不同种类的靶标，因此需要评估和比较不同对接程序执行某个特定任务时的性能。"再对接"实验可以评估姿态预测的质量；筛选实验测量对接软件挑选潜在活性物质的能力。均方根偏差（root mean square deviation，RMSD）是衡量"再对接"是否成功的常用标准，而富集因子（enrichment factor，EF）和受试者操作特征（receiver operating characteristic，ROC）曲线[80]可以评估对接软件的灵敏度和特异性。接下来将对这些方法在分子对接相关的论文中被广泛应用做详细讨论。

"再对接"实验评估对接程序重现 X 射线晶体学观察到的结合模式的能力。假定晶体结构代表正确的结合模式，如果对接预测的配体姿态与晶体结构的配体姿态在对应原子之间偏差较小，则认为对接实验是成功的。

进行"再对接"前，首先要将配体从蛋白质-配体复合物剥离。提供给对接程序的配体构象应该是随机的，避免特定构象会引入人为偏差。使用所选对接软件的标准方案处理配体，将其对接到蛋白质的结合位点。有多种度量方法可以描述预测姿态与晶体结构中姿态的偏差，其中最常用的指标是 RMSD[式（6.8.5）]：

$$\text{RMSD}(P, X) = \sqrt{\frac{1}{N} \sum_{\text{Atoms}i} (p_i - x_i)^2} \qquad (6.8.5)$$

其中，N 是配体原子的数量；P 和 X 分别是在对接姿态和晶体结构中的配体原子坐标向量。

虽然 RMSD 被广泛使用，但是它受分子的大小和形状的影响，因此对于它是否适合评估对接软件的质量是存在质疑的[81]。此外，晶体结构仅仅是蛋白质-配体复合物所有可能状态中的一张快照，对接预测的姿态与晶体中配体的姿态存在偏差时，并不一定意味着对接预测是错误的。目前，已提出许多替代方案[82-84]试图规避 RMSD 作为评价"再对接"指标的（至少一部分）缺点。例如，为了规避分子大小的依赖性，只要"再对接"结果成功预测了晶体结构观测到的所有相互作用，就可以认为"再对接"实验是成功的。

EF[85]描述了与随机选择相比，对接程序鉴定真正活性化合物的能力。计算 EF 时，将一个含有已知活性化合物和非活性化合物的数据集对接到蛋白质的结合位点。然后从整个数据集（Compounds$_{\text{total}}$）中预测结合亲和力最高（最高的 $x\%$）的化合物，形成子集（Compounds$_{\text{selected}}$）。该子集中的活性物质（Actives$_{\text{selected}}$）数量除以整个数据集中的活性物质数量（Actives$_{\text{total}}$）[式（6.8.6）]：

$$\text{EF} = \frac{\text{Compounds}_{\text{total}}}{\text{Compounds}_{\text{selected}}} \times \frac{\text{Actives}_{\text{selected}}}{\text{Actives}_{\text{total}}} \qquad (6.8.6)$$

富集图显示被鉴定出的活性化合物占所有活性化合物的百分数相对于所选子集大小的关系。图 6.8.3（b）显示两个对接工具的富集图的比较。与随机挑选配体作为活性化合物相比，这两种工具均显示出优异的富集能力。x 轴使用对数坐标，这样可以更好地显示预测最靠前的那一小部分配体的预测质量。在许多药物设计过程中会虚拟筛选大量配体，但只有很小一部分可以在体外或体内进行实验测试，因此最靠前的低百分比值区间的预测质量是最重要的。就这方面而言，对接程序 A（蓝色）优于对接程序 B（绿色）。

得分图说明了对接程序区分活性化合物与非活性化合物的能力。两条曲线分别代表对接程序对数据库中活性化合物和非活性化合物的对接打分[图 6.8.3（a）]。被预测为"活性"的真正活性化合物称为真阳性。预测为活性的非活性化合物称为假阳性。相应地，正确预测为非活性的真正非活性的化合物称为真阴性，预测为非活性的活性化合物称为假阴性。

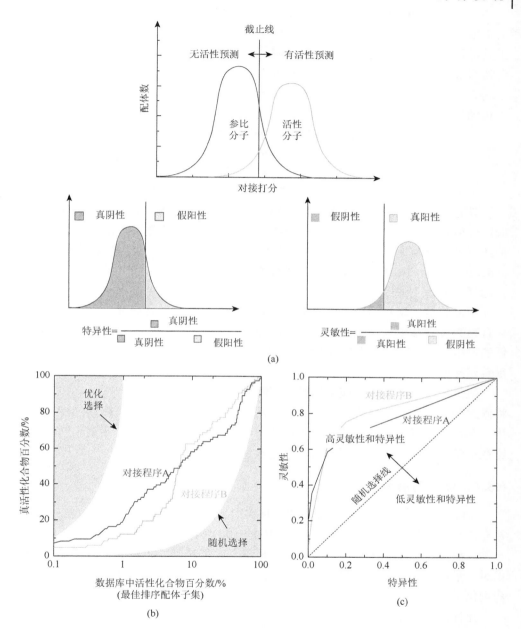

图 6.8.3　得分图（a）允许直观评估对接程序在给定阈值时敏感性和特异性；富集图（b）和
ROC 曲线（c）用于评估对接程序的质量

该实例显示了两个对接实验，1 万个化合物组成的数据库中含有 100 个活性化合物

正确和错误预测的活性和非活性可以用来计算对接程序的灵敏度和特异性。

灵敏度也被称为"真阳性率"、"召回率"和"命中率"。具有高灵敏度的对接工具可正确预测大多数活性化合物。实现高灵敏度的一种简单方法是预测每个化合物都是有活性的。但是,采用这种方法无法将活性与非活性区分开。因此,除了高灵敏度之外,对接程序还需要高特异性。特异性也被称为"真实阴性率"和"正确排斥率"(图 6.8.3):

$$\text{Sensitivity} = \frac{\text{True positives}}{\text{True positives} + \text{True nagatives}} \quad (6.8.7)$$

$$\text{Specificity} = \frac{\text{True negativies}}{\text{True negatives} + \text{False positives}} \quad (6.8.8)$$

具有高特异性的对接工具可以正确识别非活性化合物。完美的对接软件将正确区分所有活性化合物和非活性化合物,从而实现高灵敏度和特异性。使用 ROC 曲线可以很容易地呈现灵敏度和特异性的组合[图 6.8.3(c)]。曲线下面积(area under the curve,AUC)是虚拟筛选整体性能的指标。AUC 的最佳值是 1;如果随机选择,AUC 值则为 0.5。

不幸的是,现有的打分函数都不是完美的。在药物发现研究中,可供筛选的化合物数量通常很大,受限的是活性测试的能力。因此,漏掉一些活性化合物(较低的灵敏度)以增加预测的活性化合物中真正活性化合物的比例(较高的特异性)是普遍接受的。

但是,取决于具体的应用场景,有时候相反的策略可能更合适。例如,通过将候选药物对接到人的各类蛋白质的表面口袋中,可以预测候选药物的潜在副作用。在这种情况下,研究者不想错过任何可能的副作用。相反,预测到的副作用比在实验室或临床中观察到的副作用更多是可以接受的。

6.8.7 总结与展望

SBVS 已成为药物发现过程中的一种实用工具。它通常作为 HTS 的一个有益补充,甚至是替代,命中率比 HTS 高 100~1000 倍[86]。但是,SBVS 并不能当作一种"黑匣子"工具来使用,有关蛋白质及其功能机制、关键相互作用的专业知识对于最终获得高质量结果是必不可少的。而且,SBVS 的筛选结果还需要经过药物化学家的证实。

此外,目前使用的计算机模型有许多简化。蛋白质的柔性仍然是一个尚未解决的问题。各种方法试图以不同方式模拟蛋白质的柔性,但是绝大多数会增加假阳性[43]。另一个问题是分子有不同质子化状态和互变异构体形式,无法在晶体结构中观察到(参见《化学信息学——基本概念和方法》第 2 章 2.5 节),但是对分子的结合亲和力具有巨大影响。解决这一问题,可以挑选多种可能状态来对接,但这需要在准确性和计算时间之间折中[87-91]。另一个挑战是计算熵变。尽管已经对熵进行了数十年的研究，大多数对接工具仍然仅仅考虑在形成蛋白质-配体复合物的过程中可旋转键被固定后对熵的影响。但事实上，熵变更重要的部分来自结合口袋以及配体的溶剂化壳层的有序水分子被释放时的熵增，但这一部分被对接程序忽略了。作为一种近似，对接程序仅仅计算蛋白质-配体结合面的疏水表面积的变化[65, 92]。

尽管面临诸多挑战，分子对接领域仍然取得了重大进展，报道了许多成功的应用。分子对接领域相对于传统的化学研究还相当年轻，因此，它取得这些成功非常令人鼓舞。而且，当前计算机的性能呈指数级增长，能够支持越来越复杂的计算模型。这不仅使得结合亲和力的预测更准确，还有助于实现不需要太多手动干预的自动化对接。

参 考 文 献

[1] Polgar, T., Baki, A., Szendrei, G.I., and Keseru, G.M. (2005) *J. Med. Chem.*, **48**, 7946-7959.

[2] Ewing, T.J.A., Makino, S., Skillman, A.G., and Kuntz, I.D. (2001) *J. Comput.-Aided Mol. Des.*, **15**, 411-428.

[3] Vangrevelinghe, E., Zimmermann, K., Schoepfer, J., Portmann, R., Fabbro, D., and Furet, P. (2003) *J. Med. Chem.*, **46**, 2656-2662.

[4] Peng, H., Huang, N., Qi, J., Xie, P., Xu, C., Wang, J., and Yang, C. (2003) *Bioorg. Med. Chem. Lett.*, **13**, 3693-3699.

[5] Hindle, S.A., Rarey, M., Buning, C., and Lengauer, T. (2002) *J. Comput.-Aided Mol. Des.*, **16**, 129-149.

[6] Lyne, P.D., Kenny, P.W., Cosgrove, D.A., Deng, C., Zabludoff, S., Wendoloski, J.J., and Ashwell, S. (2004) *J. Med. Chem.*, **47**, 1962-1968.

[7] Friesner, R.A., Banks, J.L., Murphy, R.B., Halgren, T.A., Klicic, J.J., Mainz, D.T., Repasky, M.P., Knoll, E.H., Shelley, M., Perry, J.K., Shaw, D.E., Francis, P., and Shenkin, P.S. (2004) *J. Med. Chem.*, **47**, 1739-1749.

[8] Ward, R.A., Perkins, T.D.J., and Stafford, J. (2005) *J. Med. Chem.*, **48**, 6991-6996.

[9] Li, H., Li, C., Gui, C., Luo, X., Chen, K., Shen, J., Wang, X., and Jiang, H. (2004) *Bioorg. Med. Chem. Lett.*, **14**, 4671-4676.

[10] Specs (2008) Chemistry Solutions for Drug Discovery, http://www.specs.net (accessed January 2018).

[11] Li, H., Huang, J., Chen, L., Liu, X., Chen, T., Zhu, J., Lu, W., Shen, X., Li, J., Hilgenfeld, R., and Jiang, H. (2009) *J. Med. Chem.*, **52**, 4936-4940.

[12] Totrov, M. and Abagyan, R. (1997) *Proteins*, **29**, 215-220.

[13] Schapira, M., Raaka, B.M., Das, S., Fan, L., Totrov, M., Zhou, Z., Wilson, S.R., Abagyan, R., and Samuels, H.H. (2003) *PNAS*, **100** (12), 7354-7359.

[14] Jones, G., Willett, P., Glen, R.C., Leach, A.R., and Taylor, R. (1997) *J. Mol. Biol.*, **267**, 727-748.

[15] Evers, A. and Klabunde, T. (2005) *J. Med. Chem.*, **48**, 1088-1097.

[16] Wang, R., Liu, L., Lai, L., and Tang, Y. (1998) *J. Mol. Model.*, **4**, 379-394.

[17] Sotriffer, C. (2011) Virtual Screening, Wiley-VCH Verlag GmbH & Co. KGaA, Weinheim, 550 pp.

[18] Moitessier, N., Englebienne, P., Lee, D., Lawandi, J., and Corbeil, C.R. (2008) *Br. J. Pharmacol.*, **153**, 7-26.

[19] van Dijk, M. and Bonvin, A.M.J.J. (2010) *Nucleic Acids Res.*, **38** (17), 5634-5647.

[20] Moreira, I.S., Fernandes, P.A., and Ramos, M.J. (2010) *Comput. Chem.*, **31** (2), 317-342.

[21] Kuntz, I.D., Blaney, J.M., Oatley, S.J., Langridge, R., and Ferrin, T.E. (1982) *J. Mol. Biol.*, **161** (2), 269-288.

[22] Goodsell, D.S. and Olson, A.J. (1990) *Proteins*, **8** (3), 195-202.

[23] Morris, G., Goodsell, D., Halliday, R., Huey, R., Hart, W., Belew, R., and Olson, A.J. (1998) *J. Comput. Chem.*, **19**, 1639.

[24] Jones, G., Willett, P., and Glen, R.C. (1995) *J. Mol. Biol.*, **245**, 43-53.

[25] Verdonk, M.L., Chessari, G., Cole, J.C., Hartshorn, M.J., Murray, C.W., Nissink, J.W.M., Taylor, R.D., and Taylor, R. (2005) *J. Med. Chem.*, **48**, 6504-6515.

[26] Korb, O., Stuetzle, T., and Exner, T.E. (2006) *Lect. Notes Comput. Sci.*, **4150**, 247-258.

[27] Korb, O., Stuetzle, T., and Exner, T.E. (2009) *J. Chem. Inf. Model.*, **49**, 84-96.

[28] Eglese, R. (1990) *Eur. J. Oper. Res.*, **46** (3), 271-281.

[29] Metropolis, N., Rosenbluth, A., Rosenbluth, M., Teller, A., and Teller, E. (1953) *J. Chem. Phys.*, **21** (6), 1087-1092.

[30] Trott, O. and Olson, A.J. (2010) *J. Comput. Chem.*, **31**, 455-461.

[31] Dorigo, M. and Stützle, T. (2004) Ant Colony Optimization, MIT Press/Bradford Books, Cambridge, MA. ISBN: 0-262-04219-3

[32] Rarey, M., Kramer, B., Lengauer, T., and Klebe, G. (1996) *J. Mol. Biol.*, **261** (3), 470-489.

[33] Zsoldos, Z., Reid, D., Simon, A., Sadjad, B.S., and Johnson, A.P. (2006) *Curr. Protein Pept. Sci.*, **7** (5), 421-435.

[34] LeadIT, BioSolveIT GmbH, Germany, http://www.biosolveit.de/LeadIT (accessed January 2018).

[35] Halgren, T.A., Murphy, R.B., Friesner, R.A., Beard, H.S., Frye, L.L., Pollard, W.T., and Banks, J.L. (2004) *J. Med. Chem.*, **47**, 1750-1759.

[36] McGann, M.R., Almond, H.R., Nicholls, A., Grant, J.A., and Brown, F.K. (2003) *Biopolymers*, **68**, 76-90.

[37] McGann, M.R. (2011) *J. Chem. Inf. Model.*, **51** (3), 578-596.

[38] Schellhammer, I. and Rarey, M. (2007) *J. Comput.-Aided Mol. Des.*, **21** (5), 223-238.

[39] Henzler, A.M., Urbaczek, S., Hilbig, M., and Rarey, M. (2014) *J. Comput.-Aided Mol. Des.*, **28** (9), 927-939.

[40] Bostrom, J., Greenwood, J.R., and Gottfries, J. (2003) *J. Mol. Graphics Modell.*, **21** (5), 449-462.

[41] Griewel, A., Kayser, O., Schlosser, J., and Rarey, M. (2009) *J. Chem. Inf. Model.*, **49**, 2303-2311.

[42] Schlosser, J. and Rarey, M. (2009) *J. Chem. Inf. Model.*, **49** (4), 800-809.

[43] Henzler, A.M. and Rarey, M. (2010) *Mol. Inf.*, **29** (3), 164-173.

[44] Corbeil, C.R., Englebienne, P., and Moitessier, N. (2007) *J. Chem. Inf. Model.*, **47** (2), 435-449.

[45] Cheng, T., Li, X., Li, Y., and Wang, R. (2009) *J. Chem. Inf. Model.*, **49**, 1079-1093.

[46] Böhm, H.J. (1994) *J. Comput.-Aided Mol. Des.*, **8**, 243-256.

[47] Eldridge, M.D., Murray, C.W., Auton, T.R., Paolini, G.V., and Mee, R.P. (1997) *J. Comput.-Aided Mol. Des.*, **11**, 425-455.

[48] Gilli, G. and Gilli, P. (2009) *The Nature of the Hydrogen Bond*, Oxford University Press.

[49] Meyer, E.A., Castellano, R.K., and Diederich, F. (2003) *Angew. Chem. Int. Ed.*, **42**, 1210-1250.

[50] Panigrahi, S.K. and Desiraju, G.R. (2007) *Proteins*, **67**, 128-141.

[51] Glaser, R., Chen, N., Wu, H., Knotts, N., and Kaupp, M. (2004) *J. Am. Chem. Soc.*, **126**, 4412-4419.

[52] Sarwar, M.G., Dragisic, B., Salsberg, L.J., Gouliaras, C., and Taylor, M.S. (2010) *J. Am. Chem. Soc.*, **132**, 1646-1694.

[53] Cornell, W.D., Cieplak, P., Bayly, C.I., Gould, I.R., Merz, K.M., Ferguson, D.M., Spellmeyer, D.C., Fox, T., Caldwell, J.W., and Kollman, P.A. (1995) *J. Am. Chem. Soc.*, **117** (19), 5179-5197.

[54] Halgren, T.A. (1996) *J. Comput. Chem.*, **17**, 490-519.

[55] Verdonk, M.L., Cole, J.C., Hartshorn, M.J., Murray, C.W., and Taylor, R.D. (2003) *Proteins*, **52**, 609-623.

[56] Mooij, W.T.M. and Verdonk, M.L. (2005) *Proteins Struct. Funct. Bioinf.*, **61**, 272-287.

[57] Muegge, I. and Martin, Y. (1999) *J. Med. Chem.*, **42**, 791-804.

[58] Berman, H.M., Westbrook, J., Feng, Z., Gilliland, G., Bhat, T.N., Weissig, H., Shindyalov, I.N., Bourne, P.E. (2000) *Nucleic Acids Res.*, **28**, 235-242. doi: 10.1093/nar/28.1.235

[59] Gohlke, H., Hendlich, M., and Klebe, G. (2000) *J. Mol. Biol.*, **295**, 337-356.

[60] Velec, H.F.G., Gohlke, H., and Klebe, G. (2005) *J. Med. Chem.*, **48**, 6296-6303.

[61] Groom, C. R., Bruno, I. J., Lightfoot, M. P., Ward, S. C. (2016) *Acta Cryst.*, **B72**, 171-179, DOI: 10.1107/S2052520616003954

[62] Wang, R., Lai, L., and Wang, S. (2002) *J. Comput.-Aided Mol. Des.*, **16**, 11-26.

[63] Perola, E., Walters, W.P., and Charifson, P.S. (2004) *Proteins*, **56** (2), 235-249.

[64] Kellogg, G.E., Burnett, J.C., and Abraham, D.J. (2000) *J. Comput.-Aided Mol. Des.*, **15** (4), 381-393.

[65] Reulecke, I., Lange, G., Albrecht, J., Klein, R., and Rarey, M. (2008) *ChemMedChem*, **3** (6), 885-897.

[66] Schneider, N., Lange, G., Hindle, S., Klein, R., and Rarey, M. (2013) *J. Comput.-Aided Mol. Des.*, **27**, 15-29.

[67] Seifert, M.H.J. (2009) *Drug Discovery Today*, **14**, 562-569.

[68] Seebeck, B., Wagener, M., and Rarey, M. (2011) *ChemMedChem*, **6**, 1630-1639.

[69] Yang, J.M., Chen, Y.F., Shen, T.W., Kristal, B.S., and Hsu, D.F. (2005) *J. Chem. Inf. Model.*, **45**, 1134-1146.

[70] Stahl, M. and Rarey, M. (2001) *J. Med. Chem.*, **44**, 1035-1042.

[71] Brown, S.P. and Muchmore, S.W. (2009) *J. Med. Chem.*, **52**, 3159-3165.

[72] Kirkwood, J.G. (1935) *J. Chem. Phys.*, **3**, 300-313.

[73] Chipot, C. and Pohorille, A. (2007) in *Springer Series in Chemical Physics*, Free Energy Calculations: Theory and Applications in Chemistry and Biology, vol. 86 (eds C. Chipot and A. Pohorille), Springer-Verlag, Berlin, pp. 33-75.

[74] Michel, J. and Essex, J.W. (2010) *J. Comput.-Aided Mol. Des.*, **24**, 639-658.

[75] Abel, R., Young, T., Farid, R., Berne, B.J., and Friesner, R.A. (2008) *J. Am. Chem. Soc.*, **130**, 2817-2831.

[76] Young, T., Abel, R., Kim, B., Berne, B.J., and Friesner, R.A. (2007) *Proc. Natl. Acad. Sci. U.S.A.*, **104**, 808-813.

[77] Nittinger, E., Schneider, N., Lange, G., and Rarey, M. (2015) *J. Chem. Inf. Model.*, **55** (4), 771-783.

[78] Klebe, G. (2006) *Drug Discovery Today*, **11**, 580-594.

[79] Leach, A.R., Gillet, V.J., Lewis, R.A., and Taylor, R. (2010) *J. Med. Chem.*, **53** (2), 539-558.

[80] Triballeau, N., Acher, F., Brabet, I., Pin, J.P., and Bertrand, H.O. (2005) *J. Med. Chem.*, **48** (7), 2534-2547.

[81] Kirchmair, J., Markt, P., Distinto, S., Wolber, G., and Langer, T. (2008) *J. Comput.-Aided Mol. Des.*, **22** (3), 213-228.

[82] Kroemer, R.T., Vulpetti, A., McDonald, J.J., Rohrer, D.C., Trosset, J.-Y., Giordanetto, F., Cotesta, S., McMartin, C., Kihlenand, M., and Stouten, P.F.W. (2004) *J. Chem. Inf. Comput. Sci.*, **44**, 871-881.

[83] Yusuf, D., Davis, A.M., Kleywegtand, G.J., and Schmitt, S. (2008) *J. Chem. Inf. Model.*, **48**, 1411-1422.

[84] Baber, J.C., Thompson, D.C., Cross, J.B., and Humblet, C. (2009) *J. Chem. Inf. Model.*, **49** (8), 1889-1900.

[85] Chen, H., Lyne, P.D., Giordanetto, F., Lovell, T., and Li, J. (2006) *J. Chem. Inf. Model.*, **46** (1), 401-415.

[86] Shoichet, B.K. (2004) *Nature*, **432**, 862-865.

[87] Lippert, T. and Rarey, M. (2009) *J. Cheminf.*, **1** (1), 13.

[88] Bayden, A.S., Fornabaio, M., Scarsdale, J.N., and Kellogg, G.E. (2009) *J. Comput.-Aided Mol. Des.*, **23**, 621-632.

[89] Labute, P. (2009) *Proteins*, **75**, 187-205.

[90] ten Brink, J. and Exner, T.E. (2009) *J. Chem. Inf. Model.*, **49**, 1535-1546.

[91] Bietz, S., Urbaczek, S., Schulz, B., and Rarey, M. (2014) *J. Cheminf.*, **6**, 1-12.

[92] Friesner, R.A., Murphy, R.B., Repasky, M.P., Frye, L.L., Greenwood, J.R., Halgren, T.A., Sanschagrin, P.C., and Mainz, D.T. (2006) *J. Med. Chem.*, **49** (21), 6177-6196.

6.9 ADME 性质预测

阎爱侠

北京化工大学生命科学与技术学院制药工程系，中国北京 100029

陈浩 顾琼译   徐峻审校

6.9.1 引言

药物的吸收、分布、代谢和排泄（ADME）研究是药物发现中的重要环节，用于优化和平衡先导化合物的成药性质，使候选药物[1]顺利通过临床评价。据统计，近 50%的药物因疗效无法通过测试而失败，原因包括肠道吸收弱和代谢不稳定性[2]导致的生物利用度差。

通过收集、分析大量已知化合物数据，能发现 ADME 性质与分子结构的关系，即定性结构-性质关系（SPR）建模（即分类）或定量结构-性质关系（QSPR）建模（即性质预测）的研究方法[3]。它们是预测多种物理、化学或生物学性质（包括 ADME 特性）的重要计算手段。通过分子结构特征来表征数据集中的化合物，而分子结构特征则是被一系列带数值化的分子描述符所定义，分子描述符可以是实验所得的物理化学性质，也可以是通过计算化学方法计算所得的性质（参见《化学信息学——基本概念和方法》第 10 章）。通过机器学习方法（参见《化学信息学——基本概念和方法》第 11 章）建立该数据集中化合物的 ADME 性质与分子结构特征之间的关系，预测 ADME 性质，滤掉不符合要求的化合物，极大地减少所需合成的化合物数量。

一些综述文献总结了不同机器学习方法在 ADME 性质预测中的最新成果和挑战[4-9]。

本节回顾 ADME 建模方法的最新进展，例如其在预测药物水溶解度、血脑屏障（BBB）和人体肠道吸收（HIA）中的方法和应用。概述数据集中的化合物数量、分子描述符的类型和数量、建模方法以及所构建模型的性能。讨论一些 ADME 性质的预测模型。关于药物代谢预测的问题不在本章讨论，而是在 6.10 节中讨论。

6.9.2 常规 SPR/QSPR 模型

建立一个 SPR/QSPR 模型时，数据集、分子描述符因素会影响模型的质量和可靠性。

6.9.2.1 数据集

数据集的数量和质量是影响 SPR/QSPR 模型的主要因素。数据集分为训练集和测试集。训练集用于构建模型，测试集用于测试所构建的模型。有时，也可用外部数据来检验所构建模型的性能，或者用来挑选模型的最佳参数。用来确定模型适用范围（applicability domain，AD）的训练集往往需要包含多样性的化合物，以覆盖尽可能大的化学空间。适用范围是指在给定可靠性下可以进行预测的响应的化学结构空间[3]。训练集所包含化合物的分子结构和描述符值可以用来评估模型的适用范围。

6.9.2.2　分子描述符

人们已经开发出各种各样的分子描述符来表示分子结构特征[3, 10]（参见《化学信息学——基本概念和方法》第 10 章），这些分子描述符可用于预测 ADME 性质。

一个分子的结构可以用片段代码或各种一维（1D）、二维（2D）或三维（3D）描述符来表征。片段代码包含有关某个子结构存在与否的信息。1D、2D 和 3D 描述符分别对应于 1D 的化学分子式（如分子量）、2D 的图形（如环的数量和类型）、3D 的分子结构，它考虑了分子中各原子的空间排列。

要使用给定的数据集来构建一个 SPR/QSPR 模型，需要从计算中挑选出与所关注的 ADME 性质高度相关的那些分子描述符。这些分子描述符可以通过经验或知识来选择；例如，我们知道水溶解度与辛醇/水分配系数的对数呈负相关（$\log P$），所以 $\log P$ 自然会被选作预测溶解度的一个描述符。也可以使用一些统计方法（如相关性分析）或其他计算方法[如遗传算法（GA）]通过反复试验来选择描述符[11]。

6.9.2.3　建立 SPR/QSPR 模型

机器学习方法可以为 ADME 性质建立数学模型，这类模型要能定性或定量地反映所关注的 ADME 性质与所选分子描述符之间的关系。

在建模型过程中，要尝试各种描述符的组合，直到获得具有最佳预测性能的模型为止。建立 SPR/QSPR 模型的机器学习方法可以是监督式机器学习方法，如多元线性回归（MLR）分析、偏最小二乘（PLS）法、决策树（DTs）、随机森林（RF）、k 近邻算法（kNN）、人工神经网络（ANN）、多层感知器（MLP）和支持向量机（SVM），也可以是无监督式机器学习方法，如自组织图（SOM）和主成分分析（PCA）[8]（参见《化学信息学——基本概念和方法》第 10 章）。

关于模型的讨论，我们将主要讨论数据分析方法的选择。特别关注分子描述符的选择，以便进一步了解造成影响建模性能的因素。有关模型性能的详细信息列在表 6.9.1～表 6.9.5 中。

6.9.2.4 模型验证

SPR（或分类）模型的好坏可以通过预测精度等计算值来评价。QSPR 模型用相关系数（r^2）、内部交叉验证的 r^2（q^2）或标准偏差（SD）等值来评价[3]。模型的稳定性也可以通过 k 折交叉验证来检查。

经济合作与发展组织（OECD）建议，一个 QSPR 模型要遵循"Setubal 规则"，即该模型应具有定义的端点、明确的算法和适用范围，能够恰当地评估拟合优度、鲁棒性和预测性，模型最好是可解释的[12]。

6.9.3 水溶解度（log S）的预测

水溶解度是有机化合物的一个重要性质，在制药、环境和其他化学学科都有广泛应用。药物的溶解度是决定其生物利用度和其他生物活性的决定性因素，所以在药物设计过程中，有必要在合成之前就对大量候选化合物的溶解度进行预测。水溶解度的知识还能用来预测有机污染物（如剧毒、致癌物和其他有害化合物）的环境分布。水溶解度预测的主要方法已在第 3 章 3.3.5 节中进行了简要介绍，我们将在此进行更详细的分析。

从热力学的观点来看，溶解过程是溶质与其饱和水溶液之间建立平衡的过程。水溶解度主要取决于溶质分子和水分子之间的分子间作用力。溶质-溶质、溶质-水和水-水之间的相互作用决定了化合物在水中的溶解度。额外的溶质-溶质相互作用与晶体状态下的晶格能相关。

因此，化合物的溶解度受许多因素影响：溶质的状态、分子的芳香性-亲脂性、分子的大小和形状、分子的极性、空间效应以及某些基团参与氢键结合的能力。为了准确预测化合物的水溶解度，所有与溶解度相关的因素都可用分子结构相关的描述符来表征。

化合物的溶解度通常表示为 log S，其中 S 指饱和水溶液中化合物的浓度，或者指晶体材料最稳定状态时的化合物浓度，单位为 mol/L。实际上，大约 85%的药物的 log S 值介于–5～–1 之间，几乎没有一种药物的 log S 值小于–6。大多数药物的这个 log S 范围也反映了合适的亲水性所需的极性与可接受的膜转运所需的疏水性之间的平衡[13]。

Lipinski 等[14]、Jorgensen 和 Duffy[13]及其他学者[5-7]总结了文献中报道的关于水溶解度预测的大量研究，这些方法可分为以下几种类型：

（1）估算溶解度与实验测定的物理化学性质（如熔点和分子体积）的相关性。

（2）通过基团贡献法估算溶解度。

（3）估算从计算得到分子结构的描述符与溶解度的相关性。

第三种方法已被证明在预测溶解度方面特别成功，因为它不需要实验得来的描述符数据，因此适合于化合物的虚拟筛选。

6.9.3.1 实验数据描述符与水溶解度的相关性

Yalkowsky 等进行了大量的 $\log S$ 研究。一般溶解度方程是用来估算固体非电解质的溶解度的[15, 16]。溶解度 $\log S$ 可由 $\log P$（辛醇/水分配系数的对数）和熔点（MP）表征，如式（6.9.1）。该方程通常情况下都适用。对于 580 种化合物，预测得出的平均绝对误差（AAE）约为 0.45 对数单位：

$$\log S = 0.5 - \log P - 0.01(MP - 25) \qquad (6.9.1)$$

这种方法只有两个描述符，在现代药物和化合物库的设计中用处不大，因为它需要知道化合物的实验 MP 值，而虚拟化合物是没有实验 MP 值的。同时，预测 $\log P$[17, 18]的方法有很多进展，但是预测 MP 的方法进展却不大。

6.9.3.2 基团贡献法与水溶解度的相关性

基团贡献法通过对与化合物的子结构单元相关的碎片值进行求和，可以对溶解度进行近似计算。在基团贡献模型中，水溶解度值用式（6.9.2）计算：

$$\log S = C_0 + \sum_{i=1}^{N} C_i G_i \qquad (6.9.2)$$

其中，$\log S$ 是溶解度的对数；C_i 是分子中一个子结构片段 i 的出现次数；G_i 是片段 i 的相对贡献值；C_0 为校正常数。

Kühne 等用 351 种液体和 343 种固体的实验数据，建立了溶解度的基团贡献模型，并与其他四种基团贡献算法进行了比较[19]。在性能最佳的模型中，碎片和校正项的数量约为 50 个，此外还增加了 MP 这一附加项以估算固体的溶解度，获得了 $r^2 = 0.95$ 和 AAE 约为 0.38 个对数单位的相关性。

但是，基团贡献法仅限于已参数化的那些功能基团。用于建立方程的官能团需要很好地覆盖大量碎片、官能团或原子类型的空间。早期的研究数据集缺乏多官能团分子，并且片段类型的数量少，不能很好地处理药物分子。2001 年，Klopman 和 Zhu[20]通过增加训练集的大小和多样性，提出了几个新模型，改进了以前模型的准确性和范围。

2004 年，Hou 等用不同的化学环境对原子进行分类，形成了 76 个原子类型，以此建立了一种新的基团贡献模型[21]，并引入了疏水碳原子数和分子量平方这两个校正因子，来解释分子间/分子内的疏水相互作用和体积效应。

6.9.3.3 计算所得描述符与水溶解度的相关性

一些研究小组用仅由分子结构计算得的描述符建立 $\log S$ 计算模型，较成功地预测了水的溶解度。由于此方法不需要实验数据作为描述符，因此它也适用于虚拟筛选和化合物库的设计。

近年来，人们已建立了一些基于大样本、多样性数据集的 QSPR 溶解度预测模型。2000 年，Huuskonen 用 MLR 分析和 ANN 方法，对 1297 种化合物的数据集建立了 log S 模型[22]，这些化合物由 24 个原子电性拓扑指数和其他 6 个拓扑指数表征，在 20~25℃的温度下测量了水溶解度值。

采用基于 Huuskonen 的数据集，其他几个小组用其他类型的分子描述符和不同的数据分析方法也建立了 log S 的预测模型[21, 23-26]。这些方法的预测能力，如表 6.9.1 所示。

表 6.9.1 　基于计算所得描述符建立的水溶解度预测模型的预测性能

作者	年份	化合物数量	描述符数量	描述符类型	建模方法	模型表现
Huuskonen[22]	2000	$N_{train}=884$ $N_{test}=413$ $N_{ext}=21$	30	E-state	ANN	$r_{train}^2=0.94$, $SD_{train}=0.47$ $r_{test}^2=0.92$, $SD_{test}=0.60$ $r_{ext}^2=0.91$, $SD_{ext}=0.63$
Tetko 等[23]	2001	$N_{train}=879$ $N_{test}=412$ $N_{ext}=21$	33	E-state, TD	ANN	$r_{train}^2=0.95$, $SD_{train}=0.47$ $r_{test}^2=0.92$, $SD_{test}=0.60$ $r_{ext}^2=0.90$, $SD_{ext}=0.64$
Liu 和 So[24]	2001	$N_{train}=1033$ $N_{test}=258$ $N_{ext}=21$	7	1D, 2D	ANN	$r_{train}^2=0.86$, $SD_{train}=0.70$ $r_{test}^2=0.86$, $SD_{test}=0.70$ $r_{ext}^2=0.79$, $SD_{ext}=0.91$
Hou 等[21]	2004	$N_{train}=878$ $N_{test}=412$ $N_{ext}=21$	78	76 个原子类型，其他类	MLR	$r_{train}^2=0.96$, $SD_{train}=0.59$ $r_{test}^2=0.95$, $SD_{test}=0.63$ $r_{ext}^2=0.94$, $SD_{ext}=0.64$
Yan 和 Gasteiger[25]	2003	$N_{train}=741$ $N_{test}=552$ $N_{ext}=21$	18	GID, TD	ANN	$r_{train}^2=0.92$, $SD_{train}=0.51$ $r_{test}^2=0.94$, $SD_{test}=0.52$ $r_{ext}^2=0.83$, $SD_{ext}=0.80$
Yan 和 Gasteiger[26]	2003	$N_{train}=797$ $N_{test}=496$ $N_{ext}=21$	40	RDFD, PD	ANN	$r_{train}^2=0.93$, $SD_{train}=0.50$ $r_{test}^2=0.92$, $SD_{test}=0.59$ $r_{ext}^2=0.85$, $SD_{ext}=0.77$
Yan 等[31]	2004	$N_{train}=1148$ $N_{test}=936$ $N_{ext}=799$	18	GID, TD	ANN	$r_{train}^2=0.93$, $SD_{train}=0.61$ $r_{test}^2=0.92$, $SD_{test}=0.62$ $r_{ext}^2=0.94$, $SD_{ext}=0.72$

续表

作者	年份	化合物数量	描述符数量	描述符类型	建模方法	模型表现
Yan 等[31]		$N_{\text{train}} = 1217$ $N_{\text{test}} = 866$ $N_{\text{ext}} = 799$	40	RDFD, PD	ANN	$r^2_{\text{train}} = 0.93$, $\text{SD}_{\text{train}} = 0.60$ $r^2_{\text{test}} = 0.90$, $\text{SD}_{\text{test}} = 0.73$ $r^2_{\text{ext}} = 0.91$, $\text{SD}_{\text{ext}} = 0.88$
Huuskonen 等[32]	2008	$N_{\text{train}} = 191$ $N_{\text{test1}} = 174$ $N_{\text{test2}} = 200$	5	CDPD	MLR	$r^2_{\text{train}} = 0.87$, $\text{SD}_{\text{train}} = 0.51$ $r^2_{\text{test1}} = 0.80$, $\text{SD}_{\text{test1}} = 0.68$ $r^2_{\text{test2}} = 0.88$, $\text{SD}_{\text{test2}} = 0.65$
Raevsky 等[33]	2015 模型 6[a)]	$N_{\text{train}} = 818$ $N_{\text{test}} = 204$	12	PD	RF	$r^2_{\text{train}} = 0.97$, $\text{SD}_{\text{train}} = 0.34$ $r^2_{\text{test}} = 0.91$, $\text{SD}_{\text{test}} = 0.62$
	模型 12[b)]	$N_{\text{train}} = 2093$ $N_{\text{test}} = 522$	12	PD	RF	$r^2_{\text{train}} = 0.93$, $\text{SD}_{\text{train}} = 0.61$ $r^2_{\text{test}} = 0.84$, $\text{SD}_{\text{test}} = 0.90$
	模型 25[c)]	$N_{\text{train}} = 2911$ $N_{\text{test}} = 726$	12	PD	RF	$r^2_{\text{train}} = 0.94$, $\text{SD}_{\text{train}} = 0.56$ $r^2_{\text{test}} = 0.86$, $\text{SD}_{\text{test}} = 0.84$
	模型 26[c)]	$N_{\text{train}} = 2911$ $N_{\text{test}} = 726$	12	PD	SVM	$r^2_{\text{train}} = 0.87$, $\text{SD}_{\text{train}} = 0.83$ $r^2_{\text{test}} = 0.86$, $\text{SD}_{\text{test}} = 0.85$
	模型 27[d)]	$N_{\text{train}} = 2911$ $N_{\text{test}} = 726$	12	PD	RF SVM	$r^2_{\text{train}} = 0.92$, $\text{SD}_{\text{train}} = 0.67$ $r^2_{\text{test}} = 0.88$, $\text{SD}_{\text{test}} = 0.78$

a）基于液体化学物质的模型。
b）基于晶体化学物质的模型。
c）基于液体和晶体化学物质的模型。
d）基于模型 25 和模型 26 的共识模型。
　　ANN 表示人工神经网络；MLR 表示多元线性回归；SVM 表示支持向量机；RF 表示随机森林；E-state 表示电性拓扑状态指数；CD 表示组成描述符；GD 表示几何描述符；PD 表示物理化学描述符；TD 表示拓扑描述符；1D 表示一维描述符；2D 表示二维描述符；3D 表示三维描述符；GID 表示全局描述符；RDFD 表示径向分布函数描述符。

　　Huuskonen 数据集的化合物主要有两种表示方法：①用 18 个拓扑描述符表示二维结构[25]；②用 32 个 RDF 代码表示分子的三维结构。此外，还使用了 8 个表示氢键的描述符[26]（见下面介绍）。利用 Kohonen 的自组织网络将数据集分为训练集和测试集。使用多元线性回归和反向传播（BPG）人工神经网络建立了几种定量的 log S 预测模型。

　　1）基于 18 个拓扑描述符的模型
　　这些拓扑描述符用 ADRIANA.Code 程序[27, 28]计算得到。

　　另外，通过 ADRIANA.code 程序计算拓扑描述符[27, 28]，加上油水分配系数 $\log P$（因为与溶解度强相关[15, 16]）、平均分子极化率、分子量和最高氢键受体电势、最高氢键供体电势、氢键供体基团的数量，以及氮、氧和氟元素的原子数目。用相关分析消除高度相关的描述符，最终保留了 18 个分子描述符。

　　经过优化的具有 18-10-1 结构的多层人工神经网络比 MLR 分析具有更好的预测结果（参见表 6.9.1）。测试集的预测结果如图 6.9.1 所示。

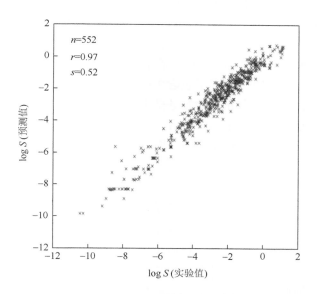

图 6.9.1　采用 18 个拓扑描述符的反向传播人工神经网络预测 552 个
化合物的溶解度与它们实验值的比较

2）具有 32 个径向分布函数和额外 8 个描述符的模型

　　该模型将化合物用一组代表分子三维结构的 32 个 RDF 编码值[29]来描述（见《化学信息学——基本概念和方法》第 10 章 10.3.4.4 节）。使用三维结构生成器 CORINA 获得三维坐标[30]。同时也使用 ADRIANA 编码[28]计算额外的描述符，如平均分子极化率、分子的芳香指数、分子的脂肪族指数、最高的氢键受体势、最高的氢键供体势、氢键供体基团数目、氮氧原子的数目。

　　如表 6.9.1 所示，使用二维描述符和三维描述符的两种方法提供了具有相似预测精度的模型。氢键和极化率的描述符占主导地位，而二维或三维描述符提供相似的信息。

　　制药行业研究人员指出，Huuskonen 数据集不能正确地反映典型药物分子的结构特征。为了扩大药物所含结构的溶解度模型的适用范围，应使用默克公司（Merck KGaA）编制的更大的、包含 2084 种化合物的数据集来建立模型[31]。有机化合物的结构由之前的两种方法表示：①使用 18 个拓扑描述符[25]，②使用 32 个 RDF 代码和 8 个附加描述符[26]。把来自 Huuskonen 数据集且与默克数据集重叠的化合物排除之后，剩下 799 种化合物用作外部测试集。结果列于表 6.9.1。结果表明，该模型在外部测试集上的预测略差，表明它们可能包含了不同的化学空间（如最初所述）。

2008 年，Huuskonen 等使用从 AQUASOL 数据库中提取的 191 个类药化合物的训练集，利用一组简单的结构和理化性质建立了水溶解度的 QSPR 模型[32]（表 6.9.1）。他们的研究表明，增大分子的尺寸、刚性和亲脂性会降低溶解度，而增大构象的灵活性或者非共轭氨基的存在会增加类药化合物的溶解度。

2015 年，Raevsky 等[33]收集了包含 1022 个液态化合物和 2615 个晶体化合物的未电离溶解度值。在这些化合物的基础上建立了一系列的预测溶解度的 QSPR 模型，它们先是独立的，后来相互组合。采用多种数据分析方法，得到了一组分别针对液态和晶体分子的 QSPR 模型（表 6.9.1）。

6.9.3.4 $\log S$ 预测的总结

标准条件下高质量实验数据的缺乏是水溶解度预测的主要问题。目前使用的数据集有各种不同的来源和条件。近些年的建模方法已经转向使用可解释的描述符，它们不但显示了氢键，还有其他电子效应的重要性。三维描述符的使用并没有导致模型质量的重大改进。针对液体和固体化合物发展不同的模型是一个有趣的方向，但是不能解决状态尚不清楚的虚拟分子的问题。无论如何，现在已有的有机化合物水溶解度的预测模型可以在药物设计过程中提供帮助。

6.9.4 血脑屏障通透性（$\log BB$）预测

在开发作用于中枢神经系统（CNS）的药物过程中，一个重要的特性是药物穿透血脑屏障（BBB）的能力[34]。BB 通常被定义为稳态下，药物在脑和血液中的浓度比，一般表示为 $\log BB[\log BB = \log（c_{brain}/c_{blood}）]$，$c_{brain}$ 和 c_{blood} 分别指药物在脑和血液中的平衡浓度。此外，能够穿过血脑屏障的化合物被定义为 BBB＋，而 BBB－则表示几乎不能穿过血脑屏障的化合物。

药物是否能穿透血脑屏障在筛选潜在的中枢神经系统活性前体和改善具有外周活性药物的副作用中起关键作用。获得一个化合物的血脑分布比例的实验数据是一项昂贵而且费时的工作。因此，预测模型是迫切需要的。同时，血脑屏障也应该适用于无论如何都无法测量的虚拟化合物的筛选。然而，找到高质量（遵循统一的实验标准测得脑/血浆比例）和足够数量的 $\log BB$ 数据是相当困难的。此外，许多因素影响血脑屏障的透过率，如血浆蛋白结合（PPB）、中枢神经系统中的转运体如 P-糖蛋白（P-gp）的主动外排，以及候选药物的代谢。大多数开发的血脑屏障模型假设药物是通过被动扩散穿透屏障的[34]。因此，建立分子结构与测得的血脑分布之间的有用关系是一项具有挑战性的任务。最近有文章总结了使用计算模型预测 log BB[34]。从建模的角度来看，血脑屏障的透过率是一个有趣的性质，已经发展了两种类型的计算模型来研究它和分子结构特点之间的关系：一个是 SPR 模型，分类为 BBB + 和 BBB-；另一个是 QSPR 模型，用于 log BB 的定量预测。最近文献报道了几个关于 log BB 的 BBB + /BBB-[35-40]的分类模型和 QSPR 模型[39, 41]（表 6.9.2 和表 6.9.3），此处将讨论其中一部分。

表 6.9.2 血脑屏障通透性分类模型的性能

作者	年份	化合物数量	描述符数量	描述符类型	建模方法	模型表现
Zhao 等[35]	2007	$N_{train} = 1093$ $N_{test} = 500$	4	Abraham descriptors	RP	$Q_{train} = 90.6$ $Q_{test} = 96.8$
		$N_{train} = 1093$ $N_{test} = 500$	69	Fragment schemes	PLS	$Q_{train} = 97.1$ $Q_{test} = 97.2$
		$N_{train} = 1593$ $N_{test} = 397$	2	Abraham descriptors	PLS	$Q_{train} = 91.6$ $Q_{test} = 80.1$
Wang 等[38]	2009	$N_{train} = 1093$ $N_{test} = 500$	5	TD	SOM	$Q_{train} = 96.6$ $Q_{test} = 97.0$
		$N_{train} = 1093$ $N_{test} = 500$	5		SVM	$Q_{train} = 94.5$ $Q_{test} = 96.8$
		$N_{train} = 1593$ $N_{test} = 396$	5		SOM	$Q_{train} = 95.9$ $Q_{test} = 81.1$
		$N_{train} = 1593$ $N_{test} = 396$	5		SVM	$Q_{train} = 97.2$ $Q_{test} = 76.8$
Brito-Sánchez 等[39]	2015	$N_{train} = 381$ $N_{test} = 116$	6	2D，3D	LDA	$Q_{train} = 85.09$ $Q_{test} = 83.33$
Gupta 等[40]	2015	$N_{train} = 252$ $N_{val} = 54$ $N_{test} = 54$ $N_{ext} = 29$	5	CD，TD，GT	GBT	$Q_{train} = 99.47$ $Q_{val} = 98.77$ $Q_{test} = 98.77$ $Q_{ext} = 86.21$
		$N_{train} = 252$ $N_{val} = 54$ $N_{test} = 54$ $N_{ext} = 29$	5	CD，TD，GT	BDT	$Q_{train} = 98.94$ $Q_{val} = 95.06$ $Q_{test} = 97.53$ $Q_{ext} = 82.76$

注：RP 表示递归分区；PLS 表示偏最小二乘法；SOM 表示 Kohonen 自组织图；SVM 表示支持向量机；LDA 表示线性判别分析；GBT 表示梯度提升树；BDT 表示袋装决策树；CD 表示组成描述符；TD 表示拓扑描述符；2D 表示二维描述符；3D 表示三维描述符。

表 6.9.3　QSPR 模型预测 log BB 的性能

作者	年份	化合物数量	描述符数量	描述符类型	建模方法	模型表现
Yan 等[41]	2013	N_{train} = 198 N_{test} = 122	14	GlD，ShD，RDFD	SVM	r_{train} = 0.90，SD_{train} = 0.61 r_{test} = 0.89，SD_{test} = 0.56
	2013	N_{train} = 198 N_{test} = 122	14	GlD，ShD，RDFD	ANN	r_{train} = 0.90，SD_{train} = 0.63 r_{test} = 0.90，SD_{test} = 0.58
Brito-Sánchez 等[39]	2015	N_{train} = 381 N_{test} = 116	10	2D，3D	MLR	r_{train}^2 = 0.69 MAE_{train} = 0.10 MAE_{test} = 0.31
Gupta 等[40]	2015	N_{train} = 252 N_{val} = 54 N_{test} = 54 N_{ext} = 29	3	CD，TD，GD	GBT	r_{train}^2 = 0.957，SD_{train} = 0.69 r_{val}^2 = 0.921，SD_{val} = 0.49 r_{test}^2 = 0.938，SD_{test} = 0.51 r_{ext}^2 = 0.905，SD_{ext} = 0.31
		N_{train} = 252 N_{val} = 54 N_{test} = 54 N_{ext} = 29	3	CD，TD，GD	BDT	r_{train}^2 = 0.932，SD_{train} = 0.65 r_{val}^2 = 0.896，SD_{val} = 0.45 r_{test}^2 = 0.913，SD_{test} = 0.48 r_{ext}^2 = 0.913，SD_{ext} = 0.26

注：SVM 表示支持向量机；ANN 表示人工神经网络；MLR 表示多元线性回归；GBT 表示梯度提升树；BDT 表示袋装决策树；CD 表示组成描述符；GD 表示几何描述符；TD 表示拓扑描述符；2D 表示二维描述符；3D 表示三维描述符；GlD 表示全局描述符；ShD 表示形状描述符；RDFD 表示径向分布函数描述符。

6.9.4.1　血脑屏障透过率的分类

2007 年，Zhao 等[35]使用包含 1593 个化合物（包括 1283 个 BBB + 和 310 个 BBB–化合物）的 BBB 数据集，这些数据由 Adenot 和 Lahana[36]收集。外部测试集由 Li 等[37]获得。分子结构由 19 个简单的分子描述符或者一个片段化方案表示。

对于分类模型，预测精度（Q）由下列方程计算[式（6.9.3）]：

$$Q = \frac{TP + TN}{TP + TN + FP + FN} \tag{6.9.3}$$

其中，TP 是真阳性；TN 是真阴性；FP 和 FN 分别是假阳性和假阴性。

Zhao 等的分类模型结果如表 6.9.2 所示[35]。研究表明，化合物的氢键性质在血脑屏障透过率模型中起着非常重要的作用。

Wang 等[38]使用 Zhao 等[35]的数据集，利用 Kohonen 的 SOM 和 SVM 方法建立了血脑屏障的分类模型。用 ADRIANA.Code 程序计算了 55 个描述符（包括 13 个全局描述符和 42 个二维属性自相关描述符）。最后选择 5 个二维自相关描述符。模型的预测能力如表 6.9.2 所示。

这个结果略好于 Zhao 等[35]的结果。重要的是，他们所选择的 5 个与血脑屏障有良好相关性的自相关描述符清楚地反映存在于电荷和电负性值中的重要电子效应。这 5 个描述符中的 4 个是 σ 和 π 电荷描述符 q_σ^2、q_π^2 和电负性描述符 χ_π^2、$\chi_{lp}^{2\,[38]}$。

Brito-Sánchez 等[39]用分类和回归模型，在仔细挑选的基于六个分子描述符的数据上，对血脑屏障透过率建模。结果列于表 6.9.2。

Gupta 等[40]收集了 360 个化合物的数据集，用梯度提升树（GBT）和袋装决策树（BDT）建模取得较好的分类效果（表 6.9.2）。

6.9.4.2　log BB 的 QSPR 模型

2013 年，Yan 等[41]从文献中收集了 320 个化合物的 log BB 值。每个分子用全局描述符和形状描述符、二维自相关描述符和由 ADRIANA.Code 程序计算得到的 RDF 描述符表征[28]。通过相关性排除后留下了 14 个描述符，它们主要是基于电荷和电负性值的三维 RDF 描述符。对于最好的 SVM 和 ANN 模型，测试集可得到 $r=0.89$ 和 $r=0.90$（表 6.9.3）。

Brito-Sánchez 等[39]基于 MLR 方法建立了一个模型，可以对实验 log BB 中出现的超过 69%的方差进行合理化的解释。

Gupta 等[40]也使用 GBT 和 BDT 方法建立了预测 log BB 的 QSPR 模型。该模型只包含三个描述符，即 XLogP、TPSA 和偶极矩，预测结果却很好（表 6.9.3）。

6.9.4.3　BBB 预测的小结

血脑屏障透过率的模型已经成熟到可以解释描述符的程度。正如预期的那样，它们表明了极性和疏水效应的重要性；极性和氢键促使药物留在血液中，增加亲脂性和极化率，则增加血脑透过性。通过获得更多更好的数据，预测性能肯定会有更大提高。不过，目前的模型在实践中已经很有用了。

6.9.5　人体肠道吸收的预测

肠道吸收可以定义为药物从给药部位进入血液系统的转移过程。转运发生在胃肠道上皮膜，通过血管进入体循环，到达门静脉[42]。在实验中，人体肠道吸收（HIA）是由吸收分数%FA（或%HIA）来测量的，它被定义为总吸收量除以药物的给定剂量。

对 HIA 的简单预测有 Lipinski 等[14]提出的"五规则"。这些规则定义了鉴别吸收和渗透性差的化合物的几个标准：如果一个分子的分子量大于 500；计算出的 log P 大于 5（CLOGP＞5）或者 MLOGP＞4.15；氢键供体的数目（OH 和 NH 基团）大于 5；氢键受体的数目（N 和 O 原子）大于 10，这个分子吸收率会很差。

这种方法允许以可接受的概率剔除具有反常性质的分子。然而，只能得到一个粗略的分子分类是该方法的缺点。

最近有人对 HIA 的计算机建模进行了综述[6, 42, 43]。计算模型可以通过建立 SPR 进行分类[44-46]或建立 QSPR 模型进行 HIA 值的预测[45-48]，如表 6.9.4 所示。

表 6.9.4　SPR 和 QSPR 模型对人体肠道吸收（HIA）预测的表现

作者	年份	模型	化合物数量	描述符数量	描述符类型	建模方法	模型表现
Hou 等[44]	2007	SPR	$N_{\text{train}} = 480$ $N_{\text{test}} = 98$	7	CD，TD	SVM	$Q = 97.8\%$（HIA−） $Q = 94.5\%$（HIA＋）
Suenderhauf 等[45]	2011	SPR	$N = 376$	80	CD，TD，GD，others	DTI（CHAID）	$Q = 92\%$
Basant 等[46]	2016	SPR	$N_{\text{train}} = 403$ $N_{\text{val}} = 87$ $N_{\text{test}} = 87$	4	CD，TD	GBT（或 BDT）	$Q_{\text{train}} = 99.75\%$ $Q_{\text{val}} = 98.85\%$ $Q_{\text{test}} = 97.70\%$
Hou 等[47]	2007	QSPR	$N_{\text{train}} = 455$ $N_{\text{test}} = 98$	4	CD，others	GFA	$r_{\text{train}} = 0.84$ $SD_{\text{train}} = 15.50$ $r_{\text{test}} = 0.90$
Yan 等[48]	2008	QSPR	$N_{\text{train}} = 380$ $N_{\text{test}} = 172$	9	CD，TD，GD，PD	SVM	$r_{\text{train}} = 0.81$, $SD_{\text{train}} = 12.50$ $r_{\text{test}} = 0.88$, $SD_{\text{test}} = 9.14$
Suenderhauf 等[45]	2011	QSPR	$N = 458$	9	CD，TD，GD，others	ANN	$r^2 = 0.6$, RMSE = 25.82
Basant 等[46]	2016	QSPR	$N_{\text{train}} = 403$ $N_{\text{val}} = 87$ $N_{\text{test}} = 87$	3	CD，TD	GBT	$r_{\text{train}}^2 = 0.972$, $SD_{\text{train}} = 30.87$ $r_{\text{val}}^2 = 0.958$, $SD_{\text{val}} = 25.84$ $r_{\text{test}}^2 = 0.953$, $SD_{\text{test}} = 24.23$

注：SVM 表示支持向量机；DTI 表示决策树归纳；CHAID 表示卡方自动交互检测器；GBT 表示梯度提升树；BDT 表示袋装决策树；GFA 表示遗传函数近似；ANN 表示人工神经网络；CD 表示组成描述符；TD 表示拓扑描述符；GD 表示几何描述符；PD 表示物理化学描述符；others 表示其他种类的描述符。

6.9.5.1　人肠道吸收的分类

2007 年，Hou 等[44, 47]通过分类和 QSPR 模型对 HIA 进行了研究。他们选用的数据集包含 578 个结构多样的分子。使用 7 个分子描述符，其中 pH 6.5 条件下的表观分配系数（log D 6.5）和拓扑极性表面积（TPSA）是最重要的描述符（表 6.9.4）。

2011 年，Suenderhauf 等[45]收集了包含 458 个获得 FDA 批准的类药化合物的数据集。他们计算了 80 个从一维到三维的理化描述符，并且使用了各种特征选择方法和数据分析方法，如决策树归纳（DTI）。结果表明 DTI 方法的分类效果最好（表 6.9.4）。

2016 年，Basant 等[46]使用 Hou 的包含 577 个化合物的数据集进行 HIA 值分类。采用 GBT 和 BDT 对 HIA 进行二进制分类。该模型包含 4 个二维分子描述符：HDon_O（O—H 基团的氢键供体总数）、N_{Atoms}（分子中所有原子数）、XLog P（辛醇分配系数）和 TPSA。结果显示，GBT 和 BDT 模型的分类精度都很好（表 6.9.4）。

6.9.5.2 预测人体肠道吸收的 QSPR 模型

2007 年，Hou 等收集了 647 种药物和类药物分子的 HIA 数据。处理后保留 553 个被动扩散输运的分子用于建立 HIA 定量预测模型[47]。通过遗传函数近似（GFA）技术，获得了最佳的预测模型（表 6.9.4），模型使用了四个分子描述符：TPSA、log D 6.5、违反 Lipinski "五规则" 的数量、氢键供体数量的平方值。

Yan 等[48]使用了与 Hou 等[47]相同的数据集。通过 ADRIANA.Code 和 Cerius2 计算了 107 个描述符。通过遗传算法，选择了 9 个物理化学描述符。所有的模型（PLS 和 SVM）对高 HIA 值（超过 80%）的化合物预测都很好，但对低 HIA 值（低于 30%）的化合物预测都很差（表 6.9.4）。

这种情况可能主要是因为实验 HIA 值分布不平衡，其中 71.7%的化合物具有超过 80%的 HIA 值，只有 18.9%的化合物的 HIA 值为 30%～80%，9.4%的化合物的 HIA 值低于 30%[48]。

Suenderhauf 等也在 458 个分子上建立了预测 HIA 的 QSPR 模型[45]。该模型包含九个描述符，但是预测结果不好，$r^2 = 0.6$ 和 RMSE = 25.8[45]。

Basant 等也利用 GBT 和 BDT 方法建立了预测 HIA 的 QSPR 模型[46]。GBT 模型（基于三个描述符：HDon_O、N_{Atoms} 和 TPSA）的训练集、验证集和测试集的 r^2 分别为 0.972、0.958 和 0.953，略优于 BDT 模型（表 6.9.4）。

6.9.5.3 人体肠道吸收预测小结

分子在肠道的吸收情况与以下因素有关：是否违反 Lipinski "五规则"（Nrule5），log P、pH 6.5 条件下的分配系数（log D 6.5）、水溶解度、电荷性质及形成氢键的能力。现有的几种用于 HIA 值预测的分类和 QSPR 模型的数据集不平衡，缺少吸收较弱的化合物（HIA<30%）。想要得到更好的预测模型，需要获得更多药物的可靠 HIA 实验数据和更多 HIA 较弱的化合物。

6.9.6 其他 ADME 性质

除了上述水溶解度、血脑屏障和人体肠道吸收的性质外，还有许多其他 ADME 性质。在 Wang 和 Hou[49] 的最新工作中，他们将 ADME 性质大致分为两类：物理化学性质和生理性质。

物理化学性质包括水溶解度、$\log P$、$\log D$（辛醇/水分布系数的对数）和 pK_a（酸电离常数）等，它们是由物理化学规律决定的。

生理上的 ADME 性质可以进一步分为体外 ADME 性质（如 Caco-2 和 MDCK 细胞模型渗透性）和体内药代动力学特性[如口服生物利用度、HIA、人血浆蛋白结合率（PPB）、分布量、尿排泄、总胆固醇、清除率（Cl）、消除半衰期（$t_{1/2}$）][49]。可想而知，生理 ADME 特性比药物化学 ADME 特性更难准确预测。

在本节中，将简单介绍一些重要 ADME 性质的计算模型。它们包括 pK_a、Caco-2 细胞渗透性、人皮肤渗透性、PPB、人血清白蛋白（HSA）结合率、P-糖蛋白底物/非底物、P-糖蛋白抑制剂/非抑制剂和人口服生物利用度（HOBA）。表 6.9.5 列出了有关它们的 SPR 或 QSPR 模型的预测性能。

表 6.9.5 SPR 和 QSPR 模型在预测各类 ADME 性质中的表现

ADME 性质	模型	数据库	描述符	建模方法	模型表现	参考文献
pK_a	QSPR	$N_{train} = 25509$ $N_{test} = 8138$ $N_{ext} = 16404$	软件 Simulations Plus ADMET Predictor 7.0 版本	ANNE	$r^2_{train} = 0.975$, $RMSE_{train} = 0.475$ $r^2_{test} = 0.974$, $RMSE_{test} = 0.479$ $r^2_{ext} = 0.93$, $RMSE_{ext} = 0.67$	[50]
Caco-2 细胞渗透率	QSPR	$N_{train} = 1017$ $N_{test} = 255$ $N_{ext} = 298$	30 个 MOE 描述符	Boosting	$r^2_{train} = 0.97$, $RMSE_{train} = 0.12$ $r^2_{test} = 0.81$, $RMSE_{test} = 0.31$ $r^2_{ext} = 0.75$, $RMSE_{ext} = 0.36$	[51]
人体皮肤渗透率	QSPR	$N_{train} = 225$ $N_{test} = 58$	3 个 Dragon 描述符	ANFIS	$r^2_{train} = 0.899$, $RMSE_{train} = 0.312$ $r^2_{test} = 0.890$, $RMSE_{test} = 0.333$	[52]
人血浆蛋白结合率	SPR	$N_{train} = 744$ $N_{test} = 186$	7 个 MOSES 描述符	DTB	$Q_{train} = 99.80\%$ $Q_{test} = 97.58\%$	[53]
人血浆蛋白结合率	QSPR	$N_{train} = 744$ $N_{test} = 186$	6 个 MOSES 描述符	DTB	$r^2_{train} = 0.963$, $RMSE_{train} = 7.61$ $r^2_{test} = 0.931$, $RMSE_{test} = 8.65$	[53]

续表

ADME 性质	模型	数据库	描述符	建模方法	模型表现	参考文献
人血清白蛋白结合率	QSPR	$N_{train} = 84$ $N_{val} = 10$	6 个 Cerius2 描述符	GFA	$r_{train}^2 = 0.83$ $r_{val}^2 = 0.82$	[55]
P-糖蛋白底物/非底物	SPR	$N_{train} = 282$ $N_{test} = 202$	>200 个功能基团指纹描述符	RF	$Q_{test} = 70\%$	[57]
P-糖蛋白抑制剂/非抑制剂	SPR	$N_{train} = 1268$ $N_{test} = 667$	>200 个功能基团指纹描述符	RF	$Q_{test} = 75\%$	[57]
人体口服生物利用度	QSPR	$N_{train} = 916$, $N_{test} = 80$	基本分子性质和结构指纹描述符	GFA 和 MLR	$r_{train} = 0.79$, $RMSE_{train} = 22.3\%$ $r_{test} = 0.71$, $RMSE_{test} = 23.6\%$	[59]

注：ANNE 表示人工神经网络集成；ANFIS 表示自适应神经模糊推理系统；DTB 表示决策树提升；GFA 表示遗传函数逼近；RF 表示随机森林；MLR 表示多元线性回归。

pK_a 可衡量酸的强度，会影响溶解度[5]、渗透性[7]和其他一些 ADME 性质，如 PPB、心脏毒性和化合物的代谢[50]。在第 3 章 3.3.7 节中，已经介绍了一些预测 pK_a 值的模型，认为局部位点的描述符对于理解质子解离的细节至关重要。

另外，来自 Simulations Plus 公司的 Fraczkiewicz 等和来自 Bayer 公司的研究人员通过研究大量 pK_a 的文献数据[50]，联合解决了预测 pK_a 值的问题。该预测模型采用了 Simulations Plus 公司的人工神经网络集成（ANNE）方法和微状态分析方法，Bayer 公司的研究人员则采用大型同类药物分子数据集对文献数据进行重新训练。该新模型使用了约 14000 个文献 pK_a 值（约 11000 个化合物）和由 Bayer 公司实验确定的约 19500 个 pK_a 值（约 16000 个化合物），结果列于表 6.9.5。对于这个包含 16404 个 pK_a 值的大型且复杂的外部测试集，新模型的预测结果表现为：RMSE = 0.67 和 $r^2 = 0.93$。该模型可通过购买程序 Simulations Plus ADMET Predictor 7.0 版的部分功能来获得[50]。

除了上面讨论的 HIA 模型外，还可以基于实验确定渗透率值，使用不同的细胞培养模型来建立计算药物渗透率的模型[5-8, 14]。最常用的是 Caco-2 细胞系，这是一种人类结肠癌细胞系[5]。其他细胞系包括源自犬肾组织的 MDCK 细胞和源自大鼠小肠的 2/4/A1 细胞[5]。由于 Caco-2 通透性与 HIA 值之间具有明显的相关性，因此 Caco-2 单层细胞被认为是 HIA 研究的最佳体外模型[51]。

最近，Wang 等采用 30 个分子描述符，针对 1272 种化合物的大型数据集建立了多个 Caco-2 细胞渗透率的 QSPR 模型[51]（表 6.9.5）。

工业和日用化学品的人体皮肤渗透率在毒理学和危险材料的风险评估、药物的透皮递送以及化妆品设计等多个领域中有着重要作用[52]。最近，Khajeh 和 Modarress 采用 283 种化合物的数据集建立了几种 QSPR 模型，用于预测人体皮肤渗透率[52]。结果显示，采用自适应神经模糊推理系统（ANFIS）的非线性方法构建的模型性能要优于 MLR 模型（表 6.9.5）。他们的工作还指出疏水性（标记为 $\log P$）是透皮吸收的最重要因素[52]。

不同药物与人体血浆蛋白结合程度是不同的。就药物结合而言，最重要的是白蛋白和 α1-酸性糖蛋白，其次是脂蛋白[53]。在大多数情况下，由于疏水和静电相互作用，药物与血浆蛋白的结合是可逆的，并且结合态的药物与游离态的药物处于动态平衡[53]。人血浆蛋白结合率（PPB）极大地影响药物的分布和半衰期。PPB 的扩大可能与药物安全性问题、清除率低、脑渗透率低以及药物与药物的相互作用有关[54]。人血清白蛋白（HSA）作为药物结合的核心蛋白，其亲和力被认为是 PPB 和相关药代动力学问题的关键[54]。

最近，Basant 等基于 930 种化合物的数据集，使用由 MOSES 程序计算得到的 2D 分子描述符，建立了一种决策树森林（DTF）和决策树增强（DTB）方法来预测 PPB 的分类和 QSPR 模型[53]。他们选择了七个用于分类的描述符和六个用于回归 QSPR 的描述符（表 6.9.5）。他们的工作表明，XLog P 是所有分类和 QSPR 模型中最重要的描述符[53]。

Colmenarejo 等基于 94 种药物和类药化合物的数据集，通过 GFA 方法详尽搜索模型并根据训练集选择最佳模型，最终建立了预测 HSA 结合力模型[55]。他们的研究发现疏水性（用 Clog P 表征）是 HSA 结合最重要的影响因素。

P-糖蛋白（ABCB1）在 ADME 成药性研究中很重要。其底物不仅在肿瘤治疗中会产生多药耐药性（MDR），与不良的药代动力学也有关[56, 57]。P-糖蛋白的抑制剂被认为可作为 MDR 的调节剂[57]。Poongavanam 等基于 484 种底物/非底物和 1935 种抑制剂/非抑制剂的数据集建立了分类模型。该模型使用 200 多种内部生成的基于官能团的结构指纹来描述分子（表 6.9.5）。结果表明，大多数非底物含有羟基；包含烷基芳基醚、芳香族胺和脂肪族叔胺基团的化合物很可能作为 P-糖蛋白抑制剂[57]。

生物利用度代表能够产生药理活性的口服剂量的百分数，换句话说，是以活性形式到达动脉血液的口服剂量的百分数[58]。据统计有近 50%的药物因为药效不佳而临床失败，其中包括肠道吸收低效和不良的代谢稳定性导致生物利用度差[2]。口服生物利用度与多个因素有关，如胃肠道的转移和吸收、肠膜的渗透及肠/肝的首过代谢。此外，许多作者指出肠壁中的 CYP3A4 酶和 P-糖蛋白通过协同作用控制其吸收[58]。与其他 ADME-Tox 性质相比，HOBA 尤其重要，但极难预测[49]。最近关于 HOBA 的计算进展已有文献进行总结[49]。

Tian 等基于 996 种化合物的数据集，使用结构指纹作为基本描述符及其他几个重要的分子特征，采用 GFA 方法建立了一套口服生物利用度的 MLR 模型[59]。结果列于表 6.9.5。

除了本节上面讨论的 ADME 性质外,在药物设计过程中还必须考虑许多其他 ADME 性质。例如,除了 P-糖蛋白(ABCB1)外,在肠和肝中还表达了其他药物外排转运蛋白,包括胆盐输出泵(BSEP)(ABCB11)、多药耐药蛋白(MRP1~6)(ABCC1~6)、乳腺癌抗性蛋白(BCRP)(ABCG2)和 ATP 结合超家族的所有成员。这个超家族的成员使用 ATP 作为能源,使它们能够针对浓度梯度泵送底物[60]。

6.9.7　小结

化学信息学家能够预测各种药物分子的 ADME 性质,建立了分子描述符和各种数据建模技术。当前的主要问题是如何解释描述符与 ADME 各种参数之间的关系。另外,更多、更好的实验数据是高质量 ADME 预测的根本保证。

参 考 文 献

[1] Beresford, A.P., Selick, H.E., and Tarbit, M.H.(2002)*Drug Discovery Today*,**7**,109-116.

[2] Kennedy, T.(1997)*Drug Discovery Today*,**2**,436-444.

[3] Cherkasov, A., Muratov, E.N., Fourches, D. et al.(2014)*J. Med. Chem.*,**57**,4977-5010.

[4] Gola, J., Obrezanova, O., Champness, E., and Segall, M.(2006)*QSAR Comb. Sci.*,**25**,1172-1180.

[5] Norinder, U. and Bergstrom, C.A.S.(2006)*ChemMedChem*,**1**,920-937.

[6] Hou, T.J. and Wang, J.M.(2008)*Expert Opin. Drug Metab. Toxicol.*,**4**,759-770.

[7] Gleeson, M.P., Hersey, A., and Hannongbua, S.(2011)*Curr. Top. Med. Chem.*,**11**,358-381.

[8] Maltarollo, V.G., Gertrudes, J.C., Oliveira, P.R., and Honorio, K.M.(2015)*Expert Opin. Drug Metab. Toxicol.*,**11**,259-271.

[9] Tao, L., Zhang, P., Qin, C., Chen, S.Y., Zhang, C., Chen, Z., Zhu, F., Yang, S.Y., Wei, Y.Q., and Chen, Y.Z.(2015)*Adv. Drug Delivery Rev.*,**86**,83-100.

[10] Gasteiger, J.(2006)*J. Med. Chem.*,**49**,6429-6434.

[11] Leardi, R. and Terrile, M.(1992)*J. Chemom.*,**6**,267-281.

[12] OECD Principles for the Validation, for Regulatory Purposes, of(Quantitative)Structure-Activity Relationship Models, http://www.oecd.org/env/ehs/risk-assessment/37849783.pdf(accessed January 2018).

[13] Jorgensen, W.L. and Duffy, E.M.(2002)*Adv. Drug Delivery Rev.*,**54**,355-366.

[14] Lipinski, C.A., Lombardo, F., Dominy, B.W., and Feeney, P.J.(1997)*Adv. Drug Delivery Rev.*,**23**,3-25.

[15] Yalkowsky, S.H. and Valvani, S.C.(1980)*J. Pharm. Sci.*,**69**,912-922.

[16] Jain, N. and Yalkowsky, S.H.(2001)*J. Pharm. Sci.*,**90**,234-252.

[17] Grime, K.H., Barton, P., and McGinnity, D.F.(2013)*Mol. Pharmaceutics*,**10**,1191-1206.

[18] Tetko, I.V. and Poda, G.I.(2013)*Mol. Pharmaceutics*,**10**,381-406.

[19] Kühne, R., Ebert, R.-U., Kleint, F., Schmidt, G., and Schüürmann, G.(1995)*Chemosphere*,**30**,2061-2077.

[20] Klopman, G. and Zhu, H.(2001)*J. Chem. Inf. Comput. Sci.*,**41**,439-445.

[21] Hou, T.J., Xia, K., Zhang, W., and Xu, X.J.(2004)*J. Chem. Inf. Comput. Sci.*,**44**,266-275.

[22] Huuskonen, J.(2000)*J. Chem. Inf. Comput. Sci.*,**40**,773-777.

[23] Tetko, I.V., Tanchuk, V.Y., Kasheva, T.N., and Villa, A.E.P. (2001) *J. Chem. Inf. Comput. Sci.*, **41**, 1488-1493.

[24] Liu, R.F. and So, S.S. (2001) *J. Chem. Inf. Comput. Sci.*, **41**, 1633-1639.

[25] Yan, A.X. and Gasteiger, J. (2003) *QSAR Comb. Sci.*, **22**, 821-829.

[26] Yan, A.X. and Gasteiger, J. (2003) *J. Chem. Inf. Comput. Sci.*, **43**, 429-434.

[27] Gasteiger, J. (1988) Empirical methods for the calculation of physicochemical data of Organic compounds, in *Physical Property Prediction in Organic Compounds* (eds C. Jochum, M.G. Hicks, and J. Sunkel), Springer Verlag, Heidelberg, pp. 119-138.

[28] ADRIANA.Code has now been renamed CORINA Symphony Descriptors Community Edition and can be accessed on the web: https://www.mn-am.com/services/corinasymphonydescriptors (accessed January 2018).

[29] Hemmer, M.C., Steinhauer, V., and Gasteiger, J. (1999) *Vibrat. Spectrosc.*, **19**, 151-164.

[30] Sadowski, J. and Gasteiger, J. (1993) *Chem. Rev.*, **93**, 2567-2581. https://www.mn-am.com/products/corina (accessed January 2018).

[31] Yan, A.X., Gasteiger, J., Krug, M., and Anzali, S. (2004) *J. Comput.-Aided Mol. Des.*, **18**, 75-87.

[32] Huuskonen, J., Livingstone, D.J., and Manallack, D.T. (2008) *SAR QSAR Environ. Res.*, **19**, 191-212.

[33] Raevsky, O.A., Polianczyk, D.E., Grigorev, V.Y., Raevskaja, O.E., and Dearden, J.C. (2015) *Mol. Inf.*, **34**, 417-430.

[34] Karelson, M. and Dobchev, D. (2011) *Expert Opin. Drug Discovery*, **6**, 783-796.

[35] Zhao, Y.H., Abraham, M.H., Ibrahim, A., Fish, P.V., Cole, S., Lewis, M.L., de Groot, M.J., and Reynolds, D.P. (2007) *J. Chem. Inf. Model.*, **47**, 170-175.

[36] Adenot, M. and Lahana, R.J. (2004) *J. Chem. Inf. Comput. Sci.*, **44**, 239-248.

[37] Li, H., Yap, C.W., Ung, C.Y., Xue, Y., Cao, Z.W., and Chen, Y.Z. (2005) *J. Chem. Inf. Model.*, **45**, 1376-1384.

[38] Wang, Z., Yan, A.X., and Yuan, Q.P. (2009) *QSAR Comb. Sci.*, **28**, 989-994.

[39] Brito-Sánchez, Y., Marrero-Ponce, Y., Barigye, S.J., Perez, C.M., Le-ThiThu, H., and Cherkasov, A. (2015) *Mol. Inf.*, **34**, 308-330.

[40] Gupta, S., Basant, N., and Singh, K.P. (2015) *SAR QSAR Environ. Res.*, **26**, 1-30.

[41] Yan, A., Liang, H., Chong, Y., Nie, X., and Yu, C. (2013) *SAR QSAR Environ. Res.*, **24**, 61-74.

[42] Silva, F.T. and Trossini, G.H.G. (2014) *Med. Chem.*, **10**, 441-448.

[43] Geerts, T. and Vander Heyden, Y. (2011) *Comb. Chem. High Throughput Screening*, **14**, 339-361.

[44] Hou, T.J., Wang, J.M., and Li, Y. (2007) *J. Chem. Inf. Model.*, **47**, 2408-2415.

[45] Suenderhauf, C., Hammann, F., Maunz, A., Helma, C., and Huwyler, J. (2011) *Mol. Pharmaceutics*, **8**, 213-224.

[46] Basant, N., Gupta, S., and Singh, K.P. (2016) *Comput. Biol. Chem.*, **61**, 178-196.

[47] Hou, T.J., Wang, J.M., Zhang, W., and Xu, X.J. (2007) *J. Chem. Inf. Model.*, **47**, 208-218.

[48] Yan, A., Wang, Z., and Cai, Z. (2008) *Int. J. Mol. Sci.*, **9**, 1961-1976.

[49] Wang, J.M. and Hou, T.J. (2015) *Adv. Drug Delivery Rev.*, **86**, 11-16.

[50] Fraczkiewicz, R., Lobell, M., Goller, A.H., Krenz, U., Schoenneis, R., Clark, R.D., and Hillisch, A. (2015) *J. Chem. Inf. Model.*, **55**, 389-397.

[51] Wang, N.N., Dong, J., Deng, Y.H., Zhu, M.F., Wen, M., Yao, Z.J., Lu, A.P., Wang, J.B., and Cao, D.S. (2016) *J. Chem. Inf. Model.*, **56**, 763-773.

[52] Khajeh, A. and Modarress, H. (2014) *SAR QSAR Environ. Res.*, **25**, 35-50.

[53] Basant, N., Gupta, S., and Singh, K.P. (2016) *SAR QSAR Environ. Res.*, **27**, 67-85.

[54] Vallianatou, T., Lambrinidis, G., and Tsantili-Kakoulidou, A. (2013) *Expert Opin. Drug Discovery*, **8**, 583-595.

[55] Colmenarejo, G., Alvarez-Pedraglio, A., and Lavandera, J.L. (2001) *J. Med. Chem.*, **44**, 4370-4378.

[56] Wang, Z., Chen, Y.Y., Liang, H., Bender, A., Glen, R.C., and Yan, A.X. (2011) *J. Chem. Inf. Model.*, **51**, 1447.

[57] Poongavanam, V., Haider, N., and Ecker, G.F. (2012) *Bioorg. Med. Chem.*, **20**, 5388-5395.

[58] Wang, Z., Yan, A.X., Yuan, Q.P., and Gasteiger, J. (2008) *Eur. J. Med. Chem.*, **43**, 2442-2452.

[59] Tian, S., Li, Y.Y., Wang, J.M., Zhang, J., and Hou, T.J. (2011) *Mol. Pharmaceutics*, **8**, 841-851.

[60] Shugarts, S. and Benet, L.Z. (2009) *Pharm. Res.*, **26**, 2039-2054.

6.10　外源性代谢物预测

Anthony Long and Ernest Murray

Lhasa Limited，Granary Wharf House，2 Canal Wharf，Holbeck，Leeds，LS11 5PS West Yorkshire，UK

严　鑫　顾　琼译　　徐　峻审校

6.10.1　引言：生命科学中外源生物转化的重要性

内源性化合物与内源性物质相互作用。药物对人体的作用称为药效，即药物与生物受体相互作用而调节体内生化过程，并产生治疗作用。人体对药物的作用称为药代。它研究了药物通过皮肤、胃肠道或呼吸道进入人体后（吸收），如何在体内分布到不同的器官和组织（分布）、如何发生化学变化（代谢）、最后是如何将它们从体内排出（排泄）。吸收、分布、代谢和排泄四种现象的英文缩写为ADME。尽管人们通常使用术语"代谢"统称ADME的属性，但在本节中，"代谢"和"生物转化"将根据以下定义进行互换："生物体对外源性物质进行化学改造[1]，这些外源性物质（以及药物）包括：植物和真菌毒素、化妆品、香料和日用品、食品和饮料添加剂、农药、其他工业化学品或环境污染物。"

在药物代谢的文献中，经常使用"药物代谢酶"一词，即特异性代谢外源性物质的酶，而这与催化内源性生物化学转化的酶相反。生物化学是研究与生命维持过程相关的化学相互转化的学科，涉及诸如大分子的分解，与生长和成熟相关的过程以及从小分子合成大分子的过程（如从氨基酸合成多肽和蛋白质），调控途径（如从基因表达、稳态到细胞信号转导），以及能量产生途径[如糖酵解、Krebs三羧酸（或柠檬酸）循环、氧化磷酸化等]（第4章4.2节）。生物体需要限制自身吸收和消除生物材料，这是进化的必然性，生理上无用的分子即使没有毒性，但其无休止地积累也与生物体的生存不相容。目前发现有多种机制来促进这一过程，例如通过被动或主动排泄进行物理消除，但是当化学入侵的分子抵抗被直接清除时，体内将对该分子进行化学改造，以克服清除它的障碍。外源性物质的代谢可以被认为是一种防御此类化学入侵的机制。大多数生物转化都是由所谓的药物代谢酶催化的。这些酶在不同程度上具有明显不同于内源性酶的特征。

（1）它们具有低的底物特异性，并且接受结构多样的底物。

（2）在某些情况下，它们显示出较低的化学选择性，能够催化一种以上官能团的形成。

（3）它们往往具有较低的催化速率，有时会被大量酶的存在所补偿。

（4）它们对亲脂性底物具有明显的偏好，可以转化为极性更大的底物，这些底物可能更容易被排泄，从而使体内水分的流失降至最低。

（5）许多酶是由外源性物质诱导的，特别是它们自身的一些底物。

药物代谢酶的这些特征支持广义、非选择性防御的进化论，而不是选择性或特异性生物功能的发展。但是，这两个类之间不存在清晰的界限，它们有许多重合。例如，它们共享许多常见的辅助因子（如 NADPH）和常见的电子转移酶（如细胞色素 B5）。一些药物由于与代谢组的化学相似性，被内源性生化酶所修饰。

图 6.10.1 表明，药物代谢的药效学结果可分为两大类，其中一类可细分为三个亚类。

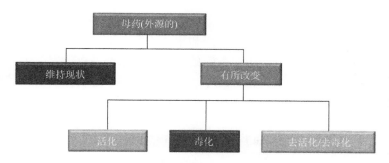

图 6.10.1　代谢生物转化结果的一般过程

在第一个主要类别中，我们可以认为"事物保持不变"。在这种情况下，生物转化产生一种或多种代谢产物，这些代谢物与母体药物具有非常相似的化学、物理化学和配体结合特性，因此表现出与母体药物非常相似的药理学特性，如作为激动剂或拮抗剂。在第二个主要类别中，我们可以认为"事情改变了"。在这种情况下，生物转化会产生一种或多种具有不同化学和物理化学特性以及生物学亲和力的代谢产物，因此可能会表现出非常不同的药理作用。在这种情况下的多样性可能表明代谢物彼此不同，不同于母体药物，或这两种作用的组合。在第一个亚类中，我们可以认为"事情会变得更好"。药物的酶促修饰可导致此类化学变化，从而增加代谢物相对于母体药物在靶标受体上的结合潜能，并且可能导致所需活性的增加。这种效应可以作为药物设计的策略。通常，由于有更好的药代动力学特性，化合物被设计为可以被代谢成活性分子，在这些条件下，化合物被称为前药。在第二个亚类中，我们可以认为"事情会变得更糟"。药物的酶促修饰可导致此类化学变化，从而增加代谢产物相对于母体药物在非靶向受体或与其他生物分子（如 DNA）的结合潜力。这可能导致不利的药理学特征、不良副作用以及在极端情况下会有毒性。在第三个亚类中，"生物活性丧失了"。差异可导致靶向或非靶向受体的结合亲和力降低，因此导致活性降低。亲脂性的整体下降和水溶性的增加有助于排泄。这三个亚类中的效应可以概括为第一类激活或生物活化，第二类毒性，尽管这也称为生物活化，以及第三个失活或解毒。这是一个非常简化的分类法。实际上，各种效果的组合都可能发生，并且彼此竞争任何特定的药物。Paracelsus[①]大约在 500 年前就告诉我们，有毒的物质在小剂量下是无害的，反之，如果食用过量，即使是无害的物质也可能是致命的，因此对于任何外源性物质来说，治疗剂和毒药之间的区别实质上是剂量。这些是理论的论述，最终药物在体内的生物转化的结果要考虑是否有生物转化、毒性或者失活的发生，而其中哪一过程占主导地位将最终取决于所有相关途径的相对比例。

6.10.2　生物转化的类型

酶介导的生物转化可分为第一阶段和第二阶段。第一阶段的生物转化是官能化或非官能化的反应：在分子上引入新的官能团或修饰现有的官能团。第一阶段的生物转化非常多样，涉及氧化、还原、水解和许多其他反应类型。某些还原反应与厌氧肠细菌的活性有关。表 6.10.1 列出常见的第一阶段的生物转化。

表 6.10.1　一些常见的 I 期生物转化

反应类型	反应子类型（按被影响的官能团分）
氧化	羟基化作用（脂肪碳、芳香碳、杂芳香族）
	环氧化（烯烃、芳香碳、杂芳香族）
	在氮、氧和硫处（或与之成正比）的脱烷基和氧化性开环
	氧化脱卤
	脱氢（醇的氧化、含氮官能团的氧化、烯烃的形成、芳环的形成）
	醛氧化
	脂肪族或芳香族氮的氧化
	脂肪族或芳香族硫的氧化
	β-羧酸的氧化
还原	羰基还原
	烯烃还原
	还原含氮官能团（硝基化合物、亚硝基化合物、羟胺、肟和相关化合物）

---

① 帕拉塞尔斯，瑞典科学家、毒理学之父。——审校者注

续表

反应类型	反应子类型（按被影响的官能团分）
	偶氮化合物
	脂肪族或芳香族 *N*-氧化物
	还原性脱卤
非氧化还原	水解（酯和内酯、酰胺和内酰胺、其他羧酸衍生物、含氮官能团、亚胺、肟、腈、有机胺等）
	水解脱卤
	脱水和水合（包括环氧化物和邻二醇）
	脱羧

    药物代谢酶的一些特征已在前面概述，这些酶有许多家族。第一阶段的酶包括黄素单加氧酶（FMO）、单胺氧化酶（MAO）、钼加氧酶（醛和黄嘌呤氧化酶）、过氧化物酶、醇/醛脱氢酶、酯酶和环氧水解酶（EH）。但是，在第一阶段中最突出的是细胞色素 P450（CYP）。CYP 通常起单加氧酶、过氧化物酶和还原酶的作用。它们不仅存在于哺乳动物中，而且存在于所有动物中，甚至遍布整个生物界（估计超过 850 万种）。它们属于血红蛋白超家族，已知的大约有 1200 种，而且这个数目还在继续增加。这些蛋白质根据其一级结构（即氨基酸序列）的相似程度分为超家族、亚家族。在所有已知的 CYP 基因中，有 57 种编码人细胞色素（加上一些假基因），分为 18 个家族和 43 个亚家族。作为单个亚型的示例，CYP3A4 指的是 CYP 家族 3，亚家族 A，家族成员 4。在超家族中有比家族成员更精细的变异，这些变异称为遗传多态性，也称为单核苷酸多态性，它们是编码单个家族成员的基因的稳定等位基因变体。了解这些表型差异非常重要，因为替代的多态性异构体会影响特定药物的代谢速率，从而改变其药代动力学特性。例如，5%～10% 的白种人在 CYP2D6 亚型方面代谢不良。在确定完全或主要由该同工型代谢的药物的给药方案时，忽略这一事实可能会导致诸如不必要的药物相互作用（DDI）或意外的过量给药的发生。表 6.10.2 列出了一些在人体中表达的更重要的外源性物质的代谢细胞色素。

表 6.10.2　人体中某些重要的外源性物质的代谢 CYP

家族	子族	家族成员
1	A	CYP1A1，CYP1A2
2	A	CYP2A6

家族	子族	家族成员
2	B	CYP2B6
	C	CYP2C8，CYP2C9，CYP2C19
	D	CYP2D6
	E	CYP2E1
3	A	CYP3A4，CYP3A5

第二阶段的生物转化是共轭反应，即一个中等分子量内源性分子（由辅助因子提供）通过现有的官能团与底物相连。该反应由转移酶进行催化，主要分为五类，其中三类（葡萄糖醛酸化、磺化和谷胱甘肽结合）产生的代谢物通常比其底物更易溶于水。乙酰化和甲基化产生的代谢产物通常比其底物具有更高的亲脂性，因此通常不易溶于水。除了与亲电子中心相互作用的谷胱甘肽结合以外，这些反应都涉及与底物中亲核官能团（如羟基或氨基）的结合。外源性物质的排泄通常是（但绝不总是）通过一系列生物转化来介导的，第一阶段的反应引入或修饰官能团，然后第二阶段的反应将水溶性官能团引入分子。表 6.10.3 给出了一些常见的第二阶段涉及的生物转化及其酶和辅助因子。

表 6.10.3　一些常见的第二阶段的生物转化及其酶和辅助因子

反应类型	涉及的官能团	酶/辅助因子
葡萄糖醛酸化	酚，醇，羧酸，胺，酰胺及相关化合物，芳香族杂环，硫醇	尿苷 5′-二磷酸葡萄糖醛酸转移酶/尿苷二磷酸葡萄糖醛酸
磺化	酚，醇，胺，羟胺	磺基转移酶/3′-磷酸腺苷-5′-硫酸磷酸酯
乙酰化	胺，肼，酰肼，磺酰胺	N-乙酰转移酶/乙酰辅酶 A
甲基化	邻苯二酚和邻苯三酚，胺和酰胺，芳香族杂环，硫醇	甲基转移酶/S-腺苷甲硫氨酸
谷胱甘肽加成	亲电官能团：卤代烷，环氧化物，醌及相关化合物，α, β-不饱和化合物，芳香族化合物等	谷胱甘肽-S-转移酶/还原型谷胱甘肽

6.10.3　方法概述

人们希望准确地预测外源性物质代谢的结果。然而，由于涉及的酶通常具有较低的底物化学选择性（局部选择性和立体选择性），产物相当复杂（也有许多例外）。例如，CYP3A4（在人体中发现的细胞色素 P450 的一种亚型，在 6.10.2 节中曾提及）代谢了超过 50%的已知药物——数千种不同的化合物。这些药物已有数十年的历史，但这种酶本身已有数百万年甚至可能是数十亿年的历史。这些生物分子的进化特征并未涉及对环境变化的快速适应性反应，而是祖先基因显著的保守性以及由于其能够实现广泛的化学防御从而保留了对各种底物的接受性。此外，色谱和其他分析技术的迅速发展，尤其是质谱（MS）和 NMR，对代谢物的检测很敏感，需要的样品量非常少。然而，在缺乏可靠的合成标准的情况下对研究中形成的所有代谢物进行全面的化学结构表征鉴定仍有困难。外源性物质代谢的预测已证明可用于药代动力学和毒理学、药物化学和药物设计，并可作为代谢物的结构表征鉴定的辅助手段等其他的应用。有许多方法和系统可用于此任务，它们大致分为局部方法和全局方法。

6.10.3.1 局部方法

局部方法是以有限的方式预测单个酶（或一组酶）或单个反应（或反应类型）的特定外源性物质生物转化的方法。它们可以基于配体（即模型仅考虑潜在底物的二维或三维结构）、基于结构（模型通常考虑特定药物代谢酶催化位点的特征）或两者结合。模型可以建立在数据上，也可能基于纯理论。

1）定量构效关系

在基于配体的局部方法中，定量构效关系（QSAR）可能是最好的。数据集由阴性数据和阳性数据组成。化学反应有特定的反应中心。为了建立 QSAR 模型，将数据分为训练集和测试集。因为 CYP 在外源性物质生物代谢中很重要，人们已经建立了很多 QSAR 模型，人肝细胞中表达的主要 CYP 亚型有 1A2、2C9、2C19、2D6 和 3A4。用于预测 CYP 活性的二维 QSAR 模型通常有亲脂性描述符，但是也有其他物理化学（形状和静电）的描述符。如果预测结果较好，测试集与训练集相似，但适用范围窄。CYP 的三维 QSAR 建模可采用药效团描述符，也可采用比较分子力场分析（CoMFA）方法（请参阅第 2 章）。除了化学反应性外，也有 QSAR 模型预测 CYP 的诱导和抑制活性用于评估不利的药物相互作用（DDI）。其他第一阶段的酶，如 FMO 和 EH，以及数量有限的第二阶段的酶，如尿苷 5'-二磷酸葡萄糖醛酸糖基转移酶（UGT）和磺基转移酶（SULT）已成为 QSAR 研究的对象[2]。

2）量子力学和分子建模方法

CYP 对底物的氧化是一个复杂的过程，其氧化机制多种多样。最简单的情况是单加氧——在脂肪分子中的碳和氢原子之间插入氧原子，使之羟基化。该催化反应路径如图 6.10.2（a）所示。

CYP 活性位点的催化中心是铁离子-血红素配位化合物[图 6.10.2（b）]。血红素是被称为原卟啉 IX 系统的环状四吡咯类的成员，并且该大环的氮原子占据了中央铁原子的六个可用配体结合位点中的四个。第五个配体结合位点被蛋白质中半

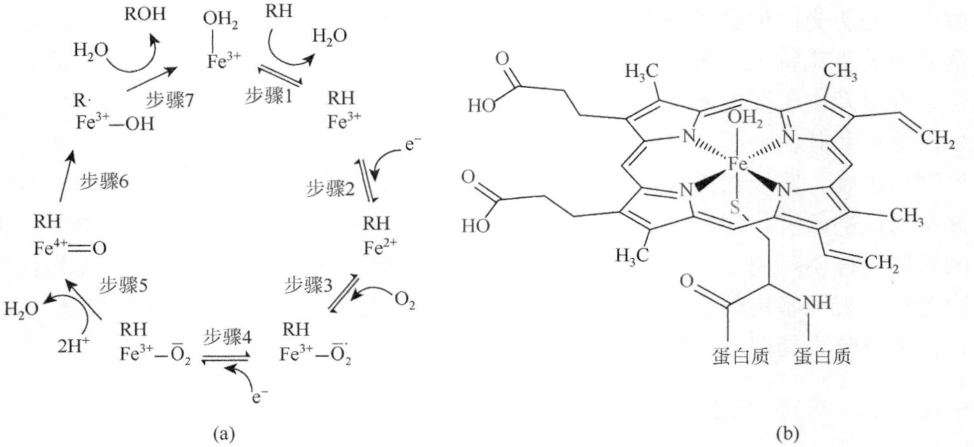

图 6.10.2 （a)简化的影响整体转化率的单加氧催化循环: $RH + 2e^- + 2H^+ + O_2 \longrightarrow ROH + H_2O$;
（b）CYP 铁离子-血红素催化中心

胱氨酸残基中的硫原子占据（CYP 有时被称为血红素-硫醇盐蛋白质），这对催化很重要，甚至可能起源于能够催化氧化还原硫铁的化合物。第六个结合位点被水分子占据，这是当酶与氧分子结合时被置换的配体。

循环的第一步是在活性位点上结合底物，第二步是进行单个电子还原步骤，该步骤将铁原子从三价铁（ + 3）转变为二价铁（ + 2）。电子由 NADPH P450 还原酶提供。第三步是氧分子与血红素辅助因子催化中心的铁原子结合，第四步是第二个电子还原步骤。第五步是结合的双原子氧的质子化,然后氧-氧键断裂失水。第六步是从烷基中夺氢，形成一个短寿命的以碳为中心的自由基（氢与氧原子键合），其余的单个氧原子在其上反弹到该自由基上以形成第七步中的羟基化产物。随后是代谢产物与酶解离[3]。氢原子的提取（第六步）是循环的限速步骤，计算从底物中去除氢原子所需的能量可能很有用。

量子力学（QM）方法可用于估算提取氢所需的能量，本书简要讨论了三种可用系统（参见《化学信息学——基本概念和方法》第 8 章 8.4 节）。现在大多数方法在某种程度上结合了酶和配体结构元素的混合方法。Optibrium 的 StarDrop P450 预测模块[4]采用优化的三维结构，是一种基于配体的方法。它的算法将半经验 AM1 方法生成的氢原子转移能量计算与可访问性描述符相结合，以建议和排序研究化合物中可能的代谢位点（SoM）。考虑到该化合物的亲脂性，已经开发出重要的人肝细胞色素氧化酶模型。Meta-Site 算法[5]是混合方法的另一个例子，该方法使用衍生自酶结构的分子相互作用场（MIF）和 QM 计算来识别 CYP 和 FMO 催化反应的 SoM。MIF 中潜在底物的拟合优度与分子轨道计算的结合，可以对所有可行的 SoM 进行排序。SMARTCyp 算法[6]是用于多种人 CYP 亚型的 SoM 的鉴定和排序的另一种 QM 方法。在该方法中，采用密度泛函理论（DFT）计算大量三维 CYP 底物的反应能。研究了每种底物的多种取向，其中要建模的碳氢键断裂与血红素修复基团结合的氧正确对齐（尽管在此技术中不需要对整个蛋白质进行建模）。可以证明，在相似的近端化学环境中，碳-氢键会提供相似的能量。这些环境可以用 SMARTS①进行编码（参见《化学信息学——基本概念和方法》第 2 章），从而可以更快地进行模式匹配和能量估算，而不是每次重新运行 DFT 计算。使用预先计算的激活能量以及许多拓扑可访问性描述符，可以对每个 SoM 进行最终评分和排序。

应用基于结构的方法来理解代谢的生物转化，即研究酶的详细结构及其与配体的相互作用是具有挑战性的。外源性物质代谢酶往往具有非常大的活性位点，这些活性位点的构象极为灵活，并且往往缺乏可以表征的特定药效团结合元件。另外，由于许多酶（包括 CYP）都与内质网膜结合，因此难以分离和表征。许多蛋白质的 X 射线晶体结构的成功确定，为 CYP 研究带来希望能覆盖酶活性位点的更多构象空间。自动配体对接已经成功地应用于模拟底物与活性位点的结合。分子动力学（MD）模拟已被用来模拟配体结合过程中发生的构象变化，而混合量子力学/分子力学（QM/MM）方法的组合技术可以解析酶介导的代谢生物转化机制。在这种混合方法中，用 QM 方法为反应中心的细节建模，而使用计算成本较低的 MM 方法为反应的环境（或整个蛋白质）建模。

6.10.3.2 全局方法

全局方法是综合考虑多种生物系统的方法，需要兼顾多物种、许多酶（第一阶段和第二阶段）、多种官能团和反应类型以及能够处理各种有机小分子类型。它们必须基于配体而不是基于受体结构，并且需要数据。目前已有两种技术成功应用于这一领域，分别是机器学习方法和基于知识的专家系统方法，我们将在本节中进行讨论。

1）机器学习方法

FAst Metabolizer（FAME）软件可以作为机器学习方法的一个例子[7]。FAME 使用一组随机森林模型来预测 SoM。通过使用 2 万多个分子的化学数据来构建模型，这些有机物的实验测定数据都被标注了。模型涵盖了广泛而多样的化学空间，包括药物、类药物分子、内源性代谢产物和天然产物。FAME 利用原子描述符（Gasteiger-Marsili sigma 部分电荷、sigma 电负性、pi 电负性、特定的原子编码元素类型和杂交状态的 Sybyl 原子类型）和一个拓扑描述符（分子中两个原子之间

① 一种表示化学反应的分子结构的线性编码。——审校者注

的最大拓扑距离）。特定模型可用于人、大鼠和狗的新陈代谢，而预测限于第一阶段或第二阶段的代谢。FAME 快速（每分子 2～3s）且准确，它能够在前 1、前 2 和前 3 个最高排名的原子位置中至少识别一个已知的 SoM，分别占所有测试案例的 71%、81%和 87%。结果用三维"热点"图显示，由彩色球体突出显示 SoM，其大小反映了该部位新陈代谢的可能性。

2）基于知识的专家系统

基于知识的代谢预测专家系统已存在很长时间，如 MetabolExpert[8]、Meta-PC[9]、MetaDrug[10]、TIMES[11]和 Meteor Nexus[12]。专家系统具有许多共同点：推理引擎通常响应于单个或多个查询（或假设）、应用知识库中的组件来解决问题（或做出预测）。对于代谢预测，知识库通常包括两个部分：生物转化字典，由以通用反应描述（生物转化）表示的结构-代谢关系（SMR）组成；规则库，程序的推理引擎使用它来区分所有可能的代谢结果和最可能的代谢结果。将查询分子与生物转化字典和产生的代谢物进行匹配。根据用户在系统上设置的任何处理约束，使用规则对反应列表进行修整。然后将结果整理并显示为新陈代谢树，树顶部的查询分子会生成一级代谢物（子代），每个子代谢物都可能生成二级代谢物（孙代），因此我们将其推向更深的层次（更长的序列），树变宽了。系统通常具有从此类树创建可导出和可打印报告的功能。在 Meteor Nexus 系统中，用对代谢物进行排序的规则对各种信息进行编码，包括文献（或数据集）中与激活特定生物转化的官能团或亚结构相关的反应发生频率，反应序列的深度（序列越长，发生第二阶段反应的可能性越大），底物的亲脂性，底物的分子量以及偶而选择的物种。在"复合知识库/机器学习方法"节中，我们将简要描述一种混合方法，其中将 Meteor 知识库与机器学习方法相结合。

3）复合知识库/机器学习方法

使用 6.10.3.2 节"基于知识的专家系统"中所述的规则和信息种类，Meteor Nexus 先前的版本已将生物转化按可能性从大到小的顺序分为五个级别：可能、合理、模棱两可、怀疑和不可能。这在预测中获得了一定的敏感性，例如，用户可以要求仅查看可能和合理水平的代谢物，但是这种方法有一些局限性。首先，该方法要求仅在较高可能性下查看代谢物，这意味着某些预测将被遗漏。降低可能性则意味着可能产生过多的代谢产物（这是一个平衡敏感性和特异性的问题，会在 6.10.4.3 节中讨论）。其次，规则库可以被视为一个静态模型，该模型告诉你认为具有这些官能团/结构特征的分子通常会发生什么。动态模型可以更好地解决以下问题："我的分子会发生什么"。这是一种更为个性化的方法，是大多数人希望知道的。新的复合知识库/机器学习方法解决了上述问题，并对查询结构进行了微调。

在新系统下分析的第一部分是相同的[13]，查询结构与生物转化字典相匹配，并生成了可能的代谢物列表——这回答了问题："可能发生什么反应"。在分析的第二部分中，传统的规则库已被一个在实验性代谢反应数据库中机器学习的模型所取代。对于数据库中的每个反应，已识别出反应物中的一个或多个 SoM，并将其表征为扩展的以原子为中心的指纹。指纹被哈希编码为二进制数据表示形式，并且此信息存储在模型中。在运行时，使用相同的方法，将在第一阶段激活的每个生物转化生成查询化合物的 SoM 的二进制表示形式，并为每个生物转化生成查询原子中心指纹和适当数据库条目的原子中心指纹的 Tanimoto 相似性（表达正确的生物转化的那些）。

然后从数据库中选择八个（默认）最近的邻居，并生成一个打分。打分是最近邻和查询之间的 Tanimoto 相似性以及最近邻是否被观察到进行了生物转化的函数。打分是 $0 \sim 1000$ 之间的数字，应将其视为对预测的生物转化将发生的置信度的度量。重要的是：因为模型可能会产生数值输出，但这并不一定意味着模型会进行定量预测——此处通常并非如此。由于指纹的半径扩大，因此捕获了有关反应中心近端环境的许多信息。另外，还有一个选项可以选择分子量接近查询的最近邻。这两个功能都有助于解决以下问题："对于我的分子而言，哪种生物转化更有可能发生"——换言之，是特定模型而非通用模型。我们将在 6.10.5.4 节中介绍的毒理学案例研究中看到这种评分方法的应用。

6.10.4 用户需求：代谢数据的不同用途

不同化学物质代谢命运的预测系统给出的结果往往相差很大，需要评价预测的质量。我们使用术语"灵敏度"表示低水平的假阴性预测、"特异性"表示低水平的未确认阳性预测。术语"未确认阳性"比"假阳性"更可取，因为是"证据不够"而非"证据缺席"。绝大多数情况下预测产生的代谢物比实际观察和报告的要多，其中有许多是有效的，原因在后面说明。随着预测的代谢分子生成树的成长，预测结果朝着高灵敏度和低特异性的方向发展，这不一定不好，在寻找潜在的毒性代谢途径或在代谢物的化学表征中寻求帮助时更是如此。当然，这并不意味着对未经证实的阳性预测可以全盘接受。因此，要对个体生物转化的结果采用置信度等级或相对排序进行审核。在生成更大的高灵敏度代谢分子预测树时，可能有如下优点：

（1）对于观察到的或推定的代谢物，建议采用不明显的替代路线，这样可以全面避免人为偏见的影响。

（2）为代谢机制的分析提供佐证。

（3）避免用户怀疑，预测必须有很强的数据支持和充分的训练。

（4）扫描潜在的药理/毒理学重要代谢物的能力。

（5）解释无色谱表征的代谢物。

（6）解释无化学表征的代谢物。

（7）对观察到的代谢物提供替代的解释，很少有母体化合物的所有已知代谢物在单个研究中被全部找到。

（8）解释次要或异常代谢产物。

（9）对浓度低、寿命短或体内质量平衡回收率低的代谢物提供解释。

6.10.4.1　药物化学中的生物转化：在药物发现/设计中的重要性

生物转化在药物设计/发现中的应用要求在代谢预测中有高度的特异性。药物化学家需要解决的问题如："在分子中哪些位点最易发生代谢？""哪些位点需要防止代谢？""同系物分子都以相似的方式被代谢吗？""如何改善类似化合物的代谢稳定性，从而减慢血浆清除率并最大限度地增加在体内暴露？"。仅预测最可能的 SoM 而不是所有可能的可代谢位点非常重要。尽管大多数可用系统试图区分所有可代谢位点，但预测的特异性的期望很高。大部分情况，许多可代谢位点在很大程度上不受代谢的影响。在确定了代谢易感位点之后，药物化学家通常需要详细的信息，既不涉及在那些位点启动的代谢途径，也不涉及那些途径中表达的代谢物的性质。因此，生成"前 n 个"代谢位点并将其显示为简单的带注释母体结构（有时称为"热点"图）的系统很有吸引力（尽管通常只表示细胞色素介导的代谢），因为它们快速、简洁地回答问题，并可以正确地总结信息。尤其是在根据靶标设计先导化合物时，需要针对临床候选物开发先导化合物从而可能需要更多信息作为多参数优化（考虑能够同时表现出良好药代动力学、高效和低毒性的因素）。

6.10.4.2　药物代谢和药代动力学中的生物转化（DMPK）：代谢物鉴定

代谢物鉴定需要很高的灵敏度。将明显的质谱观察结果分配给假定的代谢物结构是相对简单的。增加 16 个质量单位是由于发生羟基化、氧化或环氧化。损失14 个质量单位是由于脱甲基或其他方式。片段化模式的分析也很有用，因为这可能表明分子的区域已发生变化。然而，当代谢物的分子量无法根据核心生物转化（或其组合）进行解释时，可以使用广泛的模拟代谢图谱。通常可以将母体化合物输入程序并使用宽松的处理限制条件进行分析，从而生成大型代谢树，同时显示出更多可能途径和更少可能性途径。系统会计算每种代谢物形成时的分子量，并将其存储在最终的代谢树中。然后可以在树中搜索或过滤那些具有特定分子量，所需范围内的分子量或满足"大于"或"小于"分子量过滤器的代谢物。无法通过这些过滤条件的路径将被折叠或隐藏，从而导致树的整体简化。由于这种数据的减少是可能存在的，并且仍然可以解决所要解决的基本问题，因此代谢物的总数或对这些代谢物的预测的信心并不重要。高灵敏度是一个优势，而不是劣势，它可以在预计不寻常或很少观察到的生物转化组合时得到最可能的预测代谢物。如果分子发生酶修饰后重排，或水解或氧化脱烷基过程导致分子发生广泛分解而使底物在中间部分的未知位点裂解，则该技术特别有用。在后一种情况下，预先计算出的质量差不能用于帮助鉴定代谢物。

6.10.4.3 毒理学中的生物转化：寻找假定的有毒代谢产物

毒性评估需要高灵敏度和中等特异性，这可能是最难解决的。高灵敏度是必需的，因为我们不希望错过任何低可能性的预测代谢物，这些代谢物可能包含毒理学问题的警示特征，而药理学上重要的代谢物并不总是主要的或最可能的代谢物。同时适度的特异性也是需要的，因为如果所有可能的警报代谢物都是随意生成的，那么哪些化合物应该引起我们的关注？这是另一个悖论——毒性代谢物有时是次要的，实际上在实验系统中几乎不可能被检测到。这通常是因为内在的分子不稳定性或化学反应性而形成速度慢，使得它们无法达到检测限。

6.10.5 案例研究

在最后一节中，我们介绍四个案例，这些案例研究了代谢物预测在四个不同领域中的用途，即药物化学中的药物设计、法医毒理学中的代谢物鉴定，在代谢组学中寻找新成分以及寻找可能的有毒代谢产物和毒化途径。这些案例研究中有三项来自作者自己发表的文章，一项是最近的内部调查。目前，主要介绍 LHASA 公司的 Meteor 软件，也是作者最熟悉的代谢预测系统。

6.10.5.1 化学药物和药物设计中的计算机代谢预测：吲哚美辛类似物

在 2009 年的一项研究中[14]，MetaSite 程序用于研究许多非甾体抗炎衍生物的氧化作用（图 6.8.3）。与吲哚美辛（**1**）不同，苯乙酰胺衍生物（**2**）在大鼠体内是一种有效的选择性环氧合酶-2（COX-2）抑制剂和非溃疡性抗炎药。然而，与 **1** 不同的是，衍生物 **2** 在大鼠和人肝微粒体培养中具有可接受的半衰期（>90min），衍生物 **2** 经历了非常快速的清除，这归因于代谢从甲氧基苯基转移到苯乙基侧链。MetaSite 的 3A4、2C9 和 2D6①模型用于预测虚拟类似物（**3**、**4** 和 **5**）的首选 SoM。这些结果预测了代谢会从酰胺侧链转移到甲氧基苯基（图 6.10.3）。如图 6.10.3 所示，随后这三个类似物的合成和研究显示，相对于 **2** 半衰期的延长，类似物 **3**、**4** 和 **5** 的代谢通过在甲氧基苯基上的氧化脱甲基得到证实。在类似物 **3** 和 **4** 中保留

---

① CYP 的三种与药物代谢相关的主要亚型。——审校者注

了对 **2** 表现出的选择性 COX-2 抑制作用,因此证明了代谢预测技术在设计具有改善的代谢稳定性的类似物中的实用性。

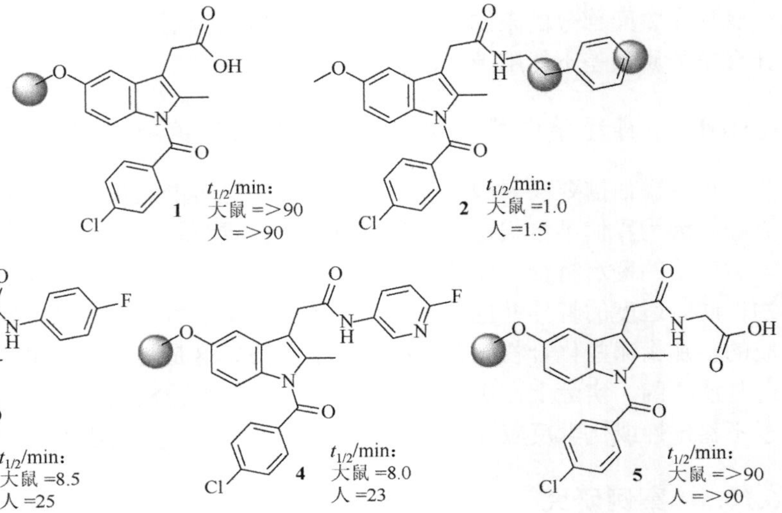

图 6.10.3　吲哚美辛及其许多酰胺衍生物(来自参考文献[13])的半衰期值($t_{1/2}$,以分钟为单位),适用于大鼠和人肝微粒体。由 MetaSite 程序估算的每个类似物的优选代谢位点由灰色圆圈表示(改编自 Marchant 等,2016[13])

6.10.5.2　法医毒理学中的代谢预测和代谢物鉴定:喹硫平

在 2009 年的一项研究中[15],结合分析和计算机模拟方法研究了喹硫平的代谢(**6**,图 6.10.4)。喹硫平是一种抗精神病药,具有复杂的药理作用,可影响多个受体家族(D3、D4,5-HT2A、5-HT2C、5-HT7、α1-肾上腺素受体和α2-肾上腺素受体),并具有广泛的 IC_{50} 值,在临床上可在低剂量到高剂量方案下用于从轻度睡眠和焦虑症到精神分裂症和躁郁症的躁狂发作的治疗。它也有毒品的效果,尽管它可以被广泛地代谢,但其代谢产物的色谱行为仍未得到很好的记录,也没有合成的参考标准品。该实验使用了 10 例尸检中收集的人类验尸尿液样品。

使用液相色谱/飞行时间质谱(LC/TOFMS)对尿液样品中喹硫平的 13 种 I 相代谢产物进行检测。代谢物与柔性侧链的断裂相关,包括 *O*-脱烷基和 *N*-脱烷基、硫氧化和芳碳羟基化(图 6.10.4 中的灰色球体)。Meteor 预测在默认加工约束下有 14 种 I 相代谢产物,其中 8 种与实验确定的相同。预测的代谢产物与灰色球体中的代谢有关。Meteor 没有显示芳碳羟基化的产物,因为可能性水平低于默认

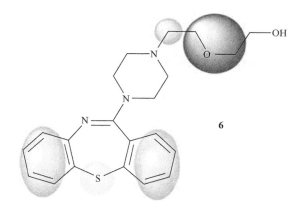

图 6.10.4 喹硫平的结构

易代谢的区域由灰色的球体指示：O-脱烷基、N-脱烷基、硫氧化和芳碳羟基化

最低值。在灰色的"硫"区，Meteor 预测了两种代谢产物：亚砜和砜。这里的一些代谢物对应于所有三个区域中的生物转化序列，侧链的全部或部分断裂，芳碳羟基化以及硫原子处的氧化。但是，在没有合成标准品的情况下，由于准确的质量是相同的，所以无法分辨砜和亚砜之间有一个附加的芳基环。因此，尽管该方法提出了有用的建议，但预测的砜代谢物是否可信？在这种情况下，使用 ACD/MS Fragmenter 软件预测羟基亚砜和砜的 MS 裂解模式的不同。将实验观察到的碎片与 ACD/MS Fragmenter 预测的碎片进行比较，有力地支持了这种情况下形成的是羟基亚砜而不是砜的想法。羟基在芳环中的取代位置（区域化学）仍未确定，因为芳环通常在质谱仪中不易裂解为非常多的碎片的影响。这篇文章强调在缺乏可靠的合成参考标准下，计算机方法（实际上是多种方法）在测定复杂生物基质中的代谢物结构确有价值。

6.10.5.3 新型生化物质的计算机合成：寻找新的代谢成分

代谢组学可以定义为在生物体或生物样品中发现的完整的有机小分子的集合。我们不知道人类代谢组中存在多少种化合物（生物化学物质），但是很清楚的是，该数目远高于生化数据库中表征的化合物数目。目前的生化数据库中约有 7 万种化学物质，但有人认为，人体代谢组仅可能含有约 20 万种脂质。因此，显然需要用其他合理确定的虚拟结构来补充我们对代谢组的知识。在 2013 年的一项研究中[16]，David Grant 及其同事描述了体内/计算机代谢物数据库（IIMDB）的建立。在这项研究中，来自现有数据库的约 2.3 万种已知化合物（哺乳动物代谢物、药物、植物次生代谢物和甘油磷脂）在默认处理约束下以自动化、高通量批处理模式运行于 Meteor。产生了 40 多万种第一阶段和第二阶段的代谢物。IIMDB 由最

初 的 23000 种化合物及其计算机生成的代谢产物组成。95%的这些虚拟代谢物在任何现有的生化数据库中都找不到。但是,其中超过 21000 个条目已在 PubMed、HMBD、KEGG 或 HumanCyc 数据库中录入。其中大多数是使用了一个被归类为"生物学"的计算机软件 BioSM[17],该程序在多样的化学空间中预测类生化分子。这个新数据库是进行非靶向代谢组学研究的有用工具。在这里已经实现的是将未知物转化为已知的-未知的-可能存在的可行生化结构。正如我们在本节开始时所说的那样,外源性物质代谢酶和内源性生化酶之间的界限并不清晰,本书的结论似乎确实支持这一主张。

6.10.5.4 在计算代谢学和潜在毒效途径搜索: 25B-NBOMe

在 2015 年的一项研究中[18],研究了 25B-NBOMe(7)的代谢,这是一种有效的 5-HT2A 受体激动剂和休闲性致幻剂(图 6.10.5)。2, 5-二甲氧基-N-苄基苯乙胺类化合物会经历大量的肝首过代谢。然而,已经报道了这些化合物的严重毒性和在某些情况下的致命毒性,认为它们的不可预测的毒性本质上是特异的,是由有毒代谢物的形成引起的。这项研究旨在鉴定可能与毒性有关的代谢物。图 6.10.5 显示了体内和体外 25B-NBOMe 的代谢结果。在体内,25B-NBOMe 的主要清除途径是 5′-去甲基化,然后快速进行第二阶段的结合,生成葡萄糖醛酸(8)。据报道,

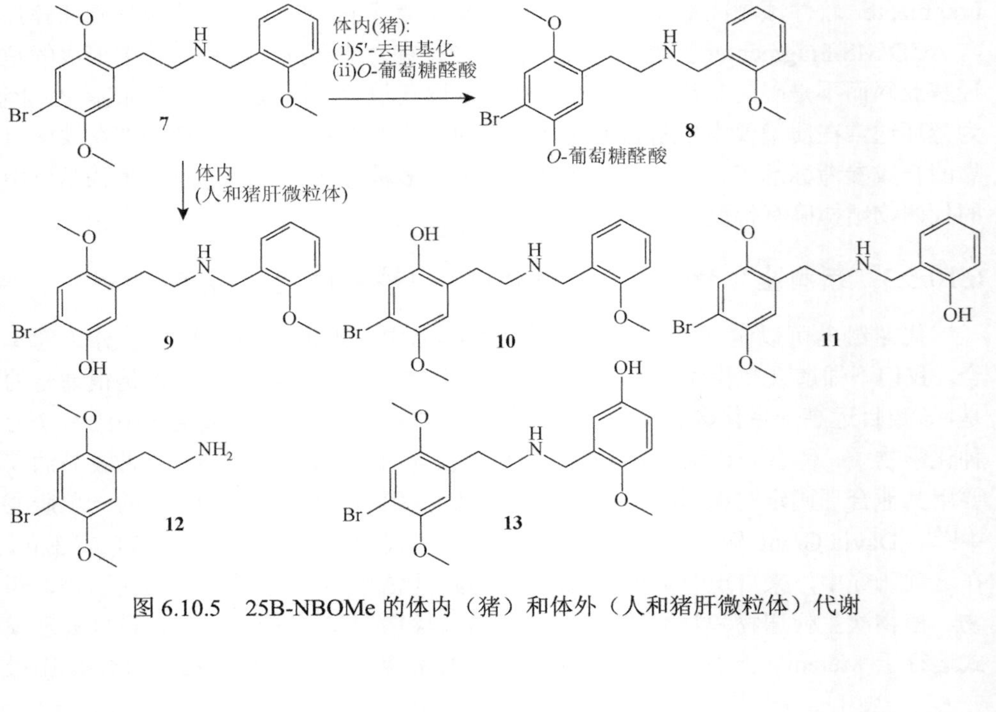

图 6.10.5 25B-NBOMe 的体内(猪)和体外(人和猪肝微粒体)代谢

血浆中酚类中间体（**9**）的浓度非常低。25B-NBOMe 与人和猪肝微粒体共孵育显示了五个重要代谢物的证据——图 6.10.5 中的 **9**～**13** 分别由代谢物 **9**、**10** 和 **11** 的 *O*-去甲基化形成，**12** 为 *N*-脱烷基，**13** 为酚羟基。还检测到第二阶段的结合物（葡萄糖苷酸）。

使用 Derek Nexus 和 Meteor Nexus 分析母体化合物。这两个程序都不知道此化合物不在其各自的支持信息数据集中。Derek Nexus 并未在合理或可能的水平上激活母体化合物的任何肝毒性结构警报。使用 Meteor Nexus 对代谢进行了研究，并将结果与文献结果进行了比较（图 6.10.6 和表 6.10.4）。

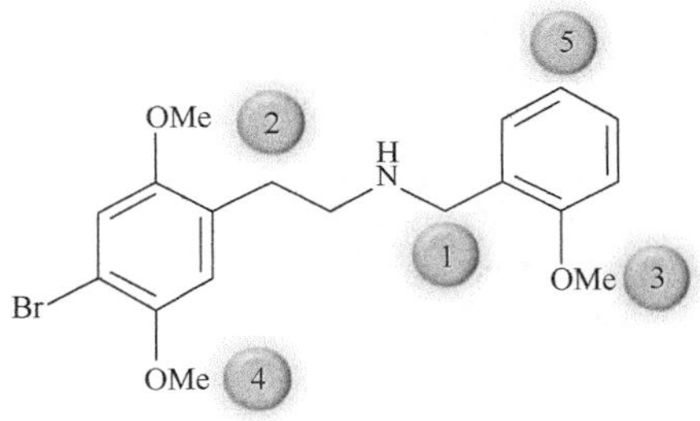

图 6.10.6　Meteor Nexus 预测的前五个观察到的代谢位点

表 6.10.4 中显示了带注释的代谢位点（SoM）

表 6.10.4　从 25B-NBOMe 的流星连接分析得出的第一代生物转化预测

生物转化数	生物转化名称	分数	SoM
243	氧化 *N*-脱烷基	743	1
118	氧化 *O*-去甲基化	731	2
118	氧化 *O*-去甲基化	629	3
118	氧化 *O*-去甲基化	409	4
225	1, 2-二取代苯的 4-羟基化	396	5
243	氧化 *N*-脱烷基	324	
468	苄基胺生成酰胺	272	
533	PROTOTYPE: 通过芳烃氧化物生成邻苯二酚或巯基尿酸	122	
533	PROTOTYPE: 通过芳烃氧化物生成邻苯二酚或巯基尿酸	122	
240	1, 2, 4, 5-四取代苯的 3-羟基化	118	
364	胺中的氢甲酰葡萄糖醛酸	116	
9	仲胺的 *N*-甲基化	0	

续表

生物转化数	生物转化名称	分数	SoM
35	仲胺的 N-葡萄糖醛酸化	0	
82	二氢二醇	0	
82	二氢二醇	0	
82	二氢二醇	0	
83	通过芳烃氧化物的前巯基酸	0	
83	通过芳烃氧化物的前巯基酸	0	
83	通过芳烃氧化物的前巯基酸	0	
84	通过芳烃氧化物生成巯基尿酸	0	
84	通过芳烃氧化物生成巯基尿酸	0	
84	通过芳烃氧化物生成巯基尿酸	0	
85	2-卤代苯酚通过芳烃氧化物	0	
97	仲脂肪胺的 N-羟基化	0	
138	芳香还原脱卤	0	
169	非氧化芳香羟基脱卤	0	
226	1,2-二取代苯的 3-羟基化	0	
226	1,2-二取代苯的 3-羟基化	0	
240	1,2,4,5-四取代苯的 3-羟基化	0	
564	伯胺和仲胺的 N-甲酰化	0	

代谢产物使用 Derek Nexus 处理。为简洁起见，仅在可能和合理的水平上查询了人类的肝毒性终点。Meteor 预测使用 6.10.3.2 节"复合知识库/机器学习方法"中所述的基于 SoM 的指纹比较方法，将观察到的所有三种酚（**9**、**10** 和 **11**）作为第一代代谢物，它们都来自 O-脱甲基生物转化，得分分别为 731、629 和 409。这些代谢物均未激活肝毒性警报。此外，生物转化（N-脱烷基化和碳环芳香族羟基化）的得分分别为 743 和 396，从而观察到代谢物 **12** 和 **13** 的形成。总之，这些是预测的前五种生物转化（表 6.10.4 至第 225 号），并且与微粒体孵育中观察到的第一代代谢物非常吻合。接下来的六个预测（表 6.10.4 中编号 364 所示）对应于生物转化，该生物转化的得分大于零，但在该研究中未产生观察到的代谢物。其余的预测（表 6.10.4）的计算得分为零，表明对于每种生物转化，在最近的邻居中均未发现该化学方法的文献先例。该分子中有六个潜在的可羟基化的芳碳位点。

得分最高的预测对应于观察到的一项代谢物（**13**），除此之外其余的得分都为零。预测了两个 *N*-脱烷基生物转化，苄基化合物生成的第一个涉及苄基位置的反应（**12**），得分为 743，而对替代性 α 碳进行的相同生物转化仅得分 324（预测是可行的），但此时未观察到相应的代谢物。

代谢物 **12** 在合理水平上激活了肝毒性警报。尽管观察到该代谢物，但未观察到且未报道该 *N*-脱烷基化反应的对应代谢物（也有中间体甲醇胺和醛）**14**（表 6.10.5），也未观察到其相应的醇。通常，在脱烷基化和其他过程中，不会观察到小的或酸性的组分，如果仅在正离子扫描模式下进行 MS 实验则更是如此。代谢物 **14** 在合理水平上激活了肝毒性警报，并且这种代谢物很可能以一定浓度存在。表 6.10.5 中的代谢物 **15** 和 **16** 分别是未观察到的 *N*-脱烷基生物转化的乙醇和酸性成分，均激活了肝毒性警报。有趣的是，尽管代谢物 **12** 和 **15** 激活了卤代苯引起的肝毒性，但母体化合物 **7** 及卤代苯却没有。这是因为与警报关联的 SAR 具有一个参数，将其限制在仅适用于较低分子量的底物上。需要再次强调的是，虽然未观察到这些代谢物 **14**～**16**，但预测打分表明该生物转化是可行的，并且这些代谢物可能以低浓度存在。

表 6.10.5　从 25B-NBOMe 的 Meteor Nexus 分析及其相应的 Derek Nexus 肝毒性警报中选择的代谢物

代谢物结构	Meteor Nexus 分数	是否可观察	Derek Nexus 肝毒性警报	Derek Nexus 推理水平
12	743	是	557：卤代苯	可行
14	743	否	551：水杨酸或类似物	可行
15	324	否	557：卤代苯	可行
16	324	否	620：2-苄基乙酸或3-苄基丙酸	可行

注：警报子结构以浅灰色显示。

预测未观察到的代谢物所涉及的生物转化得分大于零，阐明了一些有趣的化学方法，并指出了一些可能的毒化途径（图 6.10.7）。已经讨论了未观察到的 *N*-脱烷基。

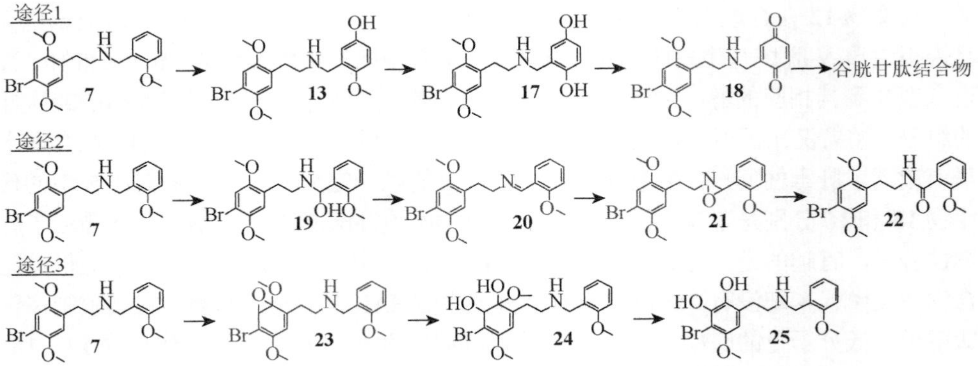

图 6.10.7　25B-NBOMe 的 Meteor Nexus 分析提示了推测的毒化途径，可能形成加合物的中间体以浅灰色（**18**、**20**、**21**、**23**）表示

通过实验观察到羟基代谢物（**13**），并且可以通过第二次 *O*-去甲基化并随后氧化为可能形成加合物的醌（**18**）生成对二氢醌（**17**）（图 6.10.7，途径 1）。其他对二氢醌在含溴环中也是可行的。值得注意的是，在本研究中未观察到这些，并且在这种情况下，实验证据和预测都强烈表明葡萄糖醛酸化可以与这些二氧化竞争，从而有效地防止了醌的形成。

酰胺（**22**）也不是观察到的代谢物，但是由于观察到 *N*-脱烷基产物（**12**）并且 **19** 必须是该过程的中间体，因此暗示了甲醇胺（**19**）的存在。认为苯甲酰胺是通过可能形成加合物的亚胺（**20**）和噁唑烷（**21**）的中间体形成的。这些是甲醇胺（**19**）的替代下游中间体，对此研究有间接证据（图 6.10.7，途径 2）。

Meteor Nexus 也表明邻苯二酚（**25**）的形成。此处的机理被认为是通过含溴环中的 *ipso*-取代形成氧化芳烃（**23**），随后环氧乙烷开环得到中间体（**24**），失去了甲醇，得到邻苯二酚（**25**）（图 6.10.7，途径 3）。

由于预测均得分为零，因此未显示的是那些在不含溴的苯环上形成氧化芳烃相关的生物转化。除多核芳香烃外，苯环中不经常发现氧化芳烃的形成（与以往一样，也有一些例外），这种生物转化的建议不会引起药物化学家/毒理学家的警觉。我们在这里展示的是专家系统与动态评分系统一起使用的实用性，可以指示分子及其代谢物的警报特征，即使可能不容易观察到这种代谢物，也应引起关注。

参 考 文 献

[1]　Testa，B. and Jenner，P.（1976）*Drug Metabolism*: *Chemical and Biochemical Aspects*，*Drugs and the Pharmaceutical Sciences Series*，vol. 4，Dekker，New York，500 pp.

[2]　Long，A. and Walker，J.D.（2003）*Environ. Toxicol. Chem.*，**22**，1894-1899.

[3]　Munro，A.W.，Girvan，H.M.，and McLean，K.J.（2007）*Nat. Prod. Rep.*，**24**，585-609.

[4]　http://www.optibrium.com/stardrop/stardrop-p450-models.php（accessed January 2018）

[5]　Cruciani，G.，Carosati，E.，De Boeck，B.，Ethirajulu，K.，Mackie，C.，Howe，T.，and Vianello，R.（2005）*J. Med. Chem.*，**48**，6970-6979.

[6]　Rydberg，P.，Gloriam，D.E.，Zaretzki，J.，Breneman，C.，and Olsen，L.（2010）*ASC Med. Chem. Lett.*，**1**，96-100.

[7]　Kirchmair，J.，Williamson，M.J.，Afzal，A.M.，Tyzack，J.D.，Choy，A.P.K.，Howlett，A.，Rydberg，P.，and Glen，R.C.（2013）*J. Chem. Inf. Model.*，**53**，2896-2907.

[8]　Darvas，F.（1987）MetabolExpert，an expert system for predicting metabolism of substances，in *QSAR in Environmental Toxicology-II*（ed. K.L.E. Kaiser），Riedel，Dordrecht，pp. 71-81.

[9]　Klopman，G.，Dimayuga，M.，and Talafous，J.（1994）*J. Chem. Inf. Comput. Sci.*，**34**，1320-1325.

[10]　Kleemann，R.，Bureeva，S.，Perlina，A.，Kaput，J.，Verschuren，L.，Wielinga，P.Y.，Hurt-Camejo，E.，Nikolsky，Y.，van Ommen，B.，and Kooistra，T.（2011）*BMC Syst. Biol.*，**5**，125.

[11]　Mekenyan，O.G.，Dimitrov，S.D.，Pavlov，T.S.，and Veith，G.D.（2004）*Curr. Pharm. Des.*，**10**，1273-1293.

[12]　www.lhasalimited.org/products/meteor-nexus.htm（accessed January 2018）

[13]　Marchant，C.A.，Rosser，E.M.，and Vessey，J.D.（2016）*Mol. Inform.*

[14]　Boyer，D.，Bauman，J.N.，Walker，D.P.，Kapinos，B.，Karkiamd，K.，and Kalgutkar，A.S.（2009）*Drug Metab. Dispos.*，**37**，999-1008.

[15]　Pelander，A.，Tyrkko，E.，and Ojanpera，I.（2009）*Rapid Commun. Mass Spectrom.*，**23**，506-514.

[16]　Menikarachchi，L.C.，Hill，D.W.，Hamdalla，M.A.，Mandoiu，I.I.，and Grant，D.F.（2013）*J. Chem. Inf. Model.*，**53**，2483-2492.

[17]　http://metabolomics.pharm.uconn.edu/Software.html（accessed January 2018）

[18]　Leth-Peterson，S.，Gabel-Jensen，C.，Gillings，N.，Lehel，S.，Hansen，H.D.，Knudsen，G.M.，and Kristensen，J.L.（2016）*Chem. Res. Toxicol.*，**29**，96-100.

6.11　美国国家癌症研究所 CADD 组的化学信息学研究

Megan L. Peach and Marc C. Nicklaus

National Cancer Institute，NIH，NCI-Frederick，376 Boyles Street，Frederick，MD 21702，USA

张姝姝　冯娜 译　　徐峻 审校

6.11.1　引言和历史

计算机辅助药物设计（CADD）组属于美国国立卫生研究院（NIH）的美国国家癌症研究所（NCI），主要研究化学信息和分子建模，重点研究药物设计领域内的小分子数据处理问题。CADD 组不仅承担 NCI 内部与分子建模和药物发现相关的项目，还建立网络站 https://cactus.nci.nih.gov/，为公众提供免费的化学信息学服务和软件工具。本节主要介绍这些资源。

NCI 对化学信息学的研究始于 1955 年，已有 60 多年的历史。那时，美国国会批准了 500 万美元的药物研究项目，1957 年正式实施。头 30 年中，每年筛选大约 13000 个新化合物。很快，大量的化学结构和动物试验数据给管理工作带来了困难，必须采用计算机管理和处理这些数据[1]。20 世纪 60 年代中期起，这些数据被录入 NCI 药物信息系统（DIS）中。当时，生物学检测结果（生物学档案）被保存在研究所内部，而化学数据的处理则外包给美国化学文摘社（CAS），CAS 依照 NCI 的合同要求进行数据处理。随后，NCI 的数据管理和检索功能不断增强，成为 CAS 在线化学信息系统的雏形[2]。

NCI 药物筛选工作的头 30 年中，利用动物模型来筛选抗肿瘤活性化合物。1986 年，动物模型被来自人体的 60 种肿瘤细胞系取代，即 NCI-60 细胞系[3]。NCI 数据库的一个子集是关于抗艾滋病毒（HIV）活性测试的。经过多年发展，这些化学数据和相关的生物学测试数据组成了 NCI 数据库。目前，NCI 数据库的"公开"部分有超过 28 万条记录，被许多早期化学信息学项目当作软件"压力测试"的基准数据集，也是其他大型化学数据库的参考数据[4]。

1988 年，NCI 启动"发展治疗计划"（DTP），进行大规模药物筛选。药物化学实验室（LMC）建立了分子模拟部门，为 LMC 和其他 NCI 的实验室在药物发现方面提供信息学支持。该部门演变为 NCI 的 CADD 小组，成为现在 NCI 的化学生物学实验室（CBL）里的研究组。CADD 小组负责药物设计和化学信息学技术和资源开发。

6.11.2　化学信息服务

1998 年以来，NCI 的 CADD 组一直维护着命名为"cactus"的网络服务器，主页是 https://cactus.nci.nih.gov。"cactus"是 CADD 组化学信息学工具和用户服务的缩写（**CADD group chemoinformatics tools and user services**）。本节简单介绍该在线服务的主要特点，更多的细节可以从相关的主页中得到。这些资源中有许多是与 NCI 以外的机构或个人（或短暂供职于 NCI）合作的成果，将在致谢中一并感谢他们。

6.11.2.1 NCI 数据库浏览器

DTP 项目于 1994 年公开了大部分 NCI 数据（约 125000 个化学结构）[5]后，建设"NCI 数据库浏览器"的工作开始启动。该服务的原始代码是与埃尔朗根-纽伦堡大学的计算机化学中心合作编写完成的，这些代码基于化学信息学工具包 CACTVS[6]。（注意：CACTVS 与 Web 服务器名字"cactus"不同，前者全大写，后者全小写）。NCI 数据库浏览器是最早公开、免费提供大型小分子数据库的基于网络的图形用户界面（GUIs）之一，包括全结构搜索、子结构搜索等高级功能，是持续运营最久的网络资源之一。可通过网址 https://cactus.nci.nih.gov/ncidb2.2/ 访问。网站提供了多种组合查询方式、列表显示和管理、可视化以及对搜索结果的数据再检索功能（图 6.11.1）。

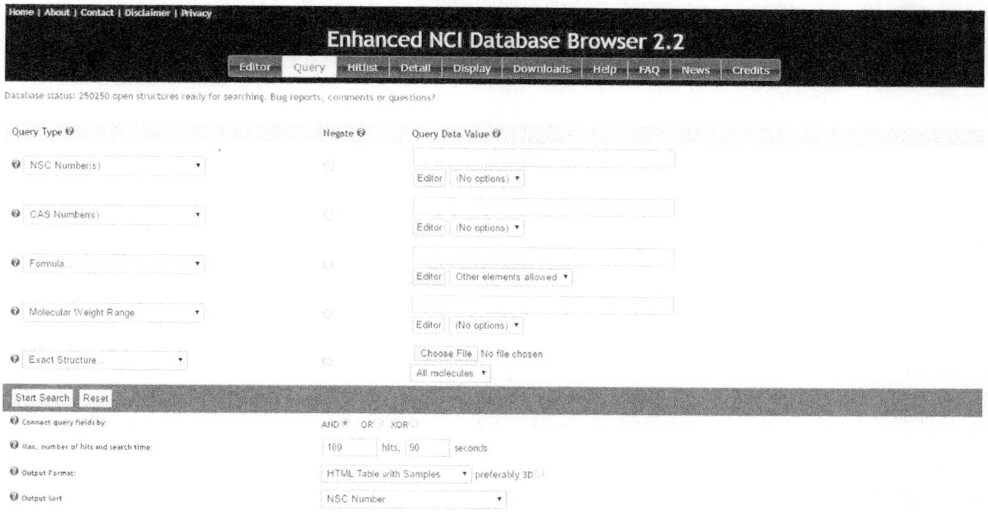

图 6.11.1 改进版 NCI 数据库浏览器的 Web 页面

其中大部分数据是已公开的 NCI 数据库中的化学结构（约 25 万个），加上由 DTP[7]提供的相关生物实验数据，包括基于细胞（NCI-60）的生长抑制筛选数据、酵母抗癌药物筛选数据和抗 AIDS 病毒筛选数据。已经计算过的分子结构性质以及许多物理和化学性质（如 log P 和类药性）都可以检索到。还有 PASS[8]程序对其中绝大部分结构进行的 565 种不同生物活性预测结果，也可以检索并显示[9]。

6.11.2.2 化学结构编码解析器

迄今为止，"cactus"被使用最多的功能是化学结构编码解析器（CIR）。它能将一种结构编码转换为另一种，该功能可以在线使用，网址是 https://cactus.nci.nih.gov/chemical/structure/，但主要还是通过编程访问，网站 API 接口为：https://cactus.nci.nih.gov/chemical/structure/"structure dentifier"/"representation"。

化合物的"标识符"必须是化学结构线性编码，作为 URL 的一部分输入。标识符可以是完整分子结构表示（如 SMILES、InChI[10]），或者是哈希结构表示（如 InChI 键），还可以是化学名称（图 6.11.2）。CIR 查询返回的结果可能是 2D 图像、分子的化学结构标识符或分子特征（如环的数量或分子量）等文件中的任何一种，结果也包含相应 MIME 文件类型的说明。

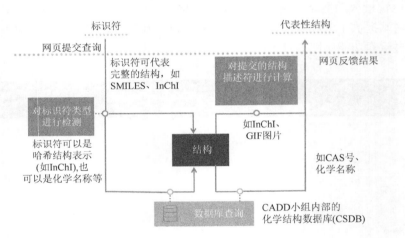

图 6.11.2 CIR 检索的工作流程

用于 CIR 检索的数据库数据来源于约 140 个外部数据库，记录了大约 1.2 亿个分子结构和大约 1.1 亿个无重复的 InChI 编码。根据其设计意图，CIR 已经以编程方式嵌入在各种外部 Web 工具、商业软件产品、教育网站、数据库和搜索工具中。教育网站 CheMagic.org 就是一个使用 CIR 的例子[11]。

6.11.2.3 化学结构查询服务

化学结构查询服务（CSLS）（https://cactus.nci.nih.gov/lookup/）通过用户输入的化学标识符或化学结构，可以查询"在哪个数据库中有这种化学物质"。CSLS

有自动检测功能，可以探索式地确定用户提交的查询文本的类型。例如，若用户提交的查询式为"740"，则 CSLS 返回的结果是癌症药物甲氨蝶呤（其在 NCI 数据库中的编号为 740）。若用户紧接着又提交了甲氨蝶呤的 InChI 键，则可以通过单击结果列中的链接来完成，CSLS 将返回 84 个结果，因为这么大众化的分子会存在于许多数据库中。在 CSLS 结果页面（图 6.11.3）上，每个返回结构的 InChI 处还有一个链接可以直接进行 Google 搜索。

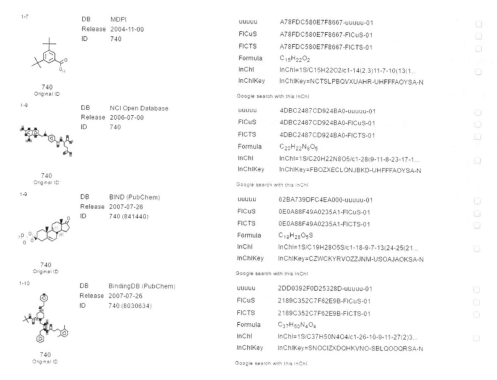

图 6.11.3　使用查询字符串"740"进行搜索的 CSLS 结果页面（摘录）

6.11.3　工具和软件

6.11.3.1　化学结构识别工具

化学结构识别工具（OSRA）（https://cactus.nci.nih.gov/osra/）可以将期刊文献、专利文本、教科书、商业杂志等报道的化学结构的图形格式转化成 SMILES 或 SDF 格式[12]。OSRA 可以读取大约 90 种图形格式的图像，包括 GIF、JPEG、PNG、TIFF 和 PDF。它主要是作为实用工具被下载后使用，也可作为独立的可执行文件或者作为库集成到其他软件中。它使用了大量的开源数据库，如 GraphicsMagick[13]。

NCI 以外的机构对它进行了一系列后续开发，其中最重要的一个改进版本 OSRA Ⅱ，可以通过网站访问 https://sourceforge.net/projects/osra/来获取。

6.11.3.2 在线 SMILES 翻译工具

在线 SMILES 翻译工具（https://cactus.nci.nih.gov/translate/）可以将用户提交的一个或多个分子的化学结构式，无论是以 SMILES 字符串，还是以 SDF、PDB、MOL 或其他格式来表示，都可以唯一地转换为 SMILES（USMILES）[14]，或 SDF、PDB、MOL 等文件格式。输入结构也可以通过 JSME 结构编辑器[15]绘制。对于 SDF、PDB 或 MOL 文件格式，可以用 2D 或 3D 坐标进行查询（坐标由 CORINA[16] 软件计算得到）。该服务整体上基于 CACTVS 服务。

6.11.3.3 化学结构的 GIF 创建器

化学结构的 GIF 创建器（https://cactus.nci.nih.gov/gifcreator/）可以从用户提交的 SMILES 字符串、交互式绘制的结构、各种格式的化学结构文件，来生成 GIF 或 PNG 格式的 2D 结构图。网站上有许多定制 2D 结构绘图的选项（图 6.11.4）。该工具采用 CACTVS 脚本的形式编写。

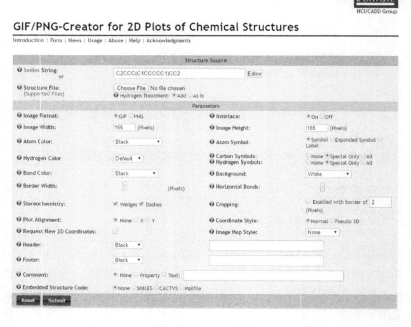

图 6.11.4　GIF/PNG 图片创建服务的 Web 页面

6.11.3.4 伪旋转在线计算工具

伪旋转在线计算工具（PROSIT）（https://cactus.nci.nih.gov/prosit/）可以计算用户提交的核苷、核苷酸及其类似物、DNA 和 RNA 单链双链的 3D 结构的伪旋转参数[17]，包括伪旋转相位角（P）、糖苷键旋转角度（χ）、糖结构的褶皱振幅（υ_{max}）[18]，并将结果以表格形式呈现。支持绝大部分的化学文件格式，如 PDB、SDF、MOL 和 *xyz* 坐标。PROSIT 工具可用于研究剑桥结构数据库中的核苷、核酸数据库中高分辨率的核苷酸晶体结构，以及平行结构的鸟嘌呤四聚体和四向 Holliday 交叉 DNA 结构[19]。

6.11.4 药物合成和活性预测

6.11.4.1 可合成的虚拟化合物库

目前可供筛选的商业化合物库，如 ChemNavigator iResearch™ Library[20]，拥有接近 1 亿个化合物。考虑到类药化合物的化学空间据估计至少包含 10^{40} 个分子（含不多于 30 个的重原子），即使人们使用 CADD 的方法也不一定能从这些数据库中找到新的化合物。并且合成任意有机小分子很可能既困难又昂贵。因此，开发可合成的虚拟化合物库（SAVI）就是将"我从哪里获取新分子？"这一问题转变成"我能可行又经济地合成什么样的分子？"然后，使用现代 CADD 的方法，筛选易合成的分子以发现具有生物活性的新颖化合物。因此，SAVI 项目旨在通过计算机生成多达 10 亿个符合现代药物研发需求的虚拟分子，并且确定它们能够被可行又经济的方法合成出来[21]。

通过全球研究人员的通力合作，SAVI 库整合了一套确实可用且价格不贵的合成原料，它们在 LHASA 项目的知识库里被标注了大量的化学反应路径[22-24]，使用 CACTVS 库的新代码可以解析 LHASA 库里原始标注的反应，并将原始的逆合成转化为正向合成。

SAVI 项目最终的目标是建立一个高质量的筛选用大型化合物数据库；每条记录都标注了计算机建议的简单合成路线，在 cactus 服务器上可以免费下载。第一个测试版本只有 14 种化学转化方式（约 2300 种可能），通过一步式反应应用于包含 377000 种反应原料的分子片段数据库，已在 cactus 服务器上提供下载和早期测试（6.11.5 节）。该数据集大约有 2.83 亿种化合物，其中 99% 以上都是新化合物。

6.11.4.2 化学活性预测器

化学活性预测器（CAP）（https://cactus.nci.nih.gov/chemical/apps/cap）使用 GUSAR 程序[25]建立的 QSAR 模型来预测一个小分子可能具有的对药物开发有益

的性质。CAP 预测包括以下模型：HIV-1 相关活性（2 种模型），少数 PubChem 检测模型（5 种模型），环境毒性（T.E.S.T.）（5 种模型），急性大鼠毒性（4 种模型）和物理化学性质（9 种模型，包括水溶性）。CAP 预测使用前面提到的 CIR 工具来解析所提交的各类化学描述符。

6.11.5　可下载的数据集

CADD 组已经创建了许多供内部使用的数据库文件，因考虑到外部用户可能也对它们感兴趣，所以将以下数据集放在服务器 https://cactus.nci.nih.gov/#3 上供下载：

（1）来自 PubChem 的 SD 结构数据，包含实验数据，适合构建 QSAR 或其他类型的预测模型。

（2）NCI 数据库相关的数据集，包括用来构建 NCI 数据库浏览器的批量"原始"数据。

（3）由 FDA 索引的产物标签（SPL）的化学物质的 SD 格式文件。

（4）从文献中收集的 HIV-1 整合酶抑制剂的化学结构、生物实验和书目注释。

（5）SAVI 项目测试阶段生成的大约 2.83 亿种虚拟合成产物。

参 考 文 献

[1]　Milne，G. W. and Miller，J. A.（1986）*J. Chem. Inf. Comput. Sci.*，**26**，154-159.

[2]　Dittmar，P. G.，Farmer，N. A.，Fisanick，W.，Haines，R. C.，and Mockus，J.（1983）*J. Chem. Inf. Comput. Sci.*，**23**，93-102.

[3]　NIH Developmental Therapeutics Program，https://dtp.cancer.gov/discovery_development/nci-60/methodology. htm（accessed January 2018）.

[4]　Voigt，J. H.，Bienfait，B.，Wang，S.，and Nicklaus，M. C.（2001）*J. Chem. Inf. Comput. Sci.*，**41**，702-712.

[5]　CCL. NET NCI Structure Database，http://www.ccl.net/cgi-bin/ccl/message-new?1994 + 11 + 11 + 006（accessed January 2018）.

[6]　Ihlenfeldt，W.，Takahashi，Y.，Abe，H.，and Sasaki，S.（1994）*J. Chem. Inf. Comput. Sci.*，**34**，109-116.

[7]　NIH DTP Bulk Data for Download，https://dtp.cancer.gov/databases_tools/bulk_data.htm（accessed January 2018）.

[8]　Lagunin，A.，Stepanchikova，A.，Filimonov，D.，and Poroikov，V.（2000）*Bioinformatics*，**16**，747-748.

[9]　Poroikov，V. V.，Filimonov，D. A.，Ihlenfeldt，W.-D.，Gloriozova，T. A.，Lagunin，A. A.，Borodina，Y. V.，Stepanchikova，A. V.，and Nicklaus，M. C.（2003）*J. Chem. Inf. Comput. Sci.*，**43**，228-236.

[10]　Heller，S. R.，McNaught，A.，Pletnev，I.，Stein，S.，and Tchekhovskoi，D.（2015）*J. Cheminf.*，**7**，23.

[11]　CheMagic，http://chemagic.org/home/（accessed January 2018）.

[12]　Filippov，I. V. and Nicklaus，M. C.（2009）*J. Chem. Inf. Model.*，49，740-743.

[13]　GraphicsMagick Image Processing System，http://www.graphicsmagick.org/（accessed January 2018）.

[14]　Weininger，D.，Weininger，A.，and Weininger，J. L.（1989）*J. Chem. Inf. Comput. Sci.*，**29**，97-101.

[15]　Bienfait，B. and Ertl，P.（2013）*J. Cheminf.*，**5**，24.

[16]　Gasteiger，J.，Rudolph，C.，and Sadowski，J.（1990）*Tetrahedron Comput. Methodol.*，**3**，537-547.

[17] Altona，C. and Sundaralingam，M.（1972）*J. Am. Chem. Soc.*，**94**，8205-8212.

[18] Sun，G，Voigt，J. H.，Filippov，I. V.，Marquez，V. E.，and Nicklaus，M. C.（2004）*J. Chem. Inf. Comput. Sci.*，**44**，1752-1762.

[19] Sun，G，Voigt，J. H.，Marquez，V. E.，and Nicklaus，M. C.（2005）*Nucleosides Nucleotides Nucleic Acids*，**24**，1029-1032.

[20] ChemNavigator iResearch^TM Library，http://www.chemnavigator.com/cnc/products/iRL.asp（accessed January 2018）.

[21] Bruns，R.F. and Watson，I.A.（2012）*J. Med. Chem.*，**55**，9763-9772.

[22] Olsson，T.（1986）*Acta Pharm. Suec.*，**23**，386-402.

[23] Johnson，A. P.，Marshall，C.，and Judson，P. N.（1992）*Recl. Trav. Chim. Pays-Bas-J. R. Neth. Chem. Soc.*，**111**，310-316.

[24] Judson，P. N. and Lea，H.（1996）*Chim. Oggi-Chem. Today*，**14**，21-24.

[25] Filimonov，D. A.，Zakharov，A. V.，Lagunin，A. A.，and Poroikov，V. V.（2009）*SAR QSAR Environ. Res.*，**20**，679-709.

6.12　罕见数据的 QSAR 建模

Alexander Tropsha

Division of Chemical Biology and Medicinal Chemistry，UNC Eshelman School of Pharmacy，University of North Carolina at Chapel Hill，Chapel Hill，NC 27599，USA

罗 兵　顾琼译　　徐 峻 审校

6.12.1　引言

　　早期的定量构效关系（QSAR）模型是基于较小的实验数据集建立的，数据一般来自本实验室，或者是合作的药物化学实验室，也可能是药物化学杂志。得益于成本的快速降低，高通量化学合成和生物筛选技术在学术研究机构，如 NIH（分子库计划[1]和 PubChem 项目[2]，6.5 节已介绍）和 EPA（ToxCast 项目[3]）等联邦机构得到广泛应用，开放性的生物化学数据也得到快速增长。与此同时，欧洲生物信息学研究所建立了 ChEMBL 数据库（从 Inpharmatica 公司收购），开放了数十万个生物活性分子的数据[4]。目前，ChEMBL 及其类似的数据库包含了数以千计的可用于 QSAR 和其他化学信息学分析的数据集。例如，作为储存化合物"结构-活性"信息的关键数据库，PubChem（http://pubchem.ncbi.nlm.nih.gov）含有1.57 亿余条化学信息，这些数据记录的是研究人员经过约 3000 个生物实验，从100 多万种化合物中筛选得到超过 50 万种有活性的化合物。另一个例子是 ToxCast数据库（https://www.epa.gov/chemical-research/toxicity-forecasting），该数据库记录了从 700 多个生物实验中筛选出的 1800 多种小分子化合物的相关信息。此外，ChEMBL 数据库（https://www.ebi.ac.uk/chembl/）收集了 150 多万条分子的数据和针对 11000 多个靶标的约 1400 万条活性数据。同时，生物医学文献量也在迅速增长：PubMed 已有 2000 多万条记录，其中约 1000 万条含有化学信息。正如最近的 QSAR 综述[5]中所提到的，这些进展共同促进了 QSAR 文献数量的增长（图 6.12.1）。

　　生物分子数据在规模和多样性方面均呈指数式增长，加上化学合成特别是生物筛选成本的大幅度下降，都为 QSAR 研究者创造了新的机遇。近年来，新方法的不断涌现，还出现了能够用于多目标优化的大型数据集[6]，例如，备受关注的深度学习[7]和主动学习[8]在 QSAR 中也得到了应用。对 QSAR 而言，数据与方法学一样重要，没有"化学结构-生物活性"数据便无法建立模型。上述数据库（如 ChEMBL和 PubChem）以现成的模型格式存储化学数据（如 SDF 或 SMILES 格式），这便简化了数据收集和建模过程。事实上，许多已发表的模型都是基于这些数据衍生出来

图 6.12.1　QSAR 建模论文数量的增长与实验数据累积间的相关性

该表来自 Google Ngram Viewer，y 轴代表占 Google Ngram 收录的全部出版物的比例

的，其中甚至包括最新的利用深度学习方法开发整个 PubChem 数据库的建模[9]。这些传统的数据资源已经是众所周知的，不再赘述。另外，近年来还出现了一些非常规的数据资源，因为这些数据的日益多样化特征，以及 QSAR 在文本挖掘和医学信息学等多个研究领域的广泛应用，这些非常规资源带来了一些开发新的模型的机会。

6.12.2　观测性的元数据和 QSAR 建模

BioWisdom 公司的肝毒性研究是利用非常规数据构建 QSAR 模型的第一个例子。在该研究中，作者收集了 951 种化合物，报道了它们对各物种，包括人、啮齿和非啮齿动物肝脏的影响[10]。这项研究的独特之处在于用断言性的元数据来建立 QSAR 模型，这类元数据是从 MEDLINE 的摘要、会议报告及其他电子资源中根据混合词法、语言学方法和本体论独特的组合规则提取的。断言数据集包含了数以千计的高度准确和综合全面的数据解释。这些解释以三元结构表示：概念-关系-概念，如咖啡醇-抑制-胆汁酸生物合成、硫唑嘌呤-诱导-胆汁淤积等。每一项断言数据都有来自各种文献的引证；每个断言数据的背后有丰富的词汇表支撑，它们在语义上与近似概念的其他断言保持一致。例如，肝脏病理学术词汇胆汁淤积，可以在不同文献中分别被描述为"胆汁淤滞"、"胆汁淤阻"、"胆汁淤积"和"胆汁淤积性损伤"。以这种方式生成的断言元数据，可以用来统一不同文献中的语义。在数据集中，每一个化合物最终将被标注为类型"0"或"1"，"0"表示文献中没有关于其肝毒性效应的断言，反言之"1"则表示找到了其相关断言。这样，便建成一个肝脏毒性分析的二元分类模型。

建成一个非常规数据集之后，作者用传统的化学信息学方法分析该数据集，并解决了有关"肝毒性效应是否具有跨物种一致性、人类肝脏毒性效应的化学决定因素，以及预测某种化合物是否对人类肝脏有毒性"等问题。作者发现，不同物种间的肝毒性效应的一致性相对较低（39%～44%），而物种特异性则可能依赖于具体的化学结构。化合物按照化学结构相似性聚类，预测相似的化合物能产生相似的肝脏毒性效应。大多数情况下，结构相似的化合物具有相似的效应，但有些化合物的活性则表现异常，MEDLINE 及其他数据集中的大部分数据均是这种活性异常的化合物。在某种特定条件下，化合物的断言数据特征被确认，符合相似化合物有相似活性的预期。然后，断言数据进一步转化为基本化学性质的二元标注（即：有肝脏效应、无肝脏效应），并建立二元 QSAR 模型，以预测某化合物是否会对人类产生肝脏毒性效应。尽管数据本身具有明显的异质性，但经过 5 重交叉验证程序的训练，模型便具有较强的预测能力，交叉验证精度在 64%～72%范围内。模型建立后，在检索化合物研究方面的成功应用，进一步证实了二元 QSAR 模型的预测能力。

6.12.3　药物警戒和 QSAR

据了解，上述研究是 QSAR 模型和其他化学信息学技术首次应用于通过自动文本挖掘的数据以及一部分的人工整理产生的观察数据，这为化学毒理学数据的产生和建模开辟了新的途径。在最近的另一项研究[11]中，作者同样使用了这种非常规数据为史蒂文斯-约翰逊综合征（SJS）治疗药物的不良反应建立 QSAR 模型。作者认为，这项研究中还有两个问题值得更深入的研究，首先是非常规数据的来源，其次是总体研究设计。下面将主要讨论这两个问题。

作者从 VigiBase[12]数据库中收集一系列药物数据，并基于与 SJS 的相关性，建立了一个 QSAR 模型。VigiBase 是一个隶属于世界卫生组织（WHO）的全球药物不良反应报告数据库，由 Uppsala 监测中心维护和分析。截至该研究[11]完成时，VigiBase 拥有来自 107 个国家的 7014658 份报告，涉及约 2 万种上市药物（包括仿制药），以及 2 千种药物不良反应（ADR）类型，其中数据根据 WHO 发布的《国际药典》改进版和《药品不良反应术语集》进行注释。如果药物的 SJS 报告数量高于预期，即 VigiBase 中 SJS 报告的收缩回归系数为正[13]，则该药物被认定为不良反应药物。通过将全部 2 万种药物均纳入考虑范围内，模型采用更为保守的回归分析方法，最大限度地减少假阳性。如果药物与 SJS 报告无相关性或相关性低，则将其定义为非不良反应药物，具体标准如下。

对于报告总数少于 1 千份的药物，均不会在 SJS 中标注为非不良反应药物。

对于报告总数在 1 千份以上的药物[14, 15]，只有当 SJS 报告的非不良反应记录没有或很少，并且绝不是 SJS 报告中致人反应不良的唯一可能的药物成分时，该数据才能被标注成非不良反应药物。

唯一的存疑标准最大限度地降低了将与 SJS 总体相关性较弱但可能在一个或几个报告中具有强烈因果关系的非不良反应药物纳入数据库的风险。需要强调的是，与前述肝毒性模型研究类似，本项研究使用了与药物不良反应的相关断言，而非实验室测量结果。在 QSAR 研究中使用此类数据仍然是不常见的，但是这为探索 QSAR 的建模开辟了新的方向。

图 6.12.2 展示了一个利用 SJS 建立 QSAR 模型的流程，包括建模、解释和验证等。值得注意的是，该流程除了第一步与常规建模不同外，其他每一步均与 QSAR 建模范例一样。

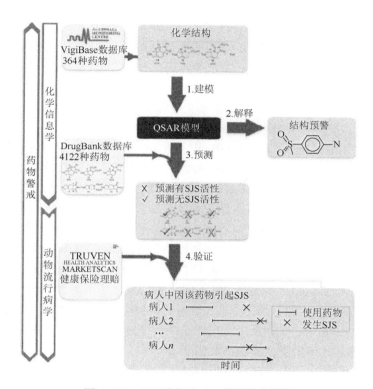

图 6.12.2　SJS 建立 QSAR 模型的流程图

基于三种数据来源，建立、解释和验证 QSAR 模型，该模型将药物分为有 SJS 活性或无 SJS 活性。从 VigiBase 数据库收集 364 种药物，其化学结构作为 QSAR 模型的变量。QSAR 模型可以解释和预测数据库中的药物有无 SJS 活性，以此预警有毒性的化合物结构。最后，以 VigiBase、ChemoText 和 Micromedex 中的数据作为验证，评估模型的预测结果（详细讨论请参考正文）

首先，从 VigiBase 数据库中选取与 SJS 相关的各种药物，包括阳性药（有不良反应）和阴性药（无不良反应）。药物最初是按名称列出的，需要将药品名转换为分子结构（用 ChemSpider 完成转换），转换后再进行严格的化学数据检查（《化学信息学——基本概念和方法》第 12.2 节），最终得到 436 种药物（不包括混合物和生物制品）。在建模之前需要先核对化学结构，以确保药品得到正确和规范化表示[16]，在剔除盐、金属化合物、大分子（分子量＞2000）、结构重复的化合物（使用 ChemAxon v.5.0；Pipeline Pilot 学生版 v.6.1.5）后，余下 194 种活性（有不良反应）和 170 种无活性（无不良反应）的药物用于 QSAR 建模。

其次，根据 SJS 断言数据建立的二元 QSAR 模型使用了三组不同的分子描述符：Dragon、ISITA 亚结构片段和 MACCS 指纹。Dragon 描述符（Dragon 版本 v.5.5，Talete SRL）[17]以其对化学结构的综合表征而著名，包括官能团、原子中心片段、分子特性和 2D 频率指纹。对于三组描述符中的每一组，都用了两种分类方法[随机森林（RF）[18]和支持向量机（SVM）[19]]构建 QSAR 模型。所有模型通过外部五重交叉验证方法（将整个数据集随机分成五个相等部分）[20]进行评价。其中一个部分被系统单独排除在外，作为外部验证集，剩余 80% 的化合物则被用于建模。

再次，根据 QSAR 模型解释的重要化学特征来预警化合物的结构，即预警含有 SJS 活性相关化学亚结构特征的药物。

最后，利用这些模型筛选 DrugBank 数据库[21]中潜在的 SJS 活性药物。使用 VigiBase[12]、ChemoText[22]和 Micromedex[23]中的数据对预测结果进行验证。

除了输入数据的来源之外，图 6.12.2 中的所有步骤都是 QSAR 建模的常规方法，回顾之前的工作，该项目的输入数据是对 SJS 断言的各种文献来源进行半自动文本挖掘的结果，之后采用了一种类似的方法来评估药物与 SJS 之间的预测新关联。也就是说，使用化合物描述符来构建 QSAR 模型完成预测，在 QSAR 建模时没有使用实验室测量结果作为输入，在模型验证时也没有使用。作者使用了 VigiBase[12]、ChemoText[22]和 Micromedex[23]三个数据库，它们反映了各种数据源中预测药物和 SJS 之间的关联，数据源有药物不良反应报告、生物医学文献和药物知识源。作为收集全球药物 ADR 报告的数据库，VigiBase[12]可根据该药物的 SJS 报告数提供化合物的 IC 值。该数据库用于创建模型集。

ChemoText 是来源于 PubMed[22]的以化学为中心对医学主题词进行标注的数据库，提供了研究人员共同参与的值得关注的药物和"SJS"的标注（也包括医学主题词标注和相关术语"多形红斑""表皮坏死松懈症""毒性"等标注）。Micromedex[23]是一种临床医生引用的循证资源，作为一种行业标准，它用于 SJS 和超敏反应的相关搜索。后两个数据库用于验证模型对未列入 VigiBase 的药物 SJS 活性预测结果。总体说来，该研究在药物预警领域中独特地应用了化学信息学概念，以得到药物 SJS 效应的新预测结果，从而监控药物的不良反应。

6.12.4 结论

各种非常规的数据资源，甚至社会媒体资源数据将被用于化学信息学分析。最近有很多关于应用文本挖掘和认知计算的报道，科研人员从科学出版物、脸书和 Twitter 社交网站及其他网络资源提取与药物的疗效和不良反应相关的术语和结论。具体例子如：基于 FDA "黑框警告" 开发的 "SIDER 药物副作用数据库"[24]，雅虎科学家基于谷歌页面文本挖掘创建的药物不良反应数据库[25]，通过挖掘 Twitter[26]数据可识别药物不良反应，以及通过对生物医学文献数据进行文本挖掘发现药物的新靶标[27]。现代化学信息学家应该意识到有关生化效应存在诸多数据资源，并学会探索这些资源。当然，正确地处理原始数据是至关重要的，以避免使用错误或重复的数据来生成模型。若忽略了数据分析中数据处理这一关键部分，最终可能导致错误的结果。

参 考 文 献

[1] Austin，C.P.，Brady，L.S.，Insel，T.R.，and Collins，F.S.（2004）*Science*，**306**（5699），1138-1139.

[2] Bolton，E.E.，Wang，Y.，Thiessen，P.A.，and Bryant，S.H.（2008）Annual reports in computational chemistry，vol. 4，American Chemical Society，Washington，DC，pp. 217-241.

[3] Dix，D.J.，Houck，K.A.，Martin，M.T.，Richard，A.M.，Setzer，R.W.，and Kavlock，R.J.（2007）*Toxicol. Sci.*，**95**，5-12.

[4] Gaulton，A.，Bellis，L.J.，Bento，A.P.，Chambers，J.，Davies，M.，Hersey，A.，Light，Y.，McGlinchey，S.，Michalovich，D.，Al-Lazikani，B.，and Overington，J.P.（2012）*Nucleic Acids Res.*，**40**，D1100-7.

[5] Cherkasov，A.，Muratov，E.N.，Fourches，D.，Varnek，A.，Baskin，I.I.，Cronin，M.，Dearden，J.，Gramatica，P.，Martin，Y.C.，Todeschini，R.，Consonni，V.，Kuz'min，V.E.，Cramer，R.，Benigni，R.，Yang，C.，Rathman，J.，Terfloth，L.，Gasteiger，J.，Richard，A.，and Tropsha，A.（2014）*J. Med. Chem.*，**57**，4977-5010.

[6] Varnek，A.，Gaudin，C.，Marcou，G.，Baskin，I.，Pandey，A.K.，and Tetko，I.V.（2009）*J. Chem. Inf. Model.*，**49**，133-144.

[7] Schmidhuber，J.（2014）*Neural Networks*，**61**，85-117.

[8] Paricharak，S.，IJzerman，A.P.，Jenkins，J.L.，Bender，A.，and Nigsch，F.（2016）*J. Chem. Inf. Model.*，**56**，1622-1630.

[9] Ramsundar，B.，Kearnes，S.，Riley，P.，Webster，D.，Konerding，D.，and Pande，V.（2015）*Massively Multitask Networks for Drug Discovery*（accessible athttps://arxiv.org/pdf/1502.02072.pdf）.

[10] Rodgers，A.D.，Zhu，H.，Fourches，D.，Rusyn，I.，and Tropsha，A.（2010）*Chem. Res. Toxicol.*，**23**，724-732.

[11] Low，Y.S.，Caster，O.，Bergvall，T.，Fourches，D.，Zang，X.，Norén，G.N.，Rusyn，I.，Edwards，R.，and Tropsha，A.（2016）*J. Am. Med. Inform. Assoc.*，**26**，968-978.

[12] Lindquist，M.（2008）*Drug Inf. J.*，**42**，409-419.

[13] Caster，O.，Norén，G.N.，Madigan，D.，and Bate，A.（2010）*Stat. Anal. Data Min.*，**3**，197-208.

[14] Bate，A.，Lindquist，M.，Edwards，I.R.，Olsson，S.，Orre，R.，Lansner，A.，and De Freitas，R.M.（1998）*Eur. J. Clin. Pharmacol.*，**54**，315-321.

[15] Norén，G.N.，Hopstadius，J.，and Bate，A.（2013）*Stat. Methods Med. Res.*，**22**，57-69.

[16] Fourches，D.，Muratov，E.，and Tropsha，A.（2010）*J. Chem. Inf. Model.*，**50**，1189-1204.

[17] Todeschini，R. and Consonni，V.（2000）Handbook of Molecular Descriptors，Wiley-VCH Verlag GmbH，Weinheim，Germany，688pp.

[18] Breiman，L.（2001）Mach. Learn.，**45**，5-32.

[19] Vapnik，V.N.（2000）The Nature of Statistical Learning Theory，Springer，New York.

[20] Tropsha，A. and Golbraikh，A.（2007）Curr. Pharm. Des.，**13**，3494-3504.

[21] Wishart，D.S.，Knox，C.，Guo，A.C.，Cheng，D.，Shrivastava，S.，Tzur，D.，Gautam，B.，and Hassanali，M.（2008）Nucleic Acids Res.，**36**，D901-D906.

[22] Baker，N.C. and Hemminger，B.M.（2010）J. Biomed. Inform.，**43**，510-519.

[23] HealthTruven Health Analytics（2012）Micromedex Healthcare Series. DRUGDEX System.

[24] Kuhn，M.，Campillos，M.，Letunic，I.，Jensen，L.J.，and Bork，P.（2010）Mol. Syst. Biol.，**6**，343.

[25] Yom-Tov，E. and Gabrilovich，E.（2013）J. Med. Internet Res.，**15**，e124.

[26] Freifeld，C.C.，Brownstein，J.S.，Menone，C.M.，Bao，W.，Filice，R.，Kass-Hout，T.，and Dasgupta，N.（2014）Drug Saf.，**37**，343-350.

[27] Spangler，S.，Myers，J.N.，Stanoi，I.，Kato，L.，Lelescu，A.，Labrie，J.J.，Parikh，N.，Lisewski，A.M.，Donehower，L.，Chen，Y.，Lichtarge，O.，Wilkins，A.D.，Bachman，B.J.，Nagarajan，M.，Dayaram，T.，Haas，P.，Regenbogen，S.，Pickering，C.R.，and Comer，A.（2014）Automated hypothesis generation based on mining scientific literature. Proceedings of the 20th ACM SIGKDD International Conference on Knowledge Discovery and Data Mining-KDD'14，pp. 1877-1886.

6.13 计算机辅助药物设计展望

Gisbert Schneider

Swiss Federal Institute of Technology（ETH），Department of Chemistry and Applied Biosciences，Vladimir-Prelog-Weg 4，CH-8093 Zurich，Switzerland

罗 兵 顾 琼 译 徐 峻 审校

6.13.1 创新药物的源头

创新药物源于活性化合物的发现，大多数小分子候选药物源于基于靶标的药物发现，如高通量合成、配体-受体结合模式分析和基于片段的药物筛选，以及基于表型的天然药物筛选[1]。鉴于临床实验失败率高，只有约 10% 的候选药物进入临床试验后最终能获得食品和药物管理局的批准，因此药物设计有足够的创新空间，特别是在控制化合物安全性方面[2]。进行药物设计时，如果对代谢和毒理方面不重视，最终会导致两个不利结果：第一，忽略有前景的化合物；第二，不能尽早排除那些不适合进一步开发的化合物。因此，不利因素应该早发现早改正，对候选化合物做出更明智的选择。人类大脑难以完成针对大量化合物的多目标优化。因此，未来化学生物学和药学研究的成功将依赖于先进的合成和分析技术的结合，这种结合为化学结构和生物效应之间的关系提供理论依据[3]。计算机辅助分子设计是关键，如构建化合物虚拟库、开展虚拟筛选。事实上，构建有特定性质的新化学实体（NCEs）是化学信息学在未来药物化学中应用的核心[4]。

鉴于此，药物设计有如下三个重大挑战[4]：

（1）可及分子结构的合成组装；

（2）候选药物的评价与性质预测；

（3）命中化合物的系统自适应（"主动学习"）优化。

针对这些问题，目前已经开发了很多探索性的算法[5]。虽然利用反应驱动型的片段组装技术来生成新化学骨架的 NCEs 的方法已逐渐可行，并且计算的优化问题也已经基本解决，但是化合物活性评价的问题一直亟待解决。为了从大量化合物中挑选出成药性最好的化合物，人们发展了基于配体和基于（受体）结构的虚拟筛选方法。虚拟化合物库有许多无活性或难以成药的化合物，虽然用筛选模型能剔除大量的"阴性设计"，但选择出最佳的"阳性设计"仍然很难。成药性筛选技术包括理化性质计算、定量和定性的结构-活性关系建模、各种分子相似性计算、形状匹配和自动配体对接，以及潜在毒性化合物和其他非预期化学结构的过滤方法等[6]。

最近，研究人员还提出了将定性和定量的靶标结合预测方法加入药物设计过程中[7]。未来"精准医疗"的一个共同愿景是为每个不同的患者定制药物治疗方案，以期最大限度地发挥药效并尽量减少药物不良反应。长期以来人们注意到，一种药物通常与多个靶标作用，如蛋白质、核酸、脂类，甚至是细胞和器官等高阶结构。反过来，每种大分子靶标也可以结合不同类型的配体。毫无疑问，未来的药物化学会逐步将复杂的分子设计概念与药物研发相结合。同时，人们的思维、技能和发现策略都要适应新的分子信息学方法，以充分探索先进的分子信息学方法的可能性，推动未来创新药物的发展。计算机辅助药物从头设计技术在生成新分子实体（NMEs）方面的应用，遗传学和基因组学在预测药物效应方面的逐渐发展，都将使"化学信息学"与"生物信息学"更为紧密地结合起来。

"个性化的药物"存在的问题都与药物设计的理论（计算、生物物理）和应用（化学、生物）有关。最近深度学习方法[8, 9]用于虚拟筛选的评价函数已有很大进展，但配体-受体相互作用引起的熵变仍然难以计算，使 ΔG 不能被准确预测。计算机硬件技术（如图形处理单元 GPU 计算或专用硬件结构）和底层的生物物理模型相对成熟，长时程大规模的分子动力学模拟仍然有待改进[10, 11]。不过，长时间的分子动力学模拟技术也有许多令人兴奋的成功案例，它们有助于深入阐释配体-受体相互作用机理，并使新化学实体（NCEs）的发现成为可能[12, 13]。更严密或理论上更合适的方法在药物发现的实践中往往是不切实际的，或只是概念上的，难以实现。未来的化学信息学也将不得不处理越来越复杂的分子骨架，如大环、肽、核酸和"非常规"的化学基团（如无机元素、荧光部分），这些在之前的合理药物设计中很少被考虑。计算机辅助药物设计在短期可能有如下突破：

（1）预测 NCEs 合成的可能性，简化化学反应的合成路线，直接耦合到合成和测试的集成平台。

（2）计算机生成 NMEs 的多靶向活性（"多重药理学"）的定量预测。

（3）适应性的结构-活性关系模型（"适应性展示"），包括多个属性的信息，如溶解度。

6.13.2　药物设计、合成和评价技术的整合

药物设计、药物合成和生物活性评价构成了完整的药物分子设计周期。虽然药物合成目前仍然通过传统合成方法实现，但是按标准格式将药物设计与合成整合成一个自动化系统（图 6.13.1）已经不再是虚幻的事。芯片实验平台可以集合成、分析和生物活性评价于一体，由自适应化学驱动的设计软件控制，将在未来的药物发现中扮演重要角色。分子设计、合成和评价的快速迭代使快速学习成为可能。基于新测得的活性数据改进结构-活性关系模型，帮助生成新一代分子结构。

人的大脑在学习过程中既依赖于已有信息，又依赖于新学习的信息；人工智能同样如此。芯片实验系统和微流化学结合形成的颠覆性技术已有雏形[14]，已经存在自主分子设计过程概念的验证应用。例如，罗氏公司的研究人员报道了这样的平台，并据此发现了一种高效（低纳摩尔）的β-分泌酶抑制剂化合物 1（图 6.13.2）[15]。每个化合物的合成-纯化测试周期大约需要 1h，其中在生化芯片上的实验需要运行30min 以上。

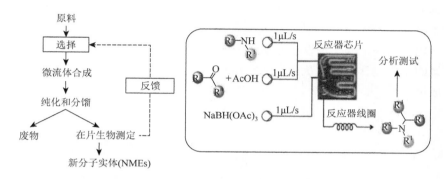

图 6.13.1　药物设计、合成、筛选综合平台示意图

一个带化合物自适应优化反馈回路的完全自动化处理过程。自适应的定量结构-活性关系模型指导化合物设计和选择。右图显示芯片上微反应器，它是未来药物发现的设计、合成、测试完整综合设备的原型。图中描述的合成反应是还原胺化反应模块

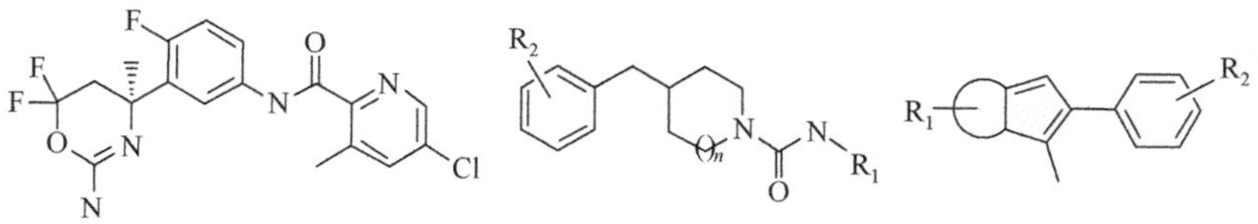

图 6.13.2　自动设计、合成、测试系统产生的生物活性化合物示例

其他公司也构建了多步连续流动合成平台，例如，在 Lundbeck，应用药效团模型成功合成了趋化因子受体 CCR8 的配体——哌嗪衍生物 2[16]。首个器官芯片器件和基于微流技术的化合物筛选系统也已经开发出来，可以预期，化学工程、生物学和药物化学之间的对接将彻底改变药物的发现和分析方法[17]。

毋庸置疑，计算机设计的化合物不一定非要在自动化平台上合成，但计算机辅助合成设计便于化学家们选择最合适的合成路线和反应[18]。在这种情况下，集成药物设计、合成和筛选的一体化平台提供了独特的优势，不仅有助于医药化学领域快速制备目标化合物，还可以减少命中化合物发现所需的时间，节省昂贵的反应物，有助于研究人员探索不寻常或很少使用的化学药物的发现。

6.13.3 走向精准医学

近年来，已经开发了几种用于预测小分子药物与靶标相互作用的工具[19]，它们在 G 蛋白偶联受体（GPCR）和激酶领域受到更多的关注。例如，GPCR 配体的优势骨架为咪唑骨架 **3**（图 6.13.2），就是通过靶标预测和微流技术辅助合成的[20]。多目标设计导致高选择的多巴胺 **D4** 受体的纳摩尔拮抗剂的发现。这些药物均具有纳摩尔级活性和高配体结合率。所设计化合物的靶标簇活性通过定量结构-活性的适配度景观分析模型便可进行预测（图 6.13.3）[21]。这些模型的可视化有助于化学家决定哪一种设计方案可能是最好的[22]。除此之外，还有采用虚拟合成方案的从头设计方法，从分子结构预测产物的合成可行性，或明确使用虚拟有机合成反应[23, 24]。

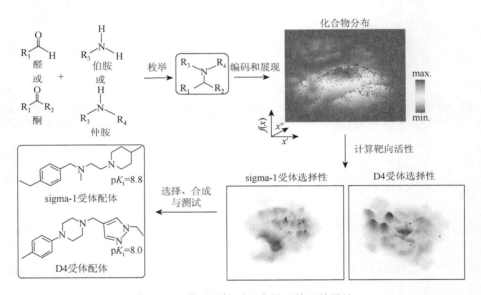

图 6.13.3　基于活性适配度景观的配体设计

该过程始于虚拟化合物枚举（左上）和化学空间的可视化（右上）。然后，预测靶标活性，以确定合适的化合物。这里显示了人类最小的 sigma-1 受体（左下）和多巴胺 D4 受体的配体选择性（右下）。在景观中，颜色表示化学空间的区域，分别对应找到相应受体配体的概率较高（深灰色）和较低（浅灰色）

所设计分子的骨架也可以从母体化合物（模板）中"继承"，而不需要明确的大分子靶标预测。这可以通过优化模板和新生成的化学结构之间的药效特征相似性来实现。四唑衍生物 **5**（图 6.13.4）就是一个例子，它来自基于配体的设计，以药物法舒地尔（fasudil）**4** 为设计模板。在其他靶标中，fasudil 抑制与死亡相关的蛋白激酶 3（DAPK3）。该算法使用虚拟有机化学反应合成方法从分子片段组装新化合物，这样的虚拟分子具有与 fasudil 相似的药效团。除了依靠简单的药效团相似性，多靶标预测显示化合物 **5** 是潜在的 DAPK3 抑制剂。合成和活性测试验证了这一假设，X 单晶衍射晶体结构提供了实验证明[25]。这个例子凸显了基于受体的药物设计方法的实用性，以及在使用蛋白质模型时所需要的所有常规预防措施和注意事项。研究还表明：

（1）多重药理学可以通过为 NCEs 预测靶标，进而支持化学驱动的药物从头设计；

（2）靶标预测可以提供生物活性化合物的重要信息，用于药物再利用研究并转化为临床前研究。

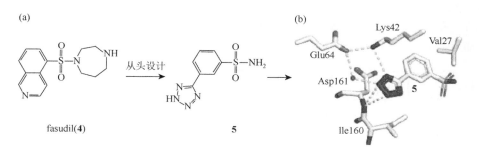

图 6.13.4 （a）通过片段组装从已知药物[fasudil（**4**）]模拟生成新药物；（b）展示了计算机生成的配体 **5** 与靶标间的相互作用，靶标是与凋亡相关的蛋白激酶 3（PDB-ID:5a6n），关键的氢键用虚线表示

除基于配体的设计方法之外，各种基于受体的设计方法，特别是基于片段的技术目前正在被重新审视和积极应用[26]。

分子合成的可行性及活性适配性，是通过药物设计周期的有效迭代循环完成的，这意味着传统药物设计方法的一个扩展。从前仅需专注于化合物的优化设计，扩展后还必须开发自适应度函数，整合每轮测试的化合物的结构-活性数据。只有这样，我们才能从每个设计合成和测试周期的结果中得到新经验。因此，采用的基本优化技术必须能够处理这样的"移动目标"。我们可以通过几种方法来实现自适应性，要么通过有监督学习方案的显式再训练，要么通过模型参数的无监督调整[27]。

6.13.4　向自然学习：从复杂的模板到简单的设计

鉴于大多数药物或活性化合物是天然产物（6.3 节）、天然产物衍生物和类似物，或是受天然产物启发的合成化合物，因此在未来的药物发现过程中，天然产物是药物开发的明智选择[28]。天然产物被认为是生物学上的"预验证"化合物。由于分析技术、合成生物学及基因组学和代谢组学方面的进展，很多天然产物的化学结构得以确证。化学信息学对于天然产物中药物相关分子特征的提取和药物设计是必不可少的。例如，面向生物的合成（BIOS），即基于天然产物分子骨架和砌块的分子组装，实验表明成功率很高[29]。网络药理学研究表明，天然药物有大量的尚未开发的生物活性空间。此外，详细的靶标预测结果显示，目前已知的天然产物中仅有 25%的预测结果在统计学上得到了支持，表明还有很大的靶标空间需要探索[30]。化合物 **7**（图 6.13.5）是根据天然抗癌药物(–)-englerin A（**6**）设计合成的天然产物类似物成功案例。(–)-englerin A 是从东非大戟科植物叶下珠（*Phyllanthus engleri*）分离得到的倍半萜[31]。通过一套能够搜索由软件生成的反应树上虚拟化合物库的算法，发现与天然药物相似的化合物。在重新排序得分最高的几个化合物后，通过三步反应合成得到(–)-englerin A 的相似化合物 **7**，而(–)-englerin A 的最短合成路线需要 14 步反应。重要的是，这两种化合物被证明作用于相同的靶标，均是瞬时受体电位（TRP）M8 钙通道的抑制剂。

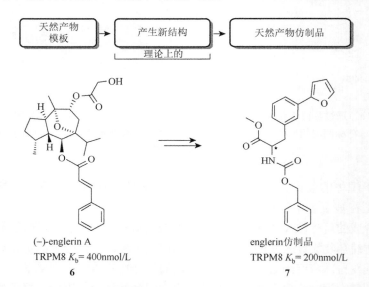

图 6.13.5　从天然产物模板出发设计合成靶向类似物，通过修饰抗癌天然产物(–)-englerin A 得到具有不同骨架的生物活性等效类似物，发现一类新型瞬时受体电位（TRP）M8 钙通道的强效选择性抑制剂

上述案例证明了现代药物设计软件在天然产物研究中的实用性。计算机设计药物的理念既能部分回答"如何使复杂的化学简单化"这一问题，又能保护天然产物资源，符合绿色化学的原则，满足了药物化学对设计高性能（速度、精度、可靠性）先导化合物的需求。目前开发和使用的工具在设计过程中尚未充分考虑药物在体内的生物分布和代谢动力学的要求[32]。

6.13.5 结论

化学信息学在"分子制造艺术"与理性的工业设计之间架起了桥梁，将靠偶然发现的创新转化为基于模型的设计。现有软件工具可以有效地管理虚拟化合物库和筛选的结果，这些工具可以产生单靶标或多靶标的新化学实体。虽然这些分子设计各方面总体来看可能不是最令人满意的，但它们至少是某一方面最优的。理论设计与实验之间难免有差异，根据数学模型寻找全局最优解可能是不必要的，尽力争取实际的最优解即可。药物的从头设计的挑战在于对靶标各种属性的准确了解，化学信息学家因此忙于各种优化参数或打分函数的改进。化学数据库的注释与集成、数据本身的质量、数据的来源与勘误、化学结构规范化等，尤其是各种先进的机器学习模型，均将对药物设计的未来发展起决定性的作用。调控配体-受体相互作用的分子机制和物理作用（如激动剂与反向激动剂、拮抗剂的作用模式，变构现象，诱导适配现象，水的作用），仍有许多有待探索的空间。更大的程度上，药物与靶标簇作用引起的生理效应网络比化学基因组数据所建立的网络要复杂得多。"大数据"和药物发现自动化的时代还处于起步阶段。模式识别的人工智能将发挥越来越大的作用，随之而来的是需要多学科交叉的思维方式和行动措施。研究人员的行动力不应局限于本身的实验技能，它需要开放的心态、批判性思维和努力勤奋的态度。化学信息学总是借用工程学和计算机科学的方法论思想，以便能够找到化学问题的解决方案。我们应该沿着这条路线继续下去，并将数学理论、信息学与应用科学结合起来。毫无疑问，理论和实践之间的相互结合是未来成功的必要前提。过去二十年我们在这方面积累了许多宝贵的经验，一个人必须保持开放的心态去探索和学习跨学科团队的工作方式。新的、潜在的、更好的方法将由深刻的推理和创造性思维产生。用数学家 Doyne Farmer 的话说：创新通常是从"混乱边缘"的状态演变而来的[33]。如果这个概念是正确的，我们如何才能在化学信息学中实现如此理想的创新状态？教育可能是回答这个问题的关键。计算机辅助药物设计的基本跨学科特性，要求研究人员既有意向又有能力在多个学科交叉之地立足。

参 考 文 献

[1] Eder, J., Sedrani, R., and Wiesmann, C. (2014) *Nat. Rev. Drug Discovery*, **13**, 577-587.

[2] Waring, M.J., Arrowsmith, J., Leach, A.R., Leeson, P.D., Mandrell, S., Owen, R.M., Pairaudeau, G., Pennie, W.D., Pickett, S.D., Wang, J., Wallace, O., and Weir, A. (2015) *Nat. Rev. Drug Discovery*, **14**, 475-486.

[3] Schneider, P. and Schneider, G. (2016) *J. Med. Chem.*, **59**, 4077-4086.

[4] Schneider, G. and Fechner, U. (2005) *Nat. Rev. Drug Discovery*, **4**, 649-663.

[5] Schneider, G. (ed.) (2013) *De Novo Molecular Design*, Wiley-VCH Verlag GmbH & Co. KGaA, Weinheim,

576 pp.

[6]   Bickerton, G.R., Paolini, G.V., Besnard, J., Muresan, S., and Hopkins, A.L. (2012) *Nat. Chem.*, **4**, 90-98.

[7]   Ain, Q.U., Aleksandrova, A., Roessler, F.D., and Ballester, P.J. (2015) *Wiley Interdiscip. Rev. Comput. Mol. Sci.*, **5**, 405-424.

[8]   LeCun, Y., Bengio, Y., and Hinton, G. (2015) *Nature*, **521**, 436-444.

[9]   Gawehn, E., Hiss, J.A., and Schneider, G. (2016) *Mol. Inf.*, **35**, 3-14.

[10]   Beier, C. and Zacharias, M. (2010) *Expert Opin. Drug Discovery*, **5**, 347-359.

[11]   Piana, S., Klepeis, J.L., and Shaw, D.E. (2014) *Curr. Opin. Struct. Biol.*, **24C**, 98-105.

[12]   Dror, R.O., Green, H.F., Valant, C., Borhani, D.W., Valcourt, J.R., Pan, A.C., Arlow, D.H., Canals, M., Lane, J.R., Rahmani, R., Baell, J.B., Sexton, P.M., Christopoulos, A., and Shaw, D.E. (2013) *Nature*, **503**, 295-299.

[13]   Kohlhoff, K.J., Shukla, D., Lawrenz, M., Bowman, G.R., Konerding, D.E., Belov, D., Altman, R.B., and Pande, V.S. (2014) *Nat. Chem.*, **6**, 15-21.

[14]   Rodrigues, T., Schneider, P., and Schneider, G. (2014) *Angew. Chem. Int. Ed.*, **53**, 5750-5758.

[15]   Werner, M., Kuratli, C., Martin, R.E., Hochstrasser, R., Wechsler, D., Enderle, T., Alanine, A.I., and Vogel, H. (2014) *Angew. Chem. Int. Ed.*, **53**, 1704-1708.

[16]   Petersen, T.P., Ritzen, A., and Ulven, T. (2009) *Org. Lett.*, **11**, 5134-5137.

[17]   Esch, E.W., Bahinski, A., and Huh, D. (2015) *Nat. Rev. Drug Discovery*, **14**, 248-260.

[18]   Ravitz, O. (2013) *Drug Discovery Today Technol.*, **10**, e443-e449.

[19]   Lavecchia, A. and Cerchia, C. (2016) *Drug Discovery Today*, **21**, 288-298.

[20]   Reutlinger, M., Rodrigues, T., Schneider, P., and Schneider, G. (2014) *Angew. Chem. Int. Ed.*, **53**, 582-585.

[21]   Reutlinger, M., Guba, W., Martin, R.E., Alanine, A.I., Hoffmann, T., Klenner, A., Hiss, J.A., Schneider, P., and Schneider, G. (2011) *Angew. Chem. Int. Ed.*, **50**, 11633-11636.

[22]   Reutlinger, M. and Schneider, G. (2012) *J. Mol. Graphics Modell.*, **34**, 108-117.

[23]   Vinkers, H.M., de Jonge, M.R., Daeyaert, F.F., Heeres, J., Koymans, L.M., van Lenthe, J.H., Lewi, P.J., Timmerman, H., van Aken, K., and Janssen, P.A. (2003) *J. Med. Chem.*, **46**, 2765-2773.

[24]   Gasteiger, J. (2007) *J. Comput.-Aided Mol. Des.*, **21**, 33-52.

[25]   Rodrigues, T., Reker, D., Welin, M., Caldera, M., Brunner, C., Gabernet, G., Schneider, P., Walse, B., and Schneider, G. (2015) *Angew. Chem. Int. Ed.*, **54**, 15079-15083.

[26]   Erlanson, D.A., Fesik, S.W., Hubbard, R.E., Jahnke, W., and Jhoti, H. (2016) *Nat. Rev. Drug Discovery*, **15**, 605-619.

[27]   Hiss, J.A., Hartenfeller, M., and Schneider, G. (2010) *Curr. Pharm. Des.*, **16**, 1656-1665.

[28]   Harvey, A.L., Edrada-Ebel, R., and Quinn, R.J. (2015) *Nat. Rev. Drug Discovery*, **14**, 111-129.

[29]   Wetzel, S., Bon, R.S., Kumar, K., and Waldmann, H. (2011) *Angew. Chem. Int. Ed.*, **50**, 10800-10826.

[30]   Rodrigues, T., Reker, D., Schneider, P., and Schneider, G. (2016) *Nat. Chem.*, **8**, 531-541.

[31]   Friedrich, L., Rodrigues, T., Neuhaus, C.S., Schneider, P., and Schneider, G. (2016) *Angew. Chem. Int. Ed.*, **55**, 6789-6792.

[32]   Kirchmair, J., Göller, A.H., Lang, D., Kunze, J., Testa, B., Wilson, I.D., Glen, R.C., and Schneider, G. (2015) *Nat. Rev. Drug Discovery*, **14**, 387-404.

[33]   Langton, C.G. (1990) *Physica D*, **42**, 12-37.

7　农业研究中的计算方法

Klaus-Jürgen Schleifer

BASF SE，Computational Chemistry and Bioinformatics，A30，67056，Ludwigshafen，Germany

李继容　顾琼　黄丹娥 译　　徐峻 审校

7.1　引　　言

在风险评估方面，注册管理机构将制定愈发严格的指导原则，这会导致市场上大量现有产品被淘汰。对于农业化学公司而言，这是用创新的新型化合物替代市场缺口的绝佳机会。然而，为了满足未来注册的具体要求，研发过程中的新策略不仅要考虑经典的先导化合物发现和优化过程，在化合物早期研发过程中，还要特别关注生物活性及其风险评估。伴随着成本压力，有效的策略必须考虑使用低成本的计算方法替代采用额外昂贵的实验来支持新产品研发。

本章概述当前的基于分子结构信息的先导化合物发现及优化方法。此外，本章还首次讨论了应用计算毒理学评估风险对注册产生的新影响。

7.2　研　究　策　略

潜在先导化合物的发现策略通常有两种（第 6 章 6.1 节）。第一种策略，直接在有害生物（如杂草）上测试化学品，并对相关的表型变化进行评估（如漂白）。这种体内评价方法可以直观地反映生物学效应，但并不能反映化合物的作用方式或机制（mode of action，MOA）。因此，优化策略必须考虑到可能涉及多个 MOA，并且在合成优化过程中可能会使原始 MOA 发生改变。另外，所有观察到的生物学效应是化合物对靶标活性及生物利用度的综合作用的结果。

第二种策略，即所谓的基于作用机制的方法，允许对特定的靶标活性进行优化。这个策略的基本条件是有可以获得的分子靶蛋白及其生物活性测试方法，从而在进行化合物筛选时，可以用于评价化合物对蛋白功能活性的影响。但是，在这种情况下，将活性从生化分析转移到生物系统是一个挑战。

由此可见，单独使用上述筛选方法得到的命中化合物，很少有能全部满足先导化合物所应具备的条件。因此，药物化学家必须对筛选结果进行分析（通常是具有相应生物学或生化活性数据的结构式），才能得出初始的结构-活性关系（structure-activity relationship，SAR）假设。

有时，二维分子结构分析不足以说明实际情况，因为化合物分子本质上是三维的（3D）。因此，微小的化学变化可能完全改变分子的几何形状（图7.1），而即使是不同的分子（从 2D 视图）也可以结合共同的结合位点（如乙酰胆碱酯酶抑制剂）。

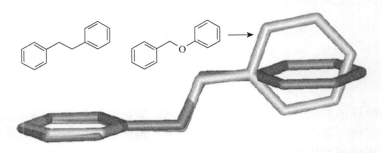

图 7.1　1, 2-二苯基乙烷（深色，CSD 代码 DIBENZ04）和苄氧基苯（浅色，CSD 代码 MUYDOZ）的化学结构及其 X 射线衍射坐标叠合图，提示用醚键取代亚甲基诱导苯环产生不同构象

如今，可以采用分子模拟软件包中的能量函数（即力场[1]；参见《化学信息学——基本概念和方法》第 8 章 8.2 节）计算分子的相关构型。这种基于能量函数的分子构型计算法以实验获得的分子几何形状（主要是 X 射线结构）作为参考进行校正，并采用范德瓦耳斯（Van der Waals）力和库仑（Coulomb）力来定义分子的空间形状和静电特征，并且每个与参考值的不匹配都会受到惩罚。

7.2.1　基于配体的方法

为了鉴定对生物活性至关重要的分子特征，首先叠合同系列活性化合物的三维分子结构，确定各配体的活性构象，如果配体有晶体复合物的构象数据，分子叠合可以参照实验数据进行。生理条件下内源性底物的三维结构或酶反应过程中的假定过渡态对构象的确定可能会更有帮助（图7.2；另见第 4 章 4.3.5.2 节）。

在没有实验数据支持情况下，可以通过理论计算来确定分子构象，此时要考虑所有旋转自由度（如系统构象搜索）。导出的构象根据它们的潜在能量进行评估。根据玻耳兹曼分布，能量低的构象应该更接近于活性构象。通常，不同的活性构象在能量上可能比较接近。最刚性的高活性配体作分子叠合的模板，活性配体小分子在该模板上叠合。

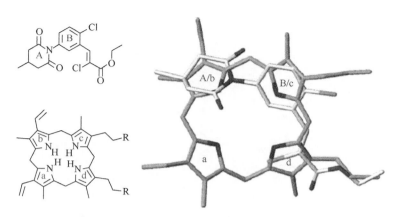

图 7.2　来自吡啶二酮类型的 Protox 抑制剂在计算的原卟啉原样模板（蓝绿色）上的叠合
为清楚起见，指出了相应的环系统并省略了氢原子。原子着色规则如下：碳：灰色，氮：蓝色，氧：红色，硫：
黄色，氯：绿色

　　分析叠合的活性分子，找出结构-活性相关关系（SAR），确定关键官能团和它们对活性的影响。通常关键官能团至少部分存在于活性化合物中。通过 SAR 建立药效团假设（图 7.3），通过以下方法验证假设：测试具有缺失或优化的取代模式的化合物活性。

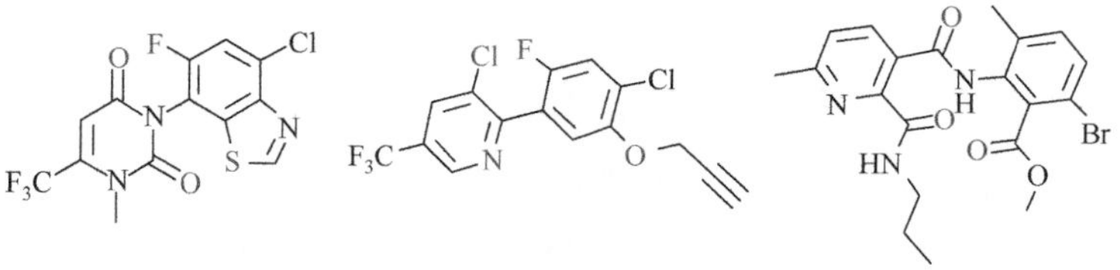

图 7.3　来自尿嘧啶（左）和吡啶类型的有效 Protox 抑制剂的常见相互作用模式，每个分子包含两个环系统和连接环两侧的富电子官能团（蓝色和红色）

　　为了以适当的方式叠合所有配体，通常选择能量最优构象的必需基团（如羧基、芳环等）作为叠合点。产生的药效团模型表征了常见的生物活性构象，因为所有分子的相似官能团（如氢键受体）指向相同的三维空间（图 7.4）。缺少这些功能中的一个或几个通常与活性下降有关。

　　药效团模型可用于将一个基团（如羟基）取代为具有相似特征的另一个化学基团（例如，氨基作为氢键供体和受体）的设计思路。这有助于设计合成路线或指导反应试剂的选购。比较分子场分析（CoMFA）[2]、比较分子相似性指数分析（CoMSIA）[3]或 PrGen[4]等建模工具常用于三维药效团模型的构建。这些三维定量构效关系（3D-QSAR）研究要求药效团模型能够显著地区分结构与实验数据（如活性）

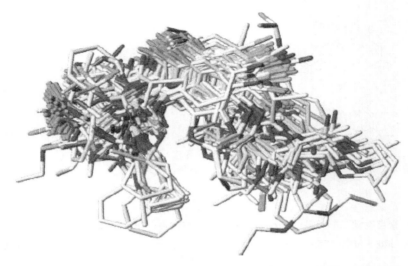

图 7.4　318 个 Protox 抑制剂的分子叠合（着色规则与图 7.2 一致）

直接相关的相互作用模式。这背后的统计原理主要基于主成分分析（PCA）和偏最小二乘（PLS）回归。PCA 将许多（可能的）相关变量转换为（较小）数量的不相关变量，称为主成分。PLS 回归可能是多元线性回归模型的各种多变量扩展中限制最少的。在最简单的形式中，线性模型指定了依赖（响应）之间的（线性）关系。变量 Y 和一组预测变量 X_s，即

$$Y = b_0 + b_1 X_1 + b_2 X_2 + \cdots + b_p X_p \tag{7.1}$$

其中，b_0 是截距的回归系数；b_i 是从数据计算的回归系数（i 从 1 到 p）。

3D-QSAR 模型的质量采用活性的实验值和预测值的相关性进行评估。该统计数据产生的平方相关系数（r^2）是拟合优度的度量。模型的稳定性则是通过交叉验证技术（保留 $x\%$）进行测试，用来表明模型预测能力的优劣（q^2）。当模型的 q^2 值＞0.4～0.5 时，可以认为模型具有合理的预测能力或者说未测试分子在结构上与用于构建模型的已知活性的分子在结构上具有相似性（图 7.5）。

CoMFA 和 CoMSIA 不仅能推导出数学方程，而且还能根据模型的特征（如空间或静电场）生成等高线图。被优化之后的新化合物在空间和电势上可以或不可以匹配等高线图（图 7.6）。

PrGen[4]在药效团周围创建假想的受体模型，它代表的是一个假设的结合位点的图像（图 7.7）。计算配体-假想的受体位点相互作用、溶剂化和熵能项，衡量实验测定和计算机预测的结合自由能之间的关联性。结合位点的构建可以考虑实验确定的真实结合位点的氨基酸残基或仅考虑具有与配体互补特征的残基。

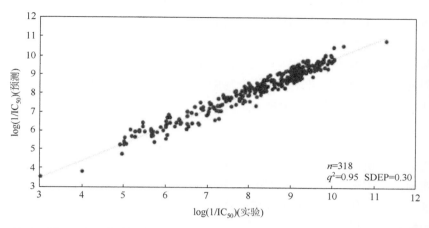

图 7.5　显示了图 7.4 所示药效团模型的"留一法"交叉验证（$q^2 = 0.95$）产生的实验和预测 IC_{50} 值的相关性

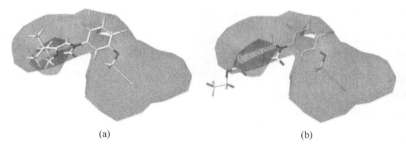

(a)　　　　　　　　　　　　　　　(b)

图 7.6　源自 3D-QSAR 研究的等高线图。云表明 Protox 抑制剂应该占据的有利空间。虽然高活性咪唑啉酮衍生物（a）几乎完美地与等高线图匹配，但较弱配体的羧酸乙酯残基离开了优选区域（b）

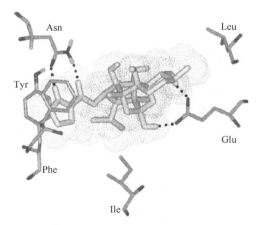

图 7.7　用程序 PrGen[4]构建的杀虫剂 ryanodine 衍生物的假想的受体模型

结合位点模型由七个氨基酸残基组成，并包含 ryanodine 的结构[5]；氢键相互作用用虚线表示

可以在验证的假受体模型中引入新的假设化合物以估计自由结合能，从而为设计的分子排出合成的优先次序。

基于配体的方法的一个共同缺点是：来自筛选命中的数据可能只能内插到某种类似的化合物中。如果训练集化合物中不存在任何结构信息，则预测出来的新的潜在活性化合物可能不是全新的结构[6]。

7.2.2　基于结构的方法

高通量随机筛选是获得具有新颖骨架活性化合物的经典方法。能满足这种高通量实验的基本要求是必须购买或合成得到大量化合物。从实验能力方面考虑，不可能测试全部化合物，而是筛选那些成功率高的化合物，一个有用策略是基于靶蛋白结构的虚拟筛选。

目前，实验方法如 X 射线晶体学、核磁共振或冷冻电子显微镜被用于解析酶、离子通道、G 蛋白偶联受体和其他蛋白质的三维结构。从蛋白质数据库（PDB）可以免费获得超过 125000 个[①]蛋白质的结构数据[7]，包括配体-受体的共晶结构。共晶体中的配体指示了新配体可能的结合位点和结合模式，对于预测潜在配体能否与受体结合非常重要。

靶蛋白的结合位点像锁孔，虚拟筛选就像为锁孔配一把钥匙，钥匙的候选者从化合物库选取，这种方法称为基于结构的虚拟筛选方法[8, 9]，由分子对接和打分两个步骤组成[10]。配体对接到活性口袋，可以有多个结合构象，因此通过打分来评价采取某种结合构象的可能性。打分的理论依据是不同构象与配体的结合自由能不一样，结合自由能低的构象可能性较高。

打分函数可以基于经验或基于知识，它们是存在差异的[11]。经验打分函数近似于结合自由能 $\Delta G_{\text{binding}}$ 加权相互作用的总和，由配体和受体坐标 r 的简单几何函数 f_i 描述[式（7.2）]：

$$\Delta G_{\text{binding}} = \sum \Delta G_i, f_i(r_{\text{ligand}}, r_{\text{receptor}}) \tag{7.2}$$

大多数经验打分函数都是通过从蛋白质-配体复合物中获得的一组实验结合系数来校准的，也就是说，权重（系数）ΔG_i 是通过回归分析方法确定的。这些函数通常考虑氢键、离子相互作用、疏水相互作用和结合熵的单独贡献。与许多经验方法一样，经验打分函数的校准数据往往不一致。基于知识的打分函数是以玻耳兹曼定律的反演为基础计算的能量函数，也称为"平均力势"（PMF）。逆玻耳兹曼技术可用于推导有利于优选接触和惩罚排斥相互作用的原子对势（能量函数）的集合。用于获得这些电位的蛋白质-配体复合物的各种方法各不相同，包括

---

① 这个数据每天都在增长。——审校者注

能量函数的形式、蛋白质和配体原子类型的定义、参考状态的定义、距离截断和几个附加参数[12]。

除上述基于结构的分子对接之外，还有一种是采用 BASF 原型 LUDI 的从头设计[13]方法[14]。这里，分子片段在给定的结合口袋内组装出新配体分子。分子对接方法都依赖于有一个准确的结合位点和一个合适的配体，以及可靠的自由结合能预测方法。对接和打分程序的原理如图 7.8 所示。

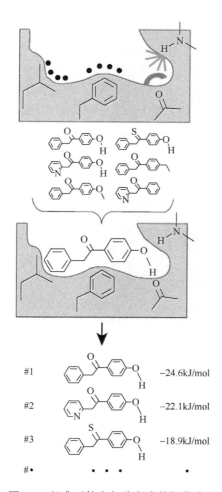

图 7.8　经典对接和打分程序的操作流程

结合位点空腔通过如疏水性（弧）、氢键供体（线）和氢键受体特性（弧段）来表征。数据库（或真实库）的每一个化合物都以柔性的方式对接到结合位点中，并通过数学打分函数计算对接产生的每一个构象的自由结合能

为了演示分子对接的应用，我们选择了普通烟草中的线粒体原卟啉原Ⅸ氧化

酶（Protox）的晶体结构进行分子对接。该氧化酶与酸性苯吡唑抑制剂（INH）和非共价结合的禽流感病毒腺嘌呤二核苷酸（FAD）辅助因子形成复合物（PDB ID代码 1SEZ[15]）。结合位点分析显示：在结合口袋的入口处抑制剂 INH 的羧基与高度保守的精氨酸（Arg98）形成盐桥，将抑制剂固定在口袋内，并通过与结合口袋核心区域 Leu356、Leu372 和 Phe392 形成疏水作用进一步的稳定结合。

从结合位点空腔中提取 INH，并应用商业对接软件（FlexX[16]）来确定是否可以重新找到 X 射线晶体结构的原始结合方式。在这个计算中，只考虑了结合位点周围半径为 10Å 的体积，而不是完整的蛋白质。

对接程序运行结果显示，在 10.0kJ/mol（$\Delta\Delta G$）的能量范围内检测到 98 个良好的构象。除 2 个构象外，所有构象的酸性基团都严格与碱性氨基酸 Arg98 发生相互作用。然而，其中只有 20 个真正位于结合口袋内。在能量上最有利的方案是从溶剂侧固定 Arg98 的胍基团（图 7.9）。另外 13 个构象堵住了通向结合位点的缝隙，不在结合口袋内结合。

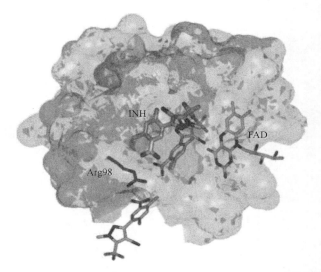

图 7.9　X 射线晶体法测定了 Protox[15]的结合位点，包括共结晶抑制剂 INH（结构式见图 7.10）和部分辅助因子 FAD。FlexX 对接结果显示所有 Arg98 在结合位点空腔的入口处均与 INH 相互作用，且都是通过静电和氢键相互作用进行结合的。图中两个对接构象分别代表了一组对接构象的聚类（橙色的碳原子）：一组是在结合位点空腔的外部，另一组是在结合位点空腔内部

为了使对接过程合理化并避免产生不符合实际情况的对接方案（即在已知的结合区域之外），可以设置药效团约束。用于约束的药效团也有两种类型。第一种类型是指定受体结合位点中发生相互作用的一组氨基酸（即相互作用约

束）。在模拟过程中，每个对接方案都要检查，确认配体和这些特定热点之间是否有接触。否则，将舍弃该解决方案。第二种类型是空间约束。这类约束是在活性位点处定义一个球体，在对接过程中，配体的特定原子或基团上的原子必须位于该球体内。FlexX Pharm[17]提供了这两种约束类型，并且在实际操作过程中甚至可以组合使用。

考虑到仅有 20 个精确的对接方案，必须说明的是，这些方案中并不能完美地找到与原始 INH 一样的构象。尽管大多数酸性基团与 Arg98 相互作用，但其结合模式与实验解析的 X 射线晶体结构不同。只有疏水性更强的吡唑环（在某些情况下）与其参考物相匹配。此外，有两种对接解决方案与其他完全不同。它们的酸性官能团与 Asn67 的末端酰胺基和主链 NH 相互作用，这种相互作用方式与 Arg98 相反（图 7.10）。

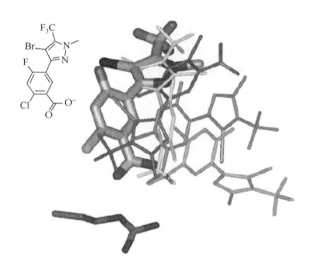

图 7.10　INH 的结构式及 FlexX 对接（单色）和结晶实验（粗线）的构象比较

所示为关键的 Arg98，可稳定所有姿势，但蓝色结构除外，蓝色构象与酸性基团（红色氧原子）相互作用，与另一侧（即 Asn67）相互作用

值得一提的是，案例中所使用的对接程序没有考虑结合位点残基的柔性。只有配体在一定的能量限制范围内才被认为是柔性的。然而，有一些程序允许考虑配体和结合位点残基的柔性，以模拟诱导-契合的分子对接（如 GLIDE、FlexX）。

与共结晶实验中使用的带电荷 INH 抑制剂不同，上述 3D-QSAR 研究中所有 BASF 公司内部化合物都是不带电荷的。因此，用中性尿嘧啶衍生物（UBTZ，图 7.11）进行的第二次对接研究，用以阐述没有酸性基团的配体是如何与该靶标结合的。

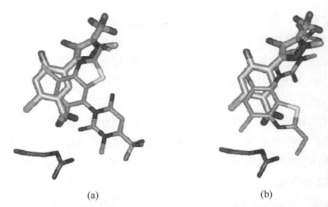

(a)   (b)

图 7.11　BASF 公司的尿嘧啶衍生物 UBTZ 与 INH 结合的两种对接方案比较。UBTZ 通过尿嘧啶的羰基氧和苯并噻唑环的氟醚（a）或苯并噻唑环的氮原子（b）与 Arg98 相互作用

应用默认参数，FlexX 对接产生了 122 个主要位于结合腔中的对接结果。将两个能量最优的对接结果与 INH 的初始构象进行比较（图 7.11）。有趣的是，UBTZ 的每个构象都与 Arg98 有直接相互作用。其中有一个构象尿嘧啶的羰基氧和苯并噻唑环的氟均与 Arg98 结合。另外，苯并噻唑环的氮原子直接指向带正电荷的 Arg98。这种对接结果显示出与 INH 更好的叠合。有趣的是，尽管这两种抑制剂（INH 和 UBTZ）化学结构不同，但显然它们都在模仿能够形成复合物所需的相似的结合特性。

接下来，我们试图将生理底物原卟啉原IX对接到 INH 和 Triton-X100 清洁酶中。但是这一尝试失败了，尽管已经与空腔最大限度重叠，产生冲突的地方也被修改成能让狭窄的结合口袋明显变得松散，甚至辅助因子 FAD（非生理性）也已被移除。只有酶反应的产物，原卟啉IX，在空间上没有底物要求那么高，可以对接到无 FAD 的结合位点空腔中（图 7.12）。对接所得结合模式与 Arg98 的一个丙酸基团形成弱的相互作用。第二个酸性基团伸出结合口袋，暴露在溶剂区内。虽然辅助因子在计算过程中不存在，但最终的对接模式表明原卟啉IX的碳原子 C20 靠近氟化物环中受体氮原子 N5 的电子。这与 Koch 等[15]和 Jordan[18]得出的结果基本一致，即在 C20 处产生初始氢转移，然后通过烯胺-亚胺互变异构作用在整个环系统中进行氢重排。

四吡咯衍生物在生理条件下（即在 FAD 存在的情况下）对接失败的一个可能的解释是结合位点的参考拓扑结构。在共结晶实验中，配体和结合口袋相互适应，形成配体特有的复合物结构。通过这一诱导-契合，窄缝不能结合更大的配体。因此，只有结构扁平的原卟啉IX能够被引入，而不能以"看"到的预想的方式引入（即完全埋入结合位点的空腔中，与 Arg98 紧密结合）。为了避开这种特异性结合配体的拓扑结构，可以对无配体的蛋白（脱辅基蛋白或全蛋白）进行分子动力学

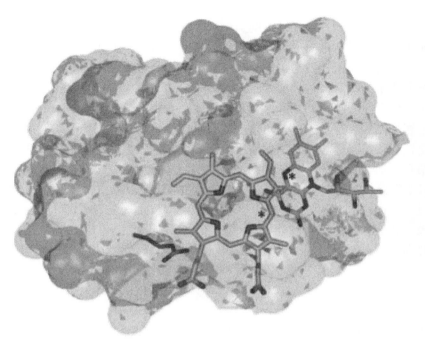

图 7.12 原卟啉Ⅸ在 Protox 结合位点的对接方案，丙酸基团接近 Arg98，但不形成明显的氢键
*表示原卟啉Ⅸ的 C20 和 FAD 的 N5 反应中心（详见正文）

（MD）模拟，以使蛋白结构更加松散，再执行分子对接。MD 是对分子中原子的物理运动的计算机模拟。对于一个给定的蛋白质，允许原子在一段时间内相互作用，从而观察原子的运动轨迹。在最常见的软件版本中，原子的轨迹是通过牛顿运动方程计算粒子相互作用体系的运动来确定的，其中粒子和势能之间的力由分子力场来定义[19]。基于 MD 模拟的结果，可以选择几种不同的蛋白质构象作为分子对接方法的参考蛋白结构。

除了结合位点的柔性外，水分子在蛋白质-配体结合中也扮演着重要的角色。以上述 Protox 为例，PDB 中有两种 X 射线晶体结构。第一个用于本次模拟研究，来源于烟草，分辨率低，仅有 2.9Å。它的结合口袋中只有一个水分子没有显示出与共晶配体或辅助因子有相互作用。因此，在对接方法中不考虑这个水分子。与此相反，7 年后发表的人类 Protox X 射线晶体结构（PDB 代码 3NKS）的分辨率高达 1.9Å。在这个结构中，结合口袋包含了配体、辅助因子和 10 个水分子形成的氢键网络[20]。这种情况下，水分子被视为固定的锚定点，以阐明在对接实验中配体的合理结合模式。最近报道的一个除草剂靶蛋白 IspD 的例子中描述了这种特殊水分子对先导化合物优化的关联性[21]。在这项研究中，水分子与配体形成氢键，结合口袋中的一个残基被新配体的另一个取代基取代，形成与水分子几乎相同的相互作用模式。引入氰基作为氢键受体，使结合力提高了 4 倍。出乎意料的是，在同一个位置上引入羧酸基，同样也提供了一个氢键受体，但是却使配体的结合力降低为原来的 1/2000。

上述例子表明典型的基于结构的方法面临着一些挑战，这些挑战是需要高分辨率的靶标结构、产生大量的对接模式和自由结合能预测的不确定性。这项技术的一个巨大优势是可以无差别地使用。特定靶标的对接结果为获得新活性化合物提供信息，而无需事先对相关知识进行了解。从技术角度来看，目前正在进行改进，以获得更理想的对接解决方案（如交互和空间约束或后处理步骤）。此外，可以通过定制的打分函数来提高能量预测的质量。但是这需要大量的实验数据（如共晶数据和 IC_{50} 值）用于校准特定的靶标家族（如激酶）。

总而言之，基于结构的方法非常有助于发现新骨架和进一步的制定优化策略。

7.3 不良反应预测

即使是具有最高功效的化合物也可能因不良反应而失败。新的植物保护产品法规（EC 第 1107/2009 号法规）是新试剂毒性评价的严格指南。此外，对于危险性，有明确的禁止（限制）标准，这将导致某些化合物被禁止使用，即使能以安全的方式使用。这些危险的化合物包括被证明具有致癌、致突变、生殖毒性（CMR）、内分泌干扰物和持久性（生物体内聚集）的特性。然而，这些信息大多只能通过昂贵的高水平的研究获得。尤其是在早期的研究阶段，这样的实验通常因为与 3R 原则（代替、补充和减少）相矛盾而被禁止开展。因此，必须开发基于细胞的适应证研究和/或更便宜的计算毒理学方法，初步考察新化合物的潜在风险。

有效且对人体健康无害（即无毒理学效应）不足以被批准成为新活性成分。立法明确要求"不得对环境产生不可接受的影响"。这意味着生态毒理学效应（如蜜蜂、鸟类、啮齿动物、鱼类等的毒性）和环境效应（即化合物和相关代谢物对土壤、地下水、空气等的影响）也需要高度重视。由于实验数据的数量和质量不足，目前只有少量的计算实验工具可用于这些方面的预测（例如，enviPath 是一个用于有机环境污染物微生物生物转化的数据库和预测系统[22]）。对有效农业制剂和可注册产品的持续需求，加上社会生态意识的不断增强，本领域对化合物不良反应的预测有强大需求（第 8 章）。

7.3.1 计算毒理学

计算毒理学是指采用多种计算技术发现化合物结构与其毒性的关联，与传统测试相比，具有成本低、速度快及动物使用少等优点。根据实验数据，毒性预测采用两种通用技术：

（1）依赖一组化学结构警报的基于规则的专家系统。

（2）基于统计分析的相关 SAR 方法。

7.3.2 程序和数据库

有几种软件工具可用于预测一些关键的毒性。基于对其化学结构的分析，商业计算机程序——基于现有知识的风险评估（deductive estimation of risk from existing knowledge，DEREK，Lhasa Inc.），旨在帮助化学家和毒物学家预测新化合物可能的毒理学风险。DEREK 指出化合物是否可能发生某种特定的毒性，但不能提供预测的定量数据。程序接受一个"靶标"（待分析的分子）作为输入，这个"靶标"是用所有有机化学家通用的结构式语言描述的。DEREK 扫描已知具有不良毒理学特性的子结构的"规则库"，寻找与目标分子中的子结构匹配的子结构。规则库中的"命中"在图形显示上显示给用户，并以表格形式汇总以供硬拷贝输出。

计算机辅助毒性预测技术（TOPKAT）根据所有可能的两个原子碎片的静电拓扑状态（E 态）值、量化结构的电子、体积和形状、价电子计数，计算出原子大小调整的 E 态、分子量、拓扑形状指数和对称系数。该方法是经典 QSAR 的扩展。

Leadscope 用于分析化学结构的数据集和相关的生物或毒性数据，接受 SD 格式的结构和/或其他数据输入，数据可以为文本格式。Leadscope 提供一系列方法对化合物库分组，包括化学层次特征（27000 个命名子结构）、递归分区/模拟退火（一种鉴别以结构特征组合表示的活性构象族的方法）、基于结构的聚类，以及动态生成的重要结构或子结构。基于子结构的存在与否，模型是基于想要的（活性）或不想要的（毒理学活性）生物数据相关联的化合物训练生成的。然后根据验证模型的相关亚结构（即描述符）对具有未知生物活性的测试化合物进行分类，并预测其活性。除此之外，Leadscope 还会自动计算所有输入化合物的以下属性：alog$P$、极性表面积、氢键供体数量、氢键受体数量、可旋转键数量、分子量、原子数和 Lipinski 评分。

基于知识的系统的另一个例子是计算机辅助结构解析（CASE）及其后继产品 MCASE/MC4PC（以前的 Multi-CASE），专门用于整理从各种化合物评估中获得的生物/毒理学数据。这些程序可以自动识别分子的子结构，这些子结构很有可能与训练集（由活性和非活性分子混合组成的一组化合物）观察到的生物活性有关。计算机经过训练获得预测模型，可以将新的、未经测试的分子提交给程序，最终获得新分子的预测活性。另一个程序是 Case Ultra，它是为了满足当前最新的化合物安全性评估的监管需求而开发的。

与 DEREK 一样，Oncologic[23]、HazardExpert[24]和 ToxTree[25]是其他基于知识的专家系统用于预测化合物的毒理学性质。

与特定的程序无关，数据的质量是模型好坏和预测能力高低的关键基础。最好的情况是所有的数据都是通过内部实验获得的。然而，在许多情况下，可以用于生成模型的实验数据是不够的，只有一个为某个目的量身定做的相关模型的数据。因此，外部数据可能有助于覆盖更大的化学空间。公开的数据源可用于模型的预测，如致突变性（ISSCAN、CPDB、OASIS Genetox）、皮肤致敏（局部淋巴结分析、豚鼠最大化试验和 ECETOC 皮肤致敏）、哺乳动物单剂量/重复剂量毒性研究（日本 Exhem、RepDose）、眼睛刺激（ECETOC）、皮肤刺激（OECD 工具箱）和皮肤渗透（EDETOX）。OECD(Q)SAR 工具箱是一个软件应用程序，旨在供政府、化学工业和其他相关人员使用，以填补评估化学品危害所需的（生态）毒性数据的缺口，并允许进一步评估生物累积、急性水生毒性和雌激素受体结合情况。

除了这些免费的数据库和工具外，还有商业汇编的毒理学信息数据库。这些商业数据库通常涉及的毒性是致癌性、遗传毒性、慢性和亚慢性毒性、急性毒性，以及生殖和发育毒性、致突变性、皮肤/眼睛刺激性和肝毒性。供应商主要有 Leadscope（Leadscope 数据库）、Lhasa 公司（VITIC Nexus）、TerraBase 公司（TerraTox）或 MDL（RTECS）等。为了合并多种数据库和资源，已经有几种工具可供使用。来自 TOXNET、OECD 的 eChemPortal 以及美国 EPA 计算毒理学资源（ACToR）的数据对于获得单个化合物的信息可能是最有用的。ACToR 也是一个免费的数据库，它拥有来自 200 多个不同来源数据库的毒性数据。这些数据里面包括中、高产量的工业化学品，农药和潜在的地下水或饮用水污染物的结构、物理化学性质、体外测定和体内毒理学数据。Judson 等[26]使用大约 10000 种物质（工业化学品和农药成分）进行分析，结果表明，59%的调查化学品有急性危害数据，26%有致癌性，29%有发育毒性，只有 11%有生殖毒性。为了填补毒性数据的空白，EPA 设计了 ToxCast 筛选和优先级排序程序。ToxCast 在 400 多个 HTS 毒性终点数据中分析了 300 多种特征明确的化学品（主要是农药）。这些数据包括：

（1）蛋白质功能的生化测定；

（2）基于细胞的转录报告分析；

（3）多细胞相互作用分析；

（4）原代细胞培养的转录组学；

（5）斑马鱼胚胎的发育分析。

数据库中几乎所有的化合物都经过了传统的毒理学测试，包括发育毒性、多代研究、亚慢性和慢性啮齿动物生物测定。这些数据收集在毒性参考数据库中

（ToxRefDB；http://www.epa.gov/ncct/toxrefdb/），可以用于建立计算模型，预测化学品对人体的潜在毒性，以期更有效地用于动物试验。

7.3.3 计算毒理学模型

20 世纪 60～70 年代，毒理学的 SAR 和 QSAR 模型仅零星地应用于药物研发中。这主要是由于缺乏对毒理学机制的详细了解、缺乏关于特定毒性的系统数据集，以及缺乏人体试验之前应进行的标准试验指导原则。随着 20 世纪 70 年代早期沙门氏菌逆转突变试验（Ames 试验）的出现，这种情况开始改变。在 Ames 试验[27]中，移码突变或碱基对替换可通过暴露于组氨酸依赖的鼠伤寒沙门氏菌菌株检测到。当这些菌株暴露于诱变剂中时，恢复细菌合成组氨酸功能的反向突变能使细菌菌落在组氨酸缺乏的培养基上生长（"回复体"）。在某些情况下，化合物需要通过哺乳动物代谢系统肝微粒体酶（含 S9 的混合物）代谢活化。不管有没有肝微粒体 S9 混合物，在五个菌株中，Ames 阳性化合物至少能显著逆转一种菌落生长。如果一种化合物在任何报告的菌株中均未诱导显著的菌落生长，则将其判定为 Ames 阴性。通过采用该方法评估化学物质致突变能力，可为未知毒性化合物的毒理学研究提供相对一致的数据源。

2009 年，Hansen 等[28]收集了 6512 个公开的化合物（3503 个 Ames 阳性物和3009 个 Ames 阴性物）及其生物活性，形成了一个新的标准数据集，用于计算机模拟 Ames 致突变性的预测。该数据集包含来自世界药物索引的 1414 种化合物（即药物），分子量为 248±134（平均分子量为 229）。利用这些数据，对商用软件程序 DEREK、MultiCASE 和 Pipeline Pilot（Accelerys）以及四种非商业机器学习工具[即支持向量机（SVM）、高斯过程（GP）分类、随机森林和 k 近邻算法]进行评估。计算采用的分子描述符来自 DragonX 1.2 版[29]。所得最终统计结果对上述程序的适用性具有一定的指示作用（表 7.1）。

表 7.1 Hansen 等[28]报道的分类软件对致突变毒性预测性能的比较

	50%假阳性率	43%假阳性率	36%假阳性率	模型
	0.93±0.01	0.91±0.01	0.88±0.01	SVM
	0.89±0.01	0.86±0.01	0.83±0.02	GP
	0.90±0.02	0.87±0.02	0.84±0.03	随机森林
灵敏度	0.86±0.02	0.86±0.02	0.81±0.02	k 近邻算法
	—	—	0.84±0.02	Pipeline Pilot
	0.93±0.01	—	—	DEREK
	—	0.78±0.01	—	MultiCASE

在不同假阳性率（50%、43%和36%）条件下，支持向量机（SVM）、高斯过程（GP）、随机森林（random forest）和 k 近邻模型对致突变剂预测真阳性率（即敏感性）。

上述预测模型都分别只有一个固定的敏感度，但所有的参数型分类器（如SVM）可以在不同敏感度水平进行预测计算。当假阳性率为50%时，支持向量机模型的灵敏度值为0.93，这表明对于含有100个诱变剂和100个非诱变剂的200个化合物的给定测试集里，93个诱变剂将被归类为真阳性和50个被归类为假阳性。在36%的假阳性水平下，将会产生88个真阳性和36个假阳性。Pipeline Pilot软件用给定的验证数据集进行明确的训练，因此表现最好；而 DEREK 和 MultiCASE 基于一组固定的主要是 2D 描述符（MultiCASE）或从基本未知的数据集和专家知识（DEREK）派生的静态规则系统，因此表现较差。然而，后两种软件提供了结构-活性和作用机制的信息，这对结构优化和监管验收至关重要。分类算法适合大规模虚拟筛选，但没有机制方面的信息，无法指导结构分子优化。

另一个案例[30]预测了来自同一实验室测试的 983 种抗梨形四膜虫化合物对水生生物的毒性[31]。随机选择了 644 种化合物进行模型验证，其余的 339 种化合物作为第一个外部测试集（外部测试Ⅰ）。除此之外，同一实验室最近发布的化合物用作第二个测试集（外部测试Ⅱ）。目前已有 6 个独立的学术团体开发了 15 种不同类型的 QSAR 模型，这些模型都特别关注外部测试集的预测能力。基于相同的数据集，每个小组都采用自己的 QSAR 建模方法来构建毒性预测模型，并针对所有模型计算其适用范围，测定测试集的化合物是否可以被准确预测。如果测试集中的全新化合物在训练集中没有与之相当的化合物，则预测准确性受到限制，这种特殊的化合物将不被考虑在内。确定适用范围将导致覆盖率降低（即<100%），但通常可以更好地预测剩余的测试集。

内部测试集预测精度采用"留一法"交叉验证系数（ Q_{abs}^2 ）来评估，精度为 0.76～0.93。外部验证集Ⅰ和Ⅱ的预测精度分别为 0.71～0.85（线性回归系数 $R_{abs\,I}^2$ ）和 0.38～0.83（ $R_{abs\,I}^2$ ）。最后，通过对这 15 个预测水生生物毒性模型进行平均，建立了多个共识模型。几个单独模型和最佳一致性模型的覆盖率和预测能力的结果如表 7.2 所示。

表 7.2　选定 QSAR 模型预测水生生物毒性的统计结果[30]

模型	组	模型集（$n = 644$）			验证集Ⅰ（$n = 399$）			验证集Ⅱ（$n = 110$）		
		Q_{abs}^2	MAE	Cov./%	R_{abs}^2	MAE	Cov./%	R_{abs}^2	MAE	Cov./%
kNN-Dragon	UNC	0.92	0.22	100	0.85	0.27	80.2	0.72	0.33	52.7
kNN-Dragon	UNC	0.92	0.22	100	0.84	0.29	100	0.59	0.43	100

续表

模型	组	模型集（$n=644$）			验证集 I （$n=399$）			验证集 II （$n=110$）		
		Q^2_{abs}	MAE	Cov./%	R^2_{abs}	MAE	Cov./%	R^2_{abs}	MAE	Cov./%
ISIDA-SVM	ULP	0.95	0.15	100	0.76	0.32	100	0.38	0.50	100
ASNN	VCCLAB	0.83	0.31	83.9	0.87	0.28	87.4	0.75	0.32	71.8
ASNN	VCCLAB	0.83	0.31	83.9	0.85	030	100	0.66	0.38	100
ConsMod I		0.92	0.23	100	0.85	0.29	100	0.67	0.39	100

注：kNN 的描述符来自 Dragon 软件；ISIDA-SVM 表示支持向量机应用于 ISIDA 程序计算的分子碎片[32]；ASNN 表示联想神经网络；UNC 表示北卡罗纳大学；ULP 表示路易斯巴斯德大学；VCCLAB 表示虚拟计算化学实验室；Q^2_{abs} 表示遗漏一个交叉验证相关系数；MAE 表示绝对误差；Cov. 是以百分比表示的数据集覆盖率；R^2_{abs} 表示外部验证集的线性回归系数。

一致性模型（ConsMod I）的覆盖率为 100%（即考虑了训练集和测试集的所有组合），并且显示了与本研究中应用的其他方法相比最稳定的预测性能。

第三个案例描述了用于预测致癌物的 QSAR 模型[33]。致癌物是一种能够特异性诱发癌症的诱变剂。作者用 8 个 MDL 描述符（模型 A）和 12 个 Dragon 描述符（模型 B）分别对反向传播人工神经网络（CP ANN）进行训练。从致癌潜能数据库（CPDBAS）中提取 805 种不同类化学品作为数据集[34]。神经网络建模的主要优点是可以在不假设模型形式的情况下对复杂的非线性关系进行建模，并且可以处理噪声数据。将数据集分为 644 个化合物的训练集和 161 个化合物的测试集（测试 1）。利用训练集化合物对这两个模型进行训练，以获得预测能力最佳的模型。在此评价步骤的基础上，对测试集化合物进行预测。在接下来的步骤中，对含有已知活性化合物的 738 个化合物的第二个外部测试集（测试集 2）进行预测，以便对模型的稳健性作出更真实的评估。

经过训练的模型能够对训练集化合物的所有致癌物和非致癌物（即准确度）的 91%（模型 A）和 89%（模型 B）进行分类（表 7.3）。在致癌物的分类方面，模型 A 优于模型 B，也就是说，它更敏感，敏感度为 96% vs. 90%。就非致癌物分类而言（即特定性），模式 B 稍好（87% vs. 86%）。测试集 1（73% vs. 69%）和测试集 2（61.4% vs. 60.0%）的预测准确率通常较低，但相对于训练集化合物的保留 20% 交叉验证结果（$CV_{120‰}$）（66% vs. 62%）仍处于可比范围内。显然，与原始训练集数据相比，测试集 2（738 个外部化合物）似乎更加多样化，从而导致准确性、敏感性和特异性显著下降。尽管如此，这些模型有助于确定进一步测试的化学品的优先次序，并可在计算机辅助评估工业化学物质（CAESAR）上公开获取（网址：http://www.caesar-project.eu）。

表 7.3　基于神经网络分类的两种致癌性模型的统计性能[33]

内部验证	模型 A（8 个 MDL 描述符）		模型 B（12 个 Dragon 描述符）	
	训练集（CV$_{120‰}$）	测试集 1/测试集 2	训练集（CV$_{120‰}$）	测试集 1/测试集 2
准确度/%	91（66）	73/61.4	89（62）	69/60.0
敏感度/%	96	75/64.0	90	75/61.8
特异性/%	86	69/58.9	87	69/58.4

注：准确度：所有化合物中正确预测的非致癌物和致癌物总数；敏感性：在所有致癌物中正确分类的致癌物；特异性：在所有非致癌物中正确分类的非致癌物；使用 644 种化合物进行训练；测试集 1 和测试集 2 分别由 161 种和 738 种化合物组成；CV$_{120‰}$ 表示训练集化合物的交叉验证，留下几倍于 20% 的化合物用于（内部）预测。

7.4　结　　论

　　基于配体和基于结构的方法是先导化合物发现和优化的有力工具。每一种策略都需要特定的先决条件，并且各有优缺点。在某些情况下，两种方法的优点可以结合起来，用于生成一种称为基于结构的药效团叠合的方法。在这里，受体位点作为建立药效团模型的补充，3D-QSAR（PCA 和 PLS）的复杂统计方法用于预测活性[35, 36]。

　　农用试剂的候选分子必须有很高的活性，但这不足以获得管理部门注册批准。只有符合新植物保护产品法规（EC 第 1107/2009 号法规）所有标准的"清洁"化合物才能进入市场。这意味着，即使在早期研究阶段，也应指出命中化合物和先导化合物的关键毒理学性质，以便启动毒理学指标研究和/或新的合成策略，以规避这种风险。

　　对于活性的优化和毒理学警报的预测，计算机辅助策略（部分）是可用的，并在现代研究过程中得到实施。然而，特别是对于诸如发育和生殖毒性以及内分泌干扰等关键终点的预测，需要更多更好的数据，以便用于设计计算机模拟预测模型。

参 考 文 献

[1]　For references see：https://en.wikipedia.org/wiki/Force_field_（chemistry）. （accessed January 2018）

[2]　Cramer，R.D. III，Patterson，D.E.，and Bunce，J.D.（1988）*J. Am. Chem. Soc.*，**110**，5959-5967.

[3]　Klebe，G.，Abraham，U.，and Mietzner，T.（1994）*J. Med. Chem.*，**37**，4130-4146.

[4]　Zbinden，P.，Dobler，M.，Folkers，G.，and Vedani，A.（1998）*Quant. Struct.-Act. Relat.*，**17**，122-130.

[5]　Schleifer，K.-J.（2000）*J. Comput.-Aided Mol. Des.*，**14**，467-475.

[6]　Bordás，B.，Komives，T.，and Lopata，A.（2003）*Pest. Manag. Sci.*，**59**，393-400.

[7]　RCSB PDB Protein Data Base，http://www.rcsb.org（accessed January 2018）.

[8]   Waszkowycz，B.（2002）*Curr. Opin. Drug Discovery Dev.*，**3**，407-413.

[9]   Taylor，R.D.，Jewsbury，P.J.，and Essex，J.W.（2002）*J. Comput.-Aided Mol. Des.*，**3**，151-166.

[10] Kitchen，D.B.，Decornez，H.，Furr，J.R.，and Bajorath，J.（2004）*Nat. Rev. Drug Discovery*，**11**，935-949.

[11] Gohlke，H. and Klebe，G.（2002）*Angew. Chem. Int. Ed.*，**41**，2644-2676.

[12] Gohlke，H.，Hendlich，M.，and Klebe，G.（2000）*J. Mol. Biol.*，**295**，337-356.

[13] Böhm，H.J.（1992）*J. Comput.-Aided Mol. Des.*，**6**，61-78.

[14] Schneider，G. and Fechner，U.（2005）*Nat. Rev. Drug Discovery*，**4**，649-663.

[15] Koch，M.，Breithaup，C.，Kiefersauer，R.，Freigang，J.，Huber，R.，and Messerschmidt，A.（2004）*EMBO J.*，**23**，1720-1728.

[16] Rarey，M.，Kramer，B.，and Lengauer，T.（1995）*Proc. Int. Conf. Intell. Syst. Mol. Biol.*，**3**，300-308.

[17] Hindle，S.A.，Rarey，M.，Buning，C.，and Lengauer，T.（2002）*J. Comput.-Aided Mol. Des.*，**16**，129-149.

[18] Jordan，P.M.（1991）*in Biosynthesis of Tetrapyrroles*（ed. P.M. Jordan），Elsevier，New York.

[19] Hansson，T.，Oostenbrink，C.，and van Gunsteren，W.（2002）*Curr. Opin. Struct. Biol.*，**2**，190-196.

[20] Qin，X.，Tan，Y.，Wang，L.，Wang，B.，Wen，X.，Yang，G.，Xi，Z.，and Shen，Y.（2011）*FASEB J.*，**25**，653-664.

[21] Witschel，M.C.，Höffken，H.W.，Seet，M.，Parra，L.，Mietzner，T.，Thater，F.，Niggeweg，R.，Röhl，F.，Illarionov，B.，Rohdich，F.，Kaiser，J.，Fischer，M.，Bacher，A.，and Diederich，F.（2011）*Angew. Chem.*，**123**，8077-8081.

[22] Wicker，J.，Lorsbach，T.，Gütlein，M.，Schmid，E.，Latino，D.，Kramer，S.，and Fenner，K.（2016）*Nucleic Acids Res.*，**44**，D502-D508.

[23] Woo，Y.-T. and Lai，D.Y.（2005）*OncoLogic：a mechanism-based expert sys-tem for predicting the carcinogenic potential of chemicals*，in *Predictive Toxicology*（ed. C. Helma），CRC Press，Boca Raton FL，USA，pp. 385-413.

[24] Lewis，D.F.V.，Bird，M.G.，and Jacobs，M.N.（2002）*Hum. Exp. Toxicol.*，**21**，115-122.

[25] Patlewicz，G.，Jeliazkova，N.，Safford，R.J.，Worth，A.P.，and Aleksiev，B.（2008）*SAR QSAR Environ. Res.*，**19**，495-524.

[26] Judson，R.，Richard，A.，Dix，D.J.，Houck，K.，Martin，M.，Kavlock，R.，Dellarco，V.，Henry，T.，Holderman，T.，Sayre，P.，Tan，S.，Carpenter，T.，and Smith，E.（2009）*Environ. Health Perspect.*，**117**，685-695.

[27] Ames，B.N.，Lee，F.D.，and Durston，W.E.（1973）*Proc. Natl. Acad. Sci. U.S.A.*，**70**，782-786.

[28] Hansen，K.，Mika，S.，Schroeter，T.，Sutter，A.，ter Laak，A.，Steger-Hartmann，T.，Heinrich，N.，and Müller，K.R.（2009）*J. Chem. Inf. Model.*，**49**，2077-2081.

[29] Todeschini，R. and Consonni，V.（2002）*Handbook of Molecular Descriptors*，1st edn，John Wiley & Sons，Inc.，688 pp.

[30] Zhu，H.，Tropsha，A.，Fourches，D.，Varnek，A.，Papa，E.，Gramatica，P.，Oberg，T.，Dao，P.，Cherkasov，A.，and Tetko，I.V.（2008）*J. Chem. Inf. Model.*，**48**，766-784.

[31] Schultz，T.W. and Netzeva，T.I.（2004）in *Modeling Environmental Fate and Toxicity*，vol. 4，Chapter 12（eds M.T. Cronin and D.J. Livingstone），CRC Press，Boca Raton，FL，pp. 265-284.

[32] Varnek，A.，Fourches，D.，Solov'ev，V.P.，Baulin，V.E.，Turanov，A.N.，Karandashev，V.K.，Fara，D.，and Katritzky，A.R.（2004）*J. Chem. Inf. Com-put. Sci.*，**44**，1365-1382.

[33] Fjodorova，N.，Vracko，M.，Novic，M.，Roncaglioni，A.，and Benfenati，E.（2010）*Chem. Cent. J.*，**4**（Suppl 1），S3.

[34] Fitzpatrick，R.B.（2008）*Med. Ref. Serv. Q.*，**27**，303-311.

[35] Christmann-Franck，S.，Bertrand，H.O.，Goupil-Lamy，A.，der Garabedian，P.A.，Mauffret，O.，Hoffmann，R.，and Fermandjian，S.（2004）*J. Med. Chem.*，**47**，6840-6853.

[36] Schlegel，B.，Stark，H.，Sippl，W.，and Höltje，H.D.（2005）*Inflamm. Res.*，**54**（Suppl 1），50-51.

8 监管科学与化学信息学

Chihae Yang[1,2,3], James F. Rathman[1,2,3], Aleksey Tarkhov[1], Oliver Sacher[1], Thomas Kleinoeder[1], Jie Liu[2], Thomas Magdziarz[1], Aleksandra Mostraq[2], Joerg Maruszcyk[1], Darshan Mehta[3], Christof Schwab[1], and Bruno Bienfait[1]

[1] Molecular Networks GmbH，Neumeyerstr. 28，90411 Nürnberg，Germany

[2] Altamira LLC，1455 Candlewood Dr.，Columbus，OH 43235，USA

[3] The Ohio State University，Department of Chemical and Biomolecular Engineering，151 W. Woodruff Ave. Columbus，OH 43210，USA

高伟峰 顾 琼 黄丹娥 译 徐 峻 审校

8.1 引 言

8.1.1 科技进步

计算科学和计算机技术的并行发展，推动许多领域取得了巨大的进步。图 8.1 显示了在早期计算化学中，分子轨道理论的进展与那个时代计算能力的提升息息相关。随后，具有复杂图形处理能力的工作站的发展，推动了分子建模的实现。数据库技术在高效海量存储和管理大量信息方面能力的提高也极大地促进了化学信息学尤其是生物信息学的发展。

在过去的几十年里，计算化学和化学信息学已经发展成为药物发现过程中的重要组成部分（第 6 章）。最近，化学信息学也开始在监管科学中发挥作用，而传统的科学主要依赖于实验数据和专家提供的意见。计算方法逐渐被广泛认可，并被视为完善和加强传统风险评估和安全评估的有效途径。因此，现代监管科学为化学信息学领域带来了新的机遇和挑战。

8.1.2 21 世纪的监管科学

除了在药物发现过程中的传统应用之外，预测方法亟待在化学物质潜在毒性的国际管制中发挥作用。这些监管措施包括加拿大《国内物质清单》（DSL）[1]、《欧盟注册、评估、授权和限制的化学品（REACH）条例》[Article 13（1）][2]、《化妆品规程》[3]及人用药品注册技术国际协调会（ICH）制定的《评估和控制药品中

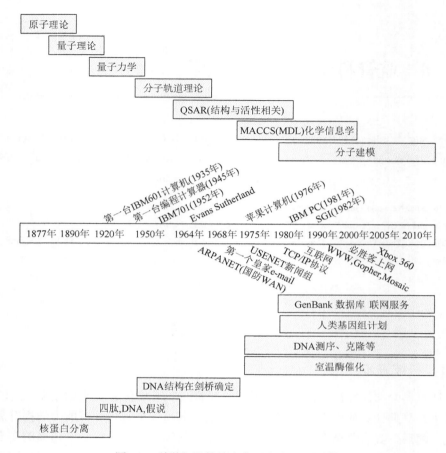

图 8.1　科学与计算技术在历史上共同进步

DNA 反应性（致突变）杂质以限制潜在致癌风险指南（ICH M7）》[4]等。有很多原因可以解释为什么要求体内测试是不现实的：

（1）实验测试，特别是体内试验，需要耗费大量的化学物质，成本高昂；

（2）化学物质的分离比较困难；

（3）对动物试验的限制，例如在欧洲，禁止用动物进行与上市化妆品成分相关的试验。

2007 年，美国国家研究委员会发表了题为《21 世纪的毒性测试》的范式变革报告[5]。随后，柯林斯等进一步详尽阐述了报告中提出的愿景和策略——从原始的体内动物研究向体外试验、低等生物体内试验及计算模型毒性评估转变。自从美国国家科学院提出监管科学将毒性评价方法向计算方法转变以减少动物实验的使用以来，美国环境保护署（EPA）于 2007 年启动了 ToxCAST™ 项目，联合其他跨部门项目如 2004 年启动的 Tox21 计划和国家毒理学计划（NTP）等，其目的是对包括定量高通量筛选（qHTS）实验和计算毒理学方法在内的测试方案进行测试，以阐明毒性作用路径[6]。从那时起，ToxCast 已经完成了第一阶段和第二阶段的测试任务，覆盖了近千种化学物质，对每一种化学物质进行了超过 500 种试验。包括 Tox21 实验在内，目前已有超过 8000 种化学物质进行了筛选试验。许多分析结果可锚定到体内研究中，这样体外试验结果就可以与体内结果相关联。此外，建立体外试验需要在测试环境中对化学物质的潜在代谢物有一定的了解。因此，使用液相色谱-质谱（LC-MS）进行代谢组学及代谢标志物研究引起了广泛的关注。

8.2　风险评估中数据缺口填补方法

风险评估是监管科学的一个重要组成部分，当测试物质的安全性需要在特定的暴露条件下进行处理时就需要进行风险评估。可以从以下三个出发点进行风险评估：

（1）内在毒性（危险或安全）；

（2）化学物质在目标人群中的暴露风险；

（3）暴露的概率。

一旦被认定，化学暴露所产生的风险就会被定性和管控。如果一种毒性极强的化学物质没有足够高的概率暴露到目标人群，那么它就不会被认为是高风险的。一个很好的例子就是核电站的放射性。尽管毒性是致命的，但只要控制得当、防止接触，对人类和环境的危害是很小的。一种药物成分（如药品）在老鼠肝脂肪变性中表现出明显的效果，它可能对健康的人群造成不可接受的健康风险，但这种风险可能对于药物治疗的疾病患者来说是可以接受的。

在风险识别和描述过程中，科学家常常必须从多个来源收集数据，以便更好地了解某种化合物的毒性风险情况。例如，就人类健康而言，从短期剂量到长期剂量对目标器官的所有毒性数据，再到对生殖/发育的影响研究，致癌性甚至遗传毒性终点等都会被考虑在内。然而，除非这种化学品是一种药物，否则不太可能有完整的毒性数据，因此研究人员经常面临数据缺口。填补这些数据空白由此成为风险评估的一项重要工作。

然而，风险预测还没有被监管机构普遍接受，其原因与数据匮乏有很大的关系。预测方法越是机械化，就越容易被监管机构所接受，因为监管要求完全透明。当前，可用于风险预测的方法包括定量构效关系（QSAR）（见第 2 章）、结构知识、交叉参照（RA）和毒理学关注阈值（TTC）等。

8.2.1　QSAR 和分子结构知识

探索分子化学结构与生物活性之间的关系，是化学和生命科学中重要的热点问题。本书的其他章节也涉及了这些内容（第 6 章、第 7 章和第 10 章）。构效关系（SAR）是基于电子效应和空间效应的[7]，它将分子结构通过分子属性和/或结构特征、理化性质，如膜分配系数等，定量地表示出来[8]。分子描述符通过统计学方法用数学关系将生物活性或毒性描述出来，即风险评估中的"统计方法"。模型通常需要在建模过程中进行内部交叉验证，并根据合适的外部数据集进一步验证。因此，一个完整的 QSAR，包括训练数据集、预测变量的描述符、用于拟合定量关系的算法。

警示结构是一种专家驱动的方法，通常从特定结构或结构组合和生物活性之间的因果关系得到，即基于 SAR 的分析。相较于 QSAR 中"自下而上"数据驱动的过程，与某种生物活性相关的结构规则是由基于第一性原理或机理的专家经验知识分析得到的；因此，这通常被称为"自上而下"的方法。如果化合物中存在警示子结构，则被视为具有一定可能性的"命中物"。常见的例子是存在可能导致遗传毒性或皮肤致敏的 DNA 或蛋白质结合物的警示结构。

化学信息学对 QSAR 的影响从大量的公开可用的描述符中得到了充分的体现（参见《化学信息学——基本概念和方法》第 10 章）。对于结构中所包含的知识，化学信息学可以通过系统地改进基于本体论和系统方法的数据挖掘过程，进而实现更高效的开发。表 8.1 比较了 QSAR 和基于规则系统的优缺点。化学信息学有助于改进这些方法存在的缺点，并帮助人们更好地应用这两种方法。

表 8.1　QSAR 和结构规则的比较

	优点	缺点
QSAR	(a) 数据驱动，因此不需要了解其原理 (b) 模型适用性广 (c) 以机器学习为动力 (d) 具有预测阴性化合物的能力	(a) 对原理知识了解有限 (b) 具有一定的偶然随机相关性
结构规则	(a) 其作用原理可能是清楚的 (b) 可以直观解读 (c) 与机器学习联合使用，阴性规则也可以被发现	(a) 规则数量有限 (b) 规则定义为阳性；因此，阴性的预测在理论上是不可行的

8.2.2　毒理问题的阈值

毒理学关注阈值（TTC）是一种风险评估方法，可用于筛选毒性极小或没有毒性，且人类接触的风险较低的物质。这个概念最初是由美国食品药品监督管理局（FDA）及食品安全与应用营养中心（CFSAN）提出的，其目的是解决食品接触物质安全评估中面临的挑战。TTC 方法起源于 FDA CFSAN（美国联邦法规第 21 篇第 170.39 节）对食品接触物质监管条例设定的监管阈值（TOR），包括极低水平潜在暴露于食品中的化学物质或者是给监管和检测带来重大挑战的物质。根据现行的 TOR，能够免除对食品接触物质的监管要求的条件是：任何用于食品接触的物质（如食品包装或食品加工设备），或可能迁移进入食物的物质，如果它在食品中含量低于 TOR 标准，即 $0.5\mu g/kg$ 饮食[$0.5ppb$（$1ppb = 1 \times 10^{-9}$）]或相当于摄入量 $1.5\mu g/(人 \cdot d)$，或 $25ng/(kg$ 体重 $\cdot d)$，根据体重为 60kg 的成人每天摄入固体食物和液体食物各 1500g 的情况下计算。TOR 旨在保护包括致癌性在内的所有毒理学终点，根据德莱尼（Delaney）条款，美国法律不允许将已知的致癌物作为食品添加剂和色素使用[9]。

1996 年 Munro 等[10]采用扩展这个阈值概念来解决非肿瘤终点问题，他们基于 Cramer 等在 1978 年提出的决策树算法[11]（第 2 章 2.6.3.1 节）分析数据库中不同类型结构化合物未观测到效应水平（no observed effect level，NOEL）的分布情况，从而得到化学结构和效应之间的相关性（表 8.2）。该数据库包含 613 种不同的化学品，包括具有已知生物学活性的农药、化妆品、食品添加剂、药物以及工业和环境化学品。对数据进行分类，Cramer 定义了三个类别：Ⅲ类（很可能是有毒的）；Ⅱ类（可能是有毒的）和 Ⅰ类（最不可能是有毒的）。然后从累积分布函数中推导出每个类别的第五个百分点的 NOEL，即 5%的分位数。

表 8.2　logNOEL 分布和 Cramer 类别

类别	Cramer 等（1978）[11]		Munro 等（1996）[10]	
	NEL/[mg/(kg·d)]	直方图	NOEL/[mg/(kg·d)]	直方图
Ⅰ类	50～254（$N = 31$）		0.018～7204（$N = 137$）	
Ⅱ类	5～200（$N = 7$）		1～1441（$N = 28$）	
Ⅲ类	0.03～500（$N = 50$）		0.005～3775（$N = 448$）	

从最开始的 Cramer，到后来的 Munro，先后间隔了将近 20 年的时间，两者都证实了化合物的 NOEL 分布（Cramer 称为 NEL）与 Cramer 分类是相关的，如表 8.2 所示，这表明有一些结构特征代表了更强的效应。这一重要的观察结果类

似于 SAR 和 QSAR，其结构特征不仅与潜在毒性有关，也可能与药效活性有关。

第 5 个百分位的值是由参数（假设为高斯分布）或非参数方法估算得到的，然后除以一个安全评估因子（传统上，考虑到从动物对人体的外推，设置因子值为 100），从而得出相应的人类暴露阈值。直到今天，Cramer I 类、II 类、III 类化合物对应的人类暴露的阈值结果仍在使用，其阈值分别为 1.8mg/(人·d)、0.54mg/(人·d)和 0.09mg/(人·d)。TTC 方法最初应用于香料和食品添加剂，但是后来被欧盟消费者安全科学委员会（SCCS）、欧洲食品安全局（EFSA）、粮农组织/世界卫生组织食品添加剂联合专家委员会（JECFA）及 ICH M7 关于评估和控制药品中 DNA 反应性（致突变）杂质，以限制潜在致癌风险等机构推广应用到化妆品相关化学物质、农药代谢物、药品和遗传毒性杂质中。

结合癌症和非癌症 TTC 方法的研究结果，Kroes 等[12]在 2004 年提出了一种决策树算法，用于指导 TTC 何时以及如何应用于食品安全评估。该框架着重提出了移除六大类结构类别化学物质的问题，即多卤代二苯并二噁英、多卤化二苯并呋喃及类似物、类黄曲霉毒素、偶氮氧化合物、N-亚硝基化合物和类固醇，对于这些物质，在所有情况下都需要提供化合物特定的数据。还去除了不适用 TTC 方法的物质，如一种非必需的金属或含金属的化合物。化合物在被允许在致癌性阈值之下继续使用之前，也需要经过遗传毒性警报的筛选。如果该化合物与较低遗传毒性警示结构（如不含偶氮氧基、N-亚硝基或黄曲霉毒素部分）相匹配，则将致癌性阈值（0.15μg/d）与化学品的暴露进行比较。决策树的非癌症部分开始于这样一个问题，即该化学物质是否是一种有机磷酸酯（OP），可以应用较低的类特异性暴露阈值。然后，非 OP 化学物质被允许进入节点，以便将暴露阈值与合适的 Cramer 类别的阈值进行比较。如果暴露值（估计每日摄入量）超过阈值，则风险评估需要化合物特异性的毒性数据。图 8.2 中的决策树将不同的 TTC 阈值与不同结构特征的化学物质结合在了一起。

因此，目前的 TTC 方法需要借助一些工具来帮助 Cramer 分类，在执行 TTC 框架时检测出排除或分离的化学类。目前，OECD Toolbox[13]、Toxtree[14]和 COS-MOS TTC 流程[15]提供了可以执行 Cramer 分类任务的功能。因此，Cramer 决策树的 33 条规则是逻辑陈述和结构识别的组合，通过使用 SMARTS①或化学型（chemotypes）来实现（参见《化学信息学——基本概念和方法》第 10 章 10.2.4 节）。各种结构分类和警示子结构（类固醇、氧化偶氮基、苯并二噁英、亚硝基等）也被识别和分离出来。然而，当前的 Cramer 树有两个重要的缺点，一是对原始规则的模糊或不充分的描述，导致了令人困惑的相互联系，二是许多当前的化学信息学工

---

① SMARTS 是在化学结构线性编码 SMILES 基础上的一种专门用于分子子结构查询的线性编码。——审校者注

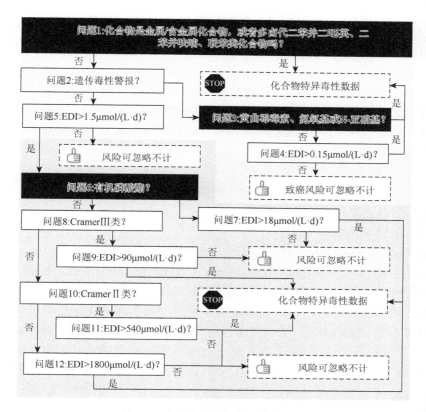

图 8.2　毒理学关注阈值的决策框架

具在处理诸如互变异构体（参见《化学信息学——基本概念和方法》第 2 章 2.5.2 节）和反应性方面的一些复杂问题时存在局限性。基于这两个问题的改善策略，主要集中在设计更精确的规则定义、扩展化学信息学方法，以囊括化学和代谢反应[16]。此外，还考虑从 Cramer 决策树和分类转向构建一系列精确地代表并能有效地区分各种结构类别的效价化学型（chemotypes）[17, 18]。

8.2.3　交叉参照

交叉参照（RA）是一种数据缺失填充技术，它被用作解决各种监管项目信息需求的替代方法，如 OECD 高产量（HPV）计划和欧盟的 REACH 法规。

一般来说，RA 涉及使用一种化学物质（源化合物）的毒性终点信息来预测另一种化学物质（目标化合物）的相同终点，在结构相似性或其他相似度的基础上，它被认为是"相似的"（见《化学信息学——基本概念和方法》第 3 章 11.1.3 节）。因此，RA 就是将一种已知化学物质特定的属性或效果（癌症、生殖毒性等）的数据应用到另一种类似的未经测试的化学物质上。

RA 技术通常被应用于模拟/分类方法中，在这种方法中，不是每一种化学物质都需要对每一个终点进行测试，而是在一组类似的化学物质中进行评估。模拟方法是基于一类有限数量的化学物质，有机制清晰的 SAR。而分类方法则根据一个化学类别对更多的化学物质进行分组。该化学类别定义为一组化学物质，由于化学结构或生物活性的相似性，其物理化学性质及人类健康和/或环境毒理学和/或环境归趋概况也被预测为具有相似或遵循相同规律的模式。因此，化学相似性根据以下判断：

（1）化合物结构的相似性；

（2）化学反应性（非生物和生物）的模式；

（3）物理化学和分子属性概况；

（4）生物邻近性。

值得注意的是，目标分子的相似性不是仅仅由化学结构决定的。

虽然交叉参照评估架构（read-across assessment framework，RAAF）的指导文件[19]最近已经由欧洲化学品管理局（ECHA）出版，描述了一个用于统一评价 RA 的系统研究方法，但当涉及 RA 应用时，不同的国际监管机构之间仍存在很多混乱。RAAF 为 RA 方法定义了不同的场景，每个场景都与特定的方面["评估要素"（AE)]相关联，用于处理不同的科学因素，这些因素被认为对判断 RA 的有效性和可靠性至关重要。每一个 AE 都提出了一些问题，引导评估专家选择预先定义的结论["评估选项"（AOs)]，反映 RA 的优势和劣势。因此，在 RAAF 中提出的方法允许人们定义和提出与 RA 相关的一定程度的置信度，并最终评估 RA 预测的可靠性。这个过程被称为"证据评估的定量权重"。

化学信息学在许多关键点上对 RA 方法有很大的贡献。当目标化合物的毒性终点数据可以从其化学和生物特性与目标化合物高度相似的结构的实验数据中"读取"时，监管委员会似乎更容易接受预测结论。QSAR 方法需要根据大型训练数据集的统计方法预测化学结构的毒性，但 RA 方法则可以从更小的化学物质集预测目标终点结果，由执行 RA 的人或组根据它们与目标化合物的关联性和相似性来选择。因此，尽管 RA 被一些人认为比传统的 QSAR 方法更透明、更专业，但这两种策略都有其优点和缺点。

考虑到目标化合物的形态可能对评估是否有毒性很重要，化学信息学技术可以应用于识别互变异构体、因化学反应而产生的降解产物，最重要的是在体内代谢过程中可能产生的代谢物。根据反应性和代谢潜力确定目标化合物的形态，经过模拟搜索会得到结构、反应性、生物活性上相近的化学物质。这种化学簇的逻辑树，按照层次结构来反映相关的邻近区域，在这一章中定义为"交叉参照树"，如图 8.3 所示。这棵树帮助对复杂的关系和分组进行可视化。

在 RA 中，这种类型的记录可能很快让终端用户感到困惑，因此，未来将致力于开发用户更加友好的软件工具。

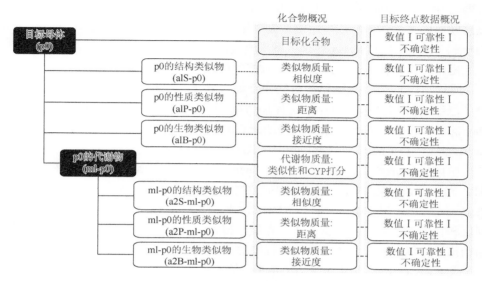

图 8.3　交叉参照树，逻辑关系层次结构

下一个关键步骤是将这些化学物质与具有已知毒性数据的化合物进行比较。和先前描述的一样，这些物质的相似性可以根据结构特征、物理化学或 ADME 特性，甚至生物活性测试来评估。"生物类似物"一词强调，仅基于结构连通性的相似性在 RA 工作流中是不充分或者不相关的。例如，两种结构上完全不同的化合物，如果它们在生物活性分析中表现出类似的行为，或者它们具有相同或高度相似的代谢产物，它们可能被视为生物类似物。

由于缺乏足够的实验数据以及对新方法接受度的逐步提高，监管科学界已经认识到化学信息学在风险评估中的必要性和有效性。ECHA 鼓励在监管科学[20]中探索新的解决方法，可以利用多种多样的证据来源，包括生物组学、高通量筛选，甚至计算方法来解决。例如，关于化合物代谢的信息可以从代谢组学的 LC-MS 的光谱分辨率中得到。随着 NAM 架构打开了面向计算方法的大门，QSAR 和其他计算方法有时可以用来填补数据的缺失。

8.3　数据库和知识库

8.3.1　结构可检索的毒物数据库架构

毒物数据库在过去十年中取得了巨大的进步（见《化学信息学——基本概

念和方法》第 6 章）。现在，毒物数据库可以提供基于化学结构的查询。这些数据库采用关系式化学结构数据库管理系统（RDBMS），有数据存储后端（数据库服务器）、用户界面前端（客户端）和通信中间件层三层架构。客户端基于互联网，以互联网服务器作为后端。后端数据库用 Oracle 数据库服务器或 Microsoft SQL Server、PostgreSQL Server 实现数据库查询。

由于化学结构不属于原生 SQL 数据类型，因此使用特定于数据库的化学扩展包（或软插件），它是化学结构数据库查询的引擎，也允许在数据库中存储和索引分子联结表数据类型。根据数据库服务器的不同，有许多化学数据扩展包，如 Daylight DayCart Cartridge[21]、JChemCartridge[22]、BIOVIA Direct[23]、Bingo cartridge[24]、OrChem[25]、MolSql[26]和 RDKit extension[27]。

中间件层是数据库访问层（如 Django Python ORM[28]或 Java Persistence API[29]），并调用化学信息学平台中的数据，如 Daylight toolkit[30]、ChemAxon IT Platform Toolkit[31]、MOSES[32]、RDKit[27]或 CDK[33]。化学信息学平台、数据库访问层和化学扩展包一起提供操作、存储、搜索和检索化学结构、计算分子性质和结构描述符等功能。脚本层是应用程序的工具。

图 8.4（a）所示的体系结构很常见，但它已经有 10 年的历史了；较新的架构如图 8.4（b）所示，它不依赖于层之间的严格耦合，而是使用更松散耦合的通信设计，并通过应用程序接口（API）实现访问功能，因此可以允许系统之间的灵活交换。新架构用表现层状态转移（representational state transfer，REST）技术实现，它是开发互联网服务的结构设计和通信策略。例如，在一个 RDBMS 中，COSMOS DB v2.0[34]或 eTOX 数据库[35]并没有紧密地集成在一起，而是允许用户通过他们之间指定的数据交换标准动态地查询他们选择的数据库。这种类型的数据库体系结构被称为联邦数据库系统（FDBS）[36]。尽管在这一章中没有进一步描述，但数据库架构体系由传统的三层体系结构向 FDBS 的转变是一个值得注意的趋势。

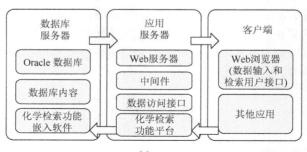

(a)

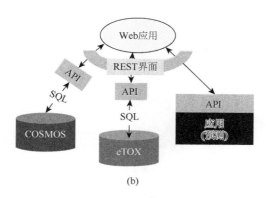

(b)

图 8.4 化合物结构数据库的三层体系结构：（a）典型化学意义上的 RDBS；（b）新技术

8.3.2 化学中心毒物数据库的数据模型

毒物数据库的基本数据类型包括化学结构及其性质、化学标识、化学注释、化学安全性评价级别、研究背景、研究设计参数、研究参照及研究结果。表 8.3 中概括了毒物数据库的主要字段内容。

表 8.3 以化学为中心的毒物数据库的主要内容和字段

实体	数据字段
化学结构	结构联结表
化学标识	化合物名称、CAS 登录号、系统 ID
化学注释	化合物功能、化合物用途类型、存货量
安全性评价级别	化学品级风险评估结果（MoS、RfD、ADI 等）、无明显损害作用水平/最低可见有害作用水平（NOAEL/LOAEL）、重要器官/效应、风险评估来源
研究背景	研究指导原则、GLP 状态、研究质量、执行研究的实验室名称
参考资料	管理法规文件名称、研究报告、数据库、公开著作
研究设计参数	受试物质信息：名称、测试类型、纯度、活性；测试系统：种、属、暴露途径、实验动物数量/剂量/性别，给药方案（给药量、频率、给药周期）、对照
研究结果	研究要求；数值终点（非效应水平研究、目标器官、临界效应）
剂量水平下的研究结果	体重增长情况、饲料/水消耗量、死亡数、临床症状、临床化学、血液分析、显微病理学、宏观病理学、脏器质量、尿液分析
剂量水平效应发现	发现的名称、发现的时间、平均数、数值单位、标准偏差、事件概率
剂量水平影响	影响名称、趋势、严重程度、给药相关性、统计显著性

图 8.5 列出毒物数据库的核心实体关系模型。

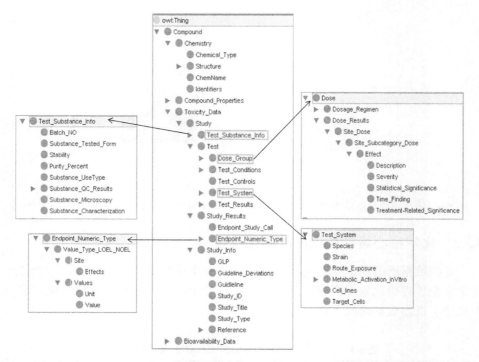

图 8.5 以化学为中心的毒物数据库的实体关系模型

化学结构用文本格式的 SQL 数据类型（VARCHAR、CLOB），用化学扩展包来对其进行索引。这些分子通常以"as is"和一些规范化的格式，如 InChI[37]或标准化的 SMILES[38]来储存，以确保以相同的标准来表示化学结构（参见《化学信息学——基本概念和方法》第 3 章）。

储存与化学结构有关的属性是数据库建立的另一个挑战。每个化学实体可能有任意数量的各种数字的或文本的属性。其中一些属性可以快速计算出来，因此不需要将它们存储在数据库中。然而，其他的属性可能是实验测定值、由专家决策分配的值或者是对计算要求高的属性，需要一些特殊的方法获取这些属性。

一种可能的途径是将这些属性存储在动态生成表中，这样每当引入新的属性时，都会在数据库中创建一个专用表。这个过程可以通过动态模型[39,40]或由实体-属性-值模型[41]来自动完成。在最简单的情况下，属性值被序列化成 SQL 文本数据类型（字符串、CLOB 等），并存储在单个列表中，同时标注必要属性的反序列化方法。

表 8.3 的数据库实体中几乎所有的字段都用数据库中的词汇来进行规范化描述。为使搜索功能精确化，值的规范化是一个至关重要的步骤（见《化学信息学——基本概念和方法》第 7 章）。在规范化的过程中，原始术语（来源于原始

文档）及其他来源的术语，都会被收集并映射到选定的控制术语中，这些控制术语和原始术语一起存储在数据库中。因此，数据库搜索只能使用受控术语来运行，但是原始的术语仍然保留，并且可以在必要时进行校验。

　　每个数据库项目都开发了属于自己的术语和查询表，因此，能够在整个系统中映射这些表达式是很重要的。创新药物计划（IMI）的 eTOX 项目[35]是一个数据库本体方法的例子，它开发了用来定义字段和它们的受控值之间关系的数据库本体方法（OntoBrowser 项目[42]）。另一个例子是本体查询服务[43]，它聚合了来自许多不同知识领域的各种本体源。

8.3.3　化学品清单

　　化学品清单是一批来自特定监管机构的化学品列表，其中可能包括监管部门批准的化学品清单或来自监管机构提供的化学测试清单。监管部门的批准清单例子通常包括来自美国 FDA CDER 的新药申请（NDA）清单、美国 FDA CFSAN、美国环境保护署、加拿大 DSL 的"通常视为安全的"（GRAS）清单、REACH 的注册物质清单，以及欧盟委员会和美国化妆品成分评审（CIR）的化妆品清单。监管科学测试清单目录例子包括美国的 Tox21[44]，以及日本 NIHS 的 Ames/QSAR 国际合作研究[45]。表 8.4 中列出受监管化学品清单。

表 8.4　受监管化学品清单

化学品清单	被测物质	无重复 2D 结构	无重复 3D 结构
Tox21（美国 EPA）	8193	7993	6662
PAFA（美国 FDA CFSAN）	7198	4603	3586
化妆品清单	19931	4740	4459
eTOX 活性药物成分	1856	1369	1344

　　Tox21 的清单包括 ToxCast 的Ⅰ期和Ⅱ期化学物质以及国家化学基因组学中心（NCGC）制定的清单，分别覆盖 516 个和 1000 个体外筛选试验。PAFA（the priority based assessment of food additive database）是一个以优先级评估为基础的美国 FDA CFSAN 的食品添加剂清单。该清单有大于 2000 个遗传毒性数据和超过 1000 个试验物质重复剂量的发育和生殖毒性测试数据。化妆品清单是由 COSMOS 项目联合欧洲 CosIng 清单和美国 CIR 清单编制的，清单中的测试物质已经在欧洲和美国被报道用于化妆品配方。eTOX 是一套非公开结构的清单，由 13 家愿意分享他们的临床前毒性数据的制药公司编制[8]。eTOX 总共有 7228 种毒性研究数据对应相关的 1856 种活性药物成分，数据库的一小部分被公开作为一个示例，以便详细地向更多的用户展示系统的功能[47]。

8.4 新型描述符

本节介绍适用于前面提到的 NAM 的新的描述符类型，包括代谢组学。描述符通常分为结构特征或物理化学/分子属性（见《化学信息学——基本概念和方法》第 10 章）。这些描述符包括分类变量（如表示某一特定结构片段的存在与否）、计数（如氢键供体和氢键受体，或者分子中某一特定结构片段出现的次数），以及连续值数据（如分子量、脂水分配系数等）。

8.4.1　ToxPrint 化学型

化学型是预先定义的结构片段，不仅可以通过连接性和拓扑性进行编码，还可以根据原子、键、电子系统或分子等特性进行编码[48]（见《化学信息学——基本概念和方法》第 10 章 10.2.1.2 节）。这些信息用基于扩展标记语言（XML）的化学子图和反应标记语言（CSRML）来表示。这种新方法不仅可以表示分子或子结构，还可以扩展用来描述化学、反应机理。CSRML[20]的技术细节和参考案例[49]参见《化学信息学——基本概念和方法》第 3 章 3.2.9 节。

ToxPrint[50]是一个化学型公共数据库，旨在提供可以广泛覆盖杀虫剂、化妆品成分、食品添加剂和药物在内的数以万计的环境和工业相关化学品的化学结构特征。当前版的 ToxPrint（V2.0_r711）提供了 729 种独特的化学型，旨在捕捉在 FDA 和 TTC 工作流程中对安全评估非常重要的化学结构特征。CSRML 的对象模型和查询特性是由 Yang 等编写[48]。通过专门的网站可以对 ToxPrint 和 ChemoTyper 的资源进行访问[51]。ChemoTyper 是一种软件应用程序，它允许浏览化学型，并使用化学型搜索结构集。当前 ToxPrint 已经被用于描述 Tox21 和 ToxCast 清单中的化学特性[52]。

8.4.1.1　覆盖范围

一组给定的化学型，如 ToxPrint 化学型，在一组化合物中的覆盖程度可以通过分析以下内容来评估：

（1）含有至少一种命中化合物，命中率随化学型的增加而增加。

（2）当所有可用化学型都被应用时，数据集的状况可以被很好地表征。

图 8.6 显示了第一种类型的分析结果，它的创建步骤如下：

（1）将结构文件和 ToxPrint 的化学型加载到 ChemoTyper "匹配" 窗口中。

（2）从 ChemoTyper 中保存指纹文件。这些文件包含了 729 个化学型的 0/1 值。

（3）从指纹文件中生成一个新的表格，表中包含每个化学型及其对应标签（化学型名称）的命中化合物数的总和。

（4）随机抽取不同比例的 ToxPrint 化学型（如 0.5%、0.7%、1.0%、2.5%、5%、6.5%、7.5%、10%、20%、40%、100%），在数据集中搜索匹配的结构。

（5）确定含有选定的化学型结构的匹配数量。

（6）绘制每次搜索得到的匹配结构的百分数与所使用的 ToxPrint 化学型百分数的曲线。

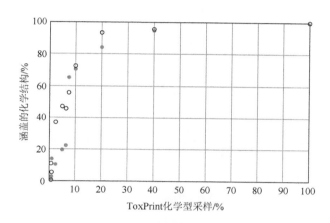

图 8.6　典型 ToxPrint 数据集覆盖图，实心圆和空心圆分别表示 PAFA 和 Tox21

如图 8.6 所示，大部分化合物被相对较少的化学型所覆盖。例如，包含约 146 个 ToxPrint（20%）的化学型子集覆盖了 Tox21 毒物质数据库中超过 80% 的化合物，覆盖了 PAFA 数据库中超过了 90% 的化合物。随着被使用的化学型数量的增加，结构匹配也随之增加，但 ToxPrints 化学型分别使用 20% 和 40% 去描述 Tox21 和 PAFA 数据库中 95% 的结构时，结构匹配停止增加。这里观察到的趋势是典型的。覆盖曲线初始斜率的陡度与数据集的结构多样性成反比[53]。图 8.6 表明，Tox21 数据集的多样性可能不如 PAFA，或者至少在 Tox21 数据集中可能存在一些大型的相似的本地临近群。对化学型覆盖率的细致分析是描述数据集化学多样性空间的重要步骤。

8.4.1.2　信息密度

另一种有用的描述技术是检查 ToxPrint 化学型的信息密度。当化学型的标注越精确，在关联生物学特性或比较不同的数据集时，它的区分能力将会更大。一个具有高密度相关信息的特征会因为连通性或属性的限制而比它的一般对等物命中更少的结构。在极端情况下，单个化学型可能与整个分子相同。尽管信息密度可能很高，但在建模中使用高度特定的特性时必须谨慎，以避免过度训练。另外，低信息密度的高度通用型特征不能很好地区分分子，尽管这些分子可以被很快粗略地分类。因此，应该有合理的中间值，此时信息的密度和可扩展性是在可以接受的范围内。下面以一个例子来分析描述 ToxPrint 的化学型：

（1）使用相同的指纹文件和每一种化学型计数和，生成每一种化学型的结构命中次数表。

（2）"命中"结构数及其对应的化学型的对比直方图在图 8.7 中显示。

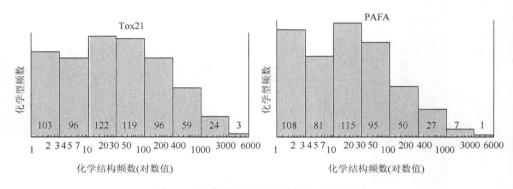

图 8.7　与化学型匹配的结构命中直方图

如图 8.7 所示，在 Tox21 数据集中，103 种化学型只命中 1 个、2 个或 3 个结构，而在 PAFA 数据库中，差不多相同数量的化学型（即 108 种）也命中了与 Tox21 差不多数量的结构。也就是说，它们是属于"高信息密度"的化学型，单一特征能够将一个化合物与其他化合物区分开来。在另一个极端情况下，86 种化学型在 Tox21 数据集中命中达到 400 多种化合物，而在 PAFA 数据库中，仅仅 35 种化学型就命中化合物多达 400 多种。也就是说，这些"低信息密度"的化学型可能对粗略的化合物分组有用，但在理解分子间更复杂的差异方面没有大的帮助。极低信息密度化学型出现在超过 50%的化合物（3000 种或更多）中，这些化学型编码的特征包括主要的基团，如羰基和苯环。

8.4.1.3　属性编码

除了拓扑连通性和子图外，在 ToxPrint 上的化学型也以电子系统信息来编码。一旦用物理化学性质进行编码，化学型就可以充当一种强有力的警报或反应规则。这一方法的价值可以用哈米特方程表征，即取代苯甲酸的酸电离系数[参见式（8.1）和本书第 3 章 3.2.3.3 节]。

$$K_a = \frac{[CO_2^-][H^+]}{[COOH]} \tag{8.1}$$

　　任何取代基（X）稳定阴离子或使质子更不稳定都会增加苯甲酸的酸性。哈米特常数反映了取代基的吸电子能力，强度顺序为 $OH < OCH_3 < CH_3 < H < Cl < Br < I < C(=O)H < C\equiv N < NO_2$。表 8.5 总结了这一趋势。

表 8.5　苯甲酸的 pK_a 值

X（对位）e^-吸电子基	pK_a	X（对位）e^-供电子基	pK_a
H	4.20	H	4.20
Cl	3.98	CH_3	4.34
Br	3.96	OCH_3	4.46
C(=O)H	3.75	$N(CH_3)_2$	5.03
$C\equiv N$	3.55		
(O=)S(=O)CH_3	3.52		
NO_2	3.41		

　　通过引入哈米特常数、σ_X、取代基 X 相对于氢原子电离的苯甲酸的电子效应（影响），定量解释了这一现象。在图 8.8 中，K_X 和 K_H 分别是取代基和母核（未取代苯甲酸）的酸电离常数。

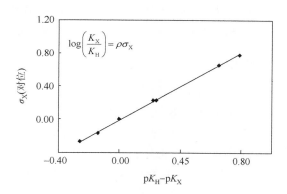

图 8.8　哈米特常数及取代效应对 pK_a 值的影响

　　这个简单的例子是以物理有机化学为基础的。除了 Hansch 和 Fujita 增加的膜分配系数之外，它仍然是现代 QSAR 方法的支柱之一[8]。哈米特方程通过引入影响给定碳原子取代基的参数来解决这一现象。因此，应该有可以定义化学型来反映苯环上的碳原子取代基的效应。此外，这些影响可以被捕获，而不必列举出吸电子和给电子基团。苯甲酸是一种初始化的化学型（图 8.8），然后使用 CSRML 嵌入原子电荷对其进行修饰。

化学型定义依赖于计算与对位取代的苯甲酸子结构相匹配的每一个目标分子中碳原子上的总 σ 电荷和 π 部分电荷（*）（见《化学信息学——基本概念和方法》第 10 章 10.1 节）。如图 8.9 所示，这个总和值＞0.05，比苯甲酸的 pK_a 值低。

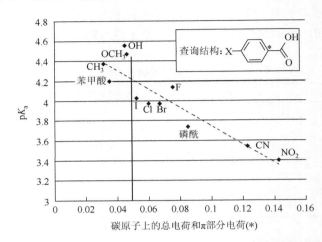

图 8.9　取代基对环碳原子电荷（对位）和取代苯甲酸 pK_a 值的影响

总 s 电荷和原子 p 部分电荷是在 CSRML 文件中编码的，可以用于查询特征。尽管 Ertl[54]发布了一种相关的方法，但这是第一次拓宽化学表示方法，这种方法可以使用开源化学型和 CSRML 参考来实现同时表达结构连通性和局部特征。

8.4.2　肝生化途径的化学型

化学型的概念也可以应用于化学反应中，以化学型查询的形式表示参与反应的化学物质。每个化学型都被赋予反应物或反应产物的角色，而反应规则定义了一系列转换过程将反应物转化为生成物。因此，这些规则可以用于生成与底物（反应物）匹配的反应，去预测诸如被查询化合物的代谢产物。在肝脏生化途径[55]中，主要基于 APIs 写入了 144 个 CSRML 反应规则以涵盖人类肝脏代谢的反应途径，如表 8.6 总结所示。

表 8.6　人体肝脏的代谢转化反应类型

类别	转化途径
断裂	脱乙酰作用、脱烷剂作用、脱羧反应、脱甲酰基反应、去糖基化、脱卤作用
结合	乙酰化作用、葡萄糖醛酸化、糖化作用、甲基化作用、磷酸化作用、硫酸化作用
水解作用	在 C-杂原子、C—N、C—O、杂原子-杂原子位发生水解
羟基化	脂肪族的、芳香性、苄基

续表

类别	转化途径
成环	形成内酰胺
成环	形成内酯
氧化	在 C、C—N、C—O、S 位发生氧化反应
重排	位移或互变异构化
还原	在 C—C、C—O、N—O、S—O 处发生还原反应

　　这些规则已经通过人体体外试验（如肝细胞）的代谢数据库进行验证，从该数据库中计算出正的预测值（PPV）和负的预测值（NPV）及优势比。优势比是一种衡量规则与实验测试结果之间关联性的定量方法。这种以知识为基础的方法定量地根据观察结果对产生代谢物的可能性进行了排序分析，因此，定量数据挖掘的优势远远超出了专家系统制定的常规结构规则。

　　当把这些代谢转化规则应用于不同化学结构类型的化学品[如化妆品、APIs（eTOX）、杀虫剂和 Tox21 目录中的工业化学物质]时，就会出现一种有趣的模式。虽然所有类型的化学物质（化妆品、制药、农药、工业）发生氧化反应（即 P450 代谢）的概率很高，但在断裂、耦合和水解等代谢反应中，药物比其他类型的化学物质更容易发生反应。

　　这一简单的分析，如图 8.10 所示，证实了化学物质的代谢情况对于理解数据集的结构多样性和化学多样性空间是有用的。下一节将介绍代谢指纹图谱作为新描述符这一概念。

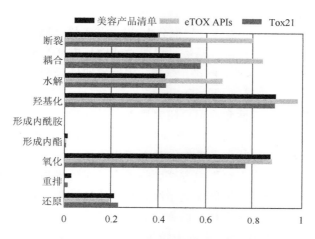

图 8.10　不同化学品清单的反应规则柱状图

8.4.3　线形分子指纹片段标注的动态生成

ToxPrint 的化学型是属于"静态"指纹的一个例子，其预定义的特征通过映射在化合物数据集进行匹配。另一种方法是生成"动态"指纹，即从数据集中提取"动态"的特征。有很多开源动态指纹的产生方法和资源，包括圆形指纹[51]、扩展连通性指纹[56]、Lazer[57]、PaDEL[58]、签名指纹[59]和 SARpy[60, 61]等。这些工具可以从 SMILES 或 CTAB 格式的数据库中提取结构图案，并产生指纹。其中一些工具还可以从输入结构集生成 SMARTS 或基于 XML 的片段，这些片段可以进一步定义为警示结构。

图 8.11 展示了一个提取线形分子动态指纹的过程。化合物结构图被分解为线形分子指纹图，其中每个节点对应一个重原子（非氢原子）。图 8.11 显示了节点 1 的线形分子指纹，原始图中的其他节点可以按照类似的路径进行提取。

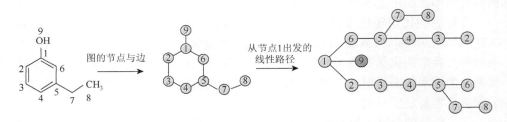

图 8.11　使用图论和深度优先搜索算法得到的线性片段

一条线形分子指纹一旦形成，便生成了一个注释方案。每个节点都可以被注释，以编码相关信息，如原子身份、连接到节点的重原子数、连接到节点的氢原子数、电负性或键或原子的性质（如部分电荷）、芳香性、原子是否在环中等。然后对带注释的线形分子指纹进行筛选，以确定特定长度或长度范围的所有唯一路径，例如，所有长度为 4～8 的路径。然后，用这组线性片段对化合物数据集进行指纹识别。

定义注释方案的灵活性允许用户研究探索各种选项，以找到最适合数据集特定分析的方案。图 8.12 显示了根据 PAFA 数据集得到的大约 4400 个化合物的注释方案，以及生成的片段的数量是如何动态变化的。

这些结果表明，动态指纹生成方法面临一个常见的挑战：可能生成大量的描述符。不过，与圆形指纹和扩展连通指纹方法相比较，带注释的线形分子指纹方法生成的特征更少。根据化合物数据集的大小和结构的多样性，圆形指纹和扩展连通指纹方法所生成的片段的数量相较于线形分子指纹方法可能会多一个数量级，甚至更高。此外，线形分子指纹片段也更简单，因此更容易合理化提取和解

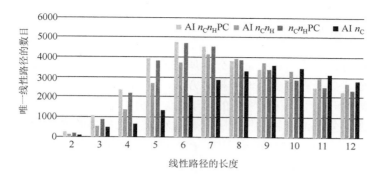

图8.12　线形分子指纹长度和注释方案对PAFA数据库中4400个化合物生成的唯一线形分子指纹数的影响

注释选项包括原子标识（AI）、重原子连接数（n_C）、连接的氢原子数（n_H）和原子部分电荷（PC）

释生成的信息。图 8.12 也说明了一个共同的趋势：在线形分子指纹长度为 5~7 范围内，唯一线形分子指纹的数量通常是最高的。

动态生成的指纹描述符可以用来研究不同数据库所覆盖的化学多样性空间之间的差异，如图 8.13 所示。基于这个具体的例子，研究结果表明，Tox21 在结构上更加多样化，因为唯一线形分子指纹的数量要比来自 PAFA 数据集的化合物高得多，特别是在线形分子指纹长度为 5 和 6 的情况下。

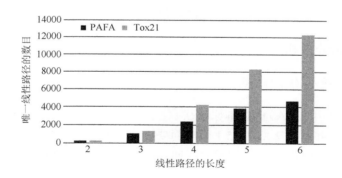

图 8.13　比较两个不同数据集（PAFA 和 Tox21）中 4400 种化合物生成的唯一线形分子指纹数

使用的注释方案为：AI、n_C、n_H、PC

对许多应用程序而言，理想的结构描述符集可能是动态生成的特性的组合，如上面描述的线形分子指纹方法和从一个库（如 ToxPrint 的化学型）中选择的特性。每种方法都有优点，都可以对化学数据集进行特征描述，或者可以导出用于 QSAR 或基于规则的预测方法的描述符。

8.4.4　其他类型的描述符

本节重点讨论基于结构特征和分子属性的描述符，尽管深入的讨论超出了本章的范围。描述分子有许多其他类型的方法，并用于构建 QSAR 模型。例如，光谱数据可以被拆开，用作化学物质的分子指纹（另类描述符）。在分子结构未知或处理生物来源的复杂混合物的情况下，将材料或生物样品的测量特征矢量化尤其有用。在 ToxCast 和 Tox21 的项目中，已经产生大量的生物试验数据，但基于这些实验数据建立体内毒性预测模型的尝试尚未成功。然而，当将这些生物实验数据视为生物描述符时，可能用于对化学物质进行基于生物机理的分类。例如，斑马鱼形态属性数组可用来表示胚胎学或发育现象。另一种描述符是表型图像数据。细胞表型的变化在高内涵筛选过程中，其特征以多变量图像，如形状、强度或纹理方式表示[62]，这些数据是非经典描述符的例子，它们来自生物学实验带有化学特性或化学型的特征，可用来作为计算分子相似度的描述符。开发可以利用不同类型的数据作为化学信息学应用描述符的方法是当前的一个重要趋势。

8.5　化学多样性空间分析

本章描述了对不同类型物质的化学多样性空间进行比较的方法，会利用到 Tox21、化妆品清单、PAFA 和上市药物等四种目录来探索。

8.5.1　主成分分析

8.5.1.1　主成分分析概要

主成分分析（PCA）的基本原理在《化学信息学——基本概念和方法》第 11 章 11.1 节介绍，并在第 2 章 2.1.5.1 节中简要讨论；因此，这些细节将不会在这里重复。PCA 是一种无监督的学习技术，通常用于将原始的高维空间投影到由正交分量组成的更低维度的变量空间中。

在化学多样性空间分析中，主成分特别有助于从高维数据中提取有用的信息。主成分分数的模式识别与任何其他类型的描述符一样，但基于主成分的模式识别有几个值得注意的优点。在多数情况下，它是第一个成分，即使它解释了最大的方差比例，但也仅仅反映了被研究系统的标度特征，是一个纯粹的"大小"指标；然而，它的下一个成分会对系统的"形状"或质量属性等进行描述[63, 64]。为了找到有辨识能力的主成分，需要考虑各主成分正、负特征向量系数的相对比例。主成分系数无论正或负都没有区别的主成分，对捕获数据集之间的差异没有帮助；

第一个主成分通常是这样的。如下面所述，有识别能力的主成分可用于预测化学多样性空间表征。

8.5.1.2　用 PCA 分析化学空间的多样性

图 8.14 比较了来自第 8.3.3 节所述的四种化学品清单中化合物的主成分分析结果，分别使用 ToxPrint 化学型和物理化学性质作为主成分分析描述符。

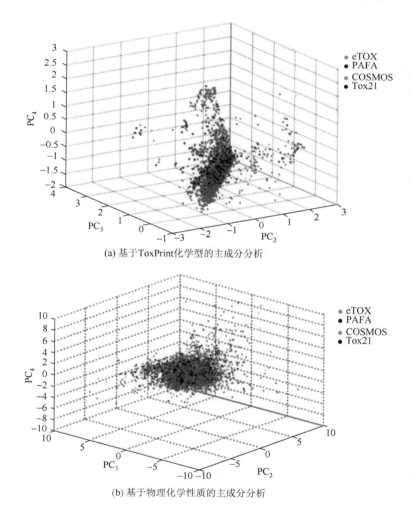

(a) 基于ToxPrint化学型的主成分分析

(b) 基于物理化学性质的主成分分析

图 8.14　用 ToxPrint 化学型（a）和物理化学性质（b）进行主成分分析，比较四种化学清单的化学多样性空间

在这些分析中，每一个数据集被分析的化合物都是唯一的，即这些化合物不

会包含在一个以上的数据集中。图 8.14 包括如下内容：

（1）应用 CORINA Symphony 共享版软件生成 14 种物理化学性质[46]：Xlog P、分子量、Lipinski "五规则"违反情况、氢键受体和供体数、可旋转键数、log S、复杂度和环复杂性等。

（2）PCA 可以用许多统计软件包来执行。协方差是由标准化变量的欧几里得距离计算出来的。

（3）从 ChemoTyper 中生成二维独特结构的 ToxPrint 指纹，并选择至少在 5 个结构中出现的化学型。对于 PCA，协方差是基于 Jaccard 距离计算的。

（4）每个轴代表主成分的分数，每个点代表一个化学结构。

从图 8.14（a）中可以清楚看出，四个数据集在化学结构多样性空间有明显的重叠；但差异也很明显。有些区域含有大量的 eTox 化合物，而其他区域则高度富集 COSMOS 化合物。另外，PAFA 和 Tox21 的化合物，与其他两种目录中的许多化合物是大部分重叠的。在比较图 8.14（b）中基于物理化学性质的 PCA 的目录清单时，观察到一个不同的、更明显的分离。有一个区域被 COSMOS、PAFA 和 Tox21 化合物所占据，但很少有 eTox 化合物。

更详细的分析是探索不同的感兴趣区域，并确定用哪些描述符（如化学型或属性）可以解释清单之间观察到的差异。还需注意的是，图 8.14 实际上是通过更高维度的主成分得到的 3D 映射。尽管 2D 和 3D 投影图提供了有用和有趣的可视化效果，但对 PCA 结果进行更严格和定量的分析通常需要探索数据在更高维度空间中的分布方式，这在计算上要求更高。

8.6 结 论

专注于安全和风险评估的监管机构已经认识到，需要引入计算方法帮助理解和预测化学品的毒性风险。这一工作包括设计和开发化学品毒物数据库、数据挖掘方法、描述符识别和知识构建以及数据可视化工具，用于开发预测模型，为监管部门决策提供参考。

基于类似物的交叉参照（RA）需要了解化学品的分子结构特征、分子特性和生物特征等知识。化学型允许捕获结构知识和物理化学属性信息。开源的 ToxPrint 化学型是为毒性查询而量身定做的。众所周知，它提供了包括化学品、化妆品、食品添加剂、杀虫剂和药品在内的监管化学品的特征。化学型也可以根据未观测到的效应水平（NOEL）/最低观测效应水平（LOEL）来标注机制信息和效能类别。化学信息学方法可以识别化学品类型，根据分子结构、属性、活性和生物机制对化学品进行分类。RA 的最终结果取决于类似物毒性信息的量化权重和计算机模型的预测能力。这种方法应该将不同来源的证据考虑在内，不仅应该包括 QSAR 模型和警示结构，还应该将来自生物化验和毒性研究的实验结果考虑进去。

参 考 文 献

[1]   Canadian Domestic Substances list，http://www.ec.gc.ca/lcpe-cepa/default.asp？lang＝En&n＝5F213FA8-1（accessed January 2018）.

[2]   https://echa.europa.eu/regulations/reach/understanding-reach（accessed January 2018）

[3]   EU Cosmetics Regulations and Registration，http://www.cirs-reach.com/Cosmetics_Registration/eu_cosmetics_directive_cosmetics_registration.html（accessed 25 January 2018）.

[4]   US Department of Health and Human Services，Food and Drug Administration（2015），Assessment and Control of DNA Reactive（Muta-genic）Impurities in Pharmaceuticals to Limit Potential Carcinogenic Risk（Guidance for Industry），https://www.fda.gov/downloads/Drugs/GuidanceComplianceRegulatoryInformation/Guidances/UCM347725.pdf（accessed January 2018）.

[5]   Toxicity Testing in the 21st Century，National Research Council（NRC）（2007），National Academy Press，Washington，DC，266 pp.

[6]   Collins，F.S.，Gray，G.M.，and Bucher，J.R.（2008）*Science*，**319**，906-907.

[7]   Hammett，L.P.（1970）*Physical Organic Chemistry*，2nd edn，McGraw-Hill，New York，NY.

[8]   Hansch，C.，Maloney，P.，Fujita，T.，and Muir，R.M.（1962）*Nature*，**194**（4824），178-180.

[9]   Janssen，W.F.，*The Story of the Laws Behind the Labels*，FDA Consumer（1981），Delaney Clause，http://www.fda.gov/AboutFDA/WhatWeDo/History/Overviews/ucm056044.htm（accessed January 2018）.

[10]   Munro，I.C.，Ford，R.A.，Kennepohl，E.，and Sprenger，J.G.（1996）*Food Chem. Toxicol.*，**34**（9），829-867.

[11]   Cramer，G.M.，Ford，R.A.，and Hall，R.L.（1978）*Food Cosmet. Toxicol.*，**16**（3），255-276.

[12]   Kroes，R.，Renwick，A.G.，Cheeseman，M.，Kleiner，J.，Mangelsdorf，I.，Piersma，A.，Schilter，B.，Schlatter，J.，Van Schothorst，F.，Vos，J.G.，and Würtzen，G.（2004）*Food Chem. Toxicol.*，**42**（1），65-83.

[13]   The OECD QSAR Toolbox，Organization for Economic Co-operation and Development，http://www.oecd.org/chemicalsafety/risk-assessment/oecd-qsar-toolbox.htm（accessed January 2018）.

[14]   Toxtree-Toxic Hazard Estzimation by Decision Tree Approach，http://toxtree.sourceforge.net/（accessed January 2018）.

[15]   COSMOS Project-*Integrated In Silico* Models for the Prediction of Human Repeated Dose Toxicity of COSMetics to Optimize Safety，http://www.cosmostox.eu/what/databases and http://www.cosmostox.eu/what/ttc/（accessed January 2018）.

[16]   Stice，S. and Adams，T.B.（2016）Annual Meeting of the Society of Tox-icology：The Application of an Updated Cramer Decision Tree to Food Ingredient Safety Assessment，Abstract 2280.

[17]   Yang，C.，Arvidson，K.，Cheeseman，M.，Cronin，M.T.D.，Enoch，S.，Escher，S.，Fioravanzo，E.，Jacobs，K.，Steger-Hartmann，T.，Tluczkiewica，I.，Tarkhov，A.，Rathman，J.，Vitcheva，V.，Mostrag，A.，and Worth，A.（2016）Annual Meeting of the Society of Toxicology：Development of a Master Database of Non-Cancer Threshold of Toxicological Concern and Potency Categoriza-tion Based on ToxPrint Chemotypes，Abstract 2163.

[18]   Yang 2017. Yang C，Barlow SM，Muldoon-Jacobs KL，Vitcheva V，Boobis AR，SP Felter，Arvidson KB，Keller D，Cronin MTD，Enoch S，Worth AP，Hollnagel HM. Thresholds of Toxicological Concern for cosmetics-related substances：New database，thresholds，and enrichment of chemical space. *Food and Chemical*

Toxicology，**109**（2017）170-193.

[19]　Read-Across Assessment Framework（RAAF），European Chemicals Agency，https：//echa.europa.eu/documents/10162/13628/raaf_en.pdf（accessed January 2018）.

[20]　New Approach Methodologies in Regulatory Science. Proceedings of a scientific workshop，European Chemical Agency，April 2016，https：//echa.europa.eu/documents/10162/22816069/scientific_ws_proceedings_en.pdf

[21]　DayCart-Chemical Intelligence for the relational database environment，Daylight Chemical Information Systems，Inc.，http://www.daylight.com/products/daycart.html（accessed January 2018）.

[22]　JChem Oracle Cartridge，https：//chemaxon.com/products/jchem-engines（accessed January 2018）.

[23]　BIOVIA Direct，Dassault Systemes，http://accelrys.com/products/collaborative-science/biovia-direct/（accessed January 2018）

[24]　Bingo，Epam Systems，http://lifescience.opensource.epam.com/bingo/index.html（accessed January 2018）.

[25]　OrChem，http://orchem.sourceforge.net/（accessed January 2018）.

[26]　MolSql-Chemistry Cartridge for SQL Server，https://www.scilligence.com/web/dev-suite/（accessed January 2018）

[27]　RDKit：Open-Source Cheminformatics Software，http://www.rdkit.org/（accessed January 2018）.

[28]　Django Web Framework，Django Software Foundation，https：//www.djangoproject.com/（accessed January 2018）.

[29]　Wikipedia，The Free Encyclopedia，"Java Persistence API"，https：//en.wikipedia.org/wiki/Java_Persistence_API（accessed January 2018）.

[30]　THOR-Merlin Toolkit-C-language interface for chemical database pro-cessing/searching，Daylight Chemical information Systems，Inc.，http://www.daylight.com/products/thor_merlin_kit.html（accessed January 2018）.

[31]　ChemAxon Products，https://www.chemaxon.com/products/（accessed January 2018）.

[32]　MOSES-Extensive chemoinformatics platform，Molecular Networks GmbH，https：//www.mn-am.com/moses（accessed January 2018）.

[33]　CDK：Java Libraries for Cheminformatics，https://cdk.github.io/（accessed January 2018）.

[34]　https：//cosmosdb.eu/cosmosdb.v2/（accessed January 2018）.

[35]　eTOX Project Website，http://www.etoxproject.eu/index.html（accessed January 2018）.

[36]　Wikipedia，The Free Encyclopedia，"Federated Database Systems"，https：//en.wikipedia.org/wiki/Federated_database_system（accessed January 2018）.

[37]　Wikipedia，The Free Encyclopedia，"International Chemical Identifier"，https://en.wikipedia.org/wiki/International_Chemical_Identifier（accessed January 2018）.

[38]　SMILES-A Simplified Chemical Language，Daylight Chemical Information Systems，Inc.，http://www.daylight.com/dayhtml/doc/theory/theory.smiles.html（accessed January 2018）.

[39]　Django Mutant，https://pypi.python.org/pypi/django-mutant（accessed January 2018）.

[40]　Django Dynamo，https://bitbucket.org/schacki/django-dynamo（accessed January 2018）.

[41]　Wikipedia，The Free Encyclopedia，"Entity-Attribute-Value Model"，https://en.wikipedia.org/wiki/Entity-attribute-value_model（accessed January 2018）.

[42]　Ravagli，C.，Pognan，F.，and Marc，P.（2016）OntoBrowser: a collaborative tool for curation of ontologies by subject matter experts. *Bioinformatics*，**33**（1），148-149；10.1093/bioinformatics/btw579 and http://opensource.nibr.com/projects/ontobrowser/.

[43]　Ontology Lookup Service，http://www.ebi.ac.uk/ols/index（accessed January 2018）.

[44]　"Toxicology Testing in the 21st Century（Tox21）"，U.S. Environmental Pro-tection Agency，https://www.epa.gov/chemical-research/toxicology-testing-21st-century-tox21（accessed January 2018）.

[45] "AMES/QSAR International Collaborative Study", National Institute of Health Sciences, Division of Genetics and Mutagenesis, Japan, http://www.nihs.go.jp/dgm/amesqsar.html (accessed January 2018).

[46] CORINA Symphony Descriptors Community Edition Web Service, Molecular Networks, GmbH, https://www.mn-am.com/services/corinasymphonydescriptors (accessed January 2018).

[47] eTOXsys-Online chemical toxicity database and prediction tools, https://etoxsys.eu/etoxsys.v3-demo/#/ (accessed January 2018).

[48] Yang, C., Tarkhov, A., Marusczyk, J., Bienfait, B., Gasteiger, J., Kleinoeder, T., Magdziarz, T., Sacher, O., Schwab, C.H., Schwoebel, J., and Terfloth, L. (2015) *J. Chem. Inf. Model.*, **55** (3), 510-528.

[49] "ChemoTyper application, a public tool for searching and highlighting chemical chemotypes in molecules.", Altamira LLC and Molecular Networks GmbH, (2013), https://chemotyper.org (accessed January 2018).

[50] "ToxPrint-A public set of chemotypes, including generic structural fragments, Ashby-Tennant genotoxic carcinogen rules, and cancer TTC categories.", Altamira LLC and Molecular Networks GmbH, (2013), https://toxprint.org (accessed January 2018).

[51] Glen, R.C., Bender, A., Arnby, C.H., Carlsson, L., Boyer, S., and Smith, J. (2006) *IDrugs*, **9** (3), 199-204.

[52] Richard, A.M., Judson, R.S., Houck, K.A., Grulke, C.M., Volarath, P., Thillainadarajah, I., Yang, C., Rathman, J., Martin, M.T., Wambaugh, J.F., and Knudsen, T.B. (2016) *Chem. Res. Toxicol.*, **29** (8), 1225-1251.

[53] Yang, C., Richard, A.M., and Cross, K.P. (2006) *Curr. Comput.-Aided Drug Des.*, **2**, 135-150.

[54] Ertl, P. (1997) *QSAR*, **16**, 377-382.

[55] "BioPath-Database on Biochemical Pathways", Molecular Networks GmbH (2018), https://www.mn-am.com/databases/biopath (accessed January 2018).

[56] Rogers, D. and Hahn, M. (2010) *J. Chem. Inf. Model.*, **50** (5), 742-754.

[57] Maunz, A. and Helma, C. (2008) *SAR QSAR Environ. Res.*, **19** (5-6), 413-431.

[58] Yap, C.W. (2011) *J. Comput. Chem.*, **32** (7), 1466-1474.

[59] Faulon, J.L., Visco, D.P. Jr., and Pophale, R.S. (2003) *J. Chem. Inf. Comput. Sci.*, **43** (3), 707-720.

[60] Ferrari, T., Cattaneo, D., Gini, G., Golbamaki, N., Manganaro, A., and Benfenati, E. (2013) *SAR QSAR Environ. Res.*, **24** (5), 365-383.

[61] Ferrari, T., Gini, G., Bakhtyari, N.G., and Benfenati, E. (2011), Mining toxi-city structural alerts from SMILES: A new way to derive Structure Activity Relationships, IEEE Symposium on Computational Intelligence and Data Mining (CIDM), 2011, pp. 120-127.

[62] Reisen, F., Sauty De Chalon, D.C.A., Pfeifer, M., Zhang, X., Gabriel, D., and Selzer, P. (2015) *Assay Drug Dev. Technol.*, **13** (7), 415-427.

[63] Darroch, J.N. and Mosimann, J.E. (1985) *Biometrika*, **72**, 241-252.

[64] Yang, C., Hasselgren, C.H., Boyer, S., Arvidson, K., Aveston, S., Dierkes, P., Benigni, R., Benz, R.D., Contrera, J., Kruhlak, N.L., Matthews, E.J., Han, X., Jaworska, J., Kemper, R.A., Rathman, J.F., and Richard, A.M. (2008) *Toxicol. Mech. Meth.*, **18** (2-3), 277-295.

9　化学计量学在分析化学中的应用

Anita Rácz[1]、Dávid Bajusz[2] and Károly Héberger[1]

[1]Plasma Chemistry Research Group，Institute of Materials and Environmental Chemistry，Research Centre for Natural Sciences，Hungarian Academy of Sciences，Magyar tudósok krt. 2，H-1117 Budapest，Hungary

[2]Medicinal Chemistry Research Group，Research Centre for Natural Sciences，Institute of Organic Chemistry，Hungarian Academy of Sciences，Magyar tudósok krt. 2，H-1117 Budapest，Hungary

鲁 斌　顾 琼 译　　徐 峻 审校

9.1　引　　言

随着分离方法与检测技术的整合，现代色谱和波谱仪器产生了大量的数据。近年来，计算能力（速度和数据量）迅速提高，数据到信息的转化工作已成为分析化学中最重要的任务之一。化学计量学（化学数据的多元统计分析学）可视为化学信息学在分析化学中的应用。这两个领域的计算工具之间有很大的重叠。化学计量学者常使用化学信息学的方法。事实上，化学计量学界已经为数据分析工具做出了重要贡献，建立了里程碑式的方法论。本节中，我们将简要介绍这些技术，包括化学计量学中经常用到的数据预处理和模型验证方法。有关这些方法的更多详细信息，请参见《化学信息学——基本概念和方法》第 11 章 11.1 节。

9.2　数据来源：数据预处理

如果数据排列成矩阵，则列向量为函数自变量（或称被研究对象的性质），行向量为被研究对象的实例或样本。按化学计量学的惯例，样本按行排列，而被测的性质（如波长等）则排列在输入矩阵的列中。类似地，在化学信息学，化合物通常按惯例排列在行中。在进行数据分析之前，都有数据预处理步骤。

数据的预处理可能导致严重的信息丢失，也可能产生对预测模型有用或者无意义的数据。最常用的数据预处理方法有：中心化、缩放和变换。所有的数据预处理技术都蕴涵了对数据中方差结构的一些假设。

　　均值中心化（mean centering）是每个矩阵元素都减去列平均值，例如，将坐标系的原点移到数值中心。中心化使区间尺度数据表现为比率标度数据，这是大多数多元模型中假定的数据类型。中心化降低了模型的秩①，提高了拟合性能，消除偏移，降低误差[1]。中心化可以被视为一个投影步骤，因为它去除了假定的偏移量，使数据的拓扑结构保持不变[1]。

　　"标准化"是指用列标准偏差来划分每个中心化的矩阵元素。如果变量是用（明显）不同的单位来衡量的，那么标准化是绝对必要的。

　　"缩放"或"加权"是指将对象转换为相称的比例。最常用的权重是标准偏差的倒数。以这种方式，所有变量都按比例缩放至单位标准偏差。标准化允许变异较小的特征与变异较大的特征具有相同的影响。术语自动缩放经常用于代替标准化。缩放的影响如图9.1所示。

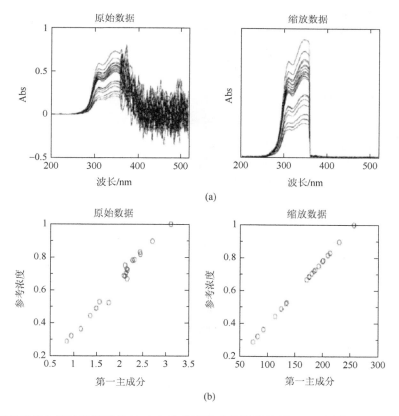

(a)

(b)

图9.1　原始数据与缩放数据的比较（a）和校准线上的缩放比例（b）（图片引用已经获得 John Wiley & Sons，Ltd. 许可）

---

　　① 一个向量组的秩是其最大无关组所含的向量个数。——校者注

在化学计量学中，"归一化"是指将所有变量缩放到单位长度，也就是说，用欧几里得距离把每个矩阵元素分开（它容易与标准化混淆）。

范围缩放：所有变量能轻易变换到[0, 1]区间[参见式（9.1）]：

$$x_{ij}^{\text{range scaled}} = \frac{(x_{ij} - \text{Min}(x_j))}{(\text{Max}(x_j) - \text{Min}(x_j))} \qquad (9.1)$$

其中，j 是列 1, 2、…、m 的索引，所有列必然具有（至少）一个 0 和 1。

还有许多其他缩放方法（Pareto 缩放、vast 缩放、层级缩放等）[2]。

变换：偏斜或异方差数据能转化为（近似）正态分布。倒数、对数和幂变换是最常用的。对数变换能使乘法模型具有加和性。幂函数的指数可以调整为误差结构。零点和负值引起对数变换的二值性（负值也不适用于平方根变换）。

还有许多其他数据预处理方法，如平滑化处理（可以由 SavigZky-Galay 过滤法实现；也可以在线处理）、多元散射校正、求导（一次、两次）和缺失数据处理[通过多次插补，用（列）平均值代替缺失的数据]。

例：贻贝的遗传毒性

在最近的一项工作中，作者通过评估单细胞凝胶电泳数据研究了贻贝的遗传毒性[3]。用以估计贻贝的遗传毒性数据从 Adriatic Sea 的 Kotor Bay 收集。作者使用了 3 种评估方法（尾部强度、尾长和橄榄尾矩），并利用 3 种组织（血淋巴、消化腺和鳃）评估 DNA 损伤，那么剩下的任务就是确定哪些器官和哪种评估方法应该优先使用。测量产生了不同尺度的数据，因此必须进行数据预处理：标准化、归一化、范围缩放和秩变换轮流使用。对各采样点和季节的数据进行平均。使用排序差额之和（sum of ranking differences，SRD）法对 3 种组织和 3 种评估方法进行比较[4]。然后，通过方差分析（ANOVA）揭示不同因素（器官类型、评估方法和预处理选择）的影响。SRD 值越小越好。SRD 分析与方差分析结合能对生物实验数据提供独一无二的效应因子的分解（图 9.2）。在这种情况下，秩变换远远优于任何其他缩放方式。SRD、ANOVA 和交叉验证也证明了这一点。

9.3 数据分析方法

9.3.1 定性方法

化学计量学的定性方法用于分类（单个样本的归属）和模式识别（发现观测

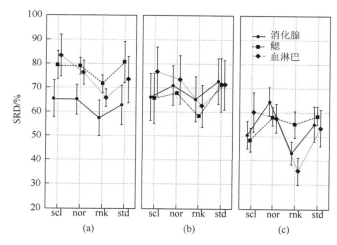

图 9.2　SRD 与 ANOVA 的组合以易于察觉的方式分解因子的影响

数据预处理方法：scl 表示范围缩放、nor 表示单位长度归一化、rnk 表示秩变换、std 表示标准缩放（autoscaling）；组织类型：图形表示消化腺，正方形表示鳃，菱形表示血淋巴；彗星试验评价方法：（a）尾部强度、（b）尾长、（c）橄榄尾矩（从文献[3]重印，2014 年，经 Elsvier 版权许可）

数据中所蕴含的分类模式）[5]。定性分析方法主要有两种：无监督方法（事先不确定数据能分为多少组的方法）和有监督方法（事先知道数据能分为几组，并尽可能产生最佳的分组的方法）。因此，在分类模型中，有监督方法会考虑到分类的成员关系，而无监督方法就不会。就目前而言，为达到特定目的选择一组方法可能更加合适，但它并不总是一个不含糊的选择。在本节中，我们简要介绍最重要的无监督和有监督的模式识别方法（辅以一些新颖的或简单有趣的方法）。

9.3.1.1　无监督模式识别

无监督模式识别方法不预定义数据分为几类。本节通过实例详细介绍这类方法中的主成分分析（PCA）法。

PCA 是最常用的化学计量学方法之一，是对化学计量学者/数据科学家极有价值的数据分析工具[6]。它主要用矩阵分解法为高维数据降维。例如，如果我们有一个秩为 r 的数据矩阵[一个包含 m 个变量和 n 个样本的数据表，其中 $r = \min(m,n)$]，PCA 将其分解为一系列的秩为 1 的矩阵（即一个特殊的称为载荷向量 P' 的系数集），每个矩阵再乘以主成分分值[抽象因子或隐含变量（LVs），即得分向量 t]（图 9.3）。

实际上，这意味着在 m 维空间中，我们将寻找使数据方差最大的方向。这将是第一主成分（PC1）的方向，它是由载荷向量 P'_1（单位向量，其元素对应于 PC1

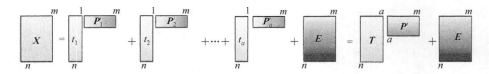

图 9.3　主成分分析中的矩阵分解

载荷矩阵 $\boldsymbol{P}$ 包含主成分中原始变量的协方差，而得分矩阵 $\boldsymbol{T}$ 包含样本的主成分得分（值）；$\boldsymbol{E}$ 是在一个 m 情况下的一个误差矩阵（如果 $a = m$，$\boldsymbol{E}$ 矩阵是空的，只包含零）

> **小贴士**：虽然理论上载荷向量的数可以高达 m，但在 $m \geqslant n$ 的情况下，第 n 个之后的任何主成分将毫无意义（"病态问题"）。

中原始变量的系数）定义的 m 个原始变量的线性组合。然后，通过第二大方差确定（PC2），它必须与 PC1 正交（即它也必须是单位向量）。同样地，PC3 必须与 PC1 和 PC2 正交，依此类推。最后，主成分分量形成标准正交基组。

一旦我们确定了主成分，数据就可以被投影到一个较低（最好是二维或三维）子空间。这意味着以主成分为轴，在二维或三维空间作图。由于通常前几个主成分包含了数据中的大部分方差，这种简化的解释能够检测分组或模式，这在原始的 m 维数据矩阵（可能包含数百甚至数千个变量）中很难发现。因此，PCA 等相关方法也可称为降维方法。PCA 应用中的一个重要问题是主成分个数的确定，有多种方法可用于确定（伪秩、有效秩），包括关于主成分解释方差（或本征值）的陡坡图（主成分编号按降序排列的特征值图）。

另一个广泛应用的工具是聚类分析或聚类[7]。聚类分析是建立在同一思想基础上的一组方法的总称：根据样本之间的距离将样本分成不同的"聚类"。两个物体的位置越近，就越相似。层次聚类分析（hierarchical cluster analysis，HCA）是最常用的聚类方法之一。在 HCA 中，根据样本之间的距离把它们分成不同的聚类，然后再根据它们的距离将这些聚类依次分成更大的聚类，结果通常以树状图（图 9.4）表示。树状图给出了样本"自然"分组的可视化的详细结果。聚类的主要问题在于可供选择的距离计算方法（即两个对象之间距离的计算方法）以及连接方法（"合并规则"，即两个聚类之间距离的计算方法）太多了，这些距离计算方法会产生不同的结果。这可能是因为这些聚类忽略了与方向相关的信息，只关注距离。

自组织图（self-organizing maps，SOM）（或 Kohonen 图）是另一个广泛使用的无监督模式识别方法[8]。SOM 是一种人工神经网络（ANN），它利用无监督学习来生成节点（或神经元）的映像（通常是矩形或六边形网格），作为原始数据结构的简化（低维）表示。使用输入示例进行训练（即创建自组织图）后，可以通过查找与给定样本最近（更相似）的节点将样本放置在自组织图上。

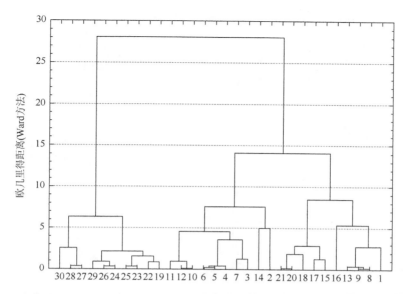

图 9.4 根据色谱柱的各种极性指标，采用 Ward 方法（作为连接规则）和欧几里得距离进行聚类分析，任意水平线在大约 20 个或 10 个距离单位分别为两个或三个簇

实例：意大利橄榄油分类

本例根据产地对意大利橄榄油进行分类。橄榄油产自意大利的 9 个地区，即北部阿普利亚（1）、卡拉布里亚（2）、南阿普利亚（3）、西西里岛（4）、内撒丁岛（5）、沿海撒丁岛（6）、利古里亚东部（7）、利古里亚西部（8）和翁布里亚（9），其特点是含有 8 种不同的脂肪酸[9, 10]。从 572 个橄榄油总体中抽取 250 个样本，训练一个大小为 15×15 的神经元，产生图 9.5（a）所示的 SOM。将剩下的 322 个样本作为测试案例发送到这个 SOM 中，得到了 312 个正确的预测，正确分类率达到了极为优秀的 96.9%[11]。

不过，从图 9.5 中可以得到另一个非常有趣的结果：SOM 中的区域再现了意大利的地理分布。意大利北部和撒丁岛地区位于 SOM 顶部，撒丁岛与其他地区明显分离，意大利南部地区位于 SOM 的下部。奇怪吗？不，在数据里！意大利北部地区的土壤和气候与撒丁岛和意大利南部截然不同。这凸显了无监督学习的优势：能从数据中获取尽可能多的信息。

9.3.1.2 有监督的模式识别

与无监督方法相反，有监督分类算法是用一组已知分类成员身份的观测值（训练集或学习集）优化（训练）的。因此，在它们的使用和验证方面，出现了一些略微不同的实践应用。

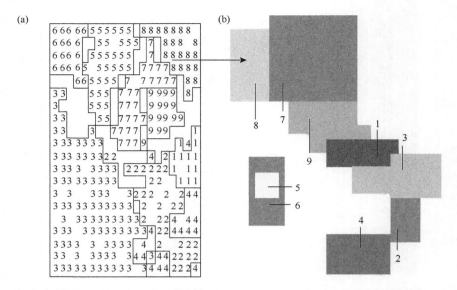

图 9.5　意大利橄榄油数据集的自组织图及其与意大利地图和橄榄油样本产地的比较（引用本图已经获得 Elserier 许可）

　　线性判别分析（LDA）是化学计量学中最常用的有监督分类方法之一[12]。LDA 的原理与 PCA 非常相似：两者都产生原始变量的线性组合，从而能最佳表达和解释原始数据。它与 PCA 不同的是，LDA 使用 m 维空间中的（$k-1$）维变量来显式地建立 k 类数据之间的差异模型，从而最好地分离各种类别。这些新变量（即规范变量）的二维以上的图可以包括定义与分组相关的区域置信椭球（或超椭球），以及将这些区域与不同分组相对应的线分开（图 9.6）。

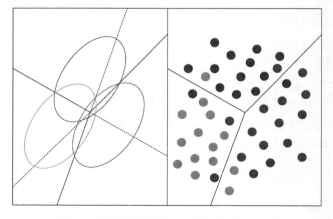

图 9.6　用置信椭球区和分离线绘制 LDA 图

注意，通过两个椭圆的交点进行分离

　　偏最小二乘（PLS）法最初用于回归分析（见第 9.3.2 节），但它也适用于分类。实际上，当因变量（y）不是连续变量而是类别（对应于分类成员身份）时，可以将其用于分类。这种设置通常被称为偏最小二乘判别分析（partial least squares discriminant analysis，PLS-DA）[13]。

例：匈牙利历史货币分类

　　尽管关于阿尔帕德王朝（匈牙利）的历史资料非常稀少，我们想知道是否有可能解开铸币习惯与不同国王之间可能的联系。中世纪匈牙利王朝银币的化学成分由 X 射线荧光光谱测定。对象目标旋转法（object target rotation）是一种相对较少使用的有监督模式识别方法[14]，该方法适用于已知分类成员详细且高度具体的身份信息的情况。例如，Christie 等已经使用该方法成功地解析出簇中的分组[15]。根据三个历史时期的不同，确定了三类硬币。硬币成分的第一个主要成分反映了铸造合金中银和铜之间的比例。这一主要成分的得分在两个非连续历史时期（1 类和 3 类）的硬币中也有相似的分布，但中间时期——卡曼国王统治时期（2 类）匈牙利货币金属成分的突然变化是在没有通货膨胀的情况下货币贬值的一个例子（即与硬币的实际含银量无关，商人和外行对硬币价值的信念依然存在）（图 9.7）。

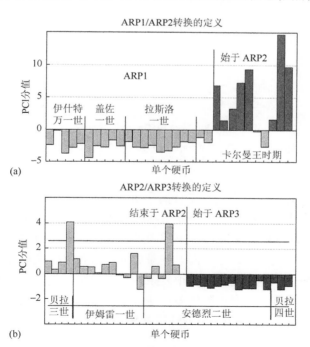

图 9.7　由硬币的金属含量决定的三个时期之间的过渡（已经获得 Wiley 许可引用）

ARP1 表示阿尔帕德王 1 期；ARP2 表示阿尔帕德王 2 期；ARP3 表示阿尔帕德王 3 期

　　在对象目标旋转法中，采用方差和最小准则选取每个分类（周期）中最中心的目标。然后，将每个对象投影到中心对象上，并用成员百分数表示每个硬币在给定时期的分配。在引用的文献中，与第 1 类和第 3 类货币相对应的历史时期货币成分的差异并没有被 PCA 捕捉到，而是通过对象目标旋转法来揭示。一般来说，"目标旋转法可以分别代替无监督和有监督的模式识别方法，如 PCA 和偏最小二乘判别分析。如果分布是倾斜的和/或双峰的，它就特别有用。该方法的成功之处在于分类指派的效率与解决分类内部情况的能力相结合"[15]。

　　另一组监督学习方法以递归分割的概念为基础，也称为分类回归树（CART）[16]。这类方法不是构造新变量，而是将分类（或连续变量或有序变量的回归）作为一组基于原始变量值的二元决策（图 9.8）。决策树的更高级实现包括装袋算法、随机森林算法和增强树。这些方法也被称为集成方法，因为它们构建了多个决策树并聚合了它们的结果。

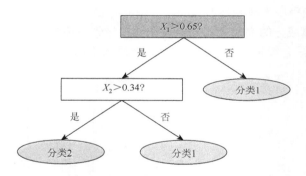

图 9.8　分类树的一个简单示例

每个连接对应一个基于变值的二元决策，而每个叶都是分类的可能结果（请注意，不一定只有一片叶子就可以将样本分类为给定的分组）

　　还有一组有趣的分类方法是支持向量机（SVM）。与大多数分类算法相反，支持向量机使用适当的核函数将原始数据投影到高维（而不是低维）空间（特征空间）（最流行的核函数包括多项式核和高斯径向基函数）。在得到的高维空间中，定义了一个线性（或平面、超平面）决策边界，将各种分类彼此分开，而在原始空间中，边界是一个非线性（通常很复杂）经验函数。支持向量机的变体很多，但它们的共同特点是有两个正则化参数（即 C 和 gamma）（正则化参数组合空间中的典型曲面如图 9.9 所示）。一篇通俗易懂的综述文献[17]总结了支持向量机的大多数特征。

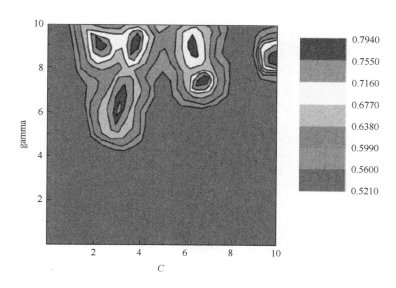

图 9.9 支持向量机分类模型的正则化参数组合空间，颜色编码对应分类性能（越高越好），许多组合可能产生相同的模型优度

    k 近邻（kNN）算法是机器学习中的又一个流行方法[18]。它非常简单，根据（原始）变量的多维空间中距离 k（用户定义）最近的训练样本将目标对象分配给各个分类。当然，这种方法还需要事先对一些参数进行优化，包括使用的距离度量和 k 值。该算法的最新发展包括 Todeschini 及其同事们提出的 N-近邻（N3）算法和 binned nearest neighbors（BNN）算法[19]。

    虽然受试者工作特性曲线（ROC）本质上不是分类方法，但值得一提的是，它们在化学信息学中被广泛用于评价二元分类器。ROC 迭代一系列由分类器值（如概率分数）排序的观察值，其分类成员（默认为"正"或"负"）已知。在每一次迭代中，都会回答以下问题：如果我在分类器的当前值上设置一个阈值，并预测一个值相等或更高的对象为正值，其余为负值，真阳性率（TPR，即真阳性与所有阳性的比率）和假阳性率[FPR，即假阳性（被错误分类为阳性的阴性）与所有阴性的比率]是多少？这将在 ROC 上定义一个点（图 9.10）。曲线下的面积（$0 \leqslant AUC \leqslant 1$）将随着分类器方法性能的提高而增大（$AUC = 0.5$，即对角线对应于随机分类）。虽然 ROC 传统上用于二元分类器的评估，但也有将概念扩展到多类分类领域的效果，包括本章作者最近的一项研究[20]。

9.3.2 定量方法

    定量分析是分析化学的另一个主要领域。现代分析仪器可以产生巨大的数据

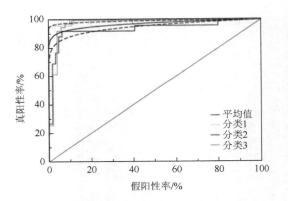

图 9.10　*n* 类 ROC 的一个例子

灰色曲线对应于单独的类别（1~3）；而黑色是用汉利公式计算的平均曲线；虚线表示与平均值的±1 标准偏差（转载自参考文献[20]，已经获得 Elsevier 许可引用）

集，通常包含数千个光谱数据[傅里叶变换红外光谱（FTIR）/近红外光谱（NIR）、质谱（MS）、核磁共振波谱（NMR）等]。在每种情况下，检测信号与准确浓度值之间的联系并不简单清晰。因此，检测样品的化学计量学分析在评价过程中起着重要作用。在这一小节中，我们将描述一个最重要的化学计量学方法：定量分析中的回归技术。

　　所有的回归方法都基于一个简单的概念：我们研究一个或多个自变量（X）和一个（或多个，但通常是一个）因变量（y）之间的联系（线性或非线性）[式（9.2）~式（9.4）]。最简单的情况是只有一个因变量和一个自变量，被称为单变量回归。在这种情况下，回归方程为 $y = b_0 + b_1 x_1 \pm e$，其中，b_0 是截距，b_1 是斜率，e 是随机噪声或残余误差。如果自变量的个数多于一个，则可采用以下方程：

$$y = b_1 x_1 + b_2 x_2 + \cdots + b_m x_m \pm e \tag{9.2}$$

或者简短地表示为

$$y = \sum_{j=1}^{m} b_j x_j \pm e \tag{9.3}$$

用矩阵表示

$$y = Xb \pm e \tag{9.4}$$

其中，b 是回归系数的向量；X 是自变量的矩阵；y 是因变量的向量。这三个方程作为多元线性回归（MLR）的公式，也称为普通最小二乘法（OLS）。MLR 也可以用于多个因变量。MLR 是定量结构-活性关系（QSAR）建模中常用的技术[21]。如果变量个数（m）大于样本数（n），则方程没有明确的解。当 $m = n$ 时，存在且只有一个解，但对于随机误差不存在自由度。因此，最好的情况是样本多于变量。在这种情况下，b 存在更多的解，但是如果我们最小化剩余向量（e）[式（9.5）

和式（9.6）]的长度，就可以得到精确的解。

$$e = y - Xb = 0 \tag{9.5}$$

$$b = (X'X)^{-1}X'y \tag{9.6}$$

如果我们用 $X(X')$ 的转秩乘以 y 和 X 并使用 $X'X$ 矩阵的逆回归系数就可以计算出来。由于原始的 X 矩阵在一般情况下不能倒转（它不是二次的），因此这个转换[式(9.6)]是必要的。b 向量通常是一个近似解。后一个方程称为 Moore-Penrose 逆矩阵（ X^+ ），当 X 的列是线性无关的（因此矩阵 $X^{*'}X^*$ 是可逆的，X^* 是逆共轭），X^+ 可以计算为 $(X'X)^{-1}X'$ 。实际上，X 中的列不是线性独立的，也就是说，在 X^+ 中省略了小特征值。

在使用回归方法之前，我们应该检查变量之间是否存在相关性。这一步是至关重要的，因为线性方法不能用于非线性回归问题。如果因变量和自变量之间没有（或有很低的）相关性，仍然可以使用非线性回归技术。一些典型的相关分析方法有 Pearson 的 r（参数），Spearman 的 ρ（非参数），Kendall 的 τ（非参数，无关联）和 γ（非参数）相关系数[22]。

另外，如果数据集中的一些样本有更大的误差（或者我们知道其中一些样本由于某种原因没有其他样本那么重要），可以简单地降低这些样本的权重。因此，它们对分析的影响不如其他方法[23]（为此，也可以使用预定义函数）。

变量选择也是建立回归模型的一个重要阶段。在过去的几十年里，大量的方法被发表。这些方法中，大部分采用 R^2、R^2_{adjusted}、Mallows C_{p} 等回归参数进行模型评估。这些方法的目的是通过选择最重要的变量来对原始数据集降维。因此，我们可以改进模型（减少过拟合的可能），得到更好的解释，或者降低测量成本。可以简单地采用 MLR 逐步向前或向后的方式，其中根据上述参数的增加或者最好采用费雪（Fisher）准则（ F 值）来筛选变量。使用可变区间是选择变量的一个好方法，特别是在光谱数据集的情况下，变量（即相邻波长）通常是相互高度相关的。

偏最小二乘回归（PLSR）是一种特别适用于横向 X 矩阵（变量数大于样本数）的方法。在分析化学中，通常有比样本更多的波长（即 $m \gg n$ ）。这里我们根据文献[24]介绍了最常用的变量选择技术。

简单的变量选择方法包括利用回归系数（ b ）和 PLS 载荷向量进行过滤。在上述两种情况下，可以去除光谱数据集（或任何其他数据集）中检查参数值接近于零的部分（根据 t 检验，此处的接近意味着回归系数与零之间没有显著差异）。此外，jackknifing 刀切法也是变量选择的一个简单方法，其中 b 和载荷向量的不确定度可通过交叉验证计算。在终止改进模型之前，可以排除最不重要的变量。还有一个方法是使用变量重要性（VIP）值。VIP 计算公式包含方差的平方和、变量个数和变量权重。

一些更复杂的方法，如遗传算法、最小绝对收缩与选择算子（least absolute shrinkage and selection operator，LASSO）及岭回归（ridge regression，RR）方法，也可以用于变量选择。区间偏最小二乘法（iPLS）是以偏最小二乘回归法（PLSR）为基础的（见下面叙述）。先把数据集（光谱、色谱图等）分成几个相等的部分（如 10、20、40 或 60），然后将 PLS 用于这些数据，并且基于交叉验证的均方根误差（root mean square error of cross-validation，RMSECV）、R^2 和它的交叉验证对应的 Q^2 值，人们可以选择最佳的模型。

在遗传（或进化）算法中，原始变量通过数"代"进行组合和"进化"，其中用适当的适应性函数（如 R^2 或 Q^2）对这些组合体（或"染色体"）进行评估，把最好的个体传播到下一代。重复该过程直至达到终止标准（它可以是最大代数），然后选择最佳模型。

实例：辅酶 Q10 的定量测定

在最近的 FTNIR（傅里叶变换光纤红外光谱）和化学计量学研究中进行了膳食补充剂中辅酶 Q10 的定量测定[25]。Rácz 等为 50 种膳食补充剂的数据集建立了具有偏最小二乘回归（PLSR）的校准模型。FTNIR 和多元校准方法的混合使用是一种非常快速和简单的方法，可以取代常用而烦琐的高效液相色谱-紫外方法（high performance liquid chromatography-ultraviolet，HPLC-UV）（与色谱技术相比，不需要样本预处理和试剂，几乎不会产生废物）。校准模型可以通过不同的变量选择技术（如间隔 PLS 或遗传算法）进行改进。另外，Rajalahti 等[26]的原始思想（使用单个波长的选择）也可以用于定义区间选择性比率，这是一种新颖的变量选择方法。

LASSO 和 RR 是相似的方法，它们最大的差异在于正规方程组的求解。更准确地说，当计算回归系数 b 时，引入新的元参数（或正则化参数）。该参数可以是欧几里得范数或 RR 与 LASSO 回归系数的单范数（曼哈顿距离）。Tikhonov 正则化的方程和其他选项（使用正则化参数操作方法的总称）在文献[27]中有详细的总结。两种方法都适用于变量选择；但是，LASSO 通常会提供更好的结果和更容易接受的选择。有些统计软件支持对 RR 的应用；而其他一些软件同样也会计算 LASSO，如在 MATLAB 中。

MLR 在前面已经讨论过，但是还有其他的线性回归方法。众所周知并广泛使用的方法有主成分回归法（principal component regression，PCR）和 PLSR。这两种方法经常用于光谱数据集。随机森林和增强树（见本章 9.3.1.2 节）也适用于回归分析（在这种情况下，输出变量将是连续的，而不是离散的分类）。PCR 以 PCA 为基础（见本章 9.3.1.2 节）。首先计算主成分矩阵，然后用主成分矩阵代替回归模型基本方程中的 X 矩阵[式（9.3）]。非线性迭代偏最小二乘（nonlinear iterative partial least squares，NIPALS）算法可用于计算最终的模型。在过去的几年里，与 PLSR 相比，PCR 的流行程度有所下降。PLSR 是基于带权重的 NIPALS 的改进算法。在 PLSR 中，自变量（X）和因变量（Y）之间有一种内在和外在的关联。

在改进的 NIPALS 算法中，在 X 和 Y 变量与 PLS 成分（LV）之间建立回归关系。原始变量的关系如图 9.11 所示。正如我们所见，就像在主成分分析中一样，X 和 Y 矩阵可以分解为载荷向量（P' 和 Q'）、得分向量（T 和 U）及误差矩阵（E 和 F）。这就是所谓的外在关系，但也存在内在联系：$u_i = b_i t_i$。

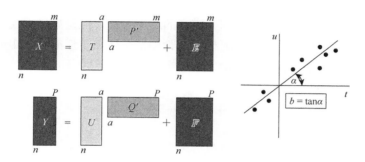

图 9.11　PLS 回归的图解表示

最后，组合关系可以写成：$Y = TBQ' + F$ 对 LV（PLS 成分）的计算后，我们必须确定在模型中需要保留多少成分。关于 LV 的选择有多种方法，最常用的方法是使用与预计残差平方和（PRESS）RMSECV 值，这些值代表了模型的预测能力。对于这两种方法，都应在全局最小值处选择适当数量的成分。

尽管早在 1986 年关于 PLSR 最著名的文章就已经问世[28]，但不可否认的是这种方法至今仍然很流行。虽然在 QSAR 分析领域 MLR 更为常见，但 PCR 和 PLSR 在分析化学领域（多元校准）是首选。

实例：定量建模方法的比较

在化学计量学发展的早期，人们就对 PCR、PLSR 和 RR 的优缺点进行了激烈的讨论。统计学家偏爱脊回归（ridge regression，RR），因为它具有连续正则化（元）参数。然而，对于变量选择来说，还有比 RR 更好（如 LASSO）的方法。Frank 和 Friedman[29]对各种情况（良好和不好的条件、高度共线的数据集、具有不等真系数值、各种信噪比等）进行了扩展模拟。涉及的算法描述说明，PCR、PLS 和 RR 是非常不同的处理过程，导致了完全不同的模型估计。但是，作者提出了一种具有启发式的比较，表明所有技术实际上都非常相似，可以被视为"收缩"方法。根据他们的比较，RR 的效果比 PLS 和 PCR 好一些，比 OLS 和变量子集选择（variable subset selection，VSS）表现更好。然而，他们又研究了 X 变量独立（但或多或少相关）的情况，也就是说，X 的秩等于 X 变量的个数。像 PLS 这样的 LV 方法越来越多地应用于化学和其他科学技术领域，在一系列重要的应用中，X 的实际秩远远低于 X 变量的个数（或样本数）。事实上，PLS 和 PCR 的一个重要优点就是对这个真实秩的估计，它由 LV 的个数给出[30]。

还有一些回归工具是基于机器学习方法的，如 SVM。SVM 已在前面讨论过（见 2.4.3 节）。它们主要的不同之处在于使用连续参考（从属）Y 变量而不是分组变量（如在模式识别中）。

在本节中，我们介绍了构建回归模型的通用方法，但是如果不使用适当的验证技术，这些模型都不适用。任何模型的验证都是这项工作的重要组成部分。因此，在下面的部分中，我们将讨论分析化学中最常用的验证方法。

9.4 验　　证

随着高效建模技术的发展，过拟合现象频繁出现。过拟合意味着噪声也被过滤（而不仅仅是数据的系统性信息）。因此，对未来样本预测性能的评估（即验证）变得越来越重要。尽管留一交叉验证法等方法已经成为一种用于确定预测性能的标准，但还是没有单一的最佳方法来确定一个模型的预测性能。因此，我们接下来汇总了一些备受推崇的做法，也提到了一些有争议的观点。

统计学家建议[31]："如果可能，应该用一个独立的样本来检验预测方程是否胜任。相应地，可以把数据集分为三部分：一部分用于模型选择（模型构建或变量选择），另一部分用于模型参数校准，最后一部分用于预测能力的测试。"在机器学习领域（ANN、SVM 等），这是惯例做法，或者至少是提倡的做法。但是在许多情况下，样本数量不足导致数据被分成两部分。如果使用相同部分的数据进行参数校准，则会产生较大偏差。

一些化学家也主张另外进行外部测试[32]，而另一些人则相反认为："保留样本远远不够（与留一交叉验证法相比）"[33]或"保留样本有向下偏差"，"小的独立保留样本几乎一文不值"[34]。交叉验证可能是估计预测误差使用最广泛的方法[35]："交叉验证不会有太多偏差""五折交叉验证或十折交叉验证会高估预测误差。在实践中这种偏差是否是一个缺点取决于目标。另外，留一交叉验证法有较低的偏差，但是有较高的方差。总的来说，建议把五折交叉验证法或十折交叉验证法作为一个很好的折中方案"[35]。

交叉验证的实现可以采用不同的方法。Eigenvector 公司总结了一些可能的方法[36]：

（1）百叶窗法：从编号为 1 的目标开始，每个测试集从数据集中所有的第 s 个目标来确定。

（2）连续块法：每个测试集是通过选择数据集中 n/s 个目标的连续块来确定的，从目标编号 1 开始。

（3）随机子集法：通过在数据集中随机选择 n/s 个目标来确定 s 个不同的测试集，这样在多个测试集中没有单个目标。此过程重复 r 次，其中 r 是迭代次数。

（4）留一法（折刀法）：数据集中的每个目标对象只能用作一次测试集，并且只能使用一次（可以认为是"留多法则"交叉验证的极端情况）。

最近，Bro 等以一种科学精细的方式总结了一些交叉验证的可行方案[37]。交叉验证可以以如下方式进行：①按行选择；②使用 Wold 建议的一种特殊的对角线模式；③按行和列方式来确保每个数据点在预测和评估阶段都没有使用，因此避免了 Eastemt 和 Krzanowski（EK）提到的过拟合的问题；④Eigenvector 公司使用一种基于"期望最大化"（EM）的算法来解决数据缺失问题，而 Bro 等提出了另外两种基于"期望最大化"（EM）的混合方法。Bro 等进行了详细的模拟，试图揭示哪种方法更适合于一般用途。预计高噪声和高相关性会使预测交叉验证秩的误差更大。这种猜想被证实对相关部分是有效的，但是只有当相关性也很高时，高噪声水平才是关键因素。在这种情况下，所有方法都会失效，或许用特征向量法和 EM-EK 组合法可以得到最佳结果。

严格地说，一个测试样本（单独拆分并保留样本）并不是交叉验证技术，因为它的测试集没有用于建模，训练（学习）样本也没有用于测试，即验证没有实现"交叉"。

还存在其他的重采样方法，有时它们也被称为交叉验证（这是错误的！）：

（1）随机测试（Y-scrambling，即 Y-乱序法）：对象（样本）的响应值（因变量 Y）在第一步中被交换数次（随机化相当于交换运行指标）。然后在乱序 Y 集上测试模型。这种置换模型的性能应该会变差。在这些交换过程中，不需要从模型构建过程中排除数据。随机化测试的典型示例如图 9.12 所示。

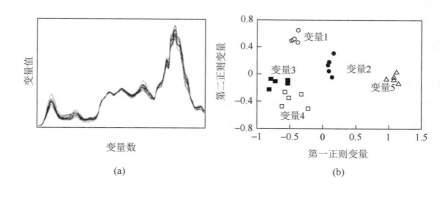

(a)   (b)

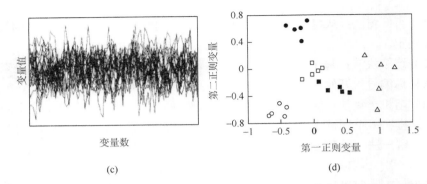

(c)　　　　　　　　　　　　　　　　　(d)

图 9.12　典型相关分析将真实的 NIR 光谱（a）分为五类（b）。然而，随机化检验表明，对于任意向量（c），也可以找到五个任意类。在本例中，规范建模不能通过随机化测试，需要减少包含的变量（波长）的数量（所引用的图已经获得 Elsvier 许可）

　　（2）模拟测试：还可以通过随机化独立变量（X）来测试模型。模型构建（变量选择）、校准（设置模型的参数）和测试预测性能的整个过程，与先前的建模过程（非随机情况）类似。虽然在训练集上可以实现看似良好的模型，但模型的性能在测试集上变差（否则，模型可能会过度配置）。

　　（3）留多法（leave-many-out，LMO）：在 M 折交叉验证中，采样不允许重复，即可用数据（行数 N）被分成具有（近似）相同大小的 M 个不相交子集。然后把模型重新计算 M 次，每次丢弃一个子集，此子集用于验证。得到的相关系数的平均值将是交叉验证或 Q^2 的相关系数。

　　（4）自举法（bootstrap）：自举法允许重复选择任意对象[38, 39]。训练集由原始数据集中随机抽取的数据组成。这种再采样可以进行（许多次）数千次，并且由此可以确定一个经验分布。由于（可能的）重复，自举法估计是有偏差的；它系统性地高估了误差，但是可以纠正偏差。

　　（5）重复双交叉验证：引入双重交叉验证是为了避免选择性偏差。它的特点在于 2 个循环。在内循环中进行模型构建（主成分的最佳数量的确定或变量选择），外循环用于测试预测性能。在 2 个循环中都使用留一法（或 N 折）交叉验证。整个过程可以重复（接近自举或 Monte Carlo 交叉验证）（图 9.13），更多详情见文献[40]。

　　关于（多重）交叉验证和外部测试集验证的争论正在趋向一致："总之，这里比较的两种建模方法在哲学上是不同的，都不应该被认为是对的或错的"和"为了避免仅使用单一外部数据集的限制，我们……总是在两/三个不同预测集上验证我们的模型"[41]。事实上，两个或多个外部测试集近似省略了几个交叉验证。最近对真实数据集的检测显示，一个测试集上的外部验证模型并不明显优于随机选择[42]。

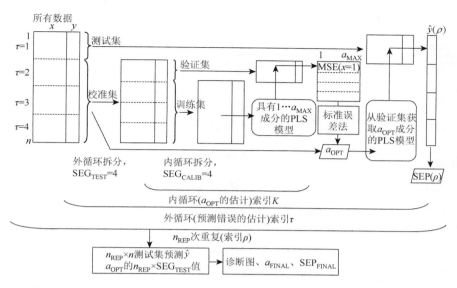

图9.13　重复双交叉验证方案（参考文献[40]，图片引用已经获得 John Wiley & Sons，Ltd. 许可）

9.5　应　　用

　　表 9.1 收集了一小部分化学计量学方法在分析化学不同领域中的各种应用。除参考文献外，我们还收集了所引用作品的最重要细节，如研究的样本以及应用的分析和化学计量学方法。

表 9.1　化学计量学方法在当代分析化学文献中的应用精选

科学领域	样本	分析方法	化学计量学方法	参考文献
材料科学	核材料、文化遗产等	原子光谱学	主成分分析和其他模式识别技术	[43]
军事学	化学和生物战剂模拟物	激光诱导击穿光谱	线性相关、PCA、SIMCA	[44]
药学（质量控制）	草药	色谱法（薄层色谱、气相色谱、高效液相色谱）和电泳方法	光谱相关色谱图（SCC）、相似性评估、主成分分析、神经网络等	[45]
药学（仿制药）	药片	拉曼光谱学方法	支持向量机（SVM）	[46]
食品科学	食用油、脂肪	FTIR、FTNIR、FT拉曼光谱	LDA、典型相关分析	[47]
食品科学	转基因番茄	可见/近红外光谱	PCA、PLS-DA、判别分析	[48]
药学	制霉菌素和甲硝唑的分析	近红外光谱	PLS 回归	[49]
食品科学	西班牙蜂蜜	电感耦合等离子体原子发射光谱法（ICP-AES）	聚类分析（CA）、PCA	[50]

科学领域	样本	分析方法	化学计量学方法	参考文献
材料科学	地质样品、炸药等	激光诱导击穿光谱	PLS、PCA、SIMCA、LDA	[51]
药学	仿制药	ATR-FTIR	kNN、PCA、SIMCA、CART	[52]
药学	尿液样本	^{1}H NMR	PLS、PCA	[53]
药学	固体、液体和生物技术药物形式	近红外光谱	PLS、PCR、ANN、SVM、MLR	[54]
药学（QSRR 分析）	药物、代谢物和违禁化合物	不同的液相色谱系统	多元线性回归（MLR）	[55]
环境科学	河水（污染指标，如 pH、电导率等）	未详细讨论	CA、PCA、FA、DA	[56]
药学	意大利巴贝拉葡酒	电子鼻、安培电子舌	PCA、LDA、CART	[57]
药学	蜂蜜真实性	ICP-MS	CA、PCA	[58]
药学	初榨橄榄油	^{1}H NMR	LDA、SIMCA、PLS-DA、CART	[59]

食物分析领域的更多有趣应用，可以查阅 Berrueeta 等的工作[60]。

9.6 展　　望

在化学计量学和分析化学领域有许多更重要和常用的方法。为了向读者提供一些最近或简单有趣的例子，我们简要介绍多元曲线分辨法（MCR）、人工神经网络（ANN）和蚁群优化算法（ACO）。后两者是受自然系统或现象启发方法的出色案例。

MCR 具有与 PCA 类似的算法，由于旋转模糊，在没有约束（非负、封闭等）的情况下 MCR 是无法求解的。而与 PCA 不同的是，MCR 可以求出化学秩，并且如果满足某些条件，理论上可以分解纯组分的光谱。MCR 的一个成功应用是交替最小二乘法（ALS）[61]。

ANN 旨在模拟大脑中真实神经网络的功能。受大脑运行机理的启发，人类创建了也许是最好的非线性拟合方法。该方法在输入（独立）变量和输出（相关）变量之间建立联系。虽然有许多不同形式的神经网络，无论是无监督学习还是有监督学习，最常用的是前馈 ANN（也称为错误反向传播 ANN）。通常，先引入一个由称为"节点"的神经单元组成的隐藏层。原始描述符（变量）在输入/输出层和隐藏层之间加权和转换。一般来说，建议将隐藏节点的数量保持在最低限度以避免过拟合[虽然这种方法被称为非参数方法，但上述权重和偏差（或偏移量）是神经网络的可调参数]。虽然 ANN 可以用作一种简单的回归技术（尤其是当数据集是非线性时），但还有其他重要的用途，如变量选择[62-64]。

ACO 可以应用于复杂的组合优化问题。这个想法源于真实的蚁群，出外寻找食物的蚁群成员一路上会留下"信息素"，以此引导其他成员找到食物源。该方法已经成功地应用于光谱波长选择或聚类任务。ACO 是一种元启发式算法，类似于遗传算法或模拟退火算法。在蚁群优化过程中，几个"agent"（如蚂蚁）为一个精确问题迭代地构造不同的解[65]。

虽然化学计量学有成熟的框架和方法，但总有新问题、新挑战需要面对和解决。尤其是随着分析技术产生的数据量的增加，化学相关的数据分析开始接近大数据领域。尽管目前数据分析方法还在发展中，但是有些方法已经成功应用于相关领域。机器学习算法通过深度学习方法获得成功，深度学习方法可以使用极其复杂的模型（如具有数千甚至数百万个节点的神经网络）进行操作。然而，我们对这些方法的应用与对它们的关注程度是呈正相关的，因为它们更难掌握（和控制）。因此，制定合适的验证方法是至关重要的。

参 考 文 献

[1] Bro，R. and Smilde，A.K.（2003）*J. Chemom.*，**17**，16-33.

[2] van den Berg，R.A.，Hoefsloot，H.C.J.，Westerhuis，J.A.，Smilde，A.K.，and van der Werf，M.J.（2006）*BMC Genomics*，**7**，142.

[3] Héberger，K.，Kolarević，S.，Krač un-Kolarević，M.，Sunjog，K.，Gačić，Z.，Kljajić，Z.，Mitrić，M.，and Vuković-Gačić，B.（2014）*Mutat. Res. Genet. Toxicol. Environ. Mutagen.*，**771**，15-22.

[4] Héberger，K.（2010）*TrAC Trends Anal. Chem.*，**29**，101-109.

[5] Defernez，M. and Kemsley，E.K.（1997）*TrAC Trends Anal. Chem.*，**16**，216-221.

[6] Wold，S.，Esbensen，K.，and Geladi，P.（1987）*Chemom. Intell. Lab. Syst.*，**2**，37-52.

[7] Drab，K. and Daszykowski，M.（2014）*J. AOAC Int.*，**97**，29-38.

[8] Kohonen，T.（1982）*Biol. Cybern.*，**43**，59-69.

[9] Forina，M. and Armanino，C.（1982）*Ann. Chim（Rome）*，**72**，127-143.

[10] Forina，M. and Tiscornia，E.（1982）*Ann. Chim.（Rome）*，**72**，144.

[11] Zupan，J.，Novic，M.，Li，X.，and Gasteiger，J.（1994）*Anal. Chim. Acta*，**292**，219-234.

[12] Hastie，T.，Tibshirani，R.，and Friedman，J.（2001）Chapter 4.3 Linear discriminant analysis，in *Elements of Statistical Learning. Data Mining*，*Inference*，*Prediction*，Springer，New York，NY，pp. 84-95.

[13] Barker，M. and Rayens，W.（2003）*J. Chemom.*，**17**，166-173.

[14] Kvalheim，O.M.（1987）*Chemom. Intell. Lab. Syst.*，**2**，283-290.

[15] Christie，O.H.J.，Rácz，A.，Elek，J.，and Héberger，K.（2014）*J. Chemom.*，**28**，287-292.

[16] Breiman，L.，Friedman，J.，Stone，C.J.，and Olshen，R.A.（1984）*Classification and Regression Trees*，Chapman and Hall/CRC press，368 pp.

[17] Brereton，R.G. and Lloyd，G.R.（2010）*Analyst*，**135**，230-267.

[18] Altman，N.S.（1992）*Am. Stat.*，**46**，175-185.

[19] Todeschini，R.，Ballabio，D.，Cassotti，M.，and Consonni，V.（2015）*J. Chem. Inf. Model.*，**55**，2365-2374.

[20] Rácz，A.，Bajusz，D.，Fodor，M.，and Héberger，K.（2016）*Chemom. Intell. Lab. Syst.*，**151**，34-43.

[21]　Gramatica, P., Chirico, N., Papa, E., Cassani, S., and Kovarich, S. (2013) *J. Comput. Chem.*, **34**, 2121-2132.

[22]　Asuero, A.G., Sayago, A., and González, A.G. (2007) *Crit. Rev. Anal. Chem.*, **36**, 41-59.

[23]　de Levie, R. (1986) *J. Chem. Educ.*, **63**, 10.

[24]　Andersen, C.M. and Bro, R. (2010) *J. Chemom.*, **24**, 728-737.

[25]　Rácz, A., Vass, A., Héberger, K., and Fodor, M. (2015) *Anal. Bioanal. Chem.*, **407**, 2887-2898.

[26]　Rajalahti, T., Arneberg, R., Berven, F.S., Myhr, K.-M., Ulvik, R.J., and Kvalheim, O.M. (2009) *Chemom. Intell. Lab. Syst.*, **95**, 35-48.

[27]　Kalivas, J.H. (2012) *J. Chemom.*, **26**, 218-230.

[28]　Geladi, P. and Kowalski, B.R. (1986) *Anal. Chim. Acta*, **185**, 1-17.

[29]　Frank, I.E. and Friedman, J.H. (1993) *Technometrics*, **35**, 109-135.

[30]　Wold, S. (1993) *Technometrics*, **35**, 136-139.

[31]　Miller, A. (1990) *Subset Selection in Regression*, *Chapman and Hall*, *London*, 240 pp.

[32]　Esbensen, K.H. and Geladi, P. (2010) *J. Chemom.*, **24**, 168-187.

[33]　Hawkins, D.M., Basak, S.C., and Mills, D. (2003) *J. Chem. Inf. Comput. Sci.*, **43**, 579-586.

[34]　Hawkins, D.M. (2003) *J. Chem. Inf. Comput. Sci.*, **44**, 1-12.

[35]　Hastie, T., Tibshirani, R., and Friedman, J.H. (2009) Chapter 7.10 Cross-validation, in *The Elements of Statistical Learning: Data Mining, Inference, and Prediction*, Springer, New York, pp. 214-217.

[36]　Eigenvector Research staff and associates. *Using Cross-Validation*, http://wiki.eigenvector.com/index.php？title = Using_Cross-Validation (January 2018).

[37]　Bro, R., Kjeldahl, K., Smilde, A.K., and Kiers, H.A.L. (2008) *Anal. Bioanal. Chem.*, **390**, 1241-1251.

[38]　Efron, B. and Tibshirani, R. (1993) *An Introduction to the Bootstrap*, Chap-man and Hall, New York.

[39]　Wehrens, R., Putter, H., and Buydens, L.M.C. (2000) *Chemom. Intell. Lab. Syst.*, **54**, 35-52.

[40]　Filzmoser, P., Liebmann, B., and Varmuza, K. (2009) *J. Chemom.*, **23**, 160-171.

[41]　Gramatica, P. (2014) *Mol. Inform.*, **33**, 311-314.

[42]　Rácz, A., Bajusz, D., and Héberger, K. (2015) *SAR QSAR Environ. Res.*, **26**, 683-700.

[43]　Carter, S., Fisher, A., Garcia, R., Gibson, B., Lancaster, S., Marshall, J., and Whiteside, I. (2015) *J. Anal. At. Spectrom.*, **30**, 2249-2294.

[44]　Munson, C.A., De Lucia, F.C., Piehler, T., McNesby, K.L., and Miziolek, A.W. (2005) *Spectrochim. Acta B*, **60**, 1217-1224.

[45]　Liang, Y.-Z., Xie, P., and Chan, K. (2004) *J. Chromatogr. B*, **812**, 53-70.

[46]　Roggo, Y., Degardin, K., and Margot, P. (2010) *Talanta*, **81**, 988-995.

[47]　Yang, H., Irudayaraj, J., and Paradkar, M.M. (2005) *Food Chem.*, **93**, 25-32.

[48]　Xie, L., Ying, Y., Ying, T., Yu, H., and Fu, X. (2007) *Anal. Chim. Acta*, **584**, 379-384.

[49]　Baratieri, S.C., Barbosa, J.M., Freitas, M.P., and Martins, J.A. (2006) *J. Pharm. Biomed. Anal.*, **40**, 51-55.

[50]　Fernández-Torres, R., Pérez-Bernal, J.L., Bello-López, M.Á., Callejón-Mochón, M., Jiménez-Sánchez, J.C., and Guiraúm-Pérez, A. (2005) *Talanta*, **65**, 686-691.

[51]　Hahn, D.W. and Omenetto, N. (2012) *Appl. Spectrosc.*, **66**, 347-419.

[52]　Custers, D., Cauwenbergh, T., Bothy, J.L., Courselle, P., De Beer, J.O., Apers, S., and Deconinck, E. (2015) *J. Pharm. Biomed. Anal.*, **112**, 181-189.

[53]　Clayton, T.A., Lindon, J.C., Cloarec, O., Antti, H., Charuel, C., Hanton, G, Provost, J.P., Le Net, J.L., Baker, D., Walley, R.J., Everett, J.R., and Nicholson, J.K. (2006) *Nature*, **440**, 1073-1077.

[54] Roggo, Y., Chalus, P., Maurer, L., Lema-Martinez, C., Edmond, A., and Jent, N. (2007) *J. Pharm. Biomed. Anal.*, **44**, 683-700.

[55] Goryn'ski, K., Bojko, B., Nowaczyk, A., Bucin'ski, A., Pawliszyn, J., and Kaliszan, R. (2013) *Anal. Chim. Acta*, **797**, 13-19.

[56] Kowalkowski, T., Zbytniewski, R., Szpejna, J., and Buszewski, B. (2006) *Water Res.*, **40**, 744-752.

[57] Buratti, S., Benedetti, S., Scampicchio, M., and Pangerod, E.C. (2004) *Anal. Chim. Acta*, **525**, 133-139.

[58] Chudzinska, M. and Baralkiewicz, D. (2010) *Food Chem. Toxicol.*, **48**, 284-290.

[59] Alonso-Salces, R.M., Héberger, K., Holland, M.V., Moreno-Rojas, J.M., Mariani, C., Bellan, G., Reniero, F., and Guillou, C. (2010) *Food Chem.*, **118**, 956-965.

[60] Berrueta, L.A., Alonso-Salces, R.M., and Héberger, K. (2007) *J. Chromatogr. A*, **1158**, 196-214.

[61] Jaumot, J., de Juan, A., and Tauler, R. (2015) *Chemom. Intell. Lab. Syst.*, **140**, 1-12.

[62] Zupan, J. and Gasteiger, J. (1991) *Anal. Chim. Acta*, **248**, 1-30.

[63] Despagne, F. and Massart, D.L. (1998) *Analyst*, **123**, 157R-178R.

[64] Zupan, J. and Gasteiger, J. (1999) *Neural Networks in Chemistry and Drug Design*, Wiley-VCH, Weinheim, 380 pp.

[65] Shmygelska, A. and Hoos, H.H. (2005) *BMC Bioinformatics*, **6**, 30.

10　食品科学中的化学信息学

Andrea Peña-Castillo[1], Oscar Méndez-Lucio[1], John R. Owen[2], Karina Martínez-Mayorga[3], and José L. Medina-Franco[1]

[1]Facultad de Química, Departamento de Farmacia, Universidad Nacional Autónoma de México, Avenida Universidad 3000, Mexico City 04510, Mexico

[2]ECIT Institute, High-Performance Computing Research Group, Northern Ireland Science Park, Queens Road, Belfast, BT3 9DT, Northern Ireland

[3]Instituto de Química, Departamento de Fisicoquímica, Universidad Nacional Autónoma de México, Avenida Universidad 3000, Mexico City 04510, Mexico

熊　壮　赵　超　顾　琼　译　　徐　峻　审校

10.1　引　言

　　化学信息学在药物发现中发挥着重要的作用[1, 2]，许多适用于药物发现的方法也适用于食品化学。虽然化学信息学在食品研究中应用的综述较少，但内容丰富。例如，2009 年 Martínez-Mayorga 和 Medina-Franco 对典型的化学信息学方法在食品化学中的应用做了详尽的综述[3]。最近，Iwaniak 等综述了化学统计学与化学信息学在食物源性生物活性多肽分析中的应用。在这篇综述中作者对用来分析食物源性多肽诸多方法（如人工神经网络、主成分分析、偏最小二乘法和定量结构-活性关系）的原理进行了探讨[4]。《食品信息学：化学信息学在食品学中的应用》一书讨论了普适于食品、医药研究中的化学信息的基本概念[5]。本章阐述食品信息学的原则和一些案例。

　　本章围绕食品学中的化学信息学展开，也指出本领域的发展方向和待解决的问题。对食品化学中化学信息学的问题做简要概述之后，介绍食用化学品数据库，讨论食品化学多样性空间。然后介绍结构-性质关系和食品化学分子库的数据挖掘。

10.2　化学信息学在食品化学中的应用范围

　　化学信息学研究的核心是化学结构，化学物质的收录以此为主要目的。化学信息学不仅应用在医药产业，在农业化学、环境化学和食品化学这三个领域也有广泛的应用。

食品是被消化后为机体提供营养支持的物质，源自动植物，组成成分复杂，包括水、脂肪、蛋白质、维生素和矿物质。此外，食品添加剂也是食品的一部分；美国食品药品监督管理局（FDA）将食品添加剂定义为"任何有机会成为食物的物质都是食品添加剂"。食品添加剂可分为抗氧剂、消泡剂、膨化剂、着色剂、调味剂、湿润剂、防腐剂、稳定剂等。这些物质的结构与性质的关系需要探讨。根据 FDA 评价食品添加剂的安全性指标对它们进行分类。1958 年之前，食品添加剂的安全性指标为：在食品中有着广泛的应用，经过相当长时间被许多有代表性的消费者食用。1958 年之后，食品添加剂的安全性指标通过科学流程而制定，要求提供被认定为食品添加剂的数量和质量符合科学证据，这些科学证据是基于已经发表的研究成果，这些研究成果可能被未经发表的研究成果以及其他数据和信息所证实。FDA 评价食品添加剂清单是化学信息学研究的数据源。

准确清晰的化学结构表征是化学信息学研究的前提，但是这个要求不适用于食品化学。在许多情况下食品添加剂是混合物，如油料提取物。就食用化学品的化学信息学研究而论，至少有四种特征在食用化学品中需要被考虑：

（1）化学品在食用时的安全性。食用化学品数据库中的信息在化学信息学研究中能够被用作参考，就像被市场化的药物一样。显而易见的是，食品添加剂仅在特定的浓度和特定的目的下才对人体是安全的。药物相关的数据库可以在研究食品中的化学成分时作为参考，但是还有很多工作要做。

（2）添加在食品中的化学品在给定的浓度下安全、在商业化过程中稳定。例如，温度、湿度和 pH 都影响保质期。如果食品在油煎或者烘烤等高温条件下被利用，应该避免食用化学品降解为有毒物质的可能。

（3）除了纯水，食品含有各种不同浓度的其他成分可能与生物靶标有协同作用。

（4）顾客对食品的偏好取决于文化背景，其区域特性应该纳入研究之中。

食品添加剂使用的演变历程与人们保持食物供应的历史需求是一致的。现代食品产业充分利用了食品添加剂的不同用途，如保鲜、提味、可专利性、创新、营养丰富等。FDA 的第一位局长 Dr. Harvey Washington Wiley 在 1902 年就提出食品安全标准化的要求，近年来对食用化学品实行数据化管理的呼声日益见长。从这层意义上讲，化学信息学方法可以用于组织、保存、处理和共享数据信息。因此，食品工业具有区域性与特异性的重要特征将会一直存在。

10.3 食用化学品数据库

药物发现有很多公共和商业的数据库可以使用，但是与食品学相关的数据库不是很多。或许是食品学太宽泛以至于很难将所有可能的化合物都编录进一个单一的数据库。例如，一个完整的食品数据库包括涉及添加剂、调味剂、香味剂、功能性配料等的所有信息。由于编录如此大量的信息并非易事，通常情况下会查阅所有这些信息的子数据库[6]。表 10.1 列出了一些可以获得的食品化学学数据库。附加信息列在本章末关于"相关的软件和网址"这一部分。在表 10.1 中，数据库被分为三类：

（1）食品添加剂数据库：包含关于调味剂、增香剂、香味剂、染色剂和防腐剂等的信息。

（2）生物分子数据库：包含关于脂肪、碳水化合物、维生素或者其他可以被作为食品成分的生物分子的信息。

（3）管制数据库：它是由监管机构创立和维护更新的，主要用来记录化学品准入为食品成分的情况。近来与食品相关的数据库和资源的综述性文献已经有报道了[5]。

表 10.1　食品科学中有用的数据库信息

	数据库	网址（截至 2018 年 1 月）	说明
味道和气味	BitterDB	bitterdb.agri.huji.ac.il/bitterdb/	>600 种苦味分子
	SuperScent	bioinf-applied.charite.de/superscent/	约 2300 种气味分子
	SuperSweet	bioinf-applied.charite.de/sweet/	>8000 种甜味分子
	RIFM/FEMA Fragranceand Flavor database	www.rifm.org/index.php	>5100 种材料
	International Organization of the Flavor Industry（IOFI）database	www.iofi.org	>3500 种味道分子
	Flavor-base database of flavoring materials and food additives	www.leffingwell.com/flavbase.htm	
	Volatile compounds in food database	www.vcf-online.nl/VcfHome.cfm	>8200 种气味分子
	Database of essential oils	www.leffingwell.com/baciseso.htm	>4100 种定量分析的精油
	Allured's Flavor and Fragrance Materials	dir.perfumerflavorist.com/main/login.html；jsessionid = 9EC896163AA3A88037D D0BC0E2CE6F65	没有提供结构信息
	Flavornet database	www.flavornet.org	免费
		acree.foodscience.cornell.edu/flavornet.html	>730 种味道分子
	Good Scents Company Information System	www.thegoodscentscompany.com/index.html	公开的与食物相关的分子
	FooDB	http://foodb.ca	>26000 种食品中发现的分子
	Phenol-explorer	www.phenol-explorer.eu/	从 400 多种食品中发现的 500 多种多酚类分子

续表

数据库	网址（截至 2018 年 1 月）	说明
LipidBank	www.lipidbank.jp/	约 7000 种脂质分子
LIPIDMAPS	www.lipidmaps.org/	>40000 种独一无二的脂质分子
GlycomeDB	www.glycome-db.org/	一个糖类分子数据库
Functional Glycomics Gateway	www.functionalglycomics.org	聚糖数据库，包含结构和靶蛋白等信息
Joint FAO/WHO Expert Committee on Food Additives（JECFA）Database	apps.who.int/food-additivescontaminants-jecfa-database/search.aspx	味道和食品添加剂评估机构 JECFA 下属的数据库
Food additives	https://webgate.ec.europa.eu/foods_system/	在欧洲允许使用的食品添加剂及其使用条件
EC Flavor Register	eur-lex.europa.eu/JOHtml.do?uri = OJ:L:2012:267:SOM:EN:HTML	>2500 种可以在食物中使用味道分子添加剂

脂质和糖类；信息管理机构

　　由于其保鲜、着色、调味和美化的功能，食品添加剂成为食品工业的重要组成部分。有很多关于食品添加剂的数据库，例如，RIFM（research institute for fragrance materials）和 FEMA（fragrance and flavor database）数据库收录了超过 5000 种物质的信息。这类商业数据库包含化学结构和相关数据（如 CAS 号、SMILES 分子结构线性编码）、物化性质、类似物，甚至是健康与环境方面研究的信息。其他数据库侧重于提供更加专一的信息，例如，BitterDB 数据库和 SuperSweet 数据库分别收录苦味剂和甜味剂的相关信息。这些公共数据库都有一个有意思的特征：除了提供基本的结构和物化数据，还提供关于受体蛋白的生物信息，也就是说，类型 1 味觉受体和类型 2 味觉受体分别对应于甜和苦的化合物。同理，还有气味数据库，如 SuperScent 和 Flavornet 数据库，它们收录产生气味的分子。前者化合物按照官能团和分子核心骨架分类，而后者是根据气味的不同来分类的。其他食品添加剂数据库列在表 10.1。

　　其他重要的食用化学品信息资源来源于监管机构。这些机构会经常对化学品准入为食品添加剂的数据库进行维护和更新。"通常被认为安全"（GRAS）物质被管理部门认为是一组最常用的能被用作食品添加剂的分子。这组分子能在不同的数据库被查阅到，如 FEMA GRAS（http://www.femaflavor.org/）数据库。值得一提的是，"通常被认为安全"物质清单每一年或两年更新一次，2015 年 8 月发布了最近一次的更新（GRAS 27）。有趣的是，由于每一家机构准入的标准不一样，不是所有被其他机构批准的化学品都能被认为是"通常被认为安全"物质。另一个可供选择的官方数据库是 EAFUS（everything added to food in the

United States）数据库，它是 FDA 下辖的食品安全和应用营养中心（CFSAN）管理的，其中列出了被 FDA 管制的 3968 种物质、着色剂、一些"通常被认为安全"物质以及先前被取缔的物质（参见可以获得的软件和网络服务部分中的链接及表 10.1）。类似的数据库在其他国家或者地区也可以获得，如欧盟的食品添加剂数据库和欧洲共同体调味品注册部门，此外，还有联合国粮农组织和世界卫生组织下属的食品添加剂联合专家委员会（JECFA）的数据库。必须要注意的是，这些来自管理部门的数据库往往倾向于法律层面，且仅有极个别的数据库提供化合物的理化性质。

10.4　食用化学品的化学多样性空间

10.4.1　一般注意事项

化学多样性空间是化学结构种类广度的概念[7]。文献[8]和[9]提出了几个关于化学多样性空间的定义和关于化学多样性空间可视化的方法。人们普遍认为化学多样性空间依赖于分子的化学结构表征和其他相关参数确定（见下面章节）。

对化合物库进行化学多样性分析是建立化学信息学模型的重要一环，往往是化学信息学分析的第一个主要步骤[10]。化学信息学表征通常遵循如下两种方法（如果联合使用这两种方法，结果可能会更好）：

（1）用于定义空间的全方位定量分析。

（2）化学多样性空间的视觉表征与定性解释[8, 9]。

如上所述，化学多样性空间定性或者定量的研究高度依赖于结构表征（参见《化学信息学——基本概念和方法》第 10 章）。用于分析化学结构的普通模型主要分为三类（图 10.1）：

（1）基于分子整体性质：如分子的原子组成、药物相关的共性、分子量、拓扑表面积、氢键供体与受体的数目、碳氮氧等原子的数目、脂肪环与芳环的数目，或者其他连续的性质（如能量、电荷分布等）。

（2）分子骨架：通常通过去除化学结构的支链获得（如 Murcko scaffolds）或者对环系进行进一步的解构（骨架树）。

（3）结构指纹：包括特性数目与结构不存在联系的指纹，如 MACCS 子结构码[11]、基于结构指纹的特性数目（如延伸的连通性指纹）。

结构表征方法的选择是化学信息学应用的核心之一。由于每种结构表征都有自身的优势和劣势，全面的化合物表征应该不限于一种方法。例如，物理化学性质表征化学多样性比较直截了当，但难以表示化合物的个性；两个有相同分子量的化合物可能性质差异很大。分子骨架表征方法是最容易被化学家理解的，但侧

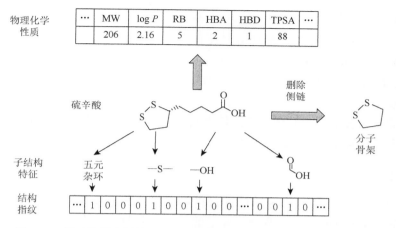

图 10.1　用于化学多样性空间分析的结构表征方法（以硫辛酸为例）

链信息丢失也带来问题。结构指纹可以捕获很多分子结构特征，但是它们不是可以独立存在的分子结构单元[12]。

10.4.2　食用化学品数据库的化学多样性空间分析

食用化学品数据库的化学多样性可以被定性或定量分析。本节介绍两种典型案例。它们不是简单地列出文献报道的各种分析方法，而是阐明不同方法的组合应用。

10.4.2.1　"通常被认为安全的"（GRAS）物质的化学多样性空间

联邦应急管理局（FEMA）最近更新了"通常被认为安全的"（GRAS）食品清单的综合分析，这份清单包含 2244 种调味剂（化学实体）[13]。这套 GRSA 化合物与两个分别属于不同供应商的 2449 种和 467 种天然产物库是可以相提并论的。GRSA 化合物也会与属于 DrugBank 数据库的 1713 个被批准的药物相比对[14]。另外，拥有用于高通量筛选的一万个小分子库也被纳入比对。化合物数据库需要经过多重标准的评价，包括药物相关的分子特性、环的数目、原子数目以及两种不同设计类型的结构指纹：用 MOE（molecular operating environment）软件计算 MACCS 结构指纹（166-bits），用 Canvas（Schrödinger）软件计算径向指纹。径向指纹与其他软件计算的扩展性连通性指纹是一致的[15]。有很多数据挖掘和可视化方法可分析上述数据。主要的方法有盒形图（被用来表征性质与特征技术的分布）、主成分分析（用来将化学多样性空间可视化）及自组织图。主要的研究结论（侧重于联邦应急管理局 GRAS 食品清单）如下：

（1）GRAS 化合物的亲脂性与获批药物相类似，它可以用来预测化合物在人体的生物利用度。

（2）GRAS 调味剂类物质的分子尺寸比其他参考数据库中的分子尺寸小。

（3）某些 GRAS 物质在性质方面与药物有很多重合。

（4）GRAS 清单与大多数上市药物、天然产物和筛选化合物库一样有着极高的结构多样性。

这项研究表明，利用 GRAS 清单上的调味品与天然产物的区别性特征，可以系统性地寻找有益于健康的化合物[13]。

10.4.2.2　化学多样性空间的可视化

最近 Reymond 研究小组报道了来自 4 个不同数据库（SuperScent、Flavornet、BitterDB、SuperSweet）的调味剂分子的化学多样性空间的综合分析[16]。其中，SuperSweet 有 342 个化合物，它们中的很多是有甜味的或者有可能有甜味的苷类化合物。数据库 BitterDB 拥有 606 种苦味物质，包含多种生物碱。为了探究其他类型调味剂分子的理化性质差异或者共性，数据库 SuperScent、Flavornet、BitterDB 和 SuperSweet 被用来与具有已知生物活性药物类似物（来自 ChEMBL：https://www.ebi.ac.uk/chembl/、ZINC：http://zinc.docking.org/，以及理论上含 13 个原子的虚拟分子：GDB-13 虚拟库）相比较。通过比较性质，如 $\log P$、非氢原子数目、杂原子数目（特别是氧原子、氮原子和硫原子）和环的数目（用于衡量分子结构的刚性）来比较不同化学结构数据库的多样性差别。化学多样性空间的可视化基于对 42 个分子描述符的 PCA 映射到低维空间而实现。这组描述符先前被同样的作者开发用于分析大数据[17]，包括整原子数目、原子键、极性基团和拓扑特性的整型值描述符。化学多样性空间的可视化表征也可以通过简化的分子输入线性输出系统指纹（simplified molecular-input line-entry system fingerprint，SMIfp）完成，这种指纹被用于 SMILES 分子表征的计数[18]。

化学多样性分析和对化合物的簇分析使人们对化合物数据库有全面的认识。香味分子拥有自己特定的化学多样性空间定义域，可以用本次研究中所考虑的描述符表示。独特的位置归因于相对较小的分子尺寸和少量极性官能团。此外，调味分子的化学多样性空间分析提供了一个用于理解味道和气味的化学多样性的概念框架，这为识别新味道提供了方法[16]。该文章的作者也认为至少原则上一个详细的化学多样性空间的构效关系分析有助于揭示嗅觉系统遗传多样性的基本原理[16]。

食用化学品数据库和其他化合物数据库的可视化表征列在图 10.2 中。

图 10.2 可视化的化学多样性空间的生成拓扑映射（GTM）图

1477 个 GRAS 化合物用蓝色点表示，2133 个 EAFUS 化合物用绿色点表示，1798 个被批准上市的药物用红色点表示，549 个经过测试的 DNMT1 抑制剂用黑色点表示；分子用 MACCS 分子指纹来表示；图片是用 Mariana González-Medina 的分子数据库生成的

图 10.2 中的点代表了 2133 种 EAFUS 化合物和 1477 种 GRAS 化合物的化学多样性空间。参考文献收录了 1798 种从 DrugBank 获得的用于临床的药物和 549 种 DNA 甲基转移酶 1（DNMT1）抑制剂，这是一个表观遗传靶标（见下面章节）[19]。化合物用 MOE 生成的 MACCS 子结构位码（166-bits）表示。化学多样性空间的可视化表示是通过在 MATLAB 运行下生成几何映射算法实现的[20, 21]。为了完成这个图，先前报道的相同参数被使用，特别是使用如下设置：参数 R_G ceil[sqrt(N/10)]和参数 L_G ceil[sqrt(N/10)]。有趣的是，在这个化学多样性空间的可视化生成拓扑映射图中，已批准的 GRAS 和 EAFUS 化合物（图左侧）与上市药物和 DNMT1 抑制剂（图右侧）的化学多样性空间有着明显的分离。另外，基于 MACCS/GTM 的化学多样性空间的可视化显示：

（1）GRAS 和 EAFUS 在化学多样性空间上存在很大的重合，即化学结构存在相似性（通过 MACCS keys 获得的化学结构）。

（2）被认定为 DNMT1 抑制剂的化合物与药物的化学多样性空间存在一些重合，且都被分类为一个有限制的空间中。

（3）在 GRAS 和 EAFUS 与上市药物和 DNMT1 抑制剂的化学多样性空间中存在相当有限但有趣的重合，也就是说，在 GTM 图右侧的远端有绿色与蓝色的数据点，同样地，在图的左侧有一些黑色的点。

当然，正如前面文献报道所述，直接或标准的相似度搜索可以用于鉴定数据集中结构类似的分子。

10.5 结构-性质关系

了解化合物的结构与性质之间的关系是化学家包括食品化学家的主要目标[23]。在食品产业中关于性质的研究领域很广。许多化学计量学和化学信息学方法被应用于食品科学。最近 Iwaniak 等综述了用于分析食源生物活性多肽的结构-性质关系的人工神经网络、主成分分析及偏最小二乘法的应用研究[4]。Siebert 等对酿制工艺中化学计量学的应用进行了综述[24]。

Tan 和 Siebert 报道了对于啤酒中醇、酯、醛及酮的味道阈值的定量结构-活性关系（QSAR）研究[25]。在 *Food-Informatics* 一书中，有几章讨论了探索具有不同生物活性的食用化学品的研究案例，这些生物活性涉及过氧化物酶活化 γ 受体（PPARs）、二肽基肽酶-4（DPP-IV）的调节剂和癌症表观遗传学[5]。本节，我们简要地讨论食品科学中化学信息应用的两个案例。

10.5.1 结构-味道的关系与味道断崖

为了探索味道与大型味道数据库中分子化学结构的复杂关联，Martínez-Mayorga 等发展了一种基于指纹的表示方法，这些指纹来源于数据库 Flavor-Base Pro. 2010 的 4181 个分子[26]。在这个数据库中，关于味道的描述是复合的，来自不少于四十年的不同资源。这项研究的重点是建立一套一致有效的味道描述符，如图 10.3 所示。为了达到这个目的，这些味道描述符参考了一本详细且权威的

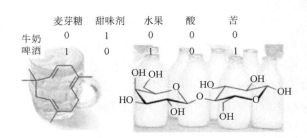

	麦芽糖	甜味剂	水果	酸	苦
牛奶	0	1	0	0	0
啤酒	1	0	1	1	1

图 10.3　基于指纹表示的味道描述符

5 种不同的味道描述符通常是从感觉分析中获得，然后用二进制进行编码；图中，用味道描述符来表示啤酒中的蛇麻烯分子和牛奶中的乳糖分子

感觉词典[American Society for Testing and Materials（ASTM）publication DS 66]，包含 662 种味道属性。通过收集和主成分分析，建立了这些描述符和与之关联的其他已知描述符之间的联系。

　　作为分子味道相似性分析的一部分，一种分类方法被用来快速地选择具有高或低味道相似度的化学结构。同样，活性景观建模方法[27]适合于系统地寻找结构相似性与味道相似性之间的联系。为此，QSAR 方法[28]被广泛地应用于寻找结构-味道关系和识别味道断崖。如图 10.4 所示，这一对分子结构高度相似，但是它们的味道截然不同。根据活性断崖类推，味道断崖对于广谱味道化合物的设计具有很大的指导作用。

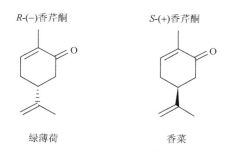

图 10.4　经典的味道断崖的例子，两个立体异构体有截然不同的味道

　　Martínez-Mayorga 等工作的基本贡献之一是应用常见的化学信息学方法系统地分析存储于分子数据库中的味道信息。这项研究同时也为探索结构-味道之间关系的其他应用开辟了新的道路，例如，通过计算方式建立可供选择的结构表征、可选择的化合物组别和执行不同的分类方法[26]。

10.5.2　结构-气味定量关系

　　在一个独立研究中，Kermen 等[29]探索了化学结构与气味之间的联系，他们发现分子复杂性为解释味道的主观体验提供了一个框架。这篇文章的作者对从 Arctander Atlas 数据库选取的 411 种香味剂的结构复杂性与它们引起嗅觉注释数目之间的定量关系进行了评价（嗅觉注释是一种闻起来被描述为"绿色""木质的""烟草"等）[30]。Arctander Atlas 包含专家关于不同化学感应器特性的描述。Chastrette 等[31]从该数据库选取 74 种嗅觉注释作为参考列表，用于定量每一种气味剂诱发的嗅觉注释数目。分子复杂性通过一个指标来衡量，这个指标涉及键连接、非氢原子的多样性及分子对称性。这种复杂性值来源于 PubChem 数据库，这个数据库中分子复杂性通过 Hendrickson 等发展的方法计算[32]。最终得出的结论是分子复杂性与嗅觉系统之间存在很强的联系。一个气味剂分子的结构越复杂，它诱发的嗅觉注释数目越多，同时，气味剂分子的结构越简单，它的味道越难闻。这进一步佐证了分子复杂性与嗅觉系统之间存在很强的联系[29]。这项研究代表了一种计算方法的额外贡献，这种方法用于在分子水平解释化学结构与嗅觉受体之间的联系[33]。利用分子复杂性额外的指标探索结构与气味之间这种推定关系是值得期待的。González-Medina 等[34]最近利用多重指标量化了 GRAS 化合物的分子复杂性，这些指标包括手性中心、sp³ 碳成分及分子球度。有趣的是，人们发现 GRAS 数据库所收录化合物比一般上市的药物或商用药物筛选化合物更加复杂。源自该项研究的假设之一是：分子复杂性也与化合物安全性相关。这一假说需要利用不同分子描述符及不同分子数据库做进一步评估[34]。

10.6　食用化学品数据库的虚拟筛选和数据挖掘

在食品科学中，化学信息学另外一项值得期待的应用是系统地识别所期望性质的化合物[16]。例如，许多来源不同的食用化学品可以与相当多的生物靶标发生作用。典型例子[16]包括从姜黄中分离得到的姜黄素、从大豆中分离得到的染料木黄酮、从葡萄中分离得到的白藜芦醇以及从绿茶、浆果类和可可豆中分离得到的多酚类物质。同样，在天然产物或者食品中存在大量会引起不良反应的化合物。如果要对食用化学品与生物靶标之间的联系进行系统探究，从分子层面上了解这两者之间的相互作用是必须的。尽管实验可以直接测定食用化学品与药物相关靶标（包括脱靶和抗靶）的亲和力或生化效应，但实验方法成本高，靶蛋白也很稀缺，这样化学信息学方法能够发挥独特的优势[16]。

基于结构或者基于配体的计算方法可以用来筛选化合物数据库以发现生物活性化合物，然后由实验确证。实验验证的结果有助于改进计算模型，提高预测成功率。这种虚拟筛选与实验结合的方法有很多成功的案例[35]。

药物发现过程中，各种化学数据库包括组合化学库、靶向库、天然产物库用于高通量筛选。上市药物的数据库主要用于计算机辅助的药物重定位过程[36]。从本质上讲，上述方法同样适用于从食用化学品数据库筛选新化学实体。这些方法在文献中被广泛讨论，感兴趣的读者可以直接阅读相关文献[35]和[37]。和任何虚拟筛选活动一样，虚拟筛选得到的命中化合物的实验性验证也是必要的。

尽管在食品科学中食用化学品数据库的虚拟筛选并不普遍（至少目前），但文献也报道了一些案例。表 10.2 归纳总结了一些代表性的研究，它们体现了科学界为系统识别具有生物活性的食用化学品所做出的努力。

表 10.2 虚拟筛选食用化学品数据库的例子

实例	化学信息学方法	主要成果	文献
P-糖蛋白介导的难治性癫痫的抗惊厥候选药物	二维分类器, 拓扑模型和分子对接	最大电休克测试中 EDTA、硫辛酸、山梨醇和甘露醇显示出阳性	[38]
食品防腐剂和甜味剂的抗痉挛效果	先行辨别函数, 集成分类器和分子对接	最大电休克测试中常见的甜味剂和防腐剂均显示阳性	[39]
GRAS 味道添加剂作为组蛋白去乙酰化酶的调节剂	基于 MACCS keys 和 Tanimoto 的相似度检索	壬酸和 2-癸烯酸可以抑制组蛋白去乙酰化酶 1 的活性	[40]
食用化学品作为 DNA 去甲基化酶的潜力	化学多样性空间分析和相似度检索	一些假定的分子作为表观遗传调节剂被鉴定出来	[22]

图 10.5 显示化学信息驱动的方法发现的代表性食品和与味道相关化学品的化学结构。

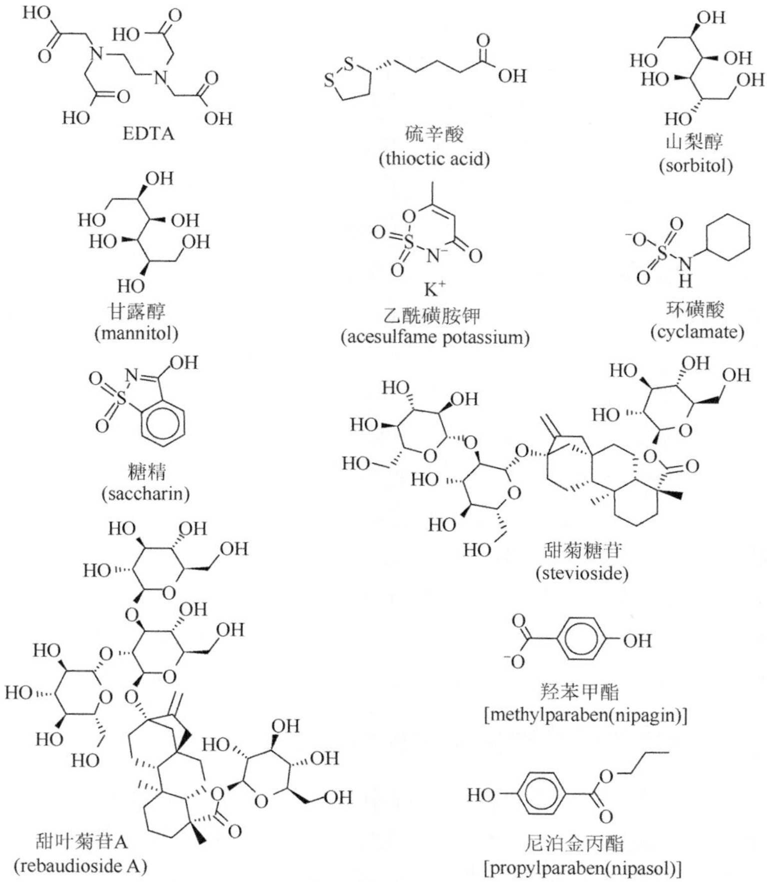

图 10.5 10.6 节中提及的用计算方法发现的与食物相关的化合物结构

10.6.1 甜味剂、药食防腐剂的抗惊厥作用

为了发现治疗 P-糖蛋白介导的难治性癫痫的抗惊厥潜在药物，对 DrugBank 和 ZINC 数据库进行虚拟筛选，所使用的筛选条件如下[38,41]：

（1）一组能够区分 P-糖蛋白底物和非底物的二维结构分类器。

（2）在最大电休克测试中能鉴定抗痉挛药物活性的拓扑学模型。

（3）参考小鼠 P-糖蛋白晶体结构，用同源模建方法建立人 P-糖蛋白 3D 结构，基于该结构进行分子对接。

经上述条件筛选过滤之后，得到 10 个结构不同的化合物进入活性测试。其他选取化合物的标准还有：结构多样性、可获得性、价格以及先前用作药物或者食品添加剂的情况。所有被选取的化合物在最大电休克测试中表现出活性。在化妆品、食品和硫辛酸制备过程中被广泛使用的 EDTA 在这个测试中也表现出活性，它同时也是饮食的补充物（图 10.5）。

另外两个经过验证的命中化合物是山梨醇和硫辛醇（图 10.5）。在美国和欧洲这两个化合物都被批准为食品添加剂。有趣的是，以前人们认为其他无营养的甜味剂具有抗痉挛活性，如乙酰磺胺钾、环磺酸和糖精（图 10.5）[39]。所有这些化合物的活性进一步支持了该作者提出的所谓的甜味剂假设。这一假说建立了释放口腔甜味反应的受体与一些抗癫痫药物的分子靶标之间的关系（可能是代谢型谷氨酸受体）。最近，通过分离得到的甜菊糖苷和甜叶菊苷 A 在最大电休克测试中给出阳性的结果，这两种物质也是被食品添加剂联合专家委员会批准为没有营养的甜味剂[42]。

一个可以在最大电休克测试中区分抗痉挛与非抗痉挛化合物的判别方程式被应用于来自默克索引（第十三版）的 10250 个化合物（不包括无机化合物）的虚拟筛选[43]。这个判别方程式通过使用 Dragon 软件计算的 2D 描述符构建。这些命中化合物通过对小鼠腹内膜进行最大电休克实验来验证活性。其中一个通过实验验证的命中化合物是尼泊金甲酯（图 10.5），它是一种广泛应用于食品、化妆品和药物制剂的防腐剂。基于这些发现，对羟基苯甲酸丙酯（尼泊金丙酯）和另外一个与尼泊金结构相关的防腐剂也在同样的实验中被测试。通过对小鼠进行最大电休克测试发现：尼泊金与尼泊金丙酯在三个不同剂量（30mg/kg、100mg/kg、300mg/kg）下都具有活性。

10.6.2 挖掘食用化学品潜在表观遗传调节剂

表观遗传学是研究在基因表达过程中参与核小体-染色质调控的各种因素的科学。表观遗传学对真核生物体非常关键，因为它对从基因调控到疾病发病原理所有的这些生物过程都有影响[44-46]。这些表观遗传学的模式包括转录水平上 DNA 甲基化和组蛋白修饰以及转录后水平上 RNA 干扰的交互组件[47]。有趣的是，表

观遗传学与新陈代谢存在很强的联系，如 Del Rio 和 Da Costa 所描述的，许多酶、底物和辅助因子普遍存在于新陈代谢与表观遗传学的路径与靶标中[48]。许多天然的和饮食的成分被认为具有干预表观遗传学和新陈代谢的机制。这些化合物的分析在其他地方被讨论[16]。由于新陈代谢与表观遗传学这两者的机理存在紧密的联系，通常小分子具有聚集药理效应，把这些利用普通底物和辅助因子的酶作为靶标，这些辅助因子包括腺苷蛋氨酸（SAM）、α-酮戊二酸、黄素腺嘌呤二核苷酸（FAD）、乙酰辅酶 A 及烟酰胺腺嘌呤二核苷酸（NAD）。

"营养表观基因组学"这一术语描述了营养物质及其通过表观遗传修饰影响人类健康的研究。这种表观遗传修饰是基因表达的稳定遗传模式，在这一过程中没有发生 DNA 序列的改变。营养表观基因组学是一门探索食品对基因表达影响的营养基因组学范畴类的学科[49]。化学信息学被用于识别具有调节表观遗传靶标潜力的食用化学品，这是表观遗传信息学新兴领域的一部分[50]。

10.6.2.1　GRAS 作为组蛋白去乙酰化酶调控剂

食用化学品中生物活性化合物的虚拟筛选的一个代表性例子，是将联邦应急管理局 GRAS 清单中上的分子与已上市的抗抑郁药物相比较，基于分子相似性进行虚拟筛选[40]。在这篇文章中 4600 种 GRAS 调味物质通过 MACCS 编码（166 bits）和 Tanimoto 系数与已上市的 32 种抗抑郁药物相比较。GRAS 调味物质仅考虑离散化学实体，且这份清单被拓展到包含所有可能的立体异构体。候选化合物，即通过相似性筛选出的命中化合物，按照下述四个步骤被选为已上市抗抑郁药物的类似物：

（1）计算所有 32 个抗抑郁药物分子与扩充的 GRAS 数据库中每一个化合物的相似性。

（2）计算所有 GRAS 数据库中化合物与 32 个抗抑郁药的 Tanimoto 相似性的最大值。

（3）GRAS 化合物按照最大相似性排序。

（4）选择最大相似性的化合物。

与 FEMA GRAS 中化合物最相似的抗抑郁药是丙戊酸，其次是阿托莫西汀（atomoxetine）和马普替林（maprotiline）（图 10.6）。基于组蛋白去乙酰化酶-1（HDAC1）的抑制可能与丙戊酸治疗双相情感障碍的疗效相关的假设，人们从 GRAS 选择了与丙戊酸高度相似的调味品，在体外评估了它们的 HDAC1 抑制活性。发现 GRAS 的化合物壬酸和 2-癸烯酸（图 10.6）具有微摩尔级别的 HDAC1 抑制活性，效果与丙戊酸相当。这表明，尽管 GRAS 化合物在食品和饮料中通常使用的浓度下可能不会表现出活性，但有弱的遗传调控活性，因此，需要对它们的生物利用度、高浓度下的毒性和脱靶效应进行更多的研究。GRAS 所列的调味品在食品和饮料中使用的水平或低于批准的水平时是安全的，化学结构相似性搜索加和实验验证可能从 GRAS 数据库挖掘出有药用价值的化合物[40]。

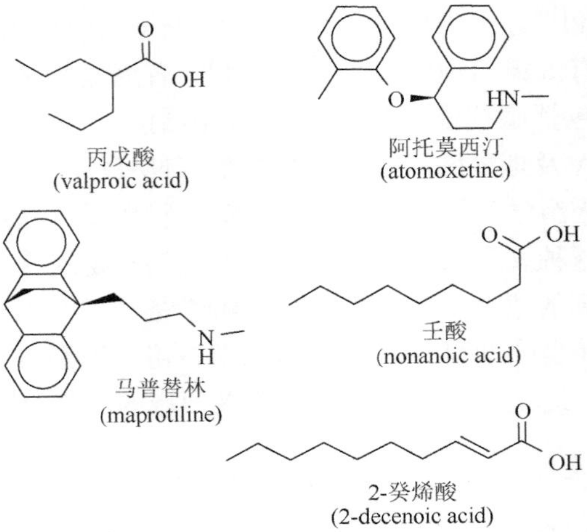

图 10.6　10.6.2.1 节中讨论的能够抑制组蛋白去乙酰化酶活性的分子结构

10.6.2.2　挖掘食用化学品作为潜在的 DNA 甲基化转移酶调节剂

DNA 甲基化是发生在复制之后的表观遗传修饰。在哺乳动物中，DNA 甲基化对正常的胚胎发育非常重要，此外，它在基因表达、X 染色体钝化和染色质修饰的调控、内源性逆转录病毒的"沉默"以及癌症中肿瘤抑制基因的异常"沉默"等方面起着重要的作用[51]。在癌症中，通过甲基化的表观遗传"沉默"会导致控制肿瘤抑制功能基因的异常"沉默"。这个过程取决于 DNA 甲基化转移酶（DNMTs）和对胞嘧啶残留物 5′号位碳原子甲基化起催化作用的酶[52]。DNA 甲基化的发生取决于五种不同的酶，其中 DNMT1 参与了哺乳动物发育的许多过程，如干细胞分化、细胞增殖、器官发育、衰老及肿瘤发生[53]。由于外部因素暴露在异常甲基化模式中似乎起着重要的作用，DNA 去甲基化试剂的常规摄入会有化学防护作用。有意思的是，在癌症预防和治疗中许多具有生物活性的饮食成分在直接或者间接的 DNA 甲基化抑制活性上显示出值得期待的结果[54]。例如，(−)表儿茶素没食子酸酯（EGCG）是绿茶中的主要成分，它作为 DNMT 抑制剂被证实具有抑制活性[54]。由于大多数天然源的 DNA 去甲基化试剂都是在意外中被鉴别，可以假设：计算研究可以用于系统地识别具有成为表观遗传调节剂潜能的食用化学品和天然产物[55]。

系统性鉴定食品化学源表观遗传调节剂的首要步骤之一是：根据结构多样性、物化性质以及骨架结构内容和多样性表征出食用化学品的化学多样性空间（参见第 2.8.4 节）。带着这个目标，人们将美国食品添加剂数据库（EAFUS，2133 种化合物）以及 GRAS 数据库（食品安全化合物，1477 种化合物）与临床上使用的药品进行了比较，通过测试发现 549 个化合物具有 DNMT1 抑制活性[19]。我们依据在药物应用中被广泛使用的六个物化性质[如分子量、可旋转键的数目、氢键给体的数目、氢键受体的数目、拓扑表面积及油/水分配系数（$\log P$）]来描述"被认为安全的"和美国境内食品添加剂数据库的集合。为了阐明这一点，图 10.7 以盒形图描述了理化性质的分布。尽管性质分布的详细描述超出了本节的范围，依然发现美国境内食品添加剂数据库（EAFUS）和 GRAS 清单中化合物的分子量分布具有相似性。

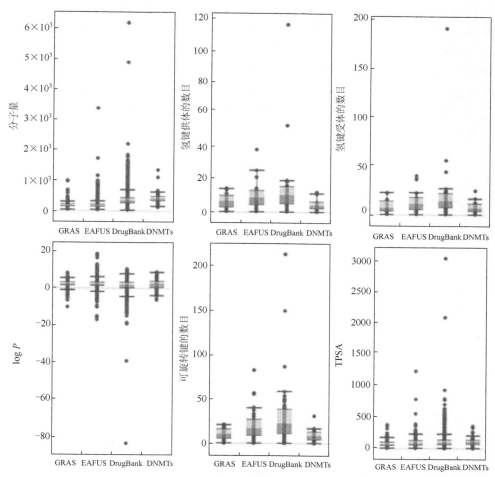

图 10.7　盒形图描述了食物相关的数据库（GRAS 和 EAFUS）、上市药物分子和 DNMTs 抑制剂的 6 种物化性质的分布图

值得注意的是，与上市药物相比较，EAFUS 和 GRAS 化合物有着相似 log *P* 分布。log *P* 的分布是最重要的物化性质之一[56]。虽然 EAFUS 和 GRAS 这两个化合物库中化合物有着相似的大小，如果按照可旋转键数目来衡量，EAFUS 化合物比 GRAS 化合物更加柔性。一般而言，在图 10.7 中通过可旋转键数目分布可以发现：与 DrugBank 数据库中的化合物相比，EAFUS 化合物的柔性更低；GRAS 化合物具有与 DNMT1 抑制剂有相似的柔性。这项研究评估了具有生物活性食品相关化合物与临床使用的药物在化学多样性空间上的重叠度，识别潜在的食物源是表观遗传调节剂的首要步骤之一。

使用程序 DataWarrior 计算 DNMT1 抑制剂、上市药物、GRAS 化合物以及 EAFUS 的 Murcko 核心骨架[57]。对于每一个数据集，出现频率最多的核心骨架在图 10.8 中呈现。除了在许多数据集中出现频率最多的苯环[58-60]，在 EAFUS 和 GRAS 化合物集合中出现频率最多的核心骨架都比较小：主要是五元或者六元环。相反的是，DNMT1 抑制剂和上市药物中出现频率最多的核心骨架更加复杂，一般含有两个或者多个环。化合物更大的复杂性与增加的潜在特异性相关联。有趣的是，基于相似性的指纹分析显示：GRAS 的化合物与 DNMT1 抑制剂有很多相似之处。

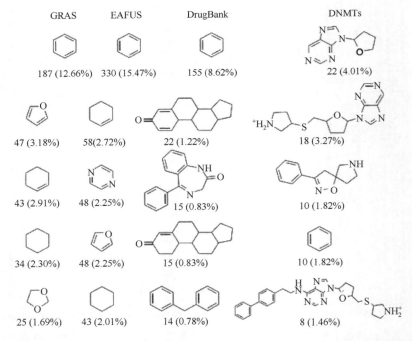

图 10.8　存在于 GRAS（1477 个分子）、EAFUS（2133 个分子）、上市药物（1798 个分子）和 DNMT1 抑制剂（549 个分子）的最常见骨架结构

10.7 结　论

　　化学信息学方法在食品科学中的应用逐渐增多，体现在食用化学品相关分子数据库的组织、存储、处理、传播和数据挖掘方面。理论上，一个包含添加剂、调味品、香味剂和功能性调料的综合性食品科学数据库是有必要的。目前更为普遍的做法是去查找包含具有所有这些信息的子集合数据库。另外一个食品科学中化学信息学的一般应用是食用化学品的化学多样性空间分析。这些分析通过不同分子描述符的定量和可视化方法来进行。与数个化学计量学和化学信息学方法相关的化学多样性空间分析被用于结构-性质之间关系的探索。一个值得注意的例子是，发现化学结构与食用化学品味道或者气味感知之间复杂的关联。在食品科学中化学信息学未来的主要发展方向是系统地鉴定具有特定性质的化合物以及完整地定义出食品相关的化学基因组空间。

参 考 文 献

[1] Gasteiger，J.（2016）*Molecules*，**21**，151.

[2] Engel，T.（2006）*J. Chem. Inf. Model.*，**46**，2267-2277.

[3] Martínez-Mayorga，K. and Medina-Franco，J.L.（2009）Chemoinformatics-applications in food chemistry，in *Advances in Food and Nutrition Research*，vol. 58（ed. S. Taylor），Academic Press，Burlington，pp. 33-56.

[4] Iwaniak，A.，Minkiewicz，P.，Darewicz，M.，Protasiewicz，M.，and Mogut，D.（2015）*J. Funct. Foods*，**16**，334-351.

[5] Martínez-Mayorga，K. and Medina-Franco，J.L.（2014）*FoodInformatics: Applications of Chemical Information to Food Chemistry*，Springer，New York，251 pp.

[6] Minkiewicz，P.，Mici'nski，J.，Darewicz，M.，and Bucholska，J.（2013）*Food Rev. Int.*，**29**，321-351.

[7] Lipinski，C. and Hopkins，A.（2004）*Nature*，**432**，855-861.

[8] Medina-Franco，J.L.，Martínez-Mayorga，K.，Giulianotti，M.A.，Houghten，R.A.，and Pinilla，C.（2008）*Curr. Comput. Aided Drug Des.*，**4**，322-333.

[9] Osolodkin，D.I.，Radchenko，E.V.，Orlov，A.A.，Voronkov，A.E.，Palyulin，V.A.，and Zefirov，N.S.（2015）*Exp. Opin. Drug Discovery*，**10**，959-973.

[10] Medina-Franco，J.L.（2012）*Drug Dev. Res.*，**73**，430-438.

[11] Durant，J.L.，Leland，B.A.，Henry，D.R.，and Nourse，J.G.（2002）*J. Chem. Inf. Comput. Sci.*，**42**，1273-1280.

[12] Singh，N.，Guha，R.，Giulianotti，M.A.，Pinilla，C.，Houghten，R.A.，and Medina-Franco，J.L.（2009）*J. Chem. Inf. Model.*，**49**，1010-1024.

[13] Medina-Franco，J.L.，Martínez-Mayorga，K.，Peppard，T.L.，and Del Rio，A.（2012）*PLoS One*，**7**，e50798.

[14] Law，V.，Knox，C.，Djoumbou，Y.，Jewison，T.，Guo，A.C.，Liu，Y.，Maciejewski，A.，Arndt，D.，Wilson，M.，Neveu，V.，Tang，A.，Gabriel，G.，Ly，C.，Adamjee，S.，Dame，Z.T.，Han，B.，Zhou，Y.，and Wishart，D.S.（2014）*Nucleic Acids Res.*，**42**，D1091-D1097.

[15] Rogers，D. and Hahn，M.（2010）*J. Chem. Inf. Model.*，**50**，742-754.

[16] Ruddigkeit, L. and Reymond, J.-L. (2014) The chemical space of flavours, in *Food Informatics: Applications of Chemical Information to Food Chemistry* (eds K. Martínez-Mayorga and J.L. Medina-Franco), New York, Springer, pp. 83-96.

[17] Reymond, J.-L. (2015) *Acc. Chem. Res.*, **48**, 722-730.

[18] Schwartz, J., Awale, M., and Reymond, J.-L. (2013) *J. Chem. Inf. Model.*, **53**, 1979-1989.

[19] Fernandez-De Gortari, E. and Medina-Franco, J.L. (2015) *RSC Adv.*, **5**, 87465-87476.

[20] Nabney, I.T. (2002) *NETLAB. Algorithms for Pattern Recognition*, Springer, London, 438 pp.

[21] Owen, J.R., Nabney, I.T., Medina-Franco, J.L., and López-Vallejo, F. (2011) *J. Chem. Inf. Model.*, **51**, 1552-1563.

[22] Prieto-Martínez, F., Pena-Castillo, A., Méndez-Lucio, O., Fernández-De Gortari, E., and Medina-Franco, J.L. (2016) Molecular modeling and chemoinformatics to advance the development of modulators of epigenetic targets: a focus on DNA methyltransferases, in *Advances in Protein Chemistry and Structural Biology*, vol. 105 (ed. C. Christov), Academic Press, New York, pp. 1-26.

[23] Medina-Franco, J.L., Navarrete-Vázquez, G., and Méndez-Lucio, O. (2015) *Future Med. Chem.*, 7, 1197-1211.

[24] Siebert, K.J. (2001) *J. Am. Soc. Brew. Chem.*, **59**, 147-156.

[25] Tan, Y. and Siebert, K.J. (2004) *J. Agric. Food. Chem.*, **52**, 3057-3064.

[26] Martínez-Mayorga, K., Peppard, T.L., Yongye, A.B., Santos, R., Giulianotti, M., and Medina-Franco, J.L. (2011) *J. Chemom.*, **25**, 550-560.

[27] Maggiora, G.M. (2006) *J. Chem. Inf. Model.*, **46**, 1535.

[28] Medina-Franco, J.L. (2012) *J. Chem. Inf. Model.*, **52**, 2485-2493.

[29] Kermen, F., Chakirian, A., Sezille, C., Joussain, P., Le Goff, G., Ziessel, A., Chastrette, M., Mandairon, N., Didier, A., Rouby, C., and Bensafi, M. (2011) *Sci. Rep.*, **1**, 206.

[30] Arctander, S. (1994) *Perfume and Flavor Materials of Natural Origin*, Allured Pub. Corp., Carol Stream, IL, 736 pp.

[31] Chastrette, M., Elmouaffek, A., and Sauvegrain, P. (1988) *Chem. Senses*, **13**, 295-305.

[32] Hendrickson, J.B., Huang, P., and Toczko, A.G. (1987) *J. Chem. Inf. Comput. Sci.*, **27**, 63-67.

[33] Tromelin, A., Sanz, G., Briand, L., Pernollet, J.-C., and Guichard, E. (2006) 3D-QSAR study of ligands for a human olfactory receptor, in *Developments in Food Science*, vol. 43 (eds W. Bredie and M. Petersen), Elsevier, pp. 13-16.

[34] González-Medina, M., Prieto-Martínez, F.D., Naveja, J.J., Méndez-Lucio, O., El-Elimat, T., Pearce, C.J., Oberlies, N.H., Figueroa, M., and Medina-Franco, J.L. (2016) *Future Med. Chem.*, **8**, 1399-1412.

[35] Lavecchia, A. and Di Giovanni, C. (2013) *Curr. Med. Chem.*, **20**, 2839-2860.

[36] Méndez-Lucio, O., Tran, J., Medina-Franco, J.L., Meurice, N., and Muller, M. (2014) *ChemMedChem*, **9**, 560-565.

[37] Westermaier, Y., Barril, X., and Scapozza, L. (2015) *Methods*, **71**, 44-57.

[38] Di Ianni, M.E., Enrique, A.V., Palestro, P.H., Gavernet, L., Talevi, A., and Bruno-Blanch, L.E. (2012) *J. Chem. Inf. Model.*, **52**, 3325-3330.

[39] Talevi, A., Enrique, A.V., and Bruno-Blanch, L.E. (2012) *Bioorg. Med. Chem. Lett.*, **22**, 4072-4074.

[40] Martínez-Mayorga, K., Peppard, T.L., López-Vallejo, F., Yongye, A.B., and Medina-Franco, J.L. (2013) *J. Agric. Food. Chem.*, **61**, 7507-7514.

[41] Mauricio, E.D.I., Andrea, V.E., Maria, E.D.V., Blanca, A., María, A.R., Luisa, R., Eduardo, A.C.,

Luis, E.B.-B., and Alan, T. (2015) *Comb. Chem. High Throughput Screen.*, **18**, 335-345.

[42] Di Ianni, M.E., Del Valle, M.E., Enrique, A.V., Rosella, M.A., Bruno, F., Bruno-Blanch, L.E., and Talevi, A. (2015) *Assay Drug Dev. Technol.*, **13**, 313-318.

[43] Talevi, A., Bellera, C.L., Castro, E.A., and Bruno-Blanch, L.E. (2007) *J. Comput.-Aided Mol. Des.*, **21**, 527-538.

[44] Arguelles, A.O., Meruvu, S., Bowman, J.D., and Choudhury, M. (2016) *Drug Discovery Today*, **21**, 499-509.

[45] Cadet, J.L., Mccoy, M.T., and Jayanthi, S. (2016) *Chem. Biol. Drug Des.*, **99**, 502-511.

[46] Feinberg, A.P., Koldobskiy, M.A., and Gondor, A. (2016) *Nat. Rev. Genet.*, **17**, 284-299.

[47] Remely, M., Stefanska, B., Lovrecic, L., Magnet, U., and Haslberger, A.G. (2015) *Curr. Opin. Clin. Nutr. Metab. Care*, **18**, 328-333.

[48] Rio, A.D. and Costa, F.B.D. (2014) Molecular approaches to explore natural and food compound modulators in cancer epigenetics and metabolism, in *Food Informatics: Applications of Chemical Information to Food Chemistry* (eds K. Martínez-Mayorga and J.L. Medina-Franco), New York, Springer, pp. 131-149.

[49] Vergeres, G. (2013) *Trends Food Sci. Technol.*, **31**, 6-12.

[50] Martínez-Mayorga, K. and Montes, C.P. (2016) The role of nutrition in epigenetics and recent advances of *in silico* studies, in *Epi-Informatics: Discovery and Development of Small Molecule Epigenetic Drugs and Probes* (ed. J.L. Medina-Franco), London, United Kingdom, Academic Press, pp. 385-398.

[51] Robertson, K.D. (2001) *Oncogene*, **20**, 3139-3155.

[52] Lyko, F., Brown, R., and Natl, J. (2005) *Cancer Inst.*, **97**, 1498-1506.

[53] Benetatos, L. and Vartholomatos, G. (2016) *Ann. Hematol.*, **95**, 1571-1582.

[54] Fang, M.Z., Wang, Y.M., Ai, N., Hou, Z., Sun, Y., Lu, H., Welsh, W., and Yang, C.S. (2003) *Cancer Res.*, **63**, 7563-7570.

[55] Medina-Franco, J.L., López-Vallejo, F., Kuck, D., and Lyko, F. (2011) *Mol. Divers.*, 15, 293-304.

[56] Ganesan, A. (2008) *Curr. Opin. Chem. Biol.*, **12**, 306-317.

[57] Sander, T., Freyss, J., Von Korff, M., and Rufener, C. (2015) *J. Chem. Inf. Model.*, **55**, 460-473.

[58] Medina-Franco, J.L., Martínez-Mayorga, K., Bender, A., and Scior, T. (2009) *QSAR Comb. Sci.*, **28**, 1551-1560.

[59] López-Vallejo, F., Giulianotti, M.A., Houghten, R.A., and Medina-Franco, J.L. (2012) *Drug Discovery Today*, **17**, 718-726.

[60] Yongye, A.B., Waddell, J., and Medina-Franco, J.L. (2012) *Chem. Biol. Drug Des.*, **80**, 717-724.

11 计算方法在美容产品研发中的应用

Soheila Anzali[1]，Frank Pflücker[2]，Lilia Heider[2]，Alfred Jonczyk[2]

[1] InnoSA GmbH，Georg-Dascher-Str. 2，64846 Groß-Zimmern，Germany

[2] Merck KGaA，Frankfurter Strasse 250，64293 Darmstadt，Germany

刘佳 顾琼 黄丹娥 译　　徐峻 审校

11.1 引言：化妆品创新的计算需求

化妆品研发费时费力，化学信息学和生物信息学方法如分子模拟、虚拟筛选和基因分析都可以提高化妆品的研发效率。

化妆新产品研发可以从皮肤治疗相关的生物靶标开始，当然也要遵循美容化合物的理化性质选取规则。

下面用两个例子说明化学信息学或计算方法在化妆品研究中应用的潜力。

11.2 案例一：多功效细胞保护剂依克多因

过去，人们认为依克多因（ectoine）只对极端环境下生长的微生物具有保护作用，现在发现这种保护作用也可用于人类的皮肤保护。数据显示依克多因能保护细胞膜免受表面活性剂引起的损害。体内表皮失水（TEWL）测试表明，局部应用依克多因油/水（O/W）乳剂可以增强皮肤的屏障功能。例如，依克多因可以长效保湿，还有助于保持皮肤健康光泽。这些发现表明依克多因与水分子强相容。分子动力学（MD）模拟可以解释其中的原因。模型的体系包括水、水＋依克多因、水＋甘油这三种球状团簇。溶质与水结合力越强，团簇中的水分子就越多。在高温下，依克多因分子周围的水团簇可以长时间保持稳定；而水和甘油的团簇则会解散，水分子从球体中扩散出去。因此，我们认为两性分子依克多因的特殊静电势是其亲水性较强的主要原因。由于其出色的水结合活性，依克多因在防止干性皮肤缺水、恢复皮肤活力和防止皮肤老化方面可能会特别有用。

依克多因是一种有机小分子，广泛存在于好氧、化学异养和嗜盐生物中，使这些生物能够在极端的条件下生存。这些生物通过在细胞内大量合成和蓄积依克多因来保护它们的生物膜、蛋白质、酶和核酸，避免出现由高温、高盐浓度和低水活度引起的脱水。

依克多因（图 11.1）是两性亲水分子。它们通常与细胞代谢相容，不会对生物聚合物或生理过程产生不利影响，是所谓的相容性溶质[1]。

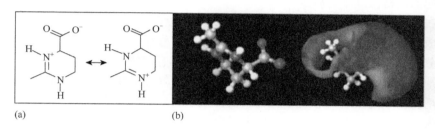

图 11.1　（a）具有两种中间形态的依克多因分子结构；（b）其亲水性表面根据相应原子的部分电荷着色

在低水环境中，相容性溶质的保护作用可以通过"优先排除模型"来解释：由于依克多因与蛋白质表面相排斥，它被排除在蛋白质的直接水化层之外。其结果是蛋白质优先水合，从而形成稳定的构象。由于依克多因不直接与蛋白质表面相互作用，故其催化活性不受影响[2, 3]。

Yu 和 Nagaoka 对胰凝乳蛋白酶抑制剂 2 周围的水-依克多因混合物模型进行了分子动力学（MD）模拟，发现依克多因最能减慢蛋白质周围水分子的扩散速度，因而能在蛋白质表面保持水分，同时它不直接与大分子本身相互作用。因此，依克多因在改变溶剂性质和改进蛋白质的稳定性方面起着间接作用[4, 5]。

依克多因有利于蛋白质折叠，使蛋白质失水时不易发生变性[6]。因为依克多因作为相容性溶质在性质上是两亲的，它能够"湿润"疏水性蛋白质，提高蛋白质的水化能力[7]。相容性溶质结构形成和结构破坏的特性间接地影响到水化层，从而影响相关蛋白质的活性[8]。

嗜盐生物和其他细菌利用依克多因来保护它们细胞质中的生物分子免受高温、冷冻、干燥和渗透胁迫的影响[9]。

依克多因可从嗜盐细菌中大量分离出来，因此可用作皮肤护理的有效成分[10]。

过去，人们认为依克多因仅保护皮肤不受微生物感染。皮肤位于生物体与其所在环境的交界面，因此易遭受各种环境侵害。角质层提供了一个屏障来阻止水分从活性表皮蒸发。许多因素会破坏这一屏障，增加皮肤水分流失的速度。暴露在极端的环境条件下，包括寒冷、干燥的冬季天气，频繁使用肥皂和热水清洗或者接触表面活性剂都可能会导致皮肤干燥。除干燥外，外界因素如辐射、风和极端温度的累积效应也会加速皮肤老化[11, 12]。

各种研究都显示依克多因杰出的抗衰老特性：表皮树突状朗格汉斯细胞是皮肤中最重要的抗原提呈细胞群。老化皮肤的朗格汉斯细胞数量明显减少，而皮肤受到暴晒时的减少量要大于防晒的时候[13-15]。局部使用依克多因对健康受试者暴露在阳光下的皮肤具有免疫保护作用。在暴晒前，提前使用依克多因可预防紫外光引起的朗格汉斯细胞减少[16]。

在 UV-A 的照射下，人的原始角质形成细胞在单线态氧的氧化机制作用下容易形成神经酰胺。神经酰胺水平升高，细胞内信号级联被激活，导致促炎细胞间黏附分子-1（ICAM-1）的表达。依克多因由于具有单线态氧猝灭特性，因而可以有效地防止这些负效应[17, 18]。鉴于抗氧化酶的活性和非酶抗氧化物的水平随着年龄的增长而下降[19, 20]，依克多因可以防止皮肤被此类氧化损伤。

失去理想的皮肤屏障后，皮肤尤其容易缺水，如老年人的皮肤、过敏性皮肤或经表面活性剂治疗后的皮肤，其 TEWL 增加，湿润度下降[21]。

与化妆品中常用的保湿剂甘油相比，依克多因作为一种强水结构形成剂具有显著的活性。

11.2.1 分子动力学模拟

MD 模拟（采用 OPLS-2005 力场参数和部分电荷）使用了薛定谔包 IMPACT[22]，OPLS-2005 力场使用了来自液态和量子力学计算的实验数据（《化学信息学——基本概念和方法》8.2 节和 8.3 节），为纯水、依克多因-水及甘油-水混合物这三个系统建立三个球体。

球体的生成过程如下：对依克多因和甘油各生成一个 $3 \times 3 \times 3$ 的矩阵。由此，每个球体有 27 个依克多因或甘油分子聚集在一个球体上。采用 500 步"最速下降"（SD）的"基于表面积的广义 Born 模型"（SGB）和随后的 500 步共轭梯度步骤进行极小化。

将依克多因和甘油放入矩形盒子，浸泡在尺寸为 $70Å \times 70Å \times 70Å$ 的"简单点电荷"（SPC）水分子中（图 11.2）。

球体被设置成以质心原子为圆心，半径为 30Å。这样的球体大小足以覆盖球体溶质计算中一个以上的溶剂层。用这么多水分子的原因是确保溶质周围至少有两层水分子。此外，我们还可以在如此大的范围内检验和比较溶质对水分子的间接影响。

用抖动算法约束 X—H 键，时间步长设为 2fs。在 298.15K 下精细平衡运行 50ps 精确调节溶质（依克多因和甘油）周围的水分子结构。在平衡过程中，水分子的氧原子被置于距离球体的质心原子 25Å 以外的地方。动态模拟去除了这些约束。

图 11.2　依克多因-水球体的球棒模型

依克多因-水团簇的灰色区域以较高的分辨率显示，以说明该团簇的分子组成；小图片对应于图 11.3 的（B1）

在 370K 温度下，对水、水-甘油分别进行了 200ps 和 500ps 的动态模拟，温度松弛常数为 0.01ps。对水-依克多因混合物进行了 1ns 的模拟，以演示依克多因在长时间范围内对水团簇结构形成的影响。每 50 步时间步长记录一次轨迹。

11.2.2　结果和讨论：依克多因保水能力

依克多因的蛋白质稳定效应可以用优先排斥模型来解释，这是熵倾向于表面最小化的结果。在与化妆品常用保湿剂甘油的比较中，依克多因作为强水结构形成溶质的能力也得到了进一步体现[11]。

经过 200ps 和 1000ps 的动态模拟后，水-依克多因复合物中的水分子数量保持不变。与此相反，在水-甘油复合物团簇的模拟中观察到其衰败极快：动态模拟 200ps 后，水分子总数明显减少，只有 2339 个水分子停留在球体中（图 11.3 与表 11.1）。

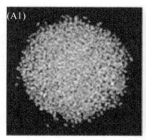

(a)

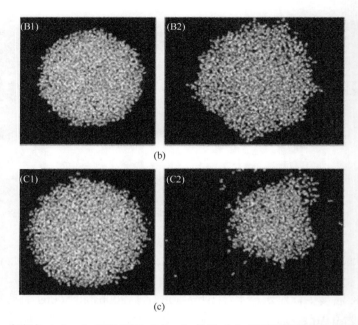

图 11.3　含有水（a）、水-依克多因（b）、水-甘油（c）的不同模型的分子动力学模拟

这些照片是在恒定温度 370K 下，在模拟开始时[t = 0, (A1)、(B1)、(C1)]和经过 200ps（A2）、1000ps（B2）和 500ps（C2）后拍摄的。依克多因分子周围的水团簇在很长一段时间内保持稳定，而水和甘油团簇则分解，水分子从球体中扩散出去。这些照片体现了表 11.1 所示的在动态模拟过程中计算出的水分子数量。溶质呈绿色

表 11.1　分子动力学模拟结果（温度 370K 时的水分子数量）

| t/ps | 图 11.3（a） | 图 11.3（b） | 图 11.3（c） |
	水	水-依克多因	水-甘油
0	3618	3139	3429
200	3026	3138	2339
500	n.c.	3112	1288
1000	n.c.	3103	n.c.

注：n.c.表示未计数。

　　为了解释这一现象，我们计算了含有纯水、水-甘油和水-依克多因的模型中球体的总势能（E_{pot}）。在本实验设置中，总势能值可视为该系统储备的能量或在该位置的能量。

　　在纯水和水-甘油复合物中，总势能值在模拟时间内急剧下降，而水-依克多因球体的总势能值即便经历更长的模拟时间也保持不变（图 11.3 和表 11.1）。水-依克多因球体的总势能值在图表所示的水平上保持不变（数据未显示）。值得注意的是，常规水分子本身的总势能值高于水-依克多因混合物的总势能值，这表明依

克多因有很强的与水形成复合物的能力[即水结构增强能力（kosmotropic）]。

动态模拟及其动画演示和统计分析表明，向球体中加入依克多因分子后，水从球体向外的扩散受到限制并且大大减少[图 11.3（a）和（b）]。另见图 11.2 中用棒状表示的水和依克多因分子。即便将模拟时间延长五倍，水结构依然稳定，这是因为依克多因的性质比水本身优越得多，与水-甘油复合物相比则更为突出[图 11.3（a）～（c）]。

我们认为，溶质的氢键性质负责维持水的结构。此外，作为具有两性离子性质的分子，依克多因等相容性溶质所具有的特殊静电势是其亲水的主要原因。

11.3 案例二：环肽-5 的抗衰老作用

蛋白质和肽可以用作化妆品有效成分。肽调节皮肤中许多生物过程的活性。肽的生物降解过程所产生的几种单一的天然氨基酸被认为对皮肤、头发和指甲有好处。例如，精氨酸是机体受到压力或受伤时必需的氨基酸；甘氨酸形成谷胱甘肽，谷胱甘肽是机体主要的抗氧化剂和自由基清除剂之一。

肽的稳定性和给药优化被认为是化妆品研究的难点问题。因为熵效应，肽的柔性导致对靶分子的选择性较低。

在化妆品中，人们需要更稳定、易制备、安全、高效、有良好靶向性的肽。环肽-5 模仿了一种含精氨酸-甘氨酸-天冬氨酸（RGD）的配体，这个配体具有良好的刚性且有明确定义的构象（图 11.4），存在于某些细胞外基质（ECM）蛋白中。环肽似乎比线形类似物更能抑制蛋白酶的活性。基于这一假设，人们有可能设计出在皮肤局部应用中也更稳定的肽。

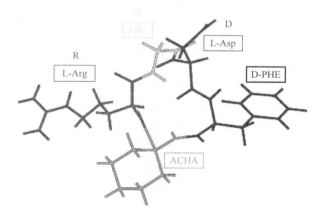

图 11.4 环肽-5 由五种氨基酸组成：精氨酸（R）、甘氨酸（G）、天冬氨酸（D）、D-苯丙氨酸（D-PHE）、氨基环己烷羧酸（ACHA）

环肽-5 是一种新型仿生肽，含有 Arg-Gly-Asp-DPhe-ACHA（氨基环己烷羧酸）。它是整合素 αVβ3、αVβ5 和 αVβ6 的选择性配体。

整合素是一大类二价阳离子依赖的异二聚体跨膜黏附受体蛋白家族。它们由非共价连接的 α 链和 β 链组成，通常有大的胞外结构域和短的胞质尾（图 11.5）。

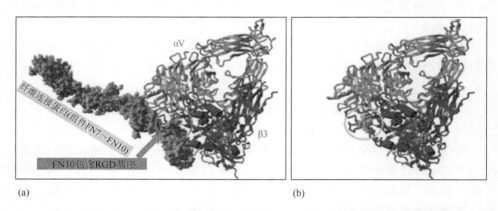

(a)   (b)

图 11.5　αVβ3 整合素晶体结构的胞外部分（胞外域）与青色环中带 RGD 环的纤维连接蛋白（a）
　　　　以及纤维连接蛋白中 RGD 环的环肽-5 的类似物（b）

整合素负责生理和病理过程，如细胞迁移、胞间通讯、细胞-细胞外基质的相互作用。在合适的构象中，含有结合表位的天然整合素配体的小片段也能促进天然整合素配体的功能，如纤维连接蛋白、腓骨蛋白、胶原蛋白、弹性蛋白等[23, 24]。如果被沉积和锚定，它们将促进细胞附着；在溶液中，它们将与天然配体结合相竞争。

RGD 衍生肽与特定整合素结合的特异性取决于它们的骨架构象、Arg 和 Asp 残基带电荷侧链的取向以及 Arg 和 Asp 残基两侧的疏水区。一个关键发现是纤维连接蛋白中的氨基酸序列 Arg-Gly-Asp（RGD）是细胞附着的主要线索[25]。

ECM 是组织的胞外部分，为细胞提供结构支持，具有多种重要功能。ECM 是结缔组织的决定性特征。

在衰老过程中，由于遗传和环境因素的影响，组织修复和构成皮肤 ECM 的蛋白质合成速度减慢。体外试验证实了环肽-5 与 αVβ3 和 αVβ5 整合素的结合能力能够与玻连蛋白和纤维连接蛋白竞争[26]。针对分离的整合素 αVβ3、αVβ5 和 αVβ6 与它们的天然配体如玻连蛋白或纤维连接蛋白的结合竞争性研究表明，环肽-5 具有很强的结合竞争性[内部数据，αVβ3：IC$_{50}$ = (2.3±0.8)nmol/L；αVβ5：IC$_{50}$ = (700±0.8)nmol/L，与 αVβ6 也有纳摩尔的活性]。

研究表明环肽-5 具有抗衰老的作用（内部数据，待发表）。对 cDNA 微阵列分析所确定的环肽-5 在人体三维皮肤模型中的作用进行分析。用 cDNA 微阵列分析（基因表达微阵列技术广泛应用于制药研究的许多领域，在化妆品研究中的应用是最近的事）经环肽-5 处理过的人体皮肤成纤维细胞和角质形成细胞的基因表达。经环肽-5 处理后被鉴定为失调的基因使用 GeneGo 的 MetaCore™ 进行了进一步研究[27]。MetaCore™ 由数据库和算法组成，用于对诸如微阵列基因表达、代谢组学和蛋白质组学等实验数据进行功能分析，具有以下特点：

（1）该数据库的内容是从科学文献中手工整理出来的。

（2）该数据库包括代谢和信号通路，以及基因、蛋白质和小分子等分子实体之间不同类型的相互作用。

（3）上传实验数据后，能以通路、网络和映射图的形式对这些数据进行分析和可视化。

（4）可以通过基因、酶、化合物和反应进行检索。

本案例表明，环肽-5 对人体皮肤具有抗衰老、抗炎症和促进毛发生长的作用。

11.3.1　方法

实验采用人体全层皮肤模型，包括角质形成细胞和成纤维细胞[28]。这些细胞既不是合成的，也没有经过基因改造。使用 PIQORTM-皮肤双色 cDNA 微阵列进行基因表达分析。该微阵列代表 1308 个基因，涉及与人类应激、炎症、色素沉着、脱色、保湿、抗衰老和毛囊发育相关的靶标通路[29]。例如，涉及细胞周期、细胞凋亡、DNA 修复、氧化代谢、血管生成、细胞黏附、细胞-基质相互作用及细胞信号传导等过程的基因探针被包含在内。基因探针在阵列上为四倍体。

用 0.5μmol/L 浓度的环肽-5 对人体皮肤模型进行处理（培养 4 天，重复 3 次）。以等量的缓冲剂处理的皮肤作为平行对照，使用染料交换方法进行复制。

经过扣除局部背景后，采用 VSN 算法对数据进行归一化处理[30]。对每个基因的数据进行线性拟合后，通过独立样本 t 检验将差异表达的基因识别出来，其中复制点的数据与基于质量的权重一起使用[31]。细胞处理组与对照组之间的强度比＞1.3 的基因被认为是显著失调的（$p<0.01$）。

经环肽-5 处理的皮肤样本中显著失调的基因会被进一步分析。我们测试了这组失调的基因是否富集于 MetaCore™ 中的某些基因集，包括典型通路图、基因功能细胞过程、基因本体生物学过程和疾病分类。富集分析得到的 p 值定义了不同类别的"相关"程度，因此较低的 p 值会获得更高的优先级。

11.3.2　结果和讨论

经过统计过滤（$p<0.01$，差异倍数不小于 1.3），检测出 82 个失调的基因。其中一个子集如表 11.2 所示。

表 11.2 在化妆品应用中可能与环肽-5 的作用有关的上调和下调基因的子集

官方标志	名字	化合物 *vs.*对照组，比值的以 2 为底的对数	*P* 值
AP-1	Jun 蛋白：转录因子 AP-1	−0.58	0.000000264
BMP7	骨形态发生蛋白 7	−0.89	0.0019
CCNB2	细胞周期蛋白 B2 G2/有丝分裂	0.46	0.000027
CCNB2	细胞周期蛋白 B2 G2/有丝分裂特异性细胞周期蛋白 B2	0.47	0.0000266
CLU	聚集素	0.44	0.0048
COL4A1	胶原 α1（1V）链	0.51	0.0000005
CPE	羟肽酶 H	−0.38	0.00407
CYR61	胰岛素样生长因子结合蛋白 10	0.43	0.00011
DCN	核心蛋白聚糖	0.40	0.0000934
ENG	内皮糖蛋白	0.54	0.000213
FBLN1_4	腓骨蛋白-1	0.52	0.000016
FBLN2	腓骨蛋白-2	0.38	0.00029
FGF1	酸性成纤维细胞生长因子	0.51	0.0016
FLOT2	脂筏标记蛋白-2	0.45	0.0052
GPX3	血浆谷胱甘肽过氧化物酶	0.53	0.00542
IGFBP4	胰岛素样生长因子结合蛋白 4	0.49	0.00089
IL17A	白细胞介素 17	−0.67	0.00097
INHA	抑制素 α 链	−0.61	0.00411
ITGA5	整合素 α-5	0.38	0.000067
ITGB1	整合素 β-1	0.38	0.0014
KRT10	细胞角蛋白 10	−0.39	0.00551
LAMA4	层粘连蛋白 α-4	0.60	0.00000058
LCN2	脂质运载蛋白-2	−0.55	0.000000403
LTBP1	潜在转化生长因子 β 结合蛋白	0.56	0.000065
MC2R	黑素皮质样-2 受体	−0.38	0.000623
MC3R	黑素皮质样-3 受体	−0.44	0.00268
MGST1	谷胱甘肽 S-转移酶	0.41	0.0000591
MMP1_1	基质金属蛋白酶-1	0.87	0.00000003
MMP13	胶原蛋白酶 3	−0.47	0.0089
MMP23A/B	基质金属蛋白酶-23	−0.64	0.00000059
MMP7	基质溶解因子	0.83	0.001
MMP3	基质溶解素-1	0.83	0.000018

续表

官方标志	名字	化合物 vs.对照组，比值的以 2 为底的对数	P 值
NID	巢蛋白	0.48	0.000093
POLE	DNA 聚合酶 II 亚基 a	−0.43	0.0033
QSOX1	骨衍生生长因子	0.43	0.0015
S100A7	银屑素	−0.51	0.00004
S100A8	钙粒蛋白 A	−0.59	0.000037
S100A9	钙粒蛋白 B	−0.52	0.0000036
SEPRASE	成纤维细胞活化蛋白 α	0.55	0.00000071
SPRR3	角质蛋白-β	0.74	0.000012
TERT	端粒酶反转录酶	−0.58	0.00176
TIMP1	成纤维细胞胶原酶抑制剂	0.73	0.0000029
TK1	胸苷激酶	0.54	0.000000711
TNC	腱生蛋白	0.88	0.0000063
TOP2A	DNA 拓扑异构酶 II	0.62	0.000024
TUBB	微管蛋白 β	0.66	0.0005

环肽-5 对人体原代表皮角质形成细胞和人体成纤维细胞基因表达谱的影响可分为细胞过程、网络和通路图，以及与化妆品应用相关的单基因描述。

11.3.2.1 细胞过程和最相关的通路图

经环肽-5 处理后被检测为失调的基因最显著地富集在下列细胞和分子过程中：解剖结构发育、对外界刺激组织发育的反应、细胞增殖的正调节、损伤反应、细胞增殖调节、胞外刺激反应、细胞迁移和细胞外结构组织。

用 cDNA 微阵列分析经环肽-5 处理的皮肤，发现许多与细胞组织和通信相关的失调基因也是由整合素介导的。由网络分析和通路图得出的最相关的网络对象代表细胞黏附和 ECM 重塑（图 11.6）。

ECM 重塑涉及胚胎发育、生殖、增殖、细胞运动、黏附、伤口愈合、血管生成等正常生理过程，以及关节炎、肿瘤转移等疾病过程。细胞对 ECM 的黏附是一个动态过程，由一系列与基质相关的细胞表面分子介导，它们以时空调控的方式相互作用。这些相互作用在组织形成、细胞迁移和诱导黏附介导的跨膜信号中起着重要作用。

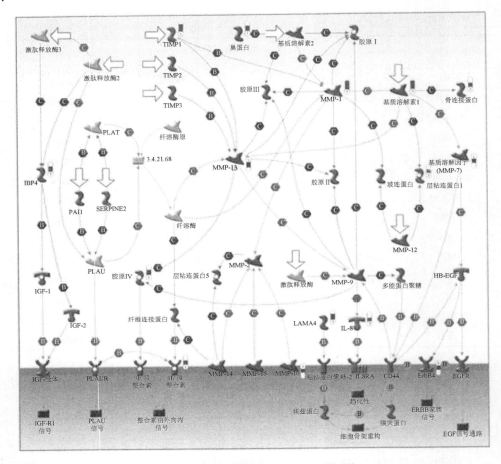

图 11.6 经典细胞黏附和 ECM 重塑图

环肽-5 处理（0.5μmol/L）对皮肤细胞基因表达的影响在图上显示为类似温度计的图形，向上温度计（红色）表示上调，向下温度计（蓝色）表示下调

11.3.2.2 化妆品应用的相关结果

环肽-5 在基因水平上的作用使我们对整合素配体环肽-5 在各种皮肤和毛发再生障碍中的潜在作用有了新的认识。以下概述了环肽-5 在化妆品中不同应用引起的基因表达变化（表 11.2）的潜在相关性：抗皱纹/抗衰老、抗炎症、毛发生长/毛囊再生。

光老化是最常见的皮肤损伤形式，与皮肤癌有关。紫外光照射可抑制培养的人体皮肤成纤维细胞中由 TGF-β1 诱导的 I 型前胶原基因表达[32]。TGF-β 是一种多功能蛋白，在多种细胞类型中起着控制增殖、分化和其他功能的作用。TGF-β/Smad 通路是人体皮肤 I 型前胶原合成的主要调节因子。

在当前的基因表达实验中，环肽-5 处理皮肤细胞后，其潜在性 TGF-β 结合蛋白（LTBP1）、TGF-β1 和 TGF-β3 呈现上调趋势。

大多数整合素识别 ECM 的几种蛋白质，包括层粘连蛋白、纤维连接蛋白、胶原（Ⅰ型、Ⅱ型和Ⅳ型）、弹性蛋白、腓骨蛋白、骨粘连蛋白、透明质酸和巢蛋白[33]。环肽-5 是一种高活性 αVβ3/5 和低活性 αVβ6 的配体。

此外，整合素 β1（ITGB 1）和整合素 α5（纤维连接蛋白受体 α，ITGA 5）在环肽-5 处理过的皮肤中被上调。在皮肤和毛囊生物学中，β1 整合素及其配体特别令人关注[34]。整合素 α5β1 通过激活表皮生长因子受体 EGFR，介导纤维连接蛋白诱导的上皮细胞增殖。纤维连接蛋白是一种将细胞与细胞外基质中的胶原纤维连接起来的蛋白质，使细胞能够穿过细胞外基质。

成纤维细胞生长因子-7（FGF-7）诱导毛囊的生长期[35]。在用环肽-5 处理的皮肤中，FGF-7 是上调的。

Fibulin-1 和 Fibulin-2 都是 ECM 蛋白质。两种蛋白质均被环肽-5 上调。在发育中的牙齿和毛囊两种组织中，在上皮-间质相互作用的位点检测到 Fibulin-1 和 Fibulin-2 的 mRNA 和蛋白质的局部受限表达模式[36]。

和 Fibulin 一样，环肽-5 可能与整合素 RGD 位点结合，从而促进其他 ECM-RGD 蛋白质如纤维连接蛋白、前胶原、层粘连蛋白等的上调。

DNA 拓扑异构酶（TOP）是一类参与 DNA 复制和代谢的酶家族。这些酶通过断开 DNA 螺旋链来调节双链 DNA 的螺旋结构[37]。TOP-2 属于在人的生长期毛囊隆突中表达下调的基因[38]。脱发被认为是 TOP 抑制剂的副作用。在本研究中，TGF-β1 和 TGF-β3 均呈现上调的趋势。TGF-β1 和 TGF-β3 激活某些 TGF-β 受体 SR/THR 激酶，从而可能通过 SMADS、AP-1 等转录因子调控骨形态发生蛋白（BMP，下调）、巢蛋白（NID，上调）、Fibulin（上调）、抗原 Ki-67（上调趋势）和 TOP2A（上调）等目标[39-42]。此外，TGF-β/BMP 信号通路被认为对毛囊发育有调控作用[43]。在用环肽-5 处理的皮肤中，TOP-2 明显上调，BMP-2 呈下调的趋势，而巢蛋白和 Fibulin-1、Fibulin-2 则上调。

Cyr61 是一种 ECM 相关蛋白，可作用于内皮细胞、成纤维细胞、巨噬细胞和血小板。血管生成因子 Cyr61 激活了人体皮肤成纤维细胞伤口愈合的遗传程序。Cyr61 调控的基因可分为几组，参与皮肤伤口愈合的重要过程，如 ECM 重塑（MMP-1、MMP-3、TIMP-1、uPA、PAI-1）和细胞-基质相互作用（Col11、Col12、整合素 β3 和 β5）[44]。

腱糖蛋白是 ECM 的糖蛋白。它们在发育中的脊椎动物胚胎的 ECM 中大量存在，并且在愈合的伤口周围再次出现。在用环肽-5 处理的皮肤中，腱糖蛋白明显上调[45]。

此外，S100 钙结合蛋白 A7、A8 和 A9（S100A7、S100A8 和 S100A9）是用

环肽-5 处理皮肤细胞后显著下调的基因。

S100A7 可能与表皮分化和炎症有关,因此可能对银屑病和其他疾病的发病机制有重要意义。S100A7 蛋白,也称为银屑素,在皮肤分化和疾病(银屑病)以及乳腺癌中起着重要的中介和调节作用,在炎症细胞中起着趋化因子的作用[46]。

此外,Lener 等还研究了与人体皮肤自然衰老过程有关的基因。他们发现在人体皮肤老化的过程中,总共有 105 个基因的表达变化超过 1.7 倍。S100A7 和 S100A9 被认为是在老年皮肤中上调的基因[25, 47]。

S100 蛋白是具有 EF-手型结构序列的 Ca^{2+} 结合蛋白中最大的一个亚群。该蛋白家族的一个独特特征是个体成员定位在特定的细胞区室内。例如,各种 S100 蛋白在毛囊的非常有限的区域中表达[48]。

胞外蛋白酶是细胞功能的重要调节因子。在谈及 ECM 重塑时通常会提到基质金属蛋白酶(MMP)家族。ECM 的重塑过程贯穿我们的一生,发生在从组织形态发生到伤口愈合的各种过程中。最近的证据表明 MMP 参与了其他功能的调节,包括生存、血管生成和炎症。

MMP 从角质形成细胞和成纤维细胞中分泌,分解构成真皮 ECM 的胶原和其他蛋白质。皮肤损伤的不完全修复损害了 ECM 功能和结构的完整性。反复暴露在阳光下会导致真皮损伤的累积,最终造成光损伤皮肤的特征性皱纹[49]。在皮肤中,MMP 酶的主要作用是让皮肤基质再生,尤其是结构蛋白中的胶原和弹性蛋白。

金属蛋白酶组织抑制剂(TIMP-1)在用环肽-5 处理皮肤细胞后明显上调。TIMP-1 被称为细胞存活因子。

TIMP-1 是天然 MMP 抑制剂家族的代表之一,包含四个成员。它的表达随成纤维细胞的衰老而降低,在体内体外均是如此,从而有助于增加真皮的代谢活性。TIMP-1 具有多种生物学功能,其中之一便是可以抑制大多数 MMP。

TIMP-1 的上调表明,环肽-5 激活了真皮成纤维细胞胶原生成的上调和胶原降解的下调。

降低基质金属蛋白酶的表达或活性对皮肤老化和银屑病中的生物胶原代谢过程有治疗作用。

用环肽-5 处理皮肤细胞后下调的 MMP 基因是 MMP-7(Ⅰ型、Ⅱ型、Ⅳ型和Ⅴ型明胶,纤维连接蛋白和蛋白多糖)、MMP-13(与Ⅰ型和Ⅲ型相比,对Ⅱ型胶原的降解更有效)和 MMP-23(在生殖过程中可能发挥特殊作用),相比之下,MMP-1(降解Ⅰ型、Ⅱ型和Ⅲ型胶原)和 MMP-3(降解Ⅱ型、Ⅲ型、Ⅳ型、Ⅸ型和Ⅹ型胶原,蛋白多糖,纤维连接蛋白,层粘连蛋白和弹性蛋白)则明显上调。考虑到 TIMP-1 的结果,MMP-1 和 MMP-3 的上调是一个意外的结果。

TIMP-1 的上调和 MMP 的下调可能导致胶原纤维的增加。此外,层粘连蛋白亚基 α-4、层粘连蛋白亚基 α-3、层粘连蛋白亚基 β-1、层粘连蛋白亚基 γ-1、胶原-α（IV）均上调。层粘连蛋白被认为在胚胎发育过程中通过与其他 ECM 成分相互作用，介导细胞在组织中的附着、迁移和组织。

11.4　小　　结

综上所述，研究表明，相容渗透剂依克多因在预防表面活性剂引起的屏障损伤所造成的皮肤缺水方面发挥了很好作用。依克多因是一种比甘油更有效的保湿剂，还具有长效保湿的特点。这些体内发现可以运用分子动力学（MD）模拟结果来解释。依克多因分子周围的水团簇在很长一段时间内保持稳定，而水和甘油的混合物则由于水分子从球体中扩散出去而分解。

依克多因具有很强的水结合活性，因此在预防干性特应性皮肤缺水、恢复活力、防止皮肤老化等方面可能会特别有用。

一种以整合素为靶标的五肽已经研制问世。环肽-5 是一种合成肽，模仿纤维连接蛋白等的 Arg-Gly-Asp（RGD）序列结合位点与整合素 αVβ3、αVβ5 和 αVβ6 结合。纤维连接蛋白是真皮中的主要分子，具备固有的黏附特性。

该肽的环状构象增强了它在化妆品应用中的稳定性和有效性。环形结构所提供的刚性使其对所需靶标——整合素 RGD 结合位点更具选择性。环肽-5 是一种活性 αVβ3/αVβ5/αVβ6 整合素配体。我们进行了测试，用环肽-5 处理人体全层皮肤模型，分析其对基因表达水平的影响。上述测试和分析使我们能够假定，环肽-5 的活性是基于其能够成功地模仿 ECM 的细胞黏附蛋白（如纤维连接蛋白）的生物学功能，通过将细胞行为导向受调控的细胞黏附和 ECM 重塑，促进参与皮肤老化和毛发生长的信号通路和靶标。

我们还阐述了某些已识别通路的可能性，它们从整合素受体开始，通过激活 TGF-β1 和 TGF-β3，借助 SMADS 等转录因子来调节靶标 BMP、纤维蛋白及抗原 Ki-67 和 TOP2A。

最终发现环肽-5 应该通过两种不同的通路延缓皮肤老化：通过刺激胶原、纤维连接蛋白、Fibulin、层粘连蛋白等结构蛋白的合成，同时通过上调 TIMP-1 和下调几种 MMP 来干扰胶原和弹性蛋白的功能。这两种特性都有助于维持真皮 ECM 的完整性。

"美容化合物"的开发是一个极其精细的过程，需要进行技术改进。计算机技术，如分子模拟和虚拟筛选，可以显著地推进这一过程，并能很好地用于寻找新的模板和框架，就如先导化合物的优化一样。Ni 等抑制酪氨酸酶催化活性化合物的工作就是一个好的例子。这些化合物是一类重要的化妆品和皮肤科药物，它们具有作为皮肤美白脱色剂的良好潜质。

基于配体形状的虚拟筛选技术，还使我们发现了新型的脱色剂，有望用于皮肤美白产品的开发[50]。

化学信息学的另一个重要用途是预测化妆品成分的安全性。运用计算预测毒性的方法包括分类方法、组间交叉参照法、QSAR 和人工智能方法。

同时，还使用了结合毒理学关注阈值（TTC）、器官层面的浓度动力学外推法[如生理药代动力学（PBPK）模型]等相关方法。

COSMOS 项目（集成在计算机模型中，通过预测化妆品的人体重复剂量毒性来优化安全性，www.cosmostox.eu）是一个独特的合作项目，致力于在不使用动物的条件下满足化妆品行业的安全评估需求。

该项目创建了 COSMOS 数据库框架来存储重复剂量毒性数据，具有不同的访问级别，采用了化学结构和毒性数据的数据质量评估和质量控制策略。同时，该项目还编制完成了一份全面的，具有明确、独特的化学结构的化妆品成分清单。为了协助 TTC 的发展，该项目还导出了一个含有化妆品成分重复剂量毒性数据的数据集，该数据集包含 558 个带有 NOEL/NOAEL 值的独特化学结构。对化学空间的分析表明，COSMOS TTC 数据集在理化性质范围、结构特征和化学用途类别方面对 COSMOS 化妆品清单进行了很好的表述。该项目还开发了与不良结果通路（AOPS）相联系的计算工作流，用于识别与特定毒性机制相关的片段和属性，形成类别，并允许通过交叉参照来预测毒性[51]。该项目从 2011 年 1 月持续到 2015 年 12 月。

参 考 文 献

[1]   Galinski，E.A.（1993）*Experientia*，**49**，487-496.

[2]   Galinski，E.A.（1997）*Comp. Biochem. Physiol. A*：*Mol. Integr. Physiol.*，**117A**，357-365.

[3]   Kolp，S.，Pietsch，M.，Galinski，E.A.，and Guetschow，M.（2006）*Biochim. Biophys. Acta*，**1764**，1234-1242.

[4]   Goeller，K. and Galinski，E.A.（1999）*J. Mol. Catal. B*：*Enzym.*，**7**，37-45.

[5]   Yu，I. and Nagaoka，M.（2004）*Chem. Phys. Lett.*，**388**，316-321.

[6]   Crowe，J.H.，Carpenter，J.F.，Crowe，L.M.，and Anchordoguy，T.J.（1990），*Cryobiology*，**27**，219-231.

[7]   Schobert，B. and Tschesche，H.（1978）*Biochim. Biophys. Acta*，**541**，270-277.

[8]   Wiggins，P.M.（1990）*Microbiol. Rev.*，**54**，432-449.

[9]   Lippert，K. and Galinski，E.A.（1992）*Appl. Microbiol. Biotechnol.*，**37**，61-65.

[10]   Lentzen，G. and Schwarz，G.（2006）*Appl. Microbiol. Biotechnol.*，**72**，623-634.

[11]   Orth，D.S. and Appa，Y.（2000）*Glycerine*：*A natural ingredient for moistur-izing skin*，in Dry *Skin and Moisturizers*：*Chemistry and Function*（eds M. Loden and H.I. Maibach），CRC Press，FL，pp. 213-228.

[12]   Rabe，J.H.，Mamelak，A.J.，McElgunn，P.J.S.，Morison，W.L.，and Sauder，D.N.（2006）*J. Am. Acad. Dermatol.*，**55**，1-19.

[13]   Toyoda，M. and Bhawan，J.（1997）*J. Dermatol. Sci.*，**14**，87-100.

[14]   Grewe，M.（2001）*Exp. Dermatol.*，**26**，608-612.

[15] Bushan, M., Cumberbatch, M., Dearman, R.J., Andrew, S.M., Kimber, I., and Griffiths, C.E. (2002) *Br. J. Dermatol.*, **146** (1), 32-40.

[16] Pfluecker, F., Bunger, J., Hitzel, S., and Vitte, J. (2005) *SÖFW J.*, **131**, 20-30.

[17] Buenger, J. and Driller, H.J. (2004) *Skin Pharmacol. Physiol.*, **17**, 232-237.

[18] Grether-Beck, S., Timmer, A., and Felsner, I. (2005) *J. Invest. Dermatol.*, **125**, 545-553.

[19] Yasui, H. and Sakurai, H. (2003) *Exp. Dermatol.*, **12**, 298-300.

[20] Tolmasoff, J.M., Ono, T., and Cutler, R.G. (1980) *Proc. Natl. Acad. Sci. U.S.A.*, **77**, 2777-2781.

[21] Loden, M. (2003) *Clin. Dermatol.*, **21**, 145-157.

[22] Impact (2005) *Version 4.0*, Schrödinger, LLC, New York, NY.

[23] Lin, E., Ratnikov, B.I., Tsai, P.M., Carron, C.P., Myers, D.M., Barbas, C.F., and Smith, J.W. (1997) *J. Biol. Chem.*, **272**, 23912-23920.

[24] Hynes, R.O. (1992) *Cell*, **69**, 11-25.

[25] Schaffner, P. and Dard, M.M. (2003) *Cell Mol. Life Sci.*, **60**, 119-132.

[26] Sagnella, S., Anderson, E., Sanabria, N., Marchant, R.E., and Kottke-Marchant, K. (2005) *Tissue Eng.*, **11**, 226-236.

[27] Metacore™ Version 4.3, https://portal.genego.com/ (accessed January 2018).

[28] Mewes, K.R., Raus, M., Bernd, A., Zöller, N.N., Sättler, A., and Graf, R. (2007) *Skin Pharmacol. Physiol.*, **20**, 85-95.

[29] PIQORTM Skin Microarray PIQOR of Miltenyi Biotec GmbH, http://www.miltenyibiotec.com/download/ (accessed January 2018).

[30] Huber, W., von Heydebreck, A., Sültmann, H., Poustka, A., and Vingron, M. (2002) *Bioinformatics*, **18** (Suppl. 1), 96-104.

[31] Smyth, G.K., Michau, J., and Scott, H.S. (2005) *Bioinformatics*, **21** (9), 2067-2075.

[32] Quan, T., He, T., Kang, S., Voorhees, J.J., and Fisher, G.J. (2004) *Am. J. Pathol.*, **165**, 741-751.

[33] Lee, J.W. and Juliano, R. (2004) *Mol. Cells*, **17**, 188-202.

[34] Kloepper, J.E. (2008) *Exp. Cell. Res.*, **314**, 498-508.

[35] Paus, R. (2001) *Physiol. Rev.*, **81**, 449-494.

[36] Zhang, H.Y., Timpl, R., Sasaki, T., Chu, M.L., and Ekblom, P. (1996) *Dev. Dyn.*, **205**, 348-364.

[37] Wang, J.C. (1996) *Annu. Rev. Biochem.*, **65**, 635-692.

[38] Ohyama, M., Terunuma, A., and Tock, C.L. (2006) *J. Clin. Invest.*, **116**, 249-260.

[39] Runyan, C.E., Poncelet, A.C., and Schnaper, H.W. (2006) *Cell Signal*, **18**, 2077-2088.

[40] Magan, N., Szremska, A.P., Isaacs, R.J., and Stowell, K.M. (2003) *Biochem. J*, **374**, 723-729.

[41] Grassel, S., Sicot, F.X., Gotta, S., and Chu, M.L. (1999) *Eur. J. Biochem.*, **263**, 471-477.

[42] Sugiura, T. (1999) *Biochem. J*, **338**, 433-440.

[43] Kobielak, K., Pasolli, H.A., and Alonso, L. (2003) *J. Cell Biol.*, **163**, 609-623.

[44] Chih-Chiun, C., Mo, F.-E., and Lau, L.F. (2001) *J. Biol. Chem.*, **276**, 47329-47337.

[45] Latjnhouwers, M.A., Bergers, M., Van Bergen, B.H., Spruijt, K.I., Andriessen, M.P., and Schalkwijk, J. (1996) *J. Pathol.*, **178**, 30-35.

[46] Kulski, J.K., Lim, C.P., Dunn, D.S., and Bellgard, M. (2003) *J. Mol. Evol.*, **56**, 397-406.

[47] Lener, T., Moll, P.R., Rinnerthaler, M., Bauer, J., Aberger, F., and Richter, K. (2006) *Exp. Gerontol.*, **41**, 387-397.

[48] Kizawa，K. and Ito，M.（2005）*Methods Mol. Biol.*，**289**，209-222.

[49] Fisher，G.J.，Kang，S.，Varani，J.，Bata-Csorgo，Z.，Wan，Y.，Datta，S.，and Voorhees，J.J.（2002）*Arch. Dermatol.*，**138**，1462-1470.

[50] Ni，A.，Welsh，W.J.，Santhanam，U.，Hu，H.，and Lyga，J.（2014）*PLoS One*，**9**（11）.

[51] Anzali，S.，Berthold，M.R.，Fioravanzo，E.，Neagu，D.，Péry，A.R.R.，Worth，A.P.，Yang，C.，Cronin，M.T.D.，and Richarz，A.N.（2012）*IFSCC Magazine*，**15**，249-255.

12　计算方法在材料科学中的应用

Tu C. Le [1]，David A. Winkler [2, 3, 4, 5]

[1] School of Engineering，RMIT University，Swanston Street，Melbourne，Victoria 3001，Australia

[2] Department of Biochemistry and genetics，La Trobe Institute for Molecular Science，La Trobe University，Kingsbury Drive，Bundoora 30186，Australia

[3] School of Medicinal Chemistry，Monash Institute of Pharmaceutical Sciences，Royal Parade，Parkville 3052，Australia

[4] School of Chemical and Physical Sciences，Flinders University，Sturt Rd，Bedford Park 5042，Australia

[5] Biomedical Manufacturing，CSIRO Manufacturing，Bayview Avenue，Clayton 3168，Australia

杨寒彪　顾琼　黄丹娥 译　　徐峻 审校

12.1　引　　言

化学结构与生物活性或物理化学性质（如溶解度）之间关系的建模方法也被称为平台技术。这意味着它们有相当普遍的应用，而且可以应用到其他类型的分子和特性的研究中。在化学信息学领域，令人振奋的是，人们认识到近 50 年来为药物发现而开发的分子建模方法也可以在材料的发现和优化领域中得到广泛的应用。化学信息学方法如定量结构-性质关系（QSPR）建模在材料科学中的应用已有综述[1]。近十几年来，材料科学研究和商业应用最热门的两个领域是纳米技术[2]和再生医学[3]。尽管它们看上去有很大区别，但实际上它们有很多共同点。不同之处在于所研究的材料用途不同。科学家们在一定程度上掌握了这两个重要领域的材料设计能力。当前，人们正在设计像金属-有机框架（MOF）化合物那样的新型多孔材料以解决环境问题，例如，吸收二氧化碳并把二氧化碳转化为绿色燃料[4]。如今，人们也逐渐认可了纳米材料的独特性，纳米产品也越来越普遍。新材料的 3D 打印技术也有了令人兴奋的进展，新型聚合物使照明、通信和娱乐变得更便宜、更节能，我们也看到了新的价格低廉的太阳能电池的出现。健康领域也正在进入一个前所未有的时期，现在人们已经可以规划和设计细胞。新的生物适应性材料不仅可以修复身体上的创口和患处，还可以"诱导"细胞快速修复。

12.2 为什么材料分子比药物小分子更难建模？

药物小分子与大多数材料分子之间最重要的区别之一是，小分子是有明确定义的单体，材料一般都是长链聚合物，如嵌段接枝共聚物。如果聚合物是交联的，那么这个交联是随机产生的，很难确切地知道哪个单体与哪个单体相连。对于纳米材料，通常在设计制造的时候是用尺寸、形状和表面化学成分进行分类的，它们可以通过溶解、聚合或者跟环境材料（如蛋白质）互相作用而动态地改变自身的性质。而且大多数材料分子都比药物小分子要大得多，这使得用精确的描述符来表述它们的结构变得非常困难。但是越是难以描述，我们就越需要描述它，化学信息学方法能够为异常复杂的材料和特性建立好的预测模型。

12.3 化学信息学的重要性

随着高通量合成和机器人技术的迅速发展，药物工业发生翻天覆地的变化。人们认识到类药化学空间（理论上可以用化学合成来制造的化合物的数量）大到不可思议，甚至可以跟宇宙的原子数量相提并论[5]。这需要药物分子的合成和生物活性筛选比以前快几个数量级。因为随机产生的化合物库缺乏多样性、药物先导物的发现效率没有随化合物制造能力增加而提高。化学合成的自动化已经在许多方面给制药工业带来了巨大的好处，材料科学界已经学习并应用这些高效的方法。尽管仍处于起步阶段，但高速机器人材料的合成和表征的方法正在逐渐兴起（如澳大利亚墨尔本的 CSIRO 的快速自动化材料和加工中心）。这意味着研究复杂材料产生的数据开始大量涌现，研究人员和公司需要找到合理的方法来分析这些数据，以便发现和优化更先进的材料。大数据成为本领域的主要趋势，这就需要用到组合数学、化学信息学的方法来挖掘这些数据。如果希望让飞速发展的技术充分发挥作用，必须要从这些技术生成的巨大数据中提取有用的信息，并建立稳健的建模方法。

12.4 材料性能的数学描述

由于计算机建模和设计需要创建分子的数学模型并建立它们和材料特性（物理或者生物学）的关系，因此，有必要把复杂的分子或者材料转化为可以代表它们最基本物理性质的一组数字。这些数字被称为分子描述符。对任何特定的分子或物质都可以产生成千上万个分子描述符，重要的是如何根据材料的类型和要预测的特性去选择相关的描述符。例如，纳米粒子或者聚合物，往往是由表面分子性质和细胞组织之间的互相作用，由此选择的描述符也应该与这些特性相关才能成功建模。

　　材料的组成和工艺参数可以用于建立材料性质预测模型，特别是催化剂性能的预测。分子描述符也经常被用来描述材料的微观性质。但是，在聚合物中，分子描述符通常用于单体或者复合单体，因为不可能用数学式描述整个聚合物链（这样会缺乏链长、块大小、交叉连接等信息）。此外，链长和分散性等特性往往难以表征。评估材料的物理化学性质需要辛醇/水分配系数、偶极矩、极化率或者"最高占据分子轨道-最低未占分子轨道"（HOMO-LUMO）能量差等性质作为描述符。此外，关于材料成分的尺寸、形状或者孔隙的描述符也很重要。但是，对于纳米结构材料，因其结构类型多样而难以描述，如图 12.1 所示，在纳米材料建模中，经常使用物理化学性质的分类作为纳米材料的描述符。因此，找到一些用数学方法描述材料的复杂性是非常重要的研究课题。

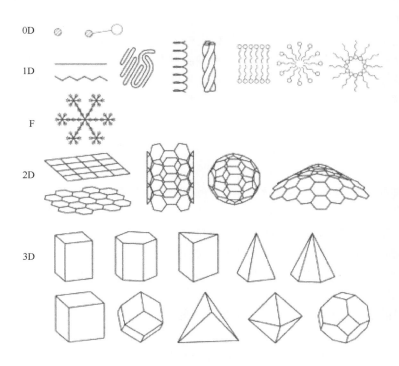

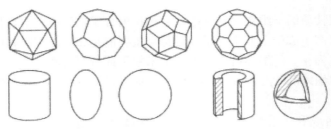

图 12.1　纳米世界的结构多样性，零维（点）、一维（线形）、分形（F）、二维和三维纳米粒子片段（经参考文献[6]允许转载，版权所有 Maik Nauka Interperiodica，2003 年）

12.5　化学信息学在材料分子研究中的应用

化学信息学为分子的活性/性质与分子结构的关系建立数学模型，在本质上适用于各种材料的研究。化学信息学的模型可以用线性或非线性的数学关系将相关材料的物理化学参数联系起来，用数学描述符来表示有用的材料性质，如硬度、催化效率、生物相容性、透明度、电导率、溶解度、细胞黏度等性质。

例如，将药物分子特性与蛋白质受体-药物分子相互作用关联的数学方法，也可以用在材料加工参数或宏观特性之间关系的分析中。人们最近才意识到，关于材料的化学信息学的研究不多，对材料建模的现状可以参考最近的综述[1]。

建立良好稳健的和化学信息学材料性质预测模型，很大程度上取决于数学上能否有效地描述复杂的分子。例如，神经网络、决策树、支持向量机等方法都有可能为材料性能预测建模（见《化学信息学——基本概念和方法》第 11 章）

12.6　材料分子建模过程的困难

所有的建模方法包括化学信息学方法都需要谨慎使用，因为它们较容易出错，并且经常出现一些看似良好但是实际上并没有意义或者预测价值的模型。这些错误不仅在材料建模方面发生，在建立药物小分子的预测模型时也会出现。但材料和药物建模最大的区别在于材料建模难以搞清楚复杂的材料（聚合物、纳米材料、催化剂、多孔材料和凝胶）的准确性质，因此难以通过数学描述精确捕捉其特性。

材料的定量结构-性质关系（QSPR）（见《化学信息学——基本概念和方法》第 12 章）研究过程中的困难如下：

（1）无信息的描述符：如果描述符捕获到的材料特性与它们的生物或物理

化学效应无关或没有显著关联，产生有用模型的可能性极低。这个困难主要出现在复杂材料建模研究中。

（2）材料特性值变化不显著：材料特性（因变量）的变化幅度不大，难以找到该性质与分子结构的函数关系。材料性质的最大值与最小值之间应有十倍以上或者更大的差距。

（3）过少拟合与过度拟合：材料建模的样本量往往有限，因为有合成和生物测试的成本问题或者测试难度问题。在极端的情况下，用太多参数（描述符）可能生成过拟合模型，它们的预测可信度低。当描述符种类数太接近样本数时容易发生这种情况。在模型中拟合参数的数量比样本数少得多的情况下，可能会更好地预测出一些原先模型中未发现的新性能。但如果模型太简单，它们将无法捕捉完整的结构与活性关系，给出糟糕的预测。例如，如果用线性模型拟合实际上的非线性现象（如抛物线），模型就会给出糟糕的预测。通过正则化或者建立复杂的化学信息学修正模型可能提高精度，但适用范围也会受限，两者之间需要平衡。

（4）描述符的弱相关性和变量相关性的偶发风险：为给定的分子或材料建模相对简单。但是从数据中选择最相关的数据集（子集）需要谨慎操作。如果从一个非常大的可能性中重复选择许多小的描述符子集，那么很可能会产生一个机会相关性，并生成一个看上去很好的模型，但这个模型几乎没有预测能力。之前，Topliss 等写了几篇重要论文来说明机会相关性是如何发生的，并讲述了如何避免这个问题的发生[7, 8]。通常，只能从较大的描述符组中选择一小部分相关描述符。有一些巧妙的数学方法可以对相关描述符进行较少的、依赖文本的相关描述符组进行选择，包括贝叶斯方法[9]、决策树和基于信息论或进化的方法。

（5）不稳健的数值回归：数值回归是化学信息学中常用的方法，但是它本质上不稳定，即输入参数的微小变化可能导致输出值的大波动。这样的模型做出的预测不太可靠，并且对含噪数据或缺失数据的预测也不可靠。正则化可能改进由噪声信号造成的模型不稳定。

（6）超出模型适用范围的预测：在处理新材料的多维变量参数时，化学信息学模型仅可以在一定范围内做出最好的预测，在合适的范围内可以用来提升材料性能。这被称为模型的适用范围。如果这个模型被用来推广到这个领域之外的材料，那么预测性就会变差。因此，当使用由相对较少的样本建模并筛选大量新材料时可能出现问题。

（7）不正确的离群数据点处理：数据集往往包含一些离群数据点，要么是生物响应数据中固有的实验不确定性，要么是数据集中材料的结构或分布问题。然而，如果材料包含不寻常的分子或性质特征（如只在一种材料中出现的官能团），或者有时生物学数据包含简单的错误（如小数点位置不正确），则预测性会很差。从模型中删除一些预测不佳的材料是可行的，但删除的原因必须在出版物中清楚地说明。仅删除"不适合"模型的数据点并从剩余的数据点中生成的改进后的模型通常是无效或不正确的。

12.7　避开材料建模陷阱的方法

为了构建好的预测模型，将材料属性和其生物性质联系起来，需要避免 12.6 节所述的隐患。理想情况下，应该尽可能多地收集材料的相关信息，以便了解材料的结构、大小、形状、交联等的分布情况。由于复杂性、成本、时间或者其他限制，不可能测量材料所有的物理或物理化学参数。在这种情况下，包含过程变量可以帮助捕获一些缺失的数据，并提供有用的解释信息如工艺变量（温度、时间、溶剂混合物等），对材料性质有或没有重要影响都需要清楚。实验的设计在这里也有作用，以确保模型中对所有可能的材料或加工可变性的采样是在最少的实验中进行的。

为了建立一个成功的模型，需要选择与正在建模的材料属性相关的描述符。对于聚合物和纳米材料这种特别的分子，物理化学和生物结构描述符通常是很难获得的，例如，当用单体表示聚合物时，计算出的分子描述符和物理性质如玻璃化转变温度或者空气-水接触角可视为材料描述符。此外，有用的材料描述符通常是晦涩而神秘的微观性质。这些微观性质来源于量子化学计算或材料成分的拓扑性质。虽然这些描述符可以生成有用的模型，但是很难理解其中的微观性质是如何影响宏观性质的。这就使得运用"逆向工程的模型"直接优化材料变得很困难。

认识到变量关联、过度拟合、过度训练（神经网络模型）产生的原因后，我们就可以避开这些隐患。只要确保拟合变量的数量在模型中不超过 25%～50%即可避免过度拟合。这里还推荐一种更好的方法，那就是使用贝叶斯方法来选择描述符的最佳子集，并自动优化模型[9, 10]。来自模型的统计数据也可以提供针对这个问题的预警。如果训练集和独立的统计参数（如 r^2 和标准误差）是相似的，模型可能是有效的。如果训练集统计量非常好（高 r^2 和低标准误差），并且与测试集的统计数据显著不同，则应该怀疑其有效性。在大多数模型中，标准误差能比 r^2 值更好地衡量模型预测的可靠性[11]。打乱生物数据（随机重新分配数据集中材料的因变量）也是评估给定模型是否有效的好方法。由杂乱无章的数据导出的模型的 r^2 值应接近于零，大大低于普通模型的 r^2 值。

12.8 材料分子建模研究案例

随着材料科学和测试技术的飞速发展，化学信息学方法在材料科学研究中日益普及。表 12.1 总结了化学信息学在材料研究应用的一些重要领域，感兴趣的读者可以参考 *Chemical Reviews* 的文章[1]。

表 12.1 常用材料类型化学信息学研究

材料类型	模型类型	参考文献
聚乙烯纳米管	溶解度	[12]
均相催化剂	周转次数和周转率	[13]
非均相催化剂	结晶度和相群	[14]
电催化剂	催化剂的性能	[15]
聚合物	玻璃化转变温度、折射率	[16]、[17]
离子液体	熔点、电导率和黏度	[18]、[19]
超临界溶剂	染料溶解度	[20]
陶瓷	介电常数和氧扩散	[21]

12.8.1 无机材料和纳米材料

QSAR/QSPR 在无机或纳米材料研究中的应用已经十余年。大多数已发表的 QSPR 模型主要涉及纳米粒子在癌细胞的靶向治疗或者其他诊断方式的生物学特征和安全性研究[22, 23]，以及自组装纳米粒子作为药物传递系统的设计[24]。部分研究则集中在不同溶剂的富勒烯溶解度方面。这些研究中，计算了包括结构、拓扑、几何、静电和量子化学等有机溶剂分子的描述符。因为这些描述符计算比较简单，因此计算使用 CODESSA[25]或者 DRAGON[26]和量子化学软件就可以实现。

Danauskas 和 Jurs 等公布了 C_{60} 在 96 种溶剂中的富勒烯溶解度模型实例[27]。他们将数据分成三组：训练组（76 种溶剂）、交叉验证组（10 种溶剂）和外部测试组（10 种溶剂）。单独及组合使用了四种量子化学和拓扑描述符，并生成了四个模型：多元线性回归模型、带有描述符的三层前馈神经网络模型、多变量线性回归模型和使用神经网络算法选择描述符的神经网络模型。在线性 MLR 溶解度模型中，从 85 个描述符组中选择了 9 个描述符，训练集均方根误差

（RMSE）为 0.42，测试集预测误差为 0.50。在隐藏层生成模型中，采用相同的 9 个描述符和 3 个节点的最佳神经网络模型，训练集预测 $\log S$ 的 RMSE 值为 0.30，交叉验证集为 0.45，测试集预测为 0.52。使用的最佳溶解度神经网络模型的训练集 RMSE 为 0.26，交叉验证 RMSE 为 0.25，测试集 RMSE 为 0.35。在测试集预测精度方面，具有相同描述符的 MLR 模型和神经网络模型具有相似的精度（0.50 和 0.52），说明溶剂结构与富勒烯溶解度呈线性关系。使用遗传算法选择描述符的神经网络模型的预测精度（0.35）有所提高，表明使用 MLR 等方法选择模型描述符并不是最优的。

随着纳米材料在诊断和治疗中日益广泛的应用，已有许多关于生物响应模型的报道。我们发表了稀疏机器学习模型来预测癌细胞对表面修饰的金纳米粒子的吸收[23]。研究中的 QSPR 模型是利用两组对应于酰胺配体（单配体组）或酰胺配体加叶酸（双配体组）在纳米粒子表面的数据建立的。该数据集被划分为与单元格对应的 8 个包含 30 个数据点的子集，以及它们相对应的 4 个癌细胞系的细胞摄取实验数据。并利用不同类型的表面化学结构生成分子描述符，提取它们的生物学相关性质。采用 "DRAGON" 软件来计算初始的描述符（482 个）。这些描述符体现了几何形状、部分电荷、分子碎片的存在或原子和原子量的分布等特征。然后，利用三种稀疏机器学习方法生成 QSPR 模型：期望最大化多元线性回归模型、具有高斯型或拉普拉斯型先验的非线性贝叶斯正则化神经网络模型。利用这些方法，我们建立了对癌细胞摄取具有较高预测能力的模型。例如，对于宫颈癌细胞摄取带有双配体（一种有机配体加叶酸）的表面纳米粒子，模型的稀疏性增加，以减少最初的 482 个描述符组中描述符的数量。当描述符的个数降至 13 个以下时，模型的质量显著下降，表明模型中与活性相关的某些信息被删除。最优稀疏线性和非线性模型的性能见表 12.2。图 12.2 显示了模型对训练集（80%）和测试集（20%）的预测能力。可以看出，这两种模型都能很好地预测宫颈癌细胞摄取，占数据方差的 90% 以上。

表 12.2 期望最大化的多元线性回归和具有高斯先验的非线性贝叶斯正则化人工神经网络最优模型对宫颈癌细胞（Hela）摄取双配体纳米粒子的预测统计结果

方法	N_{eff}	训练组		测试组	
		r^2	SEE/($\times 10^{-11}$g/cell)	r^2	SEP/($\times 10^{-11}$g/cell)
MLREM	14	0.98	0.58	0.93	0.81
BRANNGP	15	0.96	0.28	0.94	0.76

注：N_{eff} 是模型中有效权重（可调参数）的数量；SEE（standard error of estimation）表示估计标准误差；SEP（standard error of prediction）表示预测标准误差。

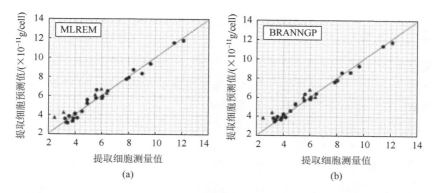

图 12.2　实验测定和预测的 Hela 对表面有双配体的纳米粒子的摄取能力

（a）线性模型和（b）非线性模型；训练集用圆点表示，测试集用三角形点表示

化学信息学也有助于开发改进太阳能电池，以解决迅速增长的清洁能源的需要。最近，Yosimoff 等报道了两个基于金属氧化物（TiO_2、Cu-O 和 TiO_2）库建立的三个重要光伏特性模型，该模型具有良好的预测统计能力[28]。以下七个描述符被用来生成该预测模型：

（1）TiO_2 窗口层厚度；

（2）Cu-O 或 Cu_2O 吸收层厚度；

（3）吸收层与总吸收层之比；

（4）电池到吸收层羽流沉积中心的距离；

（5）电子电位差吸收层的能隙；

（6）吸收层电阻测量；

（7）最大理论计算光电流。

模型的三种特性分别是短路光电流密度、开路光电压、内量子效应。采用 k 近邻算法（kNN）和基于遗传算法的回归方法建立模型。kNN 是众所周知的，但回归遗传模型相对来说不太常见，因此值得讨论。该方法通过搜索可应用于描述符的数学表达式，从描述符生成回归方程以找到最适合给定数据集的模型。遗传算法被越来越多地用于材料性能的建模[29]。kNN 方法具有更高的交叉验证值和更好扩展，预测值的 r^2 和 q^2 比遗传算法更适用于光伏电池研究。用这些方法对 TiO_2 和 Cu_2O 进行特征选择，结果表明：TiO_2 和 Cu_2O 吸收层是决定光伏发电性能的重要因素。为了进一步评估这两个描述符的相对重要性，作者利用这些描述符及其相互作用项建立了三种光伏特性的回归模型。结果表明，只有 Cu_2O 的厚度才是预测短路光电流密度和内量子效应的关键，但 TiO_2 和 Cu_2O 这两种厚度则被发现对开路光电压具有重要的贡献。这项工作表明，这种类型的模型可以做出良好的定量预测，还可与实验设计相结合，在相对较小的材料空间内开发新型光伏电池。

12.8.2　聚合物

聚合物的性能预测是 QSPR 研究的另外一个重要领域，包括热物理性能（如玻璃化转变温度、热分解温度、哈金斯弗洛里温度参数等），电学和光学特性（如介电常数、电导率和折射率等），传导性质（如气体和水的扩散和特性黏度、抗冲击等机械性能）。QSPR 模拟的最多的聚合物性质是玻璃化转变温度（T_g），因为相变可能发生在一个相对较宽的温度范围内，并取决于测量技术、持续时间和压力，因此很难通过实验来确定。然而，研究表明，使用 QSPR 预测这一特性相对容易。以下聚合物玻璃化转变温度的预测例子来自 Bertinetto 等[16]。数据集由 615 个甲基丙烯酸聚合物（340 个均聚物和 275 个无规则共聚物）组成，该数据集是 T_g 模型生成使用的最大的数据集之一。描述符使用标记的有向位置无环图（DPAGs）计算。利用这些描述符，递归神经网络可以将 T_g 值预测到训练集和测试集的标准误差分别为 6～12K 和 6～24K。图 12.3(a)、(b)显示该模型预测 275 种随机共聚物的 T_g 值。

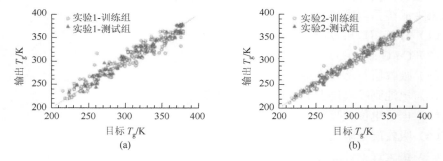

图 12.3　在实验 1 中，由 275 个随机共聚物组成的数据集的测量与预测 T_g 值的图，其中训练误差容限（TET）设置为 60K，实验 2 中 TET 为 30K（经 Bertinetto 等许可转载[16]）

此外，Sumpter 和 Noid 发表了一项有趣的研究[30]。该研究模拟了 8 种聚合物的性能，分别是摩尔体积、热容量的变化、玻璃化转变温度、内聚能、溶解度、折射率、热导率、介电常数。与大多数其他聚合物 QSPR 模型不同，他们的研究使用了训练多层前馈神经网络模型，利用多个输出节点同时预测多个特性。将多聚体中重复单元的 18 个拓扑指数和 357 个双聚合物用于建立 QSPR 模型，其平均预测误差小于 3%。对每种物理性质分别推导出神经网络模型，从而提高了预测的精度。

12.8.3　催化剂

QSPR 模型可用于优化反应条件，考察多因素对催化反应的影响，建立虚拟催化剂库，设计出性能较好的新型催化剂。从催化高通量实验产生的高维数据，可以建立优选模型。在大多数情况下，在 QSPR 模型中通常以合成条件的工艺变量和催化剂作为描述符。

以下是 Burello 等关于均相催化剂模型的研究案例[13]。他们通过对 412 个 Heck 交叉偶联反应进行分析，建立了预测催化剂性能（周转次数和周转频率）的 QSPR 模型。描述符选取的是偶极矩、HOMO 能和 LUMO 能、原子电荷以及与 Heck 反应有关的结构参数。模型采用蚁群算法和主成分分析相结合的方法，减少了描述符数量，并降低变量的维数以提高模型的预测稳定性。采用线性回归、ANN 和分类树方法对 SPR 进行建模。最优模型的预测值准确率高达 93%。钯含量是周转次数和周转频率最相关的描述符。然后利用这些模型来预测 6 万种虚拟催化剂的性能和虚拟的反应条件。图 12.4 显示了这 6 万个虚拟交叉偶联反应相对于两个主成分的预测周转率的等高线图。这样可以简单、快速地选择最有效的催化剂和反应条件。

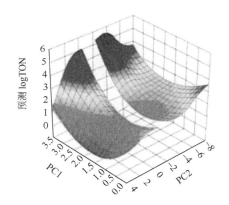

图 12.4　绘制了 6 万个交叉偶联反应的预测周转率，并根据全部反应描述符计算的前两个主成分 PC1、PC2 作图；PC1 主要与烯烃上的 Pd 轨道和电子相关，而 PC2 和配体的电子描述符相关（经 Burello 等许可转载[13]）

以 Moliner 等提出的多相催化剂 QSPR 模型为例[14]。他们报道了一项利用因子设计对沸石进行高通量合成的研究。高通量实验会产生更多的数据，这一点非常适合 QSPR 建模。这项研究的数据是由包括 144 个点的 3242 个因子设计产生的。这些数据被划分为训练集（100 个样本）、神经网络验证集（20 个样本）和测试集（24 个样本）。神经网络的输入为所用试剂的浓度。对两种不同沸石的结晶度和相对含量进行建模，并对其性能进行了模拟。他们研究了一系列的神经网络拓扑，从稀疏的三个分层网络到更复杂的四层网络。最稀疏的模型，具有最简单的神经网络结构，能够预测两个阶段的结晶度，且预测结果几乎与更复杂的网络体系结构一样准确。最好的 QSPR 模型可以预测训练集结晶度准确性在 5%以内，测试集结晶度在 10%以内。这些研究表明，神经网络在加速新催化剂的开发和优化方面有很大的应用前景。

12.8.4 金属-有机框架材料

以 Amrouche 等提出的 QSPR 方法在 MOF 材料性能预测中的应用为例[31]。在本研究中所模拟的性质是广泛存在于各种沸石咪唑框架（ZIF）材料中的极性和非极性分子的吸附热。所使用的描述符包括有机连接体组分的偶极矩和四极矩框架、孔平均曲率、连接体上官能团的数目、吸附气体的偶极矩以及它的常压沸腾温度。预测的方程提出了四种描述符对 ZIF 材料吸附行为的作用。作者很满意此方程的预测能力，同时也提出了改进的方法：①扩展数据库的大小；②覆盖更多的 ZIF 或 MOF 结构；③发展出固体或气体的描述符；④导入如 ANN 等非线性模型的方法。

由于 MOF 是由结构部件构成的，可以用来合成几乎所有的材料，因此 QSPR 是高通量筛选的有用工具。Fernandez 等报道了大规模应用于 MOF 的 QSPR 分析，用于预测大约 13 万个 MOF 的甲烷储存量[32]。他们使用了如孔径虚空分数的几何描述符。他们用 1 万个 MOF 对模型进行了训练，并在 12 万个 MOF 的测试集上对预测的准确性进行了分析。支持向量机模型能预测 MOF 在 35bar 和 100bar 的甲烷储量，r^2 值分别为 0.82 和 0.93。图 12.5 和图 12.6 分别显示了模型对训练集和测试集甲烷存储量的预测能力。尽管实际的甲烷储存量是由蒙特卡罗模拟得出的，但研究证明，QSPR 可以有效地预测大量 MOF 材料的性能。

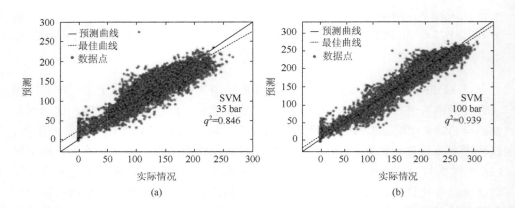

图 12.5　在 35bar（a）和 100bar（b）的训练集中交叉验证 10000 个 MOF 的甲烷储存能力预测（QSPR）值与实际（来自蒙特卡罗模拟）的比较（经 Fernandez 等许可转载[32]）

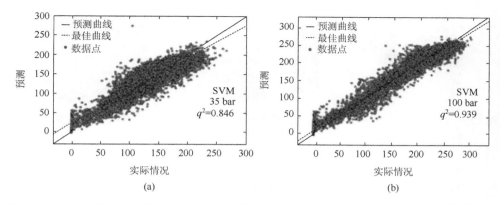

图 12.6　使用支持向量机模型在 35bar（a）和 100bar（b）条件下对测试集中 127953 个 MOF 的甲烷储存能力进行预测，预测值（QSPR）与实际值（来自蒙特卡罗模拟）进行对比（经 Fernandez 等许可转载[32]）

12.9　生物材料建模案例

12.9.1　生物活性聚合物

　　生物聚合物是一种柔性材料，其组成复杂且性能多样。它们可以由单糖或氨基酸单体聚合而成，其顺应性、柔软性和流变性可调控，以便与细胞和组织中的生物聚合物互补。可控自由基聚合的方法如原子转移自由基聚合（ATRP）和可逆加成-碎裂链转移（RAFT）等可以精确控制聚合物的链长和嵌段尺寸。因此在材料植入人体以取代受损的部位或释放药物来治疗疾病的过程中，合成聚合物是理想的选择。用现有的化学知识几乎可以合成任何聚合物，但美国食品和药物管理局（FDA）很少将合成生物聚合物用于人体。假如这些新材料符合 FDA 的要求，就为新型生物医学聚合物提供了一个绝佳的机会。

　　围绕聚合物在医学上的应用，已经开展了大量的学术和商业研究。例如，用于导管、人工耳蜗植入物、心脏起搏器等的聚合物或聚合物涂层，可以抵抗细菌附着并使纤维最小化。具有特殊设计的指示细胞信号的聚合物目前正在研究如何用于细胞生物工厂/生物反应器中。这为生成适合移植的细胞或组织提供了高效廉价的方法[3]。

　　那些被用于预测构建聚合物和其他材料的生物影响模型的建模方法，如机器学习和其他类型的统计，是数据驱动的方法，在大量而多样的数据支持下可以构建更好的模型。目前，用于合成和表征聚合物性质的高通量方法正在不断地开发中。其中一种常见的形式是在载玻片或芯片上由几百到几千不同的聚合物点组成的阵列。如图 12.7 所示，这些都是通过类似蘸水笔的方法生成的。

图 12.7　将混合共聚单体点在载玻片上，紫外光照射聚合后，微小的聚合物斑点将被消除并暴露在培养中的细胞或细菌中，记录附着程度，并在特定的时间间隔后记录生长情况

到目前为止，使用高通量聚合物合成来设计用于特定生物医学应用的聚合物的研究相对较少，但这一现状有望迅速得到改变。由于大数据的缺乏，这方面的 QSPR 研究案例相对较少。我们在此提供了来自诺丁汉大学、麻省理工学院和 CSIRO 小组的研究例子。

第一个例子涉及能够附着胚胎干细胞（ESCs）并维持其生长和增殖的聚合物的开发[33]。这些聚合物材料最终将应用在生物反应器中，用于产生可在生物医学领域使用的细胞和组织。研究小组生成了大约 500 个聚丙烯酸酯聚合物阵列，每个阵列由不同的共聚物组合形成，并使用紫外光进行聚合。本案例中使用胚状体（类似 ESCs 的小簇）来代替单个细胞，因为 ESCs 在这种形式上更强健。稀疏机器学习方法（一种神经网络，贝叶斯正则化已被应用于优化模型的复杂性和可预测性）被用来生成定量和预测模型，将聚合物表面化学特征与拟胚体的附着程度联系起来。即使没有进行训练，该模型也可以很好地定量预测胚状体与聚合物表面化学的附着程度。非线性模型下训练组和测试组中细胞对聚合物的附着预测值的 r^2 值分别为 0.8 和 0.81。该模型可以在 ×1.3 倍以内预测附着关系。最佳化学信息学模型的性能如图 12.8 所示。

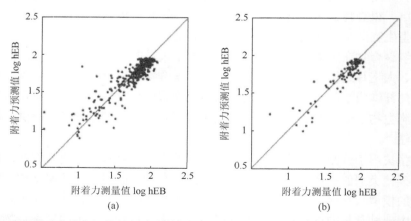

图 12.8　聚丙烯酸酯库中胚状体与聚合物黏附的预测值和测量值，模型在预测训练集（a）和测试集（b）方面的性能（经皇家化学学会许可转载[33]）

　　这些模型还可以提供关于哪些类型的聚合物表面化学促进了胚状体的附着和生长的信息。

　　第二个例子旨在设计对致病菌具有极低附着性的聚合物[34]。致病菌是留置和植入医疗设备患者发病和死亡的主要原因。感染是一个非常严重的问题，它阻碍了新型植入式医疗器械的开发和应用。在一个阵列载玻片上点了含有大约 500 个聚丙烯酸酯样品的库，并将其暴露于三种导致患者感染的最重要病原体中：铜绿假单胞菌（PA）、金黄色葡萄球菌（SA）和尿致病性大肠杆菌（UPEC）。这些细菌都被遗传转化了绿色荧光蛋白，所以它们在紫外光下发光。附着在聚合物斑点上的细菌数量与绿色荧光的亮度成正比。不同聚合物样品的病原体附着值如图 12.9 所示。

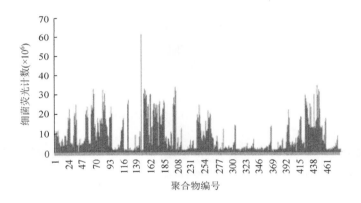

图 12.9　在聚丙烯酸酯溶液中致病性铜绿假单胞菌附着值

　　稀疏机器学习方法再一次被用来生成一种将聚合物特性与病原体附着联系在一起的模型，这一次的目标是最小化附着。PA 模型对训练集中聚合物的附着预测标准差为 $0.17\log F$，r^2 为 0.84，标准误差为 $0.16\log F$，r^2 为 0.87（即细菌荧光强度的预测系数在 1.5 倍以内）。SA 模型对训练集和测试集的黏附性预测，两者 r^2 值为 0.85，标准误差为 $0.12\log F$（即 fluoering 的预测系数是 1.4）。最后，UPEC 模型基于较少数量的能够使病原体附着的聚合物，在训练集中对聚合物的黏附性进行了预测，标准误差为 $0.43\log F$，r^2 为 0.58，而模型在测试集中对聚合物的标准差为 $0.48\log F$，r^2 为 0.73。因此，UPEC 模型可以预测的黏附性在 3 倍以内。图 12.10 中总结了稀疏机器学习模型在训练集和测试集中预测的聚合物对三种病原体的附着性能。

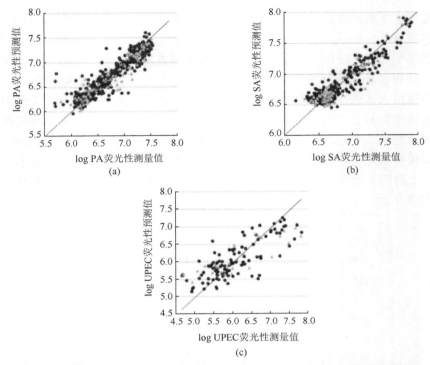

图 12.10　三种 QSPR 模型对 PA（a）、SA（b）和 UPEC（c）黏附性预测能力

训练集中对聚合物附着的预测用黑色圆圈表示，而测试集预测用灰色三角形表示

12.9.2　微列阵

　　尽管生物信息学已经开发了大量的数学方法来分析基因组学实验的数据，如来自基因表达微阵列的数据，化学信息学仍然可以为选择控制生化过程的关键基因提供一些新的途径。在波士顿和伦敦进行的平行基因表达实验生成了一个与干细胞对称分裂及含锶离子的生物玻璃促进间充质干细胞向成骨分化的机制相关的微阵列数据。

　　在波士顿实验中，采用四种方法诱导干细胞对称分裂（产生两个干细胞）或非对称分裂（产生一个干细胞和一个祖细胞）[35]。这项研究的目的是用合适的微阵列来测量所有基因的表达，并利用化学信息学（稀疏贝叶斯特征选择）来识别与细胞分裂的对称性有关的一小组基因的表达情况（上调或下调）。该方法从约 3.5 万个基因表达谱中鉴别出 5 个目标基因。结合这些基因产物的抗体标记物表明，其中两个被鉴定的基因 *H2AFZ* 和 *B2G* 确实对细胞分裂的对称性具有特异性，这种特异性如图 12.11 所示。

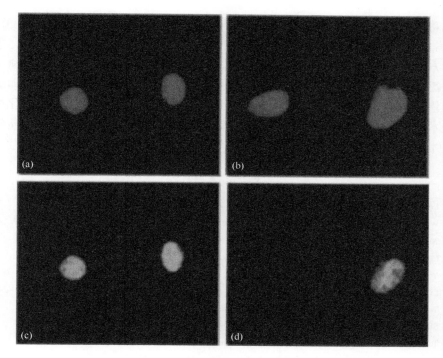

图 12.11 稀疏化学信息学特征选择发现的其中一个细胞分裂对称标记基因 *H2AFZ*

图片显示了用 DAPI（4′, 6-二氨基-2-苯基吲哚，一种能与细胞核紧密结合的荧光染色剂）标记的细胞对称分裂（a）和不对称分裂（b）中的细胞核形态；（c）和（d）显示了用抗体标记 *H2AFZ* 表达的同一细胞；在不对称细胞分裂的情况下只有一个细胞是可见的（干细胞）

这些生物玻璃实验是由 Molly Stevens 教授的研究小组在伦敦帝国理工学院进行的。已证明在体内植入 StronBone 生物玻璃可以促进骨生长和帮助预防由骨质疏松和其他导致骨流失的情况造成的事故性骨折。将间充质干细胞暴露于不同浓度的生物玻璃成分中，尤其是含有不同的锶离子浓度条件下开展实验。随后通过化学信息稀疏特征选择出少量编码脂肪酸和固醇生化途径的基因，这个基因在以前的研究中没有发现涉及骨生长[36]。进一步的生化实验旨在测试这些生化指标，阐明了这些基因在骨生长中的重要性，为延缓骨质疏松症的药物治疗提供了新的有效的方法。

12.10 展　　望

多年来，大多数研究人员使用 QSAR 和其他化学信息学技术来模拟小分子及其生物活性。虽然一些非生物性质，如溶解度、log P 值、Henry 定律常数等也成功地建模和预测，但绝大部分研究集中在生物活性方面。过去十年，QSAR（准确来说是 QSPR）在有机小分子以外的材料上的应用发展迅速，证明了化学信息学方法在大量的材料性质预测方面是非常有用的。阻碍这些方法在材料科学方面广泛应用的一个原因是缺乏类似于药物发现中的化学组学这样的技术，即缺乏高通量材料的合成、表征和测试方法。目前科学家已经将制药工业的自动化机器人技术应用在材料研究中，大量的材料库和数据库正在涌现。显然，这些高效材料技术的发展将对数据驱动的化学信息学方法的发展产生巨大的影响。

参 考 文 献

[1]   Le，T.，Epa，V.C.，Burden，F.R.，and Winkler，D.A.（2012）*Chem. Rev.*，**112**，2889-2919.

[2]   Winkler，D.A.，Mombelli，E.，Pietroiusti，A.，Tran，L.，Worth，A.，Fadeel，B.，and McCall，M.J.（2013）*Toxicology*，**313**，15-23.

[3]   Celiz，A.D.，Smith，J.G.W.，Langer，R.，Anderson，D.G.，Winkler，D.A.，Barrett，D.A.，Davies，M.C.，Young，L.E.，Denning，C.，and Alexander，M.R.（2014）*Nat. Mater.*，**13**，570-579.

[4]   Li，P.-Z.，Wang，X.-J.，Liu，J.，Lim，J.S.，Zou，R.，and Zhao，Y.（2016）*J. Am. Chem. Soc.*，**138**，2142-2145.

[5]   Winkler，D.（2015）*Aust. J. Chem.*，**68**，1174-1182.

[6]   Shevchenko，V.Y.，Madison，A.E.，and Shudegov，V.E.（2003）*Glass Phys. Chem*，**29**，577-582.

[7]   Topliss，J.G. and Costello，R.J.（1972）*J. Med. Chem.*，**15**，1066-1068.

[8]   Topliss，J.G. and Edwards，R.P.（1979）*J. Med. Chem.*，**22**，1238-1244.

[9]   Burden，F.R. and Winkler，D.A.（2009）*QSAR Comb. Sci.*，**28**，645-653.

[10]   Burden，F.R. and Winkler，D.A.（2009）*QSAR Comb. Sci.*，**28**，1092-1097.

[11]   Alexander，D.L.J.，Tropsha，A.，and Winkler，D.A.（2015）*J. Chem. Inf. Model.*，**55**，1316-1322.

[12]   Kiss，I.Z.，Mandi，G.，and Beck，M.T.（2000）*J. Phys. Chem. A*，**104**，8081-8088.

[13]   Burello，E.，Farrusseng，D.，and Rothenberg，G.（2004）*Adv. Synth. Catal.*，**346**，1844-1853.

[14]   Moliner，M.，Serra，J.M.，Corma，A.，Argente，E.，Valero，S.，and Botti，V.（2005）*Microporous Mesoporous Mater.*，**78**，73-81.

[15]   Artyushkova，K.，Pylypenko，S.，Olson，T.S.，Fulghum，J.E.，and Atanassov，P.（2008）*Langmuir*，**24**，9082-9088.

[16]   Bertinetto，C.G.，Duce，C.，Micheli，A.，Solaro，R.，and Tine，M.R.（2010）*Mol. Inform.*，**29**，635-643.

[17]   Katritzky，A.R.，Sild，S.，and Karelson，M.（1998）*J. Chem. Inf. Comp. Sci.*，**38**，1171-1176.

[18]   Katritzky，A.R.，Lomaka，A.，Petrukhin，R.，Jain，R.，Karelson，M.，Visser，A.E.，and Rogers，R.D.（2002）*J. Chem. Inf. Comput. Sci.*，**42**，71-74.

[19]   Tochigi，K. and Yamamoto，H.（2007）*J. Phys. Chem. C*，**111**，15989-15994.

[20]   Tarasova，A.，Burden，F.，Gasteiger，J.，and Winkler，D.A.（2010）*J. Mol. Graphics Modell.*，**28**，593-597.

[21]   Scott，D.J.，Coveney，P.V.，Kilner，J.A.，Rossiny，J.C.H.，and Alford，N.M.N.（2007）*J. Eur. Ceram. Soc.*，**27**，4425-4435.

[22]   Epa，V.C.，Burden，F.R.，Tassa，C.，Weissleder，R.，Shaw，S.，and Winkler，D.A.（2012）*Nano Lett.*，**12**，5808-5812.

[23]   Le，T.C.，Yan，B.，and Winkler，D.A.（2015）*Adv. Funct. Mater.*，**25**，6927-6935.

[24] Le，T.C.，Mulet，X.，Burden，F.R.，and Winkler，D.A.（2013）*Mol. Pharmaceu-tics*，**10**，1368-1377.

[25] Karelson，M.，Maran，U.，Wang，Y.，and Katritzky，A.R.（1999）*Collect. Czech. Chem. Commun.*，**64**，1551-1571.

[26] Mauri，A.，Consonni，V.，Pavan，M.，and Todeschini，R.（2006）*MATCH-Commun. Math. Comp. Chem.*，**56**，237-248.

[27] Danauskas，S.M. and Jurs，P.C.（2001）*J. Chem. Inf. Comput. Sci.*，**41**，419-424.

[28] Yosipof，A.，Nahum，O.E.，Anderson，A.Y.，Barad，H.N.，Zaban，A.，and Senderowitz，H.（2015）*Mol. Inform.*，**34**，367-379.

[29] Le，T.C. and Winkler，D.A.（2016）*Chem. Rev.*，**116**，6107-6132.

[30] Sumpter，B.G. and Noid，D.W.（1994）*Macromol. Theory Simul.*，**3**，363-378.

[31] Amrouche，H.，Creton，B.，Siperstein，F.，and Nieto-Draghi，C.（2012）*RSC Adv.*，**2**，6028-6035.

[32] Fernandez，M.，Woo，T.K.，Wilmer，C.E.，and Snurr，R.Q.（2013）*J. Phys. Chem. C*，**117**，7681-7689.

[33] Epa，V.C.，Yang，J.，Mei，Y.，Hook，A.L.，Langer，R.，Anderson，D.G.，Davies，M.C.，Alexander，M.R.，and Winkler，D.A.（2012）*J. Mater. Chem.*，**22**，20902-20906.

[34] Epa，V.C.，Hook，A.L.，Chang，C.，Yang，J.，Langer，R.，Anderson，D.G.，Williams，P.，Davies，M.C.，Alexander，M.R.，and Winkler，D.A.（2014）*Adv. Funct. Mater.*，**24**，2085-2093.

[35] Huh，Y.H.，Noh，M.，Burden，F.R.，Chen，J.C.，Winkler，D.A.，and Sherley，J.L.（2015）*Stem Cell Res.*，**14**，144-154.

[36] Autefage，H.，Gentleman，E.，Littmann，E.，Hedegaard，M.A.B.，Von Erlach，T.，O'Donnell，M.，Burden，F.R.，Winkler，D.A.，and Stevens，M.M.（2015）*Proc. Natl. Acad. Sci. U.S.A.*，**112**，4280-4285.

13　过程控制和软传感器

金藤富苏

东京大学，工程学院化学系统工程系，

日本东京 113-8656，文京区本乡，3 号工程楼，7-3-1

胡 丹　顾 琼　译　　　徐 峻 审校

13.1　引　　言

在运营化工厂时，操作人员必须监控操作条件并控制过程变量。因此，需要实时测量过程变量，如温度、压力、液位和产品浓度。然而，由于技术难度大、测量延迟、投资成本高等原因，其中一些变量不便于实时测量。因此，软传感器[1]被广泛用于预测难以实时测量的过程变量。图 13.1 显示了软传感器的基本概念。使用化学信息学方法，在易于实时测量的过程变量（称为 x 变量）和难以实时测量的因变量（称为 y 变量）之间构建推理模型。使用该模型可以高精度预测 y 值。实验室样品和在线分析仪的测量都是 y 变量的例子。

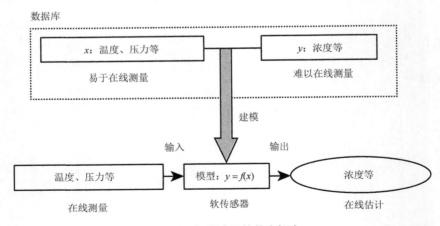

图 13.1　软传感器的基本概念

因为 x 变量通常在操作数据中彼此相关，主成分回归（principal component

regression，PCR）和偏最小二乘（partial least squares，PLS）法主要用作软传感器的统计建模方法。非线性的 PLS[2]、人工神经网络[3]、局部加权 PLS[4]和支持向量回归（SVR）[5]用于处理 x 和 y 之间的非线性关系。最小绝对收缩和选择算子（LASSO）[6]既可以选择 x 变量，又可以构建回归模型。由于 x 变量可以影响具有时间延迟的 y 变量，因此，使用基于遗传算法的过程变量和动态选择（GAVDS），同时选择重要的 x 变量和每个变量的最优延时[7]。

表 13.1 列出了软传感器的应用领域和作用。

表 13.1　软传感器的应用

应用领域	任务	参考文献
石油化工过程	产品质量的实时监控与控制	[1]、[3]、[8]~[13]
制药过程	片剂质量的实时监测	[14]~[16]
水处理	膜生物反应器的膜污染	[17]、[18]
农业	农产品内部质量预测	[19]
铁制造	终点预测与粒度分布	[20]

产品质量控制数据中，如石化生产过程中的蒸馏塔[21]和化学反应器[8]，应变量 y 数目很大，软传感器的使用越来越普遍。y 变量如化学成分的浓度、90%蒸馏温度、密度、聚合物密度和熔体流动速率。x 变量如温度、压力、液位、流速等。工厂操作员可以获取由软传感器估算的 y 值，并利用这些数值进行实时过程控制，从而在运营工厂中节省大量的成本。

在制药过程中，如药物生产原料可以有差异，生产设施也可能有变化，但产品质量不能有变化。当一批片剂经混合、压片、包衣，甚至产品试验等工序后不能通过质量检验时，批次中的所有片剂都不能用，就造成巨大的成本浪费。因此，应该实时监测和控制片剂的质量。但是活性药物成分（API）含量的测量需要花费比较多的时间来确定。此外，我们希望不是一些片剂而是所有片剂的质量可以在分批过程中测量。过程分析技术（PAT）[14, 15]是制药工业中监测、开发、控制和设计关键产品质量的一项重要技术。近红外光谱（NIR）、拉曼（Raman）光谱等以自变量的形式非破坏性地实时监测产品质量，建立片剂质量和近红外光谱强度之间关系的传感器模型。软传感器可以实现实时释放测试（RTRT）结果，通过实时监控质量并执行适当的操作来控制每个过程的质量，因此不需要最终产品质量测试。此外，可以设置控制限制，使用软传感器来控制产品质量，即设计质量（QbD）[16]。现在，在制药工艺中软传感器的使用越来越多。

软传感器已被用于其他领域，如长期预测膜生物反应器（MBR）的膜污染[22]、预测农产品内部质量[19]、爆炸物检测、终点预测和钢铁生产中粉末的粒度分布[20]。软传感器的应用范围也在不断扩大，未来应用将更加广泛。

13.2　软传感器的作用

首先，正如在引言部分所提到的，软传感器可以代替分析仪器，可以连续预测难以测量的质控数据，因此可用于连续过程控制。此外，通过使用预测值代替测量值，可以降低分析仪器的测量频率。

其次，利用软传感器可以检测分析仪的异常值。如图 13.2 的浓度随时间变化图所示，第一个样本和最后一个样本可能是异常的，浓度分析仪可能会因为分布超出分配而被破坏。通过使用软传感器并比较测量值和预测值，可以检测到异常事件。由于 y 值中的异常值会导致过程控制中的错误操作，使过程控制变得困难，因此同时使用 y 分析仪和软传感器有助于过程控制的稳定。

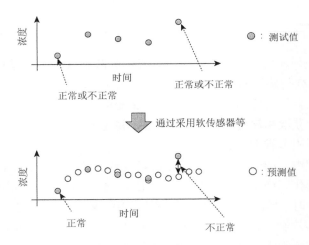

图 13.2　使用软传感器检测分析仪的异常值

利用软传感器可以解释过程变量之间的关系，如果按照式（13.1）构造线性回归模型：

$$浓度 = 1.5×温度 - 0.5×流量 \tag{13.1}$$

过程变量之间存在共线性，解释并不简单，温度对浓度产生正面影响，而流量会对浓度产生负面影响。理解 x 和 y 之间的关系有助于我们利用 x 值来控制 y 值。

最后，虽然使用软传感器监测 y 值可以实现连续的过程控制，但通过对软传感器进行反分析可以实现更高效的过程控制[9]。在构建软传感器模型之后，对软传感器模型进行反向分析，以寻找 x 的最优操作过程，从而有效且稳定地控制 y 值。有关此方法的详细信息，请参见 13.6 节。

13.3　软传感器存在的问题

虽然软传感器是一种非常有用的工具，但它也存在问题。图 13.3 展示了从数据收集到软传感器模型运行的各个阶段以及每个阶段遇到的问题。首先，数据在过程中测量并收集用于软传感器模型的构造和验证。问题在于数据的可靠性和数据的选择。然后，对所收集的数据进行预处理。在此阶段，应进行离群点检测和噪声处理。最后，使用预处理数据构建软传感器模型。问题在于选择合适的回归方法、防止过拟合、考虑过程变量之间的非线性、变量选择及过程动力学。对所构建的模型进行分析和优化。应该考虑模型解释、模型验证、适用范围、预测精度、模型退化、模型维护和异常数据的检测与诊断。

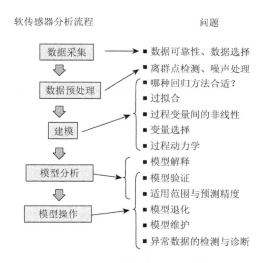

图 13.3　软传感器分析流程和每个阶段涉及的问题

其中一个关键问题是软传感器模型的退化。软传感器的预测精度逐渐降低，这是催化剂性能下降、传感器基线漂移及过程变化等因素导致的设备状态变化的结果。Funatsu 和同事对软传感器模型的退化进行了分类[10]。图 13.4 显示了在 x 和 y 之间构建的线性软传感器模型退化的基本概念。图 13.4（a）和（b）分别表示 y 值和 x 值的偏移。这些对应于传感器和工艺漂移、管道上的水垢沉积、操作条件的变化，如原材料量等。在训练数据和新数据之间，斜率不会改变，但是 y 变量或 x 变量的值会发生变化。图 13.4（c）表示 x 和 y 斜率的变化。这对应于催化性能的损失、原料浓度等操作条件的变化等。当然，y 值和 x 值的偏移及斜率的变化可能同时发生。

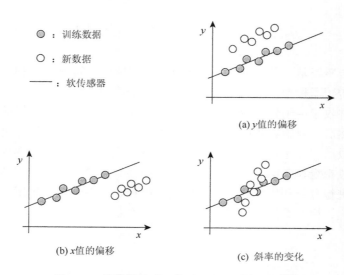

图 13.4　线性软传感器模型退化的基本概念[10]

当我们关注退化速率时，每一个转变或变化都会逐渐、迅速或瞬间发生。例如，催化剂性能下降过程、传感器基线漂移、外部温度的变化及管道上的水垢沉积都是逐渐发生的；原材料的急剧变化发生得很快；漂移的校正、工厂的定期维修及管道的堵塞都是瞬间发生的。当然，这种快速实际上仍然是连续的。

13.4　自适应软传感器

为了避免模型退化，可以将自适应机制应用于软传感器。这些软传感器称为自适应软传感器。例如，在化工厂中测量 x 和 y 的新数据，并用于重建软传感器模型和预测 y 值。Funatsu 对自适应软传感器模型进行了分类，并对每种退化模型[10]的自适应软传感器特性进行了讨论。自适应软传感器包括移动窗口（moving window，MW）模型[23, 24]、准时制（just-in-time，JIT）模型[11]和时差（time difference，TD）模型[12]。MW 模型由最近测量的数据集构建获得，JIT 模型是通过将更大的权重分配给与查询最相似的数据构建获得，TD 模型是通过考虑 y 变量和 x 变量的时间差构建获得。集成学习可以应用于自适应模型[25]。

表 13.2 显示了 TD 模型、MW 模型和 JIT 模型的特征。TD 模型能够适应 y 值和 x 值的偏移，因为它们在预测中实现了与偏差更新相同的效果。即使在逐步、

快速或瞬时发生变化时，TD 模型也可以适当地跟随变化。但是，TD 模型无法适应坡度的变化[10]。

表 13.2 TD 模型、MW 模型和 JIT 模型的特征[10]

退化		TD 模型	MW 模型	JIT 模型
类型	速度			
	逐步	●	●	X
y 值的偏移	快速	●	▲	X
	瞬时	●	X	X
	逐步	●	●	●
x 值的偏移	快速	●	▲	●
	瞬时	●	X	●
	逐步	X	●	X
斜率的变化	快速	X	▲	X
	瞬时	X	X	X
	逐步	X	●	•X
x 值的偏移和斜率的变化	快速	X	▲	•X
	瞬时	X	X	•X

注：●该模型能很好地处理退化问题；▲该模型在一定程度上可以处理退化；X 该模型不能处理退化；•X 这取决于模型是否能够处理系统退化。

通过在训练数据中加入新的数据，MW 模型可以用来跟踪斜率的逐渐变化。然而，MW 模型很难适应快速和瞬时的偏移，因为偏移之前的旧数据仍然存在于训练数据中。MW 模型受旧数据的影响很严重。

对于 JIT 模型，它是用 x 变量空间中与测试数据接近的数据集构造的，如果发生 x 值的偏移，将执行适当的数据集选择。然而，除此之外，不能选择 y 值偏移或斜率变化后的数据集，因为 x 变量的空间没有变化，如图 13.4（a）、（c）所示。当 x 值和斜率同时变化时，如果 x 值变化明显，并且在数据库中存储了足够多的新情况的数据，JIT 模型可以适当地适应这些变化。这是因为由于 x 值的偏移，可以执行适当的数据集选择。通过对模拟数据集和真实工业数据集（三菱化学公司和三井化学公司）[10]的分析，验证了前面的讨论结果，并且可以获得适合于各种退化类型的自适应模型的知识和信息。

如表 13.2 所示，针对各种模型退化的类型，没有能全面提高预测能力的自适应模型。为每种退化类型选择合适的自适应模型很重要。这里介绍一种基于 TD 模型可靠性的模型选择方法[26]。TD 模型用于预测 y 变量的值，并且使用集合预测方法监视其可靠性，其中通过改变 x 变量的微分值得到多个预测值，多个预测值的标准差作为预测可靠性指标。当可靠性较低时，TD 模型转换为 MW 模型或 JIT 模型。通过实际工业数据（三菱化学公司）的案例研究，证实了 TD 模型和 MW 模型及 TD 模型和 JIT 模型的组合模型均优于单个 TD 模型、MW 模型或 JIT 模型。此外，TD 和 MW 组合模型的预测能力高于 TD 和 JIT 组合模型[27]。

通过切换 TD 模型和 MW 模型或 TD 模型和 JIT 模型，可以处理各种模型退化。然而，当前 MW 模型、JIT 模型和 TD 模型的预测能力在斜率发生快速变化时并不十分充分，如表 13.2 所示。因此，集成在线支持向量回归（EOSVR）[24]作为 MW 模型进行开发。多个超参数值不同的 SVR 模型预测多个 y 值。预测的 y 值根据每个 SVR 模型的当前预测能力和贝叶斯方法进行组合，生成最终的预测 y 值。每个 SVR 模型的当前预测能力与 k 近邻数据点（$RMSE_{midknn}$）[13]之间的中点的均方根误差（RMSE）成反比，计算公式如下：$1/RMSE^2_{midknn, i}$，其中 $RMSE_{midknn, i}$ 是具有最新数据的第 i 个 SVR 模型的 $RMSE_{midknn}$。

此外，预测的 y 值的标准偏差使得每个过程状态的最终预测 y 值中的预测误差得以估计。

实例 13.1 废气脱硝过程

为了验证 EOSVR 的预测能力，我们将该方法应用于三井化学公司的废气脱硝工艺。将氨气注入脱硝反应器中，其中废气通过催化层，氮氧化物分解成无害的氮气和水蒸气[24]。图 13.5 显示了反应式以及 y 和 x 变量。

- 三井化学公司的废气脱硝过程

$$4NO+4NH_3+2O_2 \xrightarrow{催化剂} 4N_2+6H_2O$$
$$NO+NO_2+2NH_3 \xrightarrow{催化剂} 2N_2+3H_2O$$

变量 y：①脱硝反应器出口 NH_3 浓度；②脱硝反应器出口 NO_x 浓度。

x：23个变量，如温度、压力、流速等。

图 13.5 EOSVR 方法的案例研究

软传感器用于控制脱硝反应器出口处的剩余 NH_3 浓度（简称脱硝出口 NH_3），脱硝反应器出口处的 NO_x 浓度（简称脱硝出口 NO_x）和气体管道出口

处的 NO_x 浓度（简称出口气体管道 NO_x）。因此，y 变量是脱硝出口 NH_3、脱硝出口 NO_x 和出口气体管道 NO_x，x 变量是 23 个过程变量，如气体混合器和脱硝反应器中的温度、压力和流速等。图 13.6 显示了测量和预测的脱硝出口 NH_3 的浓度-时间曲线。

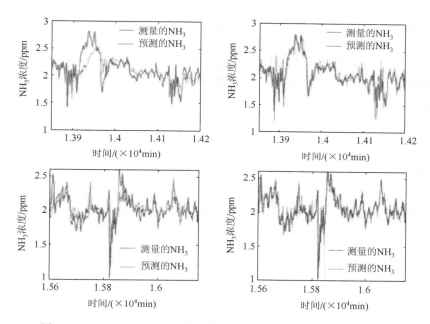

图 13.6　OSVR 和 EOSVR 的比较：脱硝出口 NH_3 的浓度-时间曲线

左侧的两个浓度-时间曲线显示了在线支持向量回归（OSVR）给出的结果，其表现出传统方法的最佳性能，右侧的两个浓度-时间曲线显示了 EOSVR 给出的结果（$RMSE_{midknn}$）。显然，与 OSVR 相比，EOSVR（$RMSE_{midknn}$）的预测值更接近实测值 y。即使当测量的 y 值因燃油压力、燃料量、燃烧器的点火和熄灭等变化而变化时，EOSVR 模型也可以准确地适应变化，并可以处理工厂中不同的过程状态，反映了上述模型的高预测能力。

13.5　软传感器的数据库监控

为了在广泛的数据范围内构造具有高预测精度的自适应软传感器，数据库监控是一个至关重要的问题。为了减小数据库的大小，JIT 模型基于 y 变量的预测误差选择要存储的新测量数据。Jin 等提出了一种方法，其中新样本应该替换数据库中最相似的数据[28]。但是，在数据选择中没有考虑数据库中的整体信息与新的数据样本之间的重叠。Funatsu 和同事提出了用于数据库管理（DBM）的数据库监控索引（DMI），该索引用于检查新测量样本中的信息量，并实现了一个免维护的DBM 和高预测性软传感器[29]。

当两个 x 和 y 数据不相似时，DMI 很大，反之亦然。如果新样本与数据库中的数据之间的最小 DMI 值超过阈值 P_{DMI}，则新样本包含足够的新信息并存储在数据库中。假设存在一些数据，类似于其他数据且并不是必不可少的训练数据，则可以在重复删除这样的相似数据的同时确定合适的 P_{DMI}，并检查用剩余数据构建的回归模型的预测能力。DMI 被改进为具有长期高预测能力的自适应（基于MW 模型和 JIT 模型的）软传感器[30]。

例 13.2　操作蒸馏塔

我们分析了三菱化学公司水岛厂的蒸馏塔的操作数据。图 13.7 是蒸馏塔的示意图。

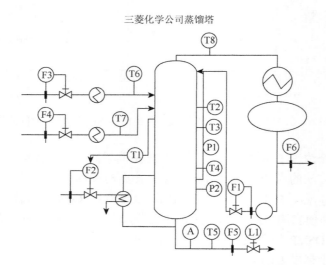

变量：　y：沸点最低的底部产物的浓度，测量间隔是30min

x：19个变量（温度、压力、液位、回流比等）

图 13.7　数据库管理案例研究：蒸馏塔

图 13.8 展示了 SVR 的预测值和实际 y 值的时间曲线。x 轴是时间（×30min），y 轴是沸点最低的底部产物的浓度（自动标定值）。

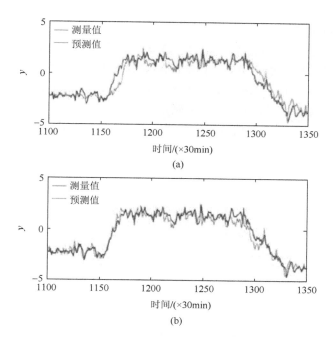

图 13.8　没采用数据库管理（a）和采用数据库管理（b）的过程比较：测量值和预测值 y（MW 模型）的时间曲线

在没有 DBM 的情况下，SVR 模型无法适应从点 950 到 1000、从 1150 到 1200 的快速变化，并且预测的 y 值需要花费时间调整回实际的 y 值。使用所提出的 DBM，在稳定期和从 950 到 1000、从 1150 到 1200 的快速变化期间，由 SVR 模型预测的 y 值与实际的 y 值吻合得很好。因此，所提出的方法实现了一种具有良好预测能力的自适应软传感器 DBM。

DBM 还可应用于过程监控，其中模型用包括新的测量数据的数据库更新或重建。

13.6　使用软传感器进行有效的过程控制

尽管比例-积分-微分（PID）控制器用于控制过程变量的值，但由于 PID 控制器是基于控制点的设定值和测量值的差值，因此很难控制难以测量的过程变量的值。

因为软传感器可以估计难以实时测量的过程变量的值，所以可以通过使用由软传感器估计的 y 值而不是在 PID 控制中测量的 y 值来执行连续过程控制。然而，这远远不足以充分利用软传感器。通过对软传感器模型的反分析，可以找到一种

更有效的控制 y 值的方法。

假设已经构建了软传感器模型，图 13.9 显示了软传感器模型的反分析的基本概念。首先，基于历史数据确定 x 值变化的基本模式，其中进行一些控制，如 PID 控制。利用一些点和如 Hermite 之类的插值来简化基本模式。例如，分段三次 Hermite 插值多项式（PCHIP）可用于确定简化点，其中重复使用 Hermite 插值。应注意，每个点由时间和 y 值确定。

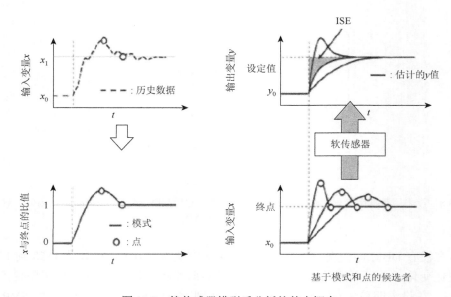

图 13.9　软传感器模型反分析的基本概念

应优化每个点以便有效地控制 y 值。准备候选时间和每个点的 x 值，并详尽地生成改变 x 值的模式。然后，将每个 x 值模式输入构造的软传感器模型中，并且根据 y 的受控性能来检查 y 的输出模式。例如，用平方误差（ISE）和沉降时间的积分来量化 y 的受控性能。ISE 如式（13.2）所示：

$$\text{ISE} = \int_0^\infty e^2(t)\mathrm{d}t \tag{13.2}$$

其中，$e(t)$ 表示设定点和 y 值之间的误差。如果时间候选项的数量和点的 x 值过高，无法检查所有候选项的 y 的受控性能，则可以使用遗传算法等优化方法。这种方法称为基于反向软传感器的前馈（ISFF）控制方法[9]。

在模拟连续搅拌反应器系统中，应用 ISFF 对 y 的设定点的变化进行了研究。与传统的比例-积分（PI）控制器相比，ISFF 在系统中进行了优化，可以快速稳定地控制 y 值，结果详见参考文献[9]。ISFF 可以切换到反馈控制器，如 PID 控制器，因为软传感器模型包括估计误差，并且只有 ISFF 不能将 y 值完全稳定到设定值。

此外，可以使用自适应软传感器在 ISFF 中安装反馈功能，如 13.4 节所示。

13.7　总　　结

软传感器是化工企业的一种有用工具。它们的应用已经扩展到许多领域，如石油化工、制药、水处理、农业、水果选择、爆炸检测、铁制造等。但软传感器仍然存在一些问题，这些问题迫切需要进一步的研究和开发。由于软传感器分析中的问题与化学信息学和化学计量学中的问题类似，因此化学信息学和化学计量学领域的研究成果可以应用于软传感器分析。采用软传感器技术可以更有效、更稳定地控制和运行化工厂。

参 考 文 献

[1]　Kadlec，P.，Gabrys，B.，and Strandt，S.（2009）*Comput. Chem. Eng.*，**33**，795-814.

[2]　Baffi，G.，Martin，E.B.，and Morris，A.J.（1999）*Comput. Chem. Eng.*，**23**，395-411.

[3]　（a）Zupan，J. and Gasteiger，J.（1991）*Anal. Chim. Acta*，**248**，1-30；（b）Gasteiger，J. and Zupan，J.（1993）*Angew. Chem. Int. Ed. Engl.*，**32**，503-527；（c）Dufour，P.，Bhartiya，S.，Dhurjati，P.S.，and Doyle，F.J.（2005）*Control Eng. Pract.*，**13**，135-143.

[4]　Kim，S.，Kano，M.，Nakagawa，H.，and Hasebe，S.（2011）*Int. J. Pharm.*，**421**，269-274.

[5]　Bishop，C.M.（2011）*Pattern Recognition and Machine Learning*，Springer，New York，738 pp.

[6]　Tibshirani，R.（1996）*Stat. Soc.*，58，267-288.

[7]　Kaneko，H. and Funatsu，K.（2012）*AIChE J.*，**58**，1829-1840.

[8]　Kaneko，H.，Arakawa，M.，and Funatsu，K.（2011）*Comput. Chem. Eng.*，**35**，1135-1142.

[9]　Kimura，I.，Kaneko，H.，and Funatsu，K.（2015）*Kagaku Kougaku Ronbun.*，**41**，29-37.

[10]　Kaneko，H. and Funatsu，K.（2013）*AIChE J.*，**59**，2339-2347.

[11]　Fujiwara，K.，Kano，M.，Hasebe，S.，and Takinami，A.（2009）*AIChE J.*，**55**，1754-1765.

[12]　Kaneko，H. and Funatsu，K.（2011）*Chemom. Intell. Lab. Syst.*，**107**，312-317.

[13]　Kaneko，H. and Funatsu，K.（2013）*J. Chem. Inf. Model.*，**53**，2341-2348.

[14]　Reid，G.L.，Ward，H.W. II，Palm，A.S.，and Muteki，K.（2012）*Am. Pharm. Rev.*，**15**，49-55.

[15]　Kaneko，H.，Muteki，K.，and Funatsu，K.（2015）*Chemom. Intell. Lab. Syst.*，**147**，176-184.

[16]　García-Muñoz，S.，Dolph，S.，and Ward，H.W. II，（2010）*Comput. Chem. Eng.*，**37**，1098-1107.

[17]　Kaneko，H. and Funatsu，K.（2014）*Desalin. Water Treat.*，**53**，1-6.

[18]　Oishi，H.，Kaneko，H.，and Funatsu，K.（2015）*J. Membr. Sci.*，**494**，86-91.

[19]　Escobar，M.S.，Kaneko，H.，and Funatsu，K.（2014）*Chemom. Intell. Lab. Syst.*，**137**，33-46.

[20]　Sbarbaro，D.，Ascencio，P.，Espinoza，P.，Mujica，F.，and Cortes，G.（2008）*Control Eng. Pract.*，**16**，171-178.

[21]　Kaneko，H.，Arakawa，M.，and Funatsu，K.（2009）*AIChE J.*，**55**，87-98.

[22]　Kaneko，H. and Funatsu，K.（2013）*Chemom. Intell. Lab. Syst.*，**126**，30-37.

[23]　Kaneko，H. and Funatsu，K.（2013）*Comput. Chem. Eng.*，**58**，288-297.

[24] Kaneko，H. and Funatsu，K.（2014）*Chemom. Intell. Lab. Syst.*，**137**，57-66.

[25] Grbic´a，R.，Sliškovic´，D.，and Kadlec，P.（2013）*Comput. Chem. Eng.*，**58**，84-97.

[26] Kaneko，H. and Funatsu，K.（2013）*Ind. Eng. Chem. Res.*，**52**，1322-1334.

[27] Kaneko，H.，Okada，T.，and Funatsu，K.（2014）*Ind. Eng. Chem. Res.*，**53**，15962-15968.

[28] Jin，H.P.，Chen，X.G.，Yang，J.W.，and Wu，L.A.（2014）*AIChE J.*，**71**，77-93.

[29] Kaneko，H. and Funatsu，K.（2014）*AIChE J.*，**60**，160-169.

[30] Kaneko，H. and Funatsu，K.（2015）*Chemom. Intell. Lab. Syst.*，**146**，179-185.

14 化学信息学的未来方向

Johann Gasteiger

Computer-Chemie-Centrum，Universität Erlangen-Nürnberg

Nägelsbachstr. 25，91052 Erlangen，Germany

顾 琼 译　　　徐 峻 审校

14.1　成熟的应用领域

自 2003 年我们的化学信息学教科书（*Chemoinformatics—A Textbook*）发行以来，分析化学、性质预测和药物设计等领域已经取得了很多成就。化学信息学在这些领域获得广泛的应用，化学信息学越来越受欢迎。

定量结构-活性关系（QSAR）和定量结构-性质关系（QSPR）研究将扩展到对许多其他物理、化学或生物学性质的预测。人们的兴趣越来越多地转移到模型的开发上，这些模型不仅能做出良好的预测，还能解释机制，使人们能更深入地理解化学结构与其性质之间的关系。这要求开发更多具有明确物理或化学意义的结构描述符。同时，更强大的数据建模技术将被开发，特别是那些允许对模型作出解释的技术。因此，化学信息学将增加我们对许多性质的结构基础的理解。在分析化学中使用化学计量学和化学信息学方法将为许多研究对象（无论是化学品、消费品还是工业产品）提供质量控制标准。

药物发现一直是化学信息学应用的最重要的领域，在高内涵筛选、表型筛选、药物再利用，以及药物-靶标-疾病网络分析等方面尤为重要并将继续如此（第 6 章 6.2 节）。为药物设计而发展的许多方法将应用于其他领域，如农业研究（第 7 章）、毒理学（第 8 章），因为这两个领域都需要考虑化学和生物的影响，在很大程度上与药物发现过程一样。

在药物开发的临床前和临床阶段积累的数据是丰富的数据来源，这些数据在很大程度上仍然没有被化学信息学方法所探索。这个局面肯定会发生改变，因为这些数据非常有趣，数据获取的成本高，非常有价值。

14.2 新兴应用领域

新兴应用领域的出现是对公众兴趣的回应。公众对化学物质对人类健康和环境的影响越来越感兴趣。为了解决这些问题，人们制定法律和法规，如欧盟的化学品注册、评估、授权和限制（REACH）法规及化妆品指导方面的法规。这些法规要求提供有关化学品的持久性、生物蓄积性和毒性的数据。同时，动物试验方法获得参考数据的模式不被公众接受。需要新的方法来获取所需数据和分析已知数据，以加深对产生持久性、生物蓄积性和毒性的潜在影响的理解。这就是化学信息学已经发挥了重要作用的地方，为了向监管机构提供决策支持，化学信息学肯定会发挥更多的作用（第 8 章）。

公众越来越关注食品的质量和安全。为药物研发而发展的许多方法可以应用于食品成分和食品添加剂的安全性评价，虽然在这个方面人们才刚刚起步（第 10 章）。就像在其他领域一样，化学信息学在该领域肯定会发挥极大的作用，并为监管机构提供决策支持。此外，食品公司可以通过化学信息学方法发现新产品，增加投放市场的食品的风味。

从药物发现的方法中获利的另一个新兴领域是化妆品研究（第 11 章）。化妆品就像药物一样，与生物基质相互作用，因此，药物开发中使用的许多方法也可以用于开发新型化妆品成分。由于《化妆品研究指导原则》法规不再允许进行动物试验，化学信息学方法将越来越重要。

也许材料科学将是化学信息学应用最活跃的领域。化学工业生产除药物以外的许多材料，这些材料的特性和制备都需要优化（第 12 章）。化学信息学方法将越来越多地用于阐明和模拟化学结构或化学成分与材料的许多物理和化学性质之间的关系，包括非线性光学性质、黏合力、光-电能的转换、去污性能、染发等。这些数据无法直接根据第一性原理计算，必须从实验数据中得出。许多材料无法给出清晰的分子结构，因此必须寻找用于表示这些材料的新方法，以便表示这些材料的（未知）结构，例如，用它们的光谱或生产方法来表示。

可以设想，化学信息学方法将涉足医学科学和药学领域。前面提到，临床前和临床测试会产生大量数据，可以对这些数据进行分析以弄清它们并做出预测。但是，除了药物设计之外，还有其他领域可以从化学信息学方法中受益。医疗设备的生产和优化是一个已经解决的领域（第 12 章），而且必将变得更加重要。化学信息学方法已被用于控制干细胞的增殖。这只是众多医学领域中可以受益于化学信息学方法的例子。

14.3　在某些领域的复兴

计算机辅助结构解析（CASE）和计算机辅助合成设计（CASD）系统的开发是 20 世纪 60 年代末和 70 年代初期化学信息学的两大源头，但数十年来构建的系统却没有得到广泛应用。原因很多，尤其是化学家担心这种系统可能会取代他们，从而威胁他们的工作。最近，化学家意识到 CASE 或 CASD 系统将提高他们的工作效率。由于计算机能够全面、详尽地处理大量信息，因此信息可以被更有效地利用。为了更快地阐明反应产物和天然产物的结构，需要使用 CASE 系统以更好地利用波谱信息。虽然，现存的 CASE 系统与实验室化学家常规使用的相差甚多，但随着提供更多有价值信息的新波谱方法的出现和新方法的可用性，强大的CASE 系统将被开发，并被化学家广泛接受，以支持他们的日常工作。

有机合成路线设计无疑是一个巨大的智力挑战，有机化学家会毫不犹豫地委托给计算机，CASD 系统可以帮助提出更有效的有机合成规划。化学家最终将接受 CASD 系统提供的方法，这些方法可帮助他们进行合成的设计，并仍然让他们享受智力上的乐趣。必须意识到，化学家和计算机可以组成一个完美的团队来设计有机合成路线，计算机可以通过大量数据快速、不懈地运行以筛选出相关数据，化学家的头脑善于横向思维，想法有跳跃性，迅速获得有趣的合成路线。赫伯·格林恩特（Herb Gelernter）在 1971 年所说的话到现在仍然有效："在设计合成中，需要处理的大量信息以及许多替代方案之间的决策需要使用计算机。"

14.4　化学信息学方法的联合使用

随着化学信息学在各个领域中成功应用，化学信息学方法成为跨两个不同的应用领域研究的纽带。

如第 6 章 6.11 节和 6.13 节所示，已经开始将化学信息学用于药物发现和合成设计的工作。设计先导化合物的合成路线，将使实验室的化学家对化学信息学研究的结果更加感兴趣。这将会促进化学信息学专家和药物化学家之间更好地理解彼此的工作和更紧密地合作。

评估化合物对人类健康的影响最终需要预测化合物在体内的代谢和毒性。对化学品风险的整体评估还必须考虑化合物的代谢产物。评估化学品对环境的影响也是如此，需要预测母体化合物及其降解产物的持久性、生物蓄积性和毒性。

代谢反应的预测方法与比较基因组学相结合，可以研究化学系统生物学问题。可以利用除了已知代谢反应以外的反应设计代谢工程实验。

随着计算机功能的增强,化学信息学和计算化学方法可以解决更复杂的问题。尤其是化学物质性质的预测,无论是物理、化学还是生物性质。计算化学可以利用 QSAR 和 QSPR 模型中的化学信息学方法提供新颖、可解释的分子描述符。此外,关于药物与其靶蛋白结合的自由能计算将达到一定的精确度,使人们能够为药物设计得出明确的推论。

可以肯定的是,化学信息学和生物信息学方法的结合将被用于研究越来越多的问题。在药物发现、模拟生化和代谢反应网络及医学科学中的许多问题上都是如此。越来越复杂的问题将得以研究。最初的尝试是将大批科学家聚集在一起,以对整个人体器官(如肝脏和大脑)进行建模。显然,化学和生物信息学以外的学科也必须参与进来,特别是那些提供数据的学科。无论这些雄心勃勃的项目的结果如何,它们肯定会提供新颖而强大的方法,以解决各种复杂的问题。

14.5 对化学研究的影响

化学信息学方法在化学家最感兴趣的领域中的应用将对化学家的工作方式产生影响。我们已经看到,现代化学研究离不开数据库检索。为了更有效地利用信息来计划和执行实验,化学信息学将被整合到化学家的日常工作流程中。当然,对于许多化学家来说,使用计算机来解决他们日常的科学问题时,仍要克服很大的障碍,但本书中提出的各个科学学科中的成功应用,以及未来的应用,将使许多化学家相信使用化学信息学方法来规划和分析他们的实验的优点。

在这一努力中起作用的是教学工作,包括两个层面:教授化学信息学以培养该领域的专家;但同样重要的是,将化学信息学的要点整合到常规化学课程中,这样一来,化学家将更乐于接受在他们的工作中使用化学信息学。

有相当积极的迹象表明,计算机在化学领域的接受度正在增长:2013 年诺贝尔化学奖授予了马丁·卡普拉斯(Martin Karplus)、迈克尔·莱维特(Michael Levitt)和阿里耶·瓦谢勒(Arieh Warshel),"因其开发的复杂化学系统的多尺度模型"。为此,瑞典科学院指出:"今天,对于化学家来说,计算机与试管一样重要"。总之,我们要强调的是:化学信息学在化学问题中的应用仅受限于你的想象力。